항공교통안전관리자 기출유형문제 순차해설서

한 권으로 끝내는
항공교통안전관리자

이두형, 김영인, 김영록 지음

지은이 소개

이두형
신라대학교 항공대학 항공교통물류학부 교수이다. 공군사관학교를 졸업하고 공군대령으로 전역했으며, 공군 전투기조종사, 교관조종사 등의 비행경력이 있다. 전역 후에는 서울지방항공청 민간 항공안전문가 위촉검사관, 국무총리실 김해신공항검증위원회 위원 등으로 활동했다. 관심분야는 항공교통정책, 항공안전관리시스템 등이며, 주요 저서로는 「한 권으로 끝내는 항공무선통신사(공저)」, 「중국공군」 등이 있다.

김영인
신라대학교 항공대학 항공정비학과 교수이다. 한국항공대학교 항공우주 및 기계공학부에서 박사학위를 취득하였으며 30년 이상 항공기 및 로켓엔진 설계 및 해석, 항공기 부품개발, 항공기 정비개발 및 교육에 종사하였다. 항공정비사, 항공산업기사, 항공무선통신사 등의 자격을 보유하고 있으며, 관심분야는 항공정비, 로켓엔진, 열 및 유체역학이다. 대학교에서 18년 동안의 항공분야 교육 경력을 보유하고 있으며 Carbon-Carbon 복합재료와 Graphite 내열재의 침식 현상에 대한 연구 등 다수의 논문을 저술하였다.

김영록
신라대학교 항공대학 항공운항학과 교수이다. 한서대학교에서 박사 학위를, 한국항공대학교에서 석사 학위를 취득하였다. 한국교통연구원 항공정책기술본부 연구원, 한서대학교 항공기술연구소 책임연구원 등을 거쳤으며, 현재 신라대학교 부산항공안전보안교육원 원장과 기획부처장을 맡고 있다. 주요 연구 분야는 항공운항, 항공교통정책, 항공안전 및 보안관리 등이다.

항공교통안전관리자 기출유형문제 순차해설서
한 권으로 끝내는
항공교통안전관리자

초판 1쇄 발행 2025년 11월 3일

지은이 이두형·김영인·김영록
펴낸이 이창형
펴낸곳 GDC미디어
주　소 서울시 서대문구 신촌로 25, 3~4층
이메일 gdcmedia@naver.com
등록번호 제 2021-000004호

* 책값은 뒤표지에 있습니다.

※ 이 책은 저작권법에 따라 보호를 받는 저작물이므로 무단 전재와 무단 복제를 금지하며,
　이 책 내용의 전부 또는 일부를 이용하려면 반드시 저작권자(이두형·김영인·김영록)와
　GDC미디어의 서면 동의를 받아야 합니다.

머리말

항공교통안전관리자 기출유형문제 순차해설서인 『한 권으로 끝내는 항공교통안전관리자』는 여러분이 항공교통안전관리자 자격시험을 한 권으로, 한 번에 합격할 수 있도록 하는데 도움이 되고자 집필하였습니다.

제1교시 교통법규는 TS국가자격시험 홈페이지의 설명에 따르면 항공교통안전관리자의 경우 교통안전법 10문제, 기타법규 항공안전법과 항공보안법 40문제입니다. 교통안전법은 도로, 철도 등 다른 교통안전관리자 자격시험과 동일 과목이므로 기출유형문제가 비교적 알려져 있는 편입니다. 여러분이 10문제를 모두 맞출 수 있도록, 항공교통안전에 특화된 유형의 문제들로 최대한 구성하였습니다.

항공안전법은 항공업계와 관련한 모든 일의 출발점이라 해도 과언이 아닐 정도로 매우 중요한 과목입니다. 그렇기 때문에 범위도 넓고 난이도 또한 높은 편입니다. 물론 여기서는 항공교통안전관리자 기출유형문제에 맞추어 적절하게 정리하였으므로, 조금만 집중하면 의외의 고득점도 얻을 수 있을 것입니다.

항공보안법은 비록 문제 수는 적지만 항공안전법과 함께 항공업계에서 반드시 알아야 하는 법규의 양대 축이라 할 수 있습니다. 문제 수가 적은 만큼 국토부나 공항운영자보다는 항공운송사업자, 즉 항공사 관련 문제가 주로 출제되고 있는 것으로 파악하고 있습니다. 시험에 임박하여 최종 정리할 때는 이점을 착안하시기 바랍니다.

2교시 교통안전관리론은 교통안전법과 마찬가지로 다른 교통안전관리자 시험과 동일 과목이므로 기출유형문제가 비교적 알려져 있는 편입니다. 그렇지만 교통안전법과는 다르게 기출유형의 문제와 정답에 대한 명확한 근거를 찾기 어려운 경우가 많습니다. 따라서 먼저 문제를 통해 내용을 파악하고, 정답에 의문이 드는 것은 순차해설을 통해 이해하는 순서로 준비하면, 고득점도 무난히 얻을 수 있을 것입니다.

2교시 항공기체 과목은 항공정비를 전공으로 하지 않은 사람에게는 최대의 난관입니다. 왜냐하면 비행이론을 비롯하여 구조응력, 금속·비금속재료, 복합소재 등 다방면의 지식을 필요로 할 뿐만 아니라 항공기체를 직접 보거나 만져보지 않으면 이해하기 힘든 문제들도 많기 때문입니다. 따라서 최대한 많은 그림을 첨부하면서도 가능하면 심플하게 설명하였으므로, 자신감을 갖고 조금만 시간을 투자하면 좋은 점수를 얻을 수 있을 것입니다.

2교시 항공기상은 중·고등학교 과학시간이나 평소 일기예보 방송을 통해 들어본 적 있는 상식적인 문제부터 전공자만이 알 수 있을 것 같은 고난이도 문제까지 다양하게 분포되어 있습니다. 따라서 먼저 **순수 기상문제에서 가능한 실수가 없도록 하고**, 이후 항공기 운항 관련 문제들로 이해도를 높여가면 **합격기준 이상의 점수**를 얻을 수 있을 것입니다. 그리고 시험 때는 마지막 시간이므로 집중도가 떨어지지 않도록 유의해야 하겠습니다.

　　끝으로 약간 두꺼워서 시간도 좀 걸릴 것 같은 「**한끝 항교안**」을 가능한 **짧은 시간 내에 끝내는 방법**입니다.

　　우선 **항공종사자 자격이 있거나 이미 항공업계에 종사하고 계신 분들**은 '제3편 기출유형문제 몰아보기'를 먼저 볼 것을 추천 드립니다. 문제보고 답보기를 빠르게 진행하면서 그동안 잊고 있었던 기억을 회복하고, 만약 모르는 문제가 발견되면 그때 같은 번호를 '제1편 기출유형문제 순차해설'에서 찾아서, 굵게 강조된 볼드 페이스(bold face) 위주로 확인하면 시간을 최대한 줄일 수 있을 것입니다.

　　다음으로 **항공 관련 교육기관에서 교육을 받고 계시는 분들**은 '제1편 기출유형문제 순차해설'을 먼저 보면 되겠습니다. '해설' 부분은 자신이 준비하는 항공종사자 필기시험에도 반드시 도움이 될 것이므로 꼼꼼히 읽어볼 것을 추천 드립니다. 이후 제3편의 기출유형문제와 답을 빠르게 보면서 CBT(Computer Based Test)에 익숙해지고, 다시 시간이 나면 제2편 기출유형문제 모의고사를 통해 자신의 수준을 점검해 주기 바랍니다.

　　마지막으로 **항공업계에 이제 막 입문하시는 분들**은 먼저 시험 준비시간을 조금은 여유 있게 가지고, 제1편의 '해설'을 하나씩 정확히 이해하면서 전반적인 지식을 함양해 나갈 것을 추천 드립니다.

　　아무쪼록 **이 순차해설서**가 여러분에게 많은 도움이 되어 모두가 **한 권으로, 한 번에 합격하는 기쁨을 누릴 수 있기를 기원**합니다.

2025년 10월
김해국제공항이 내려다보이는 신라대학교 항공관에서
지은이 이두형, 김영인, 김영록

항공교통안전관리자 소개

항공교통안전관리자 시험을 처음 접하는 분들은 먼저 ① 'TS한국교통안전공단(https://main.kotsa.or.kr/main.do)' 홈페이지에서 회원가입을 하시고, 이어서 ② 'TS국가자격시험' 홈페이지(https://lic.kotsa.or.kr/safety/main.do)에 접속하여 교통안전관리자 자격시험에 관한 전반적인 내용을 파악하시기 바랍니다.

1. 교통안전관리자 자격시험

교통안전에 관한 전문적인 지식과 기술을 가진 자에게 자격을 부여하여 운수업체 등에서 교통안전업무를 전담케 함으로써 교통사고를 미연에 방지하고 국민의 생명과 재산보호에 기여하기 위해 도입한 자격제도

가. 법적근거
- 교통안전법 제53조(교통안전관리자의 고용 등)
- 교통안전법 시행령 제48조(권한의 위임 및 업무의 위탁)제3항

나. 응시대상
- 차량 등의 안전한 운행 또는 운항을 위해 교통안전관리자가 되려는 자

다. 직무
- 교통안전관리규정의 시행 및 그 기록의 작성·보존
- 교통수단의 운행·운항 또는 항행과 관련된 안전점검의 지도 및 감독
- 도로조건, 선로조건, 항로조건 및 기상조건에 따른 안전 운행에 필요한 조치
- 교통수단 차량을 운전하는 자 등의 운행 중 근무상태 파악 및 교통안전 교육·훈련의 실시
- 교통사고원인조사·분석 및 기록 유지
- 교통수단의 운행상황 또는 교통사고상황이 기록된 운행기록지 또는 기억장치 등의 점검 및 관리

라. 과목 및 기준
- 분   야 : ① 도로, ② 철도, ③ **항공**, ④ 항만, ⑤ 삭도
- 시험과목 : <u>4과목</u>(필수과목 3과목, 선택과목 3과목 중 택1)
- 합격기준 : <u>과목당 40점 이상, 전 과목 평균 60점 이상</u>

마. 시험일정
- TS국가자격시험 통합홈페이지(https://lic.kotsa.or.kr)에서 확인 가능

바. 절차
- 응시조건 확인 → 시험접수 → 시험 → 합격 → 자격증 신청 → 자격증 발급

사. 수수료
- 자격시험 : 20,000원
- 자격증 발급 : 20,000원

2. 시험안내(CBT, Computer-Based Test)

가. 교통안전관리자 시험과목 (교통안전법 시행령 별표 6)

자격종류	필수과목	선택과목	
도로교통안전관리자	- 교통법규 • 교통안전법 • 자동차 관리법 • 도로교통법 - 교통안전관리론 - 자동차정비	- 자동차공학 - 교통사고 조사분석개론 - 교통심리학	중 택1
철도교통안전관리자	- 교통법규 • 교통안전법 • 철도산업발전 기본법 • 철도안전법 - 교통안전관리론 - 철도공학	- 열차운전 - 전기이론 - 철도신호	중 택1
항공교통안전관리자	**- 교통법규** • 교통안전법 • 항공안전법 • 항공보안법 **- 교통안전관리론** **- 항공기체**	- 항공교통관제 - 항행안전시설 **- 항공기상**	**중 택1**
항만교통안전관리자	- 교통법규 • 교통안전법 • 항만운송 사업법 • 선박의 입항 및 출항 등에 관한 법률 - 교통안전관리론 - 하역장비	- 위험물취급 - 기중기구조 - 선박적화	중 택1
삭도교통안전관리자	- 교통법규 • 교통안전법 • 궤도운송법 - 교통안전관리론 - 삭도구조	- 전자 및 제어공학 - 기계공학 - 전기공학	중 택1

- 교통법규는 **법·시행령·시행규칙** 모두 포함 (법규과목의 시험범위는 시험 시행일 기준으로 시행되는 법령에서 출제 됨)
- 교통안전법은 **총칙, 제3장 및 제5장** 이하의 규정 중 **교통수단운영자에게 적용되는 규정**과 관련된 사항만을 말함

나. 시험운영
- 1일 3회, 각 2교시 운영

회차	교시	시험시간	시험과목
1회	1	09:20 ~ 10:10 (50분)	교통법규 (50문제)
1회	2	10:30 ~ 11:45 (75분)	교통안전관리론 (25문제) 분야별 필수과목 (25문제) 분야별 선택과목 (25문제)
2회	1	13:20 ~ 14:10 (50분)	교통법규 (50문제)
2회	2	14:30 ~ 15:45 (75분)	교통안전관리론 (25문제) 분야별 필수과목 (25문제) 분야별 선택과목 (25문제)
3회	1	16:20 ~ 17:10 (50분)	교통법규 (50문제)
3회	2	17:30 ~ 18:45 (75분)	교통안전관리론 (25문제) 분야별 필수과목 (25문제) 분야별 선택과목 (25문제)

- 휴식 및 비고 확인

구분	1회차 (오전)	2회차 (오후)	3회차 (오후)	과 목	문항수 (배점)	비 고
1교시	09:20~10:10 (50분)	13:20~14:10 (50분)	16:20~17:10 (50분)	• **교통법규**	50문항 (2점)	- 도로, 삭도 • 교통안전법 : 20문제 • 기타법규 : 30문제 - 철도, **항공,** 항만 • **교통안전법 : 10문제** • **기타법규 : 40문제**
휴식	10:10~10:30 (20분)	14:10~14:30 (20분)	17:10~17:30 (20분)		-	
2교시	10:30~11:45 (75분)	14:30~15:45 (75분)	17:30~18:45 (75분)	• **교통안전관리론** • 분야별 **필수과목** • 분야별 **선택과목**	각 25문항 (4점)	과목당 25분 ※ **면제과목을 제외한 본인 응시 과목만 응시 후 퇴실 가능**

다. 교통안전관리자 자격시험의 실시

시험일정	해당 월 넷째주 (2월, 4월, 6월, 8월, 10월, 12월)	〈유의사항〉 - 선착순 접수(동일 분야 중복접수 불가) - 접수내역(시험장소, 일정, 과목 등) 변경은 접수기간 내에 1회만 가능 - 현장 접수와 온라인 접수 모두 실시간 예약 공석 내에서 가능 - 현장 접수의 경우, 공석이 있을 시 시험 선일 18시까지 접수 가능 　(단, 시험일 1일전~6일전 기간 현장접수건은 취소, 환불 및 변경 불가) 〈준비물〉 **신분증, 수수료, 후견등기사항부존재증명서**(최근 1개월 이내 발급 분) 1부
접수기간	접수시작일로 부터 시험 7일전 18:00까지	
시험장소	한국교통안전공단 전국 15개 시험장	
접수방법	온라인 또는 현장접수	
시험분야	도로, 철도, **항공**, 항만, 삭도	
합격자발표	시험 종료 직후	

3. 문제출제 방법안내

가. 문제은행방식
- 다량의 문항분석 카드를 체계적으로 분류·정리·보관해 놓은 뒤 랜덤하게 문제를 출제하는 방식
- **시험문제 공개 여부 : 비공개**, 문제은행 방식으로 운영되기 때문에 시험문제를 공개할 경우, 반복 출제되는 문제들을 선택하여 단순 암기 위주의 시험 준비로 변할 우려가 있으므로 공개하지 않음.

나. 응시 및 채점 방법
- CBT (Computer-Based Test) 방식 문제가 랜덤하게 개인별 컴퓨터로 전송되어 프로그램 상에서 정답을 체크하여 응시하고, 컴퓨터 프로그램에서 자동적으로 정확하게 채점하여 결과를 표출

4. 응시자격안내

가. 응시자격
- 제한없음

나. 결격사유안내(자격증 발급일을 기준으로 적용)

> 교통안전법 제53조(교통안전관리자 자격의 취득 등) 제3항 각 호의 어느 하나에 해당하는 자는 교통안전관리자가 될 수 없음
> 1. 피성년후견인 또는 피한정후견인
> 2. 금고 이상의 실형을 선고받고 그 집행이 종료 (집행이 종료된 것으로 보는 경우를 포함)되거나 면제된 날부터 2년이 경과되지 아니한 자
> 3. 금고 이상의 형의 집행유예 선고를 받고 그 유예기간 중에 있는 자
> 4. 제54조의 규정에 따라 교통안전관리자 자격의 취소처분을 받은 날부터 2년이 경과되지 아니한 자. 다만, 피성년후견인 또는 피한정후견인에 해당하여 자격이 취소된 경우는 제외

5. 자격증에 따른 면제과목 → (예) 항공교통안전관리자 시험 면제과목

   가. 조종사(자가용, 사업용, 운송용), 항공교통관제사, 운항관리사 → 선택과목 면제

   나. 항공산업기사, 항공정비기능사, 항공정비사(비행기, 회전익항공기, 비행선, 기체) → 필수과목(항공기체), 선택과목 면제

   ☞ 면제과목 관련 자격증 소지자는 'TS국가자격시험' 홈페이지에서 반드시 확인하시기 바랍니다.

6. 시험장소

시험장소	주소	안내전화
서울 본부	(08265) 서울 구로구 경인로 113 (오류동 91-1) 구로검사소 내 3층	02)372-5347
경기남부본부	(16431) 경기 수원시 권선구 수인로 24 (서둔동 9-19)	031)297-6581
대전충남본부	(34301) 대전 대덕구 대덕대로 1417번길 31 (문평동 83-1)	042)933-4328
대구경북본부	(42258) 대구 수성구 노변로 33 (노변동 435)	053)794-3816
부산본부	(47016) 부산 사상구 학장로 256 (주례3동 1287)	051)315-1421
광주전남본부	(61738) 광주 남구 송암로 96 (송하동 251-4)	062)606-7634
인천본부	(21544) 인천 남동구 백범로 357 (간석동 172-1)	032)830-5930
강원본부	(24397) 강원 춘천시 동내로 10(석사동)	033)261-3386
충북본부	(28455) 충북 청주시 흥덕구 사운로386번길 21 (신봉동 260-6)	043)266-5400
전북본부	(54885) 전북 전주시 덕진구 신행로 44 (팔복동3가 211-5)	063)212-4743
경남본부	(51391) 경남 창원시 의창구 차룡로 48번길 44, 창원 스마트업타워 2층 (팔용동 40-5번지)	055)270-0550
울산본부	(44721) 울산 남구 번영로 90-1, 7층(달동)	052)256-9373
제주본부	제주 제주시 삼봉로 79(도련2동)	064)723-3111
상주체험교육센터	경북 상주시 청리면 마공공단로 90-15(마공리)	054)530-0155
드론자격시험센터 - 화성시험장	(18247) 경기도 화성시 삼존로 200(삼존리)	031)645-2100

7. 응시제한 및 부정행위 처리

   가. 시험 시작시간 이후에 시험장에 도착한 사람은 응시 불가
   나. 시험 도중 무단으로 퇴장한 사람은 재입장 할 수 없으며 해당 시험 종료처리
   다. 부정행위 또는 주의사항이나 시험감독의 지시에 따르지 아니하는 사람은 즉각 퇴장조치 및 무효처리 하며, 향후 2년간 공단에서 시행하는 자격시험의 응시자격 정지

차 례

머리말   03

항공교통안전관리자 소개   05

제1편 기출유형문제 순차해설

제1교시 교통법규

제1장 교통안전법 ·· 14
제2장 항공안전법 ·· 41
제3장 항공보안법 ··· 121

제2교시 필수과목

제4장 교통안전관리론 ··· 138
제5장 항공기체 ·· 186

제2교시 선택과목

제6장 항공기상 ·· 267

제 2 편　기출유형문제 모의고사

제1회 모의고사 ·· 334
제2회 모의고사 ·· 350
제3회 모의고사 ·· 366
제4회 모의고사 ·· 382
제5회 모의고사 ·· 399
제6회 모의고사 ·· 416

제 3 편　기출유형문제 몰아보기

제1장 교통안전법 ·· 436
제2장 항공안전법 ·· 445
제3장 항공보안법 ·· 470
제4장 교통안전관리론 ·· 475
제5장 항공기체 ·· 493
제6장 항공기상 ·· 524

참고문헌 ·· 548

제1편 기출유형문제 순차해설

제1교시 　**교통법규** `50분`　`1과목` `50문항` × `각 2점` = `100점`

　　제1장　교통안전법　　`10문항`

　　제2장　항공안전법　　`±35문항`

　　제3장　항공보안법　　`±5문항`

제2교시 　**필수과목** `50분`　`2과목` `각 25문항` × `각 4점` = `100점`

　　제4장　교통안전관리론　`25분`

　　제5장　항공기체　　　　`25분`

제3교시 　**선택과목** `25분`　`1과목` `25문항` × `각 4점` = `100점`

　　제6장　항공기상　　　　`25분`

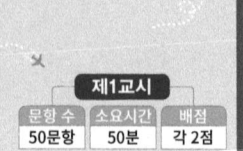

제1교시 교통법규
교통안전법
10문항

제1교시 문항수 50문항 / 소요시간 50분 / 배점 각 2점

제1교시 교통법규는 교통안전법 10문제, 항공안전법 및 항공보안법 40문제입니다. 여기서 교통안전법은 도로, 철도 등 다른 교통안전관리자 자격시험과 동일 과목이므로 기출유형문제가 비교적 알려져 있는 편입니다. 여러분이 10문제를 모두 맞출 수 있도록, 항공교통안전에 특화된 문제들로 최대한 구성하였습니다.

• same type • 표시는 동일한 기출 유형 문제의 구분을 의미합니다.

01 다음 중 교통안전법의 목적으로 맞는 것은? (법 제1조)

❶ 교통안전 증진 ② 공공복리 증진 ③ 사회복지 제고 ④ 국민경제 향상

> 해설
>
> **[교통안전법] 제1장 총칙**
>
> 제1조(목적) 이 법은 **교통안전에 관한 국가 또는 지방자치단체의 의무·추진체계 및 시책 등을 규정**하고 이를 **종합적·계획적으로 추진**함으로써 **교통안전 증진에 이바지함**을 목적으로 한다.

02 다음 중 교통안전법의 목적으로 옳지 않은 것은? (법 제1조)

① 교통안전 증진에 이바지함을 목적으로 한다.
② 교통안전에 관한 국가 또는 지방자치단체의 의무·추진체계 및 시책 등을 종합적·계획적으로 추진한다.
③ 교통안전에 관한 국가 또는 지방자치단체의 의무·추진체계 및 시책 등을 규정한다.
❹ 육상·해상·항공 교통 등 부문별한 교통사고의 발생 현황과 원인을 분석한다.

03 다음 중 교통안전법에서 규정하는 교통수단으로 옳지 않은 것은? (법 제2조 제1호)
① 차마
② 철도차량
③ 항공기
❹ 전동휠체어

해설

[교통안전법] 제1장 총칙

제2조(**정의**) 이 법에서 사용하는 용어의 뜻은 다음과 같다.
1. "**교통수단**"이라 함은 **사람이 이동하거나 화물을 운송하는데 이용되는 것**으로서 다음 각 목의 어느 하나에 해당하는 **운송수단**을 말한다.
    가. 「**도로교통법**」에 의한 **차마** 또는 노면전차, 「**철도산업발전 기본법**」에 의한 **철도차량**(도시철도를 포함한다) 또는 「**궤도운송법**」에 따른 **궤도에 의하여 교통용으로 사용되는 용구** 등 육상교통용으로 사용되는 모든 운송수단(이하 "**차량**"이라 한다)
    나. 「**해사안전기본법**」에 의한 선박 등 수상 또는 수중의 항행에 사용되는 모든 운송수단(이하 "**선박**"이라 한다)
    다. 「**항공안전법**」에 의한 항공기 등 항공교통에 사용되는 모든 운송수단(이하 "**항공기**"라 한다)
2. "**교통시설**"이라 함은 도로·철도·궤도·항만·어항·수로·공항·비행장 등 교통수단의 운행·운항 또는 항행에 필요한 시설과 그 시설에 부속되어 사람의 이동 또는 교통수단의 원활하고 안전한 운행·운항 또는 항행을 보조하는 **교통안전표지·교통관제시설·항행안전시설** 등의 **시설 또는 공작물**을 말한다.
3. "**교통체계**"라 함은 사람 또는 화물의 이동·운송과 관련된 활동을 수행하기 위하여 개별적으로 또는 서로 유기적으로 연계되어 있는 교통수단 및 교통시설의 **이용·관리·운영체계** 또는 이와 관련된 **산업 및 제도** 등을 말한다.
4. "**교통사업자**"라 함은 **교통수단·교통시설 또는 교통체계를 운행·운항·설치·관리 또는 운영 등을 하는 자**로서 다음 각 목의 어느 하나에 해당하는 자를 말한다.
    가. **여객자동차운수사업자, 화물자동차운수사업자, 철도사업자, 항공운송사업자, 해운업자** 등 교통수단을 이용하여 운송 관련 사업을 영위하는 자(이하 "**교통수단운영자**"라 한다)
    나. 교통시설을 설치·관리 또는 운영하는 자(이하 "**교통시설설치·관리자**"라 한다)
    다. 교통수단운영자 및 교통시설설치·관리자 외에 **교통수단 제조사업자, 교통관련 교육·연구·조사기관** 등 교통수단·교통시설 또는 교통체계와 관련된 영리적·비영리적 활동을 수행하는 자
5. "**지정행정기관**"이라 함은 교통수단·교통시설 또는 교통체계의 운행·운항·설치 또는 운영 등에 관하여 지도·감독을 행하거나 관련 법령·제도를 관장하는 「**정부조직법**」에 **의한 중앙행정기관**으로서 대통령령으로 정하는 행정기관을 말한다.

> [교통안전법 시행령] 제2조(**지정행정기관**) 「교통안전법」(이하 "법"이라 한다) 제2조제5호에 따른 **지정행정기관**은 다음 각 호와 같다.
> 1. **기획재정부**   2. **교육부**   3. **법무부**   4. **행정안전부**   5. **문화체육관광부**   6. **농림축산식품부**
> 7. **산업통상자원부**   8. **보건복지부**   8의2. **환경부**   9. **고용노동부**   10. **여성가족부**
> 11. **국토교통부**   12. **해양수산부**   13. **경찰청**
> 14. 국무총리가 교통안전정책상 특히 필요하다고 인정하여 지정하는 중앙행정기관
> 〈주의〉 ☞ 대통령(정권)에 따라 행정기관을 폐지, 신설 또는 명칭을 변경하는 경우가 있을 수 있음.

6. "**교통행정기관**"이라 함은 법령에 의하여 교통수단·교통시설 또는 교통체계의 운행·운항·설치 또는 운영 등에 관하여 교통사업자에 대한 지도·감독을 행하는 **지정행정기관의 장, 특별시장·광역시장·도지사·특별자치도지사**(이하 "**시·도지사**"라 한다) 또는 **시장·군수·구청장**(자치구의 구청장을 말한다. 이하 같다)을 말한다.
7. "**교통사고**"라 함은 교통수단의 운행·항행·운항과 관련된 **사람의 사상 또는 물건의 손괴**를 말한다.
8. "**교통수단안전점검**"이란 교통행정기관이 이 법 또는 관계법령에 따라 소관 **교통수단에 대하여** 교통안전에 관한 위험요인을 조사·점검 및 평가하는 모든 활동을 말한다.
9. "**교통시설안전진단**"이란 육상교통·해상교통 또는 항공교통의 안전(이하 "**교통안전**"이라 한다)과 관련된 조사·측정·평가 업무를 전문적으로 수행하는 교통안전진단기관이 **교통시설에 대하여** 교통안전에 관한 위험요인을 조사·측정 및 평가하는 모든 활동을 말한다.

10. **"단지내도로"**란 「공동주택관리법」 제2조제1항제3호에 따른 공동주택단지, 「고등교육법」 제2조에 따른 학교 등에 설치되는 **통행로**로서 「도로교통법」 제2조제1호에 따른 **도로가 아닌 것**을 말하며, 그 종류와 범위는 대통령령으로 정한다.[시행일: 2024. 8. 17.]

> [교통안전법 시행령] 제2조의2(**단지내도로의 종류와 범위**) 법 제2조제10호에 따른 단지내도로는 「공동주택관리법」 제2조제1항제2호가목부터 라목까지의 규정에 따른 의무관리대상 **공동주택단지에 설치되는 통행로**로서 다음 각 호의 어느 하나에 해당하는 것으로 한다.
> 1. **차도**　　　　2. **보도**　　　　3. **자전거도로**

04 교통안전법에서 교통수단이라 함은 사람이 이동하거나 화물을 운송하는데 이용되는 것을 말하는데, 이에 해당하는 운송수단으로 옳지 않은 것은? (법 제2조 제1호)

① 「도로교통법」에 의한 차마 또는 노면전차, 「철도산업발전 기본법」에 의한 철도차량(도시철도를 포함한다)
② 「궤도운송법」에 따른 궤도에 의하여 교통용으로 사용되는 용구 등 육상교통용으로 사용되는 모든 운송수단(이하 "차량"이라 한다)
❸ 「선박안전법」에 의한 선박 등 수상 또는 수중의 항행에 사용되는 모든 운송수단(이하 "선박"이라 한다)
④ 「항공안전법」에 의한 항공기 등 항공교통에 사용되는 모든 운송수단(이하 "항공기"라 한다)

05 다음 중 교통안전법에 따른 "교통체계"에 대한 설명으로 옳은 것은? (법 제2조 제3호)

❶ 사람 또는 화물의 이동·운송과 관련된 활동을 수행하기 위하여 개별적으로 또는 서로 유기적으로 연계되어 있는 교통수단 및 교통시설의 이용·관리·운영체계 또는 이와 관련된 산업 및 제도 등을 말한다.
② 사람이 이동하거나 화물을 운송하는데 이용되는 것으로서 운송수단을 말한다.
③ 도로·철도·궤도·항만·어항·수로·공항·비행장 등 교통수단의 운행·운항 또는 항행에 필요한 시설과 그 시설에 부속되어 사람의 이동 또는 교통수단의 원활하고 안전한 운행·운행 또는 항행을 보조하는 교통안전표지·교통관제시설·항행안전시설 등의 시설 또는 공작물을 한다.
④ 교통행정기관이 교통안전법 또는 관계법령에 따라 소관 교통수단에 대하여 교통안전에 관한 위험요인을 조사·점검 및 평가하는 모든 활동을 말한다.

06 교통수단·교통시설 또는 교통체계를 운행·운항·설치·관리 또는 운영 등을 하는 자를 총칭하여 무엇이라 하는가? (법 제2조 제4호)

① 교통시설 설치·관리자　　　　❷ 교통사업자
③ 교통수단운영자　　　　　　　④ 교통수단 제조사업자

07 사람 또는 화물의 이동·운송과 관련된 활동을 수행하기 위하여 개별적으로 또는 서로 유기적으로 연계되어 있는 교통수단 및 교통시설의 이용·관리·운영체계 또는 이와 관련된 산업 및 제도 등을 의미하는 것은? (법 제2조 제3호)

① 교통시설　　　　　❷ 교통체계　　　　　③ 교통정책　　　　　④ 교통수단

08 "교통체계"라 함은 사람 또는 화물의 이동·운송과 관련된 활동을 수행하기 위하여 개별적으로 또는 서로 유기적으로 연계되어 있는 교통수단 및 교통시설의 (　　　　) 또는 이와 관련된 산업 및 제도 등을 말한다. 위의 괄호 안에 알맞은 용어는? (법 제2조 제3호)

① 이용·관리·보존체계　　　　　② 이용·보존·운영체계
③ 이용·이동·운영체계　　　　　❹ 이용·관리·운영체계

09 다음 중 '교통수단'을 규정하고 있는 법이 아닌 것은? (법 제2조 제1호)

① 도로교통법　　② 항공안전법　　③ 해사안전기본법　　❹ 해양법

10 다음 중 교통안전법에서 규정하는 지정행정기관으로 옳은 것은? (법 제2조, 시행령 제2조)

① 시·도지사　　　　　　　　② 경찰서
❸ 국토교통부　　　　　　　　④ 시청·군청·구청

11 다음 중 교통안전법에서 규정하는 지정행정기관으로 옳지 않은 것은? (법 제2조, 시행령 제2조)

① 국토교통부　　　　　　　　② 경찰청
❸ 경찰서　　　　　　　　　　④ 행정안전부

12 다음 중 교통안전법에 따른 교통행정기관이 아닌 것은? (법 제2조 제6호)

① 지정행정기관의 장　　　　　② 자치구의 구청장
③ 시·도지사　　　　　　　　❹ 특별행정기관

13 다음 중 교통수단안전점검에 대한 설명으로 옳은 것은? (법 제2조 제8호)
❶ 교통행정기관이 교통안전법 또는 관계법령에 따라 소관 교통수단에 대하여 교통안전에 관한 위험요인을 조사·점검 및 평가하는 모든 활동을 말한다.
② 육상교통·해상교통 또는 항공교통의 안전(이하 "교통안전"이라 한다)과 관련된 조사·측정·평가 업무를 전문적으로 수행하는 교통안전진단기관이 교통시설에 대하여 교통안전에 관한 위험요인을 조사·측정 및 평가하는 모든 활동을 말한다.
③ 교통수단·교통시설 또는 교통체계의 운행·운항·설치 또는 운영 등에 관하여 지도·감독을 행하거나 관련 법령·제도를 관장하는 「정부조직법」에 의한 중앙행정기관으로서 대통령령으로 정하는 행정기관을 말한다.
④ 법령에 의하여 교통수단·교통시설 또는 교통체계의 운행·운항·설치 또는 운영 등에 관하여 교통사업자에 대한 지도·감독을 행하는 지정행정기관의 장, 특별시장·광역시장·도지사·특별자치도지사(이하 "시·도지사"라 한다) 또는 시장·군수·구청장(자치구의 구청장을 말한다. 이하 같다)을 말한다.

─ same type ─

14 다음 중 교통안전법상의 지방자치단체의 의무가 아닌 것은? (법 제3조)
① 교통안전에 관한 시책의 수립 및 시행
② 주민의 생명·신체 및 재산을 보호
❸ 교통시설의 설치 또는 관리
④ 지역개발·교육·문화 및 법무 등에 관한 계획 및 정책을 수립하는 경우의 교통안전에 관한 사항의 배려

> **해설**
>
> **[교통안전법] 제1장 총칙**
>
> 제3조(**국가 등의 의무**)
> ① **국가는** 국민의 생명·신체 및 재산을 보호하기 위하여 **교통안전에 관한 종합적인 시책을 수립하고 이를 시행**하여야 한다.
> ② **지방자치단체는** 주민의 생명·신체 및 재산을 보호하기 위하여 **그 관할구역 내의 교통안전에 관한 시책을 해당 지역의 실정에 맞게 수립하고 이를 시행**하여야 한다.
> ③ 국가 및 **지방자치단체**(이하 "국가등"이라 한다)는 제1항 및 제2항의 규정에 따른 **교통안전에 관한 시책을 수립·시행**하는 것 외에 **지역개발·교육·문화 및 법무 등에 관한 계획 및 정책을 수립하는 경우에는 교통안전에 관한 사항을 배려**하여야 한다.
> 제4조(**교통시설설치·관리자의 의무**) **교통시설설치·관리자는** 해당 교통시설을 설치 또는 관리하는 경우 **교통안전표지 그 밖의 교통안전시설을 확충·정비**하는 등 교통안전을 확보하기 위한 필요한 조치를 강구하여야 한다.
> 제5조(**교통수단 제조사업자의 의무**) **교통수단 제조사업자는** 법령에서 정하는 바에 따라 **그가 제조하는 교통수단의 구조·설비 및 장치의 안전성이 향상**되도록 노력하여야 한다.
> 제6조(**교통수단운영자의 의무**) **교통수단운영자는** 법령에서 정하는 바에 따라 그가 운영하는 교통수단의 안전한 **운행·항행·운항** 등을 확보하기 위하여 필요한 노력을 하여야 한다.

15 교통시설설치·관리자는 해당 교통시설을 설치 또는 관리하는 경우 교통안전을 확보하기 위한 필요한 조치를 강구해야 한다. 이에 해당하지 않는 것은? (법 제4조)

① 교통안전시설의 확충·정비
② 교통안전표지시설의 확충
③ 교통안전표지시설의 정비
❹ 교통수단의 확충·정비

16 국가가 교통수단에 교통안전장치 장착을 의무화할 경우, 비용을 지원할 수 있는 사업자로 옳지 않은 것은? (법 제9조)

① 여객자동차 운송사업자
② 화물자동차 운송사업자
③ 화물자동차 운송가맹사업자
❹ 여객자동차 대여사업자

[교통안전법] 제1장 총칙
※ 법 제7조(차량 운전자 등의 의무), 제8조(보행자의 의무) 생략

제9조(재정 및 금융조치)
① **국가등은** 교통안전에 관한 시책의 원활한 실시를 위하여 **예산의 확보, 재정지원 등 재정·금융상의 필요한 조치를 강구하여야 한다.**
② 국가등은 이 법에 따라 다음 각 호의 어느 하나에 해당하는 자에게 **교통안전장치 장착을 의무화할 경우** 이에 따른 **비용을** 대통령령으로 정하는 바에 따라 **지원할 수 있다.**
  1. 「여객자동차 운수사업법」에 따른 **여객자동차운송사업자**
  2. 「화물자동차 운수사업법」에 따른 **화물자동차 운송사업자** 또는 **화물자동차 운송가맹사업자**
  3. 「도로교통법」 제52조에 따른 **어린이통학버스**(제55조제1항제1호에 따라 운행기록장치를 장착한 차량은 제외한다) **운영자**

제10조(국회에 대한 보고) 정부는 매년 국회에 정기국회 개회 전까지 교통사고 상황, 제15조에 따른 **국가교통안전기본계획** 및 제16조에 따른 **국가교통안전시행계획의 추진 상황** 등에 관한 보고서를 제출하여야 한다.

17 국가교통안전기본계획의 수립권자는? (법 제15조)

① 국가교통위원회
② 경찰청장
③ 지방교통위원회
❹ 국토교통부장관

[교통안전법] 제3장 국가교통안전기본계획
※ 법 제14조(관계행정기관 등에 대한 협력요청) 생략

제15조(국가교통안전기본계획)
① **국토교통부장관은** 국가의 전반적인 교통안전수준의 향상을 도모하기 위하여 교통안전에 관한 기본계획(이하 "**국가교통안전기본계획**"이라 한다)을 **5년 단위로 수립**하여야 한다.

② 국가교통안전기본계획에는 **다음 각 호의 사항이 포함**되어야 한다.
  1. 교통안전에 관한 중·장기 종합정책방향
  2. 육상교통·해상교통·항공교통 등 부문별 교통사고의 발생현황과 원인의 분석
  3. 교통수단·교통시설별 교통사고 감소목표
  4. 교통안전지식의 보급 및 교통문화 향상목표
  5. 교통안전정책의 추진성과에 대한 분석·평가
  6. 교통안전정책의 목표달성을 위한 부문별 추진전략
  6의2. 고령자, 어린이 등 「교통약자의 이동편의 증진법」제2조제1호에 따른 **교통약자의 교통사고 예방에 관한 사항**
  7. 부문별·기관별·연차별 세부 추진계획 및 투자계획
  8. 교통안전표지·교통관제시설·항행안전시설 등 교통안전시설의 정비·확충에 관한 계획
  9. 교통안전 전문인력의 양성
  10. 교통안전과 관련된 투자사업계획 및 우선순위
  11. 지정행정기관별 교통안전대책에 대한 연계와 집행력 보완방안
  12. 그 밖에 교통안전수준의 향상을 위한 교통안전시책에 관한 사항
③ **국토교통부장관은** 국가교통안전기본계획의 수립을 위하여 지정행정기관별로 추진할 교통안전에 관한 주요 계획 또는 시책에 관한 사항이 포함된 지침을 작성하여 **지정행정기관의 장에게 통보**하여야 하며, **지정행정기관의 장은** 통보받은 지침에 따라 **소관별 교통안전에 관한 계획안을 국토교통부장관에게 제출**하여야 한다.
④ **국토교통부장관은** 제3항에 따라 제출받은 소관별 교통안전에 관한 계획안을 종합·조정하여 **국가교통안전기본계획안을 작성한 후 국가교통위원회의 심의를 거쳐 이를 확정**한다. (☞ ⑤~⑦항 생략함)

[교통안전법 시행령] 제10조(**국가교통안전기본계획의 수립**) (☞ ①, ②, ④항 생략함)
③ **국토교통부장관은** 법 제15조제4항에 따라 제2항의 소관별 교통안전에 관한 계획안을 종합·조정하여 **계획연도 시작 전년도 6월 말까지 국가교통안전기본계획을 확정**하여야 한다. 소관별 교통안전에 관한 계획안을 종합·조정하는 경우에는 다음 각 호의 사항을 검토하여야 한다.
  1. 정책목표   2. 정책과제의 추진시기
  3. 투자규모   4. 정책과제의 추진에 필요한 해당 기관별 협의사항

---

18 국가의 전반적인 교통안전수준의 향상을 도모하기 위하여 교통안전에 관한 기본계획(이하 "국가교통안전기본계획"이라 한다)은 몇 년 단위로 수립해야 하는가? (법 제15조)

① 1년   ② 3년   ❸ 5년   ④ 7년

19 다음 중 국가교통안전기본계획에 포함되어야 하는 사항이 아닌 것은? (법 제15조)

① 교통안전에 관한 중·장기 종합정책방향   ❷ 교통안전의 경영지침에 관한 사항
③ 교통안전지식의 보급 및 교통문화 향상목표   ④ 교통안전 전문인력의 양성

20 다음 중 국가교통안전기본계획에 포함되어야 하는 사항에 해당되지 않는 것은? (법 제15조)

① 교통안전에 관한 중·장기 종합정책방향   ② 교통수단·교통시설별 교통사고 감소목표
③ 교통안전정책의 추진성과에 대한 분석·평가   ❹ 부문별 교통사고의 발생분쟁 해소

21 국가교통안전기본계획의 수립을 위하여 국토교통부장관이 소관별 교통안전에 관한 계획안을 종합·조정하는 경우에 검토해야 할 사항이 아닌 것은? (법 제15조, 시행령 제10조)

① 정책목표
② 정책과제의 추진시기
③ 투자규모
❹ 소요예산의 확보 가능성

---

same type

22 국가교통안전시행계획의 수립을 위하여 지정행정기관의 장은 다음 연도의 소관별 교통안전시행계획안을 수립하여 매년 몇 월 말까지 국토교통부장관에게 제출하여야 하는가? (법 제16조, 시행령 제12조)

① 1월
② 6월
❸ 10월
④ 12월

> **해설**
>
> **[교통안전법] 제3장 국가교통안전기본계획**
>
> 제16조(국가교통안전시행계획)
> ① **지정행정기관의 장은** 국가교통안전기본계획을 집행하기 위하여 **매년 소관별 교통안전시행계획안을 수립**하여 이를 **국토교통부장관에게 제출**하여야 한다.
> ② **국토교통부장관은** 제1항 규정에 따라 제출받은 소관별 교통안전시행계획안을 국가교통안전기본계획에 따라 종합·조정하여 **국가교통안전시행계획안을 작성한 후 국가교통위원회의 심의를 거쳐 이를 확정**한다. (☞ ③, ④항 생략함)
> ⑤ 제1항부터 제4항까지의 규정에 따른 **국가교통안전시행계획의 수립 및 변경 등에 관하여 필요한 사항은 대통령령으로** 정한다.
>
> **[교통안전법 시행령] 제12조(국가교통안전시행계획의 수립)**
> ① 법 제16조제1항에 따라 지정행정기관의 장은 다음 연도의 소관별 교통안전시행계획안을 수립하여 매년 10월 말까지 국토교통부장관에게 제출하여야 한다.
> ② **국토교통부장관은** 법 제16조제2항에 따라 **소관별 교통안전시행계획안을 종합·조정할 때에는** 다음 각 호의 사항을 **검토**하여야 한다.
> 1. 국가교통안전기본계획과의 부합 여부 2. 기대 효과 3. 소요예산의 확보 가능성
> (☞ ③항 생략함)

23 국토교통부장관이 소관별 교통안전시행계획안을 종합·조정할 때에 검토해야 하는 사항이 아닌 것은? (법 제16조, 시행령 제12조)

❶ 정책목표
② 국가교통안전기본계획과의 부합 여부
③ 기대 효과
④ 소요예산의 확보 가능성

24 시·도지사 및 시장·군수·구청장(이하 "시·도지사등"이라 한다)은 각각 언제까지 시·도교통안전기본계획 또는 시·군·구교통안전기본계획(이하 "지역교통안전기본계획"이라 한다)을 확정하여야 하는가? (법 제17조, 시행령 제13조)

① 매년 1월 말까지
② 계획연도 시작 전년도 1월 말까지
❸ 계획연도 시작 전년도 10월 말까지
④ 계획연도 시작 전년도 12월 말까지

[교통안전법] 제3장 국가교통안전기본계획

제17조(지역교통안전기본계획)
① **시·도지사**는 국가교통안전기본계획에 따라 시·도의 교통안전에 관한 기본계획(이하 "**시·도교통안전기본계획**"이라 한다)을 **5년 단위로 수립**하여야 하며, **시장·군수·구청장**은 시·도교통안전기본계획에 따라 시·군·구의 교통안전에 관한 기본계획(이하 "**시·군·구교통안전기본계획**"이라 한다)을 **5년 단위로 수립**하여야 한다. (☞ ②항 생략함)
③ **시·도지사**가 시·도교통안전기본계획을 수립한 때에는 **지방교통위원회의 심의**를 거쳐 이를 확정하고, **시장·군수·구청장**이 시·군·구교통안전기본계획을 수립한 때에는 **시·군·구교통안전위원회의 심의**를 거쳐 이를 확정한다. (☞ ④항 생략함)

[교통안전법 시행령] 제13조(지역교통안전기본계획의 수립)
① 법 제17조제1항에 따른 시·도의 교통안전에 관한 기본계획(이하 "시·도교통안전기본계획"이라 한다) 또는 시·군·구의 교통안전에 관한 기본계획(이하 "시·군·구교통안전기본계획"이라 한다)에는 각각 다음 각 호의 사항이 포함되어야 한다.
 1. 해당 지역의 육상교통안전에 관한 중·장기 종합정책방향
 2. 그 밖에 육상교통안전수준을 향상하기 위한 교통안전시책에 관한 사항
② 법 제17조제3항에 따라 **시·도지사 및 시장·군수·구청장**(이하 "**시·도지사등**"이라 한다)은 각각 **계획연도 시작 전년도 10월 말까지** 시·도교통안전기본계획 또는 시·군·구교통안전기본계획(이하 "**지역교통안전기본계획**"이라 한다)을 **확정**하여야 한다.
③ **시·도지사등**은 제2항에 따라 지역교통안전기본계획을 확정한 때에는 **확정한 날부터 20일 이내에** 시·도지사는 **국토교통부장관에게 이를 제출**하고, 시장·군수·구청장은 시·도지사에게 이를 제출하여야 한다.

---

⑤ 제3항 및 제4항의 규정은 지역교통안전기본계획의 변경에 관하여 이를 준용한다. 다만, **국토교통부령으로 정하는 경미한 사항을 변경하는 경우**에는 그러하지 아니하다. (☞ ⑥항 생략함)

[교통안전법 시행규칙] 제2조(**경미한 사항의 변경**) 「교통안전법」(이하 "법"이라 한다) 제17조제5항 단서에서 "**국토교통부령이 정하는 경미한 사항을 변경하는 경우**"란 다음 각 호의 어느 하나에 해당하는 경우를 말한다.
 1. 법 제17조제1항에 따른 시·도의 교통안전에 관한 기본계획(이하 "시·도교통안전기본계획"이라 한다) 또는 시·군·구의 교통안전에 관한 기본계획(이하 "시·군·구교통안전기본계획"이라 한다)에서 정한 **부문별 사업규모를 100분의 10 이내의 범위에서 변경하는 경우**
 2. 시·도교통안전기본계획 또는 시·군·구교통안전기본계획에서 정한 **시행기한의 범위에서 단위 사업의 시행시기를 변경하는 경우**
 3. **계산 착오, 오기(誤記), 누락**, 그 밖에 시·도교통안전기본계획 또는 시·군·구교통안전기본계획의 **기본방향에 영향을 미치지 아니하는 사항으로서 그 변경 근거가 분명한 사항을 변경하는 경우**

25 시·도지사등은 지역교통안전기본계획을 확정한 때에는 확정한 날부터 며칠 이내에 국토교통부장관에게 이를 제출하여야 하는가? (법 제17조, 시행령 제13조)

① 10일 이내   ❷ 20일 이내   ③ 30일 이내   ④ 60일 이내

26 지역교통안전기본계획의 변경과 관련하여 국토교통부령으로 정하는 경미한 사항을 변경하는 경우에 해당되지 않는 것은? (법 제7조, 시행규칙 제2조)

① 시·군·구의 교통안전에 관한 기본계획에서 정한 부문별 사업규모를 100분의 10 이내의 범위에서 변경하는 경우
② 시·도교통안전기본계획 또는 시·군·구 교통안전기본계획에서 정한 시행기한의 범위에서 단위사업의 시행시기를 변경하는 경우
③ 계산 착오, 오기(誤記), 누락, 그 밖에 시·도교통안전기본계획 또는 시·군·구교통안전기본계획의 기본방향에 영향을 미치지 아니하는 사항으로서 그 변경 근거가 분명한 사항을 변경하는 경우
❹ 정책과제의 추진에 필요한 해당 기관별 협의사항

― same type ―

27 교통시설설치·관리자등의 교통안전관리규정에 포함되어야 하는 사항이 아닌 것은? (법 제21조)

❶ 교통수단·교통시설별 교통사고 감소목표에 관한 사항
② 교통안전의 경영지침에 관한 사항
③ 교통안전목표 수립에 관한 사항
④ 교통안전 관련 조직에 관한 사항

해설

[교통안전법] 제3장 국가교통안전기본계획

※ 법 제18조(지역교통안전시행계획), 제19조(지역교통안전기본계획 등의 조정), 제20조(계획수립의 협력 요청) 생략

제21조 (교통시설설치·관리자등의 **교통안전관리규정**)
① 대통령령으로 정하는 교통시설설치·관리자 및 교통수단운영자(이하 이 조에서 "교통시설설치·관리자등"이라 한다)는 그가 설치·관리하거나 운영하는 교통시설 또는 교통수단과 관련된 교통안전을 확보하기 위하여 **다음 각 호의 사항을 포함한 규정**(이하 "**교통안전관리규정**"이라 한다)을 정하여 관할교통행정기관에 제출하여야 한다. 이를 변경한 때에도 또한 같다.
  1. **교통안전의 경영지침에 관한 사항**   2. **교통안전목표 수립에 관한 사항**
  3. **교통안전 관련 조직에 관한 사항**   4. 제54조의2에 따른 **교통안전담당자 지정에 관한 사항**
  5. **안전관리대책의 수립 및 추진에 관한 사항**
  6. 그 밖에 교통안전에 관한 중요 사항으로서 대통령령으로 정하는 사항
  (☞ ②항 생략함)
③ 교통행정기관은 국토교통부령으로 정하는 바에 따라 교통시설설치·관리자등이 교통안전관리규정을 준수하고 있는지의 여부를 확인하고 이를 평가하여야 한다.

[교통안전법 시행규칙] 제5조(**교통안전관리규정 준수 여부의 확인·평가**) ① 법 제21조제3항에 따른 교통안전관리규정 준수 여부의 확인·평가는 영 제17조제1항에 따라 **교통안전관리규정을 제출한 날을 기준으로 매 5년이 지난 날의 전후 100일 이내에 실시**한다. (☞ ②항 생략함)

④ **교통행정기관은** 교통안전을 확보하기 위하여 필요하다고 인정하는 때에는 **교통안전관리규정의 변경을 명할 수 있다.** 이 경우 변경명령을 받은 교통시설설치·관리자등은 특별한 사유가 없으면 그 명령을 따라야 한다. (☞ ⑤항 생략함)

28 교통안전관리규정 준수 여부에 대한 확인·평가는 언제 실시하는가? (법 제21조, 시행규칙 제5조)

① 교통시설설치·관리자등이 교통안전관리규정을 제출한 날을 기준으로 매 1년이 지난 날의 전후 50일 이내에 실시

② 교통시설설치·관리자등이 교통안전관리규정을 제출한 날을 기준으로 매 1년이 지난 날의 전후 100일 이내에 실시

③ 교통시설설치·관리자등이 교통안전관리규정을 제출한 날을 기준으로 매 5년이 지난 날의 전후 50일 이내에 실시

❹ 교통시설설치·관리자등이 교통안전관리규정을 제출한 날을 기준으로 매 5년이 지난 날의 전후 100일 이내에 실시

─ same type ─

29 교통행정기관이 교통수단안전점검을 위해 사업장을 검사하려는 경우에 출입·검사 며칠 전까지 교통수단운영자에게 통지해야 하는가? (법 제33조)

❶ 7일   ② 14일   ③ 30일   ④ 60일

[교통안전법] 제5장 교통안전에 관한 세부시책

제33조(**교통수단안전점검**) (☞ 제33조 ②, ③, ⑤, ⑦ ⑧, ⑨항 생략함)
④ 제3항에 따라 **사업장을 출입하여 검사하려는 경우에는 출입·검사 7일 전까지** 검사일시·검사이유 및 검사내용 등을 포함한 검사계획을 교통수단운영자에게 **통지하여야 한다.** 다만, 증거인멸 등으로 검사의 목적을 달성할 수 없다고 판단되는 경우에는 검사일에 검사계획을 통지할 수 있다.
⑥ 제1항에도 불구하고 **국토교통부장관은 대통령령으로 정하는 교통수단**과 관련하여 **대통령령으로 정하는 기준 이상의 교통사고가 발생한 경우** 해당 교통수단에 대하여 **교통수단안전점검을 실시하여야 한다.**

[교통안전법 시행령] 제20조(**교통수단안전점검의 대상 등**) (☞ ①, ⑤항 생략함)
② 법 제33조제6항에서 "**대통령령으로 정하는 교통수단**"이란 다음 각 호의 어느 하나에 해당하는 자가 보유한 교통수단을 말한다.
  1. 「여객자동차 운수사업법」 제4조에 따른 **여객자동차운송사업의 면허를 받거나 등록을 한 자**(같은 법에 따른 수요응답형 여객자동차운송사업자 및 개인택시운송사업자 등 자동차 보유대수가 1대인 운송사업자는 제외한다)

2. 「화물자동차 운수사업법」 제3조에 따라 **화물자동차 운송사업의 허가를 받은 자**(자동차 보유대수가 1대인 운송사업자는 제외한다)
③ 법제33조제6항에서 "**대통령령으로 정하는 기준 이상의 교통사고**"란 다음 각 호의 어느 하나에 해당하는 교통사고를 말한다.
 1. 1건의 사고로 사망자가 1명 이상 발생한 교통사고
 2. 1건의 사고로 중상자가 2명 이상 발생한 교통사고
 3. **자동차를 20대 이상 보유한** 제2항 각 호의 어느 하나에 해당하는 자의 별표 3의2에 따른 **교통안전도 평가지수가 국토교통부령으로 정하는 기준을 초과하여 발생한 교통사고**
④ 법제33조에 따른 **교통수단안전점검의 항목**은 다음 각 호와 같다.
 1. 교통수단의 교통안전 위험요인 조사
 2. 교통안전 관계 법령의 위반 여부 확인
 3. 교통안전관리규정의 준수 여부 점검
 4. 그 밖에 국토교통부장관이 관계 교통행정기관의 장과 협의하여 정하는 사항

30 국토교통부장관이 교통수단안전점검을 실시하여야 하는 경우가 아닌 것은? (법 제33조, 시행령 제20조)
① 자동차를 20대 이상 보유한 자의 교통안전도 평가지수가 국토교통부령으로 정하는 기준을 초과하여 발생한 교통사고
② 1건의 사고로 사망자가 1명 이상 발생한 교통사고
③ 1건의 사고로 중상자가 2명 이상 발생한 교통사고
❹ 1건의 사고로 경상자가 10명 이상 발생한 교통사고

31 교통행정기관의 교통수단안전점검 항목에 해당되지 않는 것은? (법 제33조, 시행령 제20조)
① 교통수단의 교통안전 위험요인 조사
② 교통안전 관계 법령의 위반 여부 확인
③ 교통안전관리규정의 준수 여부 점검
❹ 교통수단운영자의 재정 건전성 및 소요예산 조사

32 국토교통부장관이 교통수단안전점검을 실시하여야 하는 경우가 아닌 것은? (법 제33조, 시행령 제20조, 시행규칙 제7조의2)
① 자동차를 20대 이상 보유하여 화물자동차 운수사업법에 따라 일반화물자동차운송사업의 허가를 받은 자의 교통안전도 평가지수가 1을 초과하는 경우
② 1건의 사고로 사망자가 1명 이상 발생한 교통사고
③ 1건의 사고로 중상자가 2명 이상 발생한 교통사고
❹ 1건의 사고로 경상자가 6명 이상 발생한 교통사고

33 교통안전도 평가지수에서 교통사고 발생건수와 교통사고 사상자수 가중치는 각각 얼마인가? (법 제33조, 시행령 제20조 [별표 3의2])

① 0.3, 0.4   ❷ 0.4, 0.6   ③ 0.5, 0.6   ④ 0.6, 0.7

해설

[교통안전법] 제5장 교통안전에 관한 세부시책 제33조(교통수단안전점검)

[교통안전법 시행령] 제20조 [별표 3의2]

$$\text{교통안전도 평가지수} = \frac{(\text{교통사고 발생건수} \times 0.4) + (\text{교통사고 사상자 수} \times 0.6)}{\text{자동차등록(면허) 대수}} \times 10$$

비고
1. **교통사고는 직전연도 1년간의 교통사고를 기준**으로 하며, 다음 각 목과 같이 구분한다.
   가. **사망사고**: 교통사고가 주된 원인이 되어 교통사고 발생 시부터 **30일 이내에 사람이 사망**한 사고
   나. **중상사고**: 교통사고로 인하여 다친 사람이 의사의 최초 진단 결과 **3주 이상의 치료가 필요**한 상해를 입은 사고
   다. **경상사고**: 교통사고로 인하여 다친 사람이 의사의 최초 진단 결과 **5일 이상 3주 미만의 치료가 필요**한 상해를 입은 사고
2. 교통사고 발생건수 및 교통사고 사상자 수 산정 시 **경상사고 1건 또는 경상자 1명은 '0.3', 중상사고 1건 또는 중상자 1명은 '0.7', 사망사고 1건 또는 사망자 1명은 '1'을 각각 가중치로 적용**하되, 교통사고 발생건수의 산정 시, **하나의 교통사고로 여러 명이 사망 또는 상해를 입은 경우에는 가장 가중치가 높은 사고를 적용**한다.
3. 자동차 등록(면허) 대수가 변동되었을 때의 교통안전도 평가지수 계산은 다음 계산식에 따른다.

$$\frac{\text{변동 전 }(\text{교통사고 발생건수} \times 0.4) + (\text{교통사고 사상자 수} \times 0.6)}{\text{변동 전 자동차 등록(면허) 대수}} \times 10 + \frac{\text{변동 후 }(\text{교통사고 발생건수} \times 0.4) + (\text{교통사고 사상자 수} \times 0.6)}{\text{변동 후 자동차 등록(면허) 대수}} \times 10$$

[교통안전법 시행규칙] 제7조의2(**교통안전도 평가지수**) 영 제20조제3항제3호에서 "**국토교통부령으로 정하는 기준**" 이란 다음 각 호와 같다.
1. **자동차를 20대 이상 보유**하여 「여객자동차 운수사업법」 제4조에 따른 **여객자동차운송사업의 면허를 받거나 등록을 한 자**
   가. 시내버스운송사업, 농어촌버스운송사업, 특수여객자동차운송사업 및 마을버스운송사업의 경우 : 2.5
   나. 시외버스운송사업 및 일반택시운송사업의 경우 : 2
   다. 전세버스운송사업의 경우 : 1
2. **자동차를 20대 이상 보유**하여 「화물자동차 운수사업법」 제3조에 따라 **일반화물자동차운송사업의 허가를 받은 자** : 1

34 교통사고 발생건수 및 교통사고 사상자 수 산정 시 중상사고 1건 또는 중상자 1명에 대한 가중치는 얼마인가? (법 제33조, 시행령 제20조 [별표 3의2] 제2호)

① 0.4   ② 0.5   ③ 0.6   ❹ 0.7

35 교통사고 발생건수 및 교통사고 사상자 수 산정 시 경상사고 1건 또는 경상자 1명에 대한 가중치는 얼마인가? (법 제33조, 시행령 제20조 [별표 3의2] 제2호)

❶ 0.3　　② 0.4　　③ 0.5　　④ 0.6

36 교통사고 발생건수 및 교통사고 사상자 수 산정 시 사망사고 1건 또는 사망자 1명에 대한 가중치는 얼마인가? (법 제33조, 시행령 제20조 [별표 3의2] 제2호)

① 0.3　　② 0.4　　③ 0.7　　❹ 1

37 사망사고는 교통사고가 주된 원인이 되어 교통사고 발생 시부터 며칠 이내에 사람이 사망한 사고인가? (법 제33조, 시행령 제20조 [별표 3의2] 제1호 가목)

① 3주　　❷ 30일　　③ 60일　　④ 90일

38 다음 중 교통안전도 평가지수를 산출하는 공식으로 올바른 것은? (법 제33조, 시행령 제20조 [별표 3의2])

① 교통안전도 평가지수 = $\dfrac{(교통사고\ 발생건수 \times 0.6)+(교통사고\ 사상자\ 수 \times 0.4)}{자동차등록(면허)대수} \times 10$

② 교통안전도 평가지수 = $\dfrac{(교통사고\ 발생건수 \times 0.6)+(교통사고\ 사상자\ 수 \times 0.6)}{자동차등록(면허)대수} \times 10$

③ 교통안전도 평가지수 = $\dfrac{(교통사고\ 발생건수 \times 0.4)+(교통사고\ 사상자\ 수 \times 0.4)}{자동차등록(면허)대수} \times 10$

❹ 교통안전도 평가지수 = $\dfrac{(교통사고\ 발생건수 \times 0.4)+(교통사고\ 사상자\ 수 \times 0.6)}{자동차등록(면허)대수} \times 10$

─── same type ───

39 교통안전 특별실태조사는 교통문화지수가 얼마 이내인 시·군·구를 대상으로 하는가? (법 제33조의2, 시행규칙 제7조의3)

① 교통문화지수가 하위 100분의 40 이내인 시·군·구
② 교통문화지수가 하위 100분의 30 이내인 시·군·구
❸ 교통문화지수가 하위 100분의 20 이내인 시·군·구
④ 교통문화지수가 하위 100분의 10 이내인 시·군·구

> **해설**
>
> **[교통안전법] 제5장 교통안전에 관한 세부시책**
>
> 제33조의2(교통안전 특별실태조사의 실시 등)
> ① 지정행정기관의 장은 교통사고가 자주 발생하는 등 교통안전이 취약한 시(「제주특별자치도 설치 및 국제자유도시 조성

을 위한 특별법」 제10조제2항에 따른 행정시를 포함한다. 이하 이 항에서 같다)·**군·구에 대하여 필요하다고 인정하는 경우** 해당 시·군·구의 교통체계에 대한 특별실태조사(이하 **"특별실태조사"**라 한다)**를 실시할 수 있다.** (☞ ②, ③, ④, ⑤, ⑥항 생략함)

> **[교통안전법 시행규칙] 제7조의3(특별실태조사의 대상 등)**
>
> ① 법제33조의2제1항에 따른 **특별실태조사는** 법제57조제1항에 따른 **교통문화지수가 하위 100분의 20 이내인 시**(「제주특별자치도 설치 및 국제자유도시 조성을 위한 특별법」 제10조제2항에 따른 행정시를 포함한다)·**군·구를 대상으로 한다.**

─ same type ─

40 교통행정기관이 교통시설안전진단을 받은 자에 대하여 권고하거나 관계법령에 따른 필요한 조치(이하 "권고등"이라 한다)를 할 수 있는 사항에 해당하지 않는 것은? (법 제37조)

① 교통시설에 대한 공사계획 또는 사업계획 등의 시정 또는 보완
② 교통시설의 개선·보완 및 이용제한
③ 교통시설의 관리·운영 등과 관련된 절차·방법 등의 개선·보완
❹ 운전자 등, 교통사업자 소속 근로자 등에 대한 근무환경의 개선

[해설]

> **[교통안전법] 제5장 교통안전에 관한 세부시책**
> ※ 법 제34조(교통시설안전진단), 제35조 삭제 <2012.6.1.>, 제35조의2(교통안전 우수사업자 지정 등), 제36조 삭제 <2017.1.17.> 생략
>
> 제37조(교통시설안전진단 결과의 처리)
> ① **교통행정기관은** 제34조제1항, 제3항 및 제5항에 따른 교통시설안전진단을 받은 자가 제출한 교통시설안전진단보고서를 검토한 후 교통안전의 확보를 위하여 필요하다고 인정되는 경우에는 해당 **교통시설안전진단을 받은 자에 대하여** 다음 각 호의 어느 하나에 해당하는 사항을 **권고하거나 관계법령에 따른 필요한 조치(이하 "권고등"이라 한다)를 할 수 있다.** 이 경우 교통행정기관은 교통시설안전진단을 받은 자가 권고사항을 이행하기 위하여 필요한 자료 제공 및 기술지원을 할 수 있다. <개정 2011. 5. 19., 2012. 6. 1., 2017. 1. 17.>
>   1. 교통시설에 대한 공사계획 또는 사업계획 등의 시정 또는 보완
>   2. 교통시설의 개선·보완 및 이용제한
>   3. 교통시설의 관리·운영 등과 관련된 절차·방법 등의 개선·보완
>   4. 삭제 <2017. 1. 17.>
>   5. 그 밖에 교통안전에 관한 업무의 개선
> ※ 제38조(교통시설안전진단지침) 생략
>
> 제39조(**교통안전진단기관의 등록** 등)
> ① 교통시설안전진단을 실시하려는 자는 **시·도지사에게 등록하여야 한다.** 이 경우 **시·도지사는** 국토교통부령으로 정하는 바에 따라 **교통안전진단기관등록증을 발급하여야 한다.** (☞ ②항 생략함),

41 교통시설안전진단을 실시하려는 자는 교통안전진단기관을 누구에게 등록하여야 하는가? (법 제39조)
① 국토교통부장관
❷ 시·도지사
③ 소관지역 경찰서장
④ 교통안전공단

---

42 다음 중 어느 하나에 해당되는 자는 교통안전진단기관으로 등록할 수 없다. 이에 해당되지 않는 것은? (법 제41조)
① 피성년후견인 또는 피한정후견인
② 파산선고를 받고 복권되지 아니한 자
③ 교통안전법을 위반하여 징역형의 집행유예를 선고받고 그 유예기간 중에 있는 자
❹ 교통안전법을 위반하여 징역형의 실형을 선고받고 그 집행이 종료(집행이 종료된 것으로 보는 경우를 포함한다)되거나 집행이 면제된 날부터 3년이 지나지 아니한 자

> **해설**
>
> **[교통안전법] 제5장 교통안전에 관한 세부시책**
> ※ 법 제40조(변경사항의 신고 등) 생략
>
> 제41조(**결격사유**) 다음 각 호의 어느 하나에 해당하는 자는 **교통안전진단기관으로 등록할 수 없다.**
> 1. **피성년후견인 또는 피한정후견인**
> 2. **파산선고를 받고 복권되지 아니한 자**
> 3. **이 법을 위반하여** 징역형의 실형을 선고받고 그 집행이 종료(집행이 종료된 것으로 보는 경우를 포함한다)되거나 집행이 면제된 날부터 **2년이 지나지 아니한 자**
> 4. **이 법을 위반하여** 징역형의 집행유예를 선고받고 **그 유예기간 중에 있는 자**
> 5. 제43조에 따라 교통안전진단기관의 **등록이 취소된 후 2년이 지나지 아니한 자**. 다만, 제43조제3호 중 제41조제1호 및 제2호에 해당하여 등록이 취소된 경우는 제외한다.
> 6. **임원 중에** 제1호부터 제5호까지의 어느 하나에 **해당하는 자가 있는 법인**

43 교통사고와 관련된 자료·통계 또는 정보(이하 "교통사고관련자료등"이라 한다)를 보관·관리하는 자는 교통사고가 발생한 날부터 얼마동안 이를 보관·관리하여야 하는가? (법 제51조, 시행령 제38조)

① 1년　　　　② 3년　　　　❸ 5년　　　　④ 7년

해설

[교통안전법] 제5장 교통안전에 관한 세부시책

※ 법 제42조(명의대여의 금지 등), 제43조(등록의 취소 등), 제44조(행정처분 후의 업무수행), 제45조(교통시설안전진단 실시결과의 평가 등), 제46조(교통시설안전진단 비용의 부담), 제47조(교통안전진단기관에 대한 지도·감독), 제48조(교통안전사업에의 투자 등), 제49조(교통사고의 조사 등), 제50조(교통시설을 관리하는 행정기관 등의 교통사고원인조사) 생략

제51조(교통사고관련자료 등의 보관·관리)
① 제49조 및 제50조의 규정에 따라 교통사고 또는 그 원인을 조사·처리한 교통행정기관 등은 교통사고조사와 관련된 자료·통계 또는 정보(이하 "교통사고관련자료등"이라 한다)를 **대통령령으로 정하는 바에 따라 보관·관리**하여야 한다.
② 「여객자동차 운수사업법」 제19조·제55조·제64조 및 「보험업법」 제167조 등 관계법령에 따라 교통사고와 관련된 자료 또는 정보를 조사·취득·분석하는 자 중 대통령령으로 정하는 자는 그가 조사·취득·분석한 교통사고관련자료등을 **대통령령으로 정하는 바에 따라 보관·관리**하여야 한다. (☞ ③항 생략함)

[교통안전법 시행령] 제38조(교통사고관련자료등의 보관·관리)
① 법 제51조제1항·제2항에 따라 교통사고와 관련된 자료·통계 또는 정보(이하 "교통사고관련자료등"이라 한다)를 보관·관리하는 자는 **교통사고가 발생한 날부터 5년간 이를 보관·관리**하여야 한다. (☞ ②항 생략함)

---

44 교통행정기관의 장이 교통시설·교통수단 및 교통체계의 안전과 관련된 제반 교통안전에 관한 정보와 교통사고 관련자료 등을 통합적으로 유지·관리할 수 있도록 구축·관리하여야 하는 것은? (법 제52조)

① 교통안전수단점검체계　　　　② 교통시설안전체계
③ 교통안전관리운영체계　　　　❹ 교통안전정보관리체계

해설

[교통안전법] 제5장 교통안전에 관한 세부시책

제52조(교통안전정보관리체계의 구축 등)
① **교통행정기관의 장**은 교통시설·교통수단 및 교통체계의 안전과 관련된 제반 교통안전에 관한 정보와 교통사고관련자료 등을 통합적으로 유지·관리할 수 있도록 **교통안전정보관리체계를 구축·관리**하여야 한다.
② 교통행정기관의 장은 **교통안전정책에 효과적으로 활용**하기 위하여 제1항의 규정에 따른 **교통안전정보관리체계를 서로 공유**할 수 있도록 하여야 한다. (☞ ③항 생략함)

45 다음 중 교통안전관리자의 결격사유로 볼 수 없는 것은? (법 제53조)

① 피성년후견인 또는 피한정후견인
② 금고 이상의 실형을 선고받고 그 집행이 종료(집행이 종료된 것으로 보는 경우를 포함한다)되거나 집행이 면제된 날부터 2년이 지나지 아니한 자
③ 금고 이상의 형의 집행유예를 선고받고 그 유예기간 중에 있는 자
❹ 교통안전관리자 자격의 취소처분을 받은 날부터 3년이 지나지 아니한 자

[교통안전법] 제5장 교통안전에 관한 세부시책

제53조(교통안전관리자 자격의 취득 등) (☞ ①, ②, ④항 생략함)
③ 다음 각 호의 **어느 하나에 해당하는 자는 교통안전관리자가 될 수 없다.**
  1. 피성년후견인 또는 피한정후견인
  2. 금고 이상의 실형을 선고받고 그 집행이 종료(집행이 종료된 것으로 보는 경우를 포함한다)되거나 집행이 면제된 날부터 2년이 지나지 아니한 자
  3. 금고 이상의 형의 집행유예를 선고받고 그 유예기간 중에 있는 자
  4. 제54조의 규정에 따라 **교통안전관리자 자격의 취소처분을 받은 날부터 2년이 지나지 아니한 자**. 다만, 제54조제1항제1호 중 제53조제3항제1호에 해당하여 자격이 취소된 경우는 제외한다.
⑤ 교통안전관리자 자격의 종류 및 시험의 실시 등에 필요한 사항은 대통령령으로 정한다.

> [교통안전법 시행령] 제41조제41조의2(**교통안전관리자 자격의 종류**) 법 제53조제1항에 따른 교통안전관리자 자격의 종류는 다음 각 호와 같다.
> 1. **도로**교통안전관리자 2. **철도**교통안전관리자 3. **항공**교통안전관리자 4. **항만**교통안전관리자
> 5. **삭도**교통안전관리자

제53조의2(**부정행위자에 대한 제재**)
① 국토교통부장관은 부정한 방법으로 제53조제2항에 따른 시험에 응시한 사람 또는 시험에서 부정행위를 한 사람에 대하여는 그 시험을 정지시키거나 무효로 한다.
② 제1항에 따라 시험이 정지되거나 무효로 된 사람은 그 처분이 있은 날부터 2년간 제53조제2항에 따른 시험에 응시할 수 없다.

---

46 다음 중 교통안전관리자 자격의 종류가 아닌 것인가? (법 제53조, 시행령 제41조제41조의2)

❶ 선박교통안전관리자 ② 도로교통안전관리자
③ 항만교통안전관리자 ④ 삭도교통안전관리자

---

47 국토교통부장관은 부정한 방법으로 시험에 응시한 사람 또는 시험에서 부정행위를 한 사람에 대하여는 그 시험을 정지시키거나 무효로 한다. 시험이 정지되거나 무효로 된 사람은 그 처분이 있은 날부터 얼마동안 시험에 응시할 수 없는가? (법 제53조의2)

① 1년간   ❷ 2년간   ③ 3년간   ④ 4년간

48 교통시설설치·관리자등은 교통안전담당자를 지정 또는 지정해지하거나 교통안전담당자가 퇴직한 경우에는 지체 없이 그 사실을 관할 교통행정기관에 알리고, 지정해지 또는 퇴직한 날부터 며칠 이내에 다른 교통안전담당자를 지정해야 하는가? (법 제54조의2, 시행령 제44조)

① 7일   ② 15일   ❸ 30일   ④ 60일

[교통안전법] 제5장 교통안전에 관한 세부시책

※ 법 제54조(교통안전관리자 자격의 취소 등) 생략

제54조의2(교통안전담당자의 지정 등)
① 대통령령으로 정하는 교통시설설치·관리자 및 교통수단운영자는 다음 각 호의 어느 하나에 해당하는 사람을 교통안전담당자로 지정하여 직무를 수행하게 하여야 한다. (☞ ②, ③항 생략함)
  1. 제53조에 따라 교통안전관리자 자격을 취득한 사람   2. 대통령령으로 정하는 자격을 갖춘 사람

[교통안전법 시행령]

제44조(교통안전담당자의 지정) (☞ ①, ②항 생략함)
③ 교통시설설치·관리자등은 법 제54조의2제1항에 따라 교통안전담당자를 지정 또는 지정해지하거나 교통안전담당자가 퇴직한 경우에는 지체 없이 그 사실을 관할 교통행정기관에 알리고, 지정해지 또는 퇴직한 날부터 **30일 이내**에 다른 교통안전담당자를 지정해야 한다.

제44조의2(교통안전담당자의 직무)
① 교통안전담당자의 직무는 **다음 각 호와 같다.**
  1. 교통안전관리규정의 시행 및 그 기록의 작성·보존
  2. 교통수단의 운행·운항 또는 항행(이하 이 조에서 "운행등"이라 한다) 또는 교통시설의 운영·관리와 관련된 안전점검의 지도·감독
  3. 교통시설의 조건 및 기상조건에 따른 안전 운행등에 필요한 조치   (☞ ②항 생략함)
  4. 법 제24조제1항에 따른 **운전자등**(이하 "운전자등"이라 한다)**의 운행등 중 근무상태 파악 및 교통안전 교육·훈련의 실시**
  5. 교통사고 원인 조사·분석 및 기록 유지
  6. 운행기록장치 및 차로이탈경고장치 등의 점검 및 관리
③ 교통안전담당자는 교통안전을 위해 필요하다고 인정하는 경우에는 다음 각 호의 조치를 교통시설설치·관리자등에게 요청해야 한다. 다만, 교통안전담당자가 교통시설설치·관리자등에게 필요한 조치를 요청할 **시간적 여유가 없는 경우에는 직접 필요한 조치를 하고, 이를 교통시설설치·관리자등에게 보고해야 한다.**
  1. 국토교통부령으로 정하는 교통수단의 운행등의 계획 변경
  2. 교통수단의 정비
  3. 운전자등의 승무계획 변경
  4. 교통안전 관련 시설 및 장비의 설치 또는 보완
  5. 교통안전을 해치는 행위를 한 운전자등에 대한 징계 건의   (☞ ④항 생략함)

49 다음 중 교통안전담당자의 직무에 해당하지 않는 것은? (법 제54조의2, 시행령 제44조의2)

① 교통안전관리규정의 시행 및 그 기록의 작성·보존
❷ 교통안전관리규정의 시행 및 그 기록의 보관·관리와 교통수단 안전점검의 실시
③ 교통수단의 운행·운항 또는 항행 또는 교통시설의 운영·관리와 관련된 안전점검의 지도·감독
④ 교통사고 원인 조사·분석 및 기록 유지

50 교통안전담당자의 직무 중 교통안전담당자가 교통시설설치·관리자등에게 필요한 조치를 요청할 시간적 여유가 없는 경우에는 직접 필요한 조치를 하고, 이를 교통시설설치·관리자등에게 보고해야 한다. 이에 해당하는 필요한 조치가 아닌 것은? (법 제54조의2, 시행령 제44조의2)

① 국토교통부령으로 정하는 교통수단의 운행등의 계획 변경
② 교통수단의 정비
③ 교통안전 관련 시설 및 장비의 설치 또는 보완
❹ 교통안전을 해치는 행위를 한 운전자등에 대한 징계

51 교통안전담당자 교육기관은 전년도 교육인원 및 수료자 명단 등 교육 실적을 언제까지 국토교통부장관에게 제출해야 하는가? (법 제54조의2, 시행령 제44조의3)

❶ 매년 2월 말일까지
② 매년 12월 31일까지
③ 2년마다 2월 말일까지
④ 2년마다 12월 31일까지

[교통안전법] 제5장 교통안전에 관한 세부시책

제54조의2(**교통안전담당자의 지정** 등)   (☞ ①, ②, ③항 생략함)

[교통안전법 시행령] 제44조의3(**교통안전담당자에 대한 교육**)

① 교통시설설치·관리자등은 법 제54조의2제2항에 따라 교통안전담당자로 하여금 다음 각 호의 구분에 따른 교육을 받도록 해야 한다. 〈개정 2024. 4. 9.〉
  1. **신규교육**: 교통안전담당자의 **직무를 시작한 날부터 6개월 이내에 1회**
  2. **보수교육**: 교통안전담당자의 직무를 시작한 날이 속하는 연도를 기준으로 **2년마다 1회**
② 제1항제1호에 따른 신규교육은 16시간으로, 같은 항 제2호에 따른 **보수교육은 회당 8시간**으로 한다. 〈개정 2024. 4. 9.〉
③ 제1항 각 호에 따른 교육은 다음 각 호의 기관(이하 이 조에서 "**교통안전담당자 교육기관**"이라 한다)이 실시한다. 〈개정 2024. 4. 9.〉
  1. **한국교통안전공단**
  2. 「여객자동차 운수사업법」 제25조제3항에 따른 **운수종사자 연수기관**

④ 제1항에도 불구하고 교육대상자가 질병·부상 등으로 입원해 있는 등 **정해진 기간 안에 교육을 받을 수 없는 부득이한 사유가 있는 경우**에는 국토교통부장관이 정하는 바에 따라 **6개월의 범위에서 교육을 연기**할 수 있다. 〈신설 2024. 11. 12.〉
⑤ **국토교통부장관은** 교육일정 및 장소 등이 포함된 **다음 연도 교육계획을 매년 12월 31일까지 고시**해야 한다. 〈개정 2024. 4. 9., 2024. 11. 12.〉
⑥ **교통안전담당자 교육기관은** 전년도 교육인원 및 수료자 명단 등 **교육 실적을 매년 2월 말일까지 국토교통부장관에게 제출**해야 한다. 〈신설 2024. 4. 9., 2024. 11. 12.〉
⑦ 제1항부터 제6항까지에서 규정한 사항 외에 구체적인 교육 과목·내용 및 그 밖에 교육에 필요한 사항은 국토교통부장관이 정하여 고시한다. 〈개정 2024. 4. 9., 2024. 11. 12.〉

---

52 운행기록장치를 장착하여야 하는 자("운행기록장치 장착의무자")는 운행기록장치에 기록된 운행기록을 얼마동안 보관하여야 하는가? (법 제55조, 시행령 제45조)

① 1개월   ② 2개월   ❸ 6개월   ④ 12개월

[교통안전법] 제5장 교통안전에 관한 세부시책

제55조(운행기록장치의 장착 및 운행기록의 활용 등)
① 다음 각 호의 어느 하나에 해당하는 자는 그 운행하는 차량에 **국토교통부령으로 정하는 기준에 적합한 운행기록장치를 장착하여야 한다.** 다만, 소형 화물차량 등 국토교통부령으로 정하는 차량은 그러하지 아니하다.
  1. 「여객자동차 운수사업법」에 따른 **여객자동차 운송사업자**
  2. 「화물자동차 운수사업법」에 따른 **화물자동차 운송사업자 및 화물자동차 운송가맹사업자**
  3. 「도로교통법」 제52조에 따른 **어린이통학버스**(제1호에 따라 운행기록장치를 장착한 차량은 제외한다) **운영자**
② 제1항에 따라 **운행기록장치를 장착하여야 하는 자**(이하 "운행기록장치 장착의무자"라 한다)**는 운행기록장치에 기록된 운행기록을 대통령령으로 정하는 기간 동안 보관하여야 하며,** 교통행정기관이 제출을 요청하는 경우 이에 따라야 한다. 다만, **대통령령으로 정하는 운행기록장치 장착의무자는** 교통행정기관의 제출 요청과 관계없이 운행기록을 주기적으로 제출하여야 한다. 이 경우 운행기록장치 장착의무자는 운행기록장치에 기록된 운행기록을 임의로 조작하여서는 아니 된다.
③ 교통행정기관은 제2항에 따라 제출받은 운행기록을 점검·분석하여 그 결과를 해당 운행기록장치 장착의무자 및 차량운전자에게 제공하여야 한다.
④ **교통행정기관은 다음 각 호의 조치를 제외하고는** 제3항에 따른 **분석결과를 이용하여** 운행기록장치 장착의무자 및 차량운전자에게 이 법 또는 다른 법률에 따른 허가·등록의 취소 등 **어떠한 불리한 제재나 처벌을 하여서는 아니 된다.**
  1. 제33조제1항 및 제6항에 따른 **교통수단안전점검의 실시**
  2. 삭제 〈2012. 6. 1.〉
  3. **교통수단 및 교통수단운영체계의 개선 권고**
  4. **최소휴게시간, 연속근무시간 및 속도제한장치 무단해제 확인**
⑤ 운행기록의 보관·제출방법·분석·활용 등에 필요한 사항은 국토교통부령으로 정한다.

[교통안전법 시행령] 제45조(운행기록장치의 장착시기 및 보관기간)
① 법 제55조제1항 및 법률 제9866호 교통안전법 일부개정법률 부칙 단서에 따라 운행차량에 운행기록장치를 장착

하여야 하는 시기는 다음 각 호와 같다.
1. 이미 등록된 차량: 다음 각 목의 구분에 따른 시기
   가. 법 제55조제1항제1호에 해당하는 교통사업자(개인택시 운송사업자는 제외한다)가 운행하는 차량: 2012년 12월 31일
   나. 법 제55조제1항제2호에 해당하는 교통사업자 및 개인택시 운송 사업자가 운행하는 차량: 2013년 12월 31일
2. 법 제55조제1항에 해당하는 교통사업자가 운행하는 차량으로서 2011년 1월 1일 이후 최초로 신규등록하는 차량: 신규등록일

② 법 제55조제2항에서 **"대통령령으로 정하는 기간"**은 **6개월**로 한다.
③ 법 제55조제2항 단서에서 **"대통령령으로 정하는 운행기록장치 장착의무자"**란 다음 각 호의 자를 말한다. 〈신설 2018. 4. 24., 2024. 4. 9.〉
  1. 「여객자동차 운수사업법」 제4조에 따라 면허를 받은 **노선 여객자동차운송사업자**
  2. 「화물자동차 운수사업법」 제3조에 따라 허가를 받은 **화물자동차 운송사업자** 및 같은 법 제29조에 따라 허가를 받은 **화물자동차 운송가맹사업자**
④ 제3항제2호에 따른 사업자가 주기적으로 제출해야 하는 운행기록은 다음 각 호에 따른 차량의 운행기록으로 한정한다. 〈신설 2024. 4. 9.〉
  1. 「자동차관리법」 제3조제1항제3호에 따른 화물자동차 중 최대적재량이 25톤 이상인 자동차
  2. 견인형 대형 특수자동차(「자동차관리법」 제3조제1항제4호에 따른 특수자동차 중 피견인차의 견인을 전용으로 하는 구조로 되어 있는 자동차로서 총중량이 10톤 이상인 자동차를 말한다)

53 교통행정기관의 제출 요청과 관계없이 운행기록을 주기적으로 제출하여야 하는 사업자는? (법 제55조, 시행령 제45조)

① 개인택시 ② 일반화물차 ❸ 시외버스 ④ 전세버스

54 교통행정기관이 운행기록장치 장착의무자로부터 제출받은 운행기록 분석결과를 이용하여 할 수 있는 조치에 해당하지 않는 것은? (법 제55조)

① 교통수단안전점검의 실시
❷ 교통안전진단의 실시
③ 교통수단 및 교통수단운영체계의 개선 권고
④ 최소휴게시간, 연속근무시간 및 속도제한장치 무단해제 확인

─── same type ───

55 다음 중에서 차로이탈경고장치를 장착하여야 하는 차량은? (법 제55조의2, 시행규칙 제30조의2)

① 시내버스 ❷ 시외버스 ③ 피견인자동차 ④ 덤프형 화물자동차

> **해설**

[교통안전법] 제5장 교통안전에 관한 세부시책

제55조의2(**차로이탈경고장치의 장착**) 제55조제1항제1호 또는 제2호에 따른 차량 중 **국토교통부령으로 정하는 차량**은 국토교통부령으로 정하는 기준에 적합한 **차로이탈경고장치를 장착**하여야 한다.

[교통안전법 시행규칙] 제30조의2(차로이탈경고장치의 장착)

① 법 제55조의2에서 "**국토교통부령으로 정하는 차량**"이란 **길이 9미터 이상의 승합자동차 및 차량총중량 20톤을 초과하는 화물·특수자동차**를 말한다. 다만, **다음 각 호의 어느 하나에 해당하는 자동차는 제외**한다.
  1. 「자동차관리법 시행규칙」 별표 1 제2호에 따른 덤프형 화물자동차
  2. 피견인자동차
  3. 「자동차 및 자동차부품의 성능과 기준에 관한 규칙」 제28조에 따라 입석을 할 수 있는 자동차
  4. 그 밖에 자동차의 구조나 운행여건 등으로 설치가 곤란하거나 불필요하다고 국토교통부장관이 인정하는 자동차
② 법 제55조의2에서 "**국토교통부령으로 정하는 기준**"이란 「자동차 및 자동차부품의 성능과 기준에 관한 규칙」 별표 6의29에 따른 차로이탈경고장치 기준을 말한다.

※ 제55조의3(운행기록장치 등의 장착 여부에 관한 조사)부터 제57조의3(단지내도로의 교통안전)까지 생략

— same type —

※ TS국가자격시험 홈페이지, 교통안전관리자 시험안내에서 "교통안전법은 **총칙, 제3장 및 제5장 이하의 규정 중 교통수단 운영자에게 적용되는 규정과 관련된 사항만을 말함**"이라고 되어 있어, 교통안전법 제2장, 제4장, 제6장, 제7장은 시험 범위에서 제외되는 것으로 이해됩니다. 그렇지만 혹시나 하는 마음에 아래에 제2장, 제4장, 제6장, 제7장 관련 문제들을 수록하였으니, 이점을 감안하여 확인하시기 바랍니다.

---

56 다음 중 국가교통안전기본계획 등을 심의하는 기관은? (법 제12조)

❶ 국가교통위원회 ② 지방교통위원회
③ 시·군·구교통위원회 ④ 도로교통 지정행정기관

> **해설**

[교통안전법] 제2장 교통안전정책심의 기구
※ 법 제11조(다른 법률과의 관계) 생략

제12조(**교통안전에 관한 주요 정책 등 심의**) 교통안전에 관한 주요 정책과 제15조에 따른 **국가교통안전기본계획 등**은 「국가통합교통체계효율화법」 제106조에 따른 **국가교통위원회**(이하 "국가교통위원회"라 한다)에서 **심의**한다.
제13조(**지역별 교통안전에 관한 주요 정책 심의**)
① **지역별 교통안전에 관한 주요 정책**과 제17조에 따른 **지역교통안전기본계획**은 「국가통합교통체계효율화법」 제110조에 따른 **지방교통위원회**(이하 "지방교통위원회"라 한다) 및 시장·군수·구청장 소속으로 설치하는 **시·군·구 교통안전정책 심의위원회**(이하 "시·군·구교통안전위원회"라 한다)에서 **심의**한다. (☞ ②항, ③항 생략함)

57 다음 중 교통안전에 관한 주요 정책과 국가교통안전기본계획 등을 심의하는 기관은? (법 제12조)

❶ 국가교통위원회 ② 행정안전부 ③ 국토교통부 ④ 경찰청

58 다음 중 지역교통안전기본계획 등을 심의하는 기구는? (법 제13조)

❶ 지방교통위원회 및 시·군·구 교통안전정책심의위원회
② 국가교통위원회
③ 국토교통부 지방교통청
④ 지방경찰청

59 다음 중 지역별 교통안전에 관한 주요 정책을 심의하기 위해 지방기초단체장인 시장·군수·구청장 소속으로 설치하는 기구는? (법 제13조)

① 국가교통위원회 ❷ 시·군·구교통안전위원회
③ 지방교통위원회 ④ 지방경찰교통위원회

60 다음 중 교통수단안전점검의 대상이 아닌 것은? (법 제33조, 시행령 제20조)

① 여객자동차운송사업자가 보유한 자동차 ② 건설기계사업자가 보유한 건설기계
③ 항공운송사업자가 보유한 항공기 ❹ 해상운송사업자가 보유한 선박

[교통안전법] 제4장 교통안전에 관한 기본시책

※ 법 제22조(교통시설의 정비 등)부터 제32조(교통안전에 관한 시책 강구 상의 배려)까지 생략

[교통안전법] 제5장 교통안전에 관한 세부시책

제33조(교통수단안전점검)
① **교통행정기관은** 소관 교통수단에 대한 교통안전 실태를 파악하기 위하여 주기적으로 또는 수시로 **교통수단안전점검을 실시할 수 있다.**

[교통안전법 시행령] 제20조(교통수단안전점검의 대상 등)
① 법제33조제1항에 따른 교통수단안전점검의 대상은 **다음 각 호와 같다.**
  1. 「여객자동차 운수사업법」에 따른 **여객자동차운송사업자가 보유한 자동차** 및 그 운영에 관련된 사항
  2. 「화물자동차 운수사업법」에 따른 **화물자동차 운송사업자가 보유한 자동차** 및 그 운영에 관련된 사항
  3. 「건설기계관리법」에 따른 **건설기계사업자가 보유한 건설기계**(같은 법 제26조제1항 단서에 따라 「도로교통

법」에 따른 운전면허를 받아야 하는 건설기계에 한정한다) 및 그 운영에 관련된 사항
4. 「철도사업법」에 따른 **철도사업자 및 전용철도운영자가 보유한 철도차량** 및 그 운영에 관련된 사항
5. 「도시철도법」에 따른 **도시철도운영자가 보유한 철도차량** 및 그 운영에 관련된 사항
6. 「항공사업법」에 따른 **항공운송사업자가 보유한 항공기**(「항공안전법」 제3조 및 제4조를 적용받는 군용항공기 등과 국가기관등항공기는 제외한다) 및 그 운영에 관련된 사항
7. 그 밖에 국토교통부령으로 정하는 **어린이 통학버스** 및 **위험물 운반자동차** 등 교통수단안전점검이 필요하다고 **인정되는 자동차** 및 그 운영에 관련된 사항

61 다음 중 교통수단안전점검의 대상으로 옳지 않은 것은? (법 제33조, 시행령 제20조)

① 여객 자동차   ② 철도차량   ③ 항공기   ❹ 선박

62 다음 중 국토교통부장관이 한국교통안전공단에 위탁할 수 있는 업무에 해당되지 않는 것은? (법 제59조, 시행령 제48조의2)

① 교통수단안전점검
② 교통시설안전진단 실시결과의 평가와 평가에 필요한 관련 자료의 제출 요구
③ 시험의 실시 및 자격증명서의 발급
❹ 도로교통사고에 관한 교통안전정보관리체계의 구축·관리

[교통안전법] 제6장 보칙
※ 법 제58조(비밀유지 등) 생략

제59조(권한의 위임 및 업무의 위탁)
① 국토교통부장관 또는 지정행정기관의 장은 이 법에 따른 권한의 일부를 대통령령으로 정하는 바에 따라 소속 기관의 장 또는 시·도지사에게 위임할 수 있다.
② 시·도지사는 제1항의 규정에 따라 국토교통부장관 또는 지정행정기관의 장으로부터 위임받은 권한의 일부를 국토교통부장관 또는 지정행정기관의 장의 승인을 얻어 시장·군수·구청장에게 재위임할 수 있다.
③ **국토교통부장관, 교통행정기관 또는 시장·군수·구청장**은 이 법에 따른 업무의 일부를 대통령령으로 정하는 바에 따라 **교통안전과 관련된 전문기관·단체에 위탁할 수 있다.**

[교통안전법 시행령] 제48조의2(업무의 위탁)
① **국토교통부장관**은 법 제59조제3항에 따라 다음 각 호의 업무를 **한국교통안전공단에 위탁한다.**
1. 법 제33조제6항에 따른 **교통수단안전점검**
2. 삭제 〈2024. 4. 9.〉 (☞ 법 제35조의2제1항 및 제3항에 따른 교통안전우수사업자의 지정 및 지정 취소)
3. 법 제45조제1항 및 제2항에 따른 **교통시설안전진단 실시결과의 평가와 평가에 필요한 관련 자료의 제출 요구**

4. 법 제53조제2항에 따른 **시험의 실시 및 자격증명서의 발급**
② 교통행정기관의 장의 업무 중 다음 각 호에 관한 국토교통부장관의 업무와 제1호 및 제4호에 관한 시·도지사등의 업무는 법 제59조제3항에 따라 **한국교통안전공단에 위탁한다.**
  1. 법 제21조제1항·제3항에 따른 **교통안전관리규정의 접수 및 준수 여부에 대한 확인·평가**
  2. **교통안전정보관리체계의 구축·관리**
  3. 삭제 〈2017. 9. 19.〉
  4. **운행기록등**(자동차의 운행기록등만 해당한다)의 **제출 요청 및 점검·분석**
  5. **교통안전체험연구·교육시설의 설치·운영**
  6. **교통문화지수의 개발·조사·작성 및 결과의 공표**
  7. 법 제33조제3항에 따른 **교통수단안전점검에 필요한 관련 자료의 제출 요구**(제1항제1호에 따라 위탁된 업무와 관련된 경우로 한정한다)
  8. 법 제33조의2제1항부터 제4항까지의 **규정에 따른 특별실태조사의 실시, 교통체계 개선권고와 그 이행에 필요한 행정적 지원, 이행계획서의 접수와 그 이행의 확인·점검 및 이행결과보고서의 접수**
③ 교통행정기관의 장의 업무 중 다음 각 호에 관한 경찰청장의 업무는 법 제59조제3항에 따라 **한국도로교통공단에 위탁한다.** 〈개정 2011. 8. 19., 2017. 9. 19., 2024. 7. 16., 2024. 7. 23.〉
  1. 법 제51조제3항에 따른 **교통사고관련자료등**(제39조제1호부터 제3호까지 및 제5호에 해당하는 자가 보관·관리하는 교통사고관련자료등은 제외한다)의 **제출 요구**
  2. **도로교통사고에 관한 교통안전정보관리체계의 구축·관리**
  3. **교통안전체험연구·교육시설의 설치·운영**
  4. **도로교통사고에 관한 교통문화지수의 조사·작성**
④ 시장·군수·구청장은 법 제59조제3항에 따라 법 제57조의3제4항에 따른 교통안전 실태점검 업무를 한국교통안전공단에 위탁할 수 있다. 이 경우 위탁받은 기관과 위탁업무의 내용을 고시해야 한다.
[시행일: 2025. 1. 1.] 제48조의2제1항제2호

---

63 시·도지사가 교통안전법에 따라 처분을 행할 경우 반드시 청문을 해야 하는 경우는? (법 제61조)

① 교통체계의 개선 권고
❷ 교통안전관리자 자격의 취소
③ 과태료 부과
④ 교통수단운영자 사업자의 출입·검사

해설

[교통안전법] 제6장 보칙
※ 제60조(수수료), 제62조(벌칙 적용에서의 공무원 의제) 생략

제61조(청문) 시·도지사는 다음 각 호의 어느 하나에 해당하는 처분을 하고자 하는 경우에는 청문을 실시하여야 한다.
  1. 제43조에 따른 **교통안전진단기관 등록의 취소**
  2. 제54조제1항의 규정에 따른 **교통안전관리자 자격의 취소**

64 시·도지사가 교통안전진단기관 등록의 취소, 교통안전관리자 자격의 취소와 같은 처분을 하고자 하는 경우 실시해야 하는 것은? (법 제61조)

❶ 청문의 실시   ② 수수료의 부과   ③ 과태료의 부과   ④ 양벌규정의 제시

---

65 교통안전법의 규정을 위반하여 교통안전관리규정을 제출하지 않거나 이를 준수하지 않은 경우 또는 변경명령에 따르지 않은 경우의 과태료는? (법 제65조, 시행령 제49조 [별표 9])

① 100만원   ❷ 200만원   ③ 300만원   ④ 500만원

해설

[교통안전법] 제7장 벌칙
※ 제63조(벌칙), 제64조(양벌규정) 및 부칙 생략

제65조(과태료)
① 다음 각 호의 어느 하나에 해당하는 자에게는 1천만원 이하의 과태료를 부과한다. (☞ 각호 생략함)
② 다음 각 호의 어느 하나에 해당하는 자에게는 500만원 이하의 과태료를 부과한다. (☞ 각호 생략함)
③ 제1항 및 제2항의 규정에 따른 과태료는 대통령령으로 정하는 바에 따라 국토교통부장관, 교통행정기관 또는 시장·군수·구청장이 부과·징수한다.

[교통안전법 시행령] 제49조(**과태료의 부과기준**) 법 제65조제1항 및 제2항에 따른 과태료의 부과기준은 **별표 9**와 같다. (☞ [별표 9] 과태료의 부과기준(제49조 관련) 요약함)

위반행위	과태료 금액		
	1차	2차	3차 이상
운행기록장치를 장착하지 않은 경우	50만원	100만원	150만원
차로이탈경고장치를 장착하지 않은 경우	50만원	100만원	150만원
중대한 사고를 통보하지 않은 경우	100만원		
규정을 위반하여 교통안전관리규정을 제출하지 않거나 이를 준수하지 않은 경우 또는 변경명령에 따르지 않은 경우	**200만원**		
교통수단안전점검을 거부·방해 또는 기피한 경우	300만원		
교통안전담당자를 지정하지 않은 경우	**500만원**		
교통시설안전진단을 받지 않거나 교통시설안전진단보고서를 거짓으로 제출한 경우	600만원		

66 교통안전담당자를 지정하지 않은 경우의 과태료는? (법 제65조, 시행령 제49조 [별표 9])

① 100만원   ② 200만원   ③ 300만원   ❹ 500만원

항공안전법

제1교시 교통법규

±35문항

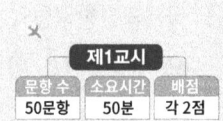

항공안전법은 항공업계와 관련한 모든 일의 출발점이라 해도 과언이 아닐 정도로 매우 중요한 과목입니다. 그렇기 때문에 범위도 넓고 난이도 또한 높은 편입니다. 물론 여기서는 항공교통안전관리자 기출유형문제에 맞추어 적절하게 정리하였으므로, 조금만 집중하면 의외의 고득점도 얻을 수 있을 것입니다.

• same type • 표시는 동일한 기출 유형 문제의 구분을 의미합니다.

---

01 우리나라 항공안전법은 무엇에 기초하여 제정되었는가? (법 제1조)

❶ 국제민간항공협약 (및 같은 협약의 부속서)
② 동경협약
③ 미국 연방항공규정
④ 국제항공운송협약

[항공안전법]

제1조(목적) 이 법은 「**국제민간항공협약**」 및 같은 **협약**의 **부속서**에서 채택된 표준과 권고되는 방식에 따라 항공기, 경량항공기 또는 초경량비행장치의 **안전하고 효율적인 항행을 위한 방법**과 **국가, 항공사업자 및 항공종사자 등의 의무 등에 관한 사항을 규정함**을 목적으로 한다.

---

02 항공안전법의 목적으로 옳지 않은 것은? (법 제1조)

① 항공기의 안전하고 효율적인 항행을 위한 방법 등에 관한 사항을 규정함.
② 국가 등의 의무 등에 관한 사항을 규정함.
③ 항공사업자 및 항공종사자 등의 의무 등에 관한 사항을 규정함.
❹ 항공기술 발전에 이바지하기 위한 방법 등에 관한 사항을 규정함.

03 국제민간항공협약 부속서(annex)-1은 무엇에 대한 기준을 정하고 있가? (국제민간항공협약 부속서)
❶ 항공종사자 면허   ② 항공규칙   ③ 항공기상   ④ 항공기 사고조사

해설

국토교통부 훈령『국제민간항공기구(ICAO) 항공안전 상시평가 대응에 관한 규정』
(☞ [별표 3]의 "국제민간항공조약 부속서 및 담당기관"을 근거로 하여 아래와 같이 정리함)

순 번	부속서 영문 명칭	순 번	부속서 한글 명칭
Annex 1.	Personnel Licensing	**부속서 1.**	항공종사자 면허
Annex 2.	Rules of the Air	**부속서 2.**	항공규칙
Annex 3.	Meteorological Service for International Air Navigation	부속서 3.	항공기상
Annex 4.	Aeronautical Charts	부속서 4.	항공지도
Annex 5.	Units of Measurement to be Used in Air and Ground Operations	부속서 5.	공지측정단위
Annex 6.	Operation of Aircraft (PartⅠ. PartⅡ, PartⅢ)	부속서 6.	항공기운항 (PartⅠ~Ⅲ가 있음)
Annex 7.	Aircraft Nationality and Registration Marks	부속서 7.	항공기 국적 및 등록 기호
Annex 8.	Airworthiness of Aircraft	부속서 8.	항공기 감항성
Annex 9.	Facilitation	부속서 9.	출입국 간소화
Annex 10.	Aeronautical Telecommunications (VolumeⅠ, Ⅱ, Ⅲ, Ⅳ, Ⅴ)	부속서10.	항공통신 업무 (VolumeⅠ~Ⅴ가 있음)
Annex 11.	Air Traffic Services	부속서11.	항공교통 업무
Annex 12.	Search and Rescue	부속서12.	수색구조업무
Annex 13.	Aircraft Accident and Incident Investigation	**부속서13.**	항공기 사고조사
Annex 14.	Aerodromes (VolumeⅠ, VolumeⅡ)	부속서14.	비행장 (VolumeⅠ, Ⅱ가 있음)
Annex 15.	Aeronautical Information Services	부속서15.	항공정보업무
Annex 16.	Environmental Protection (VolumeⅠ, Ⅱ, Ⅲ, Ⅳ)	부속서16.	환경보호 (VolumeⅠ~Ⅳ가 있음)
Annex 17.	Aviation Security	부속서17.	항공보안
Annex 18.	The Safe Transport of Dangerous Goods by Air	부속서18.	위험물 항공운송
Annex 19.	Safety Management	**부속서19.**	안전관리

04 국제민간항공협약 부속서 중에서 항공규칙의 기준을 정하고 있는 것은? (국제민간항공협약 부속서)
① 부속서 1   ❷ 부속서 2   ③ 부속서 13   ④ 부속서 19

05 항공기의 범위 중 대통령령으로 정하는 기기는? (법 제2조 제1호, 항공안전법 시행령 제2조)
① 기준을 초과하는 동력비행장치
② 길이 및 자체중량이 기준을 초과하는 무인동력비행장치 및 무인비행선
❸ 지구 대기권 내외를 비행할 수 있는 항공우주선
④ 최대이륙중량, 속도, 좌석수 등을 국토교통부령으로 정한 범위 내의 비행기

해설

[항공안전법]

제2조(정의) 이 법에서 사용하는 용어의 뜻은 다음과 같다.
1. "**항공기**"란 **공기의 반작용**(지표면 또는 수면에 대한 공기의 반작용은 제외한다. 이하 같다)**으로 뜰 수 있는 기기**로서 최대이륙중량, 좌석 수 등 **국토교통부령으로 정하는 기준에 해당하는 다음 각 목의 기기와 그 밖에 대통령령으로 정하는 기기**를 말한다.
   가. 비행기   나. 헬리콥터   다. 비행선   라. 활공기(滑空機)

[항공안전법 시행령]

제2조(항공기의 범위) 「항공안전법」(이하 "법"이라 한다) 제2조제1호 각 목 외의 부분에서 "**대통령령으로 정하는 기기**"란 다음 각 호의 어느 하나에 해당하는 기기를 말한다.
   1. **최대이륙중량, 좌석 수, 속도 또는 자체중량 등이 국토교통부령으로 정하는 기준을 초과하는 기기**
   2. **지구 대기권 내외를 비행할 수 있는 항공우주선**

2. "**경량항공기**"란 항공기 외에 공기의 반작용으로 뜰 수 있는 기기로서 최대이륙중량, 좌석 수 등 **국토교통부령으로 정하는 기준**에 해당하는 **비행기, 헬리콥터, 자이로플레인**(gyroplane) 및 **동력패러슈트**(powered parachute) 등을 말한다.

[항공안전법 시행규칙]

제4조(경량항공기의 기준) 법 제2조제2호에서 "최대이륙중량, 좌석 수 등 **국토교통부령으로 정하는 기준**에 해당하는 비행기, 헬리콥터, 자이로플레인(gyroplane) 및 동력패러슈트(powered parachute) 등"이란 **법 제2조제3호에 따른 초경량비행장치에 해당하지 않는 것**으로서 다음 각 호의 기준을 모두 충족하는 비행기, 헬리콥터, 자이로플레인 및 동력패러슈트를 말한다.
   1. **최대이륙중량이 600킬로그램**(수상비행에 사용하는 경우에는 650킬로그램) **이하일 것**
   2. **최대 실속속도**[실속(失速): 비행기를 띄우는 양력이 급격히 떨어지는 현상을 말한다. 이하 같다]이 발생할 수 있는 속도를 말한다] **또는 최소 정상비행속도가 45노트 이하일 것**
   3. **조종사 좌석을 포함한 탑승 좌석이 2개 이하일 것**
   4. **단발**(單發) **왕복발동기 또는 전기모터**(전기 공급원으로부터 충전받은 전기에너지 또는 수소를 사용하여 발생시킨 전기에너지를 동력원으로 사용하는 것을 말한다. 이하 같다)**를 장착할 것**
   5. **조종석은 여압**(기내 공기 압력을 지상과 가깝게 조절·유지하는 것을 말한다)**이 되지 아니할 것**
   6. **비행 중에 프로펠러의 각도를 조정할 수 없을 것**
   7. **고정된 착륙장치가 있을 것**. 다만, 수상비행에 사용하는 경우에는 고정된 착륙장치 외에 접을 수 있는 착륙장치를 장착할 수 있다.

3. "**초경량비행장치**"란 항공기와 경량항공기 외에 공기의 반작용으로 뜰 수 있는 장치로서 자체중량, 좌석 수 등 **국토교통부령으로 정하는 기준**에 해당하는 **동력비행장치, 행글라이더, 패러글라이더, 기구류 및 무인비행장치** 등을 말한다.

[항공안전법 시행규칙]

제5조(**초경량비행장치의 기준**) 법 제2조제3호에서 "자체중량, 좌석 수 등 **국토교통부령으로 정하는 기준**에 해당하는 동력비행장치, 행글라이더, 패러글라이더, 기구류 및 무인비행장치 등"이란 다음 각 호의 기준을 충족하는 **동력비행장치, 행글라이더, 패러글라이더, 기구류, 무인비행장치, 회전익비행장치, 동력패러글라이더 및 낙하산류 등**을 말한다.

1. **동력비행장치**: 동력을 이용하는 것으로서 다음 각 목의 기준을 모두 충족하는 고정익비행장치. 다만, 전기모터에 의한 동력을 이용하는 경우에는 나목은 적용하지 않는다.
   가. 탑승자, 연료 및 비상용 장비의 중량을 제외한 **자체중량**[배터리의 전원(電源)을 이용하는 초경량비행장치의 경우에는 배터리의 중량을 포함한다. 이하 같다]이 **115킬로그램 이하일 것**
   나. 연료의 탑재량이 19리터 이하일 것
   다. 좌석이 1개일 것
2. **행글라이더**: 탑승자 및 비상용 장비의 중량을 제외한 자체중량이 70킬로그램 이하로서 체중이동, 타면조종 등의 방법으로 조종하는 비행장치
3. **패러글라이더**: 탑승자 및 비상용 장비의 중량을 제외한 자체중량이 70킬로그램 이하로서 날개에 부착된 줄을 이용하여 조종하는 비행장치
4. **기구류**: 기체의 성질·온도차 등을 이용하는 다음 각 목의 비행장치
   가. 유인자유기구
   나. 무인자유기구(기구 외부에 2킬로그램 이상의 물건을 매달고 비행하는 것만 해당한다. 이하 같다)
   다. 계류식(繫留式)기구
5. **무인비행장치**: 사람이 탑승하지 아니하는 것으로서 다음 각 목의 비행장치
   가. **무인동력비행장치**: 연료의 중량을 제외한 **자체중량이 150킬로그램 이하**인 무인비행기, 무인헬리콥터 또는 무인멀티콥터
   나. **무인비행선**: 연료의 중량을 제외한 **자체중량이 180킬로그램 이하**이고 길이가 20미터 이하인 무인비행선
6. **회전익비행장치**: 제1호 각 목(전기모터에 의한 동력을 이용하는 경우에는 같은 호 나목은 제외한다)의 동력비행장치의 요건을 갖춘 헬리콥터 또는 자이로플레인
7. **동력패러글라이더**: 패러글라이더에 추진력을 얻는 장치를 부착한 다음 각 목의 어느 하나에 해당하는 비행장치
   가. 착륙장치가 없는 비행장치
   나. 착륙장치가 있는 것으로서 제1호 각 목(전기모터에 의한 동력을 이용하는 경우에는 같은 호 나목은 제외한다)의 동력비행장치의 요건을 갖춘 비행장치
8. **낙하산류**: 항력(抗力)을 발생시켜 대기(大氣) 중을 낙하하는 사람 또는 물체의 속도를 느리게 하는 비행장치
9. 그 밖에 국토교통부장관이 종류, 크기, 중량, 용도 등을 고려하여 정하여 고시하는 비행장치

4. "**국가기관등항공기**"란 국가, 지방자치단체, 그 밖에 「공공기관의 운영에 관한 법률」에 따른 공공기관으로서 대통령령으로 정하는 **공공기관**(이하 "국가기관등"이라 한다)**이 소유하거나 임차(賃借)한** 항공기로서 다음 각 목의 어느 하나에 해당하는 업무를 수행하기 위하여 사용되는 항공기를 말한다. 다만, **군용·경찰용·세관용 항공기는 제외**한다.
   가. 재난·재해 등으로 인한 수색(搜索)·구조
   나. 산불의 진화 및 예방
   다. 응급환자의 후송 등 구조·구급활동
   라. 그 밖에 공공의 안녕과 질서유지를 위하여 필요한 업무
5. "**항공업무**"란 다음 각 목의 어느 하나에 해당하는 업무를 말한다.
   가. 항공기의 운항(무선설비의 조작을 포함한다) 업무(제46조에 따른 항공기 조종연습은 제외한다)
   나. 항공교통관제(무선설비의 조작을 포함한다) 업무(제47조에 따른 항공교통관제연습은 제외한다)
   다. 항공기의 운항관리 업무
   라. 정비·수리·개조(이하 "**정비등**"이라 한다)된 항공기·발동기·프로펠러(이하 "항공기등"이라 한다), 장비품 또는 부품에 대하여 안전하게 운용할 수 있는 **성능**(이하 "**감항성**"이라 한다)**이 있는지를 확인하는 업무** 및 경량항공기 또는 그 장비품·부품의 **정비사항을 확인하는 업무**
6. "**항공기사고**"란 사람이 비행을 목적으로 항공기에 탑승하였을 때부터 탑승한 모든 사람이 항공기에서 내릴 때까지[사람이 탑승하지 아니하고 원격조종 등의 방법으로 비행하는 항공기(이하 "**무인항공기**"라 한다)의 경우에는 비행을 목적으로 움직이는 순간부터 비행이 종료되어 발동기가 정지되는 순간까지를 말한다] 항공기의 운항과 관련하여 발생한

다음 각 목의 어느 하나에 해당하는 것으로서 국토교통부령으로 정하는 것을 말한다.
가. 사람의 사망, 중상 또는 행방불명
나. 항공기의 파손 또는 구조적 손상
다. 항공기의 위치를 확인할 수 없거나 항공기에 접근이 불가능한 경우

[항공안전법 시행규칙]

제6조(사망·중상 등의 적용기준)

① 법 제2조제6호가목에 따른 **사람의 사망 또는 중상에 대한 적용기준**은 다음 각 호와 같다.
  1. 항공기에 탑승한 사람이 사망하거나 중상을 입은 경우. 다만, 자연적인 원인 또는 자기 자신이나 타인에 의하여 발생된 경우와 승객 및 승무원이 정상적으로 접근할 수 없는 장소에 숨어있는 밀항자 등에게 발생한 경우는 제외한다.
  2. 항공기로부터 이탈된 부품이나 그 항공기와의 직접적인 접촉 등으로 인하여 사망하거나 중상을 입은 경우
  3. 항공기 발동기의 흡입 또는 후류(後流: 뒤쪽 바람)로 인하여 사망하거나 중상을 입은 경우

② 법 제2조제6호가목, 같은 조 제7호가목 및 같은 조 제8호가목에 따른 **행방불명은 항공기**, 경량항공기 또는 초경량비행장치 안에 있던 사람이 항공기사고, 경량항공기사고 또는 초경량비행장치**사고로 1년간 생사가 분명하지 아니한 경우**에 적용한다.

③ 법 제2조제7호가목 및 같은 조 제8호가목에 따른 **사람의 사망 또는 중상에 대한 적용기준**은 다음 각 호와 같다.
  1. 경량항공기 및 초경량비행장치에 탑승한 사람이 사망하거나 중상을 입은 경우. 다만, 자연적인 원인 또는 자기 자신이나 타인에 의하여 발생된 경우는 제외한다.
  2. 비행 중이거나 비행을 준비 중인 경량항공기 또는 초경량비행장치로부터 이탈된 부품이나 그 경량항공기 또는 초경량비행장치와의 직접적인 접촉 등으로 인하여 사망하거나 중상을 입은 경우

제7조(사망·중상의 범위)

① 법 제2조제6호가목, 같은 조 제7호가목 및 같은 조 제8호가목에 따른 **사람의 사망은 항공기사고, 경량항공기사고 또는 초경량비행장치사고가 발생한 날부터 30일 이내에 그 사고로 사망한 경우를 포함**한다.

② 법 제2조제6호가목, 같은 조 제7호가목 및 같은 조 제8호가목에 따른 **중상의 범위**는 다음 각 호와 같다.
  1. **항공기사고, 경량항공기사고 또는 초경량비행장치사고로 부상을 입은 날부터 7일 이내에 48시간을 초과하는 입원치료**가 필요한 부상
  2. **골절**(코뼈, 손가락, 발가락 등의 간단한 골절은 제외한다)
  3. **열상**(찢어진 상처)**으로 인한 심한 출혈, 신경·근육 또는 힘줄의 손상**
  4. **2도나 3도의 화상 또는 신체표면의 5퍼센트를 초과하는 화상**(화상을 입은 날부터 7일 이내에 48시간을 초과하는 입원치료가 필요한 경우만 해당한다)
  5. **내장의 손상**
  6. **전염물질이나 유해방사선에 노출된 사실이 확인된 경우**

제8조(항공기의 파손 또는 구조적 손상의 범위) 법 제2조제6호나목에서 "항공기의 파손 또는 구조적 손상"이란 **별표 1**의 항공기의 손상·파손 또는 구조상의 결함으로 항공기 구조물의 강도, 항공기의 성능 또는 비행특성에 악영향을 미쳐 대수리 또는 해당 구성품(component)의 교체가 요구되는 것을 말한다.

[항공안전법 시행규칙] [별표1] 항공기의 손상·파손 또는 구조상의 결함 (제8조 관련)

1. 다음 각 목의 어느 하나에 해당되는 경우에는 **항공기의 중대한 손상·파손 및 구조상의 결함으로 본다.**
   가. 항공기에서 발동기가 떨어져 나간 경우
   나. 발동기의 덮개 또는 역추진장치 구성품이 떨어져 나가면서 항공기를 손상시킨 경우
   다. 압축기, 터빈 블레이드(날개) 및 그 밖에 다른 발동기 구성품이 발동기 덮개를 관통한 경우. 다만, 발동기의 배기구를 통해 유출된 경우는 제외한다.
   라. 레이더 안테나 덮개가 파손되거나 떨어져 나가면서 항공기의 동체 구조 또는 시스템에 중대한 손상을 준 경우
   마. 플랩(flap), 슬랫(slat: 양력 증대를 위해 비행기 주날개 앞부분에 설치되는 작은 날개) 등 고양력장치(高揚力裝置) 및 윙렛(winglet: 비행기 주날개 끝에 수직 또는 거의 수직으로 부착하는 작은 날

개)이 손실된 경우. 다만, 외형변경목록(Configuration Deviation List)을 적용하여 항공기를 비행에 투입할 수 있는 경우는 제외한다.
바. 바퀴다리(landing gear leg)가 완전히 펴지지 않았거나 바퀴(wheel)가 나오지 않은 상태에서 착륙하여 항공기의 표피가 손상된 경우. 다만, 간단한 수리를 하여 항공기가 비행할 수 있는 경우는 제외한다.
사. 항공기 내부의 감압 또는 여압을 조절하지 못하게 되는 구조적 손상이 발생한 경우
아. 항공기준사고 또는 항공안전장애 등의 발생에 따라 항공기를 점검한 결과 심각한 손상이 발견된 경우
자. 비상탈출로 중상자가 발생했거나 항공기가 심각한 손상을 입은 경우
차. 그 밖에 가목부터 자목까지의 경우와 유사한 항공기의 손상·파손 또는 구조상의 결함이 발생한 경우
2. 제1호에 해당하는 경우에도 다음 각 목의 어느 하나에 해당하는 경우에는 **항공기의 중대한 손상·파손 및 구조상의 결함으로 보지 아니한다.**
   가. 덮개와 부품(accessory)을 포함하여 한 개의 발동기의 고장 또는 손상
   나. 프로펠러, 날개 끝(wing tip), 안테나, 프로브(probe), 베인(vane: 공기의 흐름을 위한 작은 날개) 타이어, 브레이크, 바퀴, 페어링(fairing: 노출부의 보호 및 공기 저항력 감소를 위한 유선형 덮개), 패널(panel), 착륙장치 덮개, 방풍창 및 항공기 표피의 손상
   다. 주회전익, 꼬리회전익 및 착륙장치의 경미한 손상
   라. 우박 또는 조류와 충돌 등에 따른 경미한 손상(레이더 안테나 덮개의 구멍을 포함한다)

7. "**경량항공기사고**"란 비행을 목적으로 경량항공기의 발동기가 시동되는 순간부터 비행이 종료되어 발동기가 정지되는 순간까지 발생한 다음 각 목의 어느 하나에 해당하는 것으로서 국토교통부령으로 정하는 것을 말한다.
   가. 경량항공기에 의한 사람의 사망, 중상 또는 행방불명
   나. 경량항공기의 추락, 충돌 또는 화재 발생
   다. 경량항공기의 위치를 확인할 수 없거나 경량항공기에 접근이 불가능한 경우
8. "**초경량비행장치사고**"란 초경량비행장치를 사용하여 비행을 목적으로 이륙[이수(離水)를 포함한다. 이하 같다]하는 순간부터 착륙[착수(着水)를 포함한다. 이하 같다]하는 순간까지 발생한 다음 각 목의 어느 하나에 해당하는 것으로서 국토교통부령으로 정하는 것을 말한다.
   가. 초경량비행장치에 의한 사람의 사망, 중상 또는 행방불명
   나. 초경량비행장치의 추락, 충돌 또는 화재 발생
   다. 초경량비행장치의 위치를 확인할 수 없거나 초경량비행장치에 접근이 불가능한 경우
9. "**항공기준사고**"(航空機準事故)란 항공안전에 중대한 위해를 끼쳐 항공기사고로 이어질 수 있었던 것으로서 **국토교통부령으로 정하는 것을** 말한다.

[항공안전법 시행규칙]

제9조(**항공기준사고의 범위**) 법 제2조제9호에서 "국토교통부령으로 정하는 것"이란 별표 2와 같다.

[별표2] 항공기준사고의 범위 (제9조 관련)

1. 항공기의 위치, 속도 및 거리가 **다른 항공기와 충돌위험이 있었던 것으로 판단되는 근접비행이 발생한 경우** (다른 항공기와의 거리가 500피트 미만으로 근접하였던 경우를 말한다) 또는 경미한 충돌이 있었으나 안전하게 착륙한 경우
2. 항공기가 정상적인 비행 중 지표, 수면 또는 그 밖의 **장애물과의 충돌**(Controlled Flight into Terrain)을 가까스로 회피한 경우
3. 항공기, 차량, 사람 등이 **허가 없이 또는 잘못된 허가로** 항공기 이륙·착륙을 위해 지정된 보호구역에 진입하여 **다른 항공기와의 충돌을 가까스로 회피한 경우**
4. 항공기가 다음 각 목의 장소에서 **이륙하거나 이륙을 포기한 경우** 또는 **착륙하거나 착륙을 시도한 경우**
   가. 폐쇄된 활주로 또는 다른 항공기가 사용 중인 활주로

나. 허가 받지 않은 활주로
　　다. 유도로(헬리콥터가 허가를 받고 이륙하거나 이륙을 포기한 경우 또는 착륙하거나 착륙을 시도한 경우는 제외한다)
　　라. 도로 등 착륙을 의도하지 않은 장소
5. 항공기가 **이륙·착륙 중 활주로 시단(始端)에 못 미치거나**(Undershooting) **또는 종단(終端)을 초과한 경우**(Overrunning) **또는 활주로 옆으로 이탈한 경우**(다만, 항공안전장애에 해당하는 사항은 제외한다)
6. **항공기가 이륙 또는 초기 상승 중 규정된 성능에 도달하지 못한 경우**
7. **비행 중 운항승무원이** 신체, 심리, 정신 등의 영향으로 **조종업무를 정상적으로 수행할 수 없는 경우**(Pilot Incapacitation)
8. **조종사가 연료량 또는 연료배분 이상으로 비상선언을 한 경우**(연료의 불충분, 소진, 누유 등으로 인한 결핍 또는 사용가능한 연료를 사용할 수 없는 경우를 말한다)
9. 항공기 시스템의 고장, 항공기 동력 또는 추진력의 손실, 기상 이상, 항공기 운용한계의 초과 등으로 **조종상의 어려움**(Difficulties in Controlling)**이 발생했거나 발생할 수 있었던 경우**
10. 다음 각 목에 따라 **항공기에 중대한 손상이 발견된 경우**(항공기사고로 분류된 경우는 제외한다)
　　가. 항공기가 지상에서 운항 중 다른 항공기나 장애물, 차량, 장비 또는 동물과 접촉·충돌
　　나. 비행 중 조류(鳥類), 우박, 그 밖의 물체와 충돌 또는 기상 이상 등
　　다. 항공기 이륙·착륙 중 날개, 발동기 또는 동체와 지면의 접촉·충돌 또는 끌림(dragging). 다만, 꼬리 스키드(tail skid: 항공기 꼬리 아래 장착되는, 지면 접촉 시 기체 손상 방지장치)의 경미한 접촉 등 항공기 이륙·착륙에 지장이 없는 경우는 제외한다.
　　라. 착륙바퀴가 완전히 펴지지 않거나 올려진 상태로 착륙한 경우
11. **비행 중 운항승무원이 비상용 산소 또는 산소마스크를 사용해야 하는 상황이 발생한 경우**
12. **운항 중 항공기 구조상의 결함**(Aircraft Structural Failure)**이 발생한 경우** 또는 터빈발동기의 내부 부품이 외부로 떨어져 나간 경우를 포함하여 터빈발동기의 내부 부품이 분해된 경우(항공기사고로 분류된 경우는 제외한다)
13. 운항 중 발동기에서 화재가 발생하거나 조종실, 객실이나 화물칸에서 화재·연기가 발생한 경우(소화기를 사용하여 진화한 경우를 포함한다)
14. 비행 중 **비행 유도**(Flight Guidance) **및 항행**(Navigation)**에 필요한 다중(多衆)시스템**(Redundancy System) **중 2개 이상의 고장으로 항행에 지장을 준 경우**
15. **비행 중 2개 이상의 항공기 시스템 고장이 동시에 발생하여 비행에 심각한 영향을 미치는 경우**
16. 운항 중 비의도적으로 항공기 외부의 인양물이나 탑재물이 항공기로부터 분리된 경우 또는 비상조치를 위해 의도적으로 항공기 외부의 인양물이나 탑재물이 항공기로부터 분리한 경우
* 비고: 항공기준사고 조사결과에 따라 항공기사고 또는 항공안전장애로 재분류 할 수 있다.

10. "**항공안전장애**"란 항공기사고 및 항공기준사고 외에 항공기의 운항 등과 관련하여 항공안전에 영향을 미치거나 미칠 우려가 있는 것을 말한다.
10의2. "**항공안전위해요인**"이란 항공기사고, 항공기준사고 또는 항공안전장애를 발생시킬 수 있거나 발생 가능성의 확대에 기여할 수 있는 상황, 상태 또는 물적·인적요인 등을 말한다.
10의3. "**위험도**"(Safety risk)란 항공안전위해요인이 항공안전을 저해하는 사례로 발전할 가능성과 그 심각도를 말한다.
10의4. "**항공안전데이터**"란 항공안전의 유지 또는 증진 등을 위하여 사용되는 다음 각 목의 자료를 말한다. (☞ 가~타 목 생략함)
10의5. "**항공안전정보**"란 항공안전데이터를 안전관리 목적으로 사용하기 위하여 가공(加工)·정리·분석한 것을 말한다.
11. "**비행정보구역**"이란 **항공기, 경량항공기 또는 초경량비행장치의 안전하고 효율적인 비행과 수색 또는 구조에 필요한 정보를 제공하기 위한 공역(空域)**으로서 「국제민간항공협약」 및 같은 협약 부속서에 따라 국토교통부장관이 그 명칭, 수직 및 수평 범위를 지정·공고한 공역을 말한다.
12. "**영공**(領空)"이란 대한민국의 영토와 「영해 및 접속수역법」에 따른 내수 및 영해의 상공을 말한다.
13. "**항공로**(航空路)"란 **국토교통부장관이 항공기, 경량항공기 또는 초경량비행장치의 항행에 적합하다고 지정한 지구의 표면상에 표시한 공간의 길**을 말한다.
14. "**항공종사자**"란 제34조제1항에 따른 **항공종사자 자격증명을 받은 사람**을 말한다.

15. "모의비행훈련장치"란 항공기의 조종실을 동일 또는 유사하게 모방한 장치로서 국토교통부령으로 정하는 장치를 말한다.
16. "운항승무원"이란 제35조제1호부터 제6호까지의 어느 하나에 해당하는 자격증명을 받은 사람으로서 항공기에 탑승하여 항공업무에 종사하는 사람을 말한다.
17. "객실승무원"이란 항공기에 탑승하여 비상시 승객을 탈출시키는 등 승객의 안전을 위한 업무를 수행하는 사람을 말한다.
18. **계기비행**(計器飛行)이란 **항공기의 자세·고도·위치 및 비행방향의 측정을 항공기에 장착된 계기에만 의존하여 비행하는 것을** 말한다.
19. "계기비행방식"이란 계기비행을 하는 사람이 제84조제1항에 따라 국토교통부장관 또는 제85조제1항에 따른 항공교통업무증명(이하 "항공교통업무증명"이라 한다)을 받은 자가 지시하는 이동·이륙·착륙의 순서 및 시기와 비행의 방법에 따라 비행하는 방식을 말한다.
20. "피로위험관리시스템"이란 운항승무원과 객실승무원이 충분한 주의력이 있는 상태에서 해당 업무를 할 수 있도록 피로와 관련한 위험요소를 경험과 과학적 원리 및 지식에 기초하여 지속적으로 감독하고 관리하는 시스템을 말한다.
21. "비행장"이란 「공항시설법」 제2조제2호에 따른 비행장을 말한다.
    (☞ **"비행장"**이란 **항공기·경량항공기·초경량비행장치의 이륙**[이수(離水)를 포함한다. 이하 같다]**과 착륙**[착수(着水)를 포함한다. 이하 같다]**을 위하여 사용되는 육지 또는 수면(水面)의 일정한 구역으로서 대통령령으로 정하는 것을** 말한다.)
22. "공항"이란 「공항시설법」 제2조**제3호**에 따른 공항을 말한다.
    (☞ **"공항"**이란 **공항시설을 갖춘 공공용 비행장으로서 국토교통부장관이 그 명칭·위치 및 구역을 지정·고시한 것을** 말한다.)
23. "공항시설"이란 「공항시설법」 제2조**제7호**에 따른 공항시설을 말한다.
    (☞ **"공항시설"**이란 **공항구역에 있는 시설과 공항구역 밖에 있는 시설 중** 대통령령으로 정하는 시설로서 국토교통부장관이 지정한 **다음 각 목의 시설을** 말한다.
    가. 항공기의 이륙·착륙 및 항행을 위한 시설과 그 부대시설 및 지원시설
    나. 항공 여객 및 화물의 운송을 위한 시설과 그 부대시설 및 지원시설
24. "항행안전시설"이란 「공항시설법」 제2조**제15호**에 따른 항행안전시설을 말한다.)
    (☞ **"항행안전시설"**이란 **유선통신, 무선통신, 인공위성, 불빛, 색채 또는 전파(電波)를 이용하여 항공기의 항행을 돕기 위한 시설로서 국토교통부령으로 정하는 시설을** 말한다.)
    24의2. "항공교통관리"란 항공교통 및 공역을 안전하고 효율적인 방법으로 통합 관리하는 업무로서 다음 각 목의 업무를 말한다. (☞ 가~다 목 생략함)
    24의3. "항공교통데이터"란 항공교통관리에 필요한 다음 각 목의 자료를 말한다.
        (☞ 가~카 목 생략함)
25. "관제권"(管制圈)이란 **비행장 또는 공항과 그 주변의 공역으로서 항공교통의 안전을 위하여 국토교통부장관이 지정·공고한 공역을** 말한다.
26. "관제구"(管制區)란 **지표면 또는 수면으로부터 200미터 이상 높이의 공역으로서 항공교통의 안전을 위하여 국토교통부장관이 지정·공고한 공역을 말한다.**
27. "항공운송사업"이란 「항공사업법」 제2조제7호에 따른 항공운송사업을 말한다.
28. "항공운송사업자"란 「항공사업법」 제2조제8호에 따른 항공운송사업자를 말한다.
29. "항공기사용사업"이란 「항공사업법」 제2조제15호에 따른 항공기사용사업을 말한다.
30. "항공기사용사업자"란 「항공사업법」 제2조제16호에 따른 항공기사용사업자를 말한다.
31. "항공기정비업자"란 「항공사업법」 제2조제18호에 따른 항공기정비업자를 말한다.
32. "초경량비행장치사용사업"이란 「항공사업법」 제2조제23호에 따른 초경량비행장치사용사업을 말한다.
33. "초경량비행장치사용사업자"란 「항공사업법」 제2조제24호에 따른 초경량비행장치사용사업자를 말한다.
34. "이착륙장"이란 「공항시설법」 제2조**제19호**에 따른 이착륙장을 말한다.
    (☞ **"이착륙장"**이란 **비행장 외에 경량항공기 또는 초경량비행장치의 이륙 또는 착륙을 위하여 사용되는 육지 또는 수면의 일정한 구역으로서 대통령령으로 정하는 것을** 말한다.)

06 다음 중 항공기의 범위에 해당하는 것은? (법 제2조 제1호, 시행령 제2조)
① 비행선, 수상기
② 초경량항공기, 헬리콥터
③ 비행선, 초급활공기
❹ 활공기, 항공우주선

07 다음 중 항공기의 범위에 해당하는 것은? (법 제2조 제1호, 시행령 제2조)
① 최대이륙중량이 600킬로그램 이하일 것
❷ 최대이륙중량, 좌석 수, 속도 또는 자체중량 등이 국토교통부령으로 정하는 기준을 초과하는 기기
③ 연료의 중량을 제외한 자체중량이 180킬로그램을 초과하고 길이가 20미터 이하일 것
④ 자체중량이 70킬로그램을 초과할 것

08 다음 중 경량항공기 기준에 해당되지 않는 것은? (법 제2조 제2호, 시행규칙 제4호)
① 조종사 좌석을 포함한 탑승 좌석이 2개 이하일 것
❷ 최대이륙중량이 450킬로그램 이하일 것
③ 최대 실속속도 또는 최소 정상비행속도가 45노트 이하일 것
④ 비행 중에 프로펠러의 각도를 조정할 수 없을 것

09 다음 중 초경량비행장치로 신고해야 할 대상이 아닌 것은? (법 제2조 제3호, 시행규칙 제5조)
❶ 자체중량이 70킬로그램을 초과하는 활공기
② 연료의 중량을 제외한 자체중량이 150킬로그램 이하인 무인동력비행장치
③ 계류식(繫留式)기구
④ 낙하산류

10 항공안전법에 따른 국가기관등항공기에 해당하지 않는 것은? (법 제2조 제4호)
❶ 군용·경찰용·세관용 항공기
② 재난·재해 등으로 인한 수색·구조 항공기
③ 산불의 진화 및 예방 항공기
④ 응급환자의 후송 등 구조·구급활동 항공기

11 다음 중 국가기관등항공기의 대상이 아닌 것은? (법 제2조 제4호)
① 산불의 진화 및 예방
② 재난·재해 등으로 인한 수색·구조
③ 응급환자의 후송 등 구조·구급활동
❹ 군사 연습·훈련

12 항공안전법에 따른 항공업무에 속하지 않는 것은? (법 제2조 제5호)
① 무선설비의 조작을 포함한 항공교통관제 업무
② 무선설비의 조작을 포함 항공기의 운항 업무
❸ 항공교통관제연습 및 항공기 조종연습 업무
④ 정비등을 수행한 항공기등의 감항성을 확인하는 업무

13 다음 중 항공업무에 해당되지 않는 것은? (법 제2조 제5호)
① 항공기의 운항관리 업무
② 항공교통관제 업무
③ 경량항공기 또는 그 장비품·부품의 정비사항을 확인하는 업무
❹ 항공기 조종연습 업무

14 항공안전법에서 정의하는 무인항공기의 항공기사고 발생 범위 기준은? (법 제2조 제6호)
① 비행을 목적으로 항공기에 탑승하였을 때부터 탑승한 모든 사람이 항공기에서 내릴 때까지
❷ 비행을 목적으로 움직이는 순간부터 비행이 종료되어 발동기가 정지되는 순간까지
③ 비행을 목적으로 발동기가 시동되는 순간부터 비행이 종료되어 발동기가 정지되는 순간까지
④ 비행을 목적으로 이륙하는 순간부터 착륙하는 순간까지

15 항공안전법의 사망·중상 등의 적용기준에서 행방불명의 기준은? (법 제2조 제6호, 시행규칙 제6호)
① 항공기사고, 경량항공기사고 또는 초경량비행장치사고로 6개월간 생사가 분명하지 아니한 경우
❷ 항공기사고, 경량항공기사고 또는 초경량비행장치사고로 1년간 생사가 분명하지 아니한 경우
③ 항공기사고, 경량항공기사고 또는 초경량비행장치사고로 2년간 생사가 분명하지 아니한 경우
④ 항공기사고, 경량항공기사고 또는 초경량비행장치사고로 3년간 생사가 분명하지 아니한 경우

16 항공기사고에 따른 중상의 범위에 해당하는 것은? (법 제2조 제6호, 시행규칙 제7조)
① 신체표면의 3퍼센트를 초과하는 화상
② 1도 화상
③ 손가락, 발가락의 간단한 골절
❹ 열상으로 인한 심한 출혈

17 항공기사고에 따른 중상의 범위에 해당되지 않는 것은? (법 제2조 제6호, 시행규칙 제7조)

❶ 항공기사고, 경량항공기사고 또는 초경량비행장치사고로 부상을 입은 날부터 7일 이내에 36시간을 초과하는 입원치료가 필요한 부상
② 골절(코뼈, 손가락, 발가락 등의 간단한 골절은 제외한다)
③ 열상(찢어진 상처)으로 인한 심한 출혈, 신경·근육 또는 힘줄의 손상
④ 전염물질이나 유해방사선에 노출된 사실이 확인된 경우

18 항공기의 중대한 손상·파손 및 구조상의 결함에 해당하지 않는 것은? (법 제2조 제6호, 시행규칙 별표1)

① 항공기에서 발동기가 떨어져 나간 경우
② 발동기의 덮개 또는 역추진장치 구성품이 떨어져 나가면서 항공기를 손상시킨 경우
❸ 덮개와 부품(accessory)을 포함하여 한 개의 발동기의 고장 또는 손상
④ 플랩(flap), 슬랫(slat) 등 고양력장치 및 윙렛(winglet)이 손실된 경우

19 다음 중 항공기준사고가 아닌 것은? (법 제2조 제9호)

① 충돌위험이 있었던 근접비행
❷ 비행 중 엔진 덮개의 풀림이나 이탈
③ 운항승무원의 조종능력 상실
④ 산소마스크를 사용해야 하는 상황 발생

20 항공기준사고의 범위가 아닌 것은? (법 제2조 제9호)

① 연료부족으로 인한 비상선언
② 비상상황이 발생하여 산소마스크 사용 시
③ 운항 중 엔진 화재 발생
❹ 쌍발 비행기의 엔진 1개 고장 시

21 항공기준사고가 아닌 것은? (법 제2조 제9호)

① 다른 항공기와 500피트 미만으로 근접한 근접비행의 발생
❷ 지상활주 중 인명사고의 발생
③ 장애물과의 충돌을 가까스로 회피한 경우
④ 연료의 부족으로 인한 비상선언

22 항공기 준사고에 포함되지 않는 것은? (법 제2조 제9호)

❶ 비행 중 정상적인 조종을 할 수 없는 정도의 레이저 광선에 노출된 경우
② 비행 중 운항승무원이 조종능력을 상실한 경우
③ 조종사가 연료의 부족으로 비상선언을 한 경우
④ 비상상황이 발생하여 산소마스크를 사용한 경우

23 항공기 준사고 범위에 해당되지 않는 것은? (법 제2조 제9호)
① 항공기가 지상에서 운항 중 다른 차량과 접촉한 경우
❷ 착륙 중 활주로 중심선 옆으로 착륙한 경우
③ 이륙 중 활주로 종단을 초과한 경우
④ 항공기 시스템의 고장으로 조종상의 어려움이 발생한 경우

24 다음 중 항공기준사고 범위에 해당하지 않는 것은? (법 제2조 제9호)
① 항공기가 이륙 또는 초기 상승 중 규정된 성능에 도달하지 못한 경우
② 항공기가 정상적인 비행 중 지표, 수면 또는 그 밖의 장애물과의 충돌(Controlled Flight Terrain)을 가까스로 회피한 경우
③ 항공기, 차량, 사람 등이 허가 없이 또는 잘못된 허가로 항공기 이륙·착륙을 위해 지정된 보호구역에 진입하여 다른 항공기와의 충돌을 가까스로 회피한 경우
❹ 항공기의 손상·파손 또는 구조상의 결함으로 항공기 구조물의 강도, 항공기의 성능 또는 비행 특성에 악영향을 미쳐 대수리 또는 해당 구성품(Component)의 교체가 요구되는 경우 (☞ 항공기사고)

25 다음 중 항공기준사고의 범위가 아닌 것은? (법 제2조 제9호)
① 다른 항공기와의 거리가 500ft 미만으로 근접하였던 경우
② 비상상황이 발생하여 산소마스크를 사용한 경우
③ 항공기가 유도로 상에서 무단으로 이륙·착륙을 시도한 경우
❹ 항공기가 이륙·착륙 중 동체 꼬리 스키드의 경미한 접촉이 발생한 경우

26 조종사가 최소연료상태(minimum fuel)를 선언했다면 어떤 의미로 받아들일 수 있는가? (법 제2조 제9호)
① 비상선언 시에는 항공기사고
❷ 비상선언 시에는 항공기준사고
③ 비상선언 시에는 항공안전장애
④ 비상선언 시에는 항공안전위해요인

27 다음 중 용어에 대한 정의가 잘못된 것은? (법 제2조 제10호)
① 항공기 : 공기의 반작용으로 뜰 수 있는 기기로서 비행기, 비행선, 활공기, 헬리콥터와 그밖에 대통령령으로 정하는 기기를 말한다.
② 항공종사자 : 항공안전법 제34조제1항에 따른 항공종사자 자격증명을 받은 사람을 말한다.
③ 비행장 : 항공기·경량항공기·초경량비행장치의 이륙(이수 포함)·착륙(착수 포함)을 위하여 사용되는 육지 또는 수면의 일정한 구역으로서 대통령령으로 정하는 것을 말한다.
❹ 항공안전장애 : 항공기사고 외에 항공기사고로 발전할 수 있었던 것으로서 국토교통부령으로 정하는 것을 말한다.

28 항공로에 대한 정의로 맞는 것은? (법 제2조 제13호)
   ❶ 국토교통부장관이 항공기, 경량항공기 또는 초경량비행장치의 항행에 적합하다고 지정한 지구의 표면상에 표시한 공간의 길
   ② 국토교통부장관이 항공기, 경량항공기 또는 초경량비행장치의 항공교통의 안전을 위하여 지정한 지구의 표면상에 표시한 공간의 길
   ③ 비행장 또는 공항과 그 주변의 항공교통의 안전을 위하여 국토교통부장관이 지정, 공고한 공간의 길
   ④ 항공교통의 안전을 위하여 국토교통부장관이 지정한 표면 또는 수면으로부터 450m 이상 높이에 있는 공간의 길

29 항공안전법이 규정하는 항공종사자의 정의로 맞는 것은? (법 제2조 제14호)
   ① 항행안전시설의 유지·보수 업무에 종사하는 사람
   ❷ 항공종사자 자격증명을 받은 사람
   ③ 항공기의 정비업무에 종사하는 사람
   ④ 항공기의 운항을 위하여 지상조업을 하는 사람

30 계기비행의 정의로 알맞은 것은? (법 제2조 제18호)
   ① 항공기의 고도·속도 및 비행방향의 측정을 항공기에 장착된 계기에 의존하여 비행하는 것
   ② 항공기의 고도·위치 및 비행방향의 측정을 항공기에 장착된 계기에 의존하여 비행하는 것
   ❸ 항공기의 자세·고도·위치 및 비행방향의 측정을 항공기에 장착된 계기에만 의존하여 비행하는 것
   ④ 항공기의 자세·고도·위치 및 비행방향의 측정을 항공기에 장착된 계기등에 의존하여 비행하는 것

31 관제권에 대한 설명 중 맞는 것은? (법 제2조 제25호)
   ① 지표 또는 수면으로부터 200m 이상의 공역으로서 항공교통의 안전을 위하여 국토교통부장관이 지정한 공역
   ② 국토교통부장관이 항공기의 항행에 적합하다고 지정한 지국의 표면상에 표시한 공간
   ❸ 비행장 또는 공항과 그 주변의 공역으로서 항공교통의 안전을 위하여 국토교통부장관이 지정·공고한 공역
   ④ 비행장 이외의 지역으로 항공기 항행의 안전을 위하여 국토교토부장관이 지정한 공역

32 다음 중 항공안전법의 전부 또는 일부 적용 특례에 해당되는 않는 것은? (법 제3조, 제4조)
① 세관업무 또는 경찰업무에 사용하는 항공기
② 한미 상호방위조약에 따라 미국이 사용하는 항공기
③ 국가기관등항공기를 재해·재난 등으로 인한 수색·구조, 화재의 진화, 응급환자 후송 목적으로 긴급히 운항하는 경우
❹ 국토교통부에서 사용하는 비행점검용 항공기

> 해설
>
> [항공안전법]
>
> 제3조(군용항공기 등의 적용 특례)
> ① 군용항공기와 이에 관련된 항공업무에 종사하는 사람에 대해서는 이 법을 적용하지 아니한다.
> ② 세관업무 또는 경찰업무에 사용하는 항공기와 이에 관련된 항공업무에 종사하는 사람에 대하여는 이 법을 적용하지 아니한다. 다만, 공중 충돌 등 항공기사고의 예방을 위하여 제51조, 제67조, 제68조제5호, 제79조 및 제84조제1항을 적용한다.
> ③ 「대한민국과 아메리카합중국 간의 상호방위조약」제4조에 따라 아메리카합중국이 사용하는 항공기와 이에 관련된 항공업무에 종사하는 사람에 대하여는 제2항을 준용한다.
>
> 제4조(국가기관등항공기의 적용 특례)
> ① 국가기관등항공기와 이에 관련된 항공업무에 종사하는 사람에 대해서는 이 법(제66조, 제69조부터 제73조까지 및 제132조는 제외한다)을 적용한다.
> ② 제1항에도 불구하고 국가기관등항공기를 재해·재난 등으로 인한 수색·구조, 화재의 진화, 응급환자 후송, 그 밖에 국토교통부령으로 정하는 공공목적으로 긴급히 운항(훈련을 포함한다)하는 경우에는 제53조, 제67조, 제68조제1호부터 제3호까지, 제77조제1항제7호, 제79조 및 제84조제1항을 적용하지 아니한다. (☞ ③항 생략함)

33 국가기관등항공기의 적용 특례에 해당하지 않는 것은? (법 제4조)
① 재해·재난 등으로 인한 수색·구조
② 화재의 진화
③ 응급환자 후송
❹ 군사 훈련 활동

34 다음 중 등록을 필요로 하지 않는 항공기의 범위에 해당하는 것은? (법 제7조, 시행령 제4조)
❶ 항공기 제작자나 항공기 관련 연구기관이 연구·개발 중인 항공기
② 재해·재난 등으로 인한 수색·구조에 사용하는 항공기
③ 화재 진화 및 응급환자 후송에 사용하는 항공기
④ 두 나라 이상을 운항하는 항공기

> **해설**

[항공안전법]

※ 법 제5조(임대차 항공기의 운영에 대한 권한 및 의무 이양의 적용 특례), 제6조(항공안전정책기본계획의 수립 등) 생략

제7조(항공기 등록)
① 항공기를 소유하거나 임차하여 항공기를 사용할 수 있는 권리가 있는 자(이하 "**소유자등**"이라 한다)는 **항공기를 대통령령으로 정하는 바에 따라 국토교통부장관에게 등록을 하여야 한다**. 다만, **대통령령으로 정하는 항공기**는 그러하지 아니하다.

[항공안전법 시행령]

제4조(**등록을 필요로 하지 않는 항공기의 범위**) 법 제7조제1항 단서에서 "**대통령령으로 정하는 항공기**"란 다음 각 호의 항공기를 말한다.
1. **군 또는 세관에서 사용하거나 경찰업무에 사용하는 항공기**
2. **외국에 임대할 목적으로 도입한 항공기로서 외국 국적을 취득할 항공기**
3. **국내에서 제작한 항공기로서 제작자 외의 소유자가 결정되지 아니한 항공기**
4. **외국에 등록된 항공기를 임차하여 법 제5조에 따라 운영하는 경우 그 항공기**
5. 항공기 제작자나 항공기 관련 연구기관이 연구·개발 중인 항공기

---

35 국내에 등록하지 않고 비행이 가능한 항공기가 아닌 것은? (법 제7조, 시행령 제4조)

① 외국에 임대할 목적으로 도입한 항공기로서 외국 국적을 취득할 항공기
② 국내에서 제작한 항공기로서 제작자 외의 소유자가 결정되지 아니한 항공기
③ 항공기 제작자나 항공기 관련 연구기관이 연구·개발 중인 항공기
❹ 국내 항공운송사업자가 외국으로부터 임대하여 사용하는 항공기

36 등록을 필요로 하지 않는 항공기의 범위에 속하지 않는 것은? (법 제7조, 시행령 제4조)

① 군에서 사용하는 항공기
❷ 시험비행을 목적으로 사용하는 항공기
③ 세관에서 사용하는 항공기
④ 경찰업무에 사용하는 항공기

◆ same type ◆

---

37 다음 중 항공기 등록을 제한하는 사유에 해당하지 않는 것은? (법 제10조)

① 대한민국의 국민이 아닌 사람
② 외국정부 또는 외국의 공공단체
③ 외국의 법인이나 단체
❹ 외국인이 법인 등기사항증명서상의 임원 수의 2분의 1 미만을 차지하는 법인

> **해설**
>
> **[항공안전법]**
>
> 제8조(항공기 국적의 취득) 제7조에 따라 등록된 항공기는 대한민국의 국적을 취득하고, 이에 따른 권리와 의무를 갖는다.
>
> 제9조(항공기 소유권 등)
> ① 항공기에 대한 소유권의 취득·상실·변경은 등록하여야 그 효력이 생긴다.
> ② 항공기에 대한 임차권(賃借權)은 등록하여야 제3자에 대하여 그 효력이 생긴다.
>
> 제10조(항공기 등록의 제한)
> ① 다음 각 호의 어느 하나에 해당하는 자가 소유하거나 임차한 항공기는 등록할 수 없다. 다만, 대한민국의 국민 또는 법인이 임차하여 사용할 수 있는 권리가 있는 항공기는 그러하지 아니하다.
>   1. 대한민국 국민이 아닌 사람
>   2. 외국정부 또는 외국의 공공단체
>   3. 외국의 법인 또는 단체
>   4. 제1호부터 제3호까지의 어느 하나에 해당하는 자가 주식이나 지분의 2분의 1 이상을 소유하거나 그 사업을 사실상 지배하는 법인(「항공사업법」 제2조제1호에 따른 항공사업의 목적으로 항공기를 등록하려는 경우로 한정한다)
>   5. 외국인이 법인 등기사항증명서상의 대표자이거나 외국인이 법인 등기사항증명서상의 임원 수의 2분의 1 이상을 차지하는 법인
> ② 제1항 단서에도 불구하고 외국 국적을 가진 항공기는 등록할 수 없다.
>
> 제11조(항공기 등록사항)
> ① 국토교통부장관은 제7조에 따라 항공기를 등록한 경우에는 항공기 등록원부(登錄原簿)에 다음 각 호의 사항을 기록하여야 한다. (☞ ②항 생략함)
>   1. 항공기의 형식   2. 항공기의 제작자   3. 항공기의 제작번호
>   4. 항공기의 정치장(定置場)   5. 소유자 또는 임차인·임대인의 성명 또는 명칭과 주소 및 국적
>   6. 등록 연월일   7. 등록기호
>
> 제12조(항공기 등록증명서의 발급) 국토교통부장관은 제7조에 따라 항공기를 등록하였을 때에는 등록한 자에게 대통령령으로 정하는 바에 따라 항공기 등록증명서를 발급하여야 한다.

38 다음 중 항공기 등록이 가능한 경우는? (법 제10조)

❶ 외국 항공기를 한 달 동안 임차하여 사용하려는 대한민국 법인
② 주식이나 지분의 2분의 1 이상을 소유하거나 그 사업을 사실상 지배하는 외국의 법인
③ 외국인이 법인 임원 수의 2분의 1 이상을 차지하는 법인
④ 외국의 법인 또는 외국의 공공단체

39 다음 중 항공기 등록에 관한 설명으로 올바르지 않은 것은? (법 제9조, 제10조, 제12조)

① 항공기에 대한 임차권(賃借權)은 등록하여야 제3자에 대하여 그 효력이 생긴다.
② 외국의 법인 또는 단체가 소유하거나 임차한 항공기는 등록할 수 없다.
③ 외국 국적을 가진 항공기는 등록할 수 없다.
❹ 국토교통부장관은 소유자등이 항공기를 등록하였을 때에는 등록한 자에게 국토교통부령으로 정하는 바에 따라 항공기 등록증명서를 발급하여야 한다. (☞ 대통령령으로 정하는 바)

40 다음 중 항공기 등록의 종류가 아닌 것은? (법 제13조, 제14조, 제15조)

① 변경등록　　　❷ 상시등록　　　③ 이전등록　　　④ 말소등록

 해설

[항공안전법]

제13조(**항공기 변경등록**) 소유자등은 제11조제1항제4호 또는 제5호의 등록사항이 변경되었을 때에는 그 변경된 날부터 **15일 이내에 대통령령으로 정하는 바에 따라** 국토교통부장관에게 변경등록을 신청하여야 한다.

[항공안전법 시행령]

제19조(**변경등록**)
① 법 제13조에 따라 **항공기 정치장의 변경등록을 신청하려는 자**는 신청서에 새로운 정치장을 기재하여야 한다.
② 법 제13조에 따라 **소유자·임차인 또는 임대인의 성명 또는 명칭과 주소 및 국적의 변경등록을 신청하려는 자**는 신청서에 변경내용 및 사유를 기재하고, 등록원인을 증명하는 서류를 첨부하여야 한다.
③ 제1항 및 제2항에 따른 변경등록은 부기로 한다.

제14조(**항공기 이전등록**) 등록된 **항공기의 소유권 또는 임차권을 양도·양수하려는 자**는 그 사유가 있는 날부터 **15일 이내에 대통령령으로 정하는 바에 따라** 국토교통부장관에게 이전등록을 신청하여야 한다.

제15조(**항공기 말소등록**)
① 소유자등은 등록된 항공기가 다음 각 호의 어느 하나에 해당하는 경우에는 그 사유가 있는 날부터 **15일 이내에 대통령령으로 정하는 바에 따라** 국토교통부장관에게 말소등록을 신청하여야 한다.
　1. 항공기가 멸실(滅失)되었거나 항공기를 해체(정비등, 수송 또는 보관하기 위한 해체는 제외한다)한 경우
　2. 항공기의 존재 여부를 1개월(항공기사고인 경우에는 2개월) 이상 확인할 수 없는 경우
　3. 제10조제1항 각 호의 어느 하나에 해당하는 자에게 **항공기를 양도하거나 임대**(외국 국적을 취득하는 경우만 해당한다)**한 경우**
　4. 임차기간의 만료 등으로 항공기를 사용할 수 있는 권리가 상실된 경우
② 제1항에 따라 **소유자등이 말소등록을 신청하지 아니하면** 국토교통부장관은 **7일 이상의 기간을 정하여 말소등록을 신청할 것을 최고(催告)**하여야 한다.
③ 제2항에 따른 **최고를 한 후에도 소유자등이 말소등록을 신청하지 아니하면 국토교통부장관은 직권으로 등록을 말소**하고, 그 사실을 소유자등 및 그 밖의 이해관계인에게 알려야 한다.
④ 국토교통부장관은 제1항 또는 제3항에 따라 **항공기 말소등록을 한 경우에는** 국토교통부령으로 정하는 바에 따라 **항공기 말소등록증명서를 발급**하여야 한다.

41 항공기에 대한 변경등록을 신청해야 하는 경우가 아닌 것은? (법 제13조, 시행령 제19조)

① 항공기 정치장의 변경
② 소유자 또는 임차인·임대인의 성명 또는 명칭의 변경
③ 소유자 또는 임차인·임대인의 주소 및 국적의 변경
❹ 항공기 감항증명의 변경

42 항공기에 대한 변경등록을 신청해야 하는 경우는? (법 제13조, 시행령 제19조)
① 항공기의 주기장이 변경되었을 때
② 항공기의 제작 연월일이 변경되었을 때
③ 항공기가 멸실(滅失)되었거나 항공기를 해체한 경우
❹ 항공기의 정치장이 변경되었을 때

43 항공기 임차권 변경으로 소유권 이전 시 해당되는 등록은? (법 제14조)
① 특별등록　　　❷ 이전등록　　　③ 변경등록　　　④ 말소등록

44 항공기 말소등록의 사유가 아닌 것은? (법 제15조)
① 외국인에게 항공기를 양도한 경우
② 임차기간의 만료로 항공기를 사용할 수 있는 권리가 상실된 경우
❸ 항공기의 존재 여부를 2개월 이상 확인할 수 없는 경우
④ 항공기가 멸실되었거나 항공기를 해체한 경우

45 다음 항공기 중 말소등록을 해야 하는 경우가 아닌 것은? (법 제15조)
① 항공기가 멸실(滅失)되었거나 항공기를 해체한 경우
② 임차기간의 만료로 항공기를 사용할 수 있는 권리가 상실된 경우
③ 항공기의 존재 여부를 1개월 이상 확인할 수 없는 경우
❹ 정비등, 수송 또는 보관하기 위해 해체한 항공기

46 항공기가 멸실(滅失)되었을 경우 며칠 이내에 대통령령으로 정하는 바에 따라 국토교통부장관에게 말소등록을 신청하여야 하는가? (법 제15조)
① 7일　　　② 14일　　　❸ 15일　　　④ 30일

47 항공기가 멸실(滅失)되었으나 소유자등이 말소등록을 신청하지 아니하면 국토교통부장관은 며칠 이상의 기간을 정하여 말소등록을 신청할 것을 최고(催告)하여야 하는가? (법 제15조)
❶ 7일　　　② 14일　　　③ 15일　　　④ 30일

48 등록기호표의 부착에 대한 설명으로 틀린 것은? (법 제17조, 시행규칙 제12조)

① 강철 등 내화금속(耐火金屬)으로 된 등록기호표를 보기 쉬운 곳에 붙여야 한다.
② 가로 7cm, 세로 5cm의 직사각형으로 만든다.
❸ 등록기호표는 주익면과 미익면에 부착한다.
④ 국적기호 및 등록기호와 소유자등의 명칭을 적는다.

해설

[항공안전법]
※ 법 제16조(항공기 등록원부의 발급·열람) 생략

제17조(**항공기 등록기호표의 부착**)
① 소유자등은 항공기를 등록한 경우에는 그 항공기 등록기호표를 **국토교통부령으로 정하는 형식·위치 및 방법** 등에 따라 **항공기에 붙여야 한다.**
② 누구든지 제1항에 따라 항공기에 붙인 등록기호표를 훼손해서는 아니 된다.

[항공안전법 시행규칙]

제12조(**등록기호표의 부착**)
① 항공기를 소유하거나 임차하여 사용할 수 있는 권리가 있는 자(이하 "소유자등"이라 한다)가 항공기를 등록한 경우에는 법 제17조제1항에 따라 **강철 등 내화금속(耐火金屬)으로 된 등록기호표(가로 7센티미터 세로 5센티미터의 직사각형)**를 다음 각 호의 구분에 따라 보기 쉬운 곳에 붙여야 한다.
  1. 항공기에 출입구가 있는 경우: 항공기 주(主)출입구 윗부분의 안쪽
  2. 항공기에 출입구가 없는 경우: 항공기 동체의 외부 표면
② 제1항의 **등록기호표에는 국적기호 및 등록기호**(이하 "등록부호"라 한다)**와 소유자등의 명칭을 적어야 한다.**

제18조(**항공기 국적 등의 표시**)
① **누구든지 국적, 등록기호 및 소유자등의 성명 또는 명칭을 표시하지 아니한 항공기를 운항해서는 아니 된다.** 다만, 신규로 제작한 항공기 등 국토교통부령으로 정하는 항공기의 경우에는 그러하지 아니하다.
② 제1항에 따른 국적 등의 표시에 관한 사항과 등록기호의 구성 등에 필요한 사항은 국토교통부령으로 정한다.

[항공안전법 시행규칙]

제13조(**국적 등의 표시**)
① 법 제18조제1항 단서에서 "신규로 제작한 항공기 등 국토교통부령으로 정하는 항공기"란 다음 각 호의 어느 하나에 해당하는 항공기를 말한다.
  1. 제36조제2호 또는 제3호에 해당하는 항공기
  2. 제37조제1호가목에 해당하는 항공기
② 법 제18조제2항에 따른 **국적 등의 표시는 국적기호, 등록기호 순으로 표시**하고, **장식체를 사용해서는 아니 되며, 국적기호는 로마자의 대문자 "HL"로 표시하여야 한다.**
③ **등록기호의 첫 글자가 문자인 경우 국적기호와 등록기호 사이에 붙임표(-)를 삽입**하여야 한다.
④ **항공기에 표시하는 등록부호는 지워지지 아니하고 배경과 선명하게 대조되는 색으로 표시**하여야 한다.
⑤ 등록기호의 구성 등에 필요한 세부사항은 **국토교통부장관이 정하여 고시**한다.

<☞ 참고해설> 「항공기 및 경량항공기 등록기준」(국토교통부고시)

제3조(국적기호 및 등록기호의 구성)
① 「항공안전법 시행규칙」 제13조에 따라 항공기에 대한 **국적을 나타내는 등록부호의 구성은 국적기호 및 등록기호의 순으로 표시**하고, **등록기호의 첫 글자가 문자인 경우에는 국적기호와 등록기호 사이에 붙임표(-)를 삽입**한다.
② **국적기호**는 국제전기통신연합(International Telecommunication Union)이 할당한 **"HL"로 표시**한다.
③ **등록기호는** 일련번호를 표시하는 **문자와 숫자를 조합한 4자리로 구성**하고, 항공기의 구분에 따라 별표 2와 같이 부여한다.
☞ **등록부호 표시 방법(비행기) 설명** (출처 : https://www.molit.go.kr e-국토교통모니터단)
 (예) **HL7612** : (국적기호) HL + (등록기호) 4자리

제14조(**등록부호의 표시위치 등**) 등록부호의 표시위치 및 방법은 다음 각 호의 구분에 따른다.
 1. **비행기와 활공기의 경우**에는 주 날개와 꼬리 날개 또는 주 날개와 동체에 다음 각 목의 구분에 따라 표시하여야 한다.
  가. 주 날개에 표시하는 경우: **오른쪽 날개 윗면과 왼쪽 날개 아랫면에 주 날개의 앞 끝과 뒤 끝에서 같은 거리에 위치하도록 하고, 등록부호의 윗 부분이 주 날개의 앞 끝을 향하게 표시할 것**. 다만, 각 기호는 보조 날개와 플랩에 걸쳐서는 아니 된다.
  나. 꼬리 날개에 표시하는 경우: 수직 꼬리 날개의 양쪽 면에, 꼬리 날개의 앞 끝과 뒤 끝에서 5센티미터 이상 떨어지도록 수평 또는 수직으로 표시할 것
  다. 동체에 표시하는 경우: 주 날개와 꼬리 날개 사이에 있는 동체의 양쪽 면의 수평안정판 바로 앞에 수평 또는 수직으로 표시할 것
 2. **헬리콥터의 경우**에는 동체 아랫면과 동체 옆면에 다음 각 목의 구분에 따라 표시하여야 한다.
  가. **동체 아랫면에 표시하는 경우: 동체의 최대 횡단면 부근에 등록부호의 윗부분이 동체좌측을 향하게 표시할 것**
  나. **동체 옆면에 표시하는 경우: 주 회전익 축과 보조 회전익 축 사이의 동체 또는 동력장치가 있는 부근의 양 측면에 수평 또는 수직으로 표시할 것**
 3. 비행선의 경우에는 선체 또는 수평안정판과 수직안정판에 다음 각 목의 구분에 따라 표시해야 한다.
  가. 선체에 표시하는 경우: 대칭축과 직각으로 교차하는 최대 횡단면 부근의 윗면과 양 옆면에 표시할 것
  나. 수평안정판에 표시하는 경우: 오른쪽 윗면과 왼쪽 아랫면에 등록부호의 윗부분이 수평안정판의 앞 끝을 향하게 표시할 것
  다. 수직안정판에 표시하는 경우: 수직안정판의 양 쪽면 아랫부분에 수평으로 표시할 것

제15조(**등록부호의 높이**)
등록부호에 사용하는 각 문자와 숫자의 높이는 같아야 하고, 항공기의 종류와 위치에 따른 높이는 다음 각 호의 구분에 따른다.
 1. **비행기와 활공기에 표시하는 경우**
  가. **주 날개에 표시하는 경우에는 50센티미터 이상**
  나. **수직 꼬리 날개 또는 동체에 표시하는 경우에는 30센티미터 이상**
 2. 헬리콥터에 표시하는 경우
  가. 동체 아랫면에 표시하는 경우에는 50센티미터 이상
  나. 동체 옆면에 표시하는 경우에는 30센티미터 이상
 3. **비행선에 표시하는 경우**
  가. 선체에 표시하는 경우에는 50센티미터 이상
  나. 수평안정판과 수직안정판에 표시하는 경우에는 15센티미터 이상

제16조(**등록부호의 폭·선 등**) 등록부호에 사용하는 각 문자와 숫자의 폭, 선의 굵기 및 간격은 다음 각 호와 같다.
 1. 폭과 붙임표(-)의 길이: 문자 및 숫자의 높이의 3분의 2. 다만 영문자 I와 아라비아 숫자 1은 제외한다.
 2. 선의 굵기: 문자 및 숫자의 높이의 6분의 1
 3. 간격: 문자 및 숫자의 폭의 4분의 1 이상 2분의 1 이하

49 항공기의 등록기호표에 적어야 할 사항으로 옳지 않은 것은? (법 제17조, 시행규칙 제12조)
① 국적기호　　② 등록기호　　❸ 등록년월일　　④ 소유자등의 명칭

50 항공기 등록기호표 재질로 적합한 것은? (법 제17조, 시행규칙 제12조)
① 스테인리스 스틸　　❷ 강철 등 내화금속
③ 티타늄 합금　　④ 녹슬지 않는 섬유 소재

51 항공기 대한 등록기호표 부착 위치에 대한 설명으로 올바른 것은? (법 제17조, 시행규칙 제12조)
❶ 항공기에 출입구가 있는 경우: 항공기 주(主)출입구 윗부분의 안쪽
② 항공기에 출입구가 있는 경우: 항공기 주(主)출입구 윗부분의 바깥쪽
③ 항공기에 출입구가 있는 경우: 항공기 주(主)출입구 아랫부분의 안쪽
④ 항공기에 출입구가 있는 경우: 항공기 주(主)출입구 아랫부분의 바깥쪽

52 항공기에 출입구가 있는 경우 항공기의 등록기표 부착방법은? (법 제17조, 시행규칙 제12조)
❶ 항공기 주(主)출입구 윗부분의 안쪽 가로 7센티미터 세로 5센티미터
② 항공기 주(主)출입구 윗부분의 안쪽 가로 5센티미터 세로 7센티미터
③ 항공기 주(主)출입구 아랫부분의 안쪽 가로 7센티미터 세로 5센티미터
④ 항공기 주(主)출입구 아랫부분의 바깥쪽 가로 5센티미터 세로 7센티미터

53 다음 중 항공기 국적 등을 표시하는 방법으로 올바른 것은? (법 제18조, 시행규칙 제13조)
① 등록기호, 국적기호 순으로 표시한다.
② 국적기호는 로마자의 대문자 "KOREA"로 표시하여야 한다.
③ 등록기호의 첫 글자가 문자인 경우 국적기호와 등록기호는 사이에 간격 없이 붙인다.
❹ 등록기호의 첫 글자가 문자인 경우 국적기호와 등록기호 사이에 붙임표(-)를 삽입하여야 한다.

54 다음 중 항공기 국적기호 및 등록기호의 표시방법이 아닌 것은? (법 제18조, 시행규칙 제13조)
① 국적 등의 표시는 국적기호, 등록기호 순으로 표시한다.
② 장식체를 사용해서는 아니 되며, 국적기호는 로마자의 대문자 "HL"로 표시하여야 한다.
❸ 등록기호의 첫 글자는 숫자로 표시해야 한다.
④ 등록기호의 구성 등에 필요한 세부사항은 국토교통부장관이 정하여 고시한다.

55 다음 중 항공기의 등록부호 표시위치로 올바르지 않은 것은? (법 제18조, 시행규칙 제14조)

❶ 비행기와 활공기의 경우에는 수직꼬리 날개의 양쪽 면에, 꼬리 날개의 앞 끝과 뒤끝에서 10센티미터 이상 떨어지도록 수평 또는 수직으로 표시할 것
② 비행기와 활공기의 경우에는 오른쪽 날개 윗면과 왼쪽 날개 아랫면에 주 날개의 앞 끝과 뒤 끝에서 같은 거리에 위치하도록 하고, 등록부호의 윗 부분이 주 날개의 앞 끝을 향하게 표시할 것
③ 헬리콥터의 경우에는 동체 아랫면에 표시하는 경우, 동체의 최대 횡단면 부근에 등록부호의 윗부분이 동체좌측을 향하게 표시할 것
④ 헬리콥터의 경우에는 동체 옆면에 표시하는 경우, 주 회전익 축과 보조 회전익 축 사이의 동체 또는 동력장치가 있는 부근의 양 측면에 수평 또는 수직으로 표시할 것

56 다음 중 비행기와 활공기에 표시하는 등록부호의 높이로 올바른 것은? (법 제18조, 시행규칙 제15조)

❶ 주 날개에 표시하는 경우에는 50센티미터 이상, 수직 꼬리 날개 또는 동체에 표시하는 경우에는 30센티미터 이상
② 주 날개에 표시하는 경우에는 30센티미터 이상, 수직 꼬리 날개 또는 동체에 표시하는 경우에는 10센티미터 이상
③ 동체 아랫면에 표시하는 경우에는 50센티미터 이상, 동체 옆면에 표시하는 경우에는 30센티미터 이상
④ 선체에 표시하는 경우에는 50센티미터 이상, 수평안정판과 수직안정판에 표시하는 경우에는 15센티미터 이상

57 다음 중 비행선에 표시하는 등록부호의 높이로 올바른 것은? (법 제18조, 시행규칙 제15조)

① 선체에 표시하는 경우에는 30센티미터 이상
❷ 선체에 표시하는 경우에는 50센티미터 이상
③ 수평안정판과 수직안정판에 표시하는 경우에는 30센티미터 이상
④ 수평안정판과 수직안정판에 표시하는 경우에는 50센티미터 이상

58 다음 중 항공기 등록부호에 사용하는 각 문자와 숫자의 폭, 선의 굵기 및 간격으로 올바르지 않은 것은? (법 제18조, 시행규칙 제16조)

① 선의 굵기는 문자 및 숫자의 높이의 6분의 1로 한다.
② 간격은 문자 및 숫자의 폭의 4분의 1 이상 2분의 1 이하로 한다.
❸ 폭과 붙임표의 길이는 문자 및 숫자의 높이의 3분의 1로 한다.
④ 폭과 붙임표의 길이는 문자 및 숫자의 높이의 3분의 2로 한다.

59 다음 항공기 중 **특별감항증명의 대상이 아닌 것은?** (법 제23조, 시행규칙 제37조)

① 항공기 제작자 및 항공기 관련 연구기관 등이 연구·개발 중인 경우
② 판매·홍보·전시·시장조사 등에 활용하는 경우
③ 조종사 양성을 위하여 조종연습에 사용하는 경우
❹ 정비를 위한 장소까지 화물을 싣고 비행하는 경우

[항공안전법]

※ 법 제19조(항공기기술기준), 제20조(형식증명 등), 제21조(형식증명승인), 제22조(제작증명) 생략

제23조(감항증명 및 감항성 유지)
① 항공기가 감항성이 있다는 증명(이하 "감항증명"이라 한다)을 받으려는 자는 국토교통부령으로 정하는 바에 따라 국토교통부장관에게 감항증명을 신청하여야 한다.
② **감항증명은 대한민국 국적을 가진 항공기가 아니면 받을 수 없다.** 다만, **국토교통부령으로 정하는 항공기의 경우에는** 그러하지 아니하다.

[항공안전법 시행규칙]

제36조(**예외적으로 감항증명을 받을 수 있는 항공기**) 법 제23조제2항 단서에서 "국토교통부령으로 정하는 항공기"란 다음 각 호의 어느 하나에 해당하는 항공기를 말한다.
 1. 법 제5조에 따른 **임대차 항공기의 운영에 대한 권한 및 의무이양의 적용 특례를 적용받는 항공기**
 2. 국내에서 수리·개조 또는 제작한 후 수출할 항공기
 3. 국내에서 제작되거나 외국으로부터 수입하는 항공기로서 대한민국의 국적을 취득하기 전에 감항증명을 신청한 항공기

③ **누구든지** 다음 각 호의 어느 하나에 해당하는 **감항증명을 받지 아니한 항공기를 운항하여서는 아니 된다.**
 1. 표준감항증명: 해당 항공기가 형식증명 또는 형식증명승인에 따라 인가된 설계에 일치하게 제작되고 안전하게 운항할 수 있다고 판단되는 경우에 발급하는 증명
 2. **특별감항증명**: 해당 항공기가 제한형식증명을 받았거나 항공기의 연구, 개발 등 **국토교통부령으로 정하는 경우로** 서 항공기 제작자 또는 소유자등이 제시한 운용범위를 검토하여 안전하게 운항할 수 있다고 판단되는 경우에 발급하는 증명

[항공안전법 시행규칙]

제37조(**특별감항증명의 대상**) 법 제23조제3항제2호에서 "**항공기의 연구, 개발 등 국토교통부령으로 정하는 경우**"란 다음 각 호의 어느 하나에 해당하는 경우를 말한다.
 1. 항공기 및 관련 기기의 개발과 관련된 다음 각 목의 어느 하나에 해당하는 경우
  가. 항공기 제작자 및 항공기 관련 연구기관 등이 연구·개발 중인 경우
  나. 판매·홍보·전시·시장조사 등에 활용하는 경우
  다. 조종사 양성을 위하여 조종연습에 사용하는 경우
 2. 항공기의 제작·정비·수리·개조 및 수입·수출 등과 관련한 다음 각 목의 어느 하나에 해당하는 경우
  가. 제작·정비·수리 또는 개조 후 시험비행을 하는 경우
  나. 정비·수리 또는 개조(이하 "정비등"이라 한다)를 위한 장소까지 승객·화물을 싣지 아니하고 비행하는 경우
  다. 수입하거나 수출하기 위하여 승객·화물을 싣지 아니하고 비행하는 경우

> 라. 설계에 관한 형식증명을 변경하기 위하여 운용한계를 초과하는 시험비행을 하는 경우
> 마. 삭제 〈2018. 3. 23.〉
> **3. 무인항공기를 운항하는 경우**
> 4. 〈삭제〉
> 5. 제1호부터 제4호까지 외에 **공공의 안녕과 질서유지를 위한 업무를 수행하는 경우로서 국토교통부장관이 인정하는 경우**

(☞ ④~⑨항 생략함)

60 다음 중 예외적으로 감항증명을 받을 수 있는 항공기가 아닌 것은? (법 제23조, 시행규칙 제36조)

① 임대차 항공기의 운영에 대한 권한 및 의무이양의 적용 특례를 적용받는 항공기
❷ 제작·정비·수리 또는 개조 후 시험비행을 하는 경우
③ 국내에서 수리·개조 또는 제작한 후 수출할 항공기
④ 국내에서 제작되거나 외국으로부터 수입하는 항공기로서 대한민국의 국적을 취득하기 전에 감항증명을 신청한 항공기

61 다음 항공기 중 특별감항증명의 대상이 아닌 것은? (법 제23조, 시행규칙 제37조)

① 정비를 위한 장소까지 화물을 싣지 아니하고 비행하는 경우
② 판매·홍보·전시에 활용하는 경우
❸ 군사훈련을 하는 경우
④ 정비 후 시험비행을 하는 경우

─── same type ───

62 다음 중 항공종사자 가격증명을 받을 수 있는 조건으로 올바른 것은? (법 제34조)

① 사업용 조종사 만 21세 이상
② 운송용 조종사 만 20세 이상
③ 자가용 조종사 만 18세 이상
❹ 자가용 조종사 만 17세 이상

해설

[항공안전법]

※ 법 제24조(감항승인), 제25조(소음기준적합증명), 제26조(항공기기술기준 변경에 따른 요구), 제27조(기술표준품 형식승인), 제28조(부품등제작자증명), 제29조(과징금의 부과), 제30조(수리·개조승인), 제31조(항공기등의 검사 등), 제32조(항공기등의 정비등의 확인), 제33조(항공기 등에 발생한 고장, 결함 또는 기능장애 보고 의무) 생략

제34조(항공종사자 자격증명 등)
① 항공업무에 종사하려는 사람은 국토교통부령으로 정하는 바에 따라 **국토교통부장관으로부터 항공종사자 자격증명**(이하 "**자격증명**"이라 한다)**을 받아야 한다.** 다만, 항공업무 중 무인항공기의 운항 업무인 경우에는 그러하지 아니하다.
② 다음 각 호의 어느 하나에 해당하는 사람은 **자격증명을 받을 수 없다.**
   1. 다음 각 목의 구분에 따른 **나이 미만인 사람**
      가. **자가용 조종사 자격: 17세**(제37조에 따라 자가용 조종사의 자격증명을 활공기에 한정하는 경우에는 16세)
      나. **사업용 조종사, 부조종사, 항공사, 항공기관사, 항공교통관제사 및 항공정비사 자격: 18세**
      다. **운송용 조종사 및 운항관리사 자격: 21세**
   2. 제43조제1항에 따른 **자격증명 취소처분을 받고 그 취소일부터 2년이 지나지 아니한 사람**(취소된 자격증명을 다시 받는 경우에 한정한다)
③ 제1항 및 제2항에도 불구하고 「군사기지 및 군사시설 보호법」을 적용받는 항공작전기지에서 **항공기를 관제하는 군인은 국방부장관으로부터 자격인정을 받아 항공교통관제 업무를 수행할 수 있다.**

63 다음 중 해당 항공종사자 가격증명을 받을 수 없는 조건이 아닌 것은? (법 제34조)
① 자가용 조종사 자격 : 17세 미만
② 사업용 조종사 · 항공교통관제사 · 항공정비사 자격 : 18세 미만
③ 운송용 조종사 자격 : 21세 미만
❹ 운항관리사 자격 : 23세 미만

64 다음 중 운항관리사의 업무범위가 아닌 것은? (법 제36조)
① 항공기 연료 소비량의 산출
② 비행계획의 작성 및 변경
❸ 항공교통의 안전 · 신속 및 질서 유지
④ 항공기 운항의 통제 및 감시

해설

[항공안전법]
제35조(**자격증명의 종류**) 자격증명의 종류는 다음과 같이 구분한다.
   1. **운송용 조종사**   2. **사업용 조종사**   3. **자가용 조종사**   4. **부조종사**   5. **항공사**
   6. **항공기관사**   7. **항공교통관제사**   8. **항공정비사**   9. **운항관리사**

제36조(업무범위)
① 자격증명의 종류에 따른 **업무범위는 별표**와 같다.
② 자격증명을 받은 사람은 그가 받은 자격증명의 종류에 따른 **업무범위 외의 업무에 종사해서는 아니 된다.** (☞ ③항 생략함)

■ 항공안전법 [별표]

자격증명별 업무범위(제36조제1항 관련)

자격	업무 범위
운송용 조종사	항공기에 탑승하여 다음 각 호의 행위를 하는 것 1. 사업용 조종사의 자격을 가진 사람이 할 수 있는 행위 2. 항공운송사업의 목적을 위하여 사용하는 항공기를 조종하는 행위
사업용 조종사	항공기에 탑승하여 다음 각 호의 행위를 하는 것 1. **자가용 조종사의 자격을 가진 사람이 할 수 있는 행위** 2. **무상으로 운항하는 항공기를 보수를 받고 조종하는 행위** 3. **항공기사용사업에 사용하는 항공기를 조종하는 행위** 4. **항공운송사업에 사용하는 항공기**(1명의 조종사가 필요한 항공기만 해당한다)**를 조종하는 행위** 5. **기장 외의 조종사로서 항공운송사업에 사용하는 항공기를 조종하는 행위**
자가용 조종사	**무상으로 운항하는 항공기를 보수를 받지 아니하고 조종하는 행위**
부조종사	비행기에 탑승하여 다음 각 호의 행위를 하는 것 1. 자가용 조종사의 자격을 가진 사람이 할 수 있는 행위 2. 기장 외의 조종사로서 비행기를 조종하는 행위
항공사	항공기에 탑승하여 그 위치 및 항로의 측정과 항공상의 자료를 산출하는 행위
항공기관사	항공기에 탑승하여 발동기 및 기체를 취급하는 행위(조종장치의 조작은 제외한다)
항공교통관제사	항공교통의 안전·신속 및 질서를 유지하기 위하여 항공기 운항을 관제하는 행위
항공정비사	다음 각 호의 행위를 하는 것 1. 제32조제1항에 따라 정비등을 한 항공기등, 장비품 또는 부품에 대하여 감항성을 확인하는 행위 2. 제108조제4항에 따라 정비를 한 경량항공기 또는 그 장비품·부품에 대하여 안전하게 운용할 수 있음을 확인하는 행위
운항관리사	**항공운송사업에 사용되는 항공기 또는 국외운항항공기의 운항에 필요한** 다음 각 호의 **사항을 확인하는 행위** 1. **비행계획의 작성 및 변경** 2. **항공기 연료 소비량의 산출** 3. **항공기 운항의 통제 및 감시**

65 다음 중 보수를 받고 무상으로 운항하는 항공기를 조종하는 항공종사자는? (법 제36조)
① 자가용 조종사　　❷ 사업용 조종사　　③ 운송용 조종사　　④ 부조종사

66 다음 중 무상으로 운항하는 항공기를 보수를 받지 아니하고 조종하는 항공종사자는? (법 제36조)
❶ 자가용 조종사　　② 사업용 조종사　　③ 운송용 조종사　　④ 부조종사

67 항공운송사업에 사용되는 항공기 또는 국외운항항공기의 운항에 필요한 사항을 확인하는 항공종사자는? (법 제36조)

① 운송용 조종사　② 항공교통관제사　③ 항공정비사　❹ 운항관리사

68 다음 중 사업용 조종사의 업무범위가 아닌 것은? (법 제36조)

❶ 항공운송사업에 사용하는 항공기를 기장 조종사로서 조종하는 행위
② 보수를 받지 아니하고 무상으로 운항하는 항공기를 조종하는 행위
③ 보수를 받고 무상으로 운항하는 항공기를 조종하는 행위
④ 항공기사용사업에 사용하는 항공기를 조종하는 행위

― same type ―

69 다음 중 항공기의 등급 분류로 맞는 것은? (법 제37조, 시행규칙 제81조)

① 육상비행기, 수상비행기
❷ 육상단발, 수상다발
③ 비행선, 헬리콥터
④ B737-800, C172

> **해설**
>
> [항공안전법]
> 제37조(**자격증명의 한정**)
> ① 국토교통부장관은 다음 각 호의 구분에 따라 **자격증명에 대한 한정**을 할 수 있다.
> 　1. **운송용 조종사, 사업용 조종사, 자가용 조종사**, 부조종사 또는 항공기관사 자격의 경우: **항공기의 종류, 등급 또는 형식**
> 　2. **항공정비사** 자격의 경우: **항공기·경량항공기의 종류 및 정비분야**
> ② 제1항에 따라 **자격증명의 한정**을 받은 항공종사자는 그 한정된 종류, 등급 또는 형식 외의 항공기·경량항공기나 한정된 정비분야 외의 항공업무에 종사해서는 아니 된다. 〈개정 2019. 8. 27.〉
> ③ 제1항에 따른 자격증명의 한정에 필요한 **세부사항은 국토교통부령으로 정한다.**
>
> [항공안전법 시행규칙]
> 제81조(**자격증명의 한정**)
> ① 국토교통부장관은 법 제37조제1항제1호에 따라 **항공기의 종류·등급 또는 형식을 한정하는 경우**에는 **자격증명을 받으려는 사람이 실기시험에 사용하는 항공기의 종류·등급 또는 형식으로 한정**하여야 한다.
> ② 제1항에 따라 한정하는 **항공기의 종류**는 **비행기, 헬리콥터, 비행선, 활공기 및 항공우주선으로 구분**한다.
> ③ 제1항에 따라 한정하는 **항공기의 등급**은 다음 각 호와 같이 구분한다. 다만, 활공기의 경우에는 상급(활공기가 특수 또는 상급 활공기인 경우) 및 중급(활공기가 중급 또는 초급 활공기인 경우)으로 구분한다.
> 　1. 육상 항공기의 경우: 육상단발 및 육상다발
> 　2. 수상 항공기의 경우: 수상단발 및 수상다발
> ④ 제1항에 따라 한정하는 **항공기의 형식**은 다음 각 호와 같이 구분한다.
> 　1. **조종사 자격증명의 경우**에는 다음 각 목의 어느 하나에 해당하는 형식의 항공기
> 　　가. 비행교범에 2명 이상의 조종사가 필요한 것으로 되어 있는 항공기

> 　나. 가목 외에 국토교통부장관이 지정하는 형식의 항공기
> 　　(☞ 참고 해설 : **세스나 172**의 경우, 항공기의 **종류는 비행기**, **등급은 육상단발**, **형식은 C172**)
> 　2. 항공기관사 자격증명의 경우에는 모든 형식의 항공기
> ⑤ 국토교통부장관이 법 제37조제1항제2호에 따라 한정하는 항공정비사 자격증명의 항공기·경량항공기의 종류는 다음 각 호와 같다.
> 　1. 항공기의 종류
> 　　가. 비행기 분야. 다만, 비행기에 대한 정비업무경력이 4년(국토교통부장관이 지정한 전문교육기관에서 비행기 정비에 필요한 과정을 이수한 사람은 2년) 미만인 사람은 최대이륙중량 5,700킬로그램 이하의 비행기로 제한한다.
> 　　나. 헬리콥터 분야. 다만, 헬리콥터 정비업무경력이 4년(국토교통부장관이 지정한 전문교육기관에서 헬리콥터 정비에 필요한 과정을 이수한 사람은 2년) 미만인 사람은 최대이륙중량 3,175킬로그램 이하의 헬리콥터로 제한한다.
> 　2. 경량항공기의 종류
> 　　가. 경량비행기 분야: 조종형비행기, 체중이동형비행기 또는 동력패러슈트
> 　　나. 경량헬리콥터 분야: 경량헬리콥터 또는 자이로플레인
> ⑥ 국토교통부장관이 법 제37조제1항제2호에 따라 한정하는 항공정비사의 자격증명의 정비분야는 전자·전기·계기 관련 분야로 한다.

70 다음 중 항공기의 종류, 등급, 형식 순으로 올바른 것은? (법 제37조, 시행규칙 제81조)

① B747-400, 항공기, 육상다발　　❷ 비행기, 육상다발, B747-400
③ 비행기, B747-400, 육상다발　　④ B747-400, 비행기, 육상다발

71 조종사 자격증명에 대한 한정으로 올바른 것은? (법 제37조, 시행규칙 제81조)

① 상급 및 중급으로 한정　　② 비행기, 헬리콥터 및 활공기로 한정
③ 항공기 및 경량항공기의 종류로 한정　　❹ 항공기의 종류·등급 또는 형식으로 한정

72 다음 중 항공신체검사증명 제3종에 해당하는 항공종사자는? (법 제40조, 시행규칙 제92조)

① 자가용조종사　　② 운항관리사　　❸ 항공교통관제사　　④ 항공기관사

[항공안전법]

※ 법 제38조(시험의 실시 및 면제), 제39조(모의비행훈련장치를 이용한 자격증명 실기시험의 실시 등), 제39조의2(모의비행훈련장치의 지정 등), 제39조의3(항공종사자 자격증명서의 대여 등 금지) 생략

제40조(항공신체검사증명)
① 다음 각 호의 어느 하나에 해당하는 사람은 자격증명의 종류별로 국토교통부장관의 항공신체검사증명을 받아야 한다.
   1. 운항승무원
   2. 제35조제7호의 자격증명을 받고 **항공교통관제 업무를 하는 사람**
② 제1항에 따른 **자격증명의 종류별 항공신체검사증명의 기준, 방법, 유효기간 등에 필요한 사항은 국토교통부령으로 정한다.** (☞ ③~⑦항 생략함)

[항공안전법 시행규칙]

제92조(항공신체검사증명의 기준 및 유효기간 등)
① 법 제40조제1항에 따른 자격증명의 종류별 항공신체검사증명의 종류와 그 유효기간은 **별표 8**과 같다. (☞ ②~⑦항 생략함)

■ 항공안전법 시행규칙 [별표 8] <개정 2023. 9. 12.>

항공신체검사증명의 종류와 그 유효기간(제92조제1항 관련)

자격증명의 종류	항공신체검사증명의 종류	유효기간 40세 미만	유효기간 40세 이상 50세 미만	유효기간 50세 이상
운송용 조종사 **사업용 조종사**(활공기 조종사는 제외한다) **부조종사**	제1종	12개월. 다만, 다음 각 호의 사람은 6개월로 한다. 1. 항공운송사업에 종사하는 60세 이상인 사람 2. 항공기사용사업에 종사하는 60세 이상인 사람 3. 1명의 조종사로 승객을 수송하는 항공운송사업에 종사하는 40세 이상인 사람		
항공기관사 항공사	제2종	12개월		
자가용 조종사 사업용 활공기 조종사 **조종연습생** 경량항공기 조종사	제2종(경량항공기조종사의 경우에는 제2종 또는 자동차운전면허증)	60개월	24개월	12개월
항공교통관제사 **항공교통관제연습생**	제3종	48개월	24개월	12개월

비고
1. 위 표에 따른 유효기간의 시작일은 항공신체검사를 받는 날로 하며, 종료일이 매달 말일이 아닌 경우에는 그 종료일이 속하는 달의 말일에 항공신체검사증명의 유효기간이 종료하는 것으로 본다.
2. 경량항공기 조종사의 항공신체검사 유효기간은 제2종 항공신체검사증명을 보유하고 있는 경우에는 그 증명의 연령대별 유효기간으로 하며, 자동차운전면허증을 적용할 경우에는 그 자동차운전면허증의 유효기간으로 한다.

※ 법 제41조(항공신체검사명령), 제41조의2(건강증진활동계획의 수립·시행), 제42조(항공업무 등에 종사 제한), 제43조(자격증명·항공신체검사증명의 취소 등), 제44조(계기비행증명 및 조종교육증명), 제46조(항공기의 조종연습) 생략

제47조(항공교통관제연습) (☞ 법 제47조를 먼저 설명하고, 제45조는 다음 문제에서 확인함)
① 제35조제7호의 항공교통관제사 자격증명을 받지 아니한 사람이 항공교통관제 업무를 연습(이하 "**항공교통관제연습**"이라 한다)**하려는 경우에는 국토교통부장관의 항공교통관제연습허가를 받고 국토교통부령으로 정하는 자격요건을 갖춘 사람의 감독 하에** 항공교통관제연습을 하여야 한다.
   (☞ ②~⑤항 생략함)

> **[항공안전법 시행규칙]**
>
> 제102조(항공교통관제연습허가의 신청 등)
> ① 법 제47조제1항에서 **"국토교통부령으로 정하는 자격요건을 갖춘 사람"**이란 다음 각 호의 요건을 모두 갖춘 사람을 말한다. (☞ ②, ③항 생략함)
>   1. 법 제35조제7호에 따른 **항공교통관제사 자격증명을 받은 사람**
>   2. 법 제40조제3항에 따른 **항공신체검사증명을 받은 사람**
>   3. 제229조제2호에 따른 항공교통관제기관(이하 "항공교통관제기관"이라 한다)으로부터 발급받은 **항공교통관제업무의 한정을 받은 사람**

73 60세 이상이 되어서 자가용 조종사가 되었다. 이 사람의 항공신체검사증명의 유효기간은? (법 제40조, 시행규칙 제92조)

① 6개월   ❷ 12개월   ③ 24개월   ④ 48개월

74 자동차운전면허증 제2종을 보유한 사람이 항공신체검사증명을 받지 않고 취득할 수 있는 자격증명은? (법 제40조, 시행규칙 제92조)

① 자가용 조종사   ② 항공교통관제사   ③ 항공기관사   ❹ 경량항공기조종사

75 40세 미만인 항공종사자 항공신체검사증명의 유효시간으로 올바르지 않은 것은? (법 제40조, 시행규칙 제92조)

① 운송용 조종사 : 12개월   ❷ 항공교통관제사 : 36개월
③ 사업용 조종사 : 12개월   ④ 자가용 조종사 : 60개월

76 다음 중 사업용 조종사의 항공신체검사증명 유효기간으로 옳은 것은? (법 제40조, 시행규칙 제92조)

❶ 12개월   ② 24개월   ③ 48개월   ④ 60개월

77 자동차운전면허증 제2종을 보유한 사람이 항공신체검사증명을 받지 않고 취득할 수 있는 자격증명은? (법 제40조, 시행규칙 제92조)

① 자가용 조종사   ② 항공교통관제사   ③ 항공기관사   ❹ 경량항공기조종사

78 항공교통관제연습을 하려는 경우 국토교통부령으로 정하는 자격요건을 갖춘 사람의 감독 하에 하여야 한다. 이때 국토교통부령으로 정하는 자격요건에 해당되지 않는 것은? (법 제47조, 시행규칙 제102조)

❶ 항공영어구술능력증명 4등급 이상을 받은 사람
② 항공교통관제사 자격증명을 받은 사람
③ 항공신체검사증명을 받은 사람
④ 항공교통관제업무의 한정을 받은 사람

― same type ―

79 국토교통부장관의 항공영어구술능력증명(EPTA)을 받아야 하는 사람에 해당하지 않는 것은? (법 제45조)

① 두 나라 이상을 운항하는 항공기의 기장
② 두 나라 이상을 운항하는 항공기의 부기장
③ 두 나라 이상을 운항하는 항공기를 관제하는 항공교통관제사
❹ 두 나라 이상을 운항하는 항공기의 운항을 관리하는 운항관리사

[항공안전법]

제45조(항공영어구술능력증명)
① 다음 각 호의 어느 하나에 해당하는 업무에 종사하려는 사람은 국토교통부장관의 항공영어구술능력증명을 받아야 한다.
  1. 두 나라 이상을 운항하는 항공기의 조종
  2. 두 나라 이상을 운항하는 항공기에 대한 관제
  3. 「공항시설법」 제53조에 따른 **항공통신업무** 중 두 나라 이상을 운항하는 항공기에 대한 무선통신
② 제1항에 따른 항공영어구술능력증명(이하 "항공영어구술능력증명"이라 한다)을 위한 시험의 실시, 항공영어구술능력증명의 등급, 등급별 합격기준, 등급별 유효기간 등에 **필요한 사항은 국토교통부령으로 정한다.** (☞ ③~⑥항 생략함)

[항공안전법 시행규칙]

제99조(항공영어구술능력증명시험의 실시 등)
① 법 제45조제2항에 따른 **항공영어구술능력증명시험의 등급은 6등급으로 구분**하되, 6등급 항공영어구술능력증명시험에 응시하려는 사람은 응시원서 접수 당시 제3항에 따른 유효기간 내에 있는 5등급 항공영어구술능력증명을 보유해야 한다. (☞ ②, ④항 생략함)
③ 법 제45조제2항에 따른 항공영어구술능력증명의 **등급별 유효기간**은 다음 각 호의 구분에 따른 기준일부터 계산하여 **4등급은 3년, 5등급은 6년, 6등급은 영구**로 한다.
  1. **최초 응시자**(항공영어구술능력증명의 유효기간이 지난 사람을 포함한다): **합격 통지일**
  2. **4등급 또는 5등급의 항공영어구술능력증명을 받은 사람이 유효기간이 끝나기 전 6개월 이내에 항공영어구술능력증명시험에 합격한 경우: 기존 증명의 유효기간이 끝난 다음 날**

80 5등급 항공영어구술능력증명의 유효기간은? (법 제45조, 시행규칙 제99조)

❶ 6년　　　　　② 3년　　　　　③ 1년　　　　　④ 영구

81 항공영어구술능력증명 4등급 또는 5등급을 가지고 있는 사람이 유효기간 만료 6개월 이내에 갱신한 경우에 새로운 유효기간의 기준일은? (법 제45조, 시행규칙 제99조)

① 기존의 유효기간 만료 후 새로운 유효기간 적용
❷ 기존 증명의 유효기간이 끝난 다음 날
③ 합격 통지일 다음 날
④ 합격 통지일 다음 날

82 항공영어구술능력증명 4등급 또는 5등급을 가지고 있는 사람이 유효기간 만료 6개월 이내에 갱신한 경우에 새로운 유효기간의 기준일은? (법 제45조, 시행규칙 제99조)

① 기존의 유효기간 만료 후 새로운 유효기간 적용
❷ 기존 증명의 유효기간이 끝난 다음 날
③ 합격 통지일로부터 유효기간 적용
④ 합격일로부터 유효기간 적용

─────── • same type • ───────

83 항공운송사업에 사용되는 항공기 외의 항공기가 시계비행방식에 의한 비행을 하는 경우 의무로 설치·운용해야 하는 무선설비는? (법 제51조, 시행규칙 제107조)

① 계기착륙시설(ILS) 수신기 1대
② 전방향표지시설(VOR) 수신기 1대
③ 거리측정시설(DME) 수신기 1대
❹ 2차감시 항공교통관제 레이더용 트랜스폰더(Mode 3/A 및 Mode C SSR transponder) 1대

> **해설**
>
> **[항공안전법]**
>
> ※ 법 제47조의2(자격증명을 받지 아니한 사람의 조종연습등에 대한 연습허가·항공신체검사증명의 취소 등), 제48조(전문교육기관의 지정 등), 제48조의2(전문교육기관 지정의 취소 등), 제48조의3(전문교육기관 지정을 받은 자에 대한 과징금의 부과), 제49조(항공전문의사의 지정 등), 제50조(항공전문의사 지정의 취소 등) 생략
>
> 제51조(**무선설비의 설치·운용 의무**) 항공기를 운항하려는 자 또는 소유자등은 해당 항공기에 **비상위치 무선표지설비**, **2차 감시레이더용 트랜스폰더** 등 국토교통부령으로 정하는 **무선설비를 설치·운용하여야 한다**.

[항공안전법 시행규칙]

제107조(무선설비)

① 법 제51조에 따라 **항공기에 설치·운용해야 하는 무선설비**는 다음 각 호와 같다. 다만, 항공운송사업에 사용되는 **항공기 외의 항공기가 계기비행방식 외의 방식**(이하 "**시계비행방식**"이라 한다)에 의한 비행을 하는 경우에는 **제3호부터 제6호까지의 무선설비를 설치·운용하지 않을 수 있다.**

    1. 비행 중 항공교통관제기관과 교신할 수 있는 초단파(VHF) 또는 극초단파(UHF)**무선전화 송수신기 각 2대**. 이 경우 비행기[국토교통부장관이 정하여 고시하는 기압고도계의 수정을 위한 고도(이하 "전이고도"라 한다) 미만의 고도에서 교신하려는 경우만 해당한다]와 헬리콥터의 운항승무원은 붐(Boom) 마이크로폰 또는 스롯(Throat) 마이크로폰을 사용하여 교신하여야 한다.
    2. **기압고도에 관한 정보를 제공하는 2차감시 항공교통관제 레이더용 트랜스폰더**(Mode 3/A 및 Mode C SSR transponder. 다만, 국외를 운항하는 항공운송사업용 항공기의 경우에는 Mode S transponder) **1대**
    3. **자동방향탐지기(ADF) 1대**[무지향표지시설(NDB) 신호로만 계기접근절차가 구성되어 있는 공항에 운항하는 경우만 해당한다]
    4. **계기착륙시설(ILS) 수신기 1대**(최대이륙중량 5천 700킬로그램 미만의 항공기와 헬리콥터 및 무인항공기는 제외한다)
    5. **전방향표지시설(VOR) 수신기 1대**(무인항공기는 제외한다)
    6. **거리측정시설(DME) 수신기 1대**(무인항공기는 제외한다)
    7. 다음 각 목의 구분에 따라 비행 중 뇌우(雷雨) 또는 잠재적인 위험 기상조건을 탐지할 수 있는 **기상레이더** 또는 악기상 탐지장비
        (☞ 이하 가~다 목 생략함. 국제선 항공운송사업 비행기·헬리콥터 및 국외운항 비행기에 해당함)
    8. 다음 각 목의 구분에 따라 **비상위치지시용 무선표지설비(ELT)**. 이 경우 비상위치지시용 무선표지설비의 신호는 121.5메가헤르츠(MHz) 및 406메가헤르츠(MHz)로 송신되어야 한다.
        (☞ 가, 나 목 생략함. ELT 2대 또는 1대를 설치하여야 하는 경우를 구분함)

② 제1항제1호에 따른 **무선설비**는 다음 각 호의 **성능**이 있어야 한다.
    1. 비행장 또는 헬기장에서 관제를 목적으로 한 **양방향통신이 가능할 것**
    2. 비행 중 계속하여 **기상정보를 수신할 수 있을 것**
    3. 운항 중 「전파법 시행령」 제29조제1항제7호 및 제11호에 따른 **항공기국과 항공국 간** 또는 **항공국과 항공기국 간 양방향통신이 가능할 것**
    4. **항공비상주파수(121.5㎒ 또는 243.0㎒)**를 사용하여 항공교통관제기관과 **통신이 가능할 것**
    5. 제1항제1호에 따른 무선전화 송수신기 각 2대 중 각 1대가 고장이 나더라도 나머지 각 1대는 고장이 나지 아니하도록 각각 독립적으로 설치할 것

③ 제1항제2호에 따라 **항공운송사업용 비행기에 장착해야 하는 기압고도에 관한 정보를 제공하는 트랜스폰더**는 다음 각 호의 **성능**이 있어야 한다.
    1. 고도 **7.62미터(25피트) 이하의 간격으로 기압고도정보**(pressure altitude information)를 관할 항공교통관제기관에 **제공할 수 있을 것**
    2. **해당 비행기의 위치(공중 또는 지상)에 대한 정보를 제공할 수 있을 것**[해당 비행기에 비행기의 위치(공중 또는 지상 : airborne/on-the-ground status)를 자동으로 감지하는 장치(automatic means of detecting)가 장착된 경우만 해당한다]

④ 제1항에 따른 무선설비의 운용요령 등에 관하여 필요한 사항은 국토교통부장관이 정하여 고시한다.

84 항공운송사업에 사용되는 항공기 외의 항공기가 시계비행방식에 의한 비행을 하는 경우 의무로 설치·운용해야 하는 무선설비가 아닌 것은? (법 제51조, 시행규칙 제107조)

① 무선전화 송수신기
② 2차감시 항공교통관제 레이더용 트랜스폰더
③ 비상위치지시용 무선표지설비(ELT)
❹ 전방향표지시설(VOR)

85 항공운송사업에 사용되는 항공기 외의 항공기가 계기비행방식 외의 방식에 의한 비행을 하는 경우 설치·운용하지 않을 수 있는 무선설비가 아닌 것은? (법 제51조, 시행규칙 제107조)
① 자동방향탐지기(ADF)
② 전방향표지시설(VOR)
③ 거리측정시설(DME)
❹ 비상위치지시용 무선표지설비(ELT)

86 항공운송사업용 비행기에 장착해야 하는 기압고도에 관한 정보를 제공하는 트랜스폰더의 성능으로 올바른 것은? (법 제51조, 시행규칙 제107조)
① 고도 10피트 이하의 간격으로 기압고도정보를 관할 항공교통관제기관에 제공할 수 있을 것
❷ 고도 25피트 이하의 간격으로 기압고도정보를 관할 항공교통관제기관에 제공할 수 있을 것
③ 고도 50피트 이하의 간격으로 기압고도정보를 관할 항공교통관제기관에 제공할 수 있을 것
④ 고도 75피트 이하의 간격으로 기압고도정보를 관할 항공교통관제기관에 제공할 수 있을 것

― same type ―

87 항공기를 운항하려는 자 또는 소유자등이 갖추어 두어야 하는 항공일지에 해당되지 않는 것은? (법 제52조, 시행규칙 제108조)
① 탑재용 항공일지
② 지상 비치용 발동기 항공일지
③ 지상 비치용 프로펠러 항공일지
❹ 사고예방 및 사고조사 항공일지

▶ 해설

[항공안전법]
제52조(항공계기 등의 설치·탑재 및 운용 등)
① 항공기를 운항하려는 자 또는 소유자등은 **해당 항공기에** 항공기 안전운항을 위하여 필요한 항공계기(航空計器), 장비, 서류, 구급용구 등(이하 "항공계기등"이라 한다)을 설치하거나 탑재하여 운용하여야 한다. 이 경우 **최대이륙중량이 600킬로그램 초과 5천700킬로그램 이하인 비행기**에는 사고예방 및 안전운항에 **필요한 장비를 추가로 설치할 수 있다.**
② 제1항에 따라 **항공계기등을** 설치하거나 탑재하여야 할 항공기, 항공계기등의 종류, 설치·탑재기준 및 그 운용방법 등에 **필요한 사항은 국토교통부령으로 정한다.**

[항공안전법 시행규칙]
제108조(항공일지)
① 법 제52조제2항에 따라 항공기를 운항하려는 자 또는 소유자등은 **탑재용 항공일지, 지상 비치용 발동기 항공일지 및 지상 비치용 프로펠러 항공일지**를 갖추어 두어야 한다. 다만, 활공기의 소유자등은 활공기용 항공일지를, 법 제102조 각 호의 어느 하나에 해당하는 항공기의 소유자등은 탑재용 항공일지를 갖춰 두어야 한다.
② 항공기의 소유자등은 항공기를 항공에 사용하거나 개조 또는 정비한 경우에는 지체 없이 다음 각 호의 구분에 따라 항공일지에 적어야 한다. (☞ 이하 1~4호 생략함)

제109조(사고예방장치 등) (☞ ②~⑤항 생략함)
① 법 제52조제2항에 따라 **사고예방 및 사고조사를 위하여 항공기에 갖추어야 할 장치**는 다음 각 호와 같다. (☞ 3~6호 생략함)
  1. 다음 각 목의 어느 하나에 해당하는 비행기에는 「국제민간항공협약」 부속서 10에서 정한 바에 따라 운용되는 **공중충돌경고장치(Airborne Collision Avoidance System, ACAS II) 1기 이상**
    가. 항공운송사업에 사용되는 모든 비행기 (☞ 나, 다 목 생략함)
  2. 다음 각 목의 **어느 하나에 해당하는 비행기 및 헬리콥터에는** 그 비행기 및 헬리콥터가 지표면에 근접하여 잠재적인 위험상태에 있을 경우 적시에 명확한 경고를 운항승무원에게 자동으로 제공하고 전방의 지형지물을 회피할 수 있는 기능을 가진 **지상접근경고장치(Ground Proximity Warning System) 1기 이상**. 다만, 국제항공노선을 운항하지 않는 헬리콥터의 경우에는 지상접근경고장치를 갖추지 않을 수 있다.
    가. 최대이륙중량이 5,700킬로그램을 초과하거나 승객 9명을 초과하여 수송할 수 있는 터빈발동기를 장착한 비행기
    나. 최대이륙중량이 5,700킬로그램 이하이고 승객 5명 초과 9명 이하를 수송할 수 있는 터빈발동기를 장착한 비행기
    다. 최대이륙중량이 5,700킬로그램을 초과하거나 승객 9명을 초과하여 수송할 수 있는 왕복발동기를 장착한 모든 비행기
    라. 최대이륙중량이 3,175킬로그램을 초과하거나 승객 9명을 초과하여 수송할 수 있는 헬리콥터로서 계기비행방식에 따라 운항하는 헬리콥터

88 다음 중 지상접근경고장치(Ground Proximity Warning System) 1기 이상을 갖추지 않을 수 있는 항공기는? (법 제52조, 시행규칙 제109조)

① 최대이륙중량이 5,700킬로그램을 초과하거나 승객 9명을 초과하여 수송할 수 있는 터빈발동기를 장착한 비행기
② 최대이륙중량이 5,700킬로그램 이하이고 승객 5명 초과 9명 이하를 수송할 수 있는 터빈발동기를 장착한 비행기
③ 최대이륙중량이 5,700킬로그램을 초과하거나 승객 9명을 초과하여 수송할 수 있는 왕복발동기를 장착한 모든 비행기
❹ 국제항공노선을 운항하지 않는 최대이륙중량이 3,175킬로그램을 초과하거나 승객 9명을 초과하여 수송할 수 있는 헬리콥터로서 계기비행방식에 따라 운항하는 헬리콥터

― same type ―

89 항공기의 소유자등이 항공기(무인항공기는 제외한다)에 갖추어야 할 구급용구에 해당하지 않는 것은? (법 제52조, 시행규칙 제110조)

❶ 항공종사자 신체검사증명
② 음성신호발생기
③ 불꽃조난신호장비
④ 손확성기(메가폰)

> **해설**

[항공안전법]

제52조(항공계기 등의 설치·탑재 및 운용 등) (☞ 법 제52조 관련 추가 설명, 따라서 ①, ②항 생략함)

[항공안전법 시행규칙]

제110조(**구급용구 등**) 법 제52조제2항에 따라 항공기의 소유자등이 항공기(무인항공기는 제외한다)에 갖추어야 할 **구명동의, 음성신호발생기, 구명보트, 불꽃조난신호장비, 휴대용 소화기, 도끼, 손확성기(메가폰), 구급의료용품** 등은 **별표 15**와 같다.

■ 항공안전법 시행규칙 [별표 15]

항공기에 장비하여야 할 구급용구 등(제110조 관련)

1. 구급용구

구 분	품 목	수 량 항공운송사업 및 항공기 사용사업에 사용하는 경우 (☞ 그 밖의 경우 생략함)
(☞ 가. 수상비행기 생략함)		
나. 육상비행기(수륙 양용 비행기를 포함한다)		
1) 착륙에 적합한 해안으로부터 93킬로미터(50해리) 이상의 해상을 비행하는 다음의 경우	• 구명동의 또는 이에 상당하는 개인부양 장비	탑승자 한 명당 1개
2) 1) 외의 육상단발비행기가 해안으로부터 활공거리를 벗어난 해상을 비행하는 경우	• 구명동의 또는 이에 상당하는 개인부양 장비	탑승자 한 명당 1개
3) 이륙경로나 착륙접근경로가 수상에서의 사고 시에 착수가 예상되는 경우	• 구명동의 또는 이에 상당하는 개인부양 장비	탑승자 한 명당 1개
다. 장거리 해상을 비행하는 비행기		
1) 비상착륙에 적합한 육지로부터 120분 또는 740킬로미터(400해리) 중 짧은 거리 이상의 해상을 비행하는 다음의 경우	• 구명동의 또는 이에 상당하는 개인부양 장비 • 구명보트 • 불꽃조난신호장비	탑승자 한 명당 1개 적정 척 수 1기
2) 1) 외의 비행기가 30분 또는 185킬로미터(100해리) 중 짧은 거리 이상의 해상을 비행하는 경우	• 구명보트 • 불꽃조난신호장비	적정 척 수 1기
3) 비행기가 비상착륙에 적합한 육지로부터 93킬로미터(50해리) 이상의 해상을 비행하는 경우	• 구명동의 또는 이에 상당하는 개인부양 장비	
4) 비상착륙에 적합한 육지로부터 단발기는 185킬로미터(100해리), 다발기는 1개의 발동기가 작동하지 않아도 370킬로미터(200해리) 이상의 해상을 비행하는 경우	• 구명보트 • 불꽃조난신호장비	
라. 수색구조가 특별히 어려운 산악지역, 외딴지역 및 국토교통부장관이 정한 해상 등을 횡단 비행하는 비행기(헬리콥터를 포함한다)	• 불꽃조난신호장비 • 구명장비	1기 이상 1기 이상
(☞ 마. 헬리콥터 생략함)		

2. 소화기

가. 항공기에는 적어도 **조종실** 및 조종실과 분리되어 있는 **객실에 각각 한 개** 이상의 이동이 간편한 **소화기를 갖춰 두어야 한다.** 다만, 소화기는 소화액을 방사 시 항공기 내의 공기를 해롭게 오염시키거나 항공기의 안전운항에 지장을 주는 것이어서는 안 된다.

나. **항공기의 객실에는 다음 표의 소화기**를 갖춰 두어야 한다.

승객 좌석 수	소화기의 수량
1) 6석부터 30석까지	1
2) 31석부터 60석까지	2
3) 61석부터 200석까지	3
4) 201석부터 300석까지	4
5) 301석부터 400석까지	5
6) 401석부터 500석까지	6
7) 501석부터 600석까지	7
8) 601석 이상	8

3. 항공운송사업용 및 항공기사용사업용 항공기에는 사고 시 사용할 도끼 1개를 갖춰 두어야 한다.

4. 항공운송사업용 여객기에는 다음 표의 **손확성기**를 갖춰 두어야 한다.

승객 좌석수	손확성기의 수
61석부터 99석까지	1
100석부터 199석까지	2
200석 이상	3

5. 의료지원용구(Medical supply)

구 분	품 목	수 량
가. 구급의료용품 (First-aid Kit)	(☞ 품목 내용 생략함)	승객 좌석 수에 따른 다음의 수량 가) 100석 이하: 1조 **나) 101석부터 200석까지: 2조** 다) 201석부터 300석까지: 3조 **라) 301석부터 400석까지: 4조** 마) 401석부터 500석까지: 5조 **바) 501석 이상: 6조**
나. 감염예방 의료용구 (Universal Precaution Kit)	(☞ 품목 내용 생략함)	승객 좌석 수에 따른 다음의 수량 가) 250석 이하: 1조 **나) 251석부터 500석까지: 2조** 다) 501석 이상: 3조
다. 비상의료용구 (Emergency Medical Kit)	(☞ 품목 내용 생략함)	1조

(☞ '비고' 생략함)

90 수색구조가 특별히 어려운 산악지역, 외딴지역 및 국토교통부장관이 정한 해상 등을 횡단 비행하는 비행기(헬리콥터 포함)가 장비하여야 할 구급용구로 올바른 것은? (법 제52조, 시행규칙 제110조)
① 불꽃조난신호장비, 구명보트
② 구명동의 또는 이에 상당하는 개인부양 장비
❸ 불꽃조난신호장비, 구명장비
④ 사고 시 사용할 도끼 1개

91 승객 좌석 수가 150석인 항공기에 갖추어야 할 구급의료용품 수량은? (법 제52조, 시행규칙 제110조)
① 1조   ❷ 2조   ③ 3조   ④ 4조

92 승객 좌석 수가 300석인 항공기에 갖추어야 할 감염예방 의료용구 수량은? (법 제52조, 시행규칙 제110조)
① 1조   ❷ 2조   ③ 3조   ④ 4조

93 다음 중 항공기 승객 좌석 수에 따른 객실에 갖춰 두어야 할 소화기 수량으로 올바르지 않은 것은? (법 제52조, 시행규칙 제110조)
① 30석 : 1개
② 50석 : 2개
❸ 60석 : 3개
④ 300석 : 4개

94 B737 승객 좌석수가 189석인 경우 갖추어야 하는 소화기의 수량은? (법 제52조, 시행규칙 제110조)
① 1개   ② 2개   ❸ 3개   ④ 4개

95 항공운송사업용 여객기에는 승객 좌석수에 따라 손확성기를 갖춰 두어야 한다. 다음 중 올바르지 않은 것은? (법 제52조, 시행규칙 제110조)
① 61석부터 99석까지 : 1개
② 100석부터 199석까지 : 2개
③ 200석 이상 : 3개
❹ 200석부터 299석까지 : 3개

96 승객 좌석수가 120석인 항공운송사업용 여객기에 갖춰 두어야 하는 손확성기의 수는? (법 제52조, 시행규칙 제110조)
① 1개   ❷ 2개   ③ 3개   ④ 4개

97 항공기에는 몇 세 이상의 승객과 모든 승무원을 위한 안전띠가 달린 좌석을 장착해야 하는가? (법 제52조, 시행규칙 제111조)

① 1세   ❷ 2세   ③ 3세   ④ 4세

[항공안전법]

제52조(항공계기 등의 설치·탑재 및 운용 등) (☞ 법 제52조 관련 추가 설명, 따라서 ①, ②항 생략함)

[항공안전법 시행규칙]

제111조(승객 및 승무원의 좌석 등)
① 법 제52조제2항에 따라 **항공기**(무인항공기는 제외한다)**에는 2세 이상의 승객과 모든 승무원을 위한 안전띠가 달린 좌석**(침대좌석을 포함한다)**을 장착해야 한다.**
② **항공운송사업에 사용되는 항공기의 모든 승무원의 좌석에는 안전띠 외에 어깨끈을 장착해야 한다.** 이 경우 운항승무원의 좌석에 장착하는 어깨끈은 급감속시 상체를 자동적으로 제어하는 것이어야 한다.
(☞ 제112조(낙하산의 장비) 생략함)
제113조(**항공기에 탑재하는 서류**) 법 제52조제2항에 따라 항공기(활공기 및 법 제23조제3항제2호에 따른 특별감항증명을 받은 항공기는 제외한다)에는 다음 각 호의 서류를 탑재하여야 한다.
  1. 항공기등록증명서
  2. 감항증명서
  3. 탑재용 항공일지
  4. 운용한계 지정서 및 비행교범
  5. 운항규정(별표 32에 따른 교범 중 훈련교범·위험물교범·사고절차교범·보안업무교범·항공기 탑재 및 처리 교범은 제외한다)
  6. **항공운송사업의 운항증명서 사본**(항공당국의 확인을 받은 것을 말한다) **및 운영기준 사본**(국제운송사업에 사용되는 항공기의 경우에는 영문으로 된 것을 포함한다)
  7. 소음기준적합증명서
  8. 각 운항승무원의 유효한 **자격증명서**(법 제34조에 따라 자격증명을 받은 사람이 국내에서 항공업무를 수행하는 경우에는 전자문서로 된 자격증명서를 포함한다. 이하 제219조 각 호에서 같다) **및 조종사의 비행기록에 관한 자료**
  9. 무선국 허가증명서(radio station license)
  10. 탑승한 여객의 성명, 탑승지 및 목적지가 표시된 **명부**(passenger manifest)(항공운송사업용 항공기만 해당한다)
  11. 해당 항공운송사업자가 발행하는 수송화물의 **화물목록**(cargo manifest)**과 화물 운송장에 명시되어 있는 세부 화물신고서류**(detailed declarations of the cargo)(항공운송사업용 항공기만 해당한다)
  12. 해당 국가의 항공당국 간에 체결한 항공기 등의 감독 의무에 관한 이전협정서요약서 사본(법 제5조에 따른 임대차 항공기의 경우만 해당한다)
  13. **비행 전 및 각 비행단계에서 운항승무원이 사용해야 할 점검표**
  14. 그 밖에 국토교통부장관이 정하여 고시하는 서류
(☞ 제114조(산소 저장 및 분배장치 등), 제115조(헬리콥터 기체진동 감시 시스템 장착) 생략함)

98 항공기에 탑재하여야 하는 서류가 아닌 것은? (법 제52조, 시행규칙 제113조)
① 항공기등록증명서   ② 감항증명서
❸ 형식증명서   ④ 탑재용 항공일지

99 항공기에 탑재해야 할 서류에 해당하지 않는 것은? (법 제52조, 시행규칙 제113조)
① 운용한계 지정서 및 비행교범   ② 운항규정
③ 소음기준적합증명서   ❹ 항공정보간행물

─── same type ───

100 항공운송사업용 항공기 또는 국외를 운항하는 비행기가 평균해면으로부터 얼마의 고도를 초과하여 운항하려는 경우 방사선투사량계기 1기를 갖추어야 하는가? (법 제52조, 시행규칙 제116조)
① 5천 미터   ② 1만 미터   ❸ 1만 5천 미터   ④ 1만 8천 미터

[해설]

[항공안전법]

제52조(항공계기 등의 설치·탑재 및 운용 등) (☞ 법 제52조 관련 추가 설명, 따라서 ①, ②항 생략함)

[항공안전법 시행규칙]

제116조(방사선투사량계기)
① 법 제52조제2항에 따라 **항공운송사업용 항공기 또는 국외를 운항하는 비행기가 평균해면으로부터 1만 5천미터(4만9천피트)를 초과하는 고도로 운항하려는 경우에는 방사선투사량계기**(Radiation Indicator) 1기를 갖추어야 한다.
② 제1항에 따른 방사선투사량계기는 투사된 총 우주방사선의 비율과 비행 시마다 누적된 양을 계속적으로 측정하고 이를 나타낼 수 있어야 하며, 운항승무원이 측정된 수치를 쉽게 볼 수 있어야 한다.

제117조(항공계기장치 등)
① 법 제52조제2항에 따라 **시계비행방식 또는 계기비행방식**(계기비행 및 항공교통관제 지시 하에 시계비행방식으로 비행을 하는 경우를 포함한다)에 의한 비행을 하는 항공기에 갖추어야 할 항공계기 등의 기준은 별표 16과 같다.

■ 항공안전법 시행규칙 [별표 16] <개정 2021. 8. 27.>
항공계기 등의 기준(제117조제1항 관련)

비행구분	계기명	수량			
		비행기		헬리콥터	
		항공운송 사업용	항공운송 사업용 외	항공운송 사업용	항공운송 사업용 외
시계 비행 방식	나침반 (MAGNETIC COMPASS)	1	1	1	1
	시계 (시, 분, 초의 표시)	1	1	1	1
	정밀기압고도계 (SENSITIVE PRESSURE ALTIMETER)	1	-	1	1

계기 비행 방식	기압고도계 (PRESSURE ALTIMETER)	-	1	-	-
	속도계 (AIRSPEED INDICATOR)	1	1	1	1
	나침반 (MAGNETIC COMPASS)	1	1	1	1
	시계 (시, 분, 초의 표시)	1	1	1	1
	정밀기압고도계 (SENSITIVE PRESSURE ALTIMETER)	2	1	2	1
	기압고도계 (PRESSURE ALTIMETER)	-	1	-	-
	동결방지장치가 되어 있는 속도계 (AIRSPEED INDICATOR)	1	1	1	1
	선회 및 경사지시계 (TURN AND SLIP INDICATOR)	1	1	-	-
	경사지시계 (SLIP INDICATOR)	-	-	1	1
	인공수평자세지시계 (ATTITUDE INDICATOR)	1	1	조종석당 1개 및 여분의 계기 1개	
	자이로식 기수방향지시계 (HEADING INDICATOR)	1	1	1	1
	외기온도계 (OUTSIDE AIR TEMPERATURE INDICATOR)	1	1	1	1
	승강계 (RATE OF CLIMB AND DESCENT INDICATOR)	1	1	1	1
	안정성유지시스템 (STABILIZATION SYSTEM)	-	-	1	1

② 야간에 비행을 하려는 항공기에는 별표 16에 따라 **계기비행방식으로 비행할 때 갖추어야 하는 항공계기 등 외에 추가로 다음 각 호의 조명설비를 갖추어야 한다.** 다만, 제1호 및 제2호의 조명설비는 주간에 비행을 하려는 항공기에도 갖추어야 한다. (☞ ③, ④항 생략함)
  1. 항공운송사업에 사용되는 항공기에는 2기 이상, 그 밖의 항공기에는 1기 이상의 **착륙등**. 다만, 헬리콥터의 경우 최소한 1기의 착륙등은 수직면으로 방향전환이 가능한 것이어야 한다.
  2. **충돌방지등** 1기
  3. **항공기의 위치를 나타내는 우현등, 좌현등 및 미등**
  4. 운항승무원이 항공기의 안전운항을 위하여 사용하는 **필수적인 항공계기 및 장치를 쉽게 식별할 수 있도록 해주는 조명설비**
  5. **객실조명설비**
  6. 운항승무원 및 객실승무원이 각 근무위치에서 사용할 수 있는 **손전등(flashlight)**
(☞ 제118조(제빙·방빙장치) 생략함)

101 다음 중 시계비행방식으로 비행하는 비행기에 갖추어야 할 계기가 아닌 것은? (법 제52조, 시행규칙 제117조)

① 나침반　　　　② 시계　　　　③ 고도계　　　　❹ 승강계

102 다음 중 시계비행방식으로 비행하는 비행기에 갖추어야 할 계기는? (법 제52조, 시행규칙 제117조)

① 선회 및 경사지시계
❷ 시계
③ 외기온도계
④ 승강계

103 계기비행방식으로 비행하는 비행기에 갖추어야 할 계기로 올바르지 않은 것은? (법 제52조, 시행규칙 제117조)

❶ 안정성유지시스템
② 선회 및 경사지시계
③ 자이로식 기수방향지시계
④ 승강계

104 야간에 비행을 하려는 항공기가 갖추어야 하는 조명설비가 아닌 것은? (법 제52조, 시행규칙 제117조)

① 착륙등
❷ 기수등
③ 충돌방지등
④ 우현등, 좌현등 및 미등

• same type •

105 항공운송사업용 및 항공기사용사업용 비행기가 시계비행을 할 경우 실어야 할 연료의 양은? (법 제53조, 시행규칙 제119조)

① 최초 착륙예정 비행장까지 비행에 필요한 양에 그 교체비행장까지 비행을 마친 후 순항속도로 45분간 더 비행할 수 있는 양
② 최초 착륙예정 비행장까지 비행에 필요한 양에 그 교체비행장까지 비행을 마친 후 순항속도로 30분간 더 비행할 수 있는 양
❸ 최초 착륙예정 비행장까지 비행에 필요한 양에 순항속도로 45분간 더 비행할 수 있는 양
④ 최초 착륙예정 비행장까지 비행에 필요한 양에 순항속도로 30분간 더 비행할 수 있는 양

> **[항공안전법]**
> 제53조(**항공기의 연료**) 항공기를 운항하려는 자 또는 소유자등은 **항공기에 국토교통부령으로 정하는 양의 연료를 싣지 아니하고 항공기를 운항해서는 아니 된다.**
>
> **[항공안전법 시행규칙]**
> 제119조(**항공기의 연료와 오일**) 법 제53조에 따라 항공기에 실어야 하는 연료와 오일의 양은 **별표 17**과 같다.

■ 항공안전법 시행규칙 [별표 17]

항공기에 실어야 할 연료와 오일의 양(제119조 관련)

항공운송사업용 및 항공기사용사업용 비행기	터빈발동기 장착 항공기 (☞ 왕복발동기 장착 항공기, 헬리콥터 등은 생략함)

계기비행으로 교체비행장이 요구될 경우	다음 각 호의 양을 더한 양
	1. 이륙 전에 소모가 예상되는 연료의 양
	2. 이륙부터 최초 착륙예정 비행장에 착륙할 때까지 필요한 연료의 양
	3. 이상사태 발생 시 연료 소모가 증가할 것에 대비하기 위한 것으로서 운항기술기준에서 정한 연료의 양
	4. 다음 각 목의 어느 하나에 해당하는 연료의 양
	   가. 1개의 교체비행장이 요구되는 경우: 다음의 양을 더한 양
	      1) **최초 착륙예정 비행장에서 한 번의 실패접근에 필요한 양**
	      2) 교체비행장까지 상승비행, 순항비행, 강하비행, 접근비행 및 착륙에 필요한 양
	   나. 2개 이상의 교체비행장이 요구되는 경우: 각각의 교체비행장에 대하여 가목에 따라 산정된 양 중 가장 많은 양
	5. 교체비행장에 도착 시 예상되는 비행기의 중량 상태에서 표준대기 상태에서의 체공속도로 **교체비행장의 450미터(1,500피트)의 상공에서 30분간 더 비행할 수 있는 연료의 양**
	6. 그 밖에 비행기의 비행성능 등을 고려하여 운항기술기준에서 정한 추가 연료의 양

계기비행으로 교체비행장이 요구되지 않을 경우	다음 각 호의 양을 더한 양
	1. 이륙 전에 소모가 예상되는 연료의 양
	2. 이륙부터 최초 착륙예정 비행장에 착륙할 때까지 필요한 연료의 양
	3. 이상사태 발생 시 연료소모가 증가할 것에 대비하기 위한 것으로서 운항기술기준에서 정한 연료의 양
	4. 다음 각 목의 어느 하나에 해당하는 연료의 양
	   가. 제186조제3항제1호에 해당하는 경우: 표준대기상태에서 **최초 착륙예정 비행장의 450미터(1,500피트)의 상공에서 체공속도로 15분간 더 비행할 수 있는 양**
	   나. 제186조제3항제2호에 해당하는 경우: 제5호에 따른 연료의 양을 포함하여 **최초 착륙예정 비행장의 상공에서 정상적인 순항 연료소모율로 2시간을 더 비행할 수 있는 양**
	5. 최초 착륙예정 비행장에 도착 시 예상되는 비행기 중량 상태에서 표준대기 상태에서의 체공속도로 **최초 착륙예정 비행장의 450미터(1,500피트)의 상공에서 30분간 더 비행할 수 있는 양**. 다만, 제4호나목에 따라 연료를 실은 경우에는 제5호에 따른 연료를 실은 것으로 본다.
	6. 그 밖에 비행기의 비행성능 등을 고려하여 운항기술기준에서 정한 추가 연료의 양

시계비행을 할 경우	다음 각 호의 양을 더한 양 1. **최초 착륙예정 비행장까지 비행에 필요한 양** 2. **순항속도로 45분간 더 비행할 수 있는 양**

106 터빈발동기를 장착한 항공운송사업용 비행기가 계기비행 상태에서 교체비행장이 요구될 경우 실어야 할 연료를 계산할 때 교체비행장 상공에서의 체공 고도는 얼마로 상정하는가? (법 제53조, 시행규칙 제119조)

① 100미터(330피트)
② 150미터(500피트)
③ 300미터(1,000피트)
❹ 450미터(1,500피트)

― same type ―

107 항공기가 야간에 공중·지상 또는 수상을 항행하는 경우와 비행장의 이동지역 안에서 이동하거나 엔진이 작동 중인 경우에 항공기의 위치를 나타내야 하는 항공기의 등불은? (법 제54조, 시행규칙 제120조)

❶ 우현등, 좌현등, 미등, 충돌방지등
② 우현등, 좌현등, 미등
③ 우현등, 미등, 충돌방지등
④ 좌현등, 미등, 충돌방지등

해설

[항공안전법]

제54조(항공기의 등불) 항공기를 운항하거나 야간(해가 진 뒤부터 해가 뜨기 전까지를 말한다. 이하 같다)에 비행장에 주기(駐機) 또는 정박(碇泊)시키는 사람은 국토교통부령으로 정하는 바에 따라 등불로 항공기의 위치를 나타내야 한다.

[항공안전법 시행규칙]

제120조(항공기의 등불)
① 법 제54조에 따라 항공기가 야간에 공중·지상 또는 수상을 항행하는 경우와 비행장의 이동지역 안에서 이동하거나 엔진이 작동 중인 경우에는 우현등, 좌현등 및 미등(이하 "항행등"이라 한다)과 충돌방지등에 의하여 그 항공기의 위치를 나타내야 한다.
② 법 제54조에 따라 항공기를 야간에 사용되는 비행장에 주기(駐機) 또는 정박시키는 경우에는 해당 항공기의 항행등을 이용하여 항공기의 위치를 나타내야 한다. 다만, 비행장에 항공기를 조명하는 시설이 있는 경우에는 그러하지 아니하다.
③ 항공기는 제1항 및 제2항에 따라 위치를 나타내는 항행등으로 잘못 인식될 수 있는 다른 등불을 켜서는 아니 된다.
④ 조종사는 섬광등이 업무를 수행하는 데 장애를 주거나 외부에 있는 사람에게 눈부심을 주어 위험을 유발할 수 있는 경우에는 섬광등을 끄거나 빛의 강도를 줄여야 한다.

108 항공기를 야간에 사용되는 비행장에 주기(駐機) 또는 정박시키는 경우 어떤 등불을 이용하여 항공기의 위치를 나타내야 하는가? (법 제54조, 시행규칙 제120조)

① 충돌방지등
② 미등
❸ 항행등
④ 우현등, 좌현등

109 항공운송사업자는 승무원의 승무시간등 또는 운항관리사의 근무시간에 대한 기록을 얼마동안 보관하여야 하는가? (법 제56조)

① 6개월 이상　　② 12개월 이상　　❸ 15개월 이상　　④ 24개월 이상

해설

[항공안전법]

※ 법 제55조(운항승무원의 비행경험) 생략

제56조(승무원 등의 피로관리)
① 항공운송사업자, 항공기사용사업자 또는 국외운항항공기 소유자등은 다음 각 호의 어느 하나 이상의 방법으로 소속 **운항승무원 및 객실승무원**(이하 "승무원"이라 한다)과 **운항관리사의 피로를 관리하여야 한다.** (☞ ②항 생략함)
　1. 국토교통부령으로 정하는 승무원의 승무시간, 비행근무시간, 근무시간 등(이하 이 조에서 "**승무시간등**"이라 한다) 또는 운항관리사의 근무시간의 제한기준을 따르는 방법
　2. 피로위험관리시스템을 마련하여 운용하는 방법
③ **항공운송사업자, 항공기사용사업자 또는 국외운항항공기 소유자등은** 제1항제1호에 따라 승무원 또는 운항관리사의 피로를 관리하는 경우에는 **승무원의 승무시간등 또는 운항관리사의 근무시간에 대한 기록을 15개월 이상 보관하여야 한다.**

[항공안전법 시행규칙]

제127조(운항승무원의 승무시간 등의 기준 등)
① 법 제56조제1항제1호에 따른 **운항승무원의** 승무시간, 비행근무시간, 근무시간 등(이하 "**승무시간등**"이라 한다)의 **기준은 별표 18**과 같다. 다만, 천재지변, 기상악화, 항공기 고장 등 항공기 소유자등이 사전에 예측할 수 없는 상황이 발생한 경우 승무시간 등의 기준은 국토교통부장관이 정하여 고시할 수 있다. (☞ ②항 생략함)

■ 항공안전법 시행규칙 [별표 18]

운항승무원의 승무시간등 기준(제127조제1항 관련)

1. 운항승무원의 연속 24시간 동안 최대 승무시간·비행근무시간 기준

(단위: 시간)

운항승무원 편성	최대 승무시간	최대 비행근무시간
기장 1명	8	13
기장 1명, 기장 외의 조종사 1명	**8**	**13**
기장 1명, 기장 외의 조종사 1명, 항공기관사 1명	12	15
기장 1명, 기장 외의 조종사 2명	12	16
기장 2명, 기장 외의 조종사 1명	13	16.5
기장 2명, 기장 외의 조종사 2명	16	20
기장 2명, 기장 외의 조종사 2명, 항공기관사 2명	16	20

비고
　1. "승무시간(Flight Time)"이란 비행기의 경우 이륙을 목적으로 비행기가 최초로 움직이기 시작한 때부터 비행이 종료되어 최종적으로 비행기가 정지한 때까지의 총 시간을 말하며, 헬리콥터의 경우 주회전익이 회전하기 시작한 때부터 주회전익이 정지된 때까지의 총 시간을 말한다.
　2. "비행근무시간(Flight Duty Period)"이란 운항승무원이 1개 구간 또는 연속되는 2개 구간 이상의 비행이 포함된 근무의 시작을 보고한 때부터 마지막 비행이 종료되어 최종적으로 항공기의 발동기가 정지된 때까지의 총 시간을 말한다. (☞ 이하 3~6호 생략함)

2. 운항승무원의 연속되는 28일 및 365일 동안의 최대 승무시간 기준 (☞ 이하 세부내용 생략함)
3. 운항승무원의 연속되는 7일 및 28일 동안의 최대 근무시간 기준 (☞ 이하 세부내용 생략함)

비고
1. "근무시간"이란 운항승무원이 항공기 운영자의 요구에 따라 근무보고를 하거나 근무를 시작한 때부터 모든 근무가 끝난 때까지의 시간을 말한다.
2. 항공기사용사업 중 응급구호 및 환자 이송을 하는 헬리콥터의 운항승무원은 제외한다.

4. 운항승무원의 비행근무시간에 따른 최소 휴식시간 기준

비행근무시간	휴식시간
8시간 미만	10시간 이상
8시간 이상 ~ 9시간 미만	**11시간 이상**
9시간 이상 ~ 10시간 미만	12시간 이상
10시간 이상 ~ 11시간 미만	13시간 이상
11시간 이상 ~ 12시간 미만	14시간 이상
12시간 이상 ~ 13시간 미만	15시간 이상
13시간 이상 ~ 14시간 미만	16시간 이상
14시간 이상 ~ 15시간 미만	17시간 이상
15시간 이상 ~ 16시간 미만	18시간 이상
16시간 이상 ~ 17시간 미만	20시간 이상
17시간 이상 ~ 18시간 미만	22시간 이상
18시간 이상 ~ 19시간 미만	24시간 이상
19시간 이상 ~ 20시간 미만	26시간 이상

비고 (☞ 이하 1, 2호 생략함)

5. 응급구호 및 환자 이송을 하는 헬리콥터 운항승무원의 최대 승무시간 기준

구분	**연속 24시간**	연속 3개월	연속 6개월	1년
최대 승무시간	**8시간**	500시간	800시간	1,400시간

6. 법 제55조제2호에 따른 국외운항항공기의 운항승무원의 연속 24시간 동안 최대 승무시간·비행근무시간

운항승무원 편성	최대 승무시간	최대비행근무시간
기장 1명, 기장 외의 조종사 1명	10	14
기장 1명, 기장 외의 조종사 2명	16	18

비고 (☞ 1, 2호 생략함).

(☞ 제128조(객실승무원의 승무시간 기준 등), 제128조의2(운항관리사의 근무시간 기준 등) 생략함)

110 기장 1명과 기장 외의 조종사 1명인 운항승무원의 연속 24시간 동안 최대 승무시간과 최대 비행근무시간은? (법 제56조, 시행규칙 127조)

❶ 최대 승무시간 8시간, 최대 비행근무시간 13시간
② 최대 승무시간 12시간, 최대 비행근무시간 15시간
③ 최대 승무시간 12시간, 최대 비행근무시간 16시간
④ 최대 승무시간 16시간, 최대 비행근무시간 20시간

111 운항승무원의 "승무시간(Flight Time)"이란? (법 제56조, 시행규칙 127조)

① 운항승무원이 1개 구간 또는 연속되는 2개 구간 이상의 비행이 포함된 근무의 시작을 보고한 때부터 마지막 비행이 종료되어 최종적으로 항공기의 발동기가 정지된 때까지의 총 시간을 말한다.
❷ 비행기의 경우 이륙을 목적으로 비행기가 최초로 움직이기 시작한 때부터 비행이 종료되어 최종적으로 비행기가 정지한 때까지의 총 시간을 말하며, 헬리콥터의 경우 주회전익이 회전하기 시작한 때부터 주회전익이 정지된 때까지의 총 시간을 말한다.
③ 운항승무원이 항공기 운영자의 요구에 따라 근무보고를 하거나 근무를 시작한 때부터 모든 근무가 끝난 때까지의 시간을 말한다.
④ 승객이 탑승한 후 항공기의 모든 문이 닫힌 때부터 내리기 위하여 문을 열 때까지를 말한다.

112 운항승무원의 비행근무시간이 8시간 이상 ~ 9시간 미만인 경우 최소 휴식시간은? (법 제56조, 시행규칙 127조)

① 13시간 이상 ② 12시간 이상 ❸ 11시간 이상 ④ 10시간 이상

113 연속 24시간 동안 응급구호 및 환자 이송을 하는 헬리콥터의 운항승무원 최대 승무시간은? (법 제56조, 시행규칙 127조)

① 24시간 ② 18시간 ③ 12시간 ❹ 8시간

------- same type -------

114 항공업무에 종사해서는 아니 되는 혈중알코올농도의 기준은? (법 제57조)

① 0.5 퍼센트 이상 ② 0.2 퍼센트 이상
③ 0.05 퍼센트 이상 ❹ 0.02 퍼센트 이상

> **해설**
>
> **[항공안전법]**
>
> **제57조(주류등의 섭취·사용 제한)**
> ① **항공종사자**(제46조에 따른 항공기 조종연습 및 제47조에 따른 항공교통관제연습을 하는 사람을 포함한다. 이하 이 조에서 같다) **및 객실승무원은** 「주세법」 제3조제1호에 따른 주류, 「마약류 관리에 관한 법률」 제2조제1호에 따른 마약류 또는 「화학물질관리법」 제22조제1항에 따른 환각물질 등(이하 "**주류등**"이라 한다)**의 영향으로 항공업무**(제46조에 따른 항공기 조종연습 및 제47조에 따른 항공교통관제연습을 포함한다. 이하 이 조에서 같다) **또는 객실승무원의 업무를 정상적으로 수행할 수 없는 상태에서는 항공업무 또는 객실승무원의 업무에 종사해서는 아니 된다.**
> ② **항공종사자 및 객실승무원은** 항공업무 또는 객실승무원의 업무에 **종사하는 동안에는 주류등을 섭취하거나 사용해서는 아니 된다.** (☞ ③, ④항 생략함)
> ⑤ **주류등의 영향으로 항공업무 또는 객실승무원의 업무를 정상적으로 수행할 수 없는 상태의 기준은** 다음 각 호와 같다. (☞ ⑥항 생략함)

1. 주정성분이 있는 음료의 섭취로 **혈중알코올농도가 0.02퍼센트 이상인 경우**
2. 「마약류 관리에 관한 법률」 제2조제1호에 따른 **마약류를 사용한 경우**
3. 「화학물질관리법」 제22조제1항에 따른 **환각물질을 사용한 경우**

제57조의2(항공기 내 흡연 금지) 항공종사자(제46조에 따른 항공기 조종연습을 하는 사람을 포함한다) **및 객실승무원**은 항공업무 또는 객실승무원의 업무에 종사하는 동안에는 **항공기 내에서 흡연을 하여서는 아니 된다**.

---

115 국토교통부장관은 다음 각 호의 사항이 포함된 항공안전프로그램을 마련하여 고시하여야 한다. 이에 해당되지 않는 것은? (법 제58조, 시행규칙 제131조)

❶ 항공안전보험
② 항공안전에 관한 정책, 달성목표 및 조직체계
③ 항공안전 위험도의 관리
④ 항공안전보증

해설

[항공안전법]

제58조(국가 항공안전프로그램 등)
① **국토교통부장관은 다음 각 호의 사항이 포함된 항공안전프로그램을 마련하여 고시하여야 한다.**
  1. 항공안전에 관한 정책, 달성목표 및 조직체계
  2. 항공안전 위험도의 관리
  3. 항공안전보증
  4. 항공안전증진
  5. 삭제 〈2019. 8. 27.〉
  6. 삭제 〈2019. 8. 27.〉
② 다음 각 호의 어느 하나에 해당하는 자는 제작, 교육, 운항 또는 사업 등을 시작하기 전까지 제1항에 따른 항공안전프로그램에 따라 항공기사고 등의 예방 및 비행안전의 확보를 위한 **항공안전관리시스템을 마련하고, 국토교통부장관의 승인을 받아 운용하여야 한다.** 승인받은 사항 중 국토교통부령으로 정하는 중요사항을 변경할 때에도 또한 같다.
  1. 형식증명, 부가형식증명, 제작증명, 기술표준품형식승인 또는 부품등제작자증명을 받은 자
  2. 제35조제1호부터 제4호까지의 **항공종사자 양성**을 위하여 제48조제1항 단서에 따라 지정된 **전문교육기관**
  3. **항공교통업무증명을 받은 자**
  4. 제90조(제96조제1항에서 준용하는 경우를 포함한다)에 따른 운항증명을 받은 **항공운송사업자 및 항공기사용사업자**
  5. 항공기정비업자로서 제97조제1항에 따른 **정비조직인증을 받은 자**
  6. 「공항시설법」 제38조제1항에 따라 **공항운영증명을 받은 자**
  7. 「공항시설법」 제43조제2항에 따라 **항행안전시설을 설치한 자**
  8. 제55조제2호에 따른 국외운항항공기를 소유 또는 임차하여 사용할 수 있는 권리가 있는 자
  (☞ ③~⑥항 생략함)
⑦ 제1항부터 제3항까지에서 규정한 사항 외에 **다음 각 호의 사항은 국토교통부령으로 정한다.**
  1. 제1항에 따른 항공안전프로그램의 마련에 필요한 사항
  2. 제2항에 따른 **항공안전관리시스템에 포함되어야 할 사항**, 항공안전관리시스템의 승인기준 및 구축·운용에 필요한 사항
  3. 제3항에 따른 업무에 관한 항공안전관리시스템의 구축·운용에 필요한 사항

[항공안전법 시행규칙]
(☞ 제131조(항공안전프로그램의 마련에 필요한 사항) 생략함)

제132조(항공안전관리시스템에 포함되어야 할 사항 등)
① 법 제58조제7항제2호에 따른 **항공안전관리시스템에 포함되어야 할 사항은 다음 각 호와 같다.**
  1. 항공안전에 관한 정책 및 달성목표

가. 최고경영관리자의 권한 및 책임에 관한 사항
　　나. 안전관리 관련 업무분장에 관한 사항
　　다. 총괄 안전관리자의 지정에 관한 사항
　　라. 위기대응계획 관련 관계기관 협의에 관한 사항
　　마. 매뉴얼 등 항공안전관리시스템 관련 기록·관리에 관한 사항
　2. 항공안전 위험도의 관리
　　가. 항공안전위해요인의 식별절차에 관한 사항
　　나. 위험도 평가 및 경감조치에 관한 사항
　　다. 자체 안전보고의 운영에 관한 사항
　3. 항공안전보증
　　가. 안전성과의 모니터링 및 측정에 관한 사항
　　나. 변화관리에 관한 사항
　　다. 항공안전관리시스템 운영절차 개선에 관한 사항
　4. 항공안전증진
　　가. 안전교육 및 훈련에 관한 사항
　　나. 안전관리 관련 정보 등의 공유에 관한 사항
　5. 그 밖에 국토교통부장관이 항공안전관리시스템 운영에 필요하다고 정하는 사항
(☞ ②항 생략함)

116 다음 중 항공안전관리시스템에 포함되어야 할 사항이 아닌 것은? (법 제58조, 시행규칙 제132조)

① 최고경영관리자의 권한 및 책임에 관한 사항
❷ 항공사고 및 준사고 요인의 식별절차에 관한 사항
③ 안전성과의 모니터링 및 측정에 관한 사항
④ 안전교육 및 훈련에 관한 사항

─── same type ───

117 항공기 사고 또는 준사고가 발생한 경우 국토교통부장관에게 그 사실을 보고하여야 한다. 만약 기장이 보고할 수 없는 경우에는 누가 보고하여야 하는가? (법 제59조, 시행규칙 제132조)

① 그 공항의 관제사등　　　　② 그 항공사의 정비사등
❸ 그 항공기의 소유자등　　　④ 그 항공사의 운항관리사등

해설

[항공안전법]

제59조(**항공안전 의무보고**)
① 항공기사고, 항공기준사고 또는 항공안전장애 중 국토교통부령으로 정하는 사항(이하 "의무보고 대상 항공안전장애"라 한다)을 발생시켰거나 항공기사고, 항공기준사고 또는 의무보고 대상 항공안전장애가 발생한 것을 알게 된 **항공종사자 등 관계인은 국토교통부장관에게 그 사실을 보고하여야 한다.** 다만, 제33조에 따라 고장, 결함 또는 기능장애가 발생

한 사실을 국토교통부장관에게 보고한 경우에는 이 조에 따른 보고를 한 것으로 본다.
② **국토교통부장관은** 제1항에 따른 보고(이하 "**항공안전 의무보고**"라 한다)**를** 통하여 접수한 내용을 이 법에 따른 경우를 제외하고는 제3자에게 제공하거나 일반에게 공개해서는 아니 된다.
③ 누구든지 항공안전 의무보고를 한 사람에 대하여 이를 이유로 해고·전보·징계·부당한 대우 또는 그 밖에 신분이나 처우와 관련하여 불이익한 조치를 취해서는 아니 된다.
④ 제1항에 따른 항공종사자 등 관계인의 범위, 보고에 포함되어야 할 사항, 시기, 보고 방법 및 절차 등은 **국토교통부령으로 정한다.**

[항공안전법 시행규칙]

제134조(**항공안전 의무보고의 절차 등**)
① 법 제59조제1항 본문에서 "항공안전장애 중 국토교통부령으로 정하는 사항"이란 별표 20의2에 따른 사항을 말한다.
② 법 제59조제1항 및 법 제62조제5항에 따라 **다음 각 호의 어느 하나에 해당하는 사람은** 별지 제65호서식에 따른 항공안전 의무보고서(항공기가 조류 또는 동물과 충돌한 경우에는 별지 제65호의2서식에 따른 조류 및 동물 충돌 보고서) 또는 국토교통부장관이 정하여 고시하는 전자적인 보고방법에 따라 **국토교통부장관 또는 지방항공청장에게 보고해야 한다.**
  1. 항공기사고를 발생시켰거나 항공기사고가 발생한 것을 **알게 된 항공종사자 등 관계인**
  2. 항공기준사고를 발생시켰거나 항공기준사고가 발생한 것을 **알게 된 항공종사자 등 관계인**
  3. 법 제59조제1항 본문에 따른 **의무보고 대상 항공안전장애**(이하 "**의무보고 대상 항공안전장애**"라 한다)를 발생시켰거나 의무보고 대상 항공안전장애가 발생한 것을 **알게 된 항공종사자 등 관계인**(법 제33조에 따른 보고 의무자는 제외한다)
③ 법 제59조제1항에 따른 **항공종사자 등 관계인의 범위**는 다음 각 호와 같다.
  1. **항공기 기장**(항공기 기장이 보고할 수 없는 경우에는 **그 항공기의 소유자등**을 말한다)
  2. **항공정비사**(항공정비사가 보고할 수 없는 경우에는 **그 항공정비사가 소속된 기관·법인 등의 대표자**를 말한다)
  3. **항공교통관제사**(항공교통관제사가 보고할 수 없는 경우 **그 관제사가 소속된 항공교통관제기관의 장**을 말한다)
  4. 「공항시설법」에 따라 공항시설을 관리·유지하는 자
  5. 「공항시설법」에 따라 항행안전시설을 설치·관리하는 자
  6. 법 제70조제3항에 따른 위험물취급자
  7. 「항공사업법」 제2조제20호에 따른 항공기취급업자 중 다음 각 호의 업무를 수행하는 자
      가. 항공기 중량 및 균형관리를 위한 화물 등의 탑재관리, 지상에서 항공기에 대한 동력지원
      나. 지상에서 항공기의 안전한 이동을 위한 항공기 유도
④ 제2항에 따른 **보고서의 제출 시기**는 다음 각 호와 같다.
  1. **항공기사고 및 항공기준사고: 즉시**
  2. **항공안전장애:**
      가. 별표 20의2 제1호부터 제4호까지, 제6호 및 제7호에 해당하는 의무보고 대상 항공안전장애의 경우 다음의 구분에 따른 때부터 **72시간 이내**(해당 기간에 포함된 토요일 및 법정공휴일에 해당하는 시간은 제외한다). 다만, 제6호가목, 나목 및 마목에 해당하는 사항은 **즉시 보고**해야 한다.
          1) 의무보고 대상 항공안전장애를 발생시킨 자: 해당 의무보고 대상 항공안전장애가 발생한 때
          2) 의무보고 대상 항공안전장애가 발생한 것을 알게 된 자: 해당 의무보고 대상 항공안전장애가 발생한 사실을 안 때
      나. 별표 20의2 제5호에 해당하는 의무보고 대상 항공안전장애의 경우 다음의 구분에 따른 때부터 **96시간 이내**. 다만, 해당 기간에 포함된 토요일 및 법정공휴일에 해당하는 시간은 제외한다.
          1) 의무보고 대상 항공안전장애를 발생시킨 자: 해당 의무보고 대상 항공안전장애가 발생한 때
          2) 의무보고 대상 항공안전장애가 발생한 것을 알게 된 자: 해당 의무보고 대상 항공안전장애가 발생한 사실을 안 때
      다. 가목 및 나목에도 불구하고, 의무보고 대상 항공안전장애를 발생시켰거나 의무보고 대상 항공안전장애가 발생한 것을 알게 된 자가 부상, 통신 불능, 그 밖의 부득이한 사유로 기한 내 보고를 할 수 없는 경우에는 그 사유가 해소된 시점부터 **72시간 이내**
      (☞ 72시간이내, 즉시 보고, 96시간 이내 항목을 평상 시 모두 구분하여 알고 있기는 어려울 것임)

■ 항공안전법 시행규칙 [**별표 20의2**] 〈개정 2024. 11. 13.〉

의무보고 대상 항공안전장애의 범위(제134조 관련)	
구 분	항공안전장애 내용
1. 비행 중	(☞ 가 ~ 다 목 생략함)
2. 이륙·착륙	(☞ 가 ~ 다 목 생략함)
3. 지상운항	(☞ 가 ~ 마 목 생략함)
4. 운항 준비	(☞ 가 ~ 나 목 생략함)
5. 항공기 화재 및 고장	(☞ 가 ~ 거 목 생략함)
6. 공항 및 항행서비스	(☞ 가 ~ 바 목 생략함)
7. 기타	(☞ 가 ~ 아 목 생략함)

118 항공기 사고, 항공기 준사고 또는 의무보고 대상 항공안전장애가 발생한 것을 알게 된 항공종사자 등 관계인은 국토교통부장관에게 그 사실을 보고하여야 한다. 이 때 항공종사자 등 관계인의 범위로 올바르지 않은 것은? (법 제59조, 시행규칙 제132조)

① 항공기 기장(항공기 기장이 보고할 수 없는 경우에는 그 항공기의 소유자등을 말한다)

② 항공정비사(항공정비사가 보고할 수 없는 경우에는 그 항공정비사가 소속된 기관·법인 등의 대표자를 말한다)

❸ 항공교통관제사(항공교통관제사가 보고할 수 없는 경우 그 관제사가 소속된 항공교통관제기관을 말한다)

④ 「공항시설법」에 따라 공항시설을 관리·유지하는 자

119 항공안전 의무보고서의 제출 시기로 올바르지 않은 것은? (법 제59조, 시행규칙 제132조)

① 항공기사고 : 즉시

② 항공기준사고 : 즉시

③ 의무보고 대상 항공안전장애가 발생한 것을 알게 된 자가 부상, 통신 불능, 그 밖의 부득이한 사유로 기한 내 보고를 할 수 없는 경우 : 그 사유가 해소된 시점부터 72시간 이내

❹ 항공안전장애 : 48시간 이내

━━━━━━━━━━━ same type ━━━━━━━━━━━

120 자율보고대상 항공안전장애 또는 항공안전위해요인을 발생시킨 사람이 그 발생일부터 (   ) 이내에 항공안전 자율보고를 한 경우에는 고의 또는 중대한 과실로 발생시킨 경우에 해당하지 아니하면 항공안전법 및 공항시설법에 따른 처분을 하여서는 아니 된다. 괄호에 알맞은 것은? (법 제61조)

❶ 10일   ② 20일   ③ 30일   ④ 6개월

> 해설

[항공안전법]

※ 법 제60조(사실조사), 제61조의2(항공안전데이터 등의 수집 및 처리시스템),
제61조의3(항공안전데이터등의 개인정보 보호) 생략

제61조(항공안전 자율보고)
① 누구든지 제59조제1항에 따른 **의무보고 대상 항공안전장애 외의 항공안전장애**(이하 "**자율보고대상 항공안전장애**"라 한다)를 발생시켰거나 발생한 것을 알게 된 경우 또는 항공안전위해요인이 발생한 것을 알게 되거나 발생이 의심되는 경우에는 국토교통부령으로 정하는 바에 따라 그 사실을 **국토교통부장관에게 보고할 수 있다.**
② 국토교통부장관은 제1항에 따른 보고(이하 "**항공안전 자율보고**"라 한다)를 통하여 접수한 내용을 이 법에 따른 경우를 제외하고는 제3자에게 제공하거나 일반에게 공개해서는 아니 된다.
③ 누구든지 항공안전 자율보고를 한 사람에 대하여 이를 이유로 해고·전보·징계·부당한 대우 또는 그 밖에 신분이나 처우와 관련하여 불이익한 조치를 해서는 아니 된다.
④ 국토교통부장관은 자율보고대상 항공안전장애 또는 항공안전위해요인을 발생시킨 사람이 **그 발생일부터 10일 이내에 항공안전 자율보고를 한 경우에는** 고의 또는 중대한 과실로 발생시킨 경우에 해당하지 아니하면 이 법 및 「공항시설법」에 따른 **처분을 하여서는 아니 된다.**
⑤ 제1항부터 제4항까지에서 규정한 사항 외에 항공안전 자율보고에 포함되어야 할 사항, 보고 방법 및 절차 등은 **국토교통부령으로 정한다.**

[항공안전법 시행규칙]

제135조(항공안전 자율보고의 절차 등)
① 법 제61조제1항에 따라 **항공안전 자율보고를 하려는 사람은** 별지 제66호서식의 항공안전 자율보고서 또는 국토교통부장관이 정하여 고시하는 전자적인 보고방법에 따라 **한국교통안전공단의 이사장에게 보고할 수 있다.** (☞ ②항 생략함)

121 의무보고 대상 항공안전장애 외의 항공안전장애("자율보고대상 항공안전장애")는 누구에게 보고할 수 있는가? (법 제61조, 시행규칙 제135조)

① 항공안전위원회 위원장　　　　❷ 한국교통안전공단 이사장
③ 지방항공청 청장　　　　　　　④ 항공교통본부 본부장

122 다음 중 항공안전 자율보고를 해야 하는 경우에 해당되지 않는 것은? (법 제61조, 시행규칙 제135조)

① 의무보고 대상 항공안전장애 외의 항공안전장애를 발생시킨 경우
② 의무보고 대상 항공안전장애 외의 항공안전장애가 발생한 것을 알게 된 경우
❸ 항공기 사고·준사고 및 항공안전위해요인의 발생이 의심되는 경우
④ 항공안전위해요인이 발생한 것을 알게 된 경우

123 항공기 출발 전 기장이 확인하여야 할 사항이 아닌 것은? (법 제62조, 시행규칙 제136조)
① 항공기 운항에 필요한 기상정보 및 항공정보
② 항공기 감항증명서 및 등록증명서의 탑재
③ 항공일지 및 정비에 관한 기록의 점검
❹ 항공기에 탑승한 승객 및 승무원 명단

[항공안전법]

제62조(기장의 권한 등)
① **항공기의 운항 안전에 대하여 책임을 지는 사람**(이하 "**기장**"이라 한다)**은** 그 항공기의 승무원을 **지휘·감독한다.**
② **기장은** 국토교통부령으로 정하는 바에 따라 **항공기의 운항에 필요한 준비가 끝난 것을 확인한 후가 아니면 항공기를 출발시켜서는 아니 된다.**
③ 기장은 항공기나 여객에 위난(危難)이 발생하였거나 발생할 우려가 있다고 인정될 때에는 항공기에 있는 여객에게 피난방법과 그 밖에 안전에 관하여 필요한 사항을 명할 수 있다.
④ **기장은 운항 중 그 항공기에 위난이 발생하였을 때에는** 여객을 구조하고, 지상 또는 수상(水上)에 있는 사람이나 물건에 대한 위난 방지에 필요한 수단을 마련하여야 하며, **여객과 그 밖에 항공기에 있는 사람을 그 항공기에서 나가게 한 후가 아니면 항공기를 떠나서는 아니 된다.**
⑤ 기장은 항공기사고, 항공기준사고 또는 의무보고 대상 항공안전장애가 발생하였을 때에는 국토교통부령으로 정하는 바에 따라 **국토교통부장관에게 그 사실을 보고하여야 한다. 다만, 기장이 보고할 수 없는 경우에는 그 항공기의 소유자 등이 보고를 하여야 한다.**
⑥ **기장은** 다른 항공기에서 항공기사고, 항공기준사고 또는 의무보고 대상 항공안전장애가 발생한 것을 알았을 때에는 국토교통부령으로 정하는 바에 따라 국토교통부장관에게 그 사실을 보고하여야 한다. **다만, 무선설비를 통하여 그 사실을 안 경우에는 그러하지 아니하다.** (☞ ⑦항 생략함)

[항공안전법 시행규칙]

제136조(출발 전의 확인)
① 법 제62조제2항에 따라 **기장이 확인하여야 할 사항**은 다음 각 호와 같다.
  1. 해당 항공기의 **감항성 및 등록 여부와 감항증명서 및 등록증명서의 탑재**
  2. 해당 항공기의 운항을 고려한 **이륙중량, 착륙중량, 중심위치 및 중량분포**
  3. 예상되는 비행조건을 고려한 **의무무선설비 및 항공계기 등의 장착**
  4. 해당 항공기의 운항에 필요한 **기상정보 및 항공정보**
  5. **연료 및 오일의 탑재량과 그 품질**
  6. **위험물**을 포함한 적재물의 적절한 분배 여부 및 안정성
  7. 해당 항공기와 그 장비품의 **정비 및 정비 결과**
  8. 그 밖에 항공기의 안전 운항을 위하여 국토교통부장관이 필요하다고 인정하여 고시하는 사항
② 기장은 제1항**제7호**(☞ 해당 항공기와 그 장비품의 정비 및 정비 결과)의 **사항을 확인하는 경우에는 다음 각 호의 점검**을 하여야 한다.
  1. **항공일지 및 정비에 관한 기록의 점검**
  2. **항공기의 외부 점검**
  3. **발동기의 지상 시운전 점검**
  4. 그 밖에 항공기의 작동사항 점검

> 제63조(기장 등의 운항자격)
> ① 다음 각 호의 어느 하나에 해당하는 **항공기의 기장은 지식 및 기량**에 관하여, **기장 외의 조종사는 기량**에 관하여 **국토교통부장관의 자격인정을 받아야 한다.** (☞ ②~⑧항 생략함)
>   1. 항공운송사업에 사용되는 항공기
>   2. 항공기사용사업에 사용되는 항공기 중 국토교통부령으로 정하는 업무에 사용되는 항공기
>   3. 국외운항항공기
> ※ 법 제64조(모의비행훈련장치를 이용한 운항자격 심사 등) 생략
>
> 제65조(운항관리사)
> ① **항공운송사업자와 국외운항항공기 소유자등은** 국토교통부령으로 정하는 바에 따라 **운항관리사를 두어야 한다.**
> ② 제1항에 따라 운항관리사를 두어야 하는 자가 운항하는 **항공기의 기장은 그 항공기를 출발시키거나 비행계획을 변경하려는 경우에는 운항관리사의 승인을 받아야 한다.** (☞ ③항 생략함)

124 항공운송사업에 사용되는 항공기의 기장은 어떤 항목의 운항자격을 국토교통부장관으로부터 인정받아야 하는가? (법 제63조)

① 지식 및 경험   ② 노선 및 공항   ③ 경험 및 기량   ❹ 지식 및 기량

125 국외운항항공기의 기장 외 조종사에 대한 운항자격 인정을 위한 심사항목은? (법 제63조)

❶ 기량   ② 지식   ③ 지식 및 기량   ④ 노선 및 경험

126 운항관리사를 두어야 하는 자가 운항하는 항공기의 기장은 그 항공기를 출발시키거나 비행계획을 변경하려는 경우에는 누구의 승인을 받아야 하는가? (법 제65조)

① 국토교통부장관   ② 지방항공청장   ③ 항공교통관제사   ❹ 운항관리사

─── same type ───

127 항공기를 비행장이 아닌 곳에서 이륙하거나 착륙하기 위해서는 누구의 허가를 받아야 하는가? (법 제66조)

① 국방부장관   ❷ 국토교통부장관
③ 지방항공청장   ④ 해당지역 지방자치단체장

▷ 해설

[항공안전법]

> 제66조(항공기 이륙·착륙의 장소)
> ① **누구든지 항공기**(활공기와 비행선은 제외한다)**를 비행장이 아닌 곳**(해당 항공기에 요구되는 비행장 기준에 맞지 아니하는 비행장을 포함한다)**에서 이륙하거나 착륙하여서는 아니 된다.** 다만, 각 호의 경우에는 그러하지 아니하다. (☞ ②항

생략함)
1. 안전과 관련한 비상상황 등 **불가피한 사유가 있는 경우로서 국토교통부장관의 허가를 받은 경우**
2. 제90조제2항에 따라 **국토교통부장관이 발급한 운영기준에 따르는 경우**

(☞ 법 제68조, 제69조를 먼저 설명하고, 제67조는 다음 문제에서 확인함)

제68조(항공기의 비행 중 금지행위 등) 항공기를 운항하려는 사람은 생명과 재산을 보호하기 위하여 다음 각 호의 어느 하나에 해당하는 비행 또는 행위를 해서는 아니 된다. 다만, 국토교통부령으로 정하는 바에 따라 국토교통부장관의 허가를 받은 경우에는 그러하지 아니하다.
1. 국토교통부령으로 정하는 최저비행고도(最低飛行高度) 아래에서의 비행
2. 물건의 투하(投下) 또는 살포
3. 낙하산 강하(降下)
4. 국토교통부령으로 정하는 구역에서 뒤집어서 비행하거나 옆으로 세워서 비행하는 등의 곡예비행
5. 무인항공기의 비행
6. 그 밖에 생명과 재산에 위해를 끼치거나 위해를 끼칠 우려가 있는 비행 또는 행위로서 국토교통부령으로 정하는 비행 또는 행위

제69조(긴급항공기의 지정 등)
① 응급환자의 수송 등 국토교통부령으로 정하는 긴급한 업무에 항공기를 사용하려는 소유자등은 그 항공기에 대하여 **국토교통부장관의 지정을 받아야 한다.**

[항공안전법 시행규칙]

제207조(긴급항공기의 지정)
① 법 **제69조제1항**에서 "**응급환자의 수송 등 국토교통부령으로 정하는 긴급한 업무**"란 다음 각 호의 어느 하나에 해당하는 업무를 말한다.
  1. 재난·재해 등으로 인한 수색·구조
  2. 응급환자의 수송 등 구조·구급활동
  3. 화재의 진화
  4. 화재의 예방을 위한 감시활동
  5. 응급환자를 위한 장기(臟器) 이송
  6. 그 밖에 자연재해 발생 시의 긴급복구
② 법 제69조제1항에 따라 제1항 각 호에 따른 업무에 항공기를 사용하려는 소유자등은 해당 항공기에 대하여 **지방항공청장으로부터 긴급항공기의 지정을 받아야 한다.** (☞ ③, ④항 생략함)

---

② 제1항에 따라 국토교통부장관의 지정을 받은 항공기(이하 "긴급항공기"라 한다)를 제1항에 따른 **긴급한 업무의 수행을 위하여 운항하는 경우에는 제66조 및 제68조제1호·제2호**(☞ 비행장이 아닌 곳에서 이륙하거나 착륙, 최저비행고도 아래에서의 비행, 물건의 투하 또는 살포)**를 적용하지 아니한다.**
③ 긴급항공기의 지정 및 운항절차 등에 필요한 사항은 **국토교통부령으로 정한다.** (☞ ④항 생략함)
⑤ 제4항에 따라 긴급항공기의 지정 취소처분을 받은 자는 취소처분을 받은 날부터 2년 이내에는 긴급항공기의 지정을 받을 수 없다.

128 다음 중 항공기의 비행 중 금지행위가 아닌 것은? (법 제68조)

❶ 최저비행고도에 근접한 비행
② 뒤집어서 비행하거나 옆으로 세워서 비행하는 등의 곡예비행
③ 물건의 투하(投下) 또는 살포
④ 낙하산 강하(降下)

129 긴급항공기의 지정에 있어서 국토교통부령으로 정하는 긴급한 업무에 해당되지 않는 것은? (법 제69조, 시행규칙 제207조)
① 재난·재해 등으로 인한 수색·구조
② 응급환자의 수송 등 구조·구급활동
❸ 긴급한 세관 및 경찰 업무 수행
④ 응급환자를 위한 장기(臟器) 이송

130 응급환자의 수송 등 국토교통부령으로 정하는 긴급한 업무에 해당되지 않는 것은? (법 제69조, 시행규칙 제207조)
① 화재의 예방을 위한 감시활동
② 자연재해 발생 시의 긴급복구
❸ 긴급 구호물자 수송
④ 화재의 진화

131 다음 중 성격이 다른 항공기는? (법 제69조, 시행규칙 제207조)
① 재난·재해 시 수색·구조 항공기
② 자연재해 발생 시 긴급복구 항공기
③ 화재 진화를 위한 항공기
❹ VIP 항공기

132 긴급항공기의 지정에 있어서 국토교통부령으로 정하는 긴급한 업무에 해당되지 않는 것은? (법 제69조, 시행규칙 제207조)
① 재난·재해 등으로 인한 수색·구조
② 응급환자의 수송 등 구조·구급활동
③ 화재의 진화
❹ 공항시설의 긴급한 복구

133 긴급항공기로 지정 받은 항공기가 긴급한 업무의 수행을 위하여 운항하는 경우에도 금지되는 행위는? (법 제66조, 제68조, 제69조)
① 비행장이 아닌 곳에서 이륙·착륙
② 국토교통부령으로 정하는 최저비행고도(最低飛行高度) 아래에서의 비행
③ 물건의 투하(投下) 또는 살포
❹ 낙하산 강하(降下)

134 긴급항공기는 누구로부터 지정받아야 하는가? (법 제69조, 시행규칙 제207조)
❶ 지방항공청장
② 국토교통부장관
③ 국방부장관
④ 보건복지부장관

135 비행장 안의 이동지역에서 항공기의 지상이동시 준수해야 할 사항으로 올바르지 않은 것은? (법 제67조, 시행규칙 제162조)

① 정면 또는 이와 유사하게 접근하는 항공기 상호간에는 각각 오른쪽으로 진로를 바꿀 것
❷ 기동지역에서 지상 이동하는 항공기는 정지선등이 꺼져 있는 경우에는 정지, 대기하고, 정지선등이 켜질 때에는 이동할 것
③ 교차하거나 이와 유사하게 접근하는 항공기 상호간에는 다른 항공기를 우측으로 보는 항공기가 진로를 양보할 것
④ 추월하는 항공기는 다른 항공기의 통행에 지장을 주지 아니하도록 충분히 분리 간격을 유지할 것

[항공안전법]

제67조(**항공기의 비행규칙**)
① **항공기를 운항하려는 사람은**「국제민간항공협약」및 같은 협약 부속서에 따라 국토교통부령으로 정하는 비행에 관한 기준·절차·방식 등(이하 "**비행규칙**"이라 한다)**에 따라 비행하여야 한다.**
② **비행규칙**은 다음 각 호와 같이 **구분**한다.
  1. 재산 및 인명을 보호하기 위한 비행절차 등 일반적인 사항에 관한 규칙
  2. **시계비행에 관한 규칙**
  3. **계기비행에 관한 규칙**
  4. 비행계획의 작성·제출·접수 및 통보 등에 관한 규칙
  5. 그 밖에 비행안전을 위하여 필요한 사항에 관한 규칙

[항공안전법 시행규칙]

제162조(**항공기의 지상이동**) 법 제67조에 따라 비행장 안의 이동지역에서 이동하는 항공기는 **충돌예방을 위하여** 다음 각 호의 기준에 따라야 한다.
  1. 정면 또는 이와 유사하게 접근하는 **항공기 상호간에는 모두 정지하거나** 가능한 경우에는 충분한 간격이 유지되도록 **각각 오른쪽으로 진로를 바꿀 것**
  2. 교차하거나 이와 유사하게 접근하는 **항공기 상호간에는 다른 항공기를 우측으로 보는 항공기가 진로를 양보할 것**
  3. 앞지르기하는 항공기는 다른 항공기의 통행에 지장을 주지 않도록 **충분한 분리 간격을 유지할 것**
  4. 기동지역에서 지상이동 하는 **항공기는 관제탑의 지시가 없는 경우에는 활주로진입전대기지점(Runway Holding Position)에서 정지·대기할 것**
  5. 기동지역에서 지상이동하는 **항공기는 정지선등(Stop Bar Lights)이 켜져 있는 경우에는 정지·대기하고**, 정지선등이 **꺼질 때에 이동할 것**
  ☞ [참고] "기동지역"과 "이동지역" (국토교통부고시「공항안전운영기준」제3조(정의))
    • "**기동지역(Manoeuvring area)**"이란 **항공기의 이·착륙 및 지상주행을 위하여 사용되는 비행장의 일부분으로서 이동지역 중 계류장과 지상조업도로를 제외한 지역**을 말한다. (☞ 즉 활주로, 유도로)
    • "**이동지역(Movement area)**"이란 항공기의 이·착륙 및 지상이동을 위해 사용되는 공항의 일부분으로서 **기동지역 및 계류장으로 구성되는 지역**을 말한다. (☞ 즉 활주로, 유도로, 계류장)

제166조(**통행의 우선순위**)
① 법 제67조에 따라 교차하거나 그와 유사하게 접근하는 고도의 항공기 상호간에는 다음 각 호에 따라 진로를 양보

> 해야 한다.
> 1. 비행기·헬리콥터는 비행선, 활공기 및 기구류에 진로를 양보할 것
> 2. 비행기·헬리콥터·비행선은 항공기 또는 그 밖의 물건을 예항(끌고 비행하는 것을 말한다)하는 다른 항공기에 진로를 양보할 것
> 3. 비행선은 활공기 및 기구류에 진로를 양보할 것
> 4. 활공기는 기구류에 진로를 양보할 것 (☞ 즉 상대적으로 기동성이 우수한 항공기가 양보할 것)
> 5. 제1호부터 제4호까지의 경우를 제외하고는 다른 항공기를 우측으로 보는 항공기가 진로를 양보할 것
> ② 비행 중이거나 지상 또는 수상에서 운항 중인 항공기는 착륙 중이거나 착륙하기 위하여 최종접근 중인 항공기에 진로를 양보하여야 한다.
> ③ 착륙을 위하여 비행장에 접근하는 항공기 상호간에는 높은 고도에 있는 항공기가 낮은 고도에 있는 항공기에 진로를 양보해야 한다. 이 경우 낮은 고도에 있는 항공기는 최종 접근단계에 있는 다른 항공기의 전방에 끼어들거나 그 항공기를 앞지르기해서는 안 된다.
> ④ 제3항에도 불구하고 비행기, 헬리콥터 또는 비행선은 활공기에 진로를 양보하여야 한다.
> ⑤ 비상착륙하는 항공기를 인지한 항공기는 그 항공기에 진로를 양보하여야 한다.
> ⑥ 비행장 안의 기동지역에서 운항하는 항공기는 이륙 중이거나 이륙하려는 항공기에 진로를 양보하여야 한다.

136 비행장 안의 이동지역에서 이동하는 항공기가 따라야 하는 기준이 아닌 것은? (법 제67조, 시행규칙 제162조)

① 정면 또는 이와 유사하게 접근하는 항공기 상호간에는 모두 정지하거나 가능한 경우에는 충분한 간격이 유지되도록 각각 오른쪽으로 진로를 바꿀 것
❷ 교차하거나 이와 유사하게 접근하는 항공기 상호간에는 다른 항공기를 좌측으로 보는 항공기가 진로를 양보할 것
③ 기동지역에서 지상이동 하는 항공기는 관제탑의 지시가 없는 경우에는 활주로진입전대기지점(Runway Holding Position)에서 정지·대기할 것
④ 앞지르기하는 항공기는 다른 항공기의 통행에 지장을 주지 않도록 충분한 분리 간격을 유지할 것

137 교차하거나 그와 유사하게 접근하는 고도의 항공기 상호간 통행의 우선순위로 올바르지 않은 것은? (법 제67조, 시행규칙 제166조)

① 헬리콥터는 비행선에 진로를 양보할 것
② 헬리콥터는 항공기 또는 그 밖의 물건을 예항하는 다른 항공기에 진로를 양보할 것
③ 활공기는 기구류에 진로를 양보할 것
❹ 기구류는 비행선에 진로를 양보할 것

138 항공기 상호간 통행의 우선순위로 옳은 것은? (법 제67조, 시행규칙 제166조)

① 헬리콥터는 비행기에 진로를 양보할 것
② 활공기는 헬리콥터에 진로를 양보할 것
③ 활공기는 비행기에 진로를 양보할 것
❹ 비행선은 기구류에 진로를 양보할 것

139 항공기 상호간 통행의 우선순위로 옳은 것은? (법 제67조, 시행규칙 제166조)

❶ 비행선은 예항하는 다른 항공기에 진로를 양보할 것
② 착륙을 위하여 비행장에 접근하는 항공기 상호간에는 낮은 고도에 있는 항공기가 높은 고도에 있는 항공기에 진로를 양보해야 한다.
③ 최종접근 중인 항공기는 비행 중이거나 지상에서 운항 중인 항공기에 진로를 양보하여야 한다.
④ 기구류는 비행선에 진로를 양보할 것

140 항공기가 활공기를 예항하는 예항줄의 길이는? (법 제67조, 시행규칙 제171조)

① 20미터 이상 30미터 이하로 할 것
② 30미터 이상 50미터 이하로 할 것
❸ 40미터 이상 80미터 이하로 할 것
④ 50미터 이상 100미터 이하로 할 것

[항공안전법]

제67조(**항공기의 비행규칙**) (☞ 법 제67조 관련 추가 설명, 따라서 ①, ②항 생략함)

[항공안전법 시행규칙]

제171조(**활공기 등의 예항**)
① 법 제67조에 따라 **항공기가 활공기를 예항하는 경우**에는 다음 각 호의 기준에 따라야 한다.
  1. 항공기에 **연락원을 탑승시킬 것**(조종자를 포함하여 2명 이상이 탈 수 있는 항공기의 경우만 해당하며, 그 항공기와 활공기 간에 무선통신으로 연락이 가능한 경우는 제외한다)
  2. 예항하기 전에 항공기와 활공기의 탑승자 사이에 다음 각 목에 관하여 **상의할 것**
    가. 출발 및 예항의 방법
    나. 예항줄(항공기 등을 끌고 비행하기 위한 줄을 말한다. 이하 같다) 이탈의 시기·장소 및 방법
    다. 연락신호 및 그 의미
    라. 그 밖에 안전을 위하여 필요한 사항
  3. **예항줄의 길이는 40미터 이상 80미터 이하로 할 것**
  4. **지상연락원을 배치할 것**
  5. 예항줄 길이의 80퍼센트에 상당하는 고도 이상의 고도에서 예항줄을 이탈시킬 것
  6. 구름 속에서나 야간에는 예항을 하지 말 것(지방항공청장의 허가를 받은 경우는 제외한다)
② 항공기가 활공기 외의 물건을 예항하는 경우에는 다음 각 호의 기준에 따라야 한다.
  1. **예항줄에는 20미터 간격으로 붉은색과 흰색의 표지를 번갈아 붙일 것**
  2. **지상연락원을 배치할 것**

141 항공기가 활공기 외의 물건을 예항하는 경우 예항줄에는 얼마의 간격으로 붉은색과 흰색의 표지를 번갈아 붙여야 하는가? (법 제67조, 시행규칙 제171조)

① 50미터 간격 ② 40미터 간격 ③ 30미터 간격 ❹ 20미터 간격

142 항공기가 활공기를 예항하는 경우 예항줄을 이탈시켜야 하는 고도는? (법 제67조, 시행규칙 제171조)
① 예항줄 길이의 60퍼센트에 상당하는 고도 이상의 고도
❷ 예항줄 길이의 80퍼센트에 상당하는 고도 이상의 고도
③ 예항줄 길이의 100퍼센트에 상당하는 고도 이상의 고도
④ 예항줄 길이의 120퍼센트에 상당하는 고도 이상의 고도

143 시계비행방식으로 비행하는 항공기가 관제권 안의 비행장에서 이륙 또는 착륙을 하거나 관제권 안으로 진입할 수 없는 기상 제한은? (법 제67조, 시행규칙 제172조)
❶ 비행장의 운고가 450미터(1,500피트) 미만 또는 지상시정이 5킬로미터 미만인 경우
② 비행장의 운고가 450미터(1,500피트) 미만 또는 지상시정이 3킬로미터 미만인 경우
③ 비행장의 운고가 300미터(1,000피트) 미만 또는 지상시정이 5킬로미터 미만인 경우
④ 비행장의 운고가 300미터(1,000피트) 미만 또는 지상시정이 3킬로미터 미만인 경우

◎해설◎

[항공안전법]

제67조(**항공기의 비행규칙**) (☞ 법 제67조 관련 추가 설명, 따라서 ①, ②항 생략함)

[항공안전법 시행규칙]

제172조(**시계비행의 금지**)
① 법 제67조에 따라 **시계비행방식으로 비행하는 항공기는** 해당 비행장의 **운고**(구름 밑부분 고도를 말한다)가 **450미터(1,500피트) 미만 또는 지상시정이 5킬로미터 미만인 경우**에는 관제권 안의 비행장에서 **이륙 또는 착륙을 하거나 관제권 안으로 진입할 수 없다**. 다만, 관할 항공교통관제기관의 허가를 받은 경우에는 그렇지 않다.
② 야간에 시계비행방식으로 비행하는 항공기는 지방항공청장 또는 해당 비행장의 운영자가 정하는 바에 따라야 한다.
③ **항공기는** 다음 각 호의 어느 하나에 해당되는 경우에는 **기상상태에 관계없이 계기비행방식에 따라 비행해야 한다.** 다만, 관할 항공교통관제기관의 허가를 받은 경우에는 그렇지 아니하다.
　1. **평균해면으로부터 6,100미터(2만피트)를 초과하는 고도로 비행하는 경우**
　2. **천음속**(遷音速: 물체 주위의 흐름 속에 음속 이하 부분과 음속 이상 부분이 공존할 때의 물체 속도를 말한다) **또는 초음속**(超音速)**으로 비행하는 경우**
④ 항공기를 운항하려는 사람은 **300미터(1천피트) 수직분리최저치**(최소 수직분리 간격)**가 적용되는 8,850미터(2만9천피트) 이상** 1만2,500미터(4만1천피트) 이하의 수직분리축소공역에서는 **시계비행방식으로 운항해서는 안 된다.**
⑤ 시계비행방식으로 비행하는 항공기는 제199조제1호 각 목에 따른 **최저비행고도 미만의 고도로 비행하여서는 아니 된다**. 다만, 다음 각 호의 어느 하나에 해당하는 경우에는 그러하지 아니하다.
　1. **이륙하거나 착륙하는 경우**
　2. 항공교통업무기관의 **허가를 받은 경우**
　3. **비상상황의 경우**로서 지상의 사람이나 재산에 위해를 주지 아니하고 착륙할 수 있는 고도인 경우

제174조(**특별시계비행**)
① 법 제67조에 따라 **예측할 수 없는 급격한 기상의 악화 등 부득이한 사유**로 관할 항공교통관제기관으로부터 **특별시**

계비행허가를 받은 항공기의 조종사는 제163조제1항제3호에도 불구하고 다음 각 호의 기준에 따라 비행하여야 한다.
1. 허가받은 관제권 안을 비행할 것
2. 구름을 피하여 비행할 것
3. 비행시정을 1,500미터 이상 유지하며 비행할 것
4. 지표 또는 수면을 계속하여 볼 수 있는 상태로 비행할 것
5. 조종사가 계기비행을 할 수 있는 자격이 없거나 제117조제1항에 따른 항공계기를 갖추지 아니한 항공기로 비행하는 경우에는 **주간에만 비행할 것**. 다만, 헬리콥터는 야간에도 비행할 수 있다.

② **특별시계비행**을 하는 경우에는 다음 각 호의 조건에서만 제1항에 따른 기준에 따라 **이륙하거나 착륙할 수 있다**.
1. 지상시정이 1,500미터 이상일 것
2. 지상시정이 보고되지 아니한 경우에는 비행시정이 1,500미터 이상일 것

제175조(비행시정 및 구름으로부터의 거리) 법 제67조에 따라 시계비행방식으로 비행하는 항공기는 별표 24에 따른 비행시정 및 구름으로부터의 거리 미만인 기상상태에서 비행하여서는 아니 된다. 다만, 특별시계비행방식에 따라 비행하는 항공기는 그러하지 아니하다.

■ 항공안전법 시행규칙 [별표 24]

시계상의 양호한 기상상태(제175조 관련)

고 도	공 역	비행시정	구름으로부터의 거리
1. 해발 3,050미터(10,000피트) 이상	B·C·D·E·F 및 G등급	8천 미터	수평으로 1,500미터, 수직으로 300미터(1,000피트)
2. 해발 3,050미터(10,000피트) 미만에서 해발 900미터(3,000피트) 또는 장애물 상공 300미터(1,000피트) 중 높은 고도 초과	B·C·D·E·F 및 G등급	5천 미터	수평으로 1,500미터, 수직으로 300미터(1,000피트)
3. 해발 900미터(3,000피트) 또는 장애물 상공 300미터(1,000피트) 중 높은 고도 이하	B·C·D 및 E등급	5천 미터	수평으로 1,500미터, 수직으로 300미터(1,000피트)
	F 및 G등급	5천 미터	지표면 육안 식별 및 구름을 피할 수 있는 거리

비고 : 다음 각 호의 경우에는 제3호 F 및 G등급 공역의 비행시정을 1,500미터까지 적용할 수 있다.
1. 우세시정(prevailing visibility: 평평한 지역의 절반 이상의 범위에서 형상을 식별할 수 있는 최대거리) 하에서 다른 항공기나 장애물을 보고 피할 수 있을 정도의 속도로 움직이는 경우
2. 그 지역 내의 항공교통량이나 업무량이 적어 다른 항공기와 마주칠 확률이 낮은 경우
3. **A등급 공역에서는 시계비행이 허용되지 않는다.**

144 기상상태에 관계없이 계기비행방식에 따라 비행해야 경우로 올바른 것은? (법 제67조, 시행규칙 제172조)

① 평균해면으로부터 1,500미터(5천피트)를 초과하는 고도로 비행하는 경우
② 평균해면으로부터 3,000미터(1만피트)를 초과하는 고도로 비행하는 경우
③ 평균해면으로부터 4,500미터(1만5천피트)를 초과하는 고도로 비행하는 경우
❹ 평균해면으로부터 6,100미터(2만피트)를 초과하는 고도로 비행하는 경우

145 특별시계비행허가를 받은 항공기 조종사의 비행으로 올바르지 않은 것은? (법 제67조, 시행규칙 제174조)
  ❶ 허가받은 관제구 안을 비행할 것
  ② 구름을 피하여 비행할 것
  ③ 비행시정을 1,500미터 이상 유지하며 비행할 것
  ④ 지표 또는 수면을 계속하여 볼 수 있는 상태로 비행할 것

146 특별시계비행을 하는 경우에 이륙하거나 착륙할 수 있는 조건은? (법 제67조, 시행규칙 제174조)
  ① 지상시정이 1,000미터 이상일 것
  ❷ 지상시정이 1,500미터 이상일 것
  ③ 비행시정이 2,000미터 이상일 것
  ④ 비행시정이 3,000미터 이상일 것

147 해발 3,050미터(10,000피트) 이상에서 시계비행방식으로 비행할 수 있는 시계상의 양호한 기상상태는? (법 제67조, 시행규칙 제175조)
  ① 비행시정 : 5천 미터, 구름으로부터의 거리 : 수평으로 1,000미터, 수직으로 450미터(1,500피트)
  ② 비행시정 : 5천 미터, 구름으로부터의 거리 : 수평으로 1,500미터, 수직으로 300미터(1,000피트)
  ❸ 비행시정 : 8천 미터, 구름으로부터의 거리 : 수평으로 1,500미터, 수직으로 300미터(1,000피트)
  ④ 비행시정 : 8천 미터, 구름으로부터의 거리 : 수평으로 1,000미터, 수직으로 450미터(1,500피트)

◆ same type ◆

148 계기비행방식으로 조종사가 군비행장에 착륙할 경우 따라야 하는 절차는? (법 제67조, 시행규칙 제181조)
  ① 국제민간항공기구에서 정한 절차
  ② 대통령령으로 정한 절차
  ③ 국토교통부령으로 정한 절차
  ❹ 해당 군비행장 또는 군 기관에서 정한 절차

해설

[항공안전법]
제67조(항공기의 비행규칙) (☞ 법 제67조 관련 추가 설명, 따라서 ①, ②항 생략함)

[항공안전법 시행규칙]
제181조(계기비행방식 등에 의한 비행·접근·착륙 및 이륙) (☞ ①항, ②~⑥, ⑧, ⑨항항 생략함)
⑦ 조종사는 군비행장에서 이륙 또는 착륙하거나 군 기관이 관할하는 공역을 비행하는 경우에는 해당 군비행장 또는 군 기관이 정한 계기비행절차 또는 관제지시를 준수하여야 한다. 다만, 해당 군비행장 또는 군 기관의 장과 협의하여 국토교통부장관이 따로 정한 경우에는 그러하지 아니하다.

> **[항공안전법 시행규칙]**
>
> 제182조(**비행계획의 제출 등**)
> ① 법 제67조에 따라 비행정보구역 안에서 비행을 하려는 자는 비행을 시작하기 전에 비행계획을 수립하여 관할 항공교통업무기관에 제출하여야 한다. 다만, 긴급출동 등 비행 시작 전에 비행계획을 제출하지 못한 경우에는 비행 중에 제출할 수 있다. (☞ ②, ③, ⑤, ⑥, ⑦항 생략함)
> ④ 제1항 본문에 따라 비행계획을 제출하여야 하는 자 중 **국내에서 유상으로 여객이나 화물을 운송하는 자 또는 두 나라 이상을 운항하는 자는 다음 각 호의 구분에 따른 시기까지** 별지 제73호서식의 항공기 입출항 신고서(GENERAL DECLARATION)를 **지방항공청장에게 제출**(정보통신망을 이용할 경우에는 해당 정보통신망에서 사용하는 양식에 따른다)하여야 한다.
>   1. 국내에서 유상으로 여객이나 화물을 운송하는 자: 출항 준비가 끝나는 즉시
>   2. 두 나라 이상을 운항하는 자
>   가. 입항의 경우: 국내 목적공항 도착 예정 시간 2시간 전까지. 다만, 출발국에서 출항 후 국내 목적공항까지의 비행시간이 2시간 미만인 경우에는 출발국에서 출항 후 20분 이내까지 할 수 있다.
>   나. 출항의 경우: 출항 준비가 끝나는 즉시
>
> 제188조(**비행계획의 종료**)
> ① **항공기는 도착비행장에 착륙하는 즉시 관할 항공교통업무기관**(관할 항공교통업무기관이 없는 경우에는 가장 가까운 항공교통업무기관)**에** 다음 각 호의 사항을 포함하는 **도착보고를 하여야 한다.** 다만, 지방항공청장 또는 항공교통본부장이 달리 정한 경우에는 그러하지 아니하다.
>   1. **항공기의 식별부호**   2. **출발비행장**   3. **도착비행장**
>   4. **목적비행장**(목적비행장이 따로 있는 경우만 해당한다)   5. **착륙시간**
> ② 제1항에도 불구하고 도착비행장에 착륙한 후 **도착보고를 할 수 있는 적절한 통신시설 등이 제공되지 아니하는 경우에는 착륙 직전에 관할 항공교통업무기관에 도착보고를** 하여야 한다.

149 조종사가 계기비행방식으로 군비행장에 착륙할 경우의 절차는? (법 제67조, 시행규칙 제181조)

❶ 해당 군 기관이 정한 계기비행절차를 준수하여야 한다.
② 국제민간항공기구(ICAO)에서 정한 계기비행절차를 준수하여야 한다.
③ 미 연방항공청(FAA)에서 정한 계기비행절차를 준수하여야 한다.
④ 국토교통부령으로 정한 계기비행절차를 준수하여야 한다.

150 두 나라 이상을 운항하는 자가 출항하는 경우 지방항공청장에게 언제까지 비행계획을 제출하여야 하는가? (법 제67조, 시행규칙 제182조)

① 목적공항 도착 예정 시간 2시간 전까지   ❷ 출항 준비가 끝나는 즉시
③ 출항 후 20분 이내까지   ④ 출항 준비가 끝나기 전

151 항공기는 도착비행장에 착륙하는 즉시 관할 항공교통업무기관에 도착보고를 하여야 한다. 다음 중 도착보고 항목에 포함되지 않는 것은? (법 제67조, 시행규칙 제188조)

① 항공기의 식별부호   ② 출발비행장
❸ 이륙시간   ④ 착륙시간

152 항공기가 도착비행장에 착륙한 후 도착비행장에 도착보고를 할 수 있는 적절한 통신시설 등이 제공되지 아니하는 경우에는 어디에 도착보고를 하여야 하는가? (법 제67조, 시행규칙 제188조)

① 착륙 후 이륙한 비행장의 관제탑에 도착보고를 하여야 한다.
② 도착 비행장에서 관제가 제공되지 않는다면 어떤 경우라도 착륙할 수 없다.
③ 관제가 제공될 때까지 착륙하지 말고 도착 비행장 상공에서 기다린다.
❹ 착륙 직전에 관할 항공교통업무기관에 도착보고를 하여야 한다.

---

153 무선통신 두절 시의 연락방법으로 비행 중인 항공기에게 착륙하여 계류장으로 갈 것을 지시하는 관제탑 빛총신호로 올바른 것은? (법 제67조, 시행규칙 제194조)

① 연속되는 녹색
② 연속되는 붉은색
③ 깜빡이는 붉은색
❹ 깜빡이는 흰색

[해설]

[항공안전법]

제67조(**항공기의 비행규칙**) (☞ 법 제67조 관련 추가 설명, 따라서 ①, ②항 생략함)

[항공안전법 시행규칙]

제194조(**신호**)
① 법 제67조에 따라 **비행하는 항공기는** 별표 26에서 정하는 **신호**를 인지하거나 수신할 경우에는 그 신호에 따라 요구되는 조치를 하여야 한다. (☞ ①, ②항 생략함).

■ 항공안전법 시행규칙 [별표 26]

신호(제194조 관련)
5. 무선통신 두절 시의 연락방법
   가. 빛총신호

신호의 종류	의미		
	비행 중인 항공기	지상에 있는 항공기	차량·장비 및 사람
연속되는 녹색	착륙을 허가함	**이륙을 허가함**	
연속되는 붉은 색	다른 항공기에 진로를 양보하고 계속 선회할 것	정지할 것	정지할 것
깜박이는 녹색	착륙을 준비할 것(착륙 및 지상유도를 위한 허가가 뒤이어 발부)	지상 이동을 허가함	통과하거나 진행할 것
깜박이는 붉은색	비행장이 불안전하니 착륙하지 말 것	사용 중인 착륙지역으로부터 벗어날 것	활주로 또는 유도로에서 벗어날 것
깜박이는 흰색	**착륙하여 계류장으로 갈 것**	비행장 안의 출발지점으로 돌아 갈 것	비행장 안의 출발지점으로 돌아갈 것

6. 유도신호(MARSHALLING SIGNALS)　(☞ 유도신호는 1～35까지 있으며, **아래 외는 생략함.**)

4. 직진		12. 고임목(촉, 초크, chock, 굄목) 제거	
	팔꿈치를 구부려 **유도봉을 가슴 높이에서 머리 높이까지 위 아래로 움직인다.**		팔과 유도봉을 머리 위로 쭉 뻗는다. 유도봉을 바깥쪽으로 움직인다. 운항승무원에게 인가받기 전까지 바퀴 고정 받침목을 제거해서는 안 된다.
8. 비상정지		**13. 엔진시동걸기**	
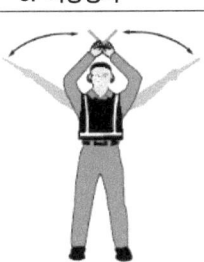	빠르게 양쪽 유도봉을 든 팔을 머리 위로 뻗었다가 유도봉을 교차시킨다.		오른팔을 머리 높이로 들면서 유도봉을 위를 향한다. 유도봉으로 원 모양을 그리기 시작하면서 동시에 왼팔을 머리 높이로 들고 엔진시동 걸 위치를 가리킨다.
11. 고임목 삽입		**14. 엔진 정지**	
	팔과 유도봉을 머리 위로 쭉 뻗는다. 유도봉이 서로 닿을 때 까지 안쪽으로 유도봉을 움직인다. 운항승무원에게 인지표시를 반드시 수신하도록 한다.		유도봉을 쥔 팔을 어깨 높이로 들어 올려 왼쪽 어깨 위로 위치시킨 뒤 **유도봉을** 오른쪽·왼쪽 어깨로 **목을 가로질러 움직인다.**

제195조(**시간**)
① 법 제67조에 따라 항공기의 운항과 관련된 시간을 전파하거나 보고하려는 자는 **국제표준시(UTC: Coordinated Universal Time)를 사용**하여야 하며, **시각은 자정을 기준으로 하루 24시간을 시·분으로 표시**하되, **필요하면 초 단위까지 표시**하여야 한다.　(☞ ②, ③항 생략함)

제196조(**요격**)　(☞ ①항 생략함)
② **피요격(被邀擊)항공기의 기장은 별표 26 제3호에 따른 시각신호를 이해하고 응답하여야 하며, 요격절차와 요격방식 등을 준수하여 요격에 응하여야 한다. 다만, 대한민국이 아닌 외국정부가 관할하는 지역을 비행하는 경우에는 해당 국가가 정한 절차와 방식으로 그 국가의 요격에 응하여야 한다.**

154 무선통신이 두절 시 관제탑에서 비행 중인 항공기에 보내는 깜빡이는 흰색 빛총신호의 의미는? (법 제67조, 시행규칙 제194조)

❶ 착륙하여 계류장으로 갈 것
② 비행장이 불안전하니 착륙하지 말 것
③ 착륙을 준비할 것
④ 다른 항공기에 진로를 양보하고 계속 선회할 것

155 다음 빛총신호에 관한 설명 중 올바르지 않은 것은? (법 제67조, 시행규칙 제194조)
① 연속되는 녹색 : 비행중인 항공기는 착륙을 허가함
② 연속되는 붉은색 : 지상에 있는 항공기는 정지할 것
③ 깜박이는 흰색 : 비행중인 항공기는 착륙하여 계류장으로 갈 것
❹ 깜박이는 붉은색 : 비행 중인 항공기는 현 위치에서 계속 선회할 것

156 유도봉을 쥔 팔을 어깨 높이로 들어 올려 왼쪽 어깨 위로 위치시킨 뒤 유도봉을 오른쪽·왼쪽 어깨로 목을 가로질러 움직이는 유도신호(Marshalling Signals)의 의미는? (법 제67조, 시행규칙 제194조)
① 비상정지   ② 직진   ③ 고임목 삽입   ❹ 엔진 정지

157 팔꿈치를 구부려 유도봉을 가슴 높이에서 머리 높이까지 위 아래로 움직이는 유도신호(Marshalling Signals)의 의미는? (법 제67조, 시행규칙 제194조)
① 비상정지   ❷ 직진   ③ 고임목 삽입   ④ 엔진 정지

158 항공기의 운항과 관련된 시간을 표시하는 방법으로 올바른 것은? (법 제67조, 시행규칙 제195조)
❶ 국제표준시(UTC를 사용하여야 하며, 시각은 자정을 기준으로 하루 24시간을 시·분으로 표시
② 국제표준시(UTC를 사용하여야 하며, 시각은 12시간을 기준으로 하루를 오전·오후로 표시
③ 한국 표준시(KST)를 사용하여야 하며, 시각은 자정을 기준으로 하루 24시간을 시·분으로 표시
④ 한국 표준시(KST)를 사용하여야 하며, 시각은 12시간을 기준으로 하루를 오전·오후로 표시

159 외국정부가 관할하는 지역을 비행하던 중 피요격(被邀擊-요격을 당한) 항공기의 기장이 따라야할 절차는? (법 제67조, 시행규칙 제196조)
❶ 해당 국가가 정한 절차와 방식으로 그 국가의 요격에 응하여야 한다.
② 대한민국에 등록된 항공기이라면 대한민국에서 정한 절차와 방식을 따라야 한다.
③ 국제민간항공기구(ICAO)에서 정한 절차와 방식을 따라야 한다.
④ 전 세계 지역별 항행안전협의회에서 정한 절차와 방식을 따라야 한다.

160 시계비행방식으로 비행하는 항공기에 적용되는 국토교통부령으로 정하는 최저비행고도로 올바른 것은? (법 제68조, 시행규칙 제199조)
① 산악지역에서는 항공기를 중심으로 반지름 8킬로미터 이내에 위치한 가장 높은 장애물로부터 600미터의 고도
② 항공기를 중심으로 반지름 8킬로미터 이내에 위치한 가장 높은 장애물로부터 300미터의 고도
③ 지표면·수면 또는 물건의 상단에서 300미터(1,000피트)의 고도
❹ 지표면·수면 또는 물건의 상단에서 150미터(500피트)의 고도

[항공안전법]

제68조(**항공기의 비행 중 금지행위 등**) (☞ 제68조는 앞서 제66조, 제69조와 관련하여 확인하였음)
 1. **국토교통부령으로 정하는 최저비행고도(最低飛行高度)** 아래에서의 비행
 2. 물건의 투하(投下) 또는 살포
 3. 낙하산 강하(降下)
 4. **국토교통부령으로 정하는 구역**에서 뒤집어서 비행하거나 옆으로 세워서 비행하는 등의 **곡예비행**
 5. 무인항공기의 비행
 6. 그 밖에 생명과 재산에 위해를 끼치거나 위해를 끼칠 우려가 있는 비행 또는 행위로서 국토교통부령으로 정하는 비행 또는 행위

[항공안전법 시행규칙]

제199조(**최저비행고도**) 법 제68조제1호에서 "**국토교통부령으로 정하는 최저비행고도**"란 다음 각 호와 같다.
 1. **시계비행방식으로 비행하는 항공기**
  가. 사람 또는 건축물이 밀집된 지역의 상공에서는 해당 항공기를 중심으로 수평거리 600미터 범위 안의 지역에 있는 가장 높은 장애물의 상단에서 300미터(1천피트)의 고도
  나. 가목 외의 지역에서는 지표면·수면 또는 물건의 상단에서 150미터(500피트)의 고도
 2. **계기비행방식으로 비행하는 항공기**
  가. 산악지역에서는 항공기를 중심으로 반지름 8킬로미터 이내에 위치한 가장 높은 장애물로부터 600미터의 고도
  나. 가목 외의 지역에서는 항공기를 중심으로 반지름 8킬로미터 이내에 위치한 가장 높은 장애물로부터 300미터의 고도

[항공안전법 시행규칙]

제204조(**곡예비행 금지구역**) 법 제68조제4호에서 "**국토교통부령으로 정하는 구역**"이란 다음 각 호의 어느 하나에 해당하는 구역을 말한다.
 1. 사람 또는 건축물이 밀집한 지역의 상공
 2. 관제구 및 관제권
 3. 지표로부터 450미터(1,500피트) 미만의 고도
 4. 해당 항공기(활공기는 제외한다)를 중심으로 반지름 500미터 범위 안의 지역에 있는 가장 높은 장애물의 상단으로부터 500미터 이하의 고도
 5. 해당 활공기를 중심으로 반지름 300미터 범위 안의 지역에 있는 가장 높은 장애물의 상단으로부터 300미터

> 이하의 고도
>
> 제197조(곡예비행 등을 할 수 있는 비행시정) 법 제67조에 따른 곡예비행을 할 수 있는 비행시정은 다음 각 호의 구분과 같다. (☞ 앞에서 확인한 법 제67조에 따른 시행규칙임)
> 1. 비행고도 3,050미터(1만피트) 미만인 구역: 5천미터 이상
> 2. 비행고도 3,050미터(1만피트) 이상인 구역: 8천미터 이상

161 시계비행방식으로 비행하는 항공기의 최저비행고도로 올바른 것은? (법 제68조, 시행규칙 제199조)
- ❶ 사람 또는 건축물이 밀집된 지역의 상공에서는 해당 항공기를 중심으로 수평거리 600미터 범위 안의 지역에 있는 가장 높은 장애물의 상단에서 300미터(1천피트)의 고도
- ② 사람 또는 건축물이 밀집된 지역의 상공에서는 해당 항공기를 중심으로 수평거리 600미터 범위 안의 지역에 있는 가장 높은 장애물의 상단에서 150미터(500피트)의 고도
- ③ 사람 또는 건축물이 밀집된 지역의 상공에서는 해당 항공기를 중심으로 수평거리 450미터 범위 안의 지역에 있는 가장 높은 장애물의 상단에서 300미터(1천피트)의 고도
- ④ 사람 또는 건축물이 밀집된 지역의 상공에서는 해당 항공기를 중심으로 수평거리 450미터 범위 안의 지역에 있는 가장 높은 장애물의 상단에서 150미터(500피트)의 고도

162 수면 위를 시계비행방식으로 비행하는 항공기의 최저비행고도는? (법 제68조, 시행규칙 제199조)
- ① 600미터
- ② 450미터
- ③ 300미터
- ❹ 150미터

163 다음 중 곡예비행 금지구역에 해당하지 않는 것은? (법 제68조, 시행규칙 제204조)
- ① 해당 항공기를 중심으로 반지름 500미터 범위 안의 지역에 있는 가장 높은 장애물의 상단으로부터 500미터 이하의 고도
- ❷ 해당 항공기를 중심으로 반지름 300미터 범위 안의 지역에 있는 가장 높은 장애물의 상단으로부터 500미터 이하의 고도
- ③ 관제구 및 관제권
- ④ 지표로부터 450미터(1,500피트) 미만의 고도

164 다음 중 국토교통부령으로 정하는 곡예비행 금지구역에 해당하지 않는 것은? (법 제68조, 시행규칙 제204조)

① 관제권
② 사람 또는 건축물이 밀집한 지역의 상공
❸ 해당 항공기를 중심으로 반지름 500미터 범위 안의 지역에 있는 가장 높은 장애물의 상단으로부터 1,500미터 이하의 고도
④ 지표로부터 450미터(1,500피트) 미만의 고도

165 지표로부터 어느 고도까지 곡예비행 금지구역인가? (법 제68조, 시행규칙 제204조)

① 제한 없음.
② 50미터(500피트) 미만
③ 300미터(1,000피트) 미만
❹ 450미터(1,500피트) 미만

> **주의** 미터와 피트 혼란, 450피트(ft) 아니고 450미터(m)이며, 1,500미터(m)아니고 1,500피트(ft)임.

166 곡예비행 등을 할 수 있는 비행시정으로 올바른 것은? (법 제67조, 시행규칙 제197조)

❶ 비행고도 3,050미터(1만피트) 미만인 구역: 5천미터 이상
② 비행고도 3,050미터(1만피트) 이상인 구역: 5천미터 이상
③ 비행고도 3,050미터(1만피트) 미만인 구역: 8천미터 미만
④ 비행고도 3,050미터(1만피트) 이상인 구역: 8천미터 미만

> **주의** 미터 · 피트 한글 · 영어, 3,050미터(1만피트)를 문제에서는 3,050m(10,000ft)로 표기 가능

━━━━━━━━━━ ◆ same type ◆ ━━━━━━━━━━

167 다음 중 회항시간 연장운항의 승인을 받아야 하는 항공기가 아닌 것은? (법 제74조)

❶ 1개의 발동기를 가진 비행기
② 2개의 발동기를 가진 비행기
③ 3개 이상의 발동기를 가진 비행기의 모든 발동기가 작동할 때의 순항속도
④ 2개의 발동기를 가진 비행기가 1개의 발동기가 작동하지 아니할 때의 순항속도

[항공안전법]

※ 법 제70조(위험물 운송 등), 제71조(위험물 포장 및 용기의 검사 등), 제72조(위험물취급에 관한 교육 등), 제73조(전자기기의 사용제한) 생략

제74조(회항시간 연장운항의 승인)
① 항공운송사업자가 2개 이상의 발동기를 가진 비행기로서 **국토교통부령으로 정하는 비행기**를 다음 각 호의 구분에 따른 **순항속도(巡航速度)**로 가장 가까운 공항까지 비행하여 착륙할 수 있는 시간이 **국토교통부령으로 정하는 시간**을 초과하는 지점이 있는 노선을 운항하려면 국토교통부령으로 정하는 바에 따라 **국토교통부장관의 승인**을 받아야 한다.
  1. 2개의 발동기를 가진 비행기: 1개의 발동기가 작동하지 아니할 때의 순항속도
  2. 3개 이상의 발동기를 가진 비행기: 모든 발동기가 작동할 때의 순항속도
② 국토교통부장관은 제1항에 따른 승인을 하려는 경우에는 제77조제1항에 따라 고시하는 운항기술기준에 적합한지를 확인하여야 한다.

[항공안전법 시행규칙]

제215조(회항시간 연장운항의 승인)
① 법 제74조제1항 각 호 외의 부분에서 "국토교통부령으로 정하는 비행기"란 터빈발동기를 장착한 항공운송사업용 **비행기**(화물만을 운송하는 3개 이상의 터빈발동기를 가진 비행기는 제외한다)를 말한다.
② 법 제74조제1항 각 호 외의 부분에서 **"국토교통부령으로 정하는 시간"**이란 다음 각 호의 구분에 따른 시간을 말한다.
  1. **2개의 발동기를 가진 비행기: 1시간**. 다만, 최대인가승객 좌석 수가 20석 미만이며 최대이륙중량이 **4만 5천 360킬로그램** 미만인 비행기로서 「항공사업법 시행규칙」 제3조제3호에 따른 **전세운송에 사용되는 비행기**의 경우에는 3시간으로 한다.
  2. 3개 이상의 발동기를 가진 비행기: 3시간
(☞ ③, ④항 생략함)

168 다음 중 회항시간 연장운항의 승인을 받아야 하는 비행기에 해당하는 것은? (법 제74조, 시행규칙 제215조)

① 최대인가승객 좌석 수가 30석 미만인 2개의 발동기를 가진 비행기
❷ 최대이륙중량이 4만 2천 킬로그램 미만인 2개의 터빈발동기를 장착한 비행기
③ 최대인가승객 좌석 수가 50석 미만인 2개의 발동기를 가진 비행기
④ 최대이륙중량이 4만 6천 킬로그램 미만인 2개의 터빈발동기를 장착한 비행기

169 여객운송에 사용되는 항공기에 장착된 승객의 좌석 수가 162석일 때 항공기에 탑승시켜야 할 객실승무원의 수는? (법 제76조, 시행규칙 제218조)

❶ 4명 ② 3명 ③ 2명 ④ 1명

[항공안전법]
※ 법 제75조(수직분리축소공역 등에서의 항공기 운항 승인) 생략

제76조(승무원 등의 탑승 등)
① 항공기를 운항하려는 자는 그 항공기에 **국토교통부령으로 정하는 바**에 따라 운항의 안전에 필요한 승무원을 태워야 한다. (☞ ②, ③항 생략함)

[항공안전법 시행규칙]

제218조(승무원 등의 탑승 등)
① 법 제76조제1항에 따라 항공기에 태워야 할 승무원은 다음 각 호의 구분에 따른다.
　1. 항공기의 구분에 따라 다음 표에서 정하는 운항승무원 (☞ 이하 '다음 표' 운항승무원 생략함)
　2. **여객운송에 사용되는 항공기**로 승객을 운송하는 경우에는 **항공기에 장착된 승객의 좌석 수에 따라** 그 항공기의 객실에 다음 표에서 **정하는 수 이상의 객실승무원**

장착된 좌석 수	객실승무원 수
20석 이상 50석 이하	1명
51석 이상 100석 이하	**2명**
101석 이상 150석 이하	3명
151석 이상 200석 이하	4명
201석 이상	5명에 좌석 수 50석을 추가할 때마다 1명씩 추가

(☞ ②, ③항 생략함)

---

170 여객운송에 사용되는 항공기로 승객을 운송하는 경우에는 항공기에 장착된 승객의 좌석 수에 따라 그 항공기의 객실에 정하는 수 이상의 객실승무원을 태워야 한다. 이에 대한 설명으로 올바르지 않은 것은? (법 제76조, 시행규칙 제218조)

① 20석 이상 50석 이하 : 1명
❷ 50석 이상 100석 이하 : 2명
③ 101석 이상 150석 이하 : 3명
④ 151석 이상 200석 이하 : 4명

---

171 여객운송에 사용되는 항공기에 장착된 승객의 좌석 수가 280석일 때 항공기에 탑승시켜야 할 객실승무원의 수는? (법 제76조, 시행규칙 제218조)

① 4명 ② 5명 ❸ 6명 ④ 7명

172 국토교통부장관이 항공기 안전운항을 확보하기 위하여 운항기술기준을 정하여 고시할 수 있는 사항에 해당되지 않는 것은? (법 제77조)

① 자격증명
② 항공기 감항성
③ 항공기 등록 및 등록부호 표시
❹ 항공기 형식증명

[항공안전법]

제77조(항공기의 안전운항을 위한 운항기술기준) ※ 법 제77조의2(국가항행계획의 수립·시행) 생략
① **국토교통부장관은 항공기 안전운항을 확보하기 위하여** 이 법과「국제민간항공협약」및 같은 협약 부속서에서 정한 범위에서 다음 각 호의 사항이 포함된 **운항기술기준을 정하여 고시할 수 있다.**
  1. 자격증명   2. 항공훈련기관   3. 항공기 등록 및 등록부호 표시
  4. 항공기 감항성   5. 정비조직인증기준   6. 항공기 계기 및 장비
  7. 항공기 운항   8. 항공운송사업의 운항증명 및 관리
  9. 그 밖에 안전운항을 위하여 필요한 사항으로서 국토교통부령으로 정하는 사항
② 소유자등 및 항공종사자는 제1항에 따른 운항기술기준을 준수하여야 한다.

173 항공기의 조종사가 비행 시 특별한 주의·경계·식별 등이 필요한 공역은? (법 제78조)

❶ 주의공역   ② 관제공역   ③ 비관제공역   ④ 통제공역

[항공안전법]

제78조(공역 등의 지정 등)
① 국토교통부장관은 공역을 체계적이고 효율적으로 관리하기 위하여 필요하다고 인정할 때에는 비행정보구역을 다음 각 호의 공역으로 구분하여 지정·공고할 수 있다.
  1. **관제공역**: 항공교통의 안전을 위하여 항공기의 비행 순서·시기 및 방법 등에 관하여 제84조제1항에 따라 국토교통부장관 또는 항공교통업무증명을 받은 자의 지시를 받아야 할 필요가 있는 공역으로서 관제권 및 관제구를 포함하는 공역
  2. **비관제공역**: 관제공역 외의 공역으로서 항공기의 조종사에게 비행에 관한 조언·비행정보 등을 제공할 필요가 있는 공역
  3. **통제공역**: 항공교통의 안전을 위하여 항공기의 비행을 금지하거나 제한할 필요가 있는 공역
  4. **주의공역**: 항공기의 조종사가 비행 시 특별한 주의·경계·식별 등이 필요한 공역
② 국토교통부장관은 필요하다고 인정할 때에는 국토교통부령으로 정하는 바에 따라 제1항에 따른 공역을 세분하여 지정·공고할 수 있다. (☞ ③~⑤항 생략함)

[항공안전법 시행규칙]

제221조(**공역의 구분·관리 등**)
① 법 제78조제2항에 따라 국토교통부장관이 세분하여 지정·공고하는 **공역의 구분은 별표 23**과 같다.

■ 항공안전법 시행규칙 [별표 23]　**공역의 구분**(제221조제1항 관련)

1. 제공하는 항공교통업무에 따른 구분

구분		내용
관제공역	A등급 공역	모든 항공기가 계기비행을 해야 하는 공역
	B등급 공역	계기비행 및 시계비행을 하는 항공기가 비행 가능하고, 모든 항공기에 분리를 포함한 항공교통관제업무가 제공되는 공역
	C등급 공역	모든 항공기에 항공교통관제업무가 제공되나, 시계비행을 하는 항공기 간에는 교통정보만 제공되는 공역
	D등급 공역	모든 항공기에 항공교통관제업무가 제공되나, 계기비행을 하는 항공기와 시계비행을 하는 항공기 및 시계비행을 하는 항공기 간에는 교통정보만 제공되는 공역
	E등급 공역	계기비행을 하는 항공기에 항공교통관제업무가 제공되고, 시계비행을 하는 항공기에 교통정보가 제공되는 공역
비관제공역	F등급 공역	계기비행을 하는 항공기에 비행정보업무와 항공교통조언업무가 제공되고, 시계비행항공기에 비행정보업무가 제공되는 공역
	G등급 공역	모든 항공기에 비행정보업무만 제공되는 공역

2. 공역의 사용목적에 따른 구분

구분		내용
관제공역	관제권	「항공안전법」 제2조제25호에 따른 공역으로서 비행정보구역 내의 B, C 또는 D등급 공역 중에서 시계 및 계기비행을 하는 항공기에 대하여 항공교통관제업무를 제공하는 공역
	관제구	「항공안전법」 제2조제26호에 따른 공역(항공로 및 접근관제구역을 포함한다)으로서 비행정보구역 내의 A, B, C, D 및 E등급 공역에서 시계 및 계기비행을 하는 항공기에 대하여 항공교통관제업무를 제공하는 공역
	비행장 교통구역	「항공안전법」 제2조제25호에 따른 공역 외의 공역으로서 비행정보구역 내의 D등급에서 시계비행을 하는 항공기 간에 교통정보를 제공하는 공역
비관제공역	조언구역	항공교통조언업무가 제공되도록 지정된 비관제공역
	정보구역	비행정보업무가 제공되도록 지정된 비관제공역
통제공역	비행금지구역	안전, 국방상, 그 밖의 이유로 항공기의 비행을 금지하는 공역
	비행제한구역	항공사격·대공사격 등으로 인한 위험으로부터 항공기의 안전을 보호하거나 그 밖의 이유로 비행허가를 받지 않은 항공기의 비행을 제한하는 공역
	초경량비행장치 비행제한구역	초경량비행장치의 비행안전을 확보하기 위하여 초경량비행장치의 비행활동에 대한 제한이 필요한 공역
주의공역	**훈련구역**	민간항공기의 훈련공역으로서 계기비행항공기로부터 분리를 유지할 필요가 있는 공역
	군작전구역	군사작전을 위하여 설정된 공역으로서 계기비행항공기로부터 분리를 유지할 필요가 있는 공역
	위험구역	항공기의 비행시 항공기 또는 지상시설물에 대한 위험이 예상되는 공역
	경계구역	**대규모 조종사의 훈련이나 비정상 형태의 항공활동이 수행되는 공역**
	초경량비행장치 비행구역	초경량비행장치의 비행활동이 수행되는 공역으로 그 주변을 비행하는 자의 주의가 필요한 공역

② 법 제78조제1항 및 제2항에 따른 **공역의 설정기준**은 다음 각 호와 같다.
  1. 국가안전보장과 항공안전을 고려할 것
  2. 항공교통에 관한 서비스의 제공 여부를 고려할 것
  3. 이용자의 편의에 적합하게 공역을 구분할 것
  4. 공역이 효율적이고 경제적으로 활용될 수 있을 것
(☞ ③, ④항 생략함)

※ 법 제79조(항공기의 비행제한 등) 생략

제80조(**공역위원회의 설치**)
① 제78조에 따른 **공역의 설정 및 관리에 필요한 사항을 심의하기 위하여** 국토교통부장관 소속으로 **공역위원회**를 둔다.
(☞ ②항 생략함)

174 다음 용어에 대한 정의가 잘못된 것은? (법 제78조)
① 관제공역 : 항공기의 비행 순서 · 시기 및 방법 등에 관하여 국토교통부장관의 지시를 받아야 할 필요가 있는 공역
② 통제공역: 항공교통의 안전을 위하여 항공기의 비행을 금지하거나 제한할 필요가 있는 공역
③ 주의공역: 항공기의 조종사가 비행 시 특별한 주의 · 경계 · 식별 등이 필요한 공역
❹ 비행정보구역 : 항공기의 조종사에게 비행에 관한 조언 · 비행정보 등을 제공할 필요가 있는 공역

175 다음 중 주의공역의 구분에 포함되지 않는 것은? (법 제78조)
① 군작전구역   ❷ 제한구역   ③ 훈련구역   ④ 경계구역

176 공역의 설정기준으로 올바르지 않은 것은? (법 제78조, 시행규칙 제221조)
① 국가안전보장과 항공안전을 고려할 것
② 항공교통에 관한 서비스의 제공 여부를 고려할 것
❸ 공역이 항공안전보다는 경제적으로 활용될 수 있을 것
④ 이용자의 편의에 적합하게 공역을 구분할 것

177 공역의 설정 및 관리에 필요한 사항을 심의하기 위하여 국토교통부장관 소속으로 두는 것은? (법 제80조)
① 항공교통위원회   ② 항공안전위원회   ③ 한국공역협의위원회   ❹ 공역위원회

178 항공교통업무의 목적이 아닌 것은? (법 제83조, 시행규칙 제288조)

❶ 조난 항공기에 대한 수색·구조
② 항공기 간의 충돌 방지
③ 항공교통흐름의 질서유지 및 촉진
④ 항공기의 안전하고 효율적인 운항을 위하여 필요한 조언 및 정보의 제공

[항공안전법]

※ 법 제81조(항공교통안전에 관한 관계 행정기관의 장의 협조), 제82조(전시 상황 등에서의 공역관리) 생략

제83조(**항공교통업무의 제공** 등) (☞ ①~③항 생략함)
④ 제1항부터 제3항까지의 규정에 따라 **국토교통부장관 또는 항공교통업무증명을 받은 자가 하는 업무**(이하 "항공교통업무"라 한다)의 제공 영역, 대상, 내용, 절차 등에 필요한 사항은 **국토교통부령으로 정한다.**

[항공안전법 시행규칙]

제228조(**항공교통업무의 목적** 등)
① 법 제83조제4항에 따른 **항공교통업무**는 다음 각 호의 사항을 **주된 목적**으로 한다.
  1. 항공기 간의 충돌 방지
  2. 기동지역 안에서 항공기와 장애물 간의 충돌 방지
  3. 항공교통흐름의 질서유지 및 촉진
  4. 항공기의 안전하고 효율적인 운항을 위하여 필요한 조언 및 정보의 제공
  5. 수색·구조를 필요로 하는 항공기에 대한 관계기관에의 정보 제공 및 협조
② 제1항에 따른 **항공교통업무**는 다음 각 호와 같이 **구분**한다.
  1. **항공교통관제업무**: 제1항**제1호부터 제3호까지**의 목적을 수행하기 위한 다음 각 목의 업무
    가. 접근관제업무: 관제공역 안에서 이륙이나 착륙으로 연결되는 관제비행을 하는 항공기에 제공하는 항공교통관제업무
    나. 비행장관제업무: 비행장 안의 기동지역 및 비행장 주위에서 비행하는 항공기에 제공하는 항공교통관제업무로서 접근관제업무 외의 항공교통관제업무(이동지역 내의 계류장에서 항공기에 대한 지상유도를 담당하는 계류장관제업무를 포함한다)
    다. 지역관제업무: 관제공역 안에서 관제비행을 하는 항공기에 제공하는 항공교통관제업무로서 접근관제업무 및 비행장관제업무 외의 항공교통관제업무
  2. **비행정보업무**: 비행정보구역 안에서 비행하는 항공기에 대하여 제1항**제4호**의 목적을 수행하기 위하여 제공하는 업무
  3. **경보업무**: 제1항**제5호**의 목적을 수행하기 위하여 제공하는 업무

※ 제83조의2(항공교통흐름 관리), 제83조의3(항공교통데이터 수집·분석·평가시스템의 구축·운영 등) 생략

179 항공교통업무의 목적이 아닌 것은? (법 제83조, 시행규칙 제288조)
  ❶ 공역의 체계적이고 효율적인 관리와 항공산업의 발전
  ② 항공기 간의 충돌 방지
  ③ 기동지역 안에서 항공기와 장애물 간의 충돌 방지
  ④ 수색·구조를 필요로 하는 항공기에 대한 관계기관에의 정보 제공 및 협조

180 항공교통업무의 구분에 해당하지 않는 것은? (법 제83조, 시행규칙 제288조)
  ① 항공교통관제업무   ② 비행정보업무
  ③ 경보업무   ❹ 수색·구조 관제업무

181 수색·구조를 필요로 하는 항공기에 대한 관계기관에의 정보 제공 및 협조 업무는? (법 제83조, 시행규칙 제288조)
  ① 항공교통관제업무   ② 비행정보업무
  ❸ 경보업무   ④ 수색·구조 관제업무

182 국토교통부장관이 항공정보를 제공하는 방법에 해당하지 않는 것은? (법 제89조, 시행규칙 제255조)
  ① AIP(항공정보간행물)   ❷ AIM(항공정보매뉴얼)
  ③ NOTAM(항공고시보)   ④ AIC(항공정보회람)

> **해설**
>
> **[항공안전법]**
>
> ※ 법 제84조(항공교통관제 업무 지시의 준수), 제85조(항공교통업무증명 등), 제86조(항공교통업무증명의 취소 등), 제87조(항공교통업무증명을 받은 자에 대한 과징금의 부과), 제88조(수색·구조 지원계획의 수립·시행) 생략
>
> 제89조(**항공정보의 제공 등**)
> ① 국토교통부장관은 항공기 운항의 안전성·정규성 및 효율성을 확보하기 위하여 필요한 정보(이하 "항공정보"라 한다)를 비행정보구역에서 비행하는 사람 등에게 제공하여야 한다.(☞ ②~④항 생략함)
>
> > **[항공안전법 시행규칙]**
> >
> > 제255조(**항공정보**)
> > ① 법 제89조제1항에 따른 **항공정보의 내용**은 다음 각 호와 같다.
> >   1. **비행장과 항행안전시설**의 공용의 **개시, 휴지, 재개(再開) 및 폐지**에 관한 사항
> >   2. **비행장과 항행안전시설**의 중요한 **변경 및 운용**에 관한 사항
> >   3. 비행장을 이용할 때에 있어 **항공기의 운항에 장애가 되는 사항**

4. 비행의 방법, 장애물회피고도, 결심고도, 최저강하고도, 비행장 이륙·착륙 기상 최저치 등의 설정과 변경에 관한 사항
5. **항공교통업무**에 관한 사항
6. 다음 각 목의 **공역**에서 하는 로켓·불꽃·레이저광선 또는 그 밖의 물건의 발사, 무인기구(기상관측용 및 완구용은 제외한다)의 계류·부양 및 낙하산 강하에 관한 사항
   가. 진입표면·수평표면·원추표면 또는 전이표면을 초과하는 높이의 공역
   나. 항공로 안의 높이 150미터 이상인 공역
   다. 그 밖에 높이 250미터 이상인 공역
7. 그 밖에 항공기의 운항에 도움이 될 수 있는 사항

② 제1항에 따른 **항공정보는 다음 각 호의 어느 하나의 방법으로 제공**한다. (☞ ③, ⑤항 생략함)
1. **항공정보간행물(AIP)** (☞ AIP, Aeronautical Information Publication)
2. **항공고시보(NOTAM)** (☞ NOTAM, Notice to Airmen)
3. **항공정보회람(AIC)** (☞ AIC, Aeronautical Information Circular)
4. 비행 전·후 정보(Pre-Flight and Post-Flight Information)를 적은 자료

④ 법 제89조제4항에 따른 **항공정보에 사용되는 측정단위**는 다음 각 호의 어느 하나의 방법에 따라 사용한다.
1. 고도(Altitude): 미터(m) 또는 피트(ft)
2. 시정(Visibility): 킬로미터(㎞) 또는 마일(SM). 이 경우 5킬로미터 미만의 시정은 미터(m) 단위를 사용한다.
3. 주파수(Frequency): 헤르쯔(Hz)
4. 속도(Velocity Speed): 초당 미터(㎧)
5. 온도(Temperature): 섭씨도(℃)

183 국토교통부장관이 항공기 운항의 안전성·정규성 및 효율성을 확보하기 위하여 제공하는 항공정보의 내용으로 올바르지 않은 것은? (법 제89조, 시행규칙 제255조)

❶ 항공로 안의 높이 150미터 이상인 공역에서 기상관측용 무인기구의 부양
② 비행장과 항행안전시설의 공용의 개시, 휴지, 재개(再開) 및 폐지에 관한 사항
③ 비행장과 항행안전시설의 중요한 변경 및 운용에 관한 사항
④ 비행의 방법, 장애물회피고도, 결심고도, 최저강하고도, 비행장 이륙·착륙 기상 최저치 등의 설정과 변경에 관한 사항

184 다음 중 항공정보에 사용되는 단위로 올바르지 않은 것은? (법 제89조, 시행규칙 제255조)

① 고도(Altitude): 미터(m) 또는 피트(ft)
② 시정(Visibility): 킬로미터(㎞) 또는 마일(SM)
❸ 온도(Temperature): 섭씨도(℃) 또는 화씨도(℉)
④ 주파수(Frequency): 헤르쯔(Hz)

185 다음 중 항공정보에 사용되는 단위로 올바르지 않은 것은? (법 제89조, 시행규칙 제255조)

① 고도: 미터(m) 또는 피트(ft)
❷ 시정: 킬로미터(㎞) 또는 마일(SM). 이 경우 3킬로미터 미만의 시정은 미터(m) 단위를 사용한다.
③ 속도: 초당 미터(㎧)
④ 온도: 섭씨도(℃)

---- same type ----

186 항공운송사업자가 운항규정 또는 정비규정을 제정하려는 경우의 올바른 절차는? (법 제93조)

① 지방항공청장의 인가 ② 지방항공청장에게 신고
❸ 국토교통부장관의 인가 ④ 국토교통부장관에게 신고

[항공안전법]

※ 법 제90조(항공운송사업자의 운항증명), 제91조(항공운송사업자의 운항증명 취소 등), 제92조(항공운송사업자에 대한 과징금의 부과) 생략

제93조(**항공운송사업자의 운항규정 및 정비규정**)
① **항공운송사업자는** 운항을 시작하기 전까지 국토교통부령으로 정하는 바에 따라 항공기의 운항에 관한 **운항규정 및 정비에 관한 정비규정을 마련하여 국토교통부장관의 인가**를 받아야 한다. 다만, 운항규정 및 정비규정을 운항증명에 포함하여 운항증명을 받은 경우에는 그러하지 아니하다.
② **항공운송사업자는** 제1항 본문에 따라 인가를 받은 **운항규정 또는 정비규정을 변경하려는 경우에는** 국토교통부령으로 정하는 바에 따라 **국토교통부장관에게 신고**하여야 한다. 다만, 최소장비목록, 승무원 훈련프로그램 등 국토교통부령으로 정하는 중요사항을 변경하려는 경우에는 국토교통부장관의 인가를 받아야 한다. (☞ ③~⑦항 생략함)

187 항공운송사업자가 운항규정 또는 정비규정을 변경하려는 경우의 절차는? (법 제93조)

① 지방항공청장의 승인을 받아야 한다. ② 지방항공청장에게 신고하여야 한다.
③ 국토교통부장관의 승인을 받아야 한다. ❹ 국토교통부장관에게 신고하여야 한다.

※ 법 제94조(항공운송사업자에 대한 안전개선명령), 제95조(항공기사용사업자의 운항증명 취소 등), 제96조(항공기사용사업자에 대한 준용규정), 제97조(정비조직인증 등), 제98조(정비조직인증의 취소 등), 제99조(정비조직인증을 받은 자에 대한 과징금의 부과), 제100조(외국항공기의 항행), 제101조(외국항공기의 국내 사용), 제102조(증명서 등의 인정), 제103조(외국인국제항공운송사업자에 대한 운항증명승인 등), 제104조(안전운항을 위한 외국인국제항공운송사업자의 준수사항 등), 제105조(외국인국제항공운송사업자의 항공기 운항의 정지 등), 제106조(외국인국제항공운송사업자에 대한 준용규정), 제107조(외국항공기의 유상운송에 대한 운항안전성 검사), 제108조(경량항공기 안전성인증 등), 제109조(경량항공기 조종사 자격증명), 제110조(경량항공기 조종사 업무범위), 제111조(경량항공기 조종사 자격증명의 한정), 제112조(경량항공기 조종사 자격증명 시험의 실시 및 면제), 제112조의2(경량항공기 조종사 자격증명서의 대여 등 금지), 제113조(경량항공기 조종사의 항공신체검사증명), 제114조(경량항공기 조종사 자격증명등·항공신체검사증명의 취소 등), 제115조(경량항공기 조종교육증명), 제116조(경량항공기 조종연습), 제117조(경량항공

기 전문교육기관의 지정 등), 제118조(경량항공기 이륙·착륙의 장소), 제119조(경량항공기 무선설비 등의 설치·운용 의무), 제120조(경량항공기 조종사의 준수사항), 제121조(경량항공기에 대한 준용규정), 제122조(초경량비행장치 신고), 제123조(초경량비행장치 변경신고 등), 제124조(초경량비행장치 안전성인증), 제125조(초경량비행장치 조종자 증명 등), 제125조의2(초경량비행장치 관련 안전교육), 제126조(초경량비행장치 전문교육기관의 지정 등), 제127조(초경량비행장치 비행승인), 제128조(초경량비행장치 구조 지원 장비 장착 의무), 제129조(초경량비행장치 조종자 등의 준수사항), 제130조(초경량비행장치사용사업자에 대한 안전개선 명령), 제131조(초경량비행장치에 대한 준용규정) 생략

188 국가등 무인비행장치의 적용특례가 적용되는 긴급 비행의 목적에 해당하지 않는 것은? (법 제131조의2, 시행규칙 제313조의2)

❶ 사고 발생에 따른 긴급한 비상연락 및 보고
② 재해 · 재난으로 인한 수색 · 구조
③ 산불, 건물 · 선박화재 등 화재의 진화 · 예방
④ 산림보호사업을 위한 화물 수송

[항공안전법]

제131조의2(**무인비행장치의 적용 특례**)
① 군용·경찰용 또는 세관용 무인비행장치와 이에 관련된 업무에 종사하는 사람에 대하여는 이 법을 적용하지 아니한다.
② 국가, 지방자치단체, 「공공기관의 운영에 관한 법률」에 따른 공공기관으로서 대통령령으로 정하는 **공공기관이 소유하거나 임차한 무인비행장치를 재해·재난 등으로 인한 수색·구조, 화재의 진화, 응급환자 후송, 그 밖에** 국토교통부령으로 정하는 **공공목적으로 긴급히 비행(훈련을 포함한다)하는 경우**(국토교통부령으로 정하는 바에 따라 안전관리 방안을 마련한 경우에 한정한다)에는 제129조제1항, 제2항, 제4항 및 제5항을 **적용하지 아니한다.** (☞ ③항 생략함)

[항공안전법 시행규칙]

제313조의2(**국가기관등 무인비행장치의 긴급비행**)
① 법 제131조의2제2항에 따른 **무인비행장치의 적용특례가 적용되는 긴급 비행의 목적**은 다음 각 호의 어느 하나에 해당하는 **공공목적**으로 한다.
  1. 재해·재난으로 인한 수색·구조
  2. 시설물 붕괴·전도 등으로 인한 재해·재난이 발생한 경우 또는 발생할 우려가 있는 경우의 안전진단
  3. 산불, 건물·선박화재 등 화재의 진화·예방
  4. 응급환자 후송
  5. 응급환자를 위한 장기(臟器) 이송 및 구조·구급활동
  6. 산림 방제(防除)·순찰
  7. 산림보호사업을 위한 화물 수송
  8. 대형사고 등으로 인한 교통장애 모니터링
  9. 풍수해 및 수질오염 등이 발생하는 경우 긴급점검
  10. 테러 예방 및 대응
  11. 그 밖에 제1호부터 제10호까지에서 규정한 공공목적과 유사한 공공목적
(☞ ②항 생략함)

※ 법 제132조(항공안전 활동), 제133조(항공운송사업자에 관한 안전도 정보의 공개), 제133조의2(안전투자의 공시), 제134조(청문), 제135조(권한의 위임·위탁), 제136조(수수료 등), 제136조의2(비밀유지 의무), 제137조(벌칙 적용에서 공무원 의제), 제138조(항행 중 항공기 위험 발생의 죄), 제139조(항행 중 항공기 위험 발생으로 인한 치사·치상의 죄), 제140조(항공상 위험 발생 등의 죄), 제141조(미수범), 제142조(기장 등의 탑승자 권리행사 방해의 죄), 제143조(기장의 항공기 이탈의 죄), 제144조(감항증명을 받지 아니한 항공기 사용 등의 죄), 제144조의2(전문교육기관의 지정 위반에 관한 죄), 제145조(운항증명 등의 위반에 관한 죄), 제146조(주류등의 섭취·사용 등의 죄), 제147조(항공교통업무증명 위반에 관한 죄), 제148조(무자격자의 항공업무 종사 등의 죄), 제148조의2(국가 항공안전프로그램에 관한 죄), 제148조의3(항공안전 의무보고에 관한 죄), 제148조의4(항공안전 자율보고에 관한 죄), 제149조(과실에 따른 항공상 위험 발생 등의 죄), 제150조(무표시 등의 죄), 제151조(승무원을 승무시키지 아니한 죄), 제152조(무자격 계기비행 등의 죄), 제153조(무선설비 등의 미설치·운용의 죄), 제153조의2(항공기 내 흡연의 죄), 제154조(무허가 위험물 운송의 죄), 제155조(수직분리축소공역 등에서 승인 없이 운항한 죄), 제156조(항공운송사업자 등의 업무 등에 관한 죄), 제157조(외국인국제항공운송사업자의 업무 등에 관한 죄), 제158조(기장 등의 보고의무 등의 위반에 관한 죄), 제159조(운항승무원 등의 직무에 관한 죄), 제160조(경량항공기 불법 사용 등의 죄), 제161조(초경량비행장치 불법 사용 등의 죄), 제162조(명령 위반의 죄), 제163조(검사 거부 등의 죄), 제163조의2(비밀유지 위반의 죄), 제164조(양벌규정), 제165조(벌칙 적용의 특례), 제166조(과태료), 제167조(과태료의 부과·징수절차) 및 부칙 생략

제1교시 교통법규
항공보안법
±5문항

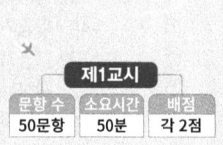

항공보안법은 비록 문제 수는 적지만 항공안전법과 함께 항공업계에서 반드시 알아야 하는 법규의 양대 축이라 할 수 있습니다. 문제 수가 적은 만큼 국토부나 공항운영자보다는 항공운송사업자 관련 문제가 주로 출제되고 있는 것으로 파악하고 있습니다. 시험에 임박하여 최종 정리할 때는 이 점을 착안하시기 바랍니다.

> same type 표시는 동일한 기출 유형 문제의 구분을 의미합니다.

01 항공보안법에서 '운항중'의 의미는? (항공보안법 제2조 제1호)
  ❶ 승객이 탑승한 후 항공기의 모든 문이 닫힌 때부터 내리기 위하여 문을 열 때까지
  ② 항공기 발동기가 시동되는 순간부터 비행이 종료되어 발동기가 정지되는 순간까지
  ③ 항공기가 비행을 목적으로 이륙하는 순간부터 착륙하는 순간까지
  ④ 사람이 비행을 목적으로 항공기에 탑승하였을 때부터 탑승한 모든 사람이 항공기에서 내릴 때까지

[항공보안법]

제1조(**목적**) 이 법은 「국제민간항공협약」 등 국제협약에 따라 **공항시설, 항행안전시설 및 항공기 내에서의 불법행위를 방지**하고 **민간항공의 보안을 확보하기 위한 기준·절차 및 의무사항 등을 규정함**을 목적으로 한다.

제2조(**정의**) 이 법에서 사용하는 용어의 뜻은 다음과 같다. 다만, 이 법에 특별한 규정이 있는 것을 제외하고는 「항공사업법」, 「항공안전법」, 「공항시설법」에서 정하는 바에 따른다.
  1. "**운항중**"이란 승객이 탑승한 후 항공기의 모든 문이 닫힌 때부터 내리기 위하여 문을 열 때까지를 말한다.
  2. "**공항운영자**"란 「항공사업법」 제2조**제34호**에 따른 공항운영자를 말한다.
     (☞ **공항운영자**란 **인천국제공항공사법**, 「**한국공항공사법**」 등 관계 법률에 따라 공항운영의 권한을 부여받은 자 또는 그 권한을 부여받은 자로부터 공항운영의 권한을 위탁·이전받은 자를 말한다.)
  3. "**항공운송사업자**"란 「항공사업법」 제7조에 따라 면허를 받은 **국내항공운송사업자 및 국제항공운송사업자**, 같은 법 제10조에 따라 등록을 한 **소형항공운송사업자** 및 같은 법 제54조에 따라 허가를 받은 **외국인 국제항공운송업자**를 말한다.
  4. "항공기취급업체"란 「항공사업법」 제44조에 따라 항공기취급업을 등록한 업체를 말한다.
  5. "항공기정비업체"란 「항공사업법」 제42조에 따라 항공기정비업을 등록한 업체를 말한다.
  6. "공항상주업체"란 공항에서 영업을 할 목적으로 공항운영자와 시설이용 계약을 맺은 개인 또는 법인을 말한다.
  7. "**항공기내보안요원**"이란 항공기 내의 불법방해행위를 방지하는 직무를 담당하는 사법경찰관리 또는 그 직무를 위하여 항공운송사업자가 지명하는 사람을 말한다.
  8. "**불법방해행위**"란 항공기의 안전운항을 저해할 우려가 있거나 운항을 불가능하게 하는 행위로서 다음 각 목의

행위를 말한다.
가. 지상에 있거나 운항중인 항공기를 납치하거나 납치를 시도하는 행위
나. 항공기 또는 공항에서 사람을 인질로 삼는 행위
다. 항공기, 공항 및 항행안전시설을 파괴하거나 손상시키는 행위
라. 항공기, 항행안전시설 및 제12조에 따른 보호구역(이하 "보호구역"이라 한다)에 무단 침입하거나 운영을 방해하는 행위
마. 범죄의 목적으로 항공기 또는 보호구역 내로 제21조에 따른 무기 등 위해물품(危害物品)을 반입하는 행위
바. 지상에 있거나 운항중인 항공기의 안전을 위협하는 거짓 정보를 제공하는 행위 또는 공항 및 공항시설 내에 있는 승객, 승무원, 지상근무자의 안전을 위협하는 거짓 정보를 제공하는 행위
사. 사람을 사상(死傷)에 이르게 하거나 재산 또는 환경에 심각한 손상을 입힐 목적으로 항공기를 이용하는 행위
아. 그 밖에 이 법에 따라 처벌받는 행위
9. "보안검색"이란 불법방해행위를 하는 데에 사용될 수 있는 무기 또는 폭발물 등 위험성이 있는 물건들을 탐지 및 수색하기 위한 행위를 말한다.
10. "항공보안검색요원"이란 승객, 휴대물품, 위탁수하물, 항공화물 또는 보호구역에 출입하려고 하는 사람 등에 대하여 보안검색을 하는 사람을 말한다.
11. "장비운영자"란 제15조부터 제17조까지 및 제17조의2에 따라 보안검색을 실시하기 위하여 항공보안장비를 설치·운영하는 공항운영자, 항공운송사업자, 화물터미널운영자, 상용화주 및 그 밖에 국토교통부령으로 정하는 자를 말한다.

02 다음 중 항공보안법을 위반하는 불법방해행위에 해당하지 않는 것은? (법 제2조 제8호)

① 지상에 있거나 운항중인 항공기를 납치하거나 납치를 시도하는 행위
❷ 승객이 항공사에 불만을 제기하기 위해 항공사 사무실에서 농성하는 행위
③ 항공기 또는 공항에서 사람을 인질로 삼는 행위
④ 항공기 또는 승객, 승무원, 지상근무자의 안전을 위협하는 거짓 정보를 제공하는 행위

―― same type ――

03 항공보안법에서 규정하는 사항 외에 민간항공의 보안을 위하여 따라야 하는 국제협약이 아닌 것은? (법 제3조)

① 「항공기 내에서 범한 범죄 및 기타 행위에 관한 협약」
② 「항공기의 불법납치 억제를 위한 협약」
❸ 「민간항공의 안전에 대한 불법적 행위의 억제를 위한 협약을 보충하는 미연방항공청에서 사용하는 공항에서의 불법적 폭력행위의 억제를 위한 의정서」
④ 「민간항공의 안전에 대한 불법적 행위의 억제를 위한 협약」

해설

[항공보안법]
제3조(국제협약의 준수)
① 민간항공의 보안을 위하여 이 법에서 규정하는 사항 외에는 다음 각 호의 국제협약에 따른다.

1. 「항공기 내에서 범한 범죄 및 기타 행위에 관한 협약」
2. 「항공기의 불법납치 억제를 위한 협약」
3. 「민간항공의 안전에 대한 불법적 행위의 억제를 위한 협약」
4. 「민간항공의 안전에 대한 불법적 행위의 억제를 위한 협약을 보충하는 국제민간항공에 사용되는 공항에서의 불법적 폭력행위의 억제를 위한 의정서」
5. 「가소성 폭약의 탐지를 위한 식별조치에 관한 협약」

② 제1항에 따른 국제협약 외에 항공보안에 관련된 다른 국제협약이 있는 경우에는 그 협약에 따른다.

---

same type

04 항공보안에 관련되는 사항을 협의하기 위하여 국토교통부에 설치하는 기구는? (법 제7조)
① 국제민간항공협약 부속서-17 항공보안에 따른 대한민국 민간항공보안협의회
② 지방항공보안협의회
③ 민간항공안전·보안회의
❹ 항공보안협의회

[항공보안법]

※ 법 제4조(국가의 책무), 제5조(공항운영자 등의 협조의무), 제6조 <삭제> 생략

제7조(항공보안협의회)
① 항공보안에 관련되는 **다음 각 호의 사항을 협의하기 위하여** 국토교통부에 **항공보안협의회**를 둔다.
  1. **항공보안에 관한 계획의 협의**
  2. **관계 행정기관 간 업무 협조**
  3. 제10조제2항에 따른 **자체 보안계획의 승인을 위한 협의**
  4. 그 밖에 항공보안을 위하여 항공보안협의회의 장이 필요하다고 인정하는 사항. 다만, 「국가정보원법」 제4조에 따른 **대테러에 관한 사항은 제외**한다.
② 항공보안협의회의 구성, 운영 및 자체 보안계획 승인의 대상 등에 관하여 필요한 사항은 대통령령으로 정한다.

[항공보안법 시행령]

제2조(항공보안협의회의 구성 등)
① 「항공보안법」(이하 "법"이라 한다) 제7조제1항에 따른 **항공보안협의회**(이하 "**보안협의회**"라 한다)는 위원장 1명을 포함한 **20명 이내의 위원으로 구성**한다.
② **보안협의회의 위원장은** 국토교통부 **항공정책실장**이 되고, 위원은 다음 각 호의 사람으로 한다
(☞ ②항 각 호 및 ③~⑨항 생략함)

제8조(지방항공보안협의회)
① 지방항공청장은 관할 공항별로 항공보안에 관한 사항을 협의하기 위하여 지방항공보안협의회를 둔다.
② 지방항공보안협의회의 구성·임무 및 운영 등에 관하여 필요한 사항은 대통령령으로 정한다.

05 항공보안협의회에서 협의하는 항공보안에 관련되는 사항에 해당하지 않는 것은? (법 제7조)
  ❶ 대테러에 관한 사항
  ② 항공보안에 관한 계획의 협의
  ③ 관계 행정기관 간 업무 협조
  ④ 자체 보안계획의 승인을 위한 협의

― same type ―

06 국토교통부장관은 항공보안에 관한 기본계획을 몇 년마다 수립해야 하는가? (법 제9조)
  ① 3년   ❷ 5년   ③ 7년   ④ 매년

  해설

  [항공보안법]

  제9조(항공보안 기본계획)
  ① 국토교통부장관은 항공보안에 관한 기본계획(이하 "**기본계획**"이라 한다)을 **5년마다 수립**하고, 그 내용을 공항운영자, 항공운송사업자, 항공기취급업체, 항공기정비업체, 공항상주업체, 항공여객·화물터미널운영자, 그 밖에 국토교통부령으로 정하는 자(이하 "**공항운영자등**"이라 한다)에게 **통보하여야 한다**.
  (☞ ②~⑥항 생략함)

― same type ―

07 다음 중 공항운영자가 수립하는 자체 보안계획에 포함되어야 하는 것이 아닌 것은? (법 제10조, 시행규칙 제3조의4)
  ① 공항시설의 경비대책
  ② 보호구역 지정 및 출입통제
  ❸ 항공기에 대한 경비대책
  ④ 승객·휴대물품 및 위탁수하물에 대한 보안검색

  해설

  [항공보안법]

  제10조(**국가항공보안계획** 등의 수립)
  ① 국토교통부장관은 항공보안 업무를 수행하기 위하여 국가항공보안계획을 수립·시행하여야 한다.
  ② **공항운영자등은** 제1항의 국가항공보안계획에 따라 **자체 보안계획을 수립하거나 수립된 자체 보안계획을 변경하려는 경우에는 국토교통부장관의 승인을 받아야 한다.** 다만, 국토교통부령으로 정하는 경미한 사항의 변경은 그러하지 아니하다. (☞ ③항 생략함)

  [항공보안법 시행규칙]

  제3조의4(**공항운영자의 자체 보안계획**)

① 법 제10조제2항에 따라 **공항운영자가 수립하는 자체 보안계획에는 다음 각 호의 사항이 포함되어야 한다.**
  1. 항공보안업무 담당 조직의 구성·세부업무 및 보안책임자의 지정
  2. 항공보안에 관한 교육훈련
  3. 항공보안에 관한 정보의 전달 및 보고 절차
  4. 공항시설의 경비대책
  5. 보호구역 지정 및 출입통제
  6. 승객·휴대물품 및 위탁수하물에 대한 보안검색
  7. 통과 승객·환승 승객 및 그 휴대물품· 위탁수하물에 대한 보안검색
  8. 승객의 일치여부 확인 절차
  9. 항공보안검색요원의 운영계획
  10. 법 제12조에 따른 보호구역 밖에 있는 공항상주업체의 항공보안관리 대책
  11. 항공보안장비의 관리 및 운용
  12. 법 제19조제1항에 따른 보안검색 실패 등에 대한 대책 및 보고·전달체계
  13. 법 제29조에 따른 보안검색 기록의 작성·유지
  14. 공항별 특성에 따른 세부 보안기준
② 공항운영자는 자체 보안계획을 승인 받은 경우 관련 기관, 항공운송사업자 등에게 관련 사항을 통보하여야 한다.

제3조의5(**항공운송사업자의 자체 보안계획**)
① 법 제10조제2항에 따라 항공운송사업자가 수립하는 자체 보안계획에는 **다음 각 호의 사항이 포함되어야 한다.**
  1. 항공보안업무 담당 조직의 구성·세부업무 및 보안책임자의 지정
  2. 항공보안에 관한 교육훈련
  3. 항공보안에 관한 정보의 전달 및 보고 절차
  4. 항공기 정비시설 등 항공운송사업자가 관리·운영하는 시설에 대한 보안대책
  5. 항공기 보안에 관한 다음 각 목의 사항
    가. 항공기에 대한 경비대책
    나. 비행 전·후 항공기에 대한 보안점검
    다. 계류(繫留)항공기에 대한 탑승계단, 탑승교, 출입문, 경비요원 배치에 관한 보안 및 통제 절차
    라. 항공기 운항중 보안대책
    마. 법 제23조에 따른 승객의 협조의무를 위반한 사람에 대한 처리절차
    바. 법 제24조에 따른 수감 중인 사람 등의 호송 절차
    사. 법 제25조에 따른 범인의 인도·인수 절차
    아. 항공기내보안요원의 운영 및 무기운용 절차
    자. 국외취항 항공기에 대한 보안대책
    차. 항공기에 대한 위협 증가 시 항공보안대책
    카. 조종실 출입절차 및 조종실 출입문 보안강화대책
    타. 기장의 권한 및 그 권한의 위임절차
    파. 기내 보안장비 운용절차
  6. 기내식 및 저장품에 대한 보안대책
  7. 항공보안검색요원 운영계획
  8. 법 제19조제1항에 따른 보안검색 실패 대책보고
  9. 항공화물 보안검색 방법
  10. 법 제29조에 따른 보안검색기록의 작성·유지
  11. 항공보안장비의 관리 및 운용
  12. 화물터미널 보안대책(화물터미널을 관리 운영하는 항공운송사업자만 해당한다)
  13. 법 제17조제3항에 따른 운송정보의 제공 절차
  14. 위해물품 탑재 및 운송절차
  15. 보안검색이 완료된 위탁수하물에 대한 항공기에 탑재되기 전까지의 보호조치 절차
  16. 승객 및 위탁수하물에 대한 일치여부 확인 절차

```
17. 승객 일치 확인을 위해 공항운영자에게 승객 정보제공
18. 법 제23조제7항에 따른 항공기 탑승 거절절차
19. 항공기 이륙 전 항공기에서 내리는 탑승객 발생 시 처리절차
20. 비행서류의 보안관리 대책
21. 보호구역 출입증 관리대책
22. 그 밖에 항공보안에 관하여 필요한 사항
② 외국국적 항공운송사업자가 수립하는 자체 보안계획은 영문 및 국문으로 작성되어야 한다.
```

08 다음 중 항공운송사업자가 수립하는 자체 보안계획에 포함되어야 하는 것이 아닌 것은? (법 제10조, 시행규칙 제3조의5)

① 비행 전·후 항공기에 대한 보안점검
② 계류(繫留)항공기에 대한 탑승계단, 탑승교, 출입문, 경비요원 배치에 관한 보안 및 통제 절차
③ 기내식 및 저장품에 대한 보안대책
❹ 승객·휴대물품 및 위탁수하물에 대한 보안검색

---

09 다음 중 공항시설 등의 보안에 관한 조치와 대책으로 올바르지 않은 것은? (법 제11조)

① 공항운영자는 공항시설과 항행안전시설에 대하여 보안에 필요한 조치를 하여야 한다.
② 공항운영자는 보안검색이 완료된 승객과 완료되지 못한 승객 간의 접촉을 방지하기 위한 대책을 수립·시행하여야 한다.
③ 공항운영자는 보안검색을 거부하거나 무기·폭발물 또는 그 밖에 항공보안에 위협이 되는 물건을 휴대한 승객 등이 보안검색이 완료된 구역으로 진입하는 것을 방지하기 위한 대책을 수립·시행하여야 한다.
❹ 공항을 건설하거나 유지·보수를 하는 경우에 불법방해행위로부터 사람 및 시설 등을 보호하기 위하여 준수하여야 할 세부 기준은 항공운송사업자가 정한다.

> **[항공보안법]**
>
> **제11조(공항시설 등의 보안)**
> ① 공항운영자는 공항시설과 항행안전시설에 대하여 보안에 필요한 조치를 하여야 한다.
> ② 공항운영자는 보안검색이 완료된 승객과 완료되지 못한 승객 간의 접촉을 방지하기 위한 대책을 수립·시행하여야 한다.
> ③ 공항운영자는 보안검색을 거부하거나 무기·폭발물 또는 그 밖에 항공보안에 위협이 되는 물건을 휴대한 승객 등이 보안검색이 완료된 구역으로 진입하는 것을 방지하기 위한 대책을 수립·시행하여야 한다.
> ④ 공항을 건설하거나 유지·보수를 하는 경우에 불법방해행위로부터 사람 및 시설 등을 보호하기 위하여 준수하여야 할 **세부 기준은 국토교통부장관이 정한다.**

제12조(공항시설 보호구역의 지정)
① 공항운영자는 보안검색이 완료된 구역, 활주로, 계류장(繫留場) 등 공항시설의 보호를 위하여 필요한 구역을 **국토교통부장관의 승인을 받아 보호구역으로 지정하여야 한다.**
② 공항운영자는 필요한 경우 국토교통부장관의 승인을 받아 임시로 보호구역을 지정할 수 있다.
③ 제1항과 제2항에 따른 보호구역의 지정기준 및 지정취소에 관하여 필요한 사항은 국토교통부령으로 정한다.

[항공보안법 시행규칙]

제4조(**보호구역의 지정**) 법 제12조**제1항**에 따른 **보호구역에는 다음 각 호의 지역이 포함**되어야 한다.
1. 보안검색이 완료된 구역
2. 출입국심사장
3. 세관검사장
4. 관제탑 등 관제시설
5. 활주로 및 **계류장**(항공운송사업자가 관리·운영하는 정비시설에 부대하여 설치된 계류장은 제외한다)
6. 항행안전시설 설치지역
7. 화물청사
8. 제4호부터 제7호까지의 규정에 따른 지역의 부대지역
   (☞ 부대하여, 부대지역? : 부대하다 = 附帶하다 → 기본이 되는 것에 곁달아 덧붙이다)

---

10 다음 중 공항시설 보호구역의 지정에 관한 설명으로 올바른 것은? (법 제12조)

① 공항운영자는 공항시설과 항행안전시설에 대하여 보안에 필요한 조치를 하여야 한다.
② 공항운영자는 보안검색이 완료된 승객과 완료되지 못한 승객 간의 접촉을 방지하기 위한 대책을 수립·시행하여야 한다.
③ 공항운영자는 보안검색을 거부하거나 무기·폭발물 또는 그 밖에 항공보안에 위협이 되는 물건을 휴대한 승객 등이 보안검색이 완료된 구역으로 진입하는 것을 방지하기 위한 대책을 수립·시행하여야 한다.
❹ 공항운영자는 보안검색이 완료된 구역, 활주로, 계류장(繫留場) 등 공항시설의 보호를 위하여 필요한 구역을 국토교통부장관의 승인을 받아 보호구역으로 지정하여야 한다.

11 공항운영자는 누구로부터 승인을 받아 공항시설 보호구역을 지정하는가? (법 제12조)

❶ 국토교통부장관
② 대통령
③ 국정원장
④ 항공정책실장

12 항공보안법에 따라 지정하는 공항시설 보호구역에 포함되지 않는 것은? (법 제12조, 시행규칙 제4조)

① 출입국심사장
❷ 항공기 급유시설
③ 관제탑 등 관제시설
④ 활주로 및 계류장

13 항공보안법에 따라 지정하는 공항시설 보호구역에 포함되지 않는 곳은? (법 제12조, 시행규칙 제4조)
① 보안검색이 완료된 구역
❷ 보안검색이 완료되지 않은 구역
③ 세관검사장
④ 화물청사

14 다음 중 공항 내 보호구역에 관한 설명 중 틀린 것은? (법 제12조, 시행규칙 제4조)
① 공항운영자가 국토교통부장관의 승인을 받아 보호구역을 지정한다.
❷ 공항터미널은 보호구역에 포함된다.
③ 공항운영자는 필요한 경우 국토교통부장관의 승인을 받아 임시로 보호구역을 지정할 수 있다.
④ 보안검색이 완료된 구역, 활주로, 계류장은 보호구역에 포함되어야 한다.

― same type ―

15 다음 중 공항운영자의 허가를 받아 보호구역에 출입할 수 있는 사람에 해당하지 않는 것은? (법 제13조)
① 공항 건설이나 공항시설의 유지·보수 등을 위하여 보호구역에서 업무를 수행할 필요가 있는 사람
② 업무수행을 위하여 보호구역에 출입이 필요하다고 인정되는 사람
❸ 보호구역의 공항시설 등에서 일시적으로 업무를 수행하는 사람
④ 보호구역의 공항시설 등에서 상시적으로 업무를 수행하는 사람

[항공보안법]

제13조(보호구역에의 출입허가)
① 다음 각 호의 어느 하나에 해당하는 사람은 공항운영자의 허가를 받아 보호구역에 출입할 수 있다.
　　1. 보호구역의 공항시설 등에서 상시적으로 업무를 수행하는 사람
　　2. 공항 건설이나 공항시설의 유지·보수 등을 위하여 보호구역에서 업무를 수행할 필요가 있는 사람
　　3. 그 밖에 업무수행을 위하여 보호구역에 출입이 필요하다고 인정되는 사람
② 제1항에 따른 출입허가의 절차 등에 관하여 필요한 사항은 국토교통부령으로 정한다.

16 항공운송사업자는 승객의 안전 및 항공기의 보안을 위하여 필요한 조치를 취해야 한다. 이에 대한 설명으로 올바르지 않은 것은? (법 제14조)

① 항공운송사업자는 승객이 탑승한 항공기를 운항하는 경우 항공기내보안요원을 탑승시켜야 한다.
② 항공운송사업자는 조종실 출입문의 보안을 강화하고 운항중에는 허가받지 아니한 사람의 조종실 출입을 통제하는 등 항공기에 대한 보안조치를 하여야 한다.
③ 항공운송사업자는 액체, 겔(gel)류 등 항공기 내 반입금지 물질이 항공기 내에 반입되지 아니하도록 조치하여야 한다.
❹ 항공운송사업자는 항공기의 보안을 위하여 필요한 경우라도 특수경비원으로 하여금 항공기의 경비를 담당하게 할 수는 없다.

해설

[항공보안법]

제14조(**승객의 안전 및 항공기의 보안**)
① **항공운송사업자는 승객의 안전 및 항공기의 보안을 위하여 필요한 조치를 하여야 한다.**
② **항공운송사업자는 승객이 탑승한 항공기를 운항하는 경우 항공기내보안요원을 탑승시켜야 한다.**
③ **항공운송사업자는** 국토교통부령으로 정하는 바에 따라 **조종실 출입문의 보안을 강화하고 운항중에는 허가받지 아니한 사람의 조종실 출입을 통제하는 등 항공기에 대한 보안조치를 하여야 한다.**

[항공보안법 시행규칙]

제7조(**항공기 보안조치**)
① **항공운송사업자는** 법 제14조제3항에 따라 여객기의 보안강화 등을 위하여 **조종실 출입문에 다음 각 호의 보안조치를 하여야 한다.**
  1. 조종실 출입통제 절차를 마련할 것
  2. 객실에서 조종실 출입문을 임의로 열 수 없는 견고한 잠금장치를 설치할 것
  3. 조종실 출입문열쇠 보관방법을 정할 것
  4. 운항중에는 조종실 출입문을 잠글 것
  5. 국토교통부장관이 법 제32조에 따라 보안조치한 항공보안시설을 설치할 것
② **항공운송사업자는** 법 제14조제4항에 따라 항공기의 보안을 위하여 **매 비행 전에 다음 각 호의 보안점검을 하여야 한다.**
  1. 항공기의 외부 점검
  2. 객실, 좌석, 화장실, 조종실 및 승무원 휴게실 등에 대한 점검
  3. 항공기의 정비 및 서비스 업무 감독
  4. 항공기에 대한 출입 통제
  5. 위탁수하물, 화물 및 물품 등의 선적 감독
  6. 승무원 휴대물품에 대한 보안조치
  7. 특정 직무수행자 및 항공기내보안요원의 좌석 확인 및 보안조치
  8. 보안 통신신호 절차 및 방법
  9. 유효 탑승권의 확인 및 항공기 탑승까지의 탑승과정에 있는 승객에 대한 감독
  10. 기장의 객실승무원에 대한 통제, 명령 절차 및 확인
③ **항공운송사업자는** 제2항제4호에 따른 **항공기에 대한 출입통제를 위하여 다음 각 호에 대한 대책을 수립하여야 한다.**

> 1. 탑승계단의 관리
> 2. 탑승교 출입통제
> 3. 항공기 출입문 보안조치
> 4. 경비요원의 배치

④ 항공운송사업자는 매 비행 전에 항공기에 대한 **보안점검**을 하여야 한다. 이 경우 보안점검에 관한 세부 사항은 국토교통부령으로 정한다.
⑤ 공항운영자 및 **항공운송사업자**는 액체, 젤(gel)류 등 국토교통부장관이 정하여 고시하는 **항공기 내 반입금지 물질**이 보안검색이 완료된 구역과 항공기 내에 반입되지 아니하도록 조치하여야 한다.
⑥ **항공운송사업자 또는 항공기 소유자**는 항공기의 보안을 위하여 **필요한 경우**에는 「청원경찰법」에 따른 청원경찰이나 「경비업법」에 따른 **특수경비원**으로 하여금 항공기의 경비를 담당하게 할 수 있다.
※ 법 제14조의2(생체정보를 활용한 본인 일치 여부 확인) 생략

17 항공운송사업자가 이행해야 하는 조종실 출입문에 대한 보안조치로 올바르지 않은 것은? (법 제14조, 시행규칙 제7조)

① 객실에서 조종실 출입문을 임의로 열 수 없는 견고한 잠금장치를 설치할 것
② 조종실 출입문열쇠 보관방법을 정할 것
③ 운항중에는 조종실 출입문을 잠글 것
❹ 조종실 출입통제 절차의 마련은 항공운송사업자가 소관 업무가 아니다.

― same type ―

18 항공 화물에 대한 보안검색은 누가 하여야 하는가? (법 제15조)

❶ 항공운송사업자 ② 공항운영자 ③ 화물터미널운영자 ④ 지방항공청장

해설

[항공보안법]

제15조(승객 등의 검색 등)
① 항공기에 탑승하는 사람은 신체, 휴대물품 및 위탁수하물에 대한 **보안검색을 받아야 한다.**
② 공항운영자는 항공기에 탑승하는 사람, 휴대물품 및 위탁수하물에 대한 보안검색을 하고, **항공운송사업자는 화물에 대한 보안검색**을 하여야 한다. 다만, 관할 국가경찰관서의 장은 범죄의 수사 및 공공의 위험예방을 위하여 필요한 경우 보안검색에 대하여 필요한 조치를 요구할 수 있고, 공항운영자나 항공운송사업자는 정당한 사유 없이 그 요구를 거절할 수 없다. (☞ ③~⑧항 생략함)

[항공보안법 시행령]

제15조(보안검색의 면제)
① 다음 각 호의 어느 하나에 해당하는 사람(휴대물품을 포함한다)에 대해서는 법 제15조에 따른 보안검색을 면제할 수 있다.
  1. **공무로 여행을 하는 대통령**(대통령당선인과 대통령권한대행을 포함한다)과 **외국의 국가원수 및 그 배우자**

> 2. 국제협약 등에 따라 보안검색을 면제받도록 되어 있는 사람
> 3. 국내공항에서 출발하여 다른 국내공항에 도착한 후 국제선 항공기로 환승하려는 경우로서 다음 각 목의 요건을 모두 갖춘 승객 및 승무원
>   가. 출발하는 국내공항에서 법 제15조제1항에 따른 **보안검색을 완료**하고 국내선 항공기에 탑승하였을 것
>   나. 국제선 항공기로 환승하기 전까지 보안검색이 완료된 구역을 벗어나지 아니할 것
> ② 다음 각 호의 요건을 모두 **갖춘 외교행낭**에 대해서는 법 제15조에 따른 **보안검색을 면제할 수 있다.**
>   1. 제13조제2항 각 호의 요건을 모두 갖출 것
>   2. 불법방해행위를 하는 데에 사용할 수 있는 무기 또는 폭발물 등 위험성이 있는 물건들이 없다는 것을 증명하는 해당 국가 공관의 증명서를 국토교통부장관이 인증할 것
> ③ 다음 **각 호의 요건을 모두 갖춘 위탁수하물을 환적**(옮겨 싣기)하는 경우에는 법 제15조에 따른 보안검색을 면제할 수 있다.
>   1. 출발 공항에서 탑재 직전에 적절한 수준으로 보안검색이 이루어질 것
>   2. 출발 공항에서 탑재된 후에 환승 공항에 도착할 때까지 계속해서 외부의 비인가 접촉으로부터 보호받을 것
>   3. 국토교통부장관이 제1호 및 제2호의 사항을 확인하기 위하여 출발 공항의 보안통제 실태를 직접 확인하고 해당 국가와 협약을 체결할 것
> ④ 항공운송사업자는 **외교신서사가 탑승하지 아니한 경우에는** 제2항에 따라 **보안검색이 면제된 외교행낭을 운송해서는 아니 된다.**
> (☞ 외교신서사 : 外交信書使, 다른 나라에 주재하는 자기 나라의 대사관에 발송하는 외교 문건을 전달하는 사람)

19 항공기에 탑승하는 사람, 휴대물품 및 위탁수하물에 대한 보안검색은 누가 하여야 하는가? (법 제15조)

① 항공운송사업자　　❷ 공항운영자　　③ 화물터미널운영자　　④ 지방항공청장

20 다음 중 보안검색 면제대상에 해당하지 않는 경우는? (법 제15조, 시행령 제15조)

① 외국의 국가원수 및 그 배우자
❷ 공무로 여행을 하는 대통령, 국회의장, 대법원장
③ 국제협약 등에 따라 보안검색을 면제받도록 되어 있는 사람
④ 항공보안법의 보안검색 면제 요건을 모두 갖춘 외교행낭

21 다음 중 보안검색 면제대상에 해당하지 않는 경우는? (법 제15조, 시행령 제15조)

❶ 공무로 여행을 하는 대통령(대통령의 부모형제를 포함한다)과 외국의 국가원수 및 그 배우자
② 공무로 여행을 하는 대통령당선인과 대통령권한대행
③ 국제협약 등에 따라 보안검색을 면제받도록 되어 있는 사람
④ 내공항에서 출발하여 다른 국내공항에 도착한 후 국제선 항공기로 환승하려는 경우로서 출발하는 국내공항에서 보안검색을 완료하고 국내선 항공기에 탑승하였으며, 국제선 항공기로 환승하기 전까지 보안검색이 완료된 구역을 벗어나지 아니한 승객 및 승무원

same type

22 항공기 기내식이나 기내 저장품을 이용하여 위해물품이 항공기 내로 유입되는 것을 방지하기 위한 항공운송사업자의 필요한 조치에 해당하지 않는 것은? (법 제18조, 시행규칙 제10조)

① 외부의 침입흔적이 있는 경우 기내식 또는 기내저장품 등이 기내로 유입되게 하여서는 아니 된다.
② 항공운송사업자가 지정한 사람에 의하여 검사·확인되지 아니한 경우 기내식 또는 기내저장품 등이 기내로 유입되게 하여서는 아니 된다.
③ 기내식 용기 등에 위해물품이 들어있다고 의심이 되는 경우 기내식 또는 기내저장품 등이 기내로 유입되게 하여서는 아니 된다.
❹ 기내식 제조시설에 대해서는 보안대책을 수립해야 하나, 기내식을 운반하는 사람·차량은 항공운송사업자의 소관 사항이 아니다.

[항공보안법]

※ 법 제15조의2(승객의 신분증명서 확인 등), 제16조(승객이 아닌 사람 등에 대한 검색), 제17조(통과 승객 또는 환승 승객에 대한 보안검색 등), 제17조의2(상용화주), 제17조의3(상용화주의 지정취소) 생략

제18조(기내식 등의 통제)
① 항공운송사업자는 제21조에 따른 **위해물품이 기내식(機內食)이나 기내 저장품을 이용하여 항공기 내로 유입되는 것을 방지하기 위하여 필요한 조치를 하여야 한다.**
② 기내식 및 기내 저장품 유입·유출의 통제에 대한 세부 사항은 <u>국토교통부령</u>으로 정한다.

[항공보안법 시행령]

제10조(기내식 등의 통제)
① **항공운송사업자는** 법 제18조에 따라 **위해물품이 기내식 또는 기내저장품을 이용하여 기내로 유입되지 아니하도록 기내식 또는 기내저장품을 운반하는 사람·차량 및 기내식 제조시설에 대하여 보안대책을 수립하여야 한다.**
② 항공운송사업자는 **다음 각 호의 어느 하나에 해당하는 경우에는 기내식 또는 기내저장품 등이 기내로 유입되게 하여서는 아니 된다.**
   1. 외부의 침입흔적이 있는 경우
   2. 항공운송사업자가 지정한 사람에 의하여 검사·확인되지 아니한 경우
   3. 기내식 용기 등에 위해물품이 들어있다고 의심이 되는 경우

same type

23 항공기에 가지고 들어가서는 아니 되는 위해물품이 아닌 것은? (법 제21조)

① 도검류(刀劍類)
② 폭발물
❸ 기밀서류 또는 연소성이 높은 물건
④ 탄저균(炭疽菌), 천연두균 등의 생화학무기

[항공보안법]

※ 법 제19조(보안검색 실패 등에 대한 대책), 제20조(비행서류의 보안관리 절차 등) 생략

제21조(위해물품 휴대 금지 및 검색시스템 구축·운영)
① 누구든지 항공기에 무기[탄저균(炭疽菌), 천연두균 등의 생화학무기를 포함한다], 도검류(刀劍類), 폭발물, 독극물 또는 연소성이 높은 물건 등 국토교통부장관이 정하여 고시하는 **위해물품을 가지고 들어가서는 아니 된다**. (☞ ②항 생략함)
③ 제1항에도 불구하고 경호업무, 범죄인 호송업무 등 대통령령으로 정하는 **특정한 직무를 수행하기 위하여 대통령령으로 정하는 무기**의 경우에는 **국토교통부장관의 허가**를 받아 항공기에 가지고 들어갈 수 있다.

[항공보안법 시행령]

제19조(**기내 반입무기**) 법 제21조제3항에서 "**대통령령으로 정하는 무기**"란 다음 각 호의 무기를 말한다.
  1. 「총포·도검·화약류 등의 안전관리에 관한 법률 시행령」 제3조에 따른 **권총**
  2. 「총포·도검·화약류 등의 안전관리에 관한 법률 시행령」 제6조의2에 따른 **분사기**
  3. 「총포·도검·화약류 등의 안전관리에 관한 법률 시행령」 제6조의3에 따른 **전자충격기**
  4. 국제협약 또는 외국정부와의 합의서에 의하여 휴대가 허용되는 무기

---
④ 제3항에 따라 항공기에 무기를 가지고 들어가려는 사람은 탑승 전에 이를 해당 **항공기의 기장에게 보관**하게 하고 목적지에 도착한 후 반환받아야 한다. 다만, 제14조제2항에 따라 항공기 내에 탑승한 **항공기내보안요원은 그러하지 아니하다**. (☞ ⑤~⑦항 생략함)

---

24 국토교통부장관의 허가를 받아 항공기에 가지고 들어갈 수 있는 대통령령으로 정하는 무기에 해당하지 않는 것은? (법 제21조, 시행령 제19조)

① 권총   ② 분사기   ③ 전자충격기   ❹ 도검류(刀劍類)

25 국토교통부장관의 허가를 받아 항공기 내에 반입이 가능한 것은? (법 제21조, 시행령 제19조)

① 도검류   ② 산탄총   ③ 폭약류   ❹ 전자충격기

26 항공보안법에 따라 항공기에 무기를 가지고 들어가려는 사람은 탑승 전에 이를 해당 항공기의 기장에게 보관하게 하고 목적지에 도착한 후 반환받아야 한다. 다음 중 이 규정을 적용받지 아니하는 사람은? (법 제21조)

❶ 항공기내보안요원   ② 경찰   ③ 경호원   ④ 경비원

27 항공기장 등의 권한으로 항공기내에서의 행위를 저지하기 위한 필요한 조치를 할 수 있다. 다음 중 이에 해당하는 행위가 아닌 것은? (법 제22조)

① 항공기의 보안을 해치는 행위
❷ 술을 마시거나 약물을 복용하고 다른 사람에게 위해를 주는 행위
③ 인명이나 재산에 위해를 주는 행위
④ 항공기 내의 질서를 어지럽히거나 규율을 위반하는 행위

[항공보안법]

제22조(기장 등의 권한)
① 기장이나 기장으로부터 권한을 위임받은 **승무원**(이하 "**기장등**"이라 한다) **또는** 승객의 항공기 탑승 관련 업무를 지원하는 **항공운송사업자 소속 직원 중 기장의 지원요청을 받은 사람은** 다음 각 호의 어느 하나에 해당하는 행위를 하려는 사람에 대하여 그 행위를 저지하기 위한 필요한 조치를 할 수 있다.
  1. 항공기의 보안을 해치는 행위
  2. 인명이나 재산에 위해를 주는 행위
  3. 항공기 내의 질서를 어지럽히거나 규율을 위반하는 행위
② 항공기 내에 있는 사람은 제1항에 따른 조치에 관하여 기장등의 요청이 있으면 협조하여야 한다.
③ 기장등은 제1항 각 호의 행위를 한 사람을 체포한 경우에 항공기가 착륙하였을 때에는 체포된 사람이 그 상태로 **계속 탑승하는 것에 동의하거나** 체포된 사람을 항공기에서 내리게 할 수 없는 사유가 있는 경우를 제외하고는 체포한 상태로 이륙하여서는 아니 된다.
④ 기장으로부터 **권한을 위임받은 승무원 또는** 승객의 항공기 탑승 관련 업무를 지원하는 **항공운송사업자 소속 직원 중** 기장의 지원요청을 받은 사람이 제1항에 따른 **조치를 할 때에는 기장의 지휘를 받아야 한다.**

제23조(승객의 협조의무)
① 항공기 내에 있는 **승객은** 항공기와 승객의 안전한 운항과 여행을 위하여 다음 각 호의 어느 하나에 **해당하는 행위를 하여서는 아니 된다.**
  1. 폭언, 고성방가 등 소란행위
  2. 흡연
  3. **술을 마시거나 약물을 복용하고 다른 사람에게 위해를 주는 행위**
  4. 다른 사람에게 성적(性的) 수치심을 일으키는 행위
  5. 「항공안전법」 제73조를 위반하여 전자기기를 사용하는 행위
  6. 기장의 승낙 없이 조종실 출입을 기도하는 행위
  7. 기장등의 업무를 위계 또는 위력으로써 방해하는 행위
② 승객은 항공기 내에서 다른 사람을 폭행하거나 항공기의 보안이나 운항을 저해하는 폭행·협박·위계행위(危計行爲) 또는 출입문·탈출구·기기의 조작을 하여서는 아니 된다.
③ 승객은 항공기가 착륙한 후 항공기에서 내리지 아니하고 항공기를 점거하거나 항공기 내에서 농성하여서는 아니 된다.
④ 항공기 내의 승객은 항공기의 보안이나 운항을 저해하는 행위를 금지하는 기장등의 정당한 직무상 지시에 따라야 한다. (☞ ⑤, ⑥항, ⑧, ⑨항 생략함)
⑦ **항공운송사업자는** 다음 각 호의 어느 하나에 해당하는 사람에 대하여 **탑승을 거절할 수 있다.**
  1. 제15조 또는 제17조에 따른 보안검색을 거부하는 사람
  1의2. 제15조의2제2항을 위반하여 본인 일치 여부 확인을 거부하는 사람
  2. 음주로 인하여 소란행위를 하거나 할 우려가 있는 사람
  3. 항공보안에 관한 업무를 담당하는 국내외 국가기관 또는 국제기구 등으로부터 항공기 안전운항을 해칠 우려가

있어 **탑승을 거절할 것을 요청받거나 통보받은 사람**
4. 그 밖에 항공기 안전운항을 해칠 우려가 있어 국토교통부령으로 정하는 사람

[항공보안법 시행규칙]

제13조(탑승거절 대상자)
① 항공운송사업자는 법 제23조**제7항제4호**(☞ 그 밖에 항공기 안전운항을 해칠 우려가 있어 국토교통부령으로 정하는 사람)에 따라 다음 각 호의 어느 하나에 해당하는 사람에 대하여 탑승을 거절할 수 있다.
  1. 법 제14조제1항(☞ 항공운송사업자는 승객의 안전 및 항공기의 보안을 위하여 필요한 조치를 하여야 한다)에 따른 **항공운송사업자의 승객의 안전 및 항공기의 보안을 위하여 필요한 조치를 거부한 사람**
  2. 법 제23조**제1항제3호**(☞ 술을 마시거나 약물을 복용하고 다른 사람에게 위해를 주는 행위)**에 따른 행위로 승객 및 승무원 등에게 위해를 가할 우려가 있는 사람**
  3. 법 제23조**제2항**(☞ 승객은 항공기 내에서 다른 사람을 폭행하거나 항공기의 보안이나 운항을 저해하는 폭행·협박·위계행위(危計行爲) 또는 출입문·탈출구·기기의 조작을 하여서는 아니 된다)**의 행위를 한 사람**
  4. 법 제23조**제4항**(☞ 항공기 내의 승객은 항공기의 보안이나 운항을 저해하는 행위를 금지하는 기장등의 정당한 직무상 지시에 따라야 한다)**에 따른 기장 등의 정당한 직무상 지시를 따르지 아니한 사람**
  5. 탑승권 발권 등 탑승수속 시 위협적인 행동, 공격적인 행동, 욕설 또는 모욕을 주는 행위 등을 하는 사람으로서 **다른 승객의 안전 및 항공기의 안전운항을 해칠 우려가 있는 사람**
② 항공운송사업자가 제1항에 따라 탑승을 거절하는 경우에는 그 사유를 탑승이 거절되는 사람에게 고지하여야 한다.

---

28 다음 중 항공운송사업자가 항공기 탑승을 거절할 수 있는 사람에 해당하지 않는 경우는? (법 제23조, 시행규칙 제13조)

① 승객의 안전 및 항공기의 보안을 위하여 필요한 조치를 거부한 사람
② 술을 마시거나 약물을 복용하고 승객 및 승무원 등에게 위해를 가할 우려가 있는 사람
❸ 과도한 화장을 하고 사회 통념상 받아들이기 어려운 복장을 착용한 사람
④ 항공기의 운항을 저해하는 행위를 금지하는 기장등의 정당한 직무상 지시를 따르지 아니한 사람

29 항공기 내의 보안과 관련한 기장 등의 권한으로 올바르지 않은 것은? (법 제22조)

❶ 기장이나 기장으로부터 권한을 위임받은 승무원 또는 승객의 항공기 탑승 관련 업무를 지원하는 공항운영자 소속 보안경비업체 직원 중 기장의 지원요청을 받은 사람은 항공기내 보안 위반 행위를 하려는 사람에 대하여 그 행위를 저지하기 위한 필요한 조치를 할 수 있다.
② 항공기 내에 있는 사람은 항공보안법에 따른 조치에 관하여 기장등의 요청이 있으면 협조하여야 한다.
③ 기장등은 항공기내 보안 위반 행위를 한 사람을 체포한 경우에 항공기가 착륙하였을 때에는 체포된 사람이 그 상태로 계속 탑승하는 것에 동의하거나 체포된 사람을 항공기에서 내리게 할 수 없는 사유가 있는 경우를 제외하고는 체포한 상태로 이륙하여서는 아니 된다.
④ 기장으로부터 권한을 위임받은 승무원 또는 승객의 항공기 탑승 관련 업무를 지원하는 항공운송사업자 소속 직원 중 기장의 지원요청을 받은 사람이 필요한 조치를 할 때에는 기장의 지휘를 받아야 한다.

30 항공기 내의 보안과 관련하여 수감 중인 사람을 호송하는 경우에 대하여 잘못 설명한 것은? (법 제24조, 시행규칙 제14조)

❶ 호송대상자를 통보를 받은 항공운송사업자는 호송대상자가 탑승하는 항공기의 기장에게는 호송사실을 통보해서는 아니 되며, 호송대상자를 호송하는 사법경찰관리 또는 법 집행 권한이 있는 공무원에게는 호송대상자의 좌석 및 안전조치 요구사항 등을 통보하여야 한다.
② 사법경찰관리 또는 법 집행 권한이 있는 공무원이 호송대상자를 호송할 경우에는 미리 해당 항공운송사업자에게 통보하여야 한다.
③ 통보사항에는 호송대상자의 인적사항, 호송 이유, 호송방법 및 호송 안전조치 등에 관한 사항이 포함되어야 한다.
④ 호송대상자를 통보를 받은 항공운송사업자는 호송대상자가 항공기, 승무원 및 승객의 안전에 위협이 된다고 판단되는 경우에는 사법경찰관리 등 호송 공무원에게 적절한 안전조치를 요구할 수 있다.

[항공보안법]

제24조(수감 중인 사람 등의 호송)
① 사법경찰관리 또는 법 집행 권한이 있는 공무원은 항공기를 이용하여 피의자, 피고인, 수형자(受刑者), 그 밖에 기내 보안에 위해를 일으킬 우려가 있는 사람(이하 이 조에서 "호송대상자"라 한다)을 호송할 경우에는 미리 해당 항공운송사업자에게 통보하여야 한다. 〈개정 2013. 4. 5.〉
② 제1항에 따른 통보사항에는 호송대상자의 인적사항, 호송 이유, 호송방법 및 호송 안전조치 등에 관한 사항이 포함되어야 한다.
③ 제1항에 따라 통보를 받은 항공운송사업자는 호송대상자가 항공기, 승무원 및 승객의 안전에 위협이 된다고 판단되는 경우에는 사법경찰관리 등 호송 공무원에게 적절한 안전조치를 요구할 수 있다.
④ 호송대상자의 호송방법, 호송조건 등에 관하여 필요한 사항은 국토교통부령으로 정한다.

[항공보안법 시행규칙]

제14조(수감 중인 사람 등에 대한 호송방법 등)
① 법 제24조제1항에 따른 통보를 받은 항공운송사업자는 호송대상자가 탑승하는 항공기의 기장에게는 호송사실을, 호송대상자를 호송하는 사법경찰관리 또는 법 집행 권한이 있는 공무원에게는 호송대상자의 좌석 및 안전조치 요구사항 등을 각각 통보하여야 한다.
② 법 제24조제4항에 따라 항공운송사업자는 호송대상자가 항공기에 탑승하는 경우 승객의 안전을 위하여 다음 각 호의 필요한 조치를 하여야 한다.
    1. 호송대상자의 탑승절차를 별도로 마련할 것
    2. 호송대상자의 좌석은 승객의 안전에 위협이 되지 아니하도록 배치할 것
    3. 호송대상자에게 술을 제공하지 아니할 것
    4. 호송대상자에게 철제 식기류를 제공하지 아니할 것

※ 법 제25조(범인의 인도·인수), 제26조(예비조사), 제27조(항공보안장비 성능 인증 등), 제27조의2(항공보안장비 성능 인증의 취소), 제27조의3(인증업무의 위탁), 제27조의4(시험기관의 지정), 제27조의5(시험기관의 지정취소 등), 제27조의6(수수료), 제28조(교육훈련 등), 제29조(검색 기록의 유지), 제30조(항공보안을 위협하는 정보의 제공), 제31조(국가항공보안 우발계획 등의 수립), 제32조(보안조치), 제33조(항공보안 감독), 제33조의2(항공보안 자율신고), 제34조(재정 지원), 제35조(감독), 제35조의2(항공보안정보체계의 구축), 제36조 삭제, 제37조(청문), 제38조(권한의 위임·위탁), 제38조의2(벌칙 적용에서 공무원 의제), 벌칙 제39조(항공기 파손죄), 제40조(항공기 납치죄 등), 제41조(항공시설 파손죄), 제42조(항공기 항로 변경죄), 제43조(직무집행방해죄), 제44조(항공기 위험물건 탑재죄), 제45조(공항운영 방해죄), 제46조(항공기 내 폭행죄 등), 제47조(항공기 점거 및 농성죄), 제48조(운항 방해정보 제공죄), 제49조(벌칙), 제50조(벌칙), 제50조의2(양벌규정), 제51조(과태료) 및 부칙 생략

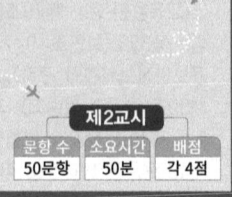

제2교시 필수과목
교통안전관리론
25문항

교통안전관리론은 교통안전법과 마찬가지로 다른 교통안전관리자와 동일 과목이므로 기출유형문제가 비교적 알려져 있는 편입니다. 그렇지만 교통안전법과는 다르게 기출유형의 문제와 정답에 대한 명확한 근거를 찾기 어려운 경우가 많습니다. 따라서 먼저 문제를 통해 내용을 파악하고, 정답에 의문이 드는 것은 순차해설을 통해 이해하는 순서로 준비하면, 고득점도 무난히 얻을 수 있을 것입니다.

▸ same type ◂ 표시는 동일한 기출 유형 문제의 구분을 의미합니다.

01 다음 중 교통안전의 목적으로 올바르지 않은 것은?

① 인명의 존중 ② 사회복지 증진 ❸ 수송효율 극대화 ④ 경제성 향상

◈ **총론 : 교통안전관리의 목표** ◈
[교통안전관리론(李弘魯, 2002, pp.19-21.)]

교통안전관리의 목적은 한마디로 말한다면 **국민복지 증진을 위한 교통안전의 확보**라고 할 수 있다. (중략) 교통안전관리의 **궁극적인 가치는 복지사회의 실현**이며, 복지사회실현은 ① **교통의 효율화**, ② **주택보급의 확대**, ③ **생산성의 향상**, ④ **여가시설의 충실화** 등의 목적이 달성되어야 한다.

◈ **교통안전관리의 목적** ◈
[교통안전관리론(문영배, 2003, pp.15-16.)]

(1) **국민의 생명과 재산의 보호**
    교통안전관리란 교통안전을 확보하기 위한 제반활동, 즉 교통재해로부터 **인간의 생명과 재산을 보호**하기 위한 체계적인 제반활동을 말한다.
(2) **사회복지 증진**
    교통사고로 인한 인명피해는 피해당사자로부터 끝나는 것이 아니고 그 당사자가 부양해야 할 가족에게 그리고 지역사회에까지도 영향이 미치게 된다.
(3) **수송효율의 향상**
    교통사고가 발생하게 되면 거기에는 반드시 인명과 재산피해가 뒤따르게 되는데 이로 인하여 조종자나 운반구를 수송업무에 계속 투입할 수 없게 되므로 수송효율이 저하된다.
(4) **경제성의 향상**
    교통사고가 발생하여 이를 수습하고 처리하는데 소요되는 비용보다도 교통안전관리 비용이 훨씬 적게 든다.

◆ **교통안전관리 업무 및 사이클** ◆
[교통안전관리론(문영배, 2003, p.17.)]

교통안전관리는 "안전하고 효율적인 운행(운항)을 확보"하는 것을 목적으로 하고, 이 목적을 달성하기 위하여 계획하고 지속적으로 문제점을 파악하며, 이를 해결해 나가는 과정이다. 교통안전관리의 주요업무에는 ① **계획기능**, ② **시행기능**, ③ **개선기능**이 포함된다.

◆ **교통안전관리 대상 및 특성** ◆
[교통안전관리론(문영배, 2003, pp.19-20.)]

교통안전관리의 대상은 사람, 교통수단, 교통환경 등이다. (중략) 그러나 교통사고의 주요원인은 주로 인적 요인에 의한 과실이 대부분을 차지하고 있으므로 교통수단을 운행하는 사람에 대한 관리에 초점을 맞추어야 한다. 특히 사업용 자동차를 운전하는 직업운전자에 대해서는 특별한 관리가 필요한데, **운수회사** 차원에서 요구되는 교통안전관리의 **특성**은 다음과 같다.

(1) 교통안전관리는 종합성·통합성의 요구 (2) 인사·노무·관리부문의 협조가 필요
(3) 교통안전에 대한 투자가 회사 발전에 기여함을 인식 (4) 과학적 관리가 요구

02 다음 중 교통안전관리의 기능에 속하지 않는 것은?
① 계획 ❷ 조정 ③ 시행 ④ 개선

03 교통안전관리에 대한 설명으로 올바르지 않은 것은?
① 교통안전관리는 종합성과 통합성이 요구된다.
❷ 교통안전관리는 노무인사관리 부문과의 관계성은 없다.
③ 교통안전에 대한 투자는 회사의 발전과 밀접한 관계가 있다.
④ 과학적 관리가 필요하다.

04 운수회사의 교통안전관리에 대한 설명으로 올바르지 않은 것은?
① 교통안전관리는 과학적이고 체계적으로 필요하다.
❷ 경영수지개선과 교통안전관리는 아무런 영향이 없다.
③ 교통안전에 대한 투자는 회사의 발전에 필요하다.
④ 교통안전관리는 상호 연계성과 통합성이 있다.

05 다음 중 교통안전관리의 목표로 가장 거리가 먼 것은?
① 교통안전의 확보 ② 수송효율의 향상
③ 주택보급의 확대 ❹ 교통수단운영자의 이익증대

06 다음 중 교통안전관리의 목표로 볼 수 없는 것은?
① 교통의 효율화
② 여가시설의 충실화
③ 주택보급의 확대
❹ 교통수송량의 증가

---

07 다음 중 "운전환경과 운전조건이 개선되어 운전자가 안심하고 운전할 수 있도록 해야 한다"는 것을 의미하는 것은?
① 운전자의 관리자에 대한 신뢰의 원칙
② 무리한 행동배제의 원칙
❸ 안전한 환경조성의 원칙
④ 사고요인의 등치성 원칙

◆ 총론 : 교통사고 방지를 위한 원칙 ◆
[교통안전관리론(李弘魯, 2002, pp.20-25.)]
[교통안전관리론(문영배, 2003, pp.20-22., pp.52-53.)]

(1) 교통안전관리 업무의 조직화 원칙
(중략) 업무의 효율성이 높은 교통안전관리 체계를 확립하려면 ① **업무계획(Plan)** → ② **조직(Organization)** → ③ **조정(Action)** → ④ **통제(Control)** → ⑤ **평가(Evaluation)**로 이어지는 **일련의 관리순환 기능**에 따라 추진하는 것이 바람직하다. (중략)

(2) 안전한 환경조성의 원칙
사고의 위험에서 지켜주는 올바른 길은 방호(防護)하는 것보다도 적극적인 위험제거대책이다. 그같은 신체방어의 원칙적인 것으로는 무엇보다도 **운전환경과 운전조건이 개선되어** 심신에 상해를 받지 않도록 해서 **안심하고 운전할 수 있도록 하는 것**이 철칙이다. (중략)

(3) 사고요인 등치성 원칙
교통사고 발생의 연쇄적 현상을 분석해 보면, 우선 어떤 요인이 발생한다면 그것이 근원이 되어 다음 요인이 생기게 되고, 또 그것이 다음 요인을 일어나게 하는 것과 같이 **요인이 연속적으로 하나하나의 요인을 만들어간다.** 이 많은 요인들 중에서 어느 하나만이라도 없다면 연쇄반응은 일어나지 않을 것이다. (중략) 교통사고 발생에는 **교통사고 요인을 구성하는 여러 요소가 똑같은 비중을 지니는데, 이것이 곧 사고요인의 등치성 원리**이다. 따라서 교통사고가 발생하면 운전자가 왜 그런 실수를 하게 되었는가를 연쇄반응 측면에서 근본적으로 파고들어야 한다. (중략)

(4) 하인리히(Heinrich)의 원칙
미국의 산업안전기사 H. W. Heinrich의 **1 : 29 : 300의 법칙**이 있다. (중략) 하인리히(Heinrich)의 법칙을 '1 : 29 : 300의 법칙'이라고도 한다. 교통사고의 주된 원인은 운전자의 불안전한 행위에 있고, 이와 같은 **불안전한 행위는 결국 교통사고를 유발하는데, 그 과정에서 300회 이상 위험한 상태를 모면하고, 29회는 경상을 입고, 1회는 중상을 입는다는 것이다.** (중략) 이것은 불안전한 상태와 행위가 오랜 기간 잠재되어 이었기 때문에 결국 사고가 발생하였다고 볼 수 있으므로 근원적인 치료와 예방이 요구된다.

- 교통사고(재해의 발생) = 물적 불안전상태 + 인적 불안전행위 + a
- = 설비적 결함 + 관리적 결함 + a
- 하인리히(Heinrich)의 법칙 $a = \dfrac{300}{1+29+300}$ * a = 숨어 있는 위험한 상태(potential risk)

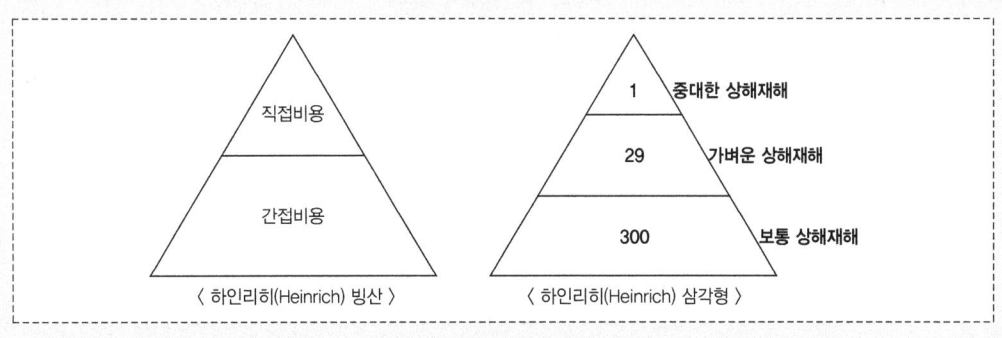

△ **3E (Engineering - Education - Enforcement)** [세이프넷(http://www.safetynetwork.co.kr/)]
하인리히(Heinrich)가 재해예방의 중요 요소로 주장한 것으로서, **기술(engineering, 공학), 교육(education), 규제(enforcement, 단속)**를 말한다. **진행순서는 기술(공학), 교육, 규제(단속)의 순**으로 되어야 한다. 기술이 충실하여야 비로소 교육의 효과가 오르고, 기술과 교육이 충실하여야 합리성이 있는 규제가 이루어지게 되는 것이다. 그러나 최근에는 이 같은 단순화된 분류로는 재해예방 기법을 설명하기에 부족하여 잘 사용되고 있지 않다.

△ **교통안전의 3E 원칙** [PSI_2011-14 운전면허 응시자의 교통안전교육효과에 관한 연구,
(https://press.police.ac.kr/pds/PSI_2011-14_1331625400.pdf)]
교통안전의 3E 원칙은 ① 교통안전**교육(Education)**, ② 교통안전**기술(공학)(Engineering)**, ③ 교통안전**단속(규제)(Enforcement)**을 의미한다. 교통사고를 예방하기 위해 이 세 가지 원칙이 균형을 이루어야 한다는 원칙이다.
① 교통안전**교육** : 도로, 차량, 교통환경의 위험요소를 이해하고, 교통사고의 원인을 습득하여 예방능력을 기르는 교육
② 교통안전**기술(공학)** : 교통시설을 개선하고, 교통안전을 위한 설비를 도입하는 것
③ 교통안전**단속(규제)** : 교통법규를 지키지 않는 차량을 단속하고, 교통안전을 위한 지도를 하는 것

(5) 관리자의 신뢰의 원칙
관리자는 인격과 실력이 부족하여 종사원으로부터 신뢰를 받지 못한다면 통솔력에 치명적인 손상을 가져온다. (중략) 따라서 운전자를 관리하는 관리자가 운전자로부터 신뢰를 먼저 받는 것이 관리의 선결조건이다.

08 다음 중 교통사고 발생에 영향을 미치는 각 요인은 사고발생에 대하여 같은 비중을 지닌다는 원리는?
① 배치성 원리 ② 차등성 원리 ❸ 등치성 원리 ④ 동인성 원리

09 다음 중 "교통사고를 발생시키는 요인의 비중이 동일하다"는 원리를 의미하는 것은?
❶ 등치성 ② 동일성 ③ 차등성 ④ 배치성

10 사고요인의 등치성 원리는 어디에 중점을 둔 것인가?
❶ 교통사고의 원인 ② 종사원의 건강 ③ 도로환경 ④ 운행조건

11 사고의 여러 요인들 중에서 하나만이라도 발생하지 않으면 사고가 발생하지 않는다는 원리는?
① 사고원인 집중성 원리
② 사고원인 단일성 원리
③ 사고원인 분리성 원리
❹ 사고원인 등치성 원리

12 다음 중 산업재해예방과 관련한 하인리히 법칙에 대한 설명으로 옳지 않은 것은?
① 하인리히 법칙(Heinrich's Law)은 한 번의 큰 재해가 있기 전에 그와 관련된 작은 사고나 징후들이 먼저 일어난다는 법칙이다.
② 큰 재해와 작은 재해, 사소한 사고의 발생 비율이 1:29:300이라는 점에서 1:29:300법칙으로 부르기도 한다.
③ 하인리히 법칙은 산업재해예방을 포함하여 각종 사고나 사회적, 경제적 위기 등을 설명하기 위해 의미를 확정하여 해석하는 경우도 있다.
❹ 하인리히는 이 조사 결과를 바탕으로 큰 재해는 우연히 발생하는 것이며, 반드시 그전에 사소한 사고 등의 징후가 있는 것은 아니라는 것을 실증적으로 밝혀내었다.

13 하인리히의 재해 발생비율을 중대한사고 : 경미한 사고 : 재해를 수반하지 않는 사고의 비율 순서로 옳은 것은?
❶ 1 : 29 : 300
② 1 : 39 : 400
③ 1 : 49 : 500
④ 1 : 59 : 600

14 산업재해예방과 관련한 하인리히 법칙(1:29:300법칙)에서 29가 의미하는 것은?
① 큰 재해의 발생 비율
❷ 작은 재해의 발생 비율
③ 중대한 사고의 발생 비율
④ 사소한 사고의 발생 비율

15 다음 중 하인리히 법칙(Heinrich's Law)에 대한 설명으로 옳지 않은 것은?
❶ 사고가 발생한 후 사고방지대책을 강구하는데 중점을 두고 있다.
② 큰 재해와 작은 재해, 사소한 사고의 발생비율이 1:29:300이라고 본다.
③ 노동재해를 분석하면서 인간이 일으키는 같은 종류의 재해에 대한 것이다.
④ 한 번의 큰 재해가 있기 전에 그와 관련된 작은 사고나 징후들이 먼저 일어난다는 법칙이다.

16 교통안전의 증진을 위한 3E에 해당하지 않는 것은?
① 기술(Engineering, 공학)
② 교육(Education)
❸ 협력(Effort)
④ 규제(Enforcement, 단속)

17 하인리히가 주장한 재해예방의 중요 요소로 교통안전의 증진을 위한 3E에 해당하지 않는 것은?

① 공학(Engineering, 기술) ② 교육(Education)
❸ 감정(Emotional) ④ 단속(Enforcement)

― same type ―

18 초기에는 부품 등에 내재하는 결함, 사용자의 미숙 등으로 고장률이 높게 상승하지만 중기에는 부품의 적응 및 사용자의 숙련 등으로 고장률이 점차 감소하다가 말기에는 부품의 노화 등으로 고장률이 점차 상승하는 원리는?

❶ 욕조곡선의 원리 ② 결합부품 배제의 원리
③ 정리정돈의 원리 ④ 무결점 안전화의 원리

<해설>

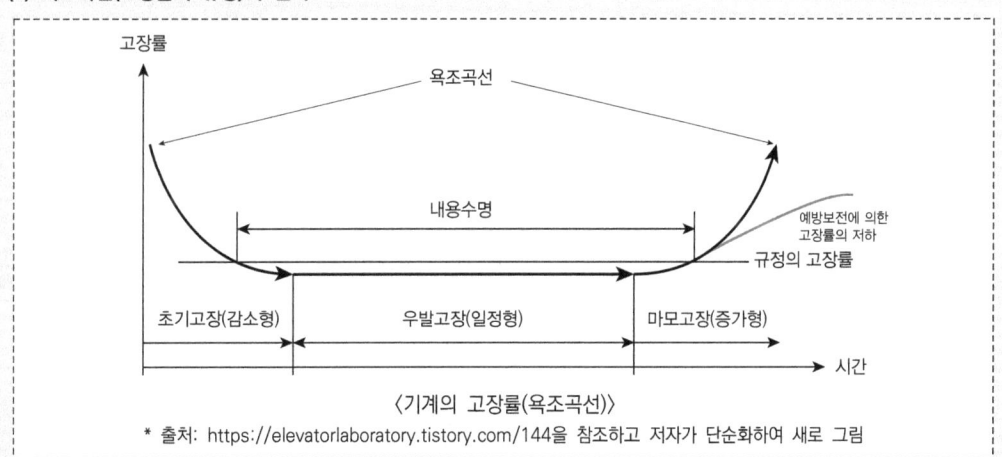

◆ **총론 : 교통사고 방지를 위한 원칙** ◆
[교통안전관리론(李弘魯, 2002, pp.20-25.)]

(1) 욕조곡선(고장률의 유형)의 원리

〈기계의 고장률(욕조곡선)〉
* 출처: https://elevatorlaboratory.tistory.com/144을 참조하고 저자가 단순화하여 새로 그림

고장률과 시간의 관계를 살펴보면, 욕조(浴槽)의 모양을 띠게 되는데, **이를 욕조곡선이라 부른다.**
초기 고장시간은 부품 등에 내재하는 결함, 사용자의 미숙 등이 원인으로 되어 **고장률도 높지만**, 부품 등을 사용함으로써 고장률은 점차 감소하고, 유효사용 기간에는 고장률이 가장 저하된다. 그렇지만 부품 등을 **장기간 사용함으로써** 부품 등의 마모화 때문에 고장률은 증가하여 간다. 즉 **시스템은 일반적으로 이러한 고장률의 움직임을 나타낸다.**

(2) 하인리히의 법칙 (내용 생략) (3) 정상적인 컨디션 유지의 원칙 (내용 생략)
(4) 무리한 행동의 배제의 원칙 (내용 생략) (5) 방어확인의 원칙 (내용 생략)
(6) 안전한 환경조성의 원칙 (내용 생략) (7) 사고요인 등치성 원칙 (내용 생략)
(8) 관리자의 신뢰의 원칙 (내용 생략)

19 어떤 현상이 일어날 수 있는 확률로 우발적인 변화에 기인한 고장과 부품의 마모와 결함, 노화 등의 원인에 의한 것과 관련되는 이론은?

① 집단의사결정
② 사고요인의 등치성
③ 브레인스토밍
❹ 욕조곡선의 원리

20 다음 중 욕조곡선의 원리에 대한 설명으로 옳은 것은?

❶ 체계 또는 설비 등을 사용하기 시작하여 폐기할 때까지의 고장 발생 상태를 도시한 곡선을 말한다.
② 초기에는 부품 등에 내재하는 결함, 사용자의 미숙 등으로 고장률이 낮게 나타난다.
③ 중기에는 부품의 적응 및 사용자의 숙련 등으로 고장률이 점차 증가한다.
④ 말기에는 부품의 노화 등으로 고장률이 점차 하락한다.

― same type ―

21 다음 중 페이욜(H.Fayol)이 경영의 관리활동으로 들고 있는 것으로 올바른 것은?

① 생산, 제조, 가공
② 구매, 만매, 교환
③ 재산목록, 대차대조표, 원가, 통계
❹ 계획, 조직, 지휘, 조정, 통제

> **해설**
>
> ◆ **총론 : 일발적 관리이론 – 관리에 대한 개념** ◆
> [교통안전관리론(李弘魯, 2002, p.29.)]
>
> (중략) 관리과정을 구성하고 있는 관리기능을 최초로 제시한 사람은 **페이욜(Fayal)**이었는데, 그는 관리를 ① **예측(계획)**하고, ② **조직**하고, ③ **명령(지휘)**하고, ④ **조정**하고, ⑤ **통제**한다는 다섯 가지 관리기능으로 설명하였다.
>
> (중략) 이와 같은 관리기능에 포함되는 내용은 약간씩 다르기는 하지만, 공통적으로 집약하면 계획-실행-통제(Plan – Do – See) 또는 계획-조직-통제(Planing – Organizing – Controlling)라고 하는 이른바 각 요소의 유기적인 상호관련성을 강조하는 관리순환(management cycle)으로 보고 있다는 것이다.
>
> ◆ **페이욜(Fayol)의 경영과정론(일반 관리론)** ◆
> [https://blog.naver.com/vzvsan1f4fcf/221611332404)9)]
> [https://blog.naver.com/twodocs/222611482127]
>
> 페이욜(Fayol)은 프랑스의 경영이론가로서 경영과 노동조직에 관한 그의 이론은 20세기 초에 영향력이 매우 컸다. 테일러의 과학적 관리법이 경영방법에 일대 혁신으로 활발히 전개되는 동안 유럽에서는 페이욜이 관리이론(administrative management)을 제창했다. 페이욜은 저서「산업 및 일반관리(1916)」에서 테일러가 중시한 작업현장의 능률보다는 조직 전체의 관리에 관심을 가졌다.
> 페이욜(Fayol)은「산업 및 일반관리(1916)」에서 기업(산업)의 고유직능을 규모와 종류에 관계없이 아래 6가지로 구성된다고 주장하고, 경영관리직능의 5가지 요소와 관리의 14가지 일반원칙을 제시하였다.
>
> (1) **페이욜의 모든 기업(산업)조직의 기본적인 활동 6가지**
> ① **기술 활동**(technology) : 생산, 제조, 가공
> ② **상업 활동**(영업 활동commerce) : 구매, 판매, 교환

③ **재무 활동**(finance) : 자본의 조달과 운용
④ **회계 활동**(accounting) : 재산 목록, 대차대조표, 원가계산, 통계
⑤ **보전 활동**(security) : 재산 및 종업원 보호
⑥ **경영 활동(관리적 기능** administration) : 계획, 조직, 지휘, 조정, 통제
  → 페이욜은 6가지 활동 중에서 관리적 기능이 가장 중요한 활동이라고 주장했으며,
    ① **계획,** ② **조직,** ③ **지휘,** ④ **조정,** ⑤ **통제**가 **경영의 핵심 활동**이라고 여겼다.

(2) 페이욜의 관리과정 5요소
① **계획**(planning) : 미래를 살펴보고 행동계획을 작성, 전략의 구성요소
② **조직**(organizing) : 착수를 위한 인적·물적 구조 구축
③ **지휘**(명령, commanding) : 직원들 간의 활동 유지관리
④ **조정**(coordinating) : 모든 행동과 노력을 결집시키고 통합하고 조화를 이룸
⑤ **통제**(controlling) : 모든 것이 기존의 규칙과 명령에 따라 일어나고 있는지 관찰

(3) 페이욜의 관리의 14가지 일반원칙
① **분업의 원칙**(division of work) : 모든 작업은 분업화·전문화한다. 분업은 능률을 가져올 수 있으며, 생산적인 것뿐만 아니라 관리적인 일에도 적용될 수 있다. 그러나 분업이 이루어질 수 있는 데는 한계가 있다
② **권한과 책임의 원칙**(authority) : 상급자는 명령권을 가져야 하되 책임도 따라야 한다.
③ **규율의 원칙**(discipline) : 사원들은 정해진 규율을 지켜야 한다.
④ **명령통일의 원칙**(unity of command) : 어떤 일의 지시든, 한 사람의 상사로부터만 받아야 한다.
⑤ **지휘통일의 원칙**(unity of direction) : 하나의 과업은 한 사람의 상급자에 의해 하나의 계획으로 작성되고 지휘되어야 한다.
⑥ **개인이익의 일반이익으로의 종속원칙**(조직 전체의 이익이 개인의 이익에 우선, subordination of individual interest to general interest) : 개인의 이익은 조직의 이익보다 우선될 수 없다.
⑦ **보상의 원칙**(remuneration) : 보상은 종업원과 고용주 모두에게 공정하여야 한다.
⑧ **집중화의 원칙**(centralization) : 적절한 집중화의 정도는 상황에 달려 있다. 문제는 사람들의 능력을 최대한으로 활용하는 것이다.
⑨ **계층 조직의 원칙**(scalar chain) : 권한의 스칼라(계층적) 체인은 조직의 상위층으로부터 하위층에 이르기까지의 의사소통 경로로 연결되어 있어야 한다.
⑩ **질서의 원칙**(order) : 조직 내 모든 인적·물적 자원은 순서에 의해 질서정연하게 배치·배분·사용되어야 한다.
⑪ **공정의 원칙**(equity) : 상급자는 모든 하급직원을 공정하게 대해야 한다.
⑫ **안정과 개인의 정년보장의 원칙**(고용 안정성, stability or personnel tenure) : 이직률을 낮추고 사원들에게 고용 안정을 확신시키는 것이 바람직하다.
⑬ **창의력의 원칙**(initiative) : 구성원에게 자율과 결정권을 부여함으로써 만족과 창의력 개발을 유도한다.
⑭ **협동의 원칙**(esprit de corps) : 구성원들의 단결과 조화를 유지함으로써 동기부여와 시너지 효과를 누리도록 한다.

---

22 경영활동을 기술적, 상업적, 재무적, 보전적, 회계적, 관리적 활동 등 여섯 가지로 구분하며, 관리는 관리적 활동을 의미하는데, 이는 "계획하고, 조직하며, 명령(지휘)하고, 조정하며, 통제하는 것"이라고 하였다. 이것이 오늘날 관리원칙의 골자를 이루는 관리 5요소라고 제시한 사람은?

① Roethlisberger ② Mayo ❸ Fayol ④ Taylor

23 다음 중 페이욜(H. Fayol)의 관리순환과정을 순서대로 나열한 것은?

① 계획 → 조정 → 조직 → 보고 → 통제
❷ 계획 → 조직 → 명령 → 조정 → 통제
③ 계획 → 충원 → 조직 → 조정 → 통제
④ 계획 → 동기부여 → 조정 → 조직 → 통제

24 다음 중 페이욜(H.Fayol)이 경영의 관리활동으로 들고 있는 것이 아닌 것은?
① 계획　　　　② 통제　　　　③ 조정　　　　❹ 재무

25 페이욜이 제시한 14가지 관리일반원칙 중에서도 가장 핵심이 되는 것으로, 오늘날처럼 규모가 커진 기업경영을 위한 필수적인 전제가 되는 원칙은?
① 명령통일의 원칙　　　　② 보수적 정화의 원칙
③ 계층화의 원칙　　　　❹ 분업의 원칙

— same type —

26 사고발생 요인 중 가장 많은 비중을 차지하고 있는 것은?
① 교통수단의 요인　　② 환경요인　　❸ 인적요인　　④ 횡단보도 요인

◆ **교통사고 요인분석 - 인적 요인** ◆
[교통안전관리론(李弘魯, 2002, pp.57-58.)]

인적요인에 의한 사고와 관련된 보고서에 의하면 미국의 경우 인적요인이 93.1%로 나타나고 있으며, 영국의 경우 인적요**인이 84.8**로 나타나고 있다. (중략) **일본** 교통과학협회의 신뢰성 있는 교통사고 원인에 관한 자료분석 결과에 의하면 교통사고의 직접원인 중 **인적요인에 의한 것이 96%**, 차량에 의한 것이 2%, 환경요인이 2%로 나타나고 있다. (중략) 운전자가 운행 중 **교통사고를 일으키는 원인**을 인지, 판단, 조작으로 분류하여 분석한 결과 **인지요소 53.7%, 판단요소 37.3%, 조작요소 9%**로 나타났다.

27 인적자원 관리법의 역사적 흐름으로 맞는 것은?
① 인간관계 관리법 – 참여적 관리법 – 과학적 관리법
❷ 과학적 관리법 – 인간관계 관리법 – 참여적 관리법
③ 참여적 관리법 – 과학적 관리법 – 인간관계 관리법
④ 과학적 관리법 – 참여적 관리법 – 인간관계 관리법

28 다음 중 교통사고 요인의 등치성 원리에 관계되는 사고요인의 배열형이 아닌 것은?

① 집중형　　　　② 복합형　　　　❸ 분산형　　　　④ 연쇄형

> **해설**
>
> ◆ **교통사고의 현상** ◆
> [교통안전관리론(문영배, 2003, pp.44-46.)]
>
> **(1) 교통사고 연쇄반응**
> 교통사고의 발생은 시간적 경과 상에서 나타나는 것이므로 **시간적인 과정에서 본다면 구성요소의 연쇄반응 현상**이라고 할 수 있다. 그런데 이와 같은 연쇄반응은 보통 다음과 같이 다섯 가지 요소의 연쇄반응에 의해서 교통사고가 일어나고 있다.
> ① 개인의 유전적 요소와 사회적 환경, ② 개인적인 성격 상의 결함, ③ 불안전한 행위와 불안전한 환경 및 조건, ④ 교통사고 사상의 발생, ⑤ 상해와 손실
>
> **(2) 교통사고 요인의 등치성**
> (중략) 교통사고 요인 간의 관계를 가지고 그 배열과 가치·중요도로 나누어서 살펴보면 **교통사고 요인의 배열은 연쇄형과 집중형**으로 크게 나눌 수 있고, 이 두 가지가 혼합된 **복합형**도 있다.
> * "○"은 "사고요인"을, "✗"은 "교통사고"를 나타냄
>
>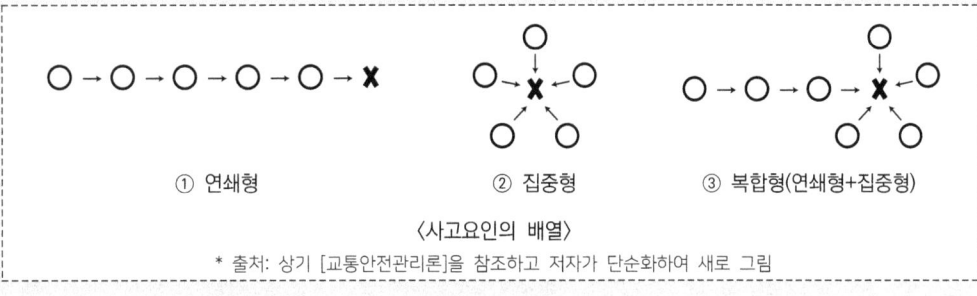
>
> 〈사고요인의 배열〉
> * 출처: 상기 [교통안전관리론]을 참조하고 저자가 단순화하여 새로 그림

29 교통사고 형태 중에서 어떤 요인이 발생 시에 그것이 근원이 되어 다음 요인이 생기게 되고 또 그것이 요인을 일어나게 하는 것과 같이 요인이 연쇄적으로 하나하나의 요인을 만들어 가는 형태는?

① 집중형
② 복합형
❸ 연쇄형
④ 사고다발형

30 다음 중 교통안전관리규정에 포함될 사항으로 올바르지 않은 것은?

① 교통수단의 관리에 관한 사항
❷ 임직원들의 급여기준에 관한 사항
③ 교통안전의 교육·훈련에 관한 사항
④ 교통사고 원인의 조사·보고 및 처리에 관한 사항

해설

◆ **교통안전관리규정에 포함할 사항** ◆
[교통안전법 시행령 제18조]

제18조(교통안전관리규정에 포함할 사항) 교통안전법 제21조 제1항 제6호에서 "대통령령이 정하는 사항"이란 다음 각 호의 사항을 말한다.
1. 교통안전과 관련된 자료·통계 및 정보의 보관·관리에 관한 사항
2. 교통시설의 안전성 평가에 관한 사항
3. 사업장에 있는 교통안전 관련 시설 및 장비에 관한 사항
4. **교통수단의 관리에 관한 사항**
5. 교통업무에 종사하는 자의 관리에 관한 사항
6. **교통안전의 교육·훈련에 관한 사항**
7. **교통사고 원인의 조사·보고 및 처리에 관한 사항**
8. 그 밖에 교통안전관리를 위하여 국토교통부장관이 따로 정하는 사항

◆ **교통안전담당자의 직무** ◆
[교통안전법 시행령 제44조의 2]

교통안전담당자의 직무는 다음 각 호와 같다.
1. **교통안전관리규정의 시행 및 그 기록의 작성·보존**
2. 교통수단의 운행·운항 또는 항행(이하 이 조에서 "운행등"이라 한다) 또는 교통시설의 운영·관리와 관련된 안전점검의 지도·감독
3. **교통시설의 조건 및 기상조건에 따른 안전 운행등에 필요한 조치**
4. 법 제24조제1항에 따른 운전자등(이하 "운전자등"이라 한다)의 운행등 중 근무상태 파악 및 교통안전 교육·훈련의 실시
5. 교통사고 원인 조사·분석 및 기록 유지
6. **운행기록장치 및 차로이탈경고장치 등의 점검 및 관리**

◆ **"교통시설"** ◆
[교통안전법 제2조(정의)]

"교통시설"이라 함은 도로·철도·궤도·항만·어항·수로·공항·비행장 등 교통수단의 운행·운항 또는 항행에 필요한 시설과 그 시설에 부속되어 사람의 이동 또는 교통수단의 원활하고 안전한 운행·운항 또는 항행을 보조하는 교통안전표지·교통관제시설·항행안전시설 등의 시설 또는 공작물을 말한다.

31 다음 중 교통안전관리규정에 포함될 내용으로 올바르지 않은 것은?

❶ 보행자의 통행방법에 관한 사항
② 교통수단의 관리에 관한 사항
③ 교통안전의 교육·훈련에 관한 사항
④ 교통사고 원인의 조사·보고 및 처리에 관한 사항

32 교통사고 예방을 위한 법규나 관리규정 등을 제정하여 안전관리의 효율성을 제고하기 위한 접근방법은?

① 인도적 접근방법　　② 기술적 접근방법
③ 과학적 접근방법　　❹ 제도적 접근방법

33 다음 중 교통안전담당자의 직무에 해당하지 않는 것은?

① 교통안전관리규정의 시행 및 그 기록의 작성·보존
② 교통시설의 조건 및 기상조건에 따른 안전 운행 등에 필요한 조치
③ 운행기록장치 및 차로이탈경고장치 등의 점검 및 관리
❹ 교통수단 및 교통수단운영체계의 개선 권고

34 교통기관의 3대요소가 아닌 것은?

① 동력　　② 운반구　　③ 통로　　❹ 이용자

35 다음 중 교통안전시설에 해당하지 않는 것은?

① 공항　　② 어항시설　　❸ 어업무선국　　④ 철도

36 다음 중 교통안전시설이 아닌 것은?

① 어항/철도　　② 방파제　　❸ 어업무선국　　④ 등대/항공보안시설

―――― same type ――――

37 다음 중 운전자에 관한 교통사고 인적요소로 올바르지 않은 것은?

① 생리　　② 준법정신
③ 운전자의 심리　　❹ 운전면허 소지자수 증가

> **해설**
>
> ◆ **교통사고의 요소** ◆
> [교통안전관리론(문영배, 2003, pp.54-55.)]
>
> (1) 주요요소
>   ① **인적요소** - 운전자 또는 보행자의 신체적·생리적 조건, 위험의 인지와 회피에 대한 판단, 심리적 조건 등에 관한 것
>   - 운전자의 적성과 자질, 운전태도, 내적 태도 등에 관한 것
>   ② **차량요소** - 차량구조장치, 부속품 또는 적하에 관련된 사항
>   ③ **도로의 물리적 요소** - 도로구조, 안전시설
>   ④ **환경요소** - 자연환경(기상, 일광, 명암 등 자연조건에 관한 것)
>   - 교통환경(차량·보행자의 교통량, 통행차량의 구성 등 교통상황에 관한 것)
>   - 사회환경(일반국민 교통도덕, 교통정책, 교통단속, 형사처벌 등에 관한 사회적 요인)
>   - **구조환경**(교통여건 변화, **노선버스 비합리성**, 고용인원 부족, 불량품 등 구조적 요인)
>
> (2) 교통사고의 요인
>   ① 간접적 요인(사람, 자동차, 도로), ② 중간적 요인(사람, 자동차, 도로, 일기조건), ③ 직접적 요인(사고 직전 운전자의 위험한 운전, 그릇된 조작, 법규위반 등)

38 교통시설의 변화나 버스노선의 비합리성으로 인해 발생하는 교통사고의 요인으로 옳은 것은?

① 도로시설 요인 ② 차량요인 ❸ 환경요인 ④ 인적요인

39 인간의 행동을 규제하는 외적요인(환경요인)으로 올바르지 않은 것은?

① 자연조건 ❷ 심리적 조건 ③ 물리적 조건 ④ 시간적 조건

40 인간의 행동을 규제하는 내적요인(인적요인)이 아닌 것은?

① 소질관계 ② 경력관계 ❸ 인간관계 ④ 심신관계

41 인간과 환경이 행동을 규제하는 요인으로 올바르지 않은 것은?

① 내적요인-흥미, 지위, 경험 ❷ 개체요인-특기, 취미, 휴식
③ 환경요인-가정, 직장, 도로, 기상 ④ 인적요인-지능, 성격, 태도

42 다음 중 한 가지 일에만 집중하는 것이 아니라 여러 가지 행동을 같이 하는 경우로서 그 결과 집중력이 흐려지는 현상을 의미하는 것은?

① 주의의 동요 ② 주의의 완화 ③ 주의의 집중 ❹ 주의의 분산

43 사고의 기본원인을 제공하는 4M에 대한 사고방지대책으로 잘못 설명된 것은?

① Man(인간) : 능동적인 의욕, 위험예지, 리더십, 의사소통 등
② Machine(기계) : 안전설계, 위험방호, 표시장치 등
❸ Media(매개체, 환경) : 작업정보, 작업환경, 건강관리 등
④ Management(관리) : 관리조직, 평가 및 훈련, 직장활동 등

◆ 4M기법의 의미 ◆

["안전보건관리체계의 구축과 4M기법의 활용", 세이프티퍼스트닷뉴스(https://www.safety1st.news)]

4M의 의미는 산업재해를 유발하는 기본원인을 의미한다. 이것은 인간에러(human error)의 배후요인이라고도 한다.
(1) **Man(인간)** – 근로자의 심리적인 원인, 생리적 원인, 인간관계의 원인을 의미한다.
(2) **Machine(기계)** – 기계·설비 등의 물적 조건에 의한 원인으로서 기계설비의 설계상 결함, 위험방호의 결함, 점검이나 정비의 불량 등을 말한다.
(3) **Media(매개체, 환경)** – 작업자와 기계설비의 조건으로서 작업공간의 불량, 작업환경의 조건 불량, 재료의 위험성이나 유해성, 작업 자세나 작업 동작의 결함 등을 의미한다.
(4) **Management(관리)** – 관리적 요인으로서 안전관리조직, 작업계획, 작업지휘 등을 의미한다.

◆ 4M의 항목별 위험요인(예시) ◆

항 목	위험요인
Man (인간)	• 근로자 특성(장애자, 여성, 고령자, 외국인, 비정규직, 미숙련자 등)에 의한 불안전 행동 • 작업에 대한 안전보건 정보의 부적절 • 작업자세, 작업동작의 결함 • 작업방법의 부적절 등 • 휴먼에러(Human error) • 개인 보호구 미착용
Machine (기계)	• 기계·설비 구조상의 결함 • 위험 방호장치의 불량 • 위험기계의 본질안전 설계의 부족 • 비상시 또는 비정상 작업시 안전연동장치 및 경고장치의 결함 • 사용 유틸리티(전기, 압축공기 및 물)의 결함 • 설비를 이용한 운반수단의 결함 등
Media (매개체·환경)	• 작업공간(작업장 상태 및 구조)의 불량 • 가스, 증기, 분진, 흄 및 미스트 발생 • 산소결핍, 병원체, 방사선, 유해광선, 고온, 저온, 초음파, 소음, 진동, 이상기압 등 • 취급 화학물질에 대한 중독 등
Management (관리)	• 관리조직의 결함 • 안전관리계획의 미흡 • 부하에 대한 감독·지도의 결여 • 건강검진 및 사후관리 미흡 • 규정, 매뉴얼 미작성 • 교육·훈련의 부족 • 안전수칙 및 각종 표지판 미게시 • 고혈압 예방 등 건강관리 프로그램 운영

[『4M 위험성 평가 기법』에 관한 기술지침, 한국산업안전공단(2008.6.)]

44 사고원인으로서 4M에 대한 사고방지대책으로 올바르지 않은 것은?

① Man(인간) : 인간관계, 지시, 명령체계의 개선
② Media(매개체, 환경) : 작업정보, 작업환경 등의 개선
③ Machine(기계) : 기계설비 및 방호장치 등을 인체공학으로 개선
❹ Management(관리) : 인간과 기계설비 간의 상호매개관계의 개선

◆ same type ◆

45 일반적으로 동체시력은 정지시력에 비해 몇 퍼센트 낮아지는가?

① 10퍼센트　　② 15퍼센트　　❸ 30퍼센트　　④ 50퍼센트

해설

◆ 시각 및 지각의 특성 ◆
[교통안전관리론(문영배, 2003, pp.74-79.)]

(1) 시각의 특성
① **동체시력** : 동체시력이란 주행 중 운전자의 시력을 말하는데, 속도가 증가하면 시야가 좁아질 뿐만 아니라 시력도 떨어진다.
　동체시력은 개인차가 심한데, 일반적으로 **정지시력에 비하여 30% 낮다.** 또한 동체시력은 장시간 운전에 의한 피로상태에서도 저하된다.
② **야간시력** : **야간운전이 주간운전보다 어렵다**는 사실에는 누구나 동감한다.
　(중략) 어떤 실험에 의하면 **야간시력은 일몰 전에 비하여 약 50% 저하**되는 것으로 조사되었다.
③ **암순응과 명순응** : 밝은 장소에서 어두운 곳으로 들어갔을 때 눈이 어둠에 익숙해져서 시력을 회복하는 것을 **암순응**이라 하고, 반대의 경우를 **명순응**이라 한다.
　암순응에 걸리는 시간은 일반적으로 명순응에 걸리는 시간보다 길어서 완전한 암순응에는 30분 혹은 그 이상 걸리기도 한다.
　그러나 급격한 명암의 변화는 순응에 장애를 일으킨다. 특히 **암순응은 교통의 실제 장면에서 명순응보다 많은 장애를 일으킨다.** 그러므로 터널 내부에서의 순응을 위해 일반적으로 입구에 터널 내 점등 운행을 표시하여 운전자의 주의를 환기시키고 있다.
④ **시야** : 정지되어 있는 상태에서 **한 물체에 눈을 고정시킨 채 양쪽 눈으로 볼 수 있는 좌우의 범위를 시야**라고 한다.
　정상적인 시력을 가진 사람의 시야는 180°~200°정도이다. 한쪽 눈의 시야는 좌우 각각 160°이다. 그러나 색채를 식별할 수 있는 범위는 약 70°이다.
　(중략) 시야의 범위는 속도와 반비례 관계에 있다.
⑤ **속도변화에 따른 시야** : 시야의 범위는 속도가 빨라질수록 좁아진다.
　보통 정상시력을 가진 운전자가 **40km/h로 운행하고 있으면 시야의 범위는 100°, 70km/h로 속도로 운행 시에는 65°, 100km/h로 속도로 운행 시에는 40°로 좁아지게 된다.**
⑥ **색각** : 색광으로 가장 멀리에서 약한 빛으로 알아보기 쉬운 것은 **적 → 녹 → 백색의 순**이다.

〈평상시의 시야(주변시력)〉

* 출처: [교통안전관리론]을 참조하여 저자가 단순화하여 새로 그림

◆ **운전자의 시력(視力)은 속도가 빠를수록 저하된다.** ◆

[교통사고공학연구소, "안전컬럼, 운전자의 시력과 시야", https://taei.re.kr/bbs/board.]

시력은 정지 상태에서 대상물을 보는 정지시력(靜止視力)과 움직이는 대상물을 보는 동체시력(動體視力, 또는 이동시력)으로 구분되는데 움직이는 물체 또는 움직이면서 물체나 상황을 바라볼 때의 동체시력은 동일한 조건하에서의 정지시력보다 저하된다.

즉 정지시력이 1.0인 사람이 이동 상황에서는 1.0 이하로 떨어진다는 것이다. 당연히 운전자의 시력은 동체시력에 속한다. 실험에 의하면 **정지시력이 1.2인 운전자가 50km/h로 주행하면서 고정된 대상물을 볼 때 동체시력은 0.7로 떨어지고, 90km/h에서는 0.5이하로 떨어진다고 한다.**

이와 같이 운전자의 시력은 주행속도가 높은 고속상황에서 정상 시력보다 훨씬 저하된다는 것을 명심해야 한다.

46 다음 중 암순응을 가장 잘 설명한 것은?

① 어두운 곳에서 밝은 곳으로 들어가면 조금 있다 눈이 익숙해지는 현상
② 눈부심으로 인하여 순간적으로 시력을 잃어버리는 현상
❸ 밝은 곳에서 어두운 곳으로 들어가면 조금 있다 눈이 익숙해지는 현상
④ 눈이 순간적으로 피로한 현상

47 명순응에 대한 설명으로 알맞은 것은?

❶ 어두운 곳에서 밝은 곳으로 들어가면 조금 있다 눈이 익숙해지는 현상
② 눈부심으로 인하여 순간적으로 시력을 잃어버리는 현상
③ 밝은 곳에서 어두운 곳으로 들어가면 조금 있다 눈이 익숙해지는 현상
④ 눈이 순간적으로 피로한 현상

48 시각적 특성에 대한 설명으로 올바르지 않은 것은?

① 고속으로 운전할수록 주시점은 멀어진다.
② 시야의 범위는 속도와 반비례한다.
③ 한쪽 눈의 시야각은 좌우 각각 160도이다.
❹ 암순응에 적응하는 시간은 명순응보다 빠르다.

49 운전자의 한쪽 눈 시야각도에 대한 설명으로 옳은 것은?

① 좌우 각각 140°(눈 있는 쪽 90°, 반대쪽 50°)
② 좌우 각각 170°(눈 있는 쪽 120°, 반대쪽 50°)
③ 좌우 각각 150°(눈 있는 쪽 100°, 반대쪽 50°)
❹ 좌우 각각 160°(눈 있는 쪽 100°, 반대쪽 60°)

50 보통 운전자의 정지 시 시야 각도는?
① 좌우 각각 140°(눈 있는 쪽 90°, 반대쪽 50°)
② 좌우 각각 170°(눈 있는 쪽 120°, 반대쪽 50°)
③ 좌우 각각 150°(눈 있는 쪽 100°, 반대쪽 50°)
❹ 좌우 각각 160°(눈 있는 쪽 100°, 반대쪽 60°)

51 정지상태에서 정상인 시야가 약 180°~200°인데 100km/h 속도로 운전할 때 시야는 얼마로 줄어드는가?
① 20° ② 30° ❸ 40° ④ 50°

52 정지한 상태에서 정상적인 시력을 가진 운전자의 양쪽 눈 시야범위는?
① 100°~120° ② 120°~150° ③ 130°~170° ❹ 180°~200°

53 운전자가 색에 의한 자극을 받을 때 긴장과 불안을 느끼는 색은?
❶ 적색 ② 황색 ③ 백색 ④ 녹색

54 근로자의 작업능률 등에 영향을 미치는 색채에 대한 설명으로 올바르지 않은 것은?
① 명도가 높은 색은 크게, 명도가 낮은 색은 작게 보인다.
② 명도가 높은 색은 진출(進出)하고, 명도가 낮은 색은 후퇴(後退)한다.
③ 장파장의 색은 따뜻한 느낌을 주고, 단파장의 색은 차가운 느낌을 준다.
❹ 배경의 명도가 낮은 경우 명도가 높은 색은 명시도가 낮다.

55 운전자에게 필요한 운전정보의 약 80%를 차지하고 있는 감각기관은?
❶ 시각 ② 육감 ③ 촉각 ④ 청각

56 다음 중 운전자의 시력과 관련하여 정보입수 범위와 직접적으로 관련되지 않는 것은?
① 물체의 밝기 ② 주의와의 대비 ③ 운전자의 상대 속도 ❹ 운전자의 성별

57 시력이 1.2 이라도 90km/h 속도로 운전할 때는 얼마까지 감소하는가?

① 1.0　　　② 0.7　　　❸ 0.5　　　④ 0.1

---

58 음주운전 교통사고의 특징으로 올바르지 않은 것은?

① 주차 중인 자동차와 같은 정지 물체 등에 충돌한다.
❷ 야간보다 주간에 많은 교통사고를 유발한다.
③ 차량단독사고의 가능성이 높다.
④ 치사율이 높다.

해설

◆ **피로와 교통사고** ◆
[교통안전관리론(문영배, 2003, pp.84.-90.)]

피로는 인체의 신진대사가 원활하지 못한 상태에서 과로, 과음, 장시간 운전 등으로 정상적인 신체기능이 저하되어 인지, 판단, 조작의 지연 및 오류를 가져오는 원인이 된다. 장기화된 피로 누적상태에서 운전하게 되면 교통사고의 원인으로 발전된다.

◆ **요인별 특성과 안전관리 - 피로의 유형** ◆
[교통안전관리론(李弘魯, 2002, pp.149-150.)]

■ 피로의 유형 : (1) 국소 근육피로, (2) 정신적 피로, (3) 전신 피로

◆ **음주운전에 의한 사고의 특성** ◆
[교통안전관리론(문영배, 2003, p.91.)]

(1) 정지물체, 즉 안전지대나 전신주 **등에 충돌한다.**
(2) **주차 중인 자동차** 등에 충돌한다.
(3) 대항차(반대방향에서 달려오는 차)의 현혹에서 시력의 회복이 늦으므로 대항차와 정면충돌한다.
(4) 도로를 잘못 보고 도로 밖으로 나가게 된다. **이러한 현상은 야간에 많다.** 특히 도시의 주변부에서 오후 10시부터 다음날 새벽 2시경에 많이 발생한다.
(5) 중대사고가 되어 **치사율이 높다.**
(6) 음주운전으로 인한 사고 약 60%가 음주 후 30~60분 이내에 일어난다.

◆ **운전 행동 과정** ◆
[한국자동차운전전문학원, 운전면허필기시험 모의고사, http://hankukcar.co.kr/]

운전 행동 과정은 ① 인지 → ② 판단 → ③ 조작의 순서로 이루어지며, 이 가운데 한 가지 과정이라도 잘못되면 교통사고로 이어지기 때문에 주의하여야 한다.

◆ **보행자 및 어린이의 교통심리** ◆
[교통안전관리론(문영배, 2003, pp.97-100.)]

(1) 보행자 사고의 심리적 조건
　　인지 못함, 판단 착오, 동작 착오를 들 수 있다.
　　특히, 나이 많은 **노인과 어린이는** 교통안전과 관련하여 **움직이는 물체에 대한 판별능력이 저하**되고, **약간의 어두운 조명**이나 대항차량(반대방향에서 달려오는 차)이 비추는 **밝은 조명에 적응능력이 상대적으로 부족한** 것을 알 수 있다.

(2) 고령자 교통사고 발생요인
① 주의집중 결여, ② 기억상실, ③ 피로, ④ 시력약화, 청력약화(교통 환경 상의 문제)
(3) 고령 보행자들에 대한 사고예방 (내용 생략)
(4) 어린이 교통사고 발생요인(보행자 중심) (내용 생략)
(5) 어린이의 행동특성과 교통사고와의 관계 (항목별 세부 내용 생략)
① 키가 작고 시야가 좁다, ② 한 곳에만 집중하면 차의 접근을 모른다, ③ **상황 판단력이 약하다**, ④ 추상적인 말을 이해하지 못한다, ⑤ 이동물체(자동차)의 속도 감각과 거리 감각이 부정확하다, ⑥ **모방심리가 강하다**.

◆ **고령자·어린이의 교통행동 특성** ◆
[교통안전관리론(李弘魯, 2002, pp.167-172.)]

(1) **고령자의 교통행동 특성**
고령자는 오랜 사회생활을 통하여 풍부한 지식과 경험을 가지고 있으며 행동이 신중하여 모범적 교통 생활인으로서의 자질을 갖추고 있다.
그러나 신체적인 면에서 운동능력이 떨어지고 시력·청력 등 감지기능이 약화되어 위급 시 피난 대책이 둔화되는 연령층이다. (중략)

(2) **어린이의 교통행동 특성**
① 교통상황에 대한 주의력이 부족하다. ② 판단력이 부족하고 모방행동이 많다.
③ 사고방식이 단순하다. ④ 추상적인 말은 잘 이해하지 못하는 경우가 많다.
⑤ 호기심이 많고 모험심이 강하다.

59 표준운전시간이란?

① 정신적 피로도가 적을 때까지의 운전시간
② 육체적 피로도가 적을 때까지의 운전시간
③ 운전자가 최대로 운전할 수 있는 시간
❹ 생리적으로 안전하게 운전할 수 있는 연속시간

60 다음은 과로운전에 의해 나타나는 증세를 설명한 내용이다. 과로운전의 증세로써 적합하지 않은 것은?

① 운전 리듬이 깨짐 ❷ 운전조작의 내용이 증가됨
③ 운전자의 시야가 좁아짐 ④ 주의력 상실

61 다음 중 운전피로에 관한 설명으로 올바르지 않은 것은?

① 피로한 상태에서 핸들을 잡으면 운전에 악영향을 미치어 사고의 원인을 제공한다.
❷ 한정된 공간과 앉은 자세에서 계속적으로 손과 발만을 사용함으로써 발생하는 피로는 심리적 피로이다.
③ 피로가 누적되면 상황에 대한 인지능력이 떨어져 주의력이나 판단력이 저하된다.
④ 피로가 누적되면 초조해지거나 사소한 일에도 신경질적인 경향으로 인해 난폭운전을 하기 쉽다.

62 다음 중 음주운전자의 특징으로 볼 수 없는 것은?
❶ 신체 기능의 원활   ② 충동성   ③ 공격성   ④ 반사회성

63 운전자의 반응과정으로 올바른 것은?
① 인지-판단-제거   ② 판단-인지-조작   ❸ 인지-판단-조작   ④ 조작-인지-판단

64 고령 운전자의 특성으로 올바르지 않은 것은?
① 야간 주행능력이 떨어진다.
② 시청각 감각이 감소되어 교통사고 위험빈도 노출이 높다.
❸ 운전에 대한 경험과 지식이 풍부하므로 운전에 대한 민첩성이 높다.
④ 교통사고 요소에 대한 반응속도가 떨어진다.

65 다음 중 고령운전자의 특징이 아닌 것은?
① 순발력의 저하   ② 청력 약화   ③ 시력 감퇴   ❹ 민첩성의 확보

66 다음 중 어린이의 교통특징에 해당하는 것은?
❶ 호기심이 많다.
② 판단력이 정확하다.
③ 사고방식이 복잡하다.
④ 행동을 모방하려 하지 않는다.

67 다음 중 보행자의 심리로 볼 수 없는 것은?
① 보행자는 급히 서두르는 것이 보통이다.
② 횡단보도를 이용하기 보다는 현 위치에서 횡단하려고 한다.
③ 자동차가 모든 것을 양보해 줄 것으로 믿는다.
❹ 횡단보도를 찾아서 횡단하려는 심리가 크다.

68 다음 중 사고다발자의 일반적인 특성으로 볼 수 없는 것은?
① 충동을 제어하지 못하여 조기 반응을 나타낸다.
② 자극에 민감한 경향을 보이고 흥분을 잘한다.
❸ 호탕하고 개방적이어서 인간관계에 있어서 협조적 태도를 보인다.
④ 정서적으로 충동적이다.

69 외부자극이 행동으로 진행되는 과정을 바르게 나열한 것은?

① 식별 – 순응 – 판단 – 행동
❷ 자각 – 식별 – 판단 – 행동
③ 자각 – 판단 – 행동 – 식별
④ 식별 – 자각 – 판단 – 행동

◆ 인지반응 ◆

[https://transpro.tistory.com/entry/PIEV인지반응 / 대한교통사고감정원 http://www.carsago119.co.kr/]

인진반응(PIEV) 과정이란 외부자극에 대한 인간의 신체적 반응과정을 4단계로 구분한 것을 말한다.

(1) 자각(Perception, 인지) : 자극을 느끼는 과정
(2) 식별(Intellection, 확인) : 자극을 식별하고 이해하는 과정
(3) 판단(Emotion) : 적절한 행동(정지, 추월, 감속, 경적울림, 비켜감 등)을 결심하는 의사결정 과정
(4) 반응(Volition) : 행동의 실행 및 이에 따른 차량의 작동이 시작되기 직전까지의 과정

인지반응 시간이란 도로를 주행하는 운전자는 끊임없이 교통상황에 관한 정보를 습득하고 주행경로를 확인하고 안전성을 검토하며, 도로를 주행도중 나타나는 위험한 물체나 도로표지 등의 정보를 인식하여 주행조작에 활용하는 과정을 PIEV라 표시한다. 인지반응 시간은 교통사고분석에서 보통 0.7~1.0초를 적용한다.

◆ 정지거리 ◆

[교통안전관리론(문영배, 2003, pp.125-126.)]

정지거리란 공주거리 + 제동거리이며, 운전자가 위험물을 발견 후 브레이크에 제동의 동작을 시작해서 자동차가 정지하기까지의 사이에 자동차가 운행된 거리를 말한다.

건조한 포장도로에서 급브레이크를 밟았을 때의 정지거리에 비해 비가 올 때의 정지거리는 1.5배 이상, 빙판길에서는 정지거리가 3배 이상이 된다. 정지거리는 차종, 중량에 따라 달라진다.

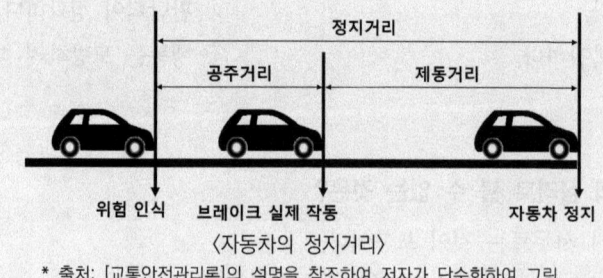

〈자동차의 정지거리〉
* 출처: [교통안전관리론]의 설명을 참조하여 저자가 단순화하여 그림

70 다음 중 운전자가 정보를 수집하고 행동을 결정하여 실행 후 확인하는 과정을 의미하는 것은?

① 행동반응 ❷ 인지반응 ③ 상황반응 ④ 교통반응

71 운전자가 위험을 인식하고 브레이크가 실제로 작동하기까지 걸리는 시간을 의미하는 용어는?

① 정지거리 ❷ 공주거리 ③ 주행거리 ④ 제동거리

72 자동차의 브레이크가 작동하여 자동차가 완전히 정지할 때까지 자동차가 움직인 거리는?
① 정지거리 ❷ 제동거리 ③ 공주거리 ④ 반응거리

73 노면에 나타난 스키드마트(Skid Mark)로 추정할 수 있는 것은?
① 자동차의 타이어 자국이 노면에 찍힌 흔적으로 차량의 추진력을 알 수 있다.
❷ 자동차 브레이크 시 노면에 남긴 흔적으로 길이를 이용하여 속도를 추정할 수 있다.
③ 자동차의 앞차륜 정렬상태를 알 수 있다.
④ 자동차의 정적·동적 밸런스를 알 수 있다.

74 운수회사의 교통사고 방지를 위한 안전관리 업무를 담당하는 안전관리조직에 포함되는 요소로 올바르지 않은 것은?
① 안전관리조직은 안전관리 목적 달성의 수단일 것
② 안전관리조직은 안전관리 목적 달성에 지장이 없는 한 단순할 것
③ 안전관리조직은 인간을 목적 달성을 위한 수단의 요소로 인식할 것
❹ 안전관리조직은 인간을 목적 달성의 수단으로 종합적으로 판단할 것

> **해설**
>
> ◆ **교통안전관리조직** ◆
> [교통안전관리론(문영배, 2003, pp.22-23.)]
>
> (1) **교통안전관리조직의 개념** : 일반적으로 교통안전관리조직의 개념은 다음 같은 여러 가지 요소에 의해서 규정될 수 있다.
>   ① 교통안전관리조직은 안전관리 목적달성의 수단이라는 것
>   ② 교통안전관리조직은 목적달성에 지장이 없는 한 단순할 것
>   ③ 교통안전관리조직은 인간의 목적달성을 위한 수단의 요소로 인식할 것
>   ④ 교통안전관리조직은 구성원을 능률적으로 조절할 수 있어야 할 것
>   ⑤ 교통안전관리조직은 운영자에게 통제상의 정보를 제공할 수 있어야 할 것
>   ⑥ 교통안전관리조직은 구성원 상호간을 연결할 수 있는 공식적 조직이어야 할 것
>   ⑦ 교통안전관리조직은 환경의 변화에 순응할 수 있는 유기체이어야 할 것
>
> (2) **교통안전관리의 공식적 조직** : 조직의 목적을 달성하기 위하여 인위적으로 만든 조직으로서 그 특징은 다음과 같다.
>   ① **인위적 구성**, ② **가시적**, ③ **규약에 의하여 명문화·제도화**, ④ **능률의 논리 추구**
>
> (3) **교통안전관리의 비공식적 조직** : 조직 구성원의 일부가 그들의 필요에 의하여 형성된 조직으로서 그 특징은 다음과 같다.
>   ① **자연발생적 구성**, ② **비가시적**, ③ **동태적**, ④ **조직구성원의 감정의 논리에 의하여 형성**

> ◆ **소시오메트리(sociometry)** ◆
> [위키백과(영어), 네이버 국어사전, 네이버블로그]
>
> 소시오메트리(Sociometry)는 집단 내의 구성원들 사이에 서로 좋아하거나 싫어하는 감정을 포착하여 분석함으로써 집단의 구조, 인간관계, 집단 구성원의 사기 등을 측정하는 이론을 말한다.
> 원래 정신병학상의 환자에 대한 집단적 치료의 목적에서 출발하였으나, 그 후 집단내 인간관계의 유기적 상태를 심층적으로 분석하고 진단하는 방법으로 발전하였다.

75 다음 중 공식집단의 특성으로 올바르지 않은 것은?

❶ 비가시적이다.
② 표준화된 업무를 수행한다.
③ 제도화된 공식 규범의 바탕 위에 성립된다.
④ 공적인 목표를 추구하기 위하여 인위적으로 조직을 구성한다.

76 조직체계 방식 중 직무의 표준화를 의미하는 것은?

❶ 공식화의 원칙
② 권한과 책임의 원칙
③ 명령통일의 원칙
④ 전문화의 원칙

77 다음 중 교통안전관리조직의 개념에 대한 설명으로 올바르지 않은 것은?

① 교통안전관리조직은 단순해야 한다.
② 환경변화에 순응할 수 있는 유기체로서의 성격을 지녀야 한다.
❸ 안전관리조직은 구성원 상호간을 연결할 수 있는 비공식적 조직이어야 한다.
④ 안전관리조직은 그 운영자에게 통제 상의 정보를 제공할 수 있어야 한다.

78 다음 중 비공식적 조직의 특성이 아닌 것은?

① 구성원 간의 상호작용에 의해 자연 발생적으로 성립된다.
② 혈연·지연·학연·취미·종교·이해관계 등의 기초 위에 형성된다.
❸ 능률이나 비용의 논리에 의해 구성 및 운영된다.
④ 친숙한 인간관계를 요건으로 하기 때문에 대체로 소집단의 상태를 유지한다.

79 비공식 조직에서 조직원 상호간의 감정적 거리를 측정하여 집단의 상호관계를 파악하는 방법은?

① 조하리의 창
② 브레인스토밍
❸ 소시오메트리
④ 그레이프바인

80 다음 중 라인과 스태프에 대한 설명으로 틀린 것은?

❶ 스태프는 전문적인 권한을 행사하는 조직이다.
② 라인은 경영활동의 집행을 담당한다.
③ 라인은 조직의 목표 달성을 위해 부하를 감독하고 작업 결과에 대하여 책임을 지는 조직이다.
④ 스태프는 라인에 지원과 조언의 전문적인 서비스를 제공하는 조직이다.

해설

◆ 교통안전관리조직의 형태 ◆
[교통안전관리론(李弘魯, 2002, pp.115-116.)], [교통안전관리론(문영배, 2003, pp.23-24.)]

교통안전관리조직은 일반적인 조직론에서와 같이 직계식(line형) 조직, 참모식(staff형) 조직, 직계·참모식(line-staff형) 조직으로 구분할 수 있다.

(1) 라인형(직계식) 조직
이 조직은 안전관리에 관한 계획에서부터 실시·평가에 이르기까지 지시·명령계통에 따라 집행하므로 다음과 같은 장단점을 갖는다.
① 장점
- **소규모 사업장에 적합하다.**
- 안전에 관한 명령·지시나 개선조치가 각 부문의 직제를 통하여 생산업무와 같이 흘러가므로 지시나 조치가 철저할 뿐만 아니라 그 실시도 빠르다.
- 명령과 보고가 상하관계 뿐이므로 간단명료하다.
② 단점
- 라인(line)의 각급 관리·감독자는 일상의 지도관계 업무에 쫓겨 안전에 대한 전문지식이나 정보를 몸에 익힐 수 없다.
- 모든 권한이 포괄적이고 직선적으로 행사되어, 조직의 안전을 전문으로 분담하는 부문이 없으므로 고도의 관리를 기대할 수 없다.

(2) 스태프형(참모식) 조직
이 조직은 안전관리를 관장하는 스태프(staff, 참모) 부문을 두고, 안전관리에 관한 계획, 조사, 검토, 권고, 보고 등을 행하도록 하는 것이다. 스태프(staff)의 성격상 어디까지나 계획안의 작성, 조사, 점검결과에 따른 조언, 보고에 머무는 것이며 스스로 라인(line)의 안전업무를 행하는 것은 아니다.
① 장점
- 전문 스태프(staff)의 지도에 의해서 고도의 안전활동이 진행되게 되므로 라인(line)에서의 관리, 감독자가 안전에 관하여 미숙하더라도 이 사람들을 활용하여 육성하면서 안전이 추진될 수 있고, 점차 안전관리에 관한 업무가 표준화되어 직장에 정착하게 된다.
② 단점
- 안전에 관한 명령이 각각 별개의 두 계통에서 나오게 되어 직장의 질서 유지에 혼란을 가져올 가능성이 있고, 응급조치가 곤란해지며 통제 절차가 복잡하다.

(3) 라인·스태프(직계·참모) 조직
이 방식은 위의 두 가지 방식을 병용한 것으로서 두 가지 중 좋은 점만을 골라서 새로이 만든 방식이다. **대규모 기업의 안전관리조직으로서 보다 적합한 것**으로 볼 수 있다.

◆ **교통안전관리의 책임·권리·의무의 명확화** ◆
[교통안전관리론(문영배, 2003, p.27.)]

(1) 책임의 구분
   (가) 보유책임 : 자기 자신이 구체적으로 업무를 수행하고 그 결과에 대해서 책임을 지는 것
   (나) 감독책임 : 상사가 부하에게 업무를 시키고 그 결과에 대해서 상사가 책임을 지는 것
(2) 책임의 원칙
   (가) 책임전가의 금지 : 업무의 결과에 대해서는 자기 스스로 책임을 져야 한다.
   (나) 책임의 명확화 : 업무 분담 범위를 명확히 하고 각 업무 분담별로 업무 목표를 정확히 설정한다.
(3) 권한 : 권한이란 자기에게 주어진 책임을 수행하는데 필요한 권력이다. 그런데 최고경영자가 이 권한을 독점하고 있으면 급변하는 교통환경에 대처해 나갈 수 없으므로 권한의 위임이 필요하다.
   (가) 권한의 분류 : 결정권, 집행권, 감독권
   (나) 권한의 위임 효과
     ① 상위자가 중요 사항에 전념할 수 있다.   ② 부하 직원이 능력을 발휘할 수 있다.
     ③ 업무의 신속한 처리가 가능하다.   ④ 관계자들의 사기 진작을 기대할 수 있게 된다.

81 권한은 특정 업무를 수행할 때 사용되며 책임의 집합을 의미한다. 이 권한을 위임하는 이유로 올바르지 않은 것은?
① 하급자의 능률 향상에 이바지될 수 있다.
② 업무 처리 능력이 효율적으로 향상된다.
❸ 변화에 따른 환경에 대응하여 최고 상급자의 지배권을 강화할 수 있다.
④ 상급자가 고유 업무에 전력을 다할 수가 있다.

82 다음 조직의 형태 중 대규모 조직에 적합한 안전관리 조직형태는?
① 라인형 조직   ② 스태프형 조직
❸ 라인스태프형 조직   ④ 기타 조직

83 다음 중 집단의사 결정과 의사소통에 대한 설명으로 올바르지 않은 것은?
① 제안에 대한 자유로운 비판이 가능한 개방적인 분위기를 조성하는 리더십이 필요하다.
② 의사결정의 주체가 누구냐에 따라 개인의사결정과 집단의사결정으로 나뉜다.
❸ 의사결정기능을 종업원에게 분산시키는 것이 반드시 필요하다.
④ 일단 결정이 내려지더라도 리더는 재차 회의를 소집하여 다시 점검, 논의하는 시간을 갖도록 한다.

84 합리적인 의사결정을 위한 의사결정과정을 순서대로 올바르게 나열한 것은?
❶ 문제의 의식 → 정보의 수집·분석 → 대안의 탐색 및 평가 → 대안 선택 → 실행 → 결과평가
② 문제의 의식 → 대안의 탐색 및 평가 → 정보의 수집·분석 → 대안 선택 → 실행 → 결과평가
③ 문제의 의식 → 대안의 탐색 및 평가 → 대안 선택 → 정보의 수집·분석 → 실행 → 결과평가
④ 문제의 의식 → 대안 선택 → 대안의 탐색 및 평가 → 정보의 수집·분석 → 실행 → 결과평가

85 운송업체의 최고경영진의 마음가짐에 해당하지 않는 것은?

① 감독자와 운전자는 계급을 떠나서 인간적 관계를 맺는다.
② 안전관계회의에는 항시 참석한다.
③ 권위 있는 지도력과 안전관리에 대한 지속적 관심을 표시한다.
❹ 상벌을 시행할 때에는 참석하지 않는다.

◆ 교통안전관리조직의 형태 및 역할 ◆
[교통안전관리론(문영배, 2003, pp.207-208.)]

(1) 경영 또는 관리자의 계층 : 최고경영층(사장), 중간경영층(국장, 팀장), 하위경영층(과장, 담당)
(2) 중간관리층의 역할
  ① **상하간 및 부문 상호간의 커뮤니케이션**(유기적인 업무 협조)
  ② **소관부문의 종합 조정자**
  ③ **전문가로 직장의 리더**
(3) 경영자 계층의 기능과 중간관리자의 위치
  유능한 관리자가 되기 위해서는 관리기능을 갖추어야 한다. 관리기능의 구성 내용은 다음과 같다.
  ① 통합 기능 : 계획, 조직, 통제력의 숙련도
  ② 인간적 기능 : 모든 구성원으로 하여금 공통 목적을 향해 자발적으로 협력하도록 하는 능력(정서적·인격적으로 타고난 소질과 재능이 있어야 함.)
  ③ 기술적 기능 : 전문지식과 경험을 토대로 하는 해당 분야의 숙련도와 이해도 등

86 중간관리자의 주요한 역할로 보기 어려운 것은?

① 전문가로서의 역할
❷ 현장 최일선의 지도자
③ 소관부문의 종합조정자
④ 상하간 및 부문 상호간의 커뮤니케이션

87 중간관리자의 주요한 역할로 보기 어려운 것은?

❶ 현장 최일선의 지도자
② 상하간의 커뮤니케이션
③ 소관부분의 종합조정자
④ 전문가로서의 역할

88 교통안전관리의 단계 중 작업장, 사고현장 등을 방문하여 안전지시, 일상적인 감독상태 등을 점검하는 단계는?

① 준비단계　　　　❷ 조사단계　　　　③ 계획단계　　　　④ 설득단계

해설

◆ 교통안전 관리기법 : 교통안전관리의 단계 ◆
[교통안전관리론(李弘魯, 2002, pp.248.-249.)]

교통안전관리의 단계는 ① 준비단계, ② 조사단계, ③ 계획단계, ④ 설득단계, ⑤ 교육훈련단계, ⑥ 확인단계로 나눌 수 있다.

(1) 준비단계
안전관리자의 준비 또는 자질배양기관은 그의 정규교육, 특별 안전교육 및 이전의 관련업무 경험으로 구성된다. 준비과정이란 다른 전문 업무와 마찬가지로 계속적인 노력단계이다. 시대에 뒤떨어지지 않으려는 모든 가능한 방법을 활용하여야 하는데, 여기에는 전문잡지 및 도서의 이용, 회의 및 세미나 참석 및 각종 안전기구의 활동에 참가하는 것 등이 포함된다.

(2) 조사단계
조사에는 많은 면이 관련되지만, 대체로 사고기록을 철저히 기록함으로써 시작된다. 과거 수년간 사고의 기록을 종합해 보면, 사고빈도가 높은 사고형태, 지점, 원인 및 여타 인자들에 대하여 파악할 수 있다. 그러나 사고기록이 모든 관련정보를 밝혀주지 않는 경우가 대부분이므로, 관련 당사자들과 면담을 하고 직접 증거를 검토해 볼 필요가 있다.
또한 작업장, 사고현장 등을 방문하고 작업방법, 작업지시, 일상적인 감독상태 및 통과차량의 운전관행 **등도 점검하여야 할 것이다.** 이 모든 경우, 장래의 재점검을 위하여 주요정보를 일지로 유지해 두는 것이 관리상 많은 도움이 된다.

(3) 계획단계
안전관리자의 다음 단계는 이 대안들을 분석하여 바람직한 행동계획을 수립할 수 있게 된다. 여기에는 절차, 운전습관, 감독, 근무환경 등의 개선이 필요하게 될 것이다. 계획이란, 경영진의 승인을 얻어 실천하기 위한 청사진이므로, 제안은 완전하고 이해 가능하며 실질적이어야 한다. 계획을 보다 주의 깊게 준비할수록 성공에 대한 전망은 그 만큼 밝다.
계획은 또한 가변성이 있어야 한다. 행동의 대안이 포함되어야 할 뿐만 아니라 개정도 가능하도록 입안되어야 한다. 종종 경험 또는 새로운 절차나 실무에 의하여 변경이 필수불가결하게 되기 때문이다. 이 점에 있어 의견을 들어 보거나 조직 내부·외부의 다른 전문가들의 조언을 구함으로써 초안을 검증해 보는 것이 좋은데, 비용부담이 큰 실수를 피하는데 큰 도움이 될 수 있기 때문이다.

(4) 설득단계
안전관리자는 최고 경영진에게 **가장 효과적인 안전관리 방안을 제시해 주어야 한다.** 경영진은 안전관리에 대해서 타성에 젖어있을 수가 있으므로, 안전관리자는 사실 및 사업성에 입각한 안전업무 혹은 안전제도의 실행에 따른 비용 및 제도가 채택됨으로써 얻어지는 기대이익을 경영진에게 제시함으로써 경영진으로부터 최대의 지원을 얻을 수 있도록 해야 한다.

(5) 교육훈련단계
경영진으로부터 새로운 제도에 대한 승인을 얻고나면, 종업원들을 교육·훈련시켜야 한다. 이때 이들에게는 모든 새로운 안전절차나 계획을 점검할 기회가 주어져야 하며, 또한 완전히 익숙해지는 충분한 시간이 허용되어야 한다. 누가 안전교육을 실시하든, 안전관리자가 반드시 그것을 확인해야 한다. 사실상 실무적인 관점에서 볼 때, 이러한 교육·훈련은 의심의 여지없이 안전집단으로부터 발원하는데, 모든 직무교육, 업무절차는 종업원을 교육·훈련시킴에 있어 안전한 방법이 결여되지 않았다는 것을 확인하기 위하여 안전관리자가 반드시 검토를 하여야 한다.

(6) 확인단계
안전제도는 한번 시발된 후에는 정기적인 확인을 필요로 한다. 이러한 확인은 단순할 수도 있고 심층적일 수도

있다.

예를 들면, 자동차사고 보고서가 제출되고 있는 지를 확인하기 위하여 사고 결근자의 월간 보고서를 감봉기록서에 의거 작성할 수 있으며, 위원회가 정기적으로 시행하는 안전평가에 의거 조장들이 직장 정돈, 차량관리 등의 업무에 얼마나 충실하고 있는지를 확인할 수 있다.

불완전한 사고 보고서는 추가사항을 보완하도록 돌려보내야 한다.

89 다음 중 일상적인 감독상태 등을 점검하는 안전관리 단계는?
① 준비단계　　　　❷ 조사단계　　　　③ 계획단계　　　　④ 설득단계

90 교통안전관리의 단계에서 교통안전관리자가 경영진에 대해 효과적인 안전관리방안을 제시해야 하는 단계로 볼 수 있는 것은?
① 수립단계　　　　② 계획단계　　　　❸ 설득단계　　　　④ 실행단계

91 계획의 단계에 해당되지 않는 것은?
① 문제의 인식　　　② 목표의 설정　　　③ 계획 전반의 수립　　　❹ 대량성 및 공통성

― same type ―

92 심리학자 캇츠(D. Katz)가 말하는 "스스로를 더욱 강화시키고, 자기 자신의 정체성을 가지게 하는 태도"의 기능으로 올바른 것은?
① 적응 기능　　　② 지식적 기능　　　③ 자기 방어적 기능　　　❹ 가치 표현적 기능

해설

◆ **교통안전 관리기법 : 운전자 및 환경평가** ◆
[교통안전관리론(李弘魯, 2002, pp.259.-269)]

◆ **카츠(Katz)-태도 기능적 접근** ◆
[Katz,D.,"The Functional Approachto the Study of Attitude"(1960)]

카츠(Katz,1960)의 분류에 따르면 태도는 다음과 같은 네 가지 기능을 갖는다.

(1) 도구적, 적응적, 또는 공리적 기능
　사람들은 외부환경으로부터 보상을 최대화하고 처벌을 최소화시키기 위해서 어떤 태도를 취한다. 예를 들어 세금이 너무 많다고 생각하는 유권자는 세금을 줄이겠다고 공약하는 정치 후보자에게 호의적인 태도를 갖는다.

(2) 자아방어 기능
　사람들은 스스로 인정하기 싫은 충동이나 외부적 위협으로부터 자아를 보호할 목적으로 어떤 태도를 취하기도 한다. 예컨대 종종 소수집단에게 투사되는 열등의 느낌은 자아를 보강하기 위한 수단이다. 이것은 편견적인 태도가 자아방어

기능을 담당하고 있는 예라고 할 수 있다.

(3) 가치표현 기능

사람들은 어떤 태도를 통해 자신의 중심적인 가치나 자신이 어떤 종류의 사람인가에 대해 긍정적인 표현을 하고자 한다. 예를 들어 어떤 록큰롤 그룹을 좋아하는 십대 청소년은 바로 이러한 태도를 통해 그의 개성을 표현하고 있는 것이다.

(4) 지식 기능

지식에 대한 욕망을 충족시키기 위해서, 또 혼돈과 무질서의 세상에 구조나 의미를 부여하기 위해서 사람들은 어떤 태도를 갖게 된다. 많은 종교적 믿음, 문화적 규범 등이 이러한 기능을 수행한다.

◈ **준거집단** ◈

[금성출판사 티칭백과, https://thub.kumsung.co.kr/]

준거집단(reference group 準據集團) : 개인이 어떤 행동이나 판단을 할 때 기준으로 삼는 집단을 준거 집단이라고 한다. 예를 들어, 한 학생이 A 대학에 입학하기 위하여 열심히 공부하고 있다면 A 대학은 그 학생의 준거 집단이 된다. 개인은 준거 집단을 정해 놓고 그에 따라 생각하고 행동하려는 경향이 있다. 이 때문에 "당신이 타는 차가 당신의 가치를 말해 줍니다.", "10대라면 ○○을 입자."와 같이 준거 집단 의식을 겨냥한 광고들은 실제로 높은 판매 효과가 있다고 한다.

준거 집단은 개인이 현재 소속한 집단일 수도 있지만 아닐 수도 있다. 준거 집단과 소속 집단이 일치할 경우에는 자신의 집단에 소속감과 자부심을 느끼고 공동체 의식을 갖게 된다. 반면, 자신이 속하지 않은 집단을 준거 집단으로 삼은 경우에는 해당 집단에 소속되기 위해 노력하는 원동력이 될 수 있지만, 자신이 속한 집단에 대한 불만과 상대적 박탈감을 느낄 수 있으며 소속 집단 구성원들과의 갈등을 유발할 수 있다.

◈ **후광효과** ◈

[공정한 성과평가 방법론 : 7가지 평가 오류와 해결책, https://changeplus.tistory.com/entry]

- 후광효과(halo effect)는 평가자가 피평가자의 외모, 학력, 집안 배경 등에 현혹되어 평가를 하는 오류를 말한다. 현혹효과라고도 불린다.
- 후광효과의 특징
  - 한 가지 특징에 근거하여 나머지도 모두 좋을 것이라고 생각하는 경향
  - 고정관념이나 편견에서 비롯됨
  - 평가자가 피평가자에 대해 긍정적인 인상을 가지게 되면 나타남
  - 평가자가 피평가자의 전체적인 인상을 바탕으로 평가를 하게 되는 경향

93 타인과의 관계에서 자신의 잠재력, 운명, 위치 등을 파악하는 기준이 되는 집단은?

① 이익집단　　　　　　　　　　② 우호집단
❸ 준거집단　　　　　　　　　　④ 소속집단

94 집단활동의 타성화에 대한 대책으로써 올바르지 않은 것은?

❶ 문제의식 억제　　　　　　　　② 성과를 도표화
③ 표어, 포스터의 모집　　　　　④ 타 집단과 상호교류

95 어떤 한 분야에 있어서의 어떤 사람에 대한 호의적 또는 비호의적인 인상이 다른 분에 있어서의 그 사람에 대한 평가에 영향을 주는 경향을 무엇이라 하는가?

① 스테레오타입
② 최근효과
③ 자존적 편견
❹ 후광효과 또는 현혹효과

96 개인의 일부 특성을 기반으로 그 개인 전체를 평가하는 지각 경향을 무엇이라 하는가?

① 스테레오타입
② 최근효과
③ 자존적 편견
❹ 후광효과

97 인적평가와 관련하여 발생 가능한 오류에 대한 설명으로 올바르지 않은 것은?

① 상관적 편견 : 평가자가 관련성이 없는 평가항목들 간에 높은 상관성을 인지하거나 또는 이들을 구분할 수 없어서 유사·동일하게 인지할 때 발생
❷ 현혹효과(후광효과) : 피 고과자를 실제보다 과대 혹은 과소평가하는 것으로서 집단의 평가 결과가 한쪽으로 치우치는 경향
③ 상동적 오류 : 타인에 대한 평가가 그가 속한 사회적 집단에 대한 지각을 기초로 해서 이루어지는 것
④ 투사 : 자기 자신의 특성이나 관점을 다른 사람에게 전가시키는 것

― same type ―

98 다음 중 교육(education)과 훈련(training)에 대한 설명으로 올바르지 않은 것은?

❶ 교육은 조직목표를 강조하는데 반해 훈련은 개인의 목표를 강조한다.
② 교육, 훈련 두 가지 다 인간의 변화와 학습이론이 적용된다는 점에서는 차이가 없다.
③ 오늘날 양자를 종합한 성격으로 개발(development)이라는 개념이 강조되고 있다.
④ 훈련은 비교적 단기적인 목표를, 교육은 장기적인 목표를 달성하고자 한다.

> **해설**
>
> ◆ **교통안전 관리기법 : 교통안전 교육의 이념과 목표** ◆
> [교통안전관리론(李弘魯, 2002, pp.273.-275)]
>
> 교통안전 교육은 자타(自他)의 생명을 존중하여 안전하게 행동할 수 있고, 교통사회의 일원으로서 사회의 안전에 공헌할 수 있는 사람을 육성하는데 있다.
> 교통안전 교육의 이념과 목표(교육해야 할 내용)를 다음과 같이 제시할 수 있다.
> **(1) 자기통제** (내용 생략)
> **(2) 준법정신** (내용 생략)
> **(3) 안전(운전)태도** (내용 생략)
> **(4) 타자 적응성(사회적 기능)** : 도로는 자기 혼자만이 이용하는 것이 아니라 많은 사람들과 같이 공용한다는 인식을 갖고 타 교통 참가자의 심정을 이해하고 동반자로 받아들여 항상 관심을 갖고 배려하며 그들과의 적절한 인간관계와 의사소

통 방법을 체득하게 한다.
(5) 안전운전 기능 (내용 생략)
(6) 운전(조작) 기능 (내용 생략)

◆ **타자적 적응성** ◆
[https://www.google.com/search?q=타자적응성]

타자적응성은 **타인과의 상호작용에서 적절하게 대응하고 협력하는 능력을** 의미한다. 커뮤니케이션 능력의 구성 요소로, 적절성, 효과성, 통제, 협력 적응성 등이 포함된다.

◆ **직장 내 훈련(OJT)과 직장 외 훈련(Off-JT)** ◆
[https://www.jobindexworld.com/circle/view/12460]

(1) **직장 내 훈련(OJT : On the Job Training)의 장점**
　① 훈련과 직무와 직결되어 낮은 비용으로 시행할 수 있다.
　② 실무와 밀착된 교육훈련이 가능하다.
　③ 훈련을 통한 동기유발 및 동기부여를 할 수 있다.
(2) **직장 내 훈련(OJT : On the Job Training)의 단점**
　① 계획 및 일정에 따른 교육이 어렵다.
　② 실무 작업과 교육 모두 소홀해 질 수 있다.
　③ 여러 구성원이 있는 경우, 훈련 내용 및 수준이 다를 수 있다.
(3) **직장 외 훈련(Off-JT : Off the Job Training)의 장점**
　① 계획 및 일정에 따른 훈련이 가능하다.
　② 직무로부터 분리되어 훈련에만 집중할 수 있다.
　③ 교육 전문가를 통한 훈련을 받는다.
(3) **직장 외 훈련(Off-JT : Off the Job Training)의 단점**
　① 비용이 많이 든다.
　② 직무로부터 분리되어 실무에서 일할 인력이 감소한다.
　③ 실무에 남아 있는 구성원들의 업무가 증가한다.

99 교통안전교육의 내용 중 하나인 인간관계의 소통과 관련 다른 교통참가자를 동반한 자로서 받아들여 그들과 의사소통을 하게 하거나 적절한 인간관계를 맺도록 하는 것을 의미하는 것은?

① 자기통제(Self-Control)　　　❷ 타자적응성
③ 준법정신　　　　　　　　　　④ 안전운전태도

100 갈등관계에 있는 두 집단의 대면적 화합을 통해서 갈등을 줄이고자 하는 집단갈등 해소방법은?

① 상위의 공동목표 설정　　　❷ 문제해결법
③ 외부인사의 초빙　　　　　　④ 전제적 명령

101 다음 중 직장 외 훈련(off job training)에 대한 설명으로 올바르지 않은 것은?

① 규모가 작은 기업에서는 사실상 실시하기 어려운 훈련방법이다.
❷ 일선 종업원에만 가능한 교육훈련방법이다.
③ 빌딩 내의 양성소나 연수원 등과 같은 특정의 시설을 통하여 수행된다.
④ 직무 부담에서 벗어나 새로운 학습에 전념할 수 있으므로 훈련효과가 높다는 강점이 있다.

102 다음 문장의 괄호 안에 들어갈 용어가 순서대로 올바른 것은?

> (   )으로 지식과 정보가 쌓이며, (   )으로 일정수준에까지 순응시키며, (   )로 통솔 하에 이끌게 된다.

❶ 교육, 훈련, 지도
② 훈련, 교육, 지도
③ 지도, 훈련, 교육
④ 교육, 지도, 훈련

103 조직 구성원들이 집단목표를 달성하도록 영향력을 행사하는 능력을 무엇이라고 하는가?

① 커뮤니케이션   ② 매니지먼트   ❸ 리더십   ④ 모티베이션

── same type ──

104 다음 중 집합교육의 유형에 해당하지 않는 것은?

① 강의   ② 토론   ③ 실습   ❹ 카운슬링

> **해설**
>
> ◆ **교통안전 관리기법 : 운전자 교육 - 교육방법 분류** ◆
> [교통안전관리론(李弘魯, 2002, pp.287.-292.)]
>
> (1) 개별교육 (☞ 항목별 세부설명 생략)
>   ① 개별실습, ② 카운슬링, ③ 일상적 지도, ④ 태코그래프에 의한 지도
> (2) 소집단 교육
>   ① 사례연구법, ② 과제연구법, ③ 분할연기법, ④ 밀봉토의법, ⑤ 패널 디스커션, ⑥ 공개토론법, ⑦ 발견적 토의, ⑧ 심포지움, ⑨ 기술연구, ⑩ 드라이버 콘테스트, ⑪ 합숙교육
> (3) 집합교육
>   ① 강의, ② 시범, ③ 토론, ④ 실습

◆ **교통안전 관리기법 : 교수설계의 과정** ◆
[교통안전관리론(李弘魯, 2002, pp.302.-303)]

일반적인 교수설계의 과정은 크게 ① **분석**, ② **설계 및 개발**, ③ **평가**의 3단계로 나누어진다.

단 계	소 단 계
① 분석	1) 학습자의 특성 파악, 2) 학습목표의 설정, 3) 교수내용 관련 자료의 분석
② 설계 및 개발	4) 교수내용의 체계화, 5) 교수방법의 선택, 6) 시청각 매체 및 보조자료의 개발
③ 평가	7) 수업예행연습 및 평가, 8) 교안 수정 및 완성

◆ **교통안전관리기법 : 직무상 훈련 – 관리기법의 종류와 역할** ◆
[교통안전관리론(李弘魯, 2002, p.310.)]

〈관리기법의 종류와 역할〉

기법명	내 용	난이도	소요시간
브레인 스토밍법 (brain storming)	10명 정도의 구성원으로 상호 간에 비판 없이 자유분방하게 아이디어를 내고, 다른 사람의 아이디어와 개선 결합해 가면서 많은 아이디어를 찾아내는 기법으로서, 다른 여러 가지 기법의 기본이 된다.	용이	수시간
시그니피컨트법 (significant)	유사성 비교라는 방법을 이용해서 얼른 보기에 관계가 있다는 것을 서로 관련시키면서 아이디어를 찾아낸다.	다소곤란	다소 수시간
노모그램법 (nomogram)	시그네틱스법의 결점을 보완하면서 지면에 도해적으로 아이디어를 찾아낸다.	다소곤란	다소 수시간
희망열거법	"이렇게 하고 싶다", "이랬으면 좋겠다" 등과 같이 희망 사항을 적극적으로 지적한다.	용이	수시간
체크리스법	창의성을 발휘하는데 필요하다고 생각되는 항목을 사전에 조목별로 마련해 두었다가 그것을 하나씩 조사해 간다.	용이	수시간
바이오닉스법 (bionics)	자연계나 동식물의 모양 활동 등을 관찰하고 그것을 이용해서 아이디어를 찾아낸다.	보통	수시간
고든법 (gordon technique)	가령 "핸들"의 개선을 생각할 경우에는 "핸들"을 문제로 삼는 것이 아니라 "회전"하는 것에 대해서 아이디어를 찾아낸다.	보통	수시간
인풋, 아웃풋법 (in put, out put)	오토매틱 시스템의 설계에 효과가 있으며, 인풋과 아웃풋을 정해 놓고 그것을 연결해 본다.	다소곤란	수시간
초점법	인풋, 아웃풋법과 동일 사고 방법이며, 초점법에서 먼저 아웃풋 방법을 결정하고 있으나, 인풋 쪽은 무결정으로 임의의 것을 강제적으로 결합해 간다.	다소곤란	수시간

105 다음 중 집합교육의 유형에 해당하지 않는 것은?

① 강의 ② 토론 ③ 실습 ❹ 멘토링

106 교통안전교육 교수설계의 3단계과정으로 올바른 것은?
① 설계 → 분석 및 개발 → 평가
② 개발 → 설계 및 분석 → 평가
❸ 분석 → 설계 및 개발 → 평가
④ 설계 및 개발 → 분석 → 평가

107 다음 중 10명 정도가 모여 무작위로 의견을 제시하고 제출된 의견에 대한 상호비판을 금지하면서 의사를 결정하는 기법은?
① 명목집단법
② 체크리스트법
❸ 브레인스토밍
④ 시스니피케이션

108 여러 사람이 모여 자유로운 발상으로 아이디어를 내는 아이디어 창조기법은?
❶ 브레인스토밍(Brain Storming) 방법
② 시그니피컨트(significant) 방법
③ 노모그램(Nomogram) 방법
④ 바이오닉스(Bionics) 방법

109 유사성 비교라는 방법을 이용하여 관계가 있는 것을 서로 관련시키면서 아이디어를 찾아내는 방법은?
① 브레인스토밍(Brain stroming) 방법
❷ 시그니피컨트(Significant) 방법
③ 노모그램(Nomogram) 방법
④ 바이오닉스(Bionics) 방법

110 다음 중 브레인스토밍(brain stroming)에 대한 설명으로 올바르지 않은 것은?
① 창의성 있는 아이디어 개발을 위한 기법으로 사용되고 있다.
② 오스본에 의해 창안된 것으로 두뇌선풍, 영감법이라고도 한다.
❸ 아이디어의 양보다 질을 중시한다.
④ 리더가 제기한 문제를 회의 참가자는 일정한 전제 하에서 자유롭게 토론하여 가능한 많은 아이디어를 유도해 내기 위한 방법이다.

― same type ―

111 안전관리활동 중 현장안전회의(Too Box Meeting)에 관한 설명으로 올바르지 않은 것은?
① 짧은 시간을 할애하여 미팅한다.
❷ 장시간 할애하여 미팅한다.
③ 인원수는 5~6인이 적당하다.
④ 운행종료 후에도 미팅한다.

> **해설**
>
> ◆ **교통안전 관리기법 : 현장안전회의** ◆
> [교통안전관리론(李弘魯, 2002, pp.324-326.)]
>
> ◆ **현장안전회의(Tool Box Meeting)** ◆
> [교통안전관리론(문영배, 2003, pp.182-183.)]
>
> - 현장안전회의(Tool Box Meeting)란 직장에서 행하는 안전미팅이다.
> - 현장안전회의란 **일방적으로 명령·지시하는 것이 아니라** 실제 운행상황에 잠재된 위험을 모두가 말하는 가운데서 스스로 생각하고 납득하는 것이다.
> - 현장안전회의 요령은 다음과 같다.
>   (1) **단시간 미팅** : 현장안전회의는 통상 아침의 운행 개시 전에 5분~15분 정도의 시간을 들여 행하여진다. **교대 후 운행 개시 전에 행해지며, 운행 종료 후에도 극히 짧은 시간을 할애하여 미팅한다.**
>   (2) **인원수는 5인 내지 6인으로** : 현장안전회의는 때와 장소를 가리지 않고 필요에 따라 이루어지는 미팅이다. 5인, 6인 정도로 상호 얼굴이 잘 보이고 잘 이야기 할 수 있는 인원수가 좋다. (중략)
>   (3) **미팅의 내용** : 관리자의 명령·지시의 실시 방법에 대하여 의논한다. 예를 들면 지시대로 할 수 있는가, 할 수 없는 점이 있다면 어떻게 할 것인가 등이다. (중략)
>   (4) **현장안전회의 진행 단계**
>   ① 제1단계(**도입**) : 직장체조, 무사고 기 게양, 인사, 안전연설, 목표 제창
>   ② 제2단계(**점검정비**) : 건강, 복지, 필수휴대품, 자동차정비상태 기타 필요한 물품 등 점검
>   ③ 제3단계(**운행지시**) : 전달·주의사항, 기상정보, 안전수칙요령 주지, 위험장소 지정, 운행경로 명시
>   ④ 제4단계(**위험예지**) : 당일 운행에 관한 위험예측활동과 위험예지훈련
>   ⑤ 제5단계(**확인**) : 당일 운행에 대한 실시사항의 종합과 확인, 운행위험요인 체크, 사고방지요령 등

112 안전관리활동 중 현장안전회의(Tool Box Meeting)에 관한 설명으로 올바르지 않은 것은?

① 짧은 시간을 할애하여 미팅한다.
② 인원수는 5~6인이 적당하다.
③ 운행종료 후에도 미팅한다.
❹ 현장안전회의는 일방적으로 지시하는 것이다.

113 다음 중 현장안전회의(Tool Box Meeting)의 진행 단계로 알맞은 것은?

① 도입→운행지시→점검정비→위험예지→확인
② 위험예지→도입→운행지시→점검정비→확인
❸ 도입→점검정비→운행지시→위험예지→확인
④ 위험예지→확인→도입→점검정비→운행지시

114 안전관리활동 중 현장안전회의(Too Box Meeting)에 관한 설명으로 올바르지 않은 것은?

① 직장에서 행하는 안전미팅을 말한다.
② 당일 운행에 관한 위험을 가상한 위험예측활동과 위험예지훈련이 이루어지는 단계이다.
③ 위험에 대한 대책과 팀목표의 확인이 이루어지는 단계이다.
❹ 업무 종료 후 장시간의 회의 요구를 한다.

◆ same type ◆

115 동기이론 중에서 매슬로우(Maslow)의 욕구 5단계를 하위욕구로부터 상위욕구까지 올바르게 연결한 것은?

❶ 생리적 욕구 → 안전욕구 → 사회적 욕구 → 존경욕구 → 자아실현 욕구
② 생리적 욕구 → 사회적 욕구 → 안전욕구 → 존경욕구 → 자아실현 욕구
③ 생리적 욕구 → 안전욕구 → 사회적 욕구 → 자아실현 욕구 → 존경욕구
④ 생리적 욕구 → 사회적 욕구 → 안전욕구 → 자아실현 욕구 → 존경욕구

 해설

◆ **교통안전 관리기법 : 동기부여** ◆
[교통안전관리론(李弘魯, 2002, pp.326-330.)]

(중략) 동기부여는 한 개인의 사기가 앙양될 때 가능하며, 조직에서는 인간행동의 외면적이고 내면적인 가치판단을 총망하여 사기가 앙양되었는가 혹은 저하되었는가를 판단하여야 한다.
(1) **사기앙양과 동기부여**(내용 생략)
① 직무에 대한 태도, ② 관리자 및 감독자에 대한 태도, ③ 동료에 대한 태도, ④ 조직 외의 영향
(2) **동기부여를 위한 제도의 운영**(내용 생략)
① 안전장려금 지급제도, ② 안전경쟁운동, ③ 안전제안제도

◆ **동기부여 이론** ◆
[정석산업안전연구소 (https://blog.naver.com/fosnogo/223811811179)]
[정석산업안전연구소 (https://blog.naver.com/fosnogo/222761722699)]

(1) 동기부여 이론들
① 매슬로우(Maslow)의 욕구단계 이론   ② 맥그리거(McGregor)의 X 이론, Y 이론
③ 알더퍼(Alderfer)의 ERG 이론   ④ 허츠버그(Herzberg)의 2요인 이론
⑤ 데이비스(Davis)의 동기부여 이론

(2) 매슬로우(Maslow)의 욕구단계 이론

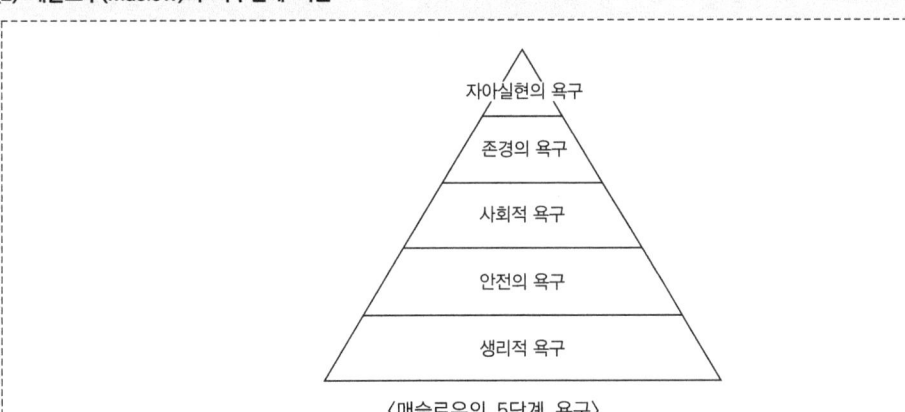

〈매슬로우의 5단계 욕구〉
* 출처: 설명을 참조하여 저자가 단순화하여 그림

• 매슬로우의 욕구단계설(Maslow's Hierarchy of Needs)은 인간의 욕구가 그 중요도 별로 단계 일련을 형성한다는 동기 이론의 일종이다.
• 매슬로우는 특별한 순서나 형태에 따라 나타나는 **인간 욕구의 다섯 가지 체계를 탐구**하였다.

- 중요 순서에 따라 욕구의 단계를 ① 생리적 욕구, ② 안전의 욕구, ③ 사회적 욕구, ④ 존경의 욕구, ⑤ 자아실현의 욕구 순으로 체계적으로 나열하였다.
- 매슬로우 이론은 두 가지 기본전제로부터 출발한다. **충족되지 않은 욕구만이 행동을 일으킨다**는 것이며, 다른 하나는 **욕구들이 계층을 이루고 있다**는 것이다.
- 매슬로우에 따르면 **하나의 욕구가 충족되면 위계상 다음 단계에 있는 다른 욕구가 나타나서 그 충족을 요구하는 식으로 체계를 이룬다. 또한 가장 먼저 요구되는 욕구는 다음 단계에서 달성하려는 욕구보다 강하고 그 욕구가 만족되었을 때만 다음 단계의 욕구로 전이**된다.

  ① 1단계 **생리적 욕구**(Physiological Needs)
  욕구단계이론의 첫 단계는 인간에게 가장 기본이라 할 수 있는 생리적 욕구이다. 즉, 따뜻함이나 거주지, 먹을 것을 얻고자 하는 욕구이다. 이러한 생리적 욕구는 비교적 짧은 기간 내에 반복적으로 충족시키지 않으면 안 된다. 인간은 빵만으로 사는 것은 아니지만 정말로 굶주리고 있는 사람에게 있어서는 빵 한 조각이 전부인 것이다. 춥고 배고픈 문제가 해결되지 않는 한 다른 욕구는 모습을 나타내지 않는다. (예) 급여수준이 높은 직장을 선호하는 것

  ② 2단계 **안전의 욕구**(Safety Needs)
  일단 생리적 욕구가 어느 정도 충족되면 안전의 욕구가 나타난다. 이 욕구는 근본적으로 신체적 및 감정적인 위험으로부터 보호되고 안전해지기를 바라는 욕구이다.
  (예) 안전한 고용관계, 노조가입, 높은 생활의 질을 위해 안정된 직장 선호

  ③ 3단계 **소속감과 애정의 욕구**(Belongingness and Love Needs) - **사회적 욕구**
  일단 생리적 욕구와 안전의 욕구가 어느 정도 충족되면 소속감이나 애정의 욕구가 지배적인 것으로 나타나게 된다. 한마디로 집단을 만들고 싶다거나 동료들로부터 받아들여지고 싶다는 욕구이다.
  인간은 사회적인 존재이므로 어디에 소속되거나 자신이 다른 집단에 의해서 받아들여지기를 원한다. 또한 동료와 친교를 나누고 싶어 하고 이성 간의 교제나 결혼을 갈구하게 된다.

  ④ 4단계 **존경의 욕구**(Esteem Needs)
  인간은 어디에 소속되려는 욕구가 어느 정도 만족되기 시작하면 어느 집단의 단순한 구성원 이상의 것이 되기를 원한다. 이는 내적으로 자존, 자율을 성취하려는 욕구(내적 존경 욕구) 및 외적으로 타인으로부터 주목을 받고 인정을 받으며, 집단 내에서 어떤 지위를 확보하려는 욕구(외적 존경 욕구)이다.

  ⑤ 5단계 **자아실현의 욕구**(Self-Actualization Needs)
  일단 존경의 욕구가 어느 정도 충족되기 시작하면 다음에는 '나의 능력을 발휘하고 싶다', '자기개발을 계속하고 싶다'는 자아실현 욕구가 강력하게 나타난다.
  이는 자신이 이룰 수 있는 것, 혹은 될 수 있는 것을 성취하려는 욕구이다. 즉, 계속된 자기발전을 통하여 성장하고 자신의 잠재력을 극대화하여 자아를 완성시키려는 욕구이다.

* 결핍욕구와 성장욕구
  - 결핍욕구 : 한 번 충족되면 더는 동기로서 작용하지 않는. 생리적 욕구, 안전의 욕구, 사회적 욕구, 존경의 욕구
  - 성장욕구 : 충족이 될수록 그 욕구가 더욱 증대된다. 자아실현의 욕구가 이에 해당한다.

(3) 알더퍼(Alderfer)의 ERG 이론

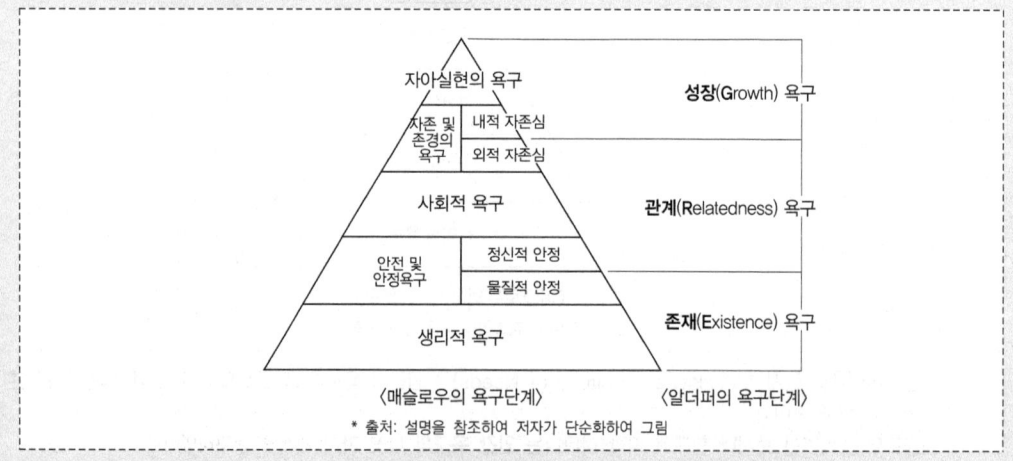

* 출처: 설명을 참조하여 저자가 단순화하여 그림

- 미국의 심리학자 **알더퍼**(Alderfer)는 1972년 **ERG 이론**을 존재욕구(Existence needs), 관계욕구(Relatedness needs), 성장욕구(Growth needs) 이렇게 **세 가지로 단순화**했다.
  ① 존재욕구(Existence Needs)
    - 인간이 존재하기 위해 필요한 생리적 및 안전과 관련된 욕구
    - 매슬로우의 생리적 욕구 + 안전의 욕구
  ② 관계욕구(Relatedness .Needs)
    - 인간의 타인과의 만족스러운 대인관계에 대한 욕구
    - 매슬로우의 사회적 욕구(소속/애정욕구) + 존경의 욕구
  ③ 성장욕구(Growth Needs)
    - 자신의 잠재력 개발과 관련된 욕구. 스스로 얻게 되는 자신감과 자기 완성의 욕구
    - 매슬로우의 존경의 욕구 + 자아실현의 욕구

(4) 매슬로우의 욕구단계와 알더퍼의 ERG 이론의 비교
① 3가지로 단순화하였지만 각 개념은 포괄적이다.
② 어떤 순서가 있는 것이 아니다.
③ 동시에 여러 가지 욕구가 작용하여 동기 유발할 수 있다.
④ 고차원적 욕구가 만족되지 않거나 좌절되면 저차원적 욕구가 더 커져 하위 욕구로 돌아가는 **좌절 – 퇴행 개념을 도입**
⑤ 존재욕구가 충족되지 않으면 존재 욕구에 집중하게 된다.
⑥ 하위욕구가 충족되면 상위 욕구에 집중하게 된다.
⑦ 상위욕구가 충족되지 않으면 하위 욕구에 집중한다.
⑧ 성장욕구는 충족될수록 더욱 강해진다.
⑨ 탄력적이며 현실적이다.
⑩ **좌절-퇴행** 원리는 인간이 상위욕구와 하위욕구에 대해 동시에 동기유발된다는 가능성을 제시한다.
⑪ 욕구구조의 개인차를 인정한다.

(5) 맥그리거(McGregor)의 X이론과 Y이론
- **X이론과 Y이론의 내용**
  맥그리거는 인간의 본성(Nature of Human Being)에 대한 두 가지 구별되는 견해를 제시하였다. 기본적으로 **인간의 본성에 대한 부정적인 관점인 X이론**과 **긍정적인 관점인 Y이론**이 그것이다. 그는 경영자가 종업원을 취급하는 것을 관찰한 후에 인간의 본성에 관한 경영자의 관점을 일단의 가정에 기초를 두고 이들 가정에 따라서 종업원들에 대한 그들의 행동을 형성한다고 보았다.
- **X이론** 하에서 경영자가 가지고 있는 종업원에 대한 가정은 다음과 같다.
  ① 원래 종업원들은 일하기 싫어하며 가능하면 일하는 것을 피하려고 한다.
  ② 원래 종업원들은 일하기 싫어함으로 바람직한 목표를 달성하기 위해서는 통제되고 위협되어야 한다.
  ③ 종업원들은 책임을 회피하고 가능하면 공식적인 지시를 바란다.
  ④ 대부분의 종업원들은 작업과 관련된 모든 요소에 대하여 안전을 추구하며, 야심이 거의 없다.
- 이에 반하여 **Y이론** 하에서 경영자들이 종업원들에 대하여 가지고 있는 가정은 다음과 같다.
  ① 종업원들은 일하는 것을 놀이나 휴식과 동일한 것으로 볼 수 있다.
  ② 종업원들은 조직의 목표에 관여하는 경우에 자기지향과 자기통제를 행한다.
  ③ 보통 인간들은 책임을 수용하고 심지어는 구하는 것을 배울 수 있다.
  ④ 훌륭한 의사결정의 능력은 모든 사람들이 가지고 있으며, 경영자들만의 영역은 아니다.
  동기부여에 관한 맥그리거의 분석은 매슬로우에 의해 제시된 욕구5단계설에 잘 표현되어 있다. **X이론은 저차원 욕구가 개인을 지배**하며, **Y이론은 고차원 욕구가 개인을 지배한다고 가정**한다. **맥그리거 자신은 Y이론의 가정이 X이론의 가정보다 타당하다고 믿는다.** 따라서 그는 의사결정, 책임 그리고 도전적인 직무에 종업원들을 참여시키는 것은 직무동기를 극대화시킨다고 주장하였다.
- **X이론과 Y이론의 이용**
  맥그리거의 X, Y이론은 경영자가 종업원을 통하여 조직의 목표를 달성하기 위하여 동기를 부여하는 방법에 있어서 우선 종업원의 본성에 대한 파악을 해야 한다는 것이다.
  즉 **종업원들이 X이론적 인간들인가 또는 Y이론적 인간들인가를 파악해야 한다**는 것이다.

자신의 종업원들이 X이론적인 인간들이라면, 이들을 통하여 조직의 목표를 달성하기 위해서는 **강제, 명령, 처벌 및 위협의 방법을 이용해야** 한다. 이들의 동기는 대체로 저차원 수준의 욕구, 즉 생리적 욕구와 안전의 욕구 수준에 머무르고 있다고 가정되기 때문에, 이들에게는 이런 저차원 욕구를 충족시키는 방법을 이용하여 동기부여를 시키는 것이 효과적이다.

한편, 자신의 종업원이 Y이론적 인간이라면, 이들에게는 **조직목표를 달성하는데 경영자가 지원자적인 역할을 수행하는 것이 효과**적이다. 이들은 일일이 명령과 통제를 받지 않더라도 자기지향과 자기통제를 행하기 때문이다. Y이론에 따르면, 인간의 동기는 대체로 저차원 수준의 욕구를 만족하고 있기 때문에 고차원적 욕구를 충족시켜야만 동기부여가 된다. 따라서 **경영자는 종업원들의 고차원적 욕구를 충족시키는 방법을 모색하여야** 한다.

(6) 허츠버그(Herzberg)의 2요인 이론
인간의 욕구는 위생요인과 동기요인 2가지로 나눌 수 있다. 이 두 요인은 상호 독립적이다.
① **위생 요인**(Hygiene Factor, **불만 요인**) : 먼저 충족되더라도 적극적인 의욕이나 직무만족으로 이어지지는 않지만, 만약 충족되지 않는다면 큰 불만으로 나타나는 것들로서, 실내 공기 상태나 조명 등의 업무환경, 회사의 정책과 관리, 감독, 대인관계, 급여, 복리후생 등이 해당된다.
② **동기 요인**(Motivator Factor, **만족 요인**) : 충족될 경우 만족감을 주고, 일에 대한 동기부여를 높여주는 요인으로 성취감, 인정, 책임감, 성장과 발전 등이 해당된다.

※ 특징 ※
❶ 인간의 욕구를 2가지 요인으로 구분 : 위생요인과 동기요인으로 구분하여 설명하였다.
❷ 요인들의 상호 독립성 : 위생요인과 동기요인은 서로 독립적으로 작용하며, 한 요인이 충족된다고 해서 다른 요인이 자동으로 충족되는 것은 아니라고 보고 있다.
❸ 불만족과 만족의 이질성 : 불만족을 일으키는 요인과 만족을 일으키는 요인이 서로 다르며, 이 두 요인은 서로 영향을 미치지 않는다고 보았다.
❹ 조직 경영에 대한 시사점 : 조직에서 직원들의 업무 만족도와 생산성을 높이기 위해서는 위생요인과 동기요인을 모두 고려해야 한다는 것을 강조한다.

(7) 데이비스(Davis)의 동기부여 이론
데이비스의 동기부여 이론은 동기부여를 등식으로 나타낸 이론이다. 데이비스의 동기부여 이론은 다음과 같은 등식으로 표현된다.

지식 × 기능	능력
상황 × 태도	동기유발
능력 × 동기유발	인간의 성과
인간의 성과 × 물질의 성과	경영의 성과

116 다음 중 매슬로우(A. Maslow)의 욕구단계설에 대한 설명으로 올바르지 않은 것은?
① 상위단계의 욕구는 하위단계의 욕구가 충족되어야만 동기부여가 된다.
② 하위욕구가 충족되면 하위욕구의 충족을 위한 요인은 더 이상 동기부여 요인이 될 수 없다.
❸ 한 가지 이상의 욕구가 동시에 작용할 수도 있다.
④ 기본적으로 만족–진행 모형이다.

117 다음 중 동기부여의 내용이론에 해당하지 않는 것은?
① 매슬로우의 욕구단계설
② 알더퍼의 ERG 이론
③ 허츠버그의 2요인 이론
❹ 애덤스의 공정성 이론

118 동기부여이론 중 만족-진행과정에 좌절-퇴행과정을 추가한 것은?
① 매슬로우의 욕구단계설
② 맥그리거의 X Y 이론
❸ 알더퍼의 ERG 이론
④ 브룸의 기대이론

119 ERG 이론에 대한 설명으로 올바르지 않은 것은?
① 알더퍼(Alderfer)에 의해 주장된 욕구단계이론이다.
② 인간의 욕구를 존재욕구, 관계욕구, 성장욕구로 분류하였다.
③ Maslow의 욕구단계 이론이 직면했던 문제점을 극복하고자 제시되었다.
❹ 상위욕구가 행위에 영향을 미치기 전에 하위욕구가 먼저 충족되어야 한다.

120 허츠버그의 2(두 가지)요인 이론에 대한 설명으로 올바른 것은?
① 인간의 욕구는 크게 생리욕구와 성취욕구로 나누어진다.
② 위생요인은 작업내용과 관련이 있고, 동기요인은 작업환경과 관련이 있다.
③ 하위수준의 욕구가 충족되어야 다음 단계의 욕구가 등장한다.
❹ 임금수준이 높아진다고 해서 직무에 대한 만족도가 높아지는 것은 아니다.

― same type ―

121 다음 중 효율적인 상담기법이 아닌 것은?
① 상담자는 편견이나 선입관으로부터 탈피되어야 한다.
② 내담자의 말을 경청하고 세밀히 관찰하여야 한다.
③ 내담자의 발언을 자주 가로막고 성급한 결론을 이끌어서는 아니 된다.
❹ 내담자가 상담자에게 공격성을 나타내면 무시하고 상담의 주제를 바꾼다.

> **해설**
>
> ◆ **교통안전 관리기법 : 상담의 기본원리** ◆
> [교통안전관리론(李弘魯, 2002, pp.333-335.)]
>
> 상담은 개인이 가진 문제를 해결하고 적응 활동을 증진시킴으로써 건전한 자아형성을 통한 성장을 돕는 것이다. (중략)
> **(1) 개별화의 원리** : (중략) 상담자는 내담자의 개성과 개인차를 인정하는 범위 내에서 상담을 전개하여야 한다. (중략)
> **(2) 의도적 감정표현의 원리** : (중략) 이러한 기본적인 원리 속에서 자유롭게 의도적인 표현을 보장받도록 온화한 분위기를 조성해 주어야 한다. (중략)
> **(3) 통제된 정서 관여의 원리** : (중략) 상담자는 내담자의 정서의 변화에 민감하게 반응하여 이해하고 적절한 대응책을 마련할 태세를 갖추고 적극적인 관여가 필요하다. (중략)
> **(4) 수용의 원리** : 상담자는 내담자에게 따뜻하고 수용적이어야 한다. (중략) 수용은 내담자의 장·단점, 바람직한 성격과 그렇지 못한 성격, 긍정 및 부정적 감정, 건설적이거나 그렇지 않은 태도나 행동을 있는 그대로 이해하고 그 인격의

가치에 대한 관념을 유지해 나가는 것을 말한다. (중략)
(5) **비심판적 태도의 원리** : 내담자는 자기의 잘못이나 문제에 대하여 결과를 나무라거나 책임을 추궁하거나 잘못을 질책하는 것을 두려워한다.(중략) 따라서 상담자는 내담자를 객관적으로 그의 행동, 태도, 가치관 등을 평가하여야 하며, 어떠한 문제에 대하여 "유죄이다", "무죄이다", "나쁘다" 등의 과격한 언어로 다루어서는 안 될 것이다.(중략)
(6) **자기결정의 원리** : 상담자는 내담자 개인의 가치와 존엄성을 존중하고 내담자 스스로의 힘으로 문제를 해결해 나갈 수 있다는 신념에서 상담을 시작하여야 한다. 그리고 어떠한 지도와 충고가 있더라도 내담자는 무조건 응하기보다는 자기 판단을 토대로 자기방향과 태도를 정하여야 한다. (중략)
(7) **비밀보장의 원리** : 상담과정 중 가장 중요한 것은 내담자의 비밀을 지켜야 하는 것이다. 상담은 본질적으로 내담자가 상담자를 신뢰하고 믿는데서 이루어진다. (중략)

122 다음 중 효율적 상담기법에 해당하지 않는 것은?
① 상담자는 내담자에게 관한 비밀을 외부에 누설해서는 안 된다.
❷ 내담자의 공격적인 질문에 대해서는 무조건 회피하고 다른 질문으로 유도한다.
③ 내담자가 말하고자 하는 의미를 상담자가 생각하고 이 생각한 바를 다시 내담자에게 말해준다.
④ 상담자는 내담자에게 주의를 기울이고 있으며 내담자의 말을 받아들이고 있다는 태도를 유지한다.

123 P-D-C-A 계획에 대한 설명으로 올바르지 않은 것은?
① P는 계획을 말한다.　　　　　　　❷ C는 창조를 말한다.
③ D는 실시를 말한다.　　　　　　　④ A는 조정을 말한다.

> **해설**
>
> ◆ **교통안전관리기법 : 안전운행관리** ◆
> [교통안전관리론(李弘魯, 2002, p.341.)]
>
> 과학적이고 **합리적인 운행계획**을 위해서는 PDCA, 즉 **계획(Plan) → 실시(Do) → 통제Check) → 조정(Act)**의 순환이 제대로 이루어져야 한다. 특히 교통안전관리의 계획 단계에서는 종사원, 업무량, 차량의 정비 등과 같은 세 가지 여건을 안전하면서도 효율적으로 조합시키는데 그 목표가 있다. (중략)
>
>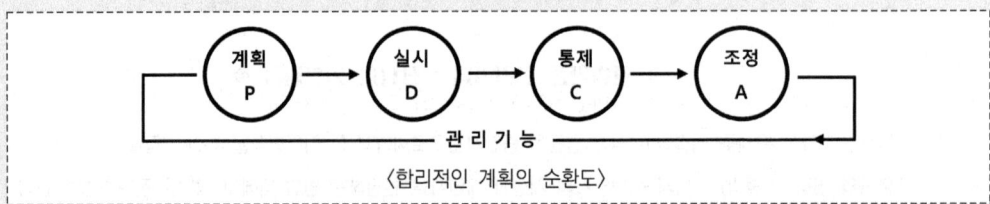
>
> ◆ **교통안전관리기법 : 단계적 안전운전 과정** ◆
> [교통안전관리론(李弘魯, 2002, pp.346-348.)]
>
> (중략) IPDE 과정이라는 것은 운전 과제를 수행하는데 사용되는 **사고 및 행동 과정**이다. IPDE 과정은 **사고를 피하게 해주며, 방어운전을 할 수 있게끔 도움을 준다.** IPDE 과정은 다음 네 가지로 이루어져 있다.
> (1) **Identify(확인)** - 운전상황에서 잠재적인 위험을 찾아내는 것. 운전상황에서 잠재적인 위험을 찾아내는 것이다. 그러

나 모든 위험 상황을 찾기가 쉬운 것은 아니다. 교통상황에서 조심스럽게 찾아야 한다. (중략)
(2) **Predict(예측)** - 위험이 일어날 만한 상황을 미리 판단하는 것. 방금 살핀 정보를 해석하고, 위험상황이 일어날 수 있는 상황을 판단하는 것이다. (중략)
(3) **Decide(결정)** - 언제, 어디서, 어떻게 행동을 해야 하는지 결정하는 것. 있을 수 있는 위험을 예측했다면 그 위험을 피하기 위해 취할 행동을 결정해야 한다. (중략)
(4) **Execute(실행)** - 위험을 피하기 위해 차를 조작하는 행동. 위험을 회피하기 위한 결정을 했다면 그 다음에는 속도를 변경하든가 차로를 변경하는 행동을 취해야 한다. (중략)

124 P-D-C-A 계획에 대한 설명으로 올바른 것은?
① 실시-통제-조정-계획
② 조정-통제-실시-계획
❸ 계획-실시-통제-조정
④ 통제-계획-실시-조정

125 운행계획의 합리적인 순환도는?
❶ 계획-실시-통제-조정
② 계획-통제-실시-조정
③ 계획-조정-실시-통제
④ 계획-조정-통제-실시

126 다음 중 교통운용계획의 시행절차를 순서대로 올바르게 나열한 것은?
❶ 계획 → 실시 → 통제 → 조정
② 조정 → 실시 → 통제 → 계획
③ 통제 → 실시 → 계획 → 조정
④ 실시 → 통제 → 조정 → 계획

127 교통안전증진을 위한 교통안전계획 수립 시 유의사항으로 올바르지 않은 것은?
① 과거의 실적과 현재의 상태를 비교한다.
② 종사원들의 의견을 수렴한다.
③ 예상되는 장애요인에 대비한다.
❹ 추진하고자 하는 대안을 단수로 생각한다.

128 교통안전계획 수립 시 고려사항으로 올바른 것은?
① 추진하고자 하는 대안을 단수로 생각한다.
❷ 관련부서의 책임자들과 충분한 협의를 한다.
③ 승무원의 의견을 청취하지 않는다.
④ 현재의 상황과 예정 상태를 확실하게 파악한다.

129 정보처리방법의 하나인 IPDE에 대한 다음 설명 중 올바르지 않은 것은?

① 확인(Identify)은 주변의 모든 것을 빠르게 한눈에 파악하는 것을 말한다.
② 예측(Predict)이란 운전 중에 확인한 정보를 취합하여 사고가 발생할 수 있는 지점을 판단하는 것을 말한다.
❸ 결정(Decision)이 내려지면 잠재적 사고 가능성이 예측되더라도 그대로 진행해야 한다.
④ 실행(Execute)이란 요구되는 시간 안에 필요한 조작을 가능한 부드럽고 신속하게 해내는 것이다.

◆ same type ◆

130 소집단활동 관리기법에서 소집단활동 중 전사적인 품질관리운동을 가리키는 것은?

① QC(Quality Control, 품질관리)써클활동
❷ TQC(Total Quality Control, 전사적 품질관리)활동
③ ZD(Zero Defects, 무결점)활동
④ 상담역활동

해설

◆ 교통안전 관리기법 : 소집단활동 관리기법 ◆
[교통안전관리론(李弘魯, 2002, pp.391-398.)]

◆ 소집단활동 관리기법 ◆
[교통안전관리론(문영배, 2003, pp.188-191.)]

소집단이란 (1) 대면하여 접촉하는 소인원으로 이루어지며, (2) 구성원간에 상호 의존 관계가 있으며, (3) 일정기간 존속하는 집단이다. (중략) 소집단이 유형의 다음과 같다.
(1) **QC 서어클 활동** : 당초에는 단순한 '품질관리(QC, Quality Control)'의 부분만을 다루었으나 요즘에는 전사적 품질관리(TQC, Total Quality Control) 활동으로 전개되고 있다.
(2) **ZD 운동** : ZD(**Zero Defects**) 역시 QC와 같이 발상은 미국으로 **무결점 운동**이 그 내용이다. 즉 처음부터 불량을 인정하지 않는다는데 특색이 있다. (중략)
(3) **자주관리운동** : 자주관리운동은 기업에 따라 그 내용을 달리하나 QC, ZD 활동보다는 광범위하게 직장 내의 환경정비, 불량품의 방지, 미스방지, 수율향상, 가동률 향상, 목표관리 철저 등 팀 멤버의 신변의 일부터 시작하여 적극적인 경영참가를 하는 활동이다.
(4) **상담역활동** : 시스터(sister)제도, 엘더(Elder)제도 등 명칭은 여러 가지가 있으나 기존 직장 제도를 보완하는 조직으로 활용되고 있는 것이 상담역제도이다. (중략)

131 다음 중 ZD(Zero Defect, 무결점) 운동의 실행단계에 해당하지 않는 것은?

① 조성단계　　　　　　　　　　② 출발단계
③ 실행 및 운영단계　　　　　　❹ 종합평가단계

132 소집단활동의 추진방법으로 올바른 것은?

① 테마의 결정 → 문제점의 발견 → 계획의 수립 → 활동의 실시 → 성과의 확인
❷ 문제점의 발견 → 테마의 결정 → 계획의 수립 → 활동의 실시 → 성과의 확인
③ 계획의 수립 → 문제점의 발견 → 테마의 결정 → 활동의 실시 → 성과의 확인
④ 계획의 수립 → 활동의 실시 → 테마의 결정 → 문제점의 발견 → 성과의 확인

─── same type ───

133 다음 중 국가 간의 교통안전도를 평가하기 위한 자료로서 적절하지 못한 것은?

❶ 교통수단 전손률
② 인구 10만 명당 교통사고 사망자 수
③ 사고 1만 건 당 교통사고 사망자 수
④ 주행거리 1억 킬로미터 당 교통사고 사망자 수

> **해설**
>
> ◆ **교통안전 관리기법 : 교통사고발생 빈도 관리** ◆
> [교통안전관리론(李弘魯, 2002, pp.313.-314.)]
>
> (1) 교통사고 발생률(빈도)
>   ① 대당사고발생률(천대당, 만대당)
>   ② 주행거리(km, 마일) 당 사고발생률(1억 주행km)
> (2) 교통사고 강도율(내용 생략)
> (3) 교통사고지수(내용 생략)
>
> ◆ **교통사고조사 및 사고관리 : 사고분석의 종류** ◆
> [교통안전관리론(李弘魯, 2002, pp.413.-415.)]
>
> 교통사고 분석의 종류는 다음 같이 기본적인 사고통계 비교 분석, 사고요인 분석, 위험도 분석, 사고원인 분석으로 나누어 볼 수 있다.
> (1) 기본적인 사고통계 비교 분석(내용 생략)
> (2) 사고요인 분석(내용 생략)
> (3) 위험도 분석
>   ① 현황판에 의한 방법
>   ② 사고건수법
>   ③ 사고율법 : MEV(백만차량)당 사고 또는 1억대·Km 당 사고를 비교해서 전국의 유사한 장소의 평균값보다 큰 곳을 사고 많은 장소로 선정하는 방법이다.
>
> ◆ **델파이 기법** ◆
> [나무위키, 기술노트/정보보안기사(https://anothel.tistory.com/336)]
>
> • 어떤 문제의 해결과 관계된 미래 추이의 예측을 위해 전문가 패널을 구성하여 수회 이상 설문하는 정성적 분석 기법으로 전문가 합의법이라고도 한다.
> • 델파이법은 전문가 그룹의 반복적인 피드백을 통해 합의된 의견을 도출하는 방식이다. 데이터가 부족한 상황에서도 유용하게 활용될 수 있다.

◆ **위험요소 제거 6단계** ◆

[사고예방 6단계이론이란?(https://m.cafe.daum.net/knrsafe/)]

사고는 불안전한 행위와 조건이 선행되어야만 발생한다. 따라서 사고를 예방하기 위해서는 불안전한 행위와 조건을 과학적으로 통제하여야 한다. 사고예방을 위해서는 위험요소를 제거해야 하는데 일반적으로 알려진 6단계 이론을 소개하면 다음과 같다.

(1) **조직의 구성** : 안전관리업무를 수행할 수 있는 조직을 구성하고, 안전관리 책임자를 임명하여 안전계획을 수립하고 추진한다.
(2) **위험요소의 탐지** : 안전점검 또는 진단, 사고원인의 규명, 직원의 활동 및 태도분석, 각종 기록자료 등을 통하여 불안전한 행위와 위험한 환경적 조건 등 위험요소를 탐지한다.
(3) **원인분석** : 발견된 위험요소는 면밀히 분석하여 그 원인이 무엇인가를 분석하여야 한다.
(4) **개선대안의 제시** : 분석을 통하여 도출된 원인을 토대로 효과적으로 실현할 수 있는 대안을 제시하여야 한다.
(5) **대안의 채택 및 시행** : 제시된 여러 대안 중에서 당해 기업이 실행하기에 가장 알맞은 대안을 선택하고 시행하여야 한다.
(6) **환류(Feed back)** : 새로 채택된 대안의 시행결과를 분석하고 그 효과를 측정하여 시행과정상의 문제점을 미비점을 보완하여야 한다.

134 다음 중 교통사업자가 교통사고 조사를 하는 본질적인 목적으로 올바른 것은?

① 교통사고 발생의 책임자를 처벌하기 위해
② 경찰의 교통사고 조사에 대한 신뢰의 부족을 보완하기 위해
❸ 장기적으로 발생 가능한 교통사고의 예방을 위해
④ 교통사업자의 수익구조를 개선하기 위해

135 교통사업자가 자체적으로 교통사고를 조사하는 본질적인 이유로 올바른 것은?

❶ 사고발생에 직접·간접적으로 작용했던 요인들을 찾아내어 사고와의 관계를 규명하고, 또 다른 교통사고 예방을 위하여
② 사고발생 원인을 규명하여 책임한계를 명확히 하고, 사고책임자를 처벌하기 위하여
③ 경찰의 사고조사가 세밀하지 못하므로
④ 교통안전법에 따라 교통사고 상황을 보고하도록 하고 있으므로

136 다음 중 교통사고의 원인을 규명하는 궁극적인 목적으로 가장 적절한 것은?

① 부상자의 구호
② 사고확대 방지
③ 사고발생 원인자 처벌
❹ 2차사고 예방을 통한 생명과 재산 보호

137 교통사고 조사항목을 선정하기 위한 평가방법은 교통 여건, 자료의 활용도, 조사 가능성 그리고 인력, 장비, 예산 등의 행정적 여건과 인과관계의 규명 가능성 등의 기술적 타당성을 종합적으로 고려하면서 현실적 가능성과 활용도에 역점을 두는 방법을 이용하여야 하는데, 이러한 방법은 다음 중 어느 방법에 속하는가?

① 회귀분석 방법 ❷ 델파이 방법 ③ 유사집단 방법 ④ 원단위 방법

138 어떤 문제의 해결과 관계된 미래 추이의 예측을 위해 전문가 패널을 구성하여 수회 이상 설문하는 정성적 분석 기법은?

① 사례연구 기법 ❷ 델파이 기법 ③ 설문조사 기법 ④ 인터뷰 기법

139 교통사고 예방을 위해 위험요소 제거 6단계 순서로 옳은 것은?

① 조직의 구성 - 원인분석 - 위험요소의 탐지 - 개선대안의 제시 - 환류(Feed Back) - 대안의 채택 및 시행
❷ 조직의 구성 - 위험요소의 탐지 - 원인분석 - 개선대안의 제시 - 대안의 채택 및 시행 - 환류(Feed Back)
③ 위험요소의 탐지 - 원인분석 - 조직의 구성 - 환류(Feed Back) - 개선대안의 제시 - 대안의 채택 및 시행
④ 위험요소의 탐지 - 대안의 채택 및 시행 - 조직의 구성 - 개선대안의 제시 - 원인분석 - 환류(Feed Back)

140 위험요소의 제거 단계 중에서 관리자 임명은 어느 단계에 해당하는가?

❶ 조직의 구성 ② 위험요소의 탐지
③ 개선대안의 제시 ④ 환류(Feed back)

141 사고비용 책정방식 중 시몬즈(Simonds)의 방식으로 올바르지 않은 것은?

① 휴업재해 ② 치료재해 ③ 응급처치재해 ❹ 노후재해

142 다음 중 시몬즈(Simonds) 방식에 의한 비보험 코스트의 종류로 올바르지 않은 것은?

① 휴업상행 ② 통원상해 ③ 구급조치상해 ❹ 노후상해

143 다음 중 직접적 손실비용에 포함되지 않는 것은?
① 심리적 치료비
② 간호비
③ 차량손실에 따른 복구비용
④ 임금 및 노동력 감소

144 교통사고로 인한 피해자나 피해자 가족이 겪는 정신적인 고통을 보상해주는 것은?
① 손해배상청구
② 보험표
❸ 고통비용/위자료
④ 법원 소송

145 상벌제도심사위원회의 구성으로 가장 바람직한 것은?
❶ 노사 쌍방간의 동수로 구성
② 노조에서 결정
③ 경영자가 직접 결정
④ 전종업원들의 투표로 결정

146 레이-오프(lay off-system)란?
① 종사원이 징계의 사유로 휴직하는 것
❷ 일시 해고 또는 조건부 해고
③ 명령 불복종 해고
④ 경영주의 일방적 해고

147 교통안전진단의 단계 중 조사단계에 해당하는 것은?
❶ 교통안전관리체계 구성
② 안전지시
③ 단계별 안전점검
④ 개선목표 달성을 위한 대책 강구

148 다음 중 안전진단의 5단계를 순서대로 나열한 것은?
❶ 예비조사 - 안전진단 - 종합정비 - 대책강구 - 개선목표
② 예비조사 - 종합정비 - 안전진단 - 대책강구 - 개선목표
③ 예비조사 - 종합정비 - 안전진단 - 개선목표 - 대책강구
④ 예비조사 - 종합정비 - 개선목표 - 대책강구 - 안전진단

149 인간 또는 장비나 기계에 과오나 동작 상태의 실수가 있어도 사고를 발생시키지 않도록 2중 또는 3중으로 안전대책을 가하는 것을 무엇이라 하는가?

① 등치성 원리
② 하자드(Hazard)
③ 연쇄반응
❹ 페일 세이프(fail-safe)

> **해설**
> 페일 세이프((Fail Safe)는 제5장 [항공기체]에서 설명

150 다음 중 페일 세이프(Fail Safe)에 대한 설명으로 올바른 것은?

① 자동차 운송의 배차계획을 말한다.
② 교통사고 처리지침을 말한다.
③ 업무 분담에 따른 폐해방지제도이다.
❹ 인간 또는 기계의 실패로 안전사고가 발생하지 않도록 2중 또는 3중으로 통제를 가하는 것이다.

151 다음 중 페일 세이프(Fail Safe)에 대한 설명으로 올바른 것은?

① 사고를 미연에 방지하기 위한 제도
② 운전자의 착오로 인한 사고
③ 안전도 검사방법
❹ 안전관리에서 물적 측면에 대한 안전대책

CHAPTER 05

제2교시 필수과목

항공기체
25문항

제2교시		
문항 수	소요시간	배점
50문항	50분	각 4점

항공기체 과목은 항공정비를 전공으로 하지 않은 사람에게는 최대의 난관입니다. 왜냐하면 비행이론을 비롯하여 구조응력, 금속·비금속재료, 복합소재 등 다방면의 지식을 필요로 할 뿐만 아니라 항공기체를 직접 보거나 만져보지 않으면 이해하기 힘든 문제들도 많기 때문입니다. 따라서 최대한 많은 그림을 첨부하면서도 심플하게 설명하였으므로, 자신감을 갖고 조금만 시간을 투자하면 좋은 점수를 얻을 수 있을 것입니다.

* same type * 표시는 동일한 기출 유형 문제의 구분을 의미합니다.

01 안전색채에서 주의를 나타내는 색은?

① 적색　　② 보라색　　❸ 노란색　　④ 녹색

02 다음의 안전색채 중에서 장비 및 시설물은 직접 인체에 위험을 주지는 않으나, 주의하지 않으면 사고의 위험이 있다는 것을 작업자에게 알려주는 색채는?

❶ 노란색　　② 붉은색　　③ 파란색　　④ 자주색

03 아래 그림은 지상에서 항공기 표준 유도신호를 나타낸 것이다. 이 신호가 뜻하는 것은?

① 속도 감소　　❷ 촉(고임목) 장착　　③ 정지　　④ 후진

04 다음 중 기관 정지를 지시하는 수신호는?

❶ 　　② 　　③ 　　④

05 다음 중 항공기 기체 구조의 구성으로 올바른 것은?

① 동체, 날개, 꼬리날개, 착륙장치, 엔진 마운트
② 동체, 날개, 꼬리날개, 착륙장치, 동력장치
③ 동체, 날개, 꼬리날개, 동력장치, 나셀
❹ 동체, 날개, 꼬리날개, 착륙장치, 엔진 마운트와 나셀

◆ 항공기 기체 구조 ◆

[Pilot's Handbook of Aeronautical Knowledge(FAA, 2003, p.1-1.)]
[https://www.researchgate.net/figure/Location-and-description-of-the-nacelle-source-Airbus
-Internal-Documentsauthors-CROS_fig9_345901865]

항공기는 다양한 목적으로 설계되지만 대부분의 주요 구성요소는 동일하다. 전체적인 특성은 주로 원래 설계 목적에 따라 결정된다. 대부분의 항공기 구조에는 ① **동체(Fuselage)**, ② **날개(Wing)**, ③ **꼬리날개(Empennage)**, ④ **착륙장치(Landing gear)**, ⑤ **동력장치(Powerplant)**가 포함된다.

* ⑤ 동력장치(Powerplant)는 **제트 엔진이 장착된 항공기에서는** ⑤ **엔진 마운트와 나셀(Engine mount and Nacelle)**에 해당된다.
* 용어 확인 : **엔진**(engine) = **기관**(機關) = **발동기**(發動機)

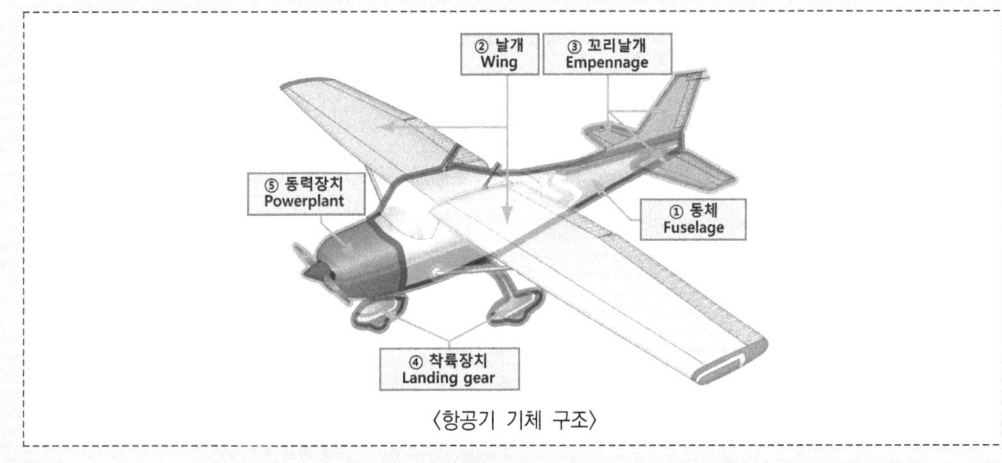

〈항공기 기체 구조〉

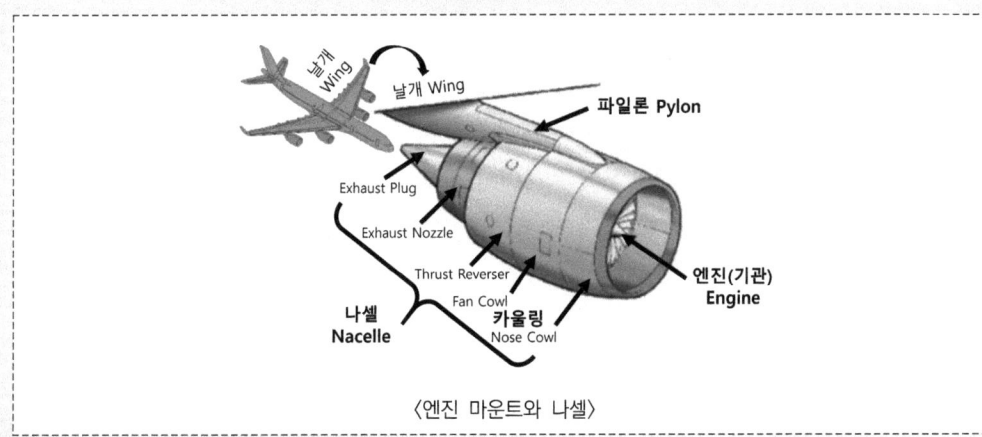

〈엔진 마운트와 나셀〉

06 나셀(Nacelle)에 대한 설명으로 옳은 것은?
① 기체의 인장 하중(Tension)을 담당한다.
❷ 기체에 장착된 기관을 둘러싼 부분을 말한다.
③ 일반적으로 기체의 중심에 위치하여 날개 구조를 보완한다.
④ 기관을 장착하여 하중을 담당하기 위한 구조물이다.

07 항공기 기체에서 나셀(Nacelle)에 대한 설명으로 옳은 것은?
① 기관을 고정하는 장착대
② 기관 냉각을 위해 여닫는 덮개
③ 날개와 기관을 연결하는 지지대
❹ 기체에 장착된 기관을 둘러싼 부분

08 기관 마운트를 선택하기 전에 고려하지 않아도 되는 것은?
❶ 기관의 제조 기간
② 기관의 형식 및 특성
③ 기관 마운트의 장착 위치
④ 기관 마운트의 장착 방향

09 항공기의 기관 마운트에 대한 설명으로 옳은 것은?
① 착륙장치의 일부분이다.
② 착륙장치의 충격을 흡수하여 전달한다.
③ 기관을 보호하고 있는 모든 기체구조물을 말한다.
❹ 기관에서 발생한 추력을 기체에 전달하는 역할을 한다.

10 항공기 날개에 기관을 장착하기 위해 필요한 구조물은?
① 방화벽
② 카울링
❸ 파일론
④ 벌크헤드

11 날개에 엔진을 장착하는 경우 가장 큰 단점은?
① 날개보에 파일론(Pylon)을 설치하여 구조물이 부수적으로 필요하지 않다.
② 공기 역학적으로 저항을 적게 하기 위하여 유선형으로 되어 있다.
③ 방화벽이 있어 화재위험을 감소시킨다.
❹ 날개의 공기 역학적 성능을 저하시킨다.

12 날개에 엔진을 장착하는 경우 가장 큰 장점은?

① 날개의 파일론을 동체에 설치하므로 날개의 무게를 감소시킨다.
② 날개의 공기역학적 성능을 감소시키지 않고 항공기의 비행성능을 개선시킨다.
③ 날개의 날개보를 동체에 설치하지 않으므로 항공기 무게를 감소시킨다.
❹ 날개의 날개보에 파일론을 설치하므로 항공기 무게를 감소시킨다.

13 나셀의 설명으로 옳은 것은?

① 나셀의 앞부분에 위치
② 정비 시 쉽게 장착, 탈착이 가능
❸ 외피, 카울링, 구조부재, 엔진 마운트로 구성
④ 항공유 저장공간

14 다음 중 나셀(nacelle)의 구성품이 아닌 것은?

① 카울링 ② 외피 ③ 방화벽 ❹ 연료탱크

15 카울링에 대한 설명으로 옳은 것은?

❶ 나셀의 앞부분에 위치하고, 정비 시 쉽게 장·탈착이 가능하다.
② 기체에 장착된 엔진을 둘러싸는 부분이다.
③ 기화기에 흡입되는 통로의 부분이다.
④ 가스터빈 기관 항공기의 착륙거리 단축에 사용된다.

16 항공기 기관(엔진) 주위를 둘러싼 덮개로 점검이나 정비를 쉽게 하도록 열고 닫을 수 있으며, 나셀의 앞부분에 위치하고 있는 것은?

❶ 카울링 ② 나셀 ③ 엔진마운트 ④ 방화벽

• same type •

17 항공기 기체에 작용하는 기계적인 하중에서 부재 내부에 작용하는 하중은?

① 양력, 항력, 추력, 무게
❷ 인장력, 압축력, 전단력, 비틀림력, 굽힘력
③ 공기력, 관성력
④ 양력, 항력

> 해설

◆ 주요 구조응력 ◆
[2024 항공기 기체(국토교통부, 항공정비사 표준교재, pp.1-7.~1-10. pp.3-3.~3-6.)]

항공기에 적용되는 응력에는 ① **인장응력**(tension stress), ② **압축응력**(compression stress), ③ **비틀림응력**(torsion stress), ④ **전단응력**(shear stress), ⑤ **굽힘응력**(bending stress)의 다섯 가지 주요 응력이 있다.

(1) 인장응력(tension stress)
인장응력은 물체를 잡아당겨 분리시키려고 하는 힘에 저항하는 응력이다. 엔진은 항공기를 앞쪽으로 끌고 가려 하지만, 공기저항은 항공기가 앞으로 못 나가도록 방해한다. 이 결과가 항공기를 서로 잡아당겨 늘이려고 하는데 이것이 바로 인장이다.

(2) 압축응력(compression stress)
압축응력이란 물체를 부수려고 하는 힘에 저항하려고 물체 내부에서 생기는 응력을 말한다. 압축은 항공기 부품을 줄어들게 하거나 쭈그러뜨리려고 하는 응력이다.

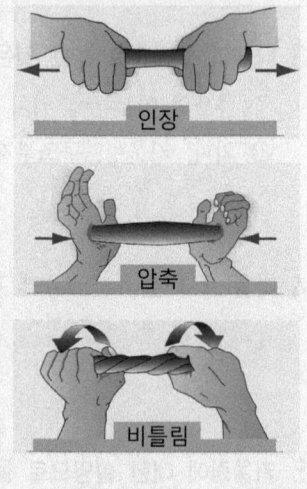

(3) 비틀림응력(torsion stress)
비틀림응력이란 비틀림에 대해 견디려고 발생되는 응력이다. 항공기가 앞쪽으로 비행하는 동안, 엔진의 프로펠러는 항공기를 한쪽 방향으로 비틀어지게 하고, 항공기의 다른 성분은 항공기를 정상 방향으로 유지하려고 한다. 이렇게 해서 비틀림응력이 발생하는 것이다. 재료의 비틀림 응력은 비틀림 또는 토크(torque)에 대한 재료의 저항력이다.

(4) 전단응력(shear stress)
전단응력은 재료의 한 층이 인접한 층 위쪽을 미끄러지게 하는 힘에 저항하는 응력이다. 리벳으로 체결된 2개의 판재에 인장하중이 작용하면 리벳은 전단응력이 발생한다. 일반적으로, 재료의 전단강도 는 그 재료의 인장강도 또는 압축강도와 같거나 작다. 항공기의 부품, 특히 스크루, 볼트, 리벳 등은 전단력을 받는다.

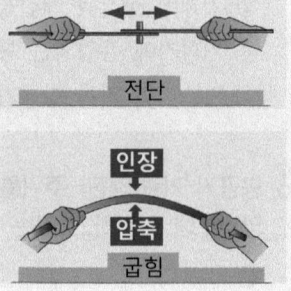

(5) 굽힘응력(bending stress)
굽힘응력은 압축과 인장의 합성이다. 봉을 휘었을 때 안쪽 부분은 압축되어 줄어들고 바깥쪽 부분은 늘어난다. 구조물의 단일 부재에는 응력이 복합적으로 작용한다.

18 다음 중 항공기 구조부에 작용하는 내부 하중으로 가장 올바른 것은?

① 압축, 전단, 비틀림, 인장 ❷ 압축, 전단, 비틀림, 인장, 굽힘
③ 압축, 항력, 비틀림, 굽힘 ④ 양력, 추력, 항력, 중력

19 항공기 기체구조에 인장력과 압축력으로 이루어진 응력은?

① 전단응력 ❷ 굽힘응력
③ 토크 ④ 비틀림 응력

20 그림과 같이 고정시켜 놓은 가운데 봉을 양쪽으로 당겼을 때 봉에 발생하는 하중의 형태는?

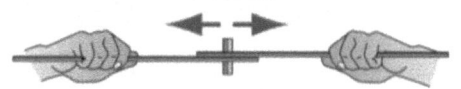

① ❶ 전단　　② 인장　　③ 압축　　④ 비틀림

21 기체구조 중 외피가 주로 담당하는 응력은?
① 굽힘력　　② 비틀림력　　❸ 전단력　　④ 인장력

22 항공기 날개 구조부에서 외피에 작용하는 하중은?
① 인장 하중　　② 압축 하중　　❸ 전단 하중　　④ 비틀림 하중

23 기체구조 중 물체가 외부에서 힘의 작용을 받았을 때 외피가 담당하는 응력으로 옳은 것은?
❶ 전단력　　② 인장력　　③ 굽힘력　　④ 비틀림력

24 항공기에 적용되는 응력 중 옳지 않은 것은?
① 인장응력(tensionstress)　　② 압축응력(compressionstress)
③ 비틀림응력(torsionstress)　　❹ 절삭응력(bendingsterss)

25 항공기 구조에 작용하는 하중에서 물체에 접근한 평행한 두 면에 크기가 같고 방향이 반대로 작용하는 하중은?
① 인장하중　　❷ 전단하중　　③ 압축하중　　④ 굽힘하중

26 재료가 열을 받아도 늘어나지 못하게 양쪽 끝이 구속되어 있으면 발생되는 응력은?
① 순수전단응력　　② 막응력　　③ 후크응력　　❹ 열응력

27 항공기가 지상에서 날개의 상부표면(Upper Skin)에서 주로 받고 있는 하중은?

① 압축(Compression)　　　　　② 전단(Shear)
③ 굽힘(Bending)　　　　　　　❹ 인장(Tension)

◈ **응력** ◈
[2024 항공기 기체(국토교통부, 항공정비사 표준교재, pp.1-21.~1-24.)]

물체에 작용하는 외력은 인장력(tension), 압축력(compression), 비틀림(torsion), 굽힘(bending), 그리고 전단(shear)의 다섯 가지이다.

굽힘(Bending)
- **비행 중**인 비행기는 공기역학적인 양력이 날개를 들어 올리려는 것처럼 날개에 굽힘력(bending force)을 발생하게 한다. 이 양력의 힘은 실제로 **날개 상면**의 외판(skin)이 **압축**하게 하고 **날개 하면**의 외판이 **인장**상태가 되게 한다.
- 비행기가 착륙장치를 사용하여 **지상**에 있을 때, 중력은 날개를 아래 방향으로 휘어지게 하여 결과적으로 **날개**의 **하면**을 **압축**상태로 그리고 **날개**의 **상면**을 **인장**상태로 만든다.
- 제작사는 비행기 인가(certification) 이전에 실시하는 시험운영 기간 동안에 비행기가 결함 없이 응력을 견딜 수 있도록 만들기 위하여 고의적으로 날개를 위쪽과 아래쪽으로 구부린다.

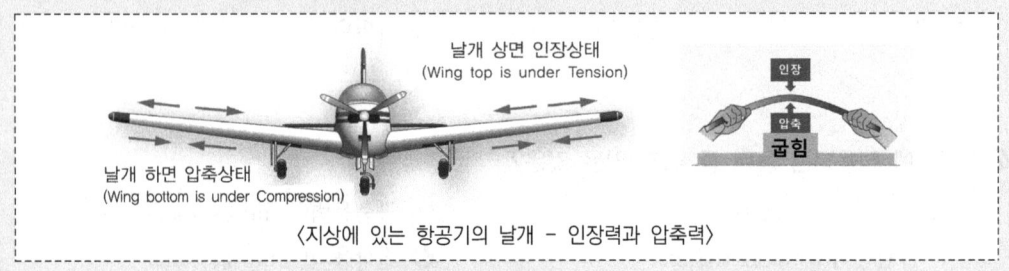

〈지상에 있는 항공기의 날개 – 인장력과 압축력〉

28 비행 중 항공기의 날개(Wing)에 걸리는 응력에 관해서 가장 올바르게 설명한 것은?

① 윗면에서는 인장응력이 생기고 아랫면에는 압축응력이 생긴다.
❷ 윗면에서는 압축응력이 생기고 아랫면에는 인장응력이 생긴다.
③ 윗면과 아랫면 모두 다 압축응력이 생긴다.
④ 윗면과 아랫면 모두 다 인장응력이 생긴다.

29 항공기가 수평 비행할 때 날개의 상부와 하부 그리고 단면에 작용하는 응력이 옳게 연결된 것은?

① 상부 : 굽힘, 하부 : 인장, 단면 : 휨　　　❷ 상부 : 압축, 하부 : 인장, 단면 : 전단
③ 상부 : 인장, 하부 : 압축, 단면 : 굽힘　　④ 상부 : 휨, 하부 : 굽힘, 단면 : 압축

30 정상수평비행 중 날개의 상부와 하부에 작용하는 응력을 순서대로 나열한 것은?

① 전단, 인장   ② 전단, 압축   ❸ 압축, 인장   ④ 굽힘, 압축

31 수평등속비행 중인 항공기의 날개 상부에 작용하는 응력은?

❶ 압축응력   ② 전단응력   ③ 비틀림응력   ④ 인장응력

32 응력 외피형 날개의 I형 날개보의 구성품 웨브(web)가 주로 담당하는 하중은?

① 인장하중   ❷ 전단하중   ③ 압축하중   ④ 비틀림하중

33 부재를 심하게 약화시키지 않고 가장 적게 구부릴 수 있는 것을 무엇이라고 하는가?

① 굽힘 허용(Bend Allowance)
❷ 최소 굽힘 반경(Minimum Radius of Bend)
③ 최대 굽힘 반경(Maximum Radius of Bend)
④ 중립 굽힘 반경(Neutral Radius of Bend)

34 항공기 부재의 재료가 하중에 대하여 견딜 수 있는 저항력을 무엇이라 하는가?

① 힘(force)   ② 벡터(vector)
❸ 강도(strength)   ④ 표면하중(surface load)

― same type ―

35 페일세이프(fail-safe) 구조의 가장 큰 특성은?

① 영구적으로 안전하다.
② 하중을 견디는 구조물의 무게가 가벼워진다.
③ 하중을 담당하는 구조물은 하나로 되어 있다.
❹ 구조의 일부분이 파괴되어도 다른 구조부분이 하중을 지지한다.

◆ **페일세이프 구조** ◆

[2024 항공기 기체(국토교통부, 항공정비사 표준교재, pp.1-17.~1-23.)]
[Fail-safe design of integral metallic aircraft structures reinforced by bonded crack retarders(Engineering Fracture Mechanics 76 (2009) pp.114-133, Cranfield University)]

페일세이프 구조(Fail Safe Structure)는 어느 구조의 일부분에 부분적인 파괴가 생기더라도 즉시 구조 전체의 치명적인 파괴로 확대되지 않고 수리할 때까지 안전하게 비행할 수 있도록 설계된 구조를 말한다. 페일세이프 구조는 일반적으로 아래와 같이 분류할 수 있다. 한편 페일세이프는 구조뿐만 아니라 시스템에도 적용된다. 항공기의 유압시스템이나 전기시스템의 기본 시스템이 작동하지 않더라도 제2, 제3의 시스템이 즉시 대체 작동할 때 이를 페일세이프 시스템이라고 한다.

(1) 다경로 하중구조(Redundant Structure)
많은 수의 부재가 다(多)경로로 하중을 담당하는 구조이다. 어느 하나의 부재가 손상되면 그 부재가 담당하던 하중을 **여분의 부재가 담당**하기 때문에 치명적인 파괴를 피할 수 있다.

* Redundant : 여분의, 중복되는, 부재(部材)가 여분이 있는

(2) 이중구조(Double Structure)
하나의 큰 부재 대신에 **이중(Double)의 작은 부재를 결합**시켜 하나의 큰 부재와 같은 강도를 가지게 한다. 이를 통해 어느 한 부재의 손상이 부재 전체의 파손에 이르는 것을 예방할 수 있다.

(3) 대치구조(Back-Up Structure)
전체 하중을 담당하는 하나의 부재와 하중을 담당하지 않는 예비 부재로 구성된다. 전체 하중을 담당하던 부재가 파손되면 **예비 부재가 대치(代置, Back-Up)하여 전체 하중을 담당**하는 구조이다.

(4) 하중 경감구조(Load Dropping Structure)
하중을 담당하던 부재가 파손되기 시작하면 변형이 크게 일어나므로 **주변의 다른 부재로 그 하중을 전달시켜(Load Dropping) 하중을 경감하는 구조**로서 본래 부재의 완전한 파괴를 방지할 수 있다.

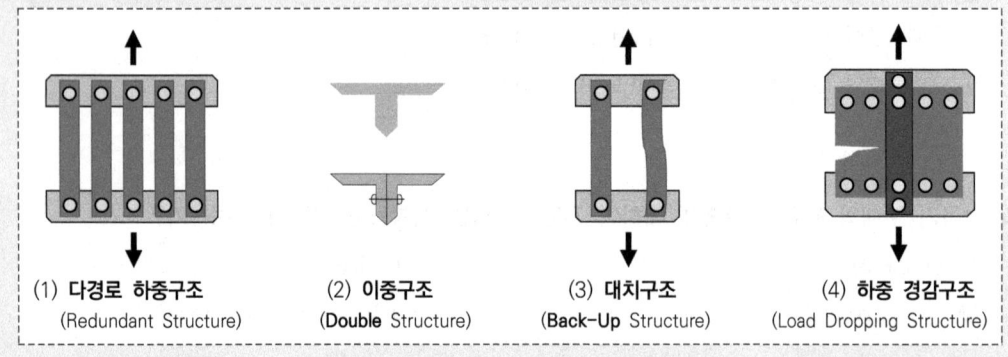

36 페일세이프 구조의 형식이 아닌 것은?
① 다경로 하중 구조　❷ 버블 구조　③ 대치 구조　④ 하중 경감 구조

37 페일 세이프(Fail Safe) 구조로 많은 수의 부재로 되어 있으며, 각각의 부재는 하중을 분담하도록 설계되어 있는 그림과 같은 구조는?

① 이중구조(Double structure)
② 대치구조(Back-up structure)
❸ 다경로 하중 구조(Redundant structure)
④ 하중 경감 구조(Load dropping structure)

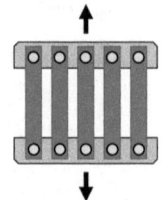

38 다음 그림은 페일 세이프 구조(fail safe structure)의 어떤 방식인가?

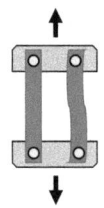

① 더블 ② 리던던트 ❸ 백업 ④ 로드 드롭핑

---

39 그림과 같이 크기가 같고 방향이 반대인 두 힘(F)이 수직거리 d만큼 떨어져 작용할 때, 짝힘에 대한 모멘트의 크기는?

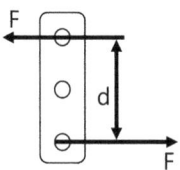

① $\dfrac{dF}{2}$ ② F ❸ dF ④ $2dF$

◆ 항공기 무게중심과 균형 ◆
[비행이론(비행기)(국토교통부, 조종사 표준교재, pp.206.~217.)]
[Pilot's Handbook of Aeronautical Knowledge(FAA, 2023, pp.5-14.~5-19., pp.10-2~10-12.)]
[초보자를 위한 비행입문(류종현, pp.74~89., pp.351.~387.)

(1) **짝힘(Couple Force)** : 서로 크기가 같고 서로 평행하며 반대방향으로 작용하고, 각각의 작용하는 축이 다르기 때문에 항공기의 회전 모멘트(Moment, 회전하려는 힘)를 발생시킨다.

(2) **모멘트(in-lb)** = 암(Arm)의 길이(inch) × 힘의 무게(lb)

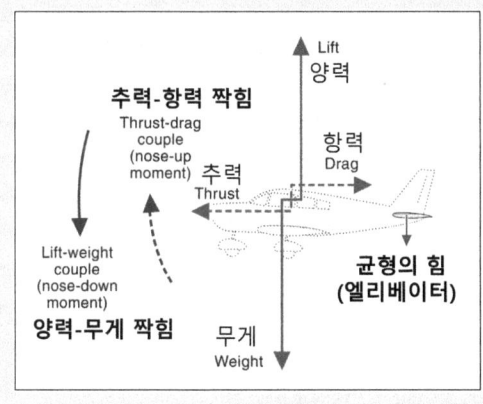
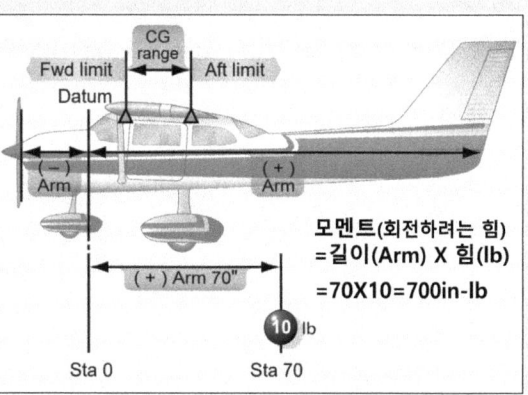

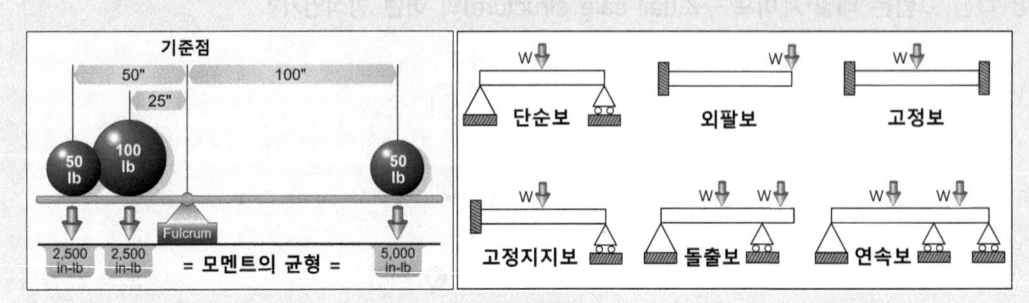

〈짝힘과 모멘트〉

(3) CG(Center of Gravity) 위치 계산
- 기준선으로부터 MAC(평균공력시위) 위치는 900, CG(무게중심)위치는 945이고, MAC 길이는 180일 때 **CG의 위치는 MAC의 몇 퍼센트에 위치해 있는가?** 답 : 25%

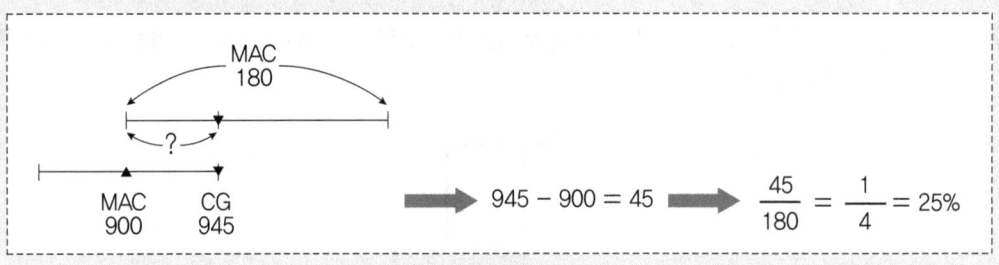

40 그림과 같이 항공기 부재에 크기가 같고 방향이 반대인 50N의 두 힘이 수직거리가 10m 만큼 떨어져 작용하고 있다면 이러한 짝힘(Couple Force)에 의한 모멘트는 몇 N-m 인가?

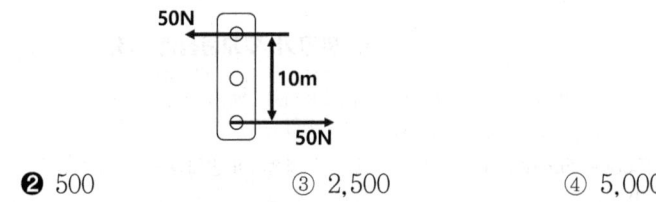

① 250   ❷ 500   ③ 2,500   ④ 5,000

41 항공기의 총 모멘트가 M, 총무게가 W일 때, 이 항공기의 무게중심 위치를 구하는 식은?

❶ MW ② $M+W$ ③ $\dfrac{M}{W}$ ④ $\dfrac{W}{M}$

42 다음 지지보의 형태는?

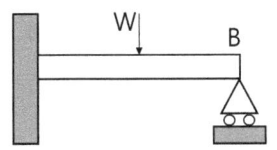

① 단순보   ❷ 고정지지보   ③ 고정보   ④ 돌출보

43 다음과 같은 보(beam)의 명칭으로 옳은 것은?

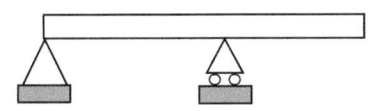

① 연속보   ② 외팔보   ③ 단순보   ❹ 돌출보

44 다음 중 고정 지지보를 나타낸 것은?

① 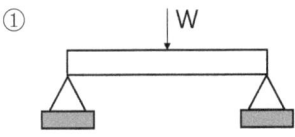   ②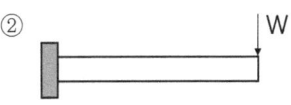

③ 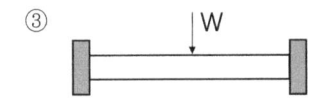   ❹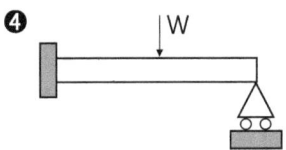

45 다음 보 중에서 부정정보는?

❶ 연속보   ② 단순 지지보   ③ 내다지보   ④ 외팔보

46 기준선으로부터 MAC(평균공력시위) 위치는 900, CG(무게중심)위치는 945이고, MAC 길이는 180일 때 CG의 위치는 MAC의 몇 퍼센트에 위치해 있는가?

① 15%   ② 20%   ❸ 25%   ④ 30%

47 항공기 자중(Basic Empty weight, 자기무게, 공허 중량)에 포함되지 않는 것은?
   ① 항공기 기체
   ❷ 승무원
   ③ 엔진 냉각액
   ④ 배출 불가능한 윤활유

48 항공기 무게를 측정할 때 고임목(Chock), 블록(Block), 슬링(Sling), 잭(Jack) 등을 무엇이라 하는가?
   ① 영연료 무게(ZFW : Zero Fuel Weight)
   ② 유용하중(Useful Load)
   ③ 유상하중(Pay Load)
   ❹ 테어 무게(Tare Weight)

49 최대이륙중량(Maximum Take-off Gross Weight)이란?
   ① 지상에서 이용할 수 있는 허가된 최대의 중량
   ② 착륙이 허용될 수 있는 최대의 중량
   ③ 제작 시 기본무게에 운항 시 필요한 품목을 더한 무게
   ❹ 최대 활주 총무게에서 Engine Run-up, Taxing Holding 등에 사용된 연료를 뺀 무게

◀ same type ▶

50 하중배수에 대한 설명으로 옳은 것은?
   ① 추력을 비행기의 무게로 나눈 값이다
   ❷ 양력을 비행기의 무게로 나눈 값이다.
   ③ 수평 비행 시의 양력을 화물하중으로 나눈 값이다.
   ④ 기본 하중을 현재의 하중으로 나눈 값이다.

> **해설**
>
> ◆ **하중배수(Load Factor, 하중계수)** ◆
> [비행이론(비행기)(국토교통부, 조종사 표준교재, pp.48.~53.)]
> [Pilot's Handbook of Aeronautical Knowledge(FAA, 2023, pp.5-34.~5-40.)]
> [Weight and Balance Handbook(FAA, 2016, pp.2-2.~2-6.)]
> [초보자를 위한 비행입문(류종현, pp.121~125.)]
>
> (1) 하중배수(Load Factor = 하중계수) : 날개에서 발생한 양력과 항공기 무게의 비율이다. 즉 **양력을 항공기의 무게로 나눈 값이다.**
>   - 직진 수평비행 상태에서 날개는 항공기 무게와 같은 크기의 양력을 발생시킨다. 즉 **양력(Lift)=무게(Weight)=1**이다. 여기서 1을 **1G (Gravity)**라 한다.
>   - 등속 수평비행 상태에서 하중배수($Load\ factor$) $n = \dfrac{양력(Lift)}{무게(Weight)} = \dfrac{1}{1} = 1$
>   - 선회 중에는 날개의 하중배수가 변한다. 날개 60°경사각(bank)으로 고도를 유지하며 수평 선회할 때 날개는 무게의 2배에 해당하는 양력을 발생시킨다. 즉 L=2W이다. 이때 하중배수(Load Factor)는 2가 되고, 이것을 2G (중력가속도, Gravity force)라 한다.

- 정상 선회비행 상태에서 하중배수(Load factor) $n = \dfrac{1}{\cos\theta\,(경사각)}$
- 60° 경사각(bank)으로 선회할 때 하중배수(Load factor) $n = \dfrac{1}{\cos 60°} = 2$ (*$\cos 60° = \dfrac{1}{2}$)
- 하중배수는 비행속도의 제곱에 비례한다.
- **선회 비행 시에 경사각이 커질수록 하중배수도 커진다.**

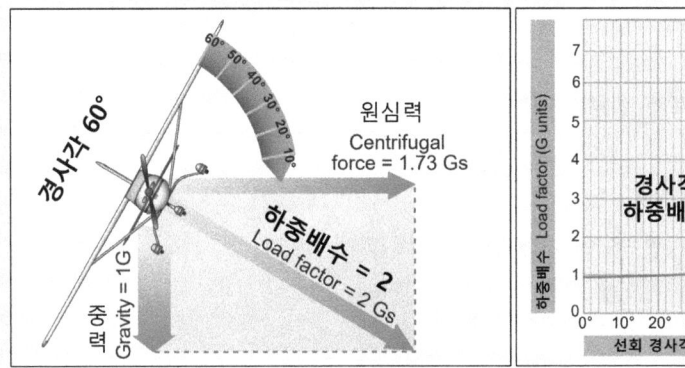
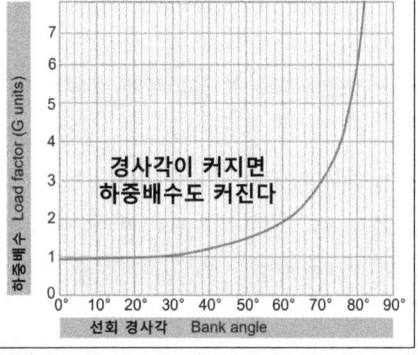

〈하중배수와 경사각〉

(2) V-n 선도 : 항공기 속도 V - 하중배수 n 그래프 그림
- 항공기 **속도 V**에 대한 하중배수 n을 그래프로 나타내어 안전비행 범위를 알려준다.
- 미 연방항공청(FAA) 운항 교재에서는 **Vg Diagram** (항공기 속도 V - 하중배수 g)이라고 한다.
- **정부기관에서 항공기 유형 범주에 따라 정한다.** 정부기관이 정한 항공기 유형 범주에 따라 제작자는 항공기를 설계, 제작하고, 사용자는 안전비행범위(V-n 선도, Vg diagram) 내에서 운영한다.
  - 미국은 연방규정 제14조(14CFR) 파트23에서 airplane 범주(category)에 따른 하중배수G를 규정
    - 수송(transport) 범주 airplane : -1G에서 +2.5G까지(또는 설계 이륙중량에 따라 최대 +3.8까지)
    - 일반(normal) 및 통근(commuter) airplane : -1.52G에서 +3.8G까지
    - 유틸리티(utility) 범주 airplane : -1.76G에서 +4.4G까지
    - 곡예(acrobatic) 범주 airplane -3.0에서 +6.0까지
    - 헬리콥터(helicopter) : -1G에서 +3.5G까지
- V-n 선도의 주요 속도
  - VS (실속속도) : Normal stall speed
  - VA (설계운용속도) : Flap up 상태에서 설계 무게에 대한 실속속도
  - VB (설계돌풍운용속도) : 기상 조건이 불량하여 돌풍이 예상될 때 VB 이하로 비행
  - VC (설계순항속도) : 순항 비행 시 가장 효율적인 속도
  - **VD (설계급강하속도) : 항공기 구조 강도의 안정성과 조종면에서 안전을 보장하는 설계상의 최대 허용속도**

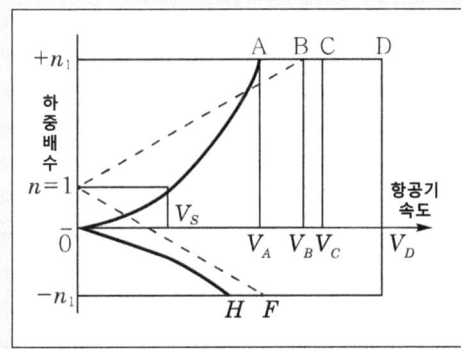
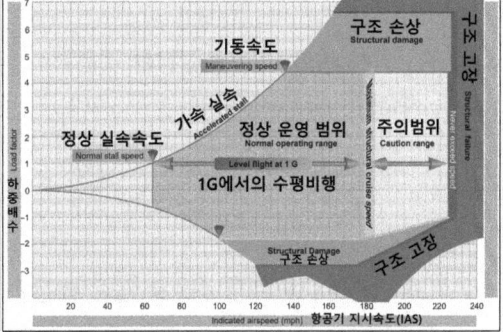

〈V-n 선도(좌)와 Vg Diagram(우)〉

51 다음 중 하중배수(load factor)에 대한 설명으로 틀린 것은?
① 하중배수는 기체에 작용하는 하중을 무게로 나눈 값이다.
② 등속 수평비행시 하중계수는 "1"이다.
③ 하중배수는 비행속도의 제곱에 비례한다.
❹ 선회 비행 시에 경사각이 클수록 하중계수는 작아진다.

52 V-n 선도에 대하여 올바르게 설명한 것은?
❶ 하중배수를 항공기 속도에 대해 그래프로 나타낸 것
② 양력을 항공기 속도에 대해 그래프로 나타낸 것
③ 항공기의 수직속도를 수평속도에 대해 그래프로 나타낸 것
④ 등가대기속도를 항공기 속도에 대해 그래프로 나타낸 것

53 V-n 선도에 대한 설명으로 틀린 것은?
① 정부기관에서 정한다.
❷ 제작회사에서 정한다.
③ 설계제작 시 참고하는 자료이다.
④ 사용자가 사용할 때 안전운용범위 지침이다.

54 항공기 구조 강도의 안정성과 조종면에서 안전을 보장하는 설계상의 최대허용속도는?
① 설계운용속도   ② 실속속도   ③ 설계순항속도   ❹ 설계급강하속도

55 설계하중에 대한 설명으로 옳은 것은?
① 한계하중이라고도 한다.
② 한계하중보다 작은 값이다.
③ 한계하중과 안전계수의 합이다.
❹ 구조 설계 시 안전계수는 주로 1.5이다.

56 다음 중 설계하중을 바르게 설명한 것은?
① 설계하중 = 한계하중
② 설계하중 = 한계하중 + 안전계수
③ 설계하중 = 안전계수
❹ 설계하중 = 한계하중 × 안전계수

57 항공기의 안전계수에 대한 식으로 옳은 것은?
① $\dfrac{제한하중}{종극하중}$ ② $\dfrac{제한하중}{크리프하중}$ ❸ $\dfrac{종극하중}{제한하중}$ ④ $\dfrac{크리프하중}{제한하중}$

58 안전여유를 구하는 식으로 옳은 것은?

① 허용하중 × 실제하중

② 허용하중 + 실제하중

❸ $\dfrac{허용하중}{실제하중} - 1$

④ $\dfrac{실제하중}{허용하중} - 1$

◆ same type ◆

59 트러스형(truss type) 동체 구조의 설명과 다른 것은?

❶ 내부 공간이 넓다.
② 골격/뼈대(truss)는 기체에 작용하는 대부분의 하중을 담당한다.
③ 외피(skin)는 공기역학적 외형을 유지해 준다.
④ 외형이 각진 부분이 많아 유연하지 않다.

해설

◆ 항공기 구조 : 동체 ◆

[2024 항공기 기체(국토교통부, 항공정비사 표준교재, pp.1-10.~1-19.)]
[Pilot's Handbook of Aeronautical Knowledge(FAA, 2003, p.1-2.)]
[Pilot's Handbook of Aeronautical Knowledge(FAA, 2023, p.3-4.~3-9.)]

항공기 동체의 응력구조 전달방법은 트러스, 모노코크 형으로 구분하며, 모노코크 형은 다시 모노코크 형과 세미모노코크 형으로 구분한다. 세미모노코크 형의 응력구조를 구성하는 구조물을 기준으로 용어를 설명하면 다음과 같다.

- 세로대(longeron, 론제론) : 동체의 길이 방향에 연속적으로 붙여지며, 세로지(스트링거)와 함께 동체에 작용하는 굽힘 모멘트에 의한 인장응력과 압축응력에 충분한 강도를 가지게 한다.
- 세로지(stringer, 스트링거) : 세로대보다 단면적이 적어 무게가 가볍고 훨씬 많은 수를 배치하며, 주로 외피의 형태에 맞추어 외피를 부착하기 위해서 사용되며 외피의 **좌굴(buckling)**을 방지한다.
- 프레임(링, frame/ring) : 수직 방향의 보강재로서 세로지와 합쳐 외피를 보호한다.
- 벌크헤드(bulkhead) : 동체의 앞뒤에 하나씩 있으며 집중 하중을 외피(skin)에 골고루 분산하고 동체가 비틀림에 의해 변형되는 것을 방지한다.
- 외피(skin) : 동체에 작용하는 전단응력을 담당하고 때로는 스트링거와 함께 압축 및 인장응력을 담당한다.

(1) 트러스 형(Truss Type) 동체 구조

트러스형 **동체뼈대는** 일반적으로 **강재배관을 용접**하여 트러스의 부재가 인장 하중과 압축 하중을 담당할 수 있게 되어 있다. 단발엔진, **경항공기**에 있어서의 트러스 동체뼈대는 알루미늄합금으로 제작되며, 조립 시에 리벳 또는 볼트에 의해서 하나의 몸체로 결합되며, 단단한 봉 또는 단단한 관에 의해 보강되어 있다.
삼각형 뼈대로 된 구조 부재가 기체에 작용하는 모든 하중을 감당하는 구조이며, 외피가 외형을 유지하고 항공역학적인 공기력을 발생시킨다.

- 강관 등으로 트러스를 구성하고 여기에 천 외피 또는 얇은 금속판의 외피를 씌운 형식으로 소형 및 경비행기에 많이 사용된다.

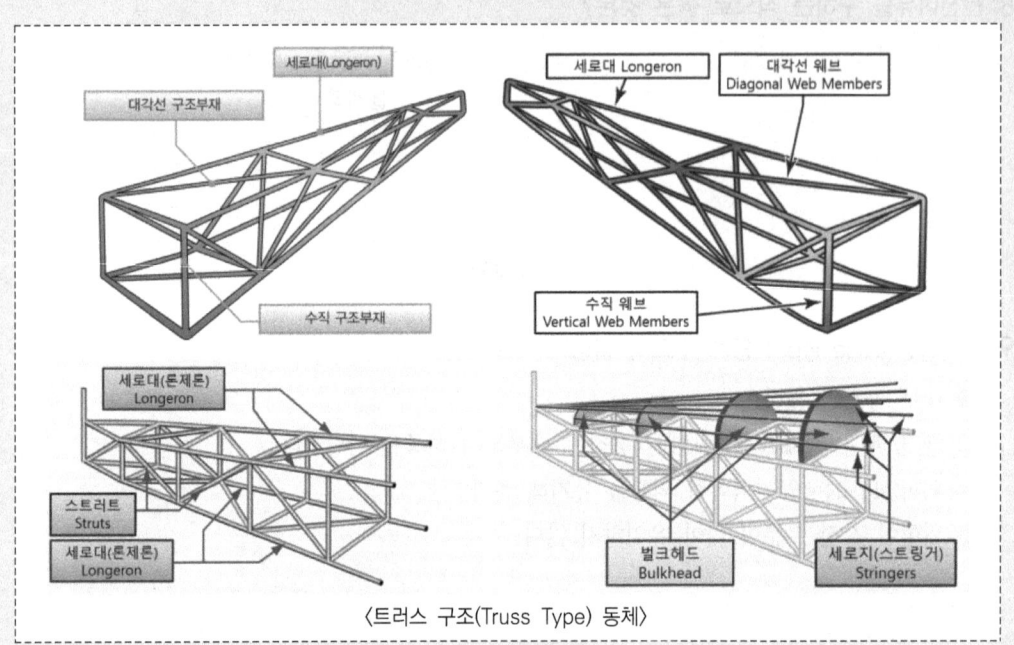

〈트러스 구조(Truss Type) 동체〉

(2) 모노코크 형(Monocoque Type) 동체 구조

모노코크(단일 쉘) 동체는 주 하중을 전달하기 위해 외피나 덮개의 강도에 크게 의존한다. 이에 대한 설계는 ① **모노코크(monocoque)**, ② **세미모노코크(semi-monocoque)** 두 가지의 종류로 분류된다.

동일한 동체 구조에 있어서도 상기 두 가지 종류 중 어느 한 가지를 사용하고 있지만 **대부분의 항공기에 있어서 세미모노코크 형식의 구조가 사용**되고 있다.

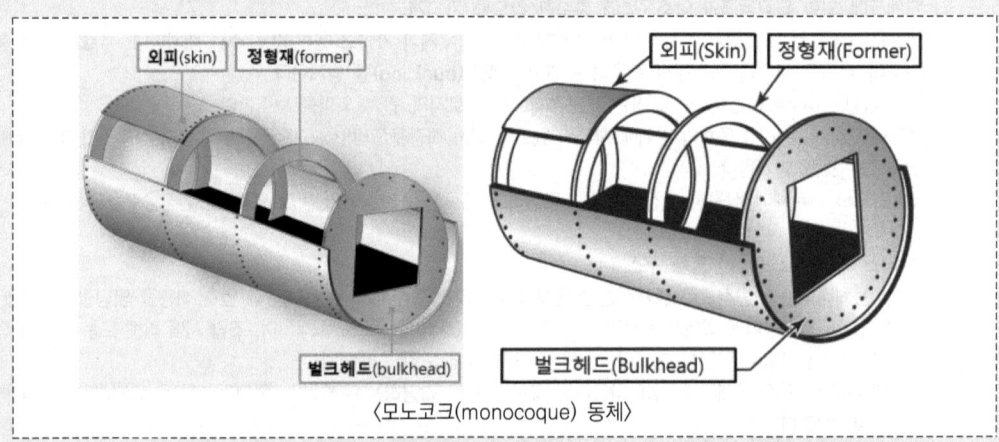

〈모노코크(monocoque) 동체〉

① 모노코크(monocoque) 동체

모노코크구조는 **정형재(former)**, 뼈대 부분의 **외피(skin)**, **벌크헤드(bulkhead)** 등으로 동체 형식을 구성한다. 이러한 구조부재 중에서 가장 큰 하중을 담당하는 부재는 집중하중을 담당할 수 있도록 간격을 두고 배치되며, 날개, 동력장치, 그리고 안정판과 같은 다른 구성품을 부착하기 위한 피팅(fitting)이 필요한 부분에 배치되어 있다.
다른 보강 부재가 존재하지 않기 때문에 주응력을 담당하는 외피가 견고한 동체를 유지해야 한다. 따라서 모노코크 구조의 문제점은 중량을 허용 한계 내에서 유지하고 충분한 강도를 유지해야 한다는 것이다.

② 세미모노코크(semi-monocoque) 동체

모노코크와 같은 뼈대 부분의 외피, 벌크헤드, 그리고 정형재로 구성되어 있다. 그러나 추가적으로 외피는 세로대

(longeron, 론제론)라고 부르는 세로부재에 의해 보강되어 있다. 세로대는 보통 여러 개의 뼈대부재를 가로질러 연장된다. 스트링거(stringer, 세로지)는 수량이 대단히 많이 부착되며 세로대보다 무게가 더 가볍다. 스트링거는 어느 정도의 단단함은 갖고 있지만 주로 외피의 주어진 모양에 따라 외피의 부착을 위하여 사용되고 있다.

무엇보다도 중요한 이점은 강도와 단단함의 유지를 소수의 부재에만 의존하지 않는다는 것이다.

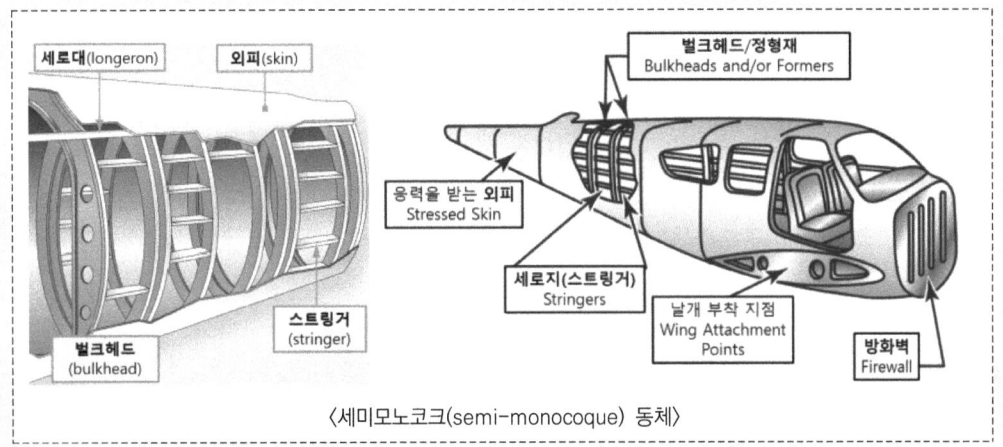

〈세미모노코크(semi-monocoque) 동체〉

응력외피(stressed-skin) 구조물인 세미모노코크의 동체는 가상할 수 있는 파괴를 견딜 수 있고, 비행 하중을 견디는 강도를 충분히 유지할 수 있다.

- 골격과 외피가 공히 하중을 담당하는 구조로서 외피는 주로 전단응력을, 골격은 인장, 압축, 굽힘 등 모든 하중을 담당하는 구조이다.

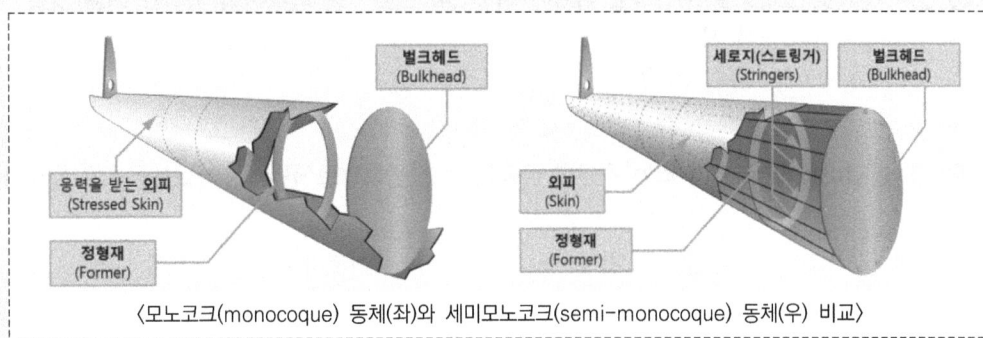

〈모노코크(monocoque) 동체(좌)와 세미모노코크(semi-monocoque) 동체(우) 비교〉

(3) 참고 : 방화벽(Firewall)
방화벽은 항공기의 **다른 부분으로부터 엔진룸(Engine room)을 격리**시킨다. 기본적으로 방화벽은 **화재가 기체 전체로 퍼져 나가지 못하도록** 차단하며, 스테인리스강이나 티타늄 재질이다.
- 방화벽(Firewall)은 엔진 마운트 뒤에 위치한다.

60 좌굴(Buckling) 현상을 바르게 설명한 것은?

① 작은 봉(Bar)은 좌굴강도에 의하여 파괴된다.
② 큰 인장하중을 받는 곳은 좌굴될 위험이 있다.
③ 큰 전단하중을 받는 곳에 위험이 있다.
❹ 압축된 부분에 주름모양으로 주름지는 현상이다.

61 초기의 헬리콥터 형식으로 많이 만들어졌으며 비교적 높은 강도를 가지고 있고 정비가 용이하나 유효공간이 적고 정밀한 제작이 어려운 구조형식은?

① 박스형　　❷ 트러스형　　③ 세미모노코크형　　④ 모노코크형

62 동체구조의 형식 중 트러스에 대한 설명으로 옳은 것은?
- ❶ 빔, 스트러트, 바 등의 부재로 만들어진 단단한 구조
- ② 항공기 동체의 외판만으로 하중에 견디게 된 구조
- ③ 외피, 벌크헤드, 정형재로 구성
- ④ 모노코크 구조의 강도와 무게의 문제점을 극복하기 위해 만들어졌다.

63 항공기 기체구조 중 트러스형식에 대한 설명으로 옳은 것은?
- ① 항공기의 전체적인 구조형식은 아니며 날개 또는 날개와 같은 구조부분에만 사용하는 구조형식이다.
- ② 금속판 외피에 굽힘을 받게 하여 굽힘 전단응력에 대한 강도를 갖도록 하는 구조방식으로 무게에 비해 강도가 큰 장점이 있어 현재 금속 항공기에서 많이 사용하고 있다.
- ③ 주 구조가 피로로 인하여 파괴되거나 혹은 그 일부분이 파괴되더라도 나머지 구조가 하중을 지지할 수 있게 하여 파괴 또는 과도한 구조 변형을 방지하는 구조형식이다.
- ❹ 강관 등으로 트러스를 구성하고 여기에 천 외피 또는 얇은 금속판의 외피를 씌운 형식으로 소형 및 경비행기에 많이 사용된다.

64 횡방향 및 길이 방향 부재가 없는 간단한 금속튜브 또는 콘으로 구성되어 있는 구조를 무엇이라 하는가?

① 트러스트형　　❷ 모노코크형　　③ 세이프티형　　④ 세미모노코크형

65 다음 중 모노코크 형식의 항공기 구조의 응력은 주로 무엇에 의하여 전달되는가?
- ① 외피(skin), 세로지(stringer), 정형재(former)
- ② 외피(skin), 세로지(stringer), 세로대(longeron)
- ❸ 외피(skin)
- ④ 세로지(stringer)

66 항공기에 가해지는 모든 하중을 스킨(Skin)이 담당하는 구조형식은?
- ❶ Monocoque Type
- ② Pratt Truss Type
- ③ Warren Truss Type
- ④ Semi-Monocoque Type

67 그림과 같은 동체구조를 무엇이라 하는가?

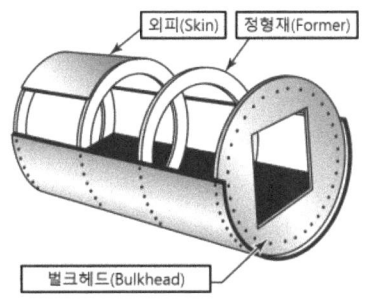

❶ 모노코크형　　② 트러스형　　③ 샌드위치형　　④ 세미모노코크형

68 헬리콥터 동체 구조 중 모노코크형 기체구조의 특징으로 옳지 않은 것은?

① 트러스형 구조보다 공기 저항이 적다.　② 세미모노코크형보다 무게가 무겁다.
❸ 트러스구조에 비해 내부 공간이 협소하다.　④ 세미모노코크형보다 외피가 두껍다.

69 다음 중 헬리콥터의 동체구조 중 모노코크형 기체 구조의 특징으로 옳은 것은?

① 세미모노코크형 구조보다 외피가 얇다.　② 세미모노코크형 구조보다 무게가 가볍다.
❸ 트러스형 구조보다 유효공간이 크다　④ 트러스형 구조보다 공기저항이 크다.

70 다음 그림의 항공기 동체 구조 형식은?

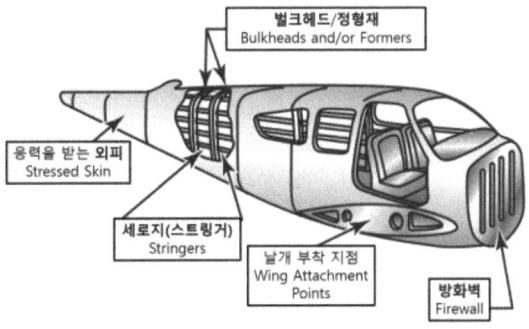

① 트러스(truss) 구조　　　　　　② 모노코크(monocoque) 구조
❸ 세미모노코크(semi-monocoque) 구조　④ 응력 외피(skin stress) 구조

71 동체 구조에서 세미 – 모노코크를 올바르게 설명한 것은?
① 구조부가 삼각형을 이루는 기체의 뼈대가 하중을 담당하고, 표피는 항공 역학적인 요구를 만족하는 기하학적 형태만을 유지하는 구조이다.
② 하중의 대부분을 표피가 담당하며, 내부에 보강재가 없이 표피만으로 되어 있는 구조이다.
③ 동체의 내부 공간을 확보하기 위해 세로대 및 세로지를 이용한 구조이다. 복잡하다.
❹ 골격과 외피가 공히 하중을 담당하는 구조로서 외피는 주로 전단응력을, 골격은 인장, 압축, 굽힘 등 모든 하중을 담당하는 구조이다.

72 현대의 항공기 구조로 많이 사용하는 세미-모노코크(Semi-monocoque) 구조의 구성으로 올바르지 않은 것은?
❶ 수직방향 부재 ② 외피 ③ 수직마운트 ④ 세로방향부재

73 응력 외피형 구조의 설명이 아닌 것은?
① 외피도 항공기에 작용하는 하중을 일부 담당하는 구조이다.
② 내부에 골격이 없어 내부 공간을 크게 할 수 있고, 외형을 유선형으로 할 수 있는 장점이 있다.
③ 모노코크 구조와 세미 모노코크 구조이다.
❹ 얇은 금속판으로 외피를 씌운 구조로 경비행기 및 날개의 구조에 사용된다.

74 세미-모노코크(semi-monocoque) 설명 중 옳지 않은 것은?
❶ 정역학적으로 정정이다. ② 금속제 항공기는 대부분이다.
③ 구조가 복잡하다. ④ 공간 마련이 쉽다.

75 세미-모노코크 구조(Semi-monocoque)의 장점이 아닌 것은?
① 내부 공간 마련이 쉽다. ② 외피를 얇게 제작할 수 있다.
③ 경량화로 제작이 가능하다. ❹ 제작비용이 많이 든다.

76 항공기 동체의 세미모노코크 구조를 구성하는 부재가 아닌 것은?
① 벌크헤드 ❷ 리브
③ 스트링거와 세로대 ④ 외피

77 스트링거의 특징으로 옳은 것은?
① 동체의 앞뒤로 하나씩 있어 동체의 비틀림 변형을 방지한다.
❷ 세로대보다 크기가 작고 많은 수가 배치된다.
③ 세로방향의 주 부재로 굽힘 하중을 담당한다.
④ 동체의 전단력과 비틀림 하중을 담당한다.

78 좌굴을 방지하며, 외피를 금속으로 부착하기 좋게 하여 강도를 증가시키는 부재는?
① Spar   ❷ Stringer   ③ Skin   ④ Rib

79 방화벽(Firewall)은 어느 곳에 위치하고 있는가?
① 연료탱크 앞에
② 조종석 뒤에
❸ 엔진 마운트 뒤에
④ 엔진 마운트 앞에

80 동체 앞뒤에 배치되며 방화벽 또는 압력벽으로 사용되기도 하며, 날개나 착륙장치 등의 장착 부위로도 사용되는 것은?
① 외피
② 프레임
③ 스트링거
❹ 벌크헤드

81 여압실 내에서 비틀림 응력에 의한 좌굴현상을 방지하기 위해 동체 앞, 뒤로 1개씩 설치한 구조부재는?
❶ 벌크헤드(bulkhead)
② 세로지(stringer)
③ 세로대(longeron)
④ 정형재(former)

82 날개의 단면을 공기역학적인 날개골로 유지해주고 외피에 작용하는 하중을 날개보에 전달하는 부재는?

① 외피　　　　　② 날개보　　　　　❸ 리브　　　　　④ 스트링거

◆ 항공기 구조 : 날개 ◆

[2024 항공기 기체(국토교통부, 항공정비사 표준교재, pp.1-13.~1-24.)]
[Pilot's Handbook of Aeronautical Knowledge(FAA, 2003, p.1-3.)]
[Pilot's Handbook of Aeronautical Knowledge(FAA, 2023, p.3-5.)]

(1) 날개의 형상(Wing Configurations)

날개는 공기를 통과하여 빠르게 이동할 때 양력을 발생시키는 **에어포일(airfoils) 형상**이며, 수많은 모양과 크기로 조립된다.

(2) 날개 구조(Wing Structure)

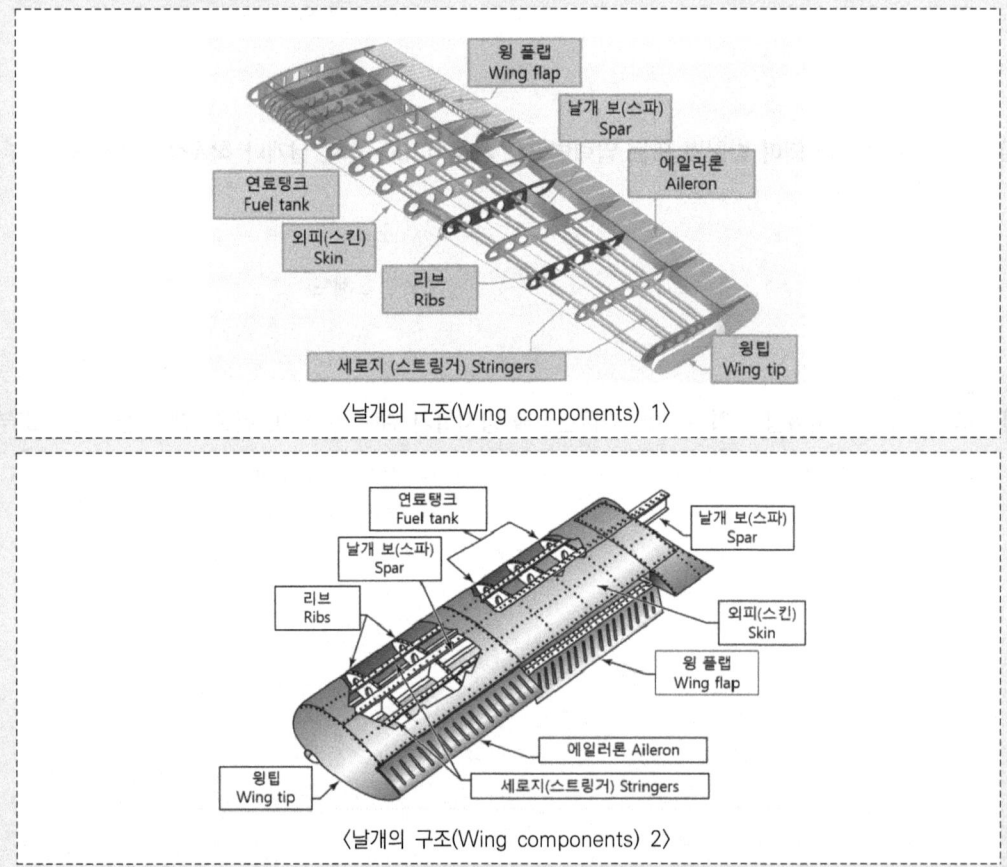

⟨날개의 구조(Wing components) 1⟩

⟨날개의 구조(Wing components) 2⟩

- **날개보(spar, 스파)** : 날개에 작용하는 하중 대부분을 담당하며, 굽힘 하중과 비틀림 하중을 주로 담당하는 날개의 주 구조 부재이다.
- **리브(rib)** : 날개의 단면이 공기역학적인 형태를 유지할 수 있도록 날개의 모양을 형성해 주며, 날개 외피에 작용하는 하중을 날개보에 전달하는 역할을 한다.

- 세로지(stringer, 스트링거) : 날개의 굽힘강도를 증가시키고 날개의 비틀림에 의한 좌굴(buckling)을 방지하기 위하여 날개의 길이 방향에 대하여 적당한 간격으로 배치한다.
- 외피(skin) : 날개의 외형을 형성하는데 앞 날개보와 뒷 날개보 사이의 외피는 날개 구조상 응력이 발생하기 때문에 응력외피라고 하며, 높은 강도가 요구된다.

대부분의 날개 내부 구조물은 **날개 길이 방향**에 연속적으로 **날개보(spar)**와 **스트링거(stringer)**, 그리고 앞전에서 뒷전으로 **시위방향**에 연속된 **리브(rib)**와 **정형재(former)**로 되어 있다. **날개보는 날개의 가장 기본적인 구조부재**이다. 날개보는 동체, 착륙장치, 그리고 다발엔진항공기의 나셀 또는 파일론 등과 같은 **모든 집중하중 또는 분포하중을 담당하며 지지한다.** 날개 구조물에 부착된 외피는 비행하는 동안 부과되는 하중의 일부를 담당한다. 또한, 날개 리브로 응력을 전달하며, 리브는 번갈아 날개보로 하중을 다시 전달시킨다.

(2) 날개 리브(Wing Ribs)

리브는 에어포일(airfoils) 형상을 이루도록 날개의 앞전으로부터 후방 날개보 또는 뒷전 방향으로 배치되어 있다. **리브는 날개가 캠버(Camber)를 갖도록** 모양을 만들어줄 뿐만 아니라, **외피와 스트링거로부터의 하중을 날개보에 전달하는 역할**을 한다. 리브는 도움날개(Aileron), 승강키(Elevator), 방향키(Rudder), 그리고 안정판(Vertical stabilizer, Horizontal stabilizer)의 구조에도 사용된다.

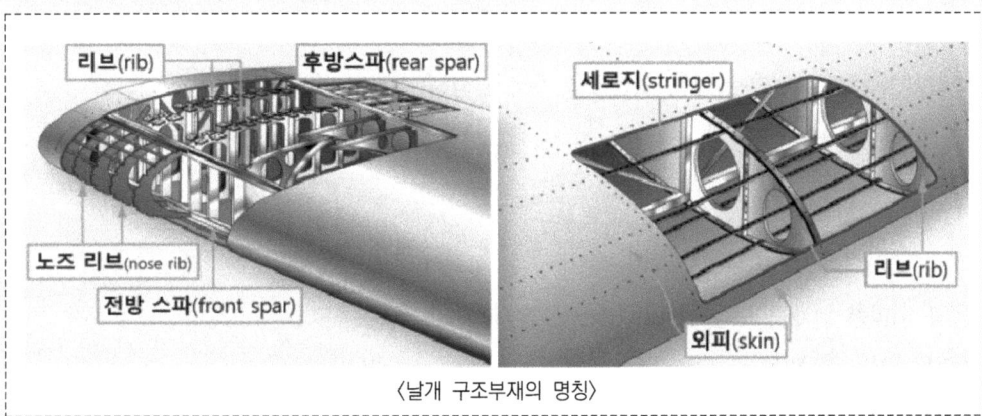

〈날개 구조부재의 명칭〉

(3) 날개의 장착 형식

(중략) 일부 날개는 완전한 외팔보 형식이다. 이 날개는 외부지주(external bracing)가 필요 없게 제작되었다. 항공기에 작용하는 하중을 외피의 도움을 받는 구조부재가 담당하도록 한다.

① **외팔보식 날개(캔틸러버 날개)**(Cantilever wing) : 항력이 적어 **고속기에 적합**하고, **다소 중량**이 나간다.
② **지주식 날개**(Braced type wing) : 날개의 중간 부재와 동체를 지주로 연결한 것으로 **구조가 가벼운 장점**은 있으나 항력이 증가(**주로 저속 항공기용**)하며, 날개와 동체 연결 스트러트는 비행 중에 인장하중이 작용한다.

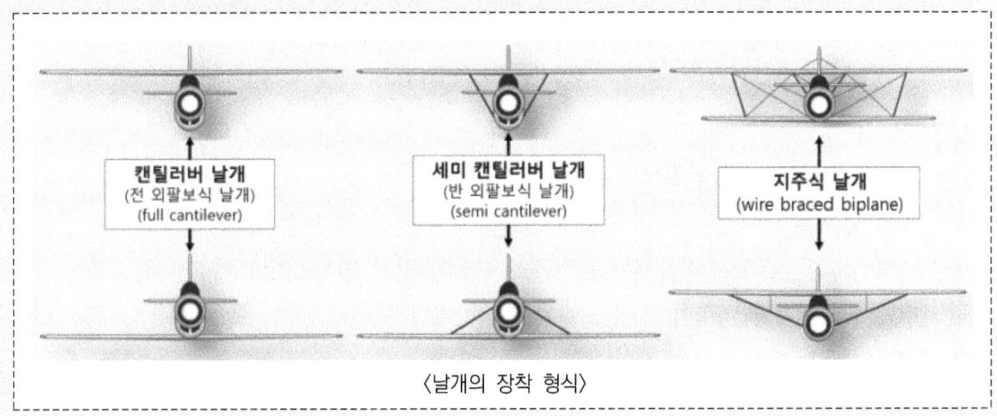

〈날개의 장착 형식〉

83 항공기의 날개구조에서 리브의 기능을 가장 올바르게 설명한 것은?
① 날개의 곡면상태를 만들어주며, 날개의 표면에 걸리는 하중을 스파에 전달한다.
② 날개에 걸리는 하중을 스킨에 분산시킨다.
③ 날개의 스팬을 늘리기 위해 사용되는 연장 부분이다.
④ 날개 내부구조의 집중응력을 담당하는 골격이다.

84 다음 그림과 같은 부재들의 명칭은?

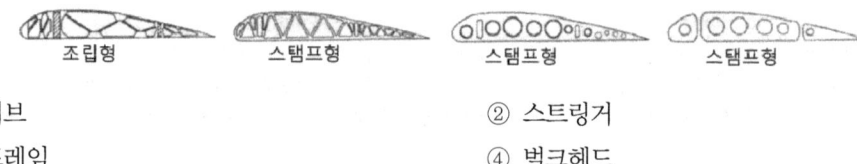

① 리브
② 스트링거
③ 프레임
④ 벌크헤드

85 항공기 주날개에 걸리는 굽힘 모멘트를 주로 담당하는 날개의 부재는?
① 스파(Spar)
② 리브(Rib)
③ 스킨(Skin)
④ 스트링거(Stringer)

86 응력-외피형 날개를 구성하는 주요 구성 부재가 아닌 것은?
① 날개보(Spar)
② 리브(Rib)
③ 세로지(Stringer)
④ 론저론(Longeron)

87 날개의 구조부재 중 날개골 모양을 하고 있으며, 날개 외피에 작용하는 하중을 날개보에 전달하는 역할을 하는 것은?
① 앞전
② 스트링거
③ 리브
④ 스포일러

88 날개의 장착 방식에 대한 설명으로 옳지 않은 것은?
① 지주식 날개는 트러스 구조로 장착이 간단하고 무게도 줄일 수 있다.
② 지주식 날개는 무게도 줄일 수 있고 공기 저항이 커서 경항공기에 사용된다.
③ 캔틸레버식 날개는 항력이 적어 고속기에 적합하다.
④ 캔틸레버식 날개는 무게가 가볍다.

89 인티그럴(Integral Tank) 연료탱크에 대한 설명으로 옳은 것은?

① 금속제품의 탱크를 내장한다.
② 합성고무 제품의 탱크를 내장한다.
③ 접합부 등에 밀폐제(sealant)를 바를 필요가 없다.
❹ 날개보와 외피에 의해 만들어진 공간 그 자체를 연료탱크로 이용한다.

90 인티그럴 탱크(integral tank)의 설명 중 맞는 것은?

❶ 날개보 사이의 공간을 그대로 사용한다.
② 고무 탱크를 내장한다.
③ 금속 탱크를 내장한다.
④ 밀폐재를 바르지 않는다.

91 열료탱크(Fuel Tank)의 구조에 대한 설명이 잘못된 것은?

① Wet Wing은 Wing의 Front Spar, Rear Spar 및 양쪽 End Rib 사이의 공간을 연료 Tank로 사용하는 것을 말한다.
② 민간 항공기에는 Main Wing과 Center Wing 또는 Horizontal Stabilizer에 장치되어 있는 항공기도 있다.
③ Integral Fuel Tank는 Wing의 Front Spar, Rear Spar의 공간을 사용한다.
❹ Cell Tank는 Wing의 Front Spar, Rear Spar의 공간을 사용한다.

92 Wing(날개)를 이루고 있는 Front Spar, Rear Spar 및 양쪽 End Rib 사이의 공간이 연료탱크로 사용되며, 연료의 누설을 방지하기 위하여 모든 연결부는 특수 Sealant로 Sealing 되어 있다. 이러한 연료탱크를 무슨 탱크라고 하는가?

❶ Integral Fuel Tank
② Bladder Type Fuel Cell Tank
③ Reserve Tank
④ Vent Surge Tank

93 날개구조물 자체를 연료탱크로 하는 탱크 내에 방지판(Baffle plate)을 두는 가장 큰 목적은?

① 내부구조의 보강을 위해서
② 연료가 팽창하는 것을 방지하기 위해서
❸ 연료가 출렁이는 것을 방지하기 위해서
④ 연료보급시 연료가 넘치는 것을 방지하기 위해서

94 항공기 연료의 특성으로 잘못된 것은?

① 발화점 : 액체인 연료가 기화한 상태에서 점화 플러그에 의해 점화될 수 있는 온도
② 어는점 : 탄화수소계의 화합물로 구성되어 있으며, 연료에 따라 어는점이 다르다.
③ 밀도 : 엔진의 추력은 밀도에 영향을 받는다.
❹ 부식 : 항공기 연료는 어떤 경우에도 부식되지 않는다.

95 항공기 객실여압은 객실고도 8,000ft로 유지하도록 되어있는데, 지상의 기압으로 유지 못하는 가장 큰 이유는?

① 기관의 한계 때문에
❷ 동체의 강도 한계 때문에
③ 여압펌프의 한계 때문에
④ 인간에게 가장 적합한 압력이기 때문에

96 여압이 필요한 이유가 아닌 것은?

① 고공비행 시 고공의 압력은 지상보다 낮기 때문에 필요하다.
② 비행 시 기내 압력과 온도를 일정하게 유지해 주어야 하기 때문이다.
③ 항공기에 탑승한 사람 또는 생명이 있는 화물의 저산소증 피해를 막기 위해 필요하다.
❹ 항공기의 안정성과 조종성을 위해 필요하다.

97 터보제트 항공기의 날개 전연부의 빙결은 무엇으로 방지하는가?

❶ 엔진 압축기부의 더운 블리드 공기
② 각 날개에 위치한 연소 히터의 더운 공기
③ 전연부의 합성고무 부츠의 전기적 열
④ 전연부에 공기로 작동되는 팽창 부츠

98 항공기 출입문 중 동체 스킨의 안으로 여는 방식은?

① 밀폐형　　② 티형　　③ 팽창형　　❹ 플러그 타입

― same type ―

99 항공기 꼬리날개(Empennage)의 구성이 아닌 것은?

① 승강키
❷ 토크 링크
③ 수직 안정판
④ 수평 안정판

> 해설

◆ 항공기 구조 : 꼬리부분 ◆

[2024 항공기 기체(국토교통부, 항공정비사 표준교재, pp.1-28.~1-29.)]
[Pilot's Handbook of Aeronautical Knowledge(FAA, 2003, p.1-4.)]
[Pilot's Handbook of Aeronautical Knowledge(FAA, 2023, p.3-6.)]
[Dorsal Fin Preliminary Design Procedure Through CFD Analysis, p.22.
http://wpage.unina.it/danilo.ciliberti/doc/DellaVolpe.pdf

(1) 꼬리부분(Empennage)

- 항공기 꼬리부분(Empennage)은 미부(尾部)라고도 부르며, 대부분 항공기에서는 테일콘(Tailcone), 고정 공기역학적 표면 또는 안정판(stabilizer), 그리고 가동 공기역학적 표면으로 구성되어 있다.
- 테일콘은 동체의 가장 뒤쪽 끝단을 감싸고 있는 부분이다. 테일콘은 동체의 구조부재와 유사한 구조부재로 제작되지만, 동체보다는 응력을 적게 받고 있기 때문에 경량급의 구조물로 되어 있다.
- 안정판(stabilizer)의 구조부재는 날개구조에서 사용되는 것과 매우 유사하다. 날개에서 볼 수 있는 날개보(Spar), 리브(Rib), 스트링거(Stringer, 보강재), 그리고 외피(Skin)를 사용한다. 구조부재는 에어포일(airfoils) 형상을 유지하며 안정판을 지지하고 응력을 전달하는 동일한 기능을 수행한다.

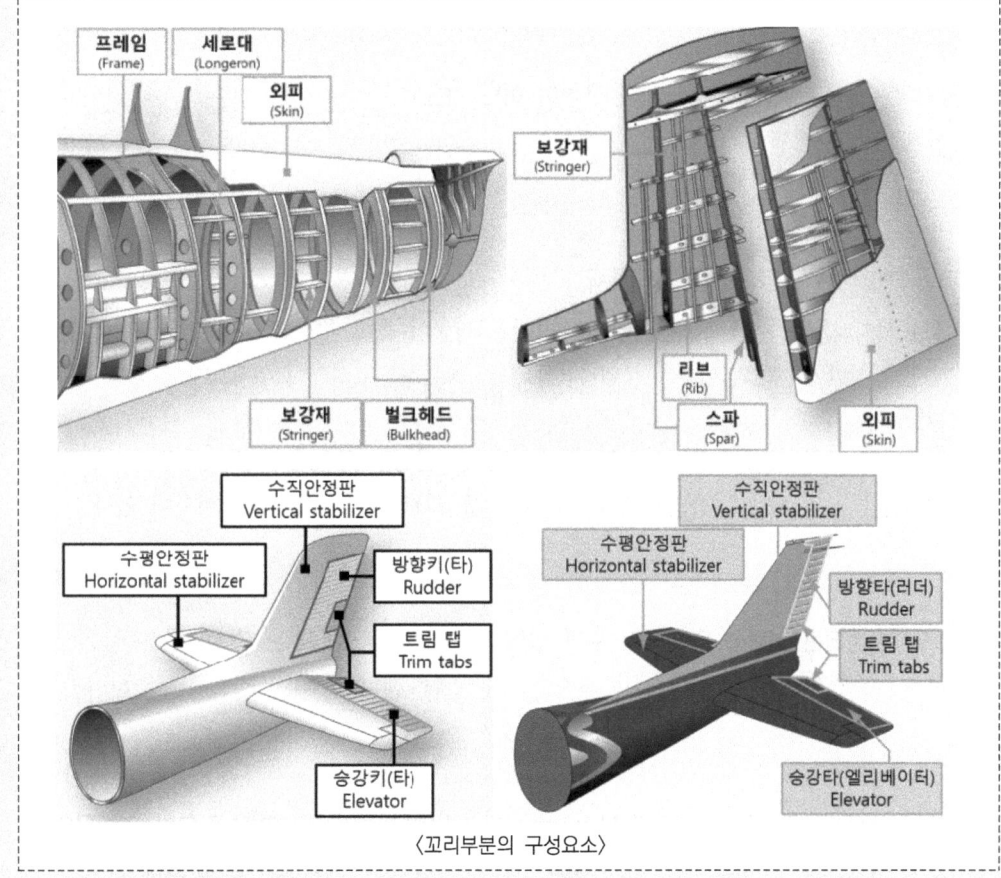

〈꼬리부분의 구성요소〉

(2) 도살핀(Dorsal Fin)

도살핀(Dorsal Fin)은 수직 꼬리날개의 뿌리 쪽(root) 가장자리에 설치된 작은 표면 확장 장치이다. 도살핀의 목적은 **항공기에 방향 안정성을 증가시키기 위한 것**이며, 이에 추가하여 러더 잠김(rudder-lock)으로 알려진 심각한 상태를 방지하기 위한 것이다.

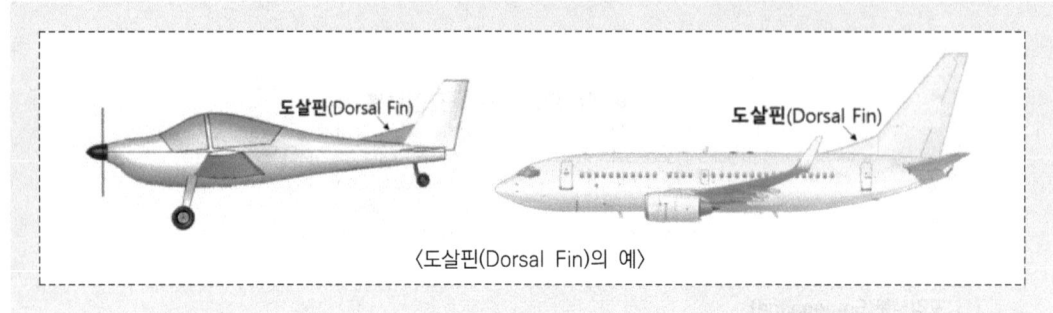

〈도살핀(Dorsal Fin)의 예〉

100 트러스형 날개의 구성품이 아닌 것은?
① 리브(rib)　　　　　　　　　　② 날개보(spar)
③ 보강재(stringer)　　　　　　　❹ 응력외피(stressed-skin)

101 항공기의 수직(vertical) 꼬리날개의 구성이 아닌 것은?
❶ 승강키　　　② 도살 핀　　　③ 방향키　　　④ 수직 안정판

102 꼬리날개에 대한 설명으로 옳은 것은?
① T형 꼬리날개는 날개 후류의 영향을 받아서 성능이 좋아지고 무게 경감에 도움을 준다.
② 수평 안정판이 동체와 이루는 붙임각은 Down-wash를 고려하여 수평보다 조금 아랫방향으로 되어 있다.
❸ 도살핀은 방향 안정성 증가가 목적이지만, 가로 안정성 증가에도 도움을 준다.
④ 꼬리날개는 큰 하중을 담당하지 않으므로 보통 리브와 스킨으로만 구성되어 있다.

103 비행 시 발생되는 난류를 감소시켜 주고 방향 안정성을 담당해 주는 것은?
① 플랩　　　❷ 도살핀　　　③ 엘리베이터　　　④ 러더

104 비행기의 수직꼬리날개 앞 동체에 붙어 있는 도살핀(dorsal fin)의 가장 중요한 역할은?
① 구조 강도를 좋게 한다.　　　　② 가로 안정성을 좋게 한다.
❸ 방향 안정성을 좋게 한다.　　　④ 세로 안정성을 좋게 한다.

105 그림과 같은 비행기의 날개 단면에서 (A)의 명칭은?

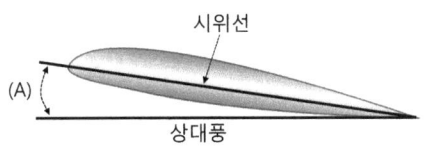

① 붙임각　　❷ 받음각　　③ 처든각　　④ 처진각

> 해설

◆ 에어포일(airfoil)의 양력 ◆
[비행이론(비행기)(국토교통부, 조종사 표준교재, pp.7.~10.)]
[Pilot's Handbook of Aeronautical Knowledge(FAA, 2023, pp.4-6.~4-9.)]
[초보자를 위한 비행입문(류종현, pp.27.~40.)]

비행기의 모든 부분에서 양력과 항력이 발생되지만, 비행할 때 비행기의 무게를 이겨내고 **비행기를 뜨게 하는 힘을 발생시키도록 특별하게 고안된 장치가 에어포일(Airfoil)**이다. 또는 **날개(Wing)**이다. 벤츄리 튜브 중앙의 좁아진 구역에서는 속도가 증가하고 정압이 감소한다. 베르누이 정리를 보면 가장 쉽게 비수학적인 방법으로 에어포일(airfoil)에서의 양력 발생 원리를 이해할 수 있다.

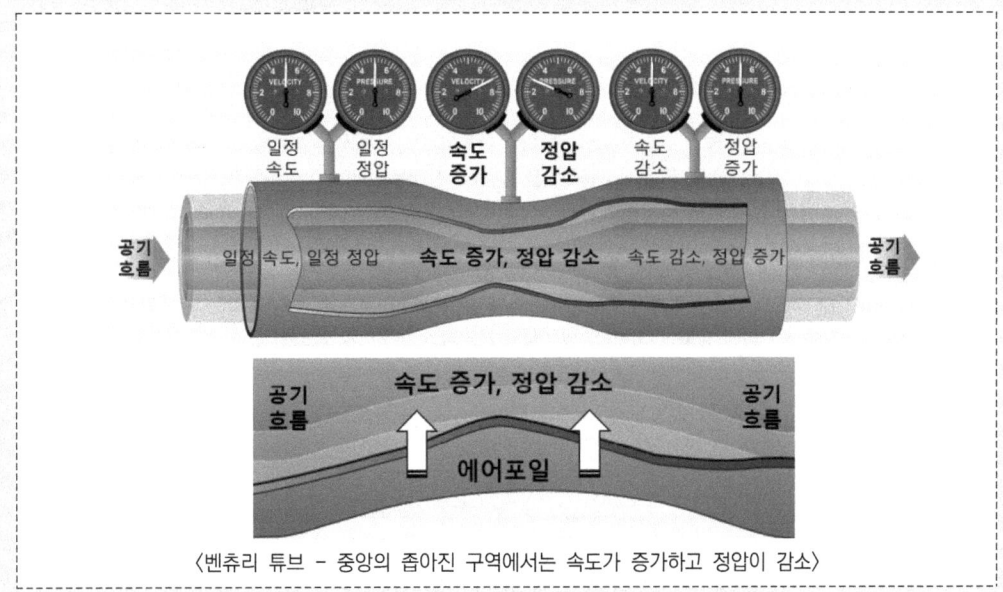

〈벤츄리 튜브 - 중앙의 좁아진 구역에서는 속도가 증가하고 정압이 감소〉

(1) 에어포일 용어정의
① 시위선(chord line) : 에어포일(airfoil)의 앞전(leading edge)과 뒷전(trailing edge)을 잇는 직선이다. 다시 말하면 평균캠버선(mean camber line)의 양끝을 잇는 직선이다.
② 시위(chord) : 시위선(chord line)의 길이를 말한다. 시위 길이라고도 한다.
③ 평균캠버선(mean camber line) : 에이포일(airfoil)의 윗면과 아랫면 사이 중앙을 가르는 선이다. 이 선은 에어포일(airfoil)의 평균 곡률을 보여준다.
④ 캠버(camber) : 평균캠버선(mean camber line)과 시위선(chord line) 사이의 거리를 말한다.

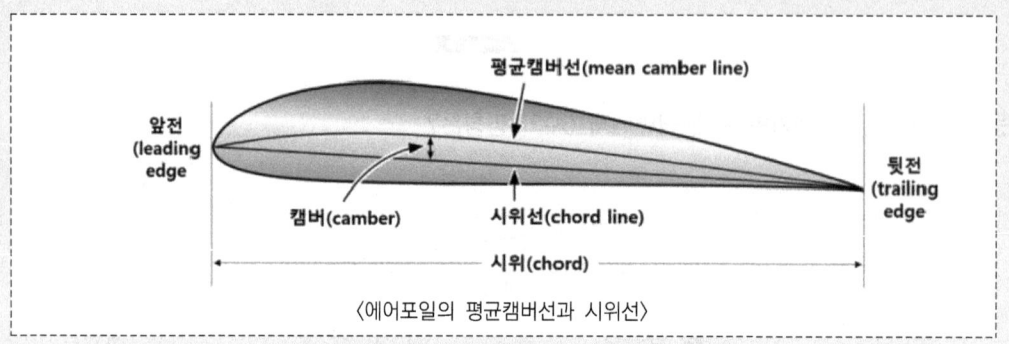

〈에어포일의 평균캠버선과 시위선〉

(2) 상대풍(relative wind)과 받음각(AOA, Angle of Attack)

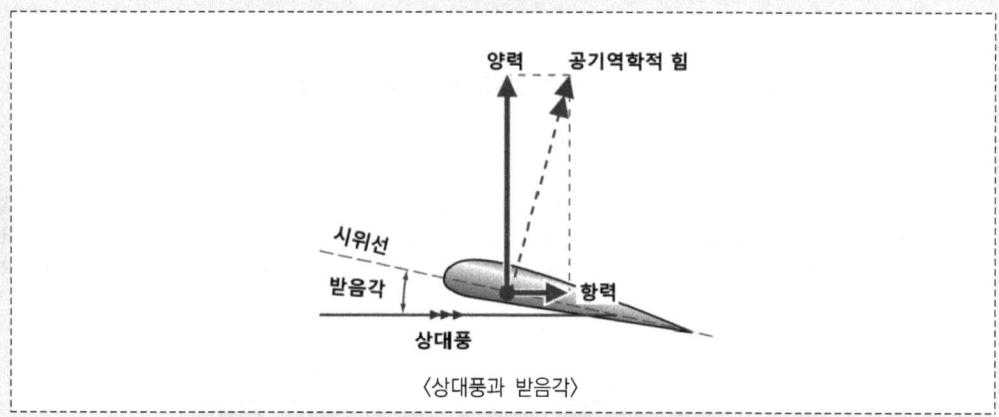

〈상대풍과 받음각〉

① 상대풍(relative wind) : 동체와 동체로부터 떨어져 흐르는 자유흐름(동체에 의해 흐름이 방해받지 않을 정도로 충분히 떨어져 있어야 함) 사이의 상대적인 움직임을 말한다. 상대풍은 비행기의 비행경로(flight path)에 반대방향이다.
② 받음각(AOA, Angle of Attack) : 에어포일(airfoil)의 시위선(chord line)과 상대풍(relative wind)이 이루는 각이다.

(3) 받음각(AOA, Angle of Attack)과 붙임각(Angle of Incidence)
붙임각(Angle of Incidence)은 비행기 종축선과 날개의 시위선(chord line) 사이의 각이다. 붙임각은 비행기를 설계할 때 정해지고, 받음각은 비행 중에 변화된다. 받음각과 붙임각을 혼동하지 않도록 해야 한다.

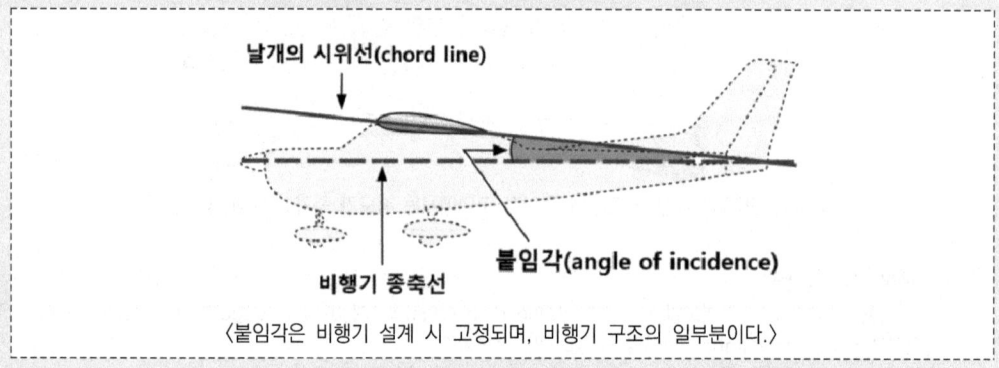

〈붙임각은 비행기 설계 시 고정되며, 비행기 구조의 일부분이다.〉

106 그림과 같은 비행기의 날개 단면에서 (A)의 명칭은?

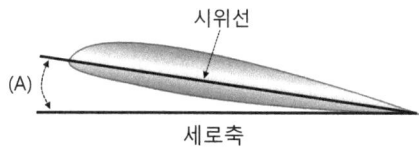

❶ 붙임각　　② 받음각　　③ 처든각　　④ 처진각

107 받음각에 대한 설명으로 올바르지 않은 것은?

❶ 임계 받음각 이상에서 비행해야 한다.
② 상대풍과 에어포일의 시위선 사이의 각이다.
③ 양력을 발생시킨다.
④ 항공기 진행방향과 시위선이 이루는 각이다.

108 비행기의 날개에 작용하는 양력의 크기에 대한 설명으로 틀린 것은?

❶ 비행속도에 반비례한다.　　② 날개의 면적에 비례한다.
③ 공기의 밀도 크기에 비례한다.　　④ 양력계수에 비례한다.

109 다음 중 동압과 정압에 대한 설명으로 옳은 것은?

❶ 동압과 정압을 이용하여 항공기의 비행속도를 계산할 수 있다.
② 동압을 이용하여 객실고도를 계산할 수 있다.
③ 동압을 이용하여 절대고도를 계산할 수 있다.
④ 동압과 정압을 이용하여 항공기의 절대고도를 계산할 수 있다.

― same type ―

110 항공기의 1차 조종면은?

① Elevator, Flap, Spring tap
② Aileron, Elevator, Flap
③ Rudder, Aileron, Trim tap
❹ Aileron, Elevator, Rudder

◈ 비행 조종면 ◈

[2024 항공기 기체(국토교통부, 항공정비사 표준교재, pp.1-30.~1-35.)]
[Pilot's Handbook of Aeronautical Knowledge(FAA, 2023, pp.6-2.~6-8.)]

고정익항공기의 조종은 가로축, 세로축, 수직축에 대하여 비행 조종면에 의해서 이루어진다. 비행 조종면은 1차 조종면 또는 주 조종면과 2차 조종면 또는 보조 조종면 등으로 나누어진다.

(1) 1차 조종면(Primary Flight Control Surfaces) = 주 비행 조종면
고정익 항공기의 **1차 조종면(주 비행 조종면)**은 ① 도움날개(Ailerons), ② 승강키(Elevators), ③ 방향키(Rudder)를 포함한다.
① **에일러론(Ailerons)**은 양 날개의 후방 가장자리에 부착되며 움직일 때 항공기를, 세로축을 중심으로 롤링시킨다(Rolling).
② **엘리베이터(Elevators)**는 수평안정판의 후방 가장자리에 부착되어 움직일 때 항공기의 피치를 변경시킨다(Pitching). 수평축(가로축)을 중심으로 항공기의 기수를 Up or Down 시킨다.
③ **러더(Rudder)**는 수직안정판의 후방 가장자리에 힌지로 연결되어 있다. 러더를 좌나 우로 움직이면 수직축을 중심으로 항공기의 방향을 변환해 준다(Yawing).

- 1차 조종면의 작동은 고양력 장치 플랩(flap)이 내려가면 양력이 증가하는 원리로 이해할 수 있다. 즉 조종면이 내려가면, 내려 간 쪽(러더는 꺾인 쪽)의 양력이 커지며, 이에 따라 항공기는 조종면이 내려 간 쪽(러더는 꺾인 쪽)의 반대 방향으로 움직인다.

① 항공기 날개에 장착된 좌측 에일러론(Ailerons)이 내려가면 좌측 양력이 커져서 항공기는 우측으로 Rolling(선회)한다.

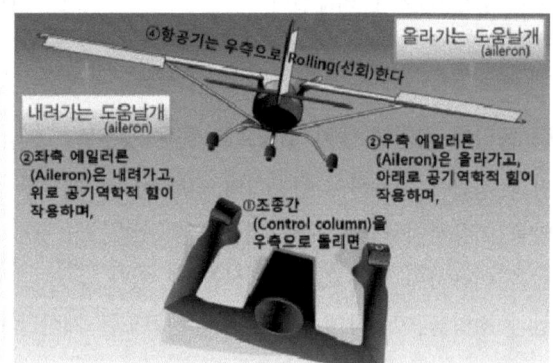

② 항공기 후미(Tail)에 장착된 엘리베이터(Elevators)가 올라가면 양력이 작아져서 항공기 후미(Tail) 부분이 내려가게 되고 항공기 기수(Nose)는 올라(Up)간다.

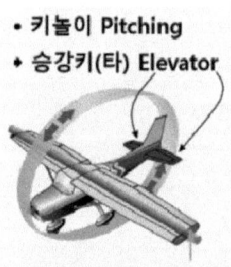
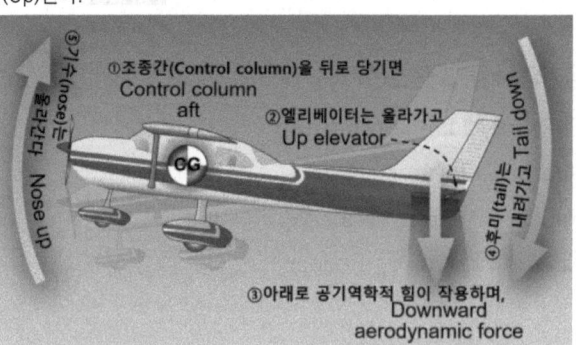

③ 항공기 후미(Tail)에 장착된 러더(Rudder)가 항공기 진행방향의 좌측으로 꺾이면 좌측 양력이 커져서 러더 부분이 우측으로 움직이게 된다. 그래서 항공기 기수(Nose)는 좌측으로 Yawing 한다.

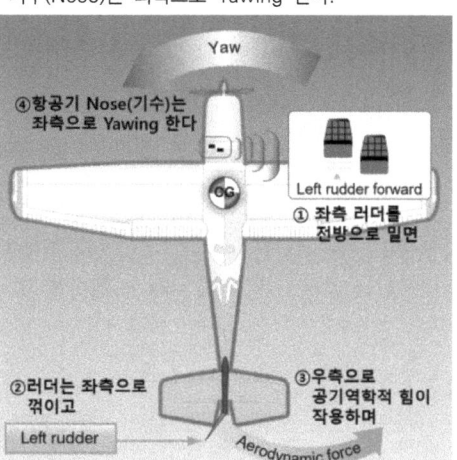

〈항공기 3축과 1차 조종면의 작동〉

111 비행기의 3축 운동과 관계된 조종면을 올바르게 연결한 것은?

❶ 옆놀이(Rolling) - 도움날개(Aileron) ② 옆놀이(Rolling) - 방향키(Rudder)
③ 키놀이(Pitching) - 방향키(Rudder) ④ 빗놀이(Yawing) - 승강키(Elevator)

112 항공기의 주 조종면과 관련 없는 것은?

① 옆놀이 ② 키놀이 ③ 빗놀이 ❹ 뒷놀이

113 조종간을 밀고 오른쪽으로 돌리면 왼쪽 Aileron과 Elevator의 방향은?

① Aileron은 위로, Elevator는 아래로 ② Aileron은 아래로, Elevator는 위로
③ Aileron은 위로, Elevator는 위로 ❹ Aileron은 아래로, Elevator는 아래로

114 항공기 수평꼬리날개에 대한 설명으로 틀린 것은?

① 승강키가 부착된다. ② 키놀이 운동을 담당한다.
③ 주날개와 구조가 비슷하다. ❹ 항공기의 방향안정성을 담당한다.

115 비행기의 방향 안정에 일차적으로 영향을 미치는 것은?
① ❶ 수직꼬리날개　　② 주날개　　③ 수평꼬리날개　　④ 스포일러

116 항공기 꼬리날개(Empennage)의 역할은?
❶ 비행기의 안정성과 조종성을 위한 것으로, 동체의 꼬리 부분에 부착된다.
② 수평안정판은 비행 중 비행기의 방향 안정성을 담당한다.
③ 수직안정판은 비행 중 비행기의 세로 안정성을 담당한다.
④ 러더(Rudder)는 조종간과 연결되어 비행기를 상승·강하시킨다.

• same type •

117 다음 중 고양력 장치는?
① Elevator　　❷ Flap　　③ Aileron　　④ Rudder

【해설】

◆ 비행 조종면 ◆
[2024 항공기 기체(국토교통부, 항공정비사 표준교재, pp.1-35.~1-43.)]
[Pilot's Handbook of Aeronautical Knowledge(FAA, 2023, p.5-50, pp.6-8.~6-12.)]

(2) 2차 조종면(Secondary Flight Control Surfaces) 에어포일의 곡률을 의미
① 플랩(Flaps)
플랩은 대부분 항공기에서 찾아볼 수 있으며, 뒷전 플랩은 보통 날개 뒷전의 내측 동체 근처에 장착된다.
- 날개의 형상을 변경시킨다.　　- 날개의 면적을 증가시킨다.
- 캠버(camber, 날개 앞전과 뒷전 사이 곡률)를 증가시킨다.　　- 양력을 증가시킨다.

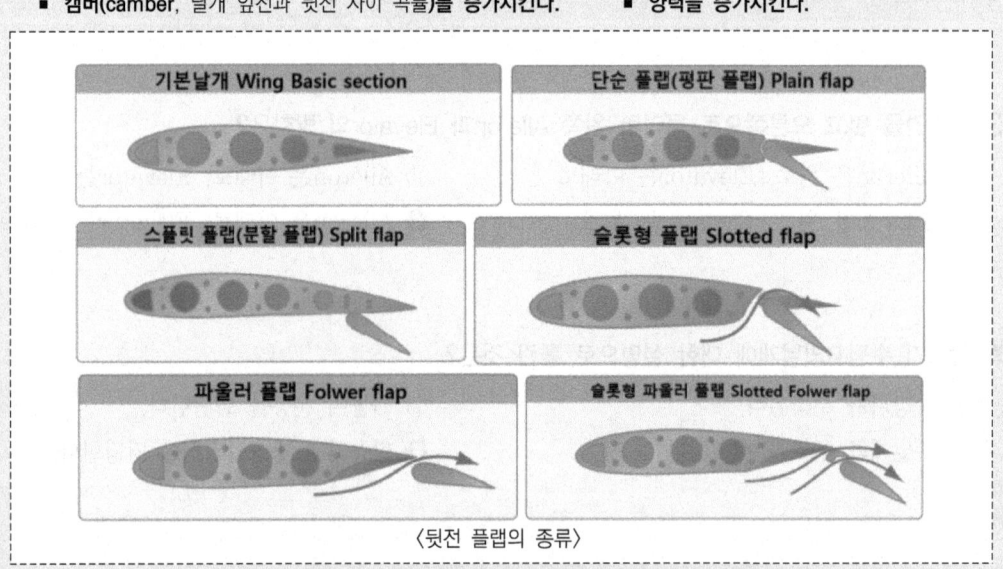

〈뒷전 플랩의 종류〉

- 앞전 플랩은 내측날개 앞전으로부터 앞쪽방향 아래쪽으로 펼쳐진다.

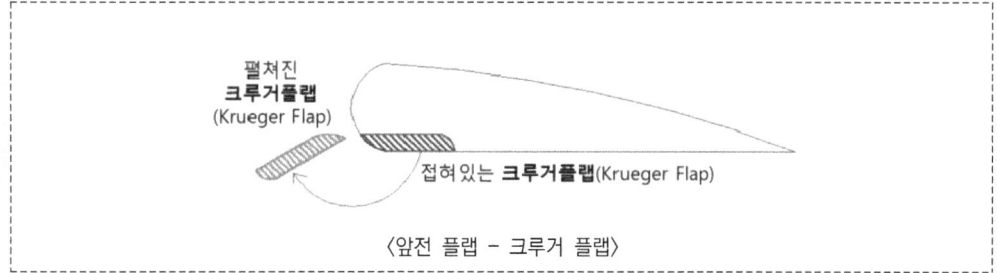

〈앞전 플랩 - 크루거 플랩〉

플랩은 **날개의 캠버를 증가**시키기 위해 아래쪽으로 움직이며, **더욱 큰 양력을 제공**해 주고 저속에서 조종된다. 플랩은 **더 느린 속도에서 착륙** 하도록 해주고 이륙과 착륙 시에 필요한 **활주로의 길이를 단축**시켜 준다. 플랩의 펼쳐진 크기와 날개와 이루는 각도의 크기는 조종석에서 선택할 수 있다.

② 슬랫(Slats)

날개 캠버를 늘려주는 앞전장치가 슬랫이다. 슬랫은 조종석의 작동 스위치로 플랩이 독립적으로 작동하게 할 수 있다. 슬랫은 오직 캠버와 양력을 증가시키도록 날개의 앞전을 펼쳐지게만 하는 것이 아니라 슬랫의 뒷면과 날개의 앞전 사이에 슬롯(slot)이 생기도록 완전히 펼쳐질 때도 있다. 이것은 항공기 날개의 공기흐름이 층류 흐름을 유지하도록 하여 날개에서 경계층이 박리되지 않고 계속 흐를 수 있도록 받음각을 증가시켜주어 항공기는 더 적은 속력으로 계속 조종을 유지할 수 있게 한다.

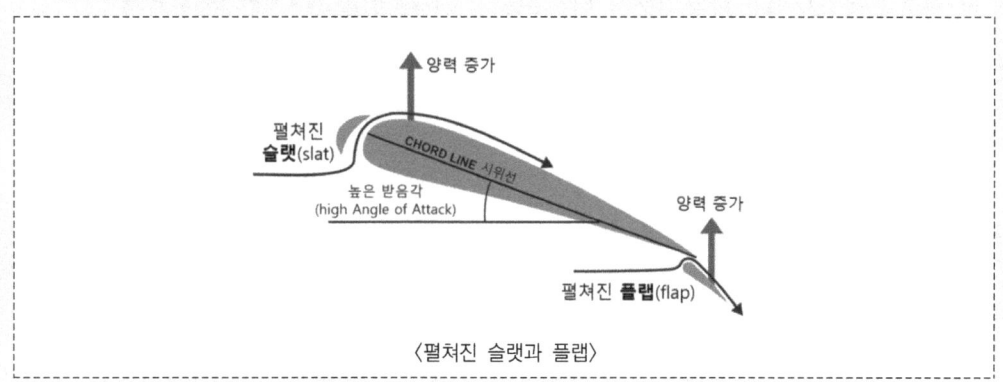

〈펼쳐진 슬랫과 플랩〉

③ 스포일러(Spoilers)

스포일러는 대부분 대형항공기와 고성능항공기의 날개윗면에서 찾아볼 수 있는 장치이며, 날개의 윗면에 일치되도록 접힌다. 펼쳐졌을 때 스포일러는 기류의 흐름을 방해하여 급격하게 위쪽으로 흐르도록 함으로써 날개의 층류흐름이 이탈하면서 결국 양력은 감소한다. (중략) 지상에서 엔진 역추진장치(thrust reverser)가 작동되었을 때 자동적으로 펼쳐지도록 설계되어 있는 항공기도 있다.

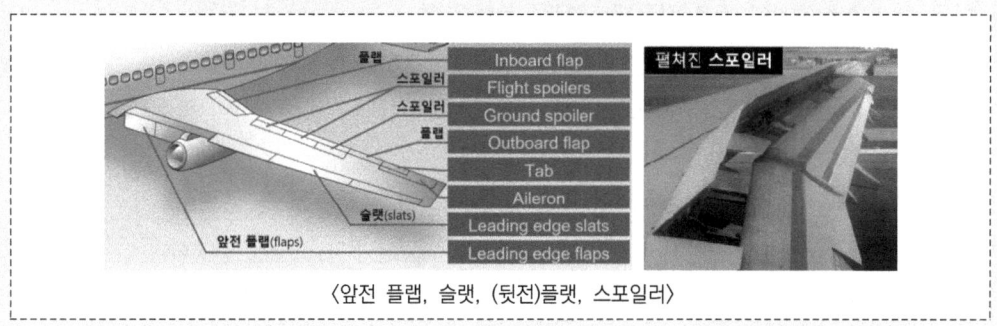

〈앞전 플랩, 슬랫, (뒷전)플랩, 스포일러〉

118 날개의 가동장치에 있어서 날개의 앞전 부분의 일부를 앞으로 밀어내어 날개 본체와 간격을 만든 다음 이 간격으로부터 높은 압력의 공기를 날개의 윗면으로 유도함으로써 날개의 윗면을 따라 흐르는 기류의 떨어짐을 막고 실속 받음각을 증가시키는 동시에 최대 양력을 증대시키는 장치는?

① Flap   ② Spoiler   ❸ Slat   ④ 이중간격 Flap

119 날개의 고양력장치인 슬랫(slat)의 설명으로 올바르지 않은 것은?
① 날개의 앞부분에 부착한다.
② 역할은 실속 받음각을 감소시키는 동시에 최대 양력을 증가시킨다.
❸ 종류는 고정식과 전동식 슬랫이 있다.
④ 슬롯(Slot)은 슬랫이 날개 앞전 부분의 일부를 밀어 내었을 때 슬랫과 날개 앞면 사이의 공간이다.

120 파울러 플랩에 대한 설명으로 옳지 않은 것은?
❶ 장착 위치는 날개의 앞전과 뒷전이다.
② 양력을 증감시키며, 양력 증가는 이·착륙 시 비행속도를 감소시킬 수 있게 한다.
③ 날개의 캠버와 날개면적을 증가시키며, 뒷전 플랩 중 가장 좋은 효과를 가진다.
④ 플랩의 작동은 기계식, 전기 동력식, 유압식이 있다.

121 다음 그림과 같이 플랩의 종류 중 캠버의 증가뿐만 아니라 날개의 면적까지 증가되어 양력의 증가가 가장 큰 플랩은?

① 크루거 플랩   ② 스플릿 플랩   ③ 슬롯 플랩   ❹ 파울러 플랩

122 다음 중 대형항공기에 주로 사용되는 뒷전 플랩은?
❶ 슬롯 플랩   ② 스플릿 플랩   ③ 단순플랩   ④ 크루거 플랩

123 날개 뒷전(trailing edge)에 장착되어 있는 플랩(flap)의 역할로 틀린 것은?
① 양력을 증가시킨다.   ② 날개의 형상을 변경한다.
③ 날개의 면적을 증가시킨다.   ❹ 캠버(camber)를 감소시킨다.

124 다음 중에서 뒷전 플랩이 아닌 것은?

① 스플릿 플랩　　❷ 크루거 플랩　　③ 단순 플랩　　④ 파울러 플랩

125 앞전 플랩의 한 종류로 날개 밑면에 접혀져 날개의 일부를 구성하고 있으나, 조작하면 앞쪽으로 꺾여 구부러지고 앞전 반지름을 크게하는 효과를 얻는 장치는?

① 경계층 제어장치　　❷ 크루거 플랩(Krueger flap)
③ 슬랫(Slat) 또는 슬롯(Slot)　　④ 드루프 앞전(Drooped leading edge)

126 스포일러의 역할 중 옳지 않은 것은?

① 도움날개 보조　　② 항력 증가　　③ air-brake 작용　　❹ 양력 증가

127 비행중 항공기의 자세를 조종하기도 하며 착륙 활주 중에는 활주거리를 짧게 하는 브레이크 역할도 하는 날개에 부착된 장치는?

① 플랩　　② 도움날개　　③ 슬롯　　❹ 스포일러

128 다음 중 버핏 현상을 가장 옳게 설명한 것은?

① 이륙 시 나타나는 비틀림 현상
② 착륙 시 활주로 중앙선을 벗어나려는 현상
❸ 실속속도로 접근 시 비행기 뒷부분의 떨림 현상
④ 비행 중 비행기의 앞부분에서 나타나는 떨림 현상

129 항공기의 경고 조종장치가 아닌 것은?

① 실속 경고장치　　② 이륙 경고장치　　③ 고장 경고장치　　❹ 착륙 경고장치

― same type ―

130 조종면의 움직이는 방향과 반대방향으로 움직이도록 되어 있는 조종면은?

① Servo Tab　　② Spring Tab　　❸ Balance Tab　　④ Trim Tab

◆ 비행 조종면 ◆

[2024 항공기 기체(국토교통부, 항공정비사 표준교재, pp.1-35.~1-43.)]
[Pilot's Handbook of Aeronautical Knowledge(FAA, 2023, pp.6-8.~6-12.)]
[초보자를 위한 비행입문(류종현, pp.100.~102.)]

(3) 보조 조종면(Auxiliary Flight Control Surfaces)
  ① **트림 탭(Trim Tabs)**
  대부분의 **트림 탭은 1차 비행조종면의 뒷전에 위치**한다. 트림 탭의 기능은 조종면의 연결부위에서의 **모멘트(moment)를 거의 "0"이 되도록 줄여서 거의 손을 떼고도 비행이 가능하도록 해준다.** 비행 조종면의 방향과 반대 방향으로 움직이는 탭에 의해 발생하는 공기역학적 힘은 항공기의 비행 자세에 영향을 주어 조종사가 계속 조종력을 유지하지 않아도 등속 수평비행이 가능하게 해준다. 조종석으로부터 연동장치를 통해 탭의 위치를 조작할 수 있다.

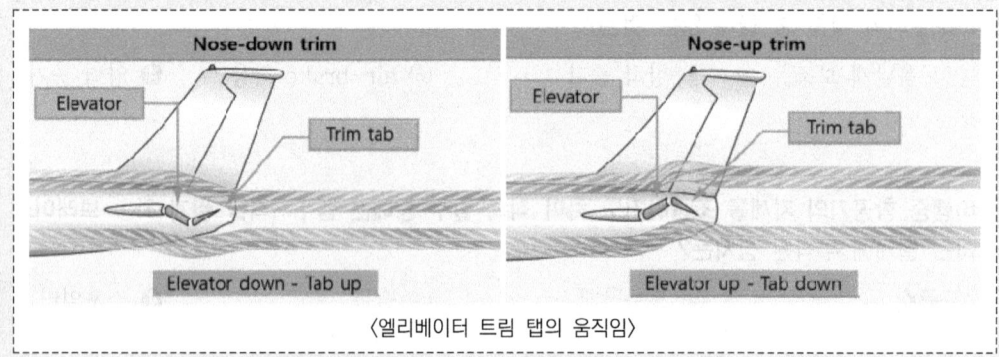

〈엘리베이터 트림 탭의 움직임〉

  ② **밸런스 탭(Balance Tabs)**
  밸런스 탭은 **조종면이 움직이는 방향과 반대 방향으로 움직일 수 있도록 기계적으로 연결**되어 있다. 탭이 위쪽으로 올라가면 탭에 작용 하는 공기력 때문에 조종면은 아래로 내려오게 된다. 즉, 탭이 올라감에 따라 조종면에는 조종면을 아래로 내려오게 하는 힘이 생기게 된다.

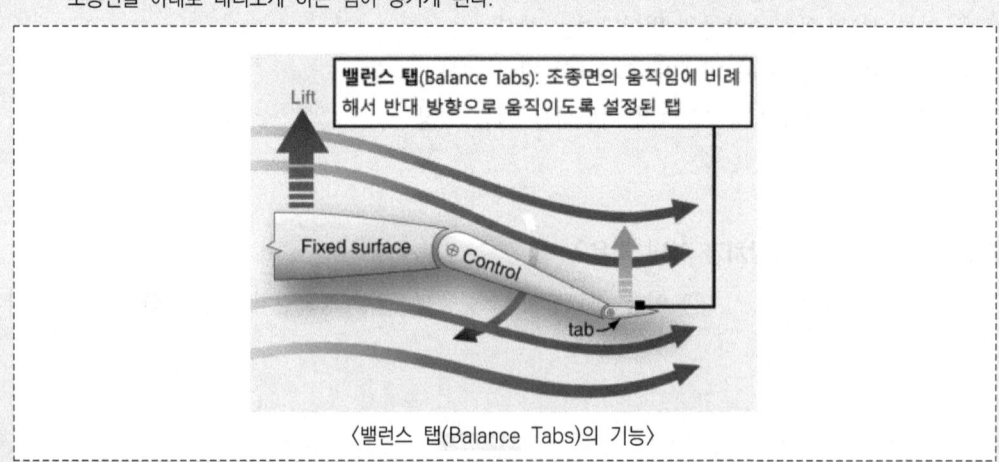

〈밸런스 탭(Balance Tabs)의 기능〉

  ③ **서보 탭(Servo Tabs)**
  서보 탭은 위치와 효과 면에서 밸런스 탭과 유사하지 만, 조종석의 조종 장치와 직접 연결되어 탭만 작동시켜 조종면을 움직이도록 설계된 것이다. 이 탭을 사용하면 조종력이 감소되며, 대형 항공기 1차 비행조종면의 조종을 보조하기 위한 수단으로서 주로 사용된다.

④ 안티서보 탭(Antiservo Tabs)

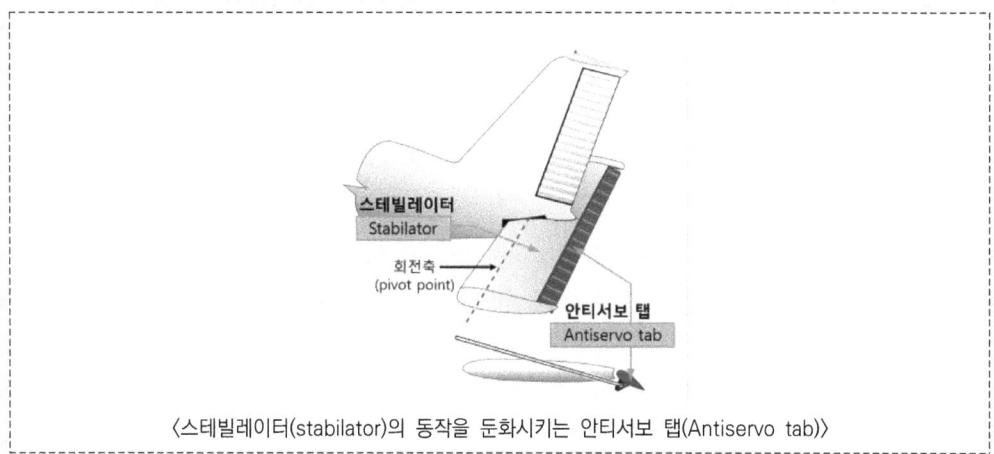

〈스테빌레이터(stabilator)의 동작을 둔화시키는 안티서보 탭(Antiservo tab)〉

안티서보 탭은 이름에서 알 수 있듯이 서보 탭과 비슷하지만, **1차 조종면과 같은 방향으로 움직인다.** 일부 항공기, 특히 가동식 수평안정판(moveable horizontal stabilizer)으로 된 항공기에서는 조종면의 작동은 너무 예민할 수 있다. 조종연동장치를 통해 결합된 안티서보 탭은 공기역학적인 힘을 발생시켜 조종면을 움직이는데 필요한 조종력을 증가시킨다. 이 조종력은 조종사에게 더 안정적으로 조종하도록 만든다.

(4) 스테빌레이터(Stabilator)
스테빌레이터(Stabilator)는 수평안정판(Horizontal Stabilizer) + 승강키(Elevator)의 역할을 한다.

(5) 매스 밸런스(mass balance)
- 어떤 조종면들은 고속에서 떨리는 현상을 나타낸다. 이것은 조종면의 받음각(AOA, Angle of Attack)이 변함에 따라 조종면의 압력분포가 변경되어 발생하는 **진동현상(플러터, flutter)**이다. 만약 기체의 어떤 부분에서 진동이 시작되면 이러한 진동은 구조적 파손을 일으킬 수 있을 만큼 빠르게 증가한다. 이러한 진동을 피하기 위해 설계자는 조종면의 질량 분포를 변경해야만 한다.
- **매스 밸런스(mass balance)의 목적은 조종면의 질량 분포를 변경시켜 조종면의 진동(flutter)을 방지하기 위한 것이다.**
- 조종면의 무게중심(CG, Center of Gravity)을 연결부위(hinge-line)나 또는 약간 앞쪽으로 이동시키기 위해 연결부위(hinge-line) 앞에 매스 밸런스(mass balance)를 장착한다.

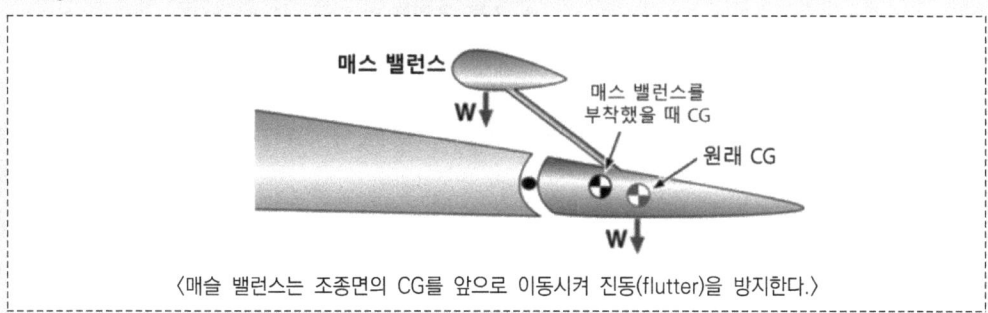

〈매스 밸런스는 조종면의 CG를 앞으로 이동시켜 진동(flutter)을 방지한다.〉

131 조종면의 움직이는 방향과 반대방향으로 움직이도록 되어 있는 조종면은?
① 트림탭　　　　② 서보탭　　　　❸ 밸런스탭　　　　④ 안티밸런스탭

132 조종면의 매스 밸런스(mass balance)의 목적은?
① 조타력의 경감
② 기수 올림 모멘트 방지
③ 키의 성능 향상
❹ 조종면의 진동 방지

133 매스 밸런스(Mass Balance)를 부착하는 가장 큰 이유는?
① 구조의 강도를 보강하기 위해
② 상승속도를 증가시키기 위해
③ 조종면이 서로 반대 방향으로 움직이도록 하기 위해
❹ 조종면의 플러터(flutter)를 방지하기 위해

134 승강키와 수평 안전판의 역할을 하는 것은?
① 스포일러
② 엘리베이터
③ 러더
❹ 스테빌레이터

135 조종계통 케이블(cable)의 방향을 바꾸어 주는 것은?
❶ 풀리(pulley)
② 턴버클(turnbuckle)
③ 페어 리드(fair lead)
④ 벨 크랭크(bell crank)

◆ 조종 케이블 ◆

[2024 항공정비일반(국토교통부, 항공정비사 표준교재, pp.5-109.~5-112.)]
[Pilot's Handbook of Aeronautical Knowledge(FAA, 2003, p.4-4.)]
[Pilot's Handbook of Aeronautical Knowledge(FAA, 2023, p.6-2.)]

조종 케이블은 1차 비행조종계통(primary flight control system)에 가장 널리 사용되는 연결매체이다.

(1) 턴버클(Turnbuckles)
턴버클은 **케이블 길이를 미세하게 조절**하고, 이를 통해 **케이블 장력(cable tension)을 조정**하는 케이블 연결 장치이다.

〈턴버클(turnbuckle) 어셈블리〉

(2) 풀리(Pulley, 도르래)
풀리(pulley, 도르래)는 **조종 케이블의 방향을 바꾸어 주는 역할**을 한다. 케이블 가이드(cable guide) 또는 버스 드럼(bus drum)이라고도 불린다.

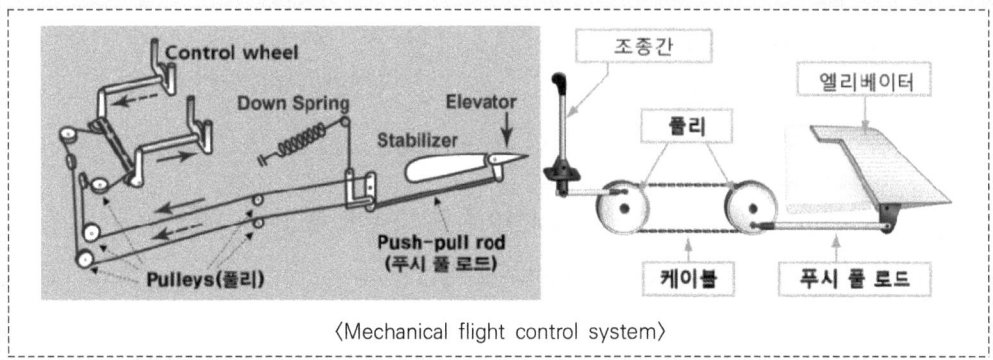

⟨Mechanical flight control system⟩

(3) 푸시 풀 로드(Push-pull rod)
푸시 풀 로드(Push-pull rod)는 **기계적으로 동작되는 계통의 여러 분야에서 연결매체로 사용**된다. 푸시 풀 로드(Push-pull rod) 연결매체는 **장력의 변화가 없으며**, 하나의 로드를 통하여 압축력과 인장력을 전달하는 특징이 있다.

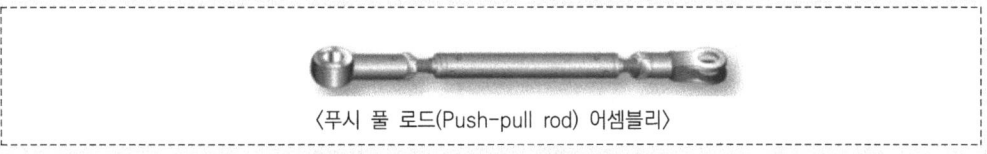

⟨푸시 풀 로드(Push-pull rod) 어셈블리⟩

◆ **플라이 바이 와이어** ◆
[2024 항공정비일반(국토교통부, 항공정비사 표준교재, pp.2-19.~2-20.)]

- 플라이 바이 와이어(FBW, Fly-by-wire) 조종계통은 조종실에서 컴퓨터를 통해 여러 가지의 비행 조종 작동기로 **조종사의 동작을 전달하는 전기신호를 사용한다.**
- 플라이 바이 와이어(FBW)는 **조종간과 항공기의 비행제어장치가** 케이블(cable)이나 유압(hydraulic) 시스템처럼 물리적인 결합으로 이뤄지지 않고 **전자제어 시스템으로 연결되어있는 것을** 말한다.

136 케이블 조종계통에서 케이블의 장력을 조절할 수 있는 부품은?

① 풀리(pulley)　　　　　　　　　❷ 턴버클(turnbuckle)
③ 벨 크랭크(bell crank)　　　　　④ 케이블 텐션 미터(cable tension meter)

137 항공기 조종계통에 사용되는 케이블의 인장력을 조절하는 장치는?

① 버스 드럼(bus drum)　　　　　② 풀리(pulley)
③ 조종로드(control rod)　　　　　❹ 턴버클(turnbuckle)

138 케이블 장력 조절기의 사용 목적은?

① 조종 케이블의 장력을 조절한다.
② 조종사가 케이블의 장력을 조절한다.
③ 주 조종면과 부 조종면에 의하여 조절한다.
❹ 온도변화에 관계없이 자동적으로 항상 일정한 케이블 장력을 유지한다.

139 조종용 케이블에서 와이어나 스트랜드가 굽어져 영구 변형되어 있는 상태를 무엇이라 하는가?
① 버드 케이지(Bird cage)
❷ 킹크 케이블(Kink cable)
③ 와이어 절단Broken wire)
④ 와이어 부식(Corrosion wire)

140 수동 조종장치(manual flight control system) 조종계통으로 올바르지 않은 것은?
① 케이블 조종계통(cable control system)
② 푸시풀로드 조종계통(push-pul rod control system)
③ 토크튜브 조종계통(torque control system)
❹ 플라이 바이 와이어(Fly-by-wire) 조종장치

◆ same type ◆

141 항공기의 지상 활주 시 조향장치에 대한 설명으로 틀린 것은?
① 소형 항공기는 방향키 페달을 사용한다.
② 조향장치는 앞바퀴를 회전시켜 원하는 방향으로 이동하는 장치이다.
③ 대형 항공기는 유압식이 사용되며 틸러(Tiller)라는 조향핸들을 사용한다.
❹ 소형 항공기는 방향키 페달(Rudder pedal)을 이용하며 이때 방향키는 움직이지 않는다.

【해설】

◆ 착륙장치(Landing Gear) ◆
[2024 항공기 기체(국토교통부, 항공정비사 표준교재, pp.1-44.~1-47.)]
[초보자를 위한 비행입문(류종현, pp.158.~163)]
[항공기 기체(제2권 항공기 시스템)(국토교통부, 항공정비사 표준교재, pp.9-2.~9-125.)]

(1) 착륙장치(Landing Gear)의 분류
① 장착 위치에 따른 분류 : ❶ 후륜식, ❷ 전륜식
　❶ 후륜식(Tail Gear Type, Conventional Type) : 후륜식은 **초기 항공용으로 사용**되었다. 항공기 무게의 대부분이 걸리는 위치에 2개의 주륜 바퀴를 장착하고, 동체의 후방 끝에 좀 더 작은 꼬리바퀴(tail gear)를 장착한다.
　❷ 전륜식(Nose Gear Type, Tri-Cycle Type) : 항공기에서 가장 널리 보급된 형태이다. **경항공기분만 아니라 대형항공기도 전륜식 착륙장치**를 사용하고 있다. 앞 착륙장치(nose gear)와 주륜 착륙장치(main gear)로 구성된다.

〈장착 위치에 따른 착륙장치 분류〉

② 항공기 **주륜 바퀴 숫자**에 따른 분류 : ❶ **단일식**(Single Type), ❷ **이중식**(Double Type),
❸ **보기식**(Tandem Type, Bogie Type) **Landing Gear**

〈항공기 바퀴 숫자에 따른 착륙장치 분류〉

(2) 접이식(접개들이식) **착륙장치**(Retractable Landing Gear)와 **완충 스트러트**(Shock Strut)
올레오 스트러트(oleo strut)는 대부분 항공기의 **완충 스트러트**로 사용된다. 올레오 스트러트는 실린더 아래로부터 충격하중이 전달되어 피스톤이 실린더 위로 움직이게 된다. 착륙 접지 시 올레오 스트러트의 **작동유는 공기실의 부피를 축소시키며 공기를 압축시킨다.** 올레오 스트러스의 **오리피스(orifice)**에서 유체의 마찰에 의해 에너지가 흡수된다.

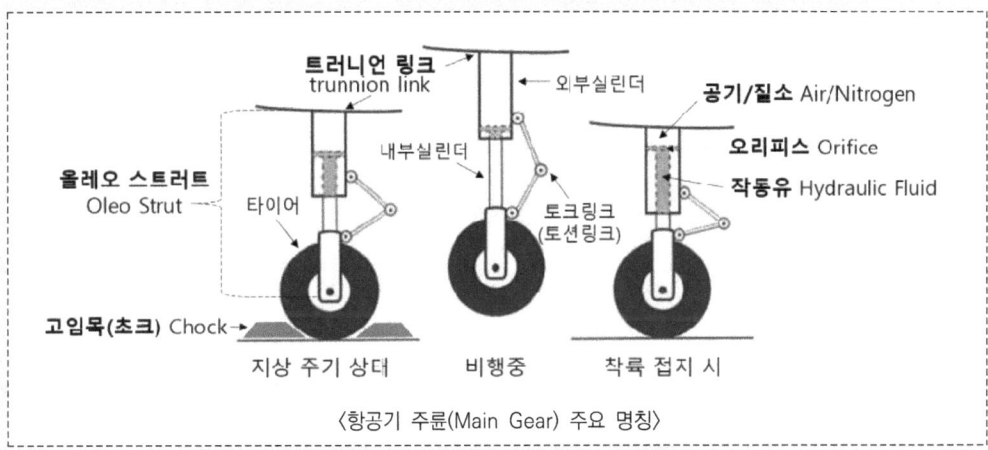

〈항공기 주륜(Main Gear) 주요 명칭〉

(3) 조향장치(Nosewheel Steering)

〈소형 항공기 Nose gear 조향장치〉

대부분의 전륜식 착륙장치(Tri-cycle Landing Gear) 항공기는 **앞·뒤로 움직이는 러더페달**(Rudder Pedal, **방향키 페달)과 연결된 앞바퀴 조향장치**(Nosewheel Steering)를 갖추고 있으며, 대부분 항공기는 **주륜 브레이크**(Main Wheel Brake)를 **장착**하고 있다.

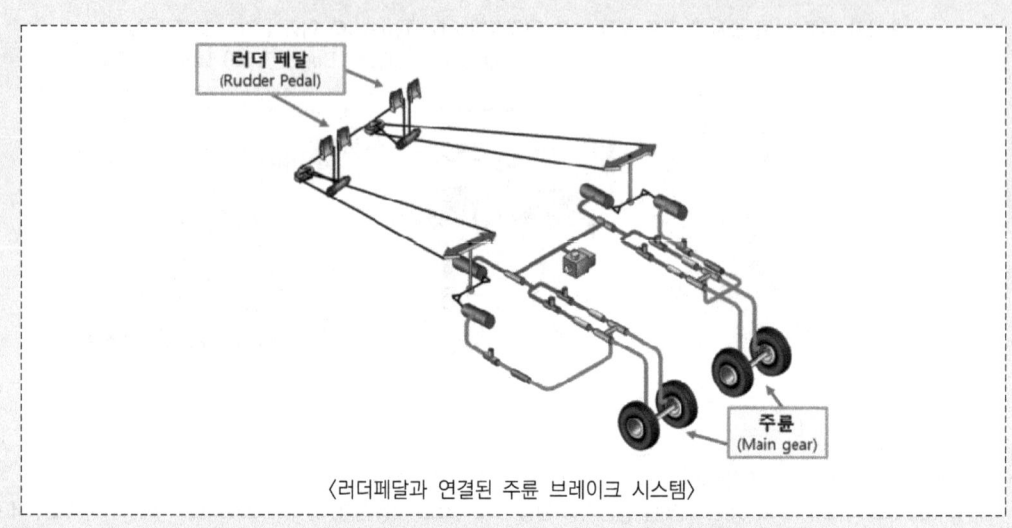

〈러더페달과 연결된 주륜 브레이크 시스템〉

(4) 휠 브레이크(Wheel Brakes)

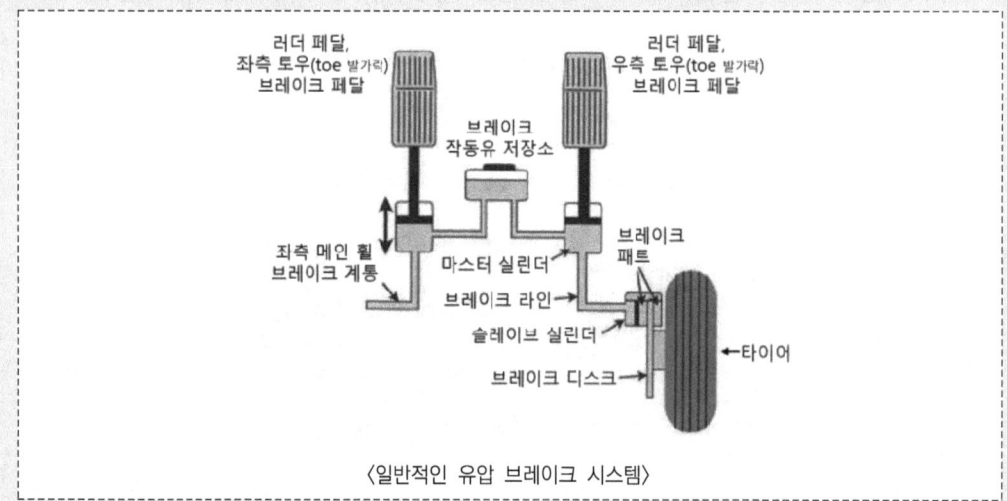

〈일반적인 유압 브레이크 시스템〉

- 항공기 브레이크 시스템에서 **앤티스키드(Anti-skid) 시스템은 항공기가 지상 활주 중 타이어가 미끄러지는 것을 방지하여 안전한 제동을 돕는 장치**이다. 이 시스템은 바퀴의 회전 속도를 감지하여 브레이크 압력을 조절함으로써 **타이어의 미끄러짐을 방지하고, 제동 거리를 줄여준다.**
- 항공기 브레이크 시스템에 **공기가 차 있는 것은 브레이크 페달의 스펀지 현상**으로 알 수 있다. 공기를 제거하는 블리딩(bleeding) 방식에는 중력식과 압력식이 있다. **중력식 블리딩은** 브레이크 작동유 저장소의 **작동유를 밑으로 보내서 공기를 빼는 것이다. 블리드 밸브((Bleed valve)를 열고 브레이크를 작동해서 공기가 섞인 작동유를 빼낸다.** 압력식 블리딩은 펌프를 이용해서 차 있는 공기를 빼내는 것이다.

(5) 타이어(Tires)
① 타이어 구조
- 트레드(Tread) : 가장 바깥쪽 외피로 지면과 직접 닿는 부분이며, 활주로 노면과의 마찰력이 부여된다. 트레드 홈 깊이의 마모상태로 교체시기를 확인할 수 있다.
- 브레이커(Breaker) : 타이어 내부의 코드층 사이에 위치하여 타이어의 구조적 강성을 높이고, 외부 충격으로부터 타이어를 보호하는 역할을 하는 보강재이다. 브레이커는 타이어의 트레드 (접지면) 바로 아래, 코드층 사이에 위치한다.

- 비드(Bead) : 타이어와 휠 림을 연결하는 부분으로, 타이어 내부에 있는 고강도 탄소강 강선으로 만들어진 링 모양의 부품이다. 비드는 타이어 내부의 고압 공기를 견디고, 타이어가 림에서 이탈하는 것을 방지하며, 타이어의 강성을 유지하는 역할을 한다.
- **사이드월(Sidewall)** : 타이어의 옆부분을 지지해주며, **타이어 정보가 표시되어 있다.**

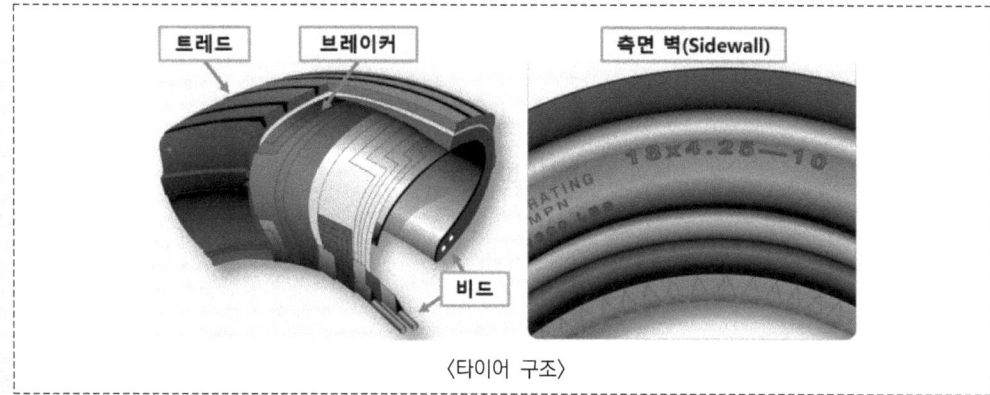

〈타이어 구조〉

② **타이어 보관**
   직사광선이 없고 건조하고 서늘한 곳, 상당히 어둡고 공기 흐름이나 불순물로부터 격리된 곳에 보관해야 한다. 전자장비가 없는 곳에 보관해야 한다. **수직으로 세워서 보관해야 한다.**

③ **퓨즈 플러그(fuse plug)**
   브레이크나 타이어의 마찰로 인하여 타이어의 압력이 과열 팽창되었을 때 **과압되는 공기압을 배출**하여 **압력 증가를 막고 타이어의 터짐을 방지**한다.

(6) 항공기 휠(Aircraft Wheels)
- 항공기 휠(wheel)은 크게 림(rim), 타이어, 브레이크 시스템으로 구성된다. **림(rim)은 바퀴의 뼈대 역할**을 하며, 타이어는 착륙 및 지상 활주 시 충격을 흡수하고 항공기의 무게를 지탱한다. 브레이크 시스템은 바퀴의 회전을 멈춰 항공기를 제동하는 역할을 한다.
- 2개의 거의 대칭적인 반쪽을 가지고 있는 휠이 투피스(two-piece) 구조이다. 거의 모든 최신 항공기 휠은 이러한 투피스(two-piece) 구조이다.

〈투피스(two-piece) 구조 항공기 휠〉

142 올레오 스트러트(Oleo Strut)의 작동원리가 아닌 것은?

① 올레오식 완충장치는 대부분의 항공기에 사용된다.
② 실린더의 아래로부터 충격하중이 전달되어 피스톤이 실린더 위로 움직이게 된다.
❸ 공기실의 부피를 증가시키게 하는 작동유는 공기를 압축시킨다.
④ 오리피스에서 유체의 마찰에 의해 에너지가 흡수된다.

143 브레이크(brake) 계통 정비작업에 대한 설명이 잘못된 것은?
① 작동유 누설 점검을 할 때는 계통이 작동압력 상태인지 확인한다.
② 브레이크 계통에 공기가 차 있으면 페달을 밟을 때 스펀지 작용을 한다.
③ 파이프 연결 피팅이 느슨하게 풀린 것을 조일 때는 압력이 없는 상태에서 수행한다.
❹ 중력방식 bleeding은 브레이크 계통에 들어간 공기를 리저버 상부에 장착된 밸브를 통해 제거한다.

144 브레이크(brake)의 페달에 스펀지 현상이 일어나는 이유는?
① 계통에 물이 있기 때문
❷ 계통에 공기가 있기 때문
③ 브레이크 라이닝이 마모되었기 때문
④ 페달의 장력이 작아졌기 때문

145 다음 안티 스키드(anti-skid) 장치의 기능으로 맞는 것은?
① 제동장치의 과열 방지
❷ 제동 효율의 극대화
③ 비행속도의 조정
④ 항공기의 방향 조정

146 착륙 시 브레이크 효율을 높이기 위하여 미끄럼이 일어나는 현상을 방지시켜주는 것은?
① 오토 브레이크
② 조향 장치
③ 팽창 브레이크
❹ 안티 스키드(anti skid) 장치

147 항공기 작동유 설명으로 잘못된 것은?
① 식물성
② 광물성
③ 합성유
❹ 동물성

148 항공기에서 방향키 페달(러더페달)의 기능이 아닌 것은?
① 빗놀이(Yawing) 운동
② 비행 시 방향 조종
③ 지상에서 방향 조종
❹ 수직안정판 조종

149 착륙장치에 사용되는 재료로 옳은 것은?
① 티타늄 합금
② 알루미늄 합금
③ 구리 합금
❹ 고장력 강

150 착륙장치의 완충 스트러트에 압축공기를 공급할 때 공기 대신 공급할 수 있는 것은?
① 에틸렌　　② 수소　　③ 아세틸렌가스　　❹ 질소

151 완충장치(shock absorber)의 역할로서 올바른 것은?
❶ 착륙 시 수직속도 성분에 의한 운동에너지를 흡수함으로써 충격을 완화시켜 주는 장치
② 방향전환에 사용하는 장치
③ 조종간에 연결되어 비행기를 상승, 강하시키는 키놀이(pitching) 모멘트를 발생시키는 장치
④ 날개 앞전을 가열하여 결빙을 방지하는 장치

152 랜딩기어(Landing Gear)의 구조에 해당하지 않는 것은?
❶ 초크(고임목)　　　　　　② 타이어
③ 완충장치　　　　　　　　④ 브레이크장치

153 접개들이(Retractable) 착륙장치를 항공기에 연결해 주는 장치는?
❶ 트러니언 (TRUNNION)　　　② 옆버팀대 (SIDE STRUT)
③ 완충버팀대 (SHOCK STRUT)　④ 시미댐퍼 (SHIMMY DAMPER)

154 착륙장치를 타이어의 수에 따라 분류했을 때, 이에 해당되지 않는 것은?
① 단일식　　② 이중식　　❸ 다발식　　④ 보기식

155 항공기 타이어 정보를 나타내는 것은?
① 트래드　　　　　　　　② 비드
③ 브레이커　　　　　　　❹ 타이어 측면벽(sidewall)

156 항공기가 지상활주 시 타이어의 과도한 온도상승을 방지할 수 있는 좋은 방법이 아닌 것은?
❶ 빠른 지상활주　　　　　② 적절한 타이어의 압력
③ 신뢰성 정비　　　　　　④ 오버홀 정비

157 2개의 거의 대칭적인 반쪽을 가지고 있는 휠로서 가장 일반적인 항공기 타이어 휠 구조는?

① 플랜지 휠(flange wheel) 구조
❷ 투피스(two-piece) 구조
③ 쓰리피스(three-piece) 구조
④ 퍼피스(four-piece) 구조

---

158 헬리콥터에서 수직 핀(Vertical fin)에 대한 설명으로 틀린 것은?

❶ 수직 핀은 전진비행 시 수평을 유지시킨다.
② 테일붐 위쪽에 있는 핀은 회전날개에서 발생하는 토크를 상쇄시키는데 기여한다.
③ 테일붐 위쪽에 있는 핀은 아래쪽의 수직핀과 날개골의 형태가 비대칭 구조로 되어 있다.
④ 수직 핀은 착륙 시 꼬리 회전날개가 손상되는 것을 방지하기 위해 수직 핀 아래쪽에 꼬리회전날개 보호대가 설치되어 있다.

[해설]

◆ 헬리콥터의 구조 ◆
[2024 항공기 기체(국토교통부, 항공정비사 표준교재, pp.1-52.~1-59.)]
[2024 항공정비일반(국토교통부, 항공정비사 표준교재, p.1-19., pp.2-21.~2-36.)]

(1) 헬리콥터의 주요 구성 요소

① 수직 핀(Vertical fin) : 헬리콥터의 테일 붐에 장착되어 있는 수직핀은 약간 비틀어져 있어서 비행 중에 발생하는 테일로터(꼬리회전날개)의 부하를 덜어 주는 역할을 한다.
② 스티드 슈(Skid shoe) : 스키드 슈는 스키드 아랫부분에 볼트와 와셔로 고정되어 있으며, 스키드의 부식과 손상으로부터 스키드를 보호하기 위해 사용된다.
③ 힌지(Hinge) : 헬기 힌지에는 플래핑(Plapping)힌지, 페더링(Feathering)힌지, 리그레그(Lead-Lag)힌지(=Drag hinge 항력힌지)의 세 가지가 있다.

〈헬리콥터의 주요 구조〉

- 프래핑힌지 : 깃이 위-아래로 운동할 수 있도록 설치된 힌지로서 전진하는 것과 후퇴하는 깃의 양력 차에 의한 효과를 상쇄시킨다.
- 페더링힌지 : 깃의 **피치각을 변경할 수 있도록 설치된 힌지**로 회전각에 따라 피치각을 변경할 때 사용한다.

- 리그레그힌지(=Drag hinge 항력힌지) : 깃이 앞-뒤로 움직일 수 있도록 설치된 힌지로써 코리올리효과를 상쇄시킨다. 진동을 방지하기 위해 댐퍼를 설치한다.
☞ 베벨 기어(bevel gear) : 회전하는 면을 변화시키기 위해 사용된다. 수평방향으로 회전하는 축이 수직방향 축을 회전하도록 만들 수 있다. 기어의 크기와 톱니의 수는 힘이 증가하거나 또는 rpm이 증가하도록 하여 기계적 이득을 결정해 준다.

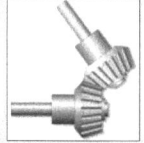

(2) 페네스트론(Fenestron) = 팬 인 테일(fan-in-tail) 반토크 시스템

페네스트론(Fenestron)은 실제로 수직파일론에 장착된 다수의 날개로 만든 팬이며, 독특한 꼬리회전 날개 설계형태이다. 이것은 일반적인 꼬리회전날개와 같은 방식으로 작동하며, **주 회전날개에 의해 발생하는 토크를 상쇄시키는 측면 추력을 제공**한다.

(3) 동시피치조종

헬리콥터의 조종은 비행기에서 조종과 약간 다르다. 조종사의 왼손에 의해 조작되는 동시피치조종(Collective pitch control)은 동시에 회전날개깃 모두의 받음각을 동시에 증가시키거나 감소시키기 위해 위쪽으로 당기거나 아래쪽으로 밀어준다. 이것은 양력을 증가시키나 감소시켜 **항공기를 상승 또는 하강시킨다**. 엔진출력 제어장치는 동시피치조종간 끝의 손잡이에 위치한다.

(4) 주기피치조종

주기피치조종(Cyclic pitch control)은 조종사의 양발 사이에 위치한 조종"스틱"으로 한다. 이것은 회전날개깃의 회전 평면을 기울이기 위해 어떤 방향으로든 움직일 수 있다. 이 주기피치조종간이 움직이는 방향으로 헬리콥터가 이동하도록 되어 있다. **방향키 페달은 주 회전날개에 의해 발생하는 토크를 상쇄시키거나 방향 전환을 위해 꼬리회전날개의 깃각을 조종한다.**

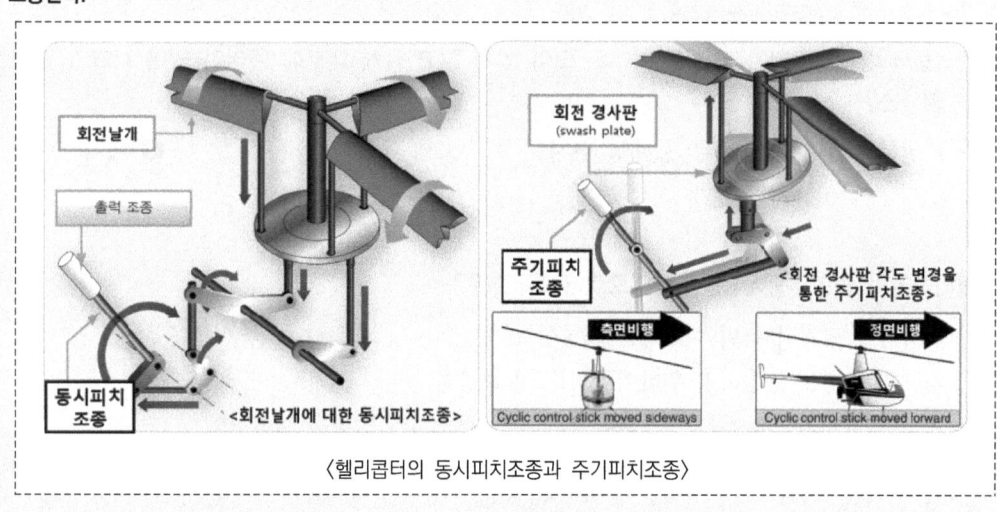

〈헬리콥터의 동시피치조종과 주기피치조종〉

159 헬리콥터의 스키드 기어형 착륙장치에서 스키드 슈(Skid shoe)의 주된 사용 목적은?

① 회전날개의 진동을 줄이기 위해
❷ 스키드의 부식과 손상의 방지를 위해
③ 스키드가 지상에 정확히 닿게 하기 위해
④ 수직평판조정

160 헬리콥터 꼬리부분에 해당하지 않는 것은?

① 핀(Fin)
② 테일붐
❸ 연료 및 오일 탱크
④ 파일론

161 다음 중 헬리콥터 회전날개 깃의 피치를 변화시키는 것과 가장 관계 깊은 것은?
  ❶ 페더링 힌지　　② 댐퍼　　③ 플래핑 힌지　　④ 항력 힌지

162 헬리콥터 동력전달장치 중 기관 동력 전달 방향을 바꾸는데 사용하는 기어는?
  ① 스퍼기어　　② 랙기어　　❸ 베벨기어　　④ 헬리컬기어

163 헬리콥터 회전날개 중 허브에 힌지가 없으므로 무게가 가볍고 구조가 간단하며 안전성, 정비성 및 공기저항이 작아지는 등 여러 이점을 지니고 있는 회전날개는?
  ① 관절형 회전날개
  ② 빈고정형 회전날개
  ③ 고정형 회전날개
  ❹ 베어링리스(Bearingless = Hingeless) 회전날개

164 헬리콥터의 테일로터가 테일붐 형태로 되어 있지 않고 동체 내부에 들어가 있어 토크가 발생하지 않는 형태는?
  ① 파일론　　② 플래핑 힌지　　③ 테일붐　　❹ 페네스트론

165 헬리콥터의 방향조종에 관한 설명으로 옳은 것은?
  ① 조종간을 당기거나 밀어 방향을 조종한다.
  ② 동체의 방향을 전환하기 위하여 동시피치 조종을 한다.
  ③ 주 회전날개의 받음각을 조절하여 플랩핑을 감소시켜 방향을 변환한다.
  ❹ 주 회전날개의 회전으로 인해 동체에 발생하는 회전력을 꼬리 회전날개를 이용하여 상쇄시켜 방향을 결정한다.

166 헬리콥터의 조종장치 중 주 회전날개 깃의 피치각을 동시에 증감시킴으로써 양력의 증감에 의해 헬리콥터를 상승 또는 하강하게 하는 조종장치는?
  ① 플랩 레버(flap lever)
  ② 주기 조종간(cyclic control stick) 테일 로터
  ❸ 동시피치레버(collective pitch lever)
  ④ 방향조종 페달(directional control pedal)

167 헬리콥터의 운동 중 동시피치레버(collective pitch lever)로 조종하는 운동은?

❶ 수직방향운동　　② 전진운동　　③ 방향조종운동　　④ 좌·우운동

168 헬리콥터의 동력 전달 장치에 대한 설명으로 옳은 것은?

❶ 기관의 동력은 변속기와 기관 출력 사이에 설치된 오버러닝 클러치를 거쳐서 전달된다.
② 주 회전날개의 구동축은 한쪽이 스플라인(spline)으로 되어 있어, 변속기의 출력축에 접속되고, 반대쪽은 테일 로터 구동축에 연결된다.
③ 꼬리회전날개 구동축은 주 회전날개 구동축과 꼬리회전날개 기어박스의 입력축 사이를 연결하는 축이다.
④ 오버러닝 클러치는 기관 회전수가 주 회전날개의 회전수보다 클 때 자동으로 분리하여 파손을 방지한다.

169 프리휠 클러치(freewheel clutch)라고도 하며, 헬리콥터에서 기관브레이크의 역할을 방지하기 위한 클러치는?

① 드라이브 클러치(drive clutch)　　② 스파이터 클러치(spider clutch)
③ 원심 클러치(centrifugal clutch)　　❹ 오버러닝 클러치(over running clutch)

170 헬리콥터의 동력 구동축에 고장이 생기면 고주파수의 진동이 발생하게 되는 원인이 아닌 것은?

❶ 평형 스트립의 결함　　② 구동축의 불량한 평형상태
③ 구동축의 장착상태의 불량　　④ 구동축 및 구동축 커플링의 손상

171 헬리콥터 등 항공기의 조종장치의 작동과 조종면의 작동이 일치하도록 조절하는 작업을 무엇이라 하는가?

❶ 리그 작업　　② 기능 점검　　③ 수리 작업　　④ 구조 작업

172 헬리콥터에서 조종계통을 정해진 위치에 놓고 고정기구를 사용하여 고정시킨 다음 조종면을 기준선에 맞추고 분도기 등을 이용하여 고정면과 조종면 사이의 변위각을 측정하는 작업은?

❶ 정적리깅　　② 기능점검　　③ 궤도점검　　④ 수직평판조정

173 헬리콥터 조종 기구의 정비 순서가 옳게 나열된 것은?

① 기능 점검 → 수리 → 정적 리그 작업
② 정적 리그 작업 → 기능 점검 → 수리
③ 수리 → 기능 점검 → 정적 리그 작업
❹ 수리 → 정적 리그 작업 → 기능 점검

---

174 금속의 기계적 성질 중 물질이 탄성한계 이상의 힘을 받아도 부서지지 않고 가늘고 길게 늘어나는 성질은?

❶ 연성(Ductility)
② 취성(Brittleness)
③ 인성(Toughness)
④ 전성(Malleability)

해설

◆ 항공기 금속, 금속의 특성 ◆
[2024 항공정비일반(국토교통부, 항공정비사 표준교재, pp.5-2.~5-44.)]
[정보통신기술용어해설(http://www.ktword.co.kr/)]

(1) 전성(展性, malleability, 퍼짐성)
균열이나 절단 또는 다른 어떤 해로운 영향을 남기지 않고 단조, 압연, 압출 등과 같은 가공법으로 판재처럼 **넓게 펴는 것이 가능하다면 이 금속은 가연성(전성)이 좋다고** 말한다. 엔진 카울링(Cowling), 페어링(fairing), 날개끝(wing tip)과 같은 곡선모양을 만드는 판금가공에서는 이런 성질이 필요하다.

(2) 연성(延性, ductility, 뽑힘성)
- 연성은 **끊어지지 않고 영구적으로 잡아 늘리거나 굽히고, 또는 비틀어 꼬는 것이 가능하게 하는 금속의 성질**이다. 이것은 철사(wire)나 튜브(tubing)를 만드는데 필요한 금속의 본질적인 성질이다. 연성이 우수한 금속은 가공성과 내충격성 때문에 항공기에서 광범위하게 사용된다.
- 이와 같은 이유에서, 엔진 카울링 (cowlings), 동체나 날개의 외피(skin), 리브(rib), 스파(spar), 벌크헤드(bulkhead) 등의 부품은 연성이 우수한 알루미늄합금으로 성형하거나 압출하여 제작한다.
- 크롬·몰리브덴강 또한 원하는 모양으로 쉽게 성형할 수 있다. 연성은 전성과 유사하다.

(3) 탄성(彈性, elasticity)
- 물체의 변형을 일으키게 했던 하중을 제거하면, **원래 형태로 되돌아가는 금속의 성질을 탄성**이라고 한 다. 가해진 하중이 제거된 후에도 부품이 영구적으로 변형되어 있다면, 대단히 바람직하지 못한 결과를 낳게 되므로 이 성질은 매우 중요하다.
- 각 금속은 영구 변형을 일으키지 않고 하중을 가할 수 있는 탄성한계를 갖는다. 항공기의 구조 부재나 부품에 작용하는 최대하중은 재료의 탄성한계(elastic limit)를 넘지 않도록 설계한다.

(4) 인성(靭性, toughness. 질긴 성질 ↔ 취성)
인성이 큰 재료는 **찢어짐이나 전단에 잘 견디고, 파괴됨이 없이 늘리거나 변형시킬 수 있다**. 인성은 항공기 금속으로서 갖추어야할 성질 중 하나이다.

(5) 취성(脆性, brittleness 연한 설질 ↔ 인성)
취성은 **약간 굽히거나 변형시키면 깨져버리는 금속의 성질**이다. 취성이 큰 금속은 형태의 변화 없이 **깨지거나 균열이 발생**하는 경향이 있다. 구조용 금속은 가끔 충격하중을 받을 수 있기 때문에, 취성이 큰 것은 바람직하지 못하다. 주철, 주조알루미늄, 그리고 초경합금(hard steel)은 깨지기 쉬운 금속에 속한다.
* **소성가공**(Plastic Working) : 원 재료에 외력을 가해 모양을 변형시키는(소성) 가공 방법

- **단조**(Forging) : 가열된 금속을 해머로 치거나 프레스로 눌러 원하는 형상으로 만드는 공정
- **압연**(Rolling) : 2개의 회전하는 롤러 사이에 금속 판형 재료를 밀어 넣어 두께를 줄이는 공정
- **압출**(Extrusion) : 금형(die) 구멍에 강하게 밀어 넣어 금형을 통과하면서 원하는 단면형태로 성형
- **인발**(Drawing) : 금형(die) 구멍을 통해 소재를 잡아 당겨 주로 그 단면적을 줄이는 공정

175 굽힘이나 변형이 거의 일어나지 않고 부서지는 금속의 성질을 무엇이라 하는가?
① 연성(Ductility)　❷ 취성(Brittleness)　③ 인성(Toughness)　④ 전성(Malleability)

176 굽힘이나 변형이 거의 일어나지 않고 재료가 깨지게 되는 성질은?
① 전성　② 연성　③ 인성　❹ 취성

177 두드리거나 압착하면 얇게 펴지는 금속의 성질은?
❶ 전성　② 취성　③ 인성　④ 연성

178 형태의 변화를 가져오는 힘을 제거할 때 금속이 원래 형태로 되돌아가려는 성질을 무엇이라 하는가?
① 취성　② 연성　❸ 탄성　④ 전성

179 금속의 원래 형태로 되돌아가려는 성질을 무엇이라 하는가?
① 취성　❷ 탄성　③ 연성　④ 인성

180 금속의 성질 중 원래 형태대로 돌아가려는 성질은?
① 연성　② 인성　❸ 탄성　④ 취성

181 응력이 제거되면 변형률도 제거되어 원래 상태로 회복이 가능한 한계응력을 나타내는 것은?
① 항복점　② 인장강도　③ 파단점　❹ 탄성한계

182 응력-변형률 곡선에서 응력을 제거하면 변형률도 제거되어 원래의 상태로 돌아오게 되는데, 재료의 이와 같은 성질을 무엇이라 하는가?

① 소성   ❷ 탄성   ③ 항복   ④ 항복점

183 다음 중 소성 가공법이 아닌 것은?

① 단조   ② 압출   ❸ 용접   ④ 인발

― same type ―

184 SAE 4130에서 "30"에 대한 설명으로 옳은 것은?

① C를 30% 포함한다.   ❷ C를 0.3% 포함한다.
③ Ni를 30% 포함한다.   ④ Ni를 0.3% 포함한다.

해설

◆ **항공기 금속, 철강 금속** ◆

[2024 항공정비일반(국토교통부, 항공정비사 표준교재, pp.5-2.~5-44.)]
[https://en.wikipedia.org/wiki/SAE_steel_grades]

(1) 철(Iron)
철에 약 1% 정도의 탄소가 함유된다면, 그 합금은 순철보다 매우 우수하며 **탄소강으로 분류**한다. 탄소강(carbon steel)은 강의 성질을 개선하기 위해 다른 원소를 첨가하여 합금강으로 만들 때 **모재금속**이 된다. 철과 같은 **모재금속에 소량의 다른 금속을 첨가해서 만든 금속을 합금**이라고 한다.

(2) 강과 강 합금(Steel and Steel Alloys)
미국의 **자동차기술자협회(SAE**, society of automotive engineers)와 **철강협회(AISI**, american iron and steel institute)는 자동차 및 항공기 구조재로 사용되는 강을 분류하였다. 이들 규격에서, **4자리** 계열은 일반적인 탄소강과 합금강에 대하여 분류하였다. **앞의 두 자리는 강의 종류와 합금원소의 함유량**을 나타내고, **마지막 두 자리는 그 합금에 함유된 탄소 함유량을 백분율**로 나타낸다.

- **SAE 1XXX 탄소강**, SAE 2XXX 니켈강, SAE 3XXX 니켈크롬강, SAE 4XXX 몰리브덴강, SAE 5XXX 크롬강, SAE 6XXX 크롬바나듐강, SAE 72XX 텅스텐크롬강, SAE 92XX 실리콘망간강

- **SAE 4130**
  - ❶ SAE : 미국 자동차기술협회(SAE)
  - ❷ 4 : 강의 종류(주합금 원소) **몰리브덴강**
  - ❸ 1 : 합금 원소의 함유량, **몰리브덴 1%**
  - ❹ 30 : 탄소의 함유량 0.3%

- **SAE 2330**
  - ❶ SAE : 미국 자동차기술협회(SAE)
  - ❷ 2 : 강의 종류(주합금 원소) **니켈강**
  - ❸ 3 : 합금 원소의 함유량, **니켈 3%**
  - ❹ 30 : 탄소의 함유량 0.3%

(3) 강 합금의 종류, 특성과 용도(Types, Characteristics, and Use of Alloyed Steels)
- 탄소가 0.10~0.30% 함유된 강을 저탄소강으로 분류한다. 이 탄소강은 안전결선(safety wire), 너트(nut), 케이블 부싱(cable bushing), 나사를 낸 봉(rod) 등과 같은 부품을 만들 때 사용한다.

- 탄소가 0.30~0.50% 함유된 강을 **중탄소강**으로 분류한다. 이 탄소강은 특히 기계가공 또는 단조가공용 재료로 사용하며, 표면경도를 요구하는 곳에 적합하다.
- 탄소를 0.50~1.05% 함유하고 있는 강을 **고탄소강**으로 분류한다. 이 탄소강은 항공기에 제한적으로 사용된다. SAE 1095 탄소강은 판 형태로는 판스프링(flat spring)을 만들 때 사용하고, 철사 형태로는 코일스프링(coil spring)을 만들 때 사용한다.

185 합금강의 분류에서 SAE 1025에 대한 설명으로 옳은 것은?
❶ 탄소강을 나타낸다.
② 니켈강을 나타낸다.
③ 합금원소는 크롬이다.
④ 탄소의 함유량은 5%이다.

186 SAE 강의 분류로 4130은?
① 몰리브덴 1%에 탄소 30%를 함유한 몰리브덴강
② 몰리브덴 1%에 탄소 30%를 함유한 크롬강
③ 몰리브덴 4%에 탄소 0.30%를 함유한 탄소강
❹ 몰리브덴 1%에 탄소 0.30%를 함유한 몰리브덴강

187 특수강의 식별방법에 사용되는 SAE 식별방법 중 SAE 2330에 관한 설명으로 가장 올바른 것은?
① 탄소강을 나타낸다.
② 니켈의 함유량이 23%이다.
③ 크롬-바나듐강이다.
❹ 탄소의 함유량이 0.30%이다.

188 다음 중 SAE 4130 합금강에서 숫자 4는 무엇을 의미하는가?
❶ 몰리브덴
② 4%의 탄소
③ 크롬강
④ 크롬강

189 순철, 탄소강, 주철을 분류하는 기준이 되는 것은?
① 산소의 함유량
② 열처리의 횟수
❸ 탄소의 함유량
④ 불순물의 함유량

190 다음 중 저탄소강의 탄소함유량은?
❶ 0.1~0.3%
② 0.3%~0.5%
③ 0.6~1.2%
④ 1.2% 이상

191 저탄소강의 탄소 함유량은?
① 탄소를 0.1~0.3% 포함한 강
② 탄소를 0.3~0.5% 포함한 강
③ 탄소를 0.6~1.2% 포함한 강
④ 탄소를 1.2% 이상 포함한 강

192 탄소강의 분류 중 옳지 않은 것은?
① 저탄소강 : 탄소가 0.10~0.30% 함유된 강
② 중탄소강 : 탄소가 0.30~0.50% 함유된 강
③ 고탄소강 : 탄소가 0.50~1.05% 함유된 강
④ 대탄소강 : 탄소가 1.05~1.50% 함유된 강

─── same type ───

193 일반적으로 항공기의 구조 재료로 많이 사용되는 것은?
① 주강
② 티탄합금
③ 알루미늄합금
④ 유리섬유

해설

◆ 항공기 금속, 비철금속 ◆
[2024 항공정비일반(국토교통부, 항공정비사 표준교재, pp.5-2.~5-44.)]
[2024 항공기 기체(국토교통부, 항공정비사 표준교재, pp.3-45.~3-46.)]

비철(nonferrous)이라는 말은 **금속의 주성분이 철이 아닌 다른 원소로 이루어진 모든 금속**을 의미한다. 이 종류에는 모넬(monel, 니켈-구리 합금)과 배빗(babbit, 주석, 납, 아연, 안티몬 합금) 같은 **합금**은 물론 **알루미늄, 티타늄(titanium), 구리, 마그네슘** 등과 같은 **금속**들이 포함된다.

(1) **알루미늄과 알루미늄 합금** (Aluminum and Aluminum Alloys)
 • **알루미늄은 오늘날 항공기 제작에 가장 널리 사용되는 금속**이다. 이 알루미늄은 중량에 대한 강도비가 높으며, 비교적 제작이 용이하기 때문에 항공산업에서 매우 중요한 부분을 차지한다. 알루미늄의 두드러진 특성은 가볍다는 것이다. 알루미늄은 비교적 낮은 온도(1,250℉)에서 녹으며, 비자성체이고 전도성이 우수하다.
 • **알루미늄합금**은 비록 강하지만 전성과 연성이 있기 때문에 **쉽게 가공할 수 있다.** 주 합금성분으로는 **망간(manganese), 크롬(chromium), 마그네슘, 규소(Silicon)** 등이며, 이 알루미늄합금은 **부식 환경에서도 잘 견딘다.** 구리를 많이 첨가한 알루미늄합금은 부식(corrosive action)이 잘 발생한다. 단조가공(wrought alloy) 알루미늄합금은 합금원소의 총 함유량이 6% 또는 7%를 넘지 않는다.

  * **알루미늄 합금의 성질**
   ① 가공성이 좋다. ② 내식성(부식에 잘 견뎌 내는 성질)이 좋다. ③ 강도, 강성이 좋다.
   ④ 상온에서 기계적 성질이 좋다.
   ⑤ 시효 경화성(열처리 후 시간이 지남에 따라 재료의 강도와 경도가 증가)이 있다.

(2) **가공용 알루미늄**(Wrought aluminum)
 가공용 알루미늄 또는 가공용 알루미늄합금은 **미국 알루미늄협회(Aluminum Association) AA규격 4자리수로 규격**을 표시한다. 이 규격은 크게 세 그룹으로 나눠지는데, 1xxx 그룹, 2xxx~8xxx 그룹, 그리고 현재는 사용되지 않는 9xxx 그룹이다. 규격번호의 **첫 번째 자리 수(Digit)는 주 합금 원소를 나타낸다.** 두 번째 자리 수는 특정한 합금의 개량 여부 (modification)를 나타낸다. 두 번째 자리 수가 0이면, 특별한 개량을 하지 않았다는 것을 의미한다. 나머지 두 자리는 합금의 분류번호를 나타낸다.

① **1000 계열** : 99% 이상의 **순수 알루미늄**으로, 우수한 내식성 (corrosion resistance), 높은 열전도율(thermal conductivity)과 전기전도성, 낮은 기계적 성질, 우수한 가공성(workability) 등의 장점을 가진다. 철과 규소가 주 합금 원소이다.
② **2000 계열** : **구리가 주 합금원소**이며 부식에 취약하다. 이 계열은 보통 6000계열보다 고강도 합금이며 외피용으로 적합하다. 이 계열 중 가장 잘 알려진 합금은 **2024**이다.
  - **2024** : 구리 4.4%와 마그네슘 1.5%를 첨가한 합금으로 **초두랄루민**이라 하며, 대형 항공기의 날개 밑면의 외피 나 여압을 받는 동체 외피 등에 사용된다.
③ **3000 계열** : 일반적으로 열처리(heat-treatment) 하지 않는 망간이 이 그룹의 주 합금원소이다. 가장 대표적인 것은 3003이고, 가공특성이 우수하다.
④ **4000 계열** : 규소가 주 합금원소이며, 다른 알루미늄 합금에 비해 더 낮은 용융온도(melting temperature)를 갖는다.
⑤ **5000 계열** : 마그네슘이 주 합금원소이며, 이 계열은 용접성이 양호하고 내식성이 우수한 특성을 갖는다.
⑥ **6000 계열** : 규소와 마그네슘이 주 합금원소이며, 열처리할 수 있는 합금인 마그네슘-규소 화합물(silicide)을 형성한다.
⑦ **7000 계열** : 아연이 주 합금원소이며, 마그네슘을 함께 첨가하면 열처리할 수 있는 아주 높은 강도의 합금 이 만들어 진다.
⑧ **알크래드** : 내식성이 나쁜 초강 알루미늄 합금에 **내식성이 좋은 순수 알루미늄을 압연하여 접착**한 것이다. 부식을 방지 하고 표면이 긁히는 등의 파손을 방지할 수 있다.

(3) 구리합금
  ① **황동 : 구리 + 아연**
  ② **청동 : 구리 + 주석**

(4) **티탄**(티타늄)**과 티탄**(티타늄)**합금**
  ① 내식성과 내열성이 좋고 비강도(밀도당 강도)가 커서 **가스터빈기관용 재료로 널리 이용**된다.
  ② 주요 용도는 **방화벽**, 외피, 압축기 디스크, 깃(blade) 등이다.

(5) **마그네슘과 마그네슘합금**
  ① **실용금속 중 가장 가볍고**, 비강도가 커서 **경합금 재료로 적합**하다.
  ② 주요 용도는 nose gear, door, 조종면, 외피, oil tank 등이다.

194 알루미늄 합금 2024의 첫째자리 "2"는 무엇을 의미하는가?
① 함유량
② 합금 개량 번호
③ 합금의 번호
❹ 주합금의 원소

195 대형 항공기 윗면에 주로 많이 사용되는 7075(AA)에 알루미늄과 무엇이 가장 많이 합금되어 있는가?
① 구리   ❷ 아연   ③ 망간   ④ 마그네슘

196 대형 알루미늄-구리-마그네슘계 합금으로 일명 "초두랄루민"이라하고, 파괴에 대한 저항성이 우수하 며, 피로강도도 양호하여 인장하중에 크게 작용하는 대형 항공기 날개 밑면의 외피나 동체의 외피로 사용되는 것은?
① 2014   ❷ 2024   ③ 7075   ④ 7179

197 미국알루미늄협회에서 사용하는 규격 표시는?
① AISI 규격　　② SAE 규격　　❸ AA 규격　　④ MIL 규격

198 미국 ALCOA (Aluminum Company of America) 알루미늄협회에서 사용하는 규격 표시는?
① AISI　　② SAE　　❸ AA　　④ MIL

199 미국 알루미늄 협회의 규격에 따라 재질을 "1100"으로 표기할 때 첫째 자리 "1"이 나타내는 의미로 옳은 것은?
① 소숫점 이하의 순도가 1% 이내이다.　　② 알루미늄-마그네슘계 합금이다.
③ 알루미늄-망간계 합금이다.　　❹ 99% 순수 알루미늄이다.

200 알루미늄 합금에 대한 설명으로 올바르지 않은 것은?
① 내식성이 좋다.　　❷ 가공성이 좋지 않다.
③ 시효경화성의 특성을 지닌다.　　④ 상온에서 기계적 성질이 좋다.

201 다음 중 알루미늄 합금에 대한 특성이 아닌 것은?
① 가공성이 좋다.　　❷ 시효경화가 없어 전연성이 좋다.
③ 상온에서 기계적 성질이 좋다.　　④ 적절히 처리하면 내식성이 좋다.

202 항공기 날개에 쓰이는 금속 중 가장 많이 쓰이는 금속은?
❶ 알루미늄합금　　② 니켈-크롬강　　③ 알크래드　　④ 티타늄

203 알루미늄 합금이 아닌 것은?
① 두랄루민　　② 알크래드　　❸ 인코넬　　④ 하이드로날륨

204 알루미늄 합금판을 순수한 알루미늄으로 입혀 내식성을 강하게 한 것을 무엇이라 하는가?
❶ 알크래드　　② 알로다인　　③ 파카라이징　　④ 메타라이징

205 항공기의 재료로 쓰이는 가장 가벼운 금속으로 전연성, 절삭성이 우수한 것은?
① 알루미늄   ② 티탄   ❸ 마그네슘   ④ 니켈

206 ALCOA (Aluminum Company of America) 규격 10S의 주합금 원소는?
❶ 구리(Cu)   ② 망간(Mn)   ③ 순수알루미늄   ④ 규소(Si)

207 구리의 성질로 틀린 것은?
① 전연성이 좋다.   ❷ 가공하기 어렵다.   ③ 열전도율이 높다.   ④ 전기전도율이 크다.

208 청동의 성분을 올바르게 나타낸 것은?
① 구리 + 아연   ❷ 구리 + 주석   ③ 구리 + 망간   ④ 구리 + 알루미늄

209 황동의 성분을 올바르게 나타낸 것은?
❶ 구리(Cu)+아연(Zn)   ② 구리(Cu)+주석(Sn)   ③ 구리(Cu)+망간(Mn)   ④ 구리(Cu)+알루미늄(Al)

― same type ―

210 뜨임(Tempering)에 대한 설명으로 맞는 것은?
① 물과 기름에 급속 냉각
❷ 변태점 이하에서 가열 후 서서히 냉각시켜 인성 개선
③ 합금의 기계적 성질을 개선
④ 변태점 이상을 가열한 후 천천히 냉각

> 해설
>
> ◆ **철강재료의 열처리** ◆
> [2024 항공정비일반(국토교통부, 항공정비사 표준교재, pp.5-2.~5-44.)]
> [철강재료의 열처리 기술(한국과학기술정보연구원, 2006)]
>
> **철강금속**의 일반적인 열처리에는 **경화**, **뜨임**, **불림**, **풀림**, **표면경화(침탄, 질화, 고주파 담금질** 등) 등이 있다. 대부분 **비철금속** 열처리는 **풀림**(annealing)과 **경화**(hardening)가 있다. 그러나 비철금속 중 유일하게 티타늄만이 표면경화시킬 수는 있지만, 뜨임이나 불림처리는 할 수 없다.
> * **경화** : 금속의 경도를 높이기 위해 가열과 냉각 과정을 통해 금속의 미세구조를 변경하는 열처리 공정

(1) 일반 열처리
① **담금질**(Quenching) : 재료를 고온으로 가열한 후 급속히 냉각시켜 경도를 높이는 처리
② **뜨임**(Tempering) : 담금질된 재료를 낮은 온도로 가열하여 내부 응력을 완화하고 경도를 적절하게 조절하는 처리, 변태점 이하에서 가열 후 서서히 냉각시켜 인성 개선
③ **풀림**(Annealing) : 재료를 고온으로 가열한 후 서서히 냉각시켜 연화시키고 내부 응력을 제거하는 처리
④ **불림**(Normalizing) : 재료를 고온으로 가열한 후 공기 중에 냉각시켜 조직을 균일하게 하는 처리

(2) 표면강화 열처리
① **침탄**(Carburizing) : 철강 표면에 탄소를 침투시켜 표면 경도를 높이는 처리
② **질화**(Nitriding) : 철강 표면에 질소를 침투시켜 표면 경도를 높이는 처리
③ **고주파 담금질** : 고주파 전류를 이용하여 재료 표면을 급속히 가열 및 냉각시켜 표면 경도를 높이는 처리
④ **화염 담금질** : 화염을 이용하여 재료 표면을 급속히 가열 및 냉각시켜 표면 경도를 높이는 처리
⑤ **금속침투법** : 강재를 가열하여 합금 피복층을 형성(코팅)
⑥ **시안화법** : 침탄과 질화가 동시에 이루어지는 방법

(3) 알루미늄합금 열처리
① **고용체화처리** : 금속 합금을 고온에서 가열하여 용해된 상태에서 고용체를 형성하는 열처리 과정
② **인공시효처리** : 용체화 처리 후 특정 온도에서 일정 시간 동안 유지하여 석출강화를 유도하는 과정으로 재료의 경도와 강도를 높이는데 사용
③ **풀림처리** : 재료를 고온으로 가열한 후 서서히 냉각시켜 연화시키고 내부 응력을 제거하는 처리

211 금속침투법, 담금질법, 침탄법, 질화법 등은 무엇을 하는 방법인가?
① 부식방지 ② 재료시험 ③ 비파괴 검사 ❹ 표면강화

212 제품을 가열하여 그 표면에 다른 종류의 금속을 피복시키는 동시에 확산에 의하여 합금 피복층을 얻는 표면 경화법은?
① 질화법 ② 침탄처리법 ❸ 금속침투법 ④ 고주파 담금질법

213 재료의 강도를 증가시키기 위해 금속을 높은 온도로 가열했다가 물이나 기름에서 급랭시키는 열처리 방법은?
❶ 담금질 ② 뜨임 ③ 풀림 ④ 불림

214 알루미늄 합금의 열처리 방법이 아닌 것은?
❶ 불림 처리 ② 고용체화 처리 ③ 인공시효 처리 ④ 풀림 처리

215 항공기에 복합 소재를 사용하는 주된 이유는 무엇인가?

① 금속보다 저렴하기 때문에
② 금속보다 오래 견디기 때문에
❸ 금속보다 가볍기 때문에
④ 열에 강하기 때문에

◆ **항공기 비금속 재료** ◆
[2024 항공정비일반(국토교통부, 항공정비사 표준교재, pp.5-44.~5-51.)]

◆ **첨단 복합소재** ◆
[2024 항공기 기체(국토교통부, 항공정비사 표준교재, pp.6-2.~6-15.)]
[https://jck1139.tistory.com/25], [https://m.blog.naver.com/airport4071/221531460277]

- **복합소재**는 최근 항공분야 구조물 분야에서 점점 더 중요한 역할을 하고 있다. **항공기를 구성하는 부분품 중에서 무게를 줄이기 위해** 1960년대부터 개발, 적용 되어 왔던 알루미늄 재질의 페어링, 스포일러 및 각종 조종 계통의 부분품들이 복합 소재를 사용하여 제작, 사용되고 있다.
- 항공기 구조에서 마그네슘, 플라스틱, 섬유, 목재의 사용은 1950년대 중반 이후에 거의 자취를 감추었다. 알루미늄 또한 1950년대에는 기체의 80%정도 차지하였으나, 오늘날에는 알루미늄 또는 알루미늄 합금이 기체 구조의 15%정도로 사용이 크게 줄어들었다. 이런 재료들은 **강화 플라스틱**이나 개량된 **복합소재** 등과 같은 **비금속 재료**로 교체되고 있다.

(1) 플라스틱(Plastics)
  ① **열가소성수지**
  열가소성수지는 가열하면 연해지고 냉각시키면 딱딱해진다. 이 재료는 유연해질 때까지 가열시킨 다음 원하는 모양으로 성형하고, 다시 냉각시키면 그 모양이 유지된다. 같은 플라스틱 재료를 가지고 재료의 화학적 손상을 일으키지 않고도 여러 차례 성형하는 것이 가능하다. **폴리에틸렌, 폴리염화비닐(PVC), 나일론, 폴리메타크릴산 메틸(아크릴), 폴리테트라플루오로에틸렌(PTFE, 테프론)** 등이 여기에 속한다.
  ❶ **폴리메타크릴산 메틸**((Poly(methyl methacrylate), PMMA) = 폴리메틸 메타크릴레이트 = 아크릴) : **항공기용 창문유리**, 객실 내부의 안내판 및 전등덮개 등에 사용
  ❷ **테프론**(Teflon) : 듀폰사가 개발한 폴리테트라플루오로에틸렌(PTFE), **유압 백업링**(back-up ring), **호스**(hose), **패킹**(packing), **전선피복**(coating) **등에 사용**
  ② **열경화성수지**
  열경화성수지는 열을 가하면 연화되지 않고 경화된다. 이 플라스틱은 완전히 경화된 상태에서 다시 열을 가하더라도 다른 모양으로 성형할 수 없다. **에폭시 수지, 폴리아미드 수지, 페놀 수지, 폴리에스테르 수지, 폴리우레탄 수지** 등이 여기에 속한다.
  ❶ **에폭시 수지 : 대표적 열경화성 수지, 성형 후 수축률이 적고 기계적 성질이 우수**, 전파 투과성이 우수하여 **항공기의 레이돔**, 동체 및 날개부 구조재용 **복합 재료의 모재**(matrix) 수지로 사용
  ❷ **폴리우레탄 수지** : 항공기의 좌석, 열배기 부분의 단열재, **항공용 도료** 등에 사용
  ❸ **페놀 수지** : 전기적, 기계적 성질, 내열성, 내약품성 우수, 전기계통의 각종 부품, 기계부품 등에 사용, **FRP**(Fiber Reinforced Plastic)**에 사용**되어 내구성과 안정성을 더욱 강화
  ③ **세라믹** : 금속 원소와 비금속 원소의 화합물, 내열재료, 내화재료, 유리 등에 사용
  ④ **고무** : 공기, 액체, 가스 등의 누설 방지, 진동과 소음 방지 부분에 사용

216 열경화성 수지에 해당되지 않는 것은?
① 페놀 수지   ② 폴리우레탄 수지   ③ 에폭시 수지   ❹ 폴리염화비닐 수지

217 항공기 기체 재료로 사용되는 다음 비금속 재료 중 열경화성 수지가 아닌 것은?
❶ 폴리염화비닐   ② 폴리우레탄   ③ 에폭시 수지   ④ 페놀 수지

218 한 번 가열하여 성형을 하면 다시 가열하여도 연해지거나 용융(鎔融)되지 않는 성질의 물질이 아닌 것은?
① 페놀 수지   ② 에폭시 수지   ③ 폴리우레탄   ❹ 합성수지

219 다음 중 열경화성 수지가 아닌 것은?
① 페놀 수지   ② 에폭시 수지   ③ 폴리우레탄   ❹ 합성수지

220 플라스틱 가운데 투명도가 가장 높으며, 광학적 성질이 우수하여 항공기용 창문유리로 사용되는 재료는?
① 폴리염화비닐(PVC)
② 에폭시수지(Epoxy resin)
③ 페놀수지(Phenolics resin)
❹ 폴리메타크릴산메틸(Polymethyl methacrylate)

221 플라스틱 가운데 투명도가 가장 높으며, 광학적 성질이 우수하여 항공기용 창문 유리로 사용되는 재료는?
① 폴리 염화 비닐(PVC)
❷ 폴리 메틸 메타크릴레이트(POLY METHYL METHACRYLATE)
③ 에폭시 수지(EPOXY RESIN)
④ 페놀 수지(PHENOLIC RESIN)

222 광학적 성질이 우수하여 항공기용 창문 유리에 사용되는 재료는?
❶ 폴리메틸 메타크릴레이트   ② 폴리염화비닐
③ 에폭시수지   ④ 페놀수지

223 다음 중 에폭시 수지에 대한 설명으로 틀린 것은?
❶ 대표적인 열가소성 수지이다.
② 성형 후 수축률이 적고 기계적 성질이 우수하다.
③ 구조재용 복합재료의 모재(matrix)로도 사용된다.
④ 전파 투과성이 우수해서 항공기의 레이돔에 사용된다.

224 열가소성 수지 중 유압 백업링(back-up ring), 호스(hose), 패킹(packing), 전선피복(coating) 등에 사용되는 수지는?
① 아크릴 수지 ❷ 테프론 ③ 염화비닐 수지 ④ 폴리에틸렌 수지

225 대형 항공기의 도장(painting) 재료로 사용되는 열경화성 수지는?
① PVC ② 폴리에틸렌 ③ 나일론 ❹ 폴리우레탄

226 구조 재료 중 FRP(Fiber Reinforced Plastic)에 사용되고 있는 열경화성 수지는?
① 폴리에틸렌 수지 ② 아크릴 수지 ③ 불소 수지 ❹ 페놀 수지

227 구조 재료 중 FRP의 설명으로 옳지 않은 것은?
① Fiber Reinforced Plastic(섬유 강화 플라스틱)의 약어이다.
② 경도, 강성이 낮은 것에 비해 강도비가 크다.
③ 2차 구조나 1차 구조에 적층재나 샌드위치 구조재료로 사용한다.
❹ 진동에 대한 감쇠성이 적다.

228 다음 중 복합소재의 설명으로 올바른 것은?
① 모재(고체)+보강재(액체)
② 모재(액체)+보강재(고체)
③ 모재(고체)+보강재(고체)
❹ 모재(액체)+보강재(액체)

229 다음 중 복합소재 경화 과정에서 표면에 압력을 가하는 목적으로 틀린 것은?
① 여분의 수지 제거
❷ 적층판을 서로 분리
③ 적층판 사이의 공기 제거
④ 경화 과정에서 패치 등의 이동 방지

230 허니컴 샌드위치 구조(HONEYCOMB SANDWITCH STRUCTURE)의 장점이 아닌 것은?

① 단열효과가 좋다.
❷ 집중하중에 강하다.
③ 표면이 평평하며 요철이 없다.
④ 두께 방향의 균일한 압력 발생시 충격 흡수가 우수하다.

231 허니콤구조의 이점은 무엇인가?

① 같은 무게의 단일 두께 표피보다 단단하다.
❷ 같은 강도로 무게가 가벼우며 부식 저항이 있다.
③ 손상이 쉽게 발견된다.
④ 고온도에 저항력이 크다.

232 샌드위치 구조 형식에서 2개의 외판 사이에 넣는 코어(Core)의 형식이 아닌 것은?

❶ 이중형　　② 파동형　　③ 거품형　　④ 발사형

233 복합소재의 부품 경화 시 가압하는 목적이 아닌 것은?

① 적층판 사이의 공기를 제거한다.
② 수리 부분의 윤곽이 원래 부품의 형태가 되도록 유지시킨다.
③ 적층판을 서로 밀착시킨다.
❹ 경화과정에서 패치 등이 이동된다.

― same type ―

234 항공기에 복합소재를 많이 사용하는 이유는?

① 부식에 약하고 마멸이 쉽게 된다.
② 제작이 복잡하다.
❸ 무게 당 강도 비율이 아주 높다.
④ 제작 비용이 많이 든다.

◆ 비금속 재료, 복합소재 ◆

[2024 항공정비일반(국토교통부, 항공정비사 표준교재, pp.5-44.~5-51.)]
[2024 항공기 기체(국토교통부, 항공정비사 표준교재, pp.6-2.~6-15.)]
[https://ko.t-composites.net], [https://www.chemlocus.co.kr]

(2) 복합재료의 장점·단점

① **복합재료의 장점**
(1) 중량 당 강도비가 높다. (2) 섬유 간의 응력 전달은 화학결합에 의해 이루어진다. (3) 강성과 밀도비가 강 또는 알루미늄의 3.5~5배이다. **(4) 금속보다 수명이 길다. (5) 내식성이 매우 크다.** (6) 인장강도는 강 또는 알루미늄의 4~6배이다. (7) 복잡한 형태나 공기역학적 곡률 형태의 제작이 가능하다. (8) 결합용 부품(Joint)이나 파스너(fastener)를 사용하지 않아도 되므로 제작이 쉽고 구조가 단순해진다. (9) 손쉽게 수리할 수 있다.

② **복합재료의 단점**
(1) 박리(Delamination, 들뜸 현상)에 대한 탐지와 검사가 어렵다. (2) 새로운 제작 방법에 대한 축적된 설계 자료(design database)가 부족하다. (3) 비용(cost)이 비싸다. (4) 공정 설비 구축에 많은 예산이 든다. (5) 제작방법의 표준화된 시스템이 부족하다. (6) 재료, 과정 및 기술이 다양하다. (7) 수리 지식과 경험에 대한 정보가 부족하다. (8) 생산품이 종종 독성(toxic)과 위험성을 가지기도 한다. (9) 제작과 수리에 대한 표준화된 방법이 부족하다.

(3) 강화재 : 기존 재료에 새로운 재료를 추가하여 기존 재료를 더욱 강화하는 재료, 유리섬유, 탄소섬유, 보론섬유, 아라미드섬유, 세라믹섬유 등

① **유리섬유(glass fiber)**
무기질 유리를 고온에서 용융, 방사하여 제조하며, 밝은 흰색을 띄고, 값이 저렴하고 가장 많이 사용되는 강화섬유, 다만 기계적 강도가 낮아 일반적으로 레이돔이나 객실 내부 구조물과 같은 2차 구조물에 사용, **벌집(honeycomb, 허니컴) 구조부 알루미늄 코어(Core) 손상 시 대체용으로 사용**

② **탄소섬유(carbon fiber)**
열팽창 계수가 작기 때문에 사용 **온도의 변동에도 치수의 안정성**이 뛰어나고 강도와 견고성이 크기 때문에 **항공기의 1차 구조재 제작에 사용**되지만, 취성(잘 깨지는 성질)이 크고, 가격이 비싼 단점, 외형상으로는 검정색 천으로 구분, **그라파이트(graphite, 흑연) 섬유**라고도 함.

③ **아라미드섬유(aramid fiber))**
높은 인장 강도와 유연성이 좋은 장점, 온도변화에 대한 신축성이 큰 단점, 알루미늄 합금보다 **인장 강도가 4배 이상** 높으며 밀도는 1/2 정도, **진동을 받는 항공기 부품에 많이 사용**되는 재료, **외형상으로는 노란색 천**으로 구분, **폴리아미드(polyamide)**는 아미드 결합을 반복적으로 갖는 고분자 화합물의 총칭, **케블라(Kevlar)**는 미국 듀폰사가 개발한 고강도, 경량의 아라미드 섬유,

④ **보론섬유(boron fiber)**
뛰어난 압축 강도와 높은 인성 및 경도를 가지는 장점, 가격이 비교적 비싸고 화학 반응성이 커서 취급에 어려움이 있는 단점, 우주항공용으로 개발된 고강도, 고탄성률의 저밀도 보강재로 에폭시와 복합재료를 만들어 **주로 군용 전투기 등의 동체나 날개 부품 제작에 사용**, 스포츠용품에도 사용

⑤ **세라믹섬유(ceramic fiber)**
1,200°C의 고온에서도 거의 원래의 강도와 유연성을 유지하는 장점, 높은 온도가 요구되는 방화벽, 우주선 등에 사용, 주로 금속 모재와 함께 사용

235 복합재료 장점으로 설명이 틀린 것은?

① 중량당 강도비가 높다.
② 내식성이 매우 크다.
❸ 수리할 필요가 없다.
④ 금속보다 수명이 길다.

236 무기질 유리를 고온에서 용융, 방사하여 제조하며, 밝은 흰색을 띄고, 값이 저렴하고 가장 많이 사용되는 강화섬유는?
   ❶ 유리섬유   ② 탄소섬유   ③ 아라미드 섬유   ④ 보론섬유

237 기체구조에 부착되는 벌집(허니컴) 구조부 알루미늄 코어(Core)의 손상 시 대체용으로 주로 쓰이는 벌집구조부 코어(Core)의 재질은?
   ① 마그네슘강   ② 티타늄강   ③ 스테인리스강   ❹ 유리섬유

238 탄소 섬유에 대한 설명 중 옳지 않은 것은?
   ① 사용 온도의 변동이 있어도 치수가 안정적이다.
   ② 그라파이트 섬유라고도 한다.
   ❸ 다른 금속과 접촉하여도 부식이 일어나지 않아 부식방지 처리가 불필요하다.
   ④ 날개와 동체 등과 같은 1차 구조부의 제작에 사용된다.

239 항공기 복합 재료로 많이 쓰이는 케블러(Kevlar)는 어떤 강화 섬유에 속하는가?
   ① 유리 섬유   ② 탄소 섬유   ❸ 아라미드 섬유   ④ 보론 섬유

240 폴리아미드라고 불리며 알루미늄 합금보다 인장강도가 4배 높은 특징이 있는 재료는?
   ① 탄소섬유   ② 보론섬유   ❸ 아라미드   ④ 알루미나

241 방향족 폴리아라미드 섬유로서 이것의 복합재료는 알루미늄 합금보다 인장강도가 4배 이상 높으나 온도변화에 대한 신축성이 큰 단점이 있는 섬유는?
   ① 탄소 섬유   ❷ 아라미드 섬유   ③ 보론 섬유   ④ 알루미나 섬유

242 높은 인장 강도와 유연성을 가지고 있으며, 비중이 작기 때문에 높은 응력과 진동을 받는 항공기의 부품에 가장 이상적이고 노란색 천으로 구성된 강화섬유는?
   ① 유리섬유   ② 탄소섬유   ❸ 아라미드섬유   ④ 보론섬유

243 가격이 비교적 비싸고 화학 반응성이 커서 취급에 어려움이 있으나 기계적 특성이 다른 강화섬유에 비해 뛰어나므로 주로 전투기 등의 동체나 날개 부품 제작에 사용되는 것은?

① 아라미드 섬유　　② 알루미나 섬유　　③ 탄소 섬유　　❹ 보론 섬유

244 보론 섬유에 대한 설명으로 옳은 것은?
① 내열성과 내화학성이 우수하고 값이 저렴하여 강화 섬유로서 가장 많이 사용된다.
② 열팽창 계수가 작아 때문에 사용 온도의 변동이 있더라도 치수 안전성이 우수하다.
③ 높은 온도의 적용이 요구되는 곳에 사용된다.
❹ 뛰어난 압축 강도와 높은 인성 및 경도를 가지고 있다.

245 복합 재료의 가압 방법(Applying Pressure)에서 숏백(shot bag)이란?
① 미리 성형된 Caul Plate와 함께 사용되어 수리 부분의 뒤쪽을 지지한다.
② 수리한 곳에 압력을 가하는 가장 효과적인 방법이다.
③ 나일론 직물로 진공백을 사용할 때 블리더 재료 등의 제거를 용이하게 해준다.
❹ 넓은 곡면이 있어서 클램프를 사용할 수 없는 곳에 적합하다.

---- same type ----

246 일반 볼트보다 정밀하게 가공되어 심한 반복운동이나 진동이 작용하는 곳에 사용하는 볼트는?

 표준 육각 볼트　　 정밀 공차 볼트　　 인터널 렌칭 볼트　　 드릴 헤드 볼트

> **해설**
>
> ◆ **항공기용 볼트** ◆
> [2024 항공기 기체(국토교통부, 항공정비사 표준교재, pp.3-46.~3-84.)]
> [2024 항공정비일반(국토교통부, 항공정비사 표준교재, pp.5-58.~5-65.)]
>
> **(1) 일반 목적용 볼트**(General-purpose Bolts)
> 일반 목적용 볼트는 다목적 구조용 볼트로서 **인장하중 또는 전단하중이 작용하는 일반적인 곳**에 사용한다.
>
> **(2) 내부 렌치 볼트**(Internal-wrenching Bolts, **인터널 렌치 볼트**)
> 내부 렌치 볼트는 **고강도강으로 만들며, 인장하중과 전단하중 모두가 작용하는 곳에 적합하다.** 이 볼트의 머리는 볼트를 장탈 또는 장착하고자 할 때, 렌치를 결합시킬 수 있도록 적절한 홈이 파여 있다.
>
> 〈표준 육각 머리 볼트(좌)와 내부 렌치 볼트(우)〉

(3) 정밀 공차 볼트(Close-tolerance Bolts)

정밀 공차 볼트는 **일반용 볼트보다 더 정밀하게 가공된다.** 정밀공차볼트는 육각머리 또는 100° 접시머리로 되어 있다. 이 볼트는 단단히 끼워 맞춰야 하는 곳에 사용한다. **일반 볼트보다 정밀하게 가공되어 심한 반복운동이나 진동이 작용하는 곳에 사용한다.**

(4) 특수목적 볼트(Special-purpose Bolts)

특별한 목적을 위해 설계된 특수 목적용 볼트로서 ① **클레비스 볼트**(clevis bolt), ② **아이 볼트**(Eye-bolt), ③ **조-볼트**(jo-bolt), ④ **고정 볼트**(lock- bolt) 등이 이에 해당한다.

- **클레비스 볼트**(clevis bolt)

  클레비스 볼트의 머리는 둥글고 일반적인 스크루드라이버(screwdriver)를 사용해서 풀거나 잠글 수 있도록 홈이 파져 있다.

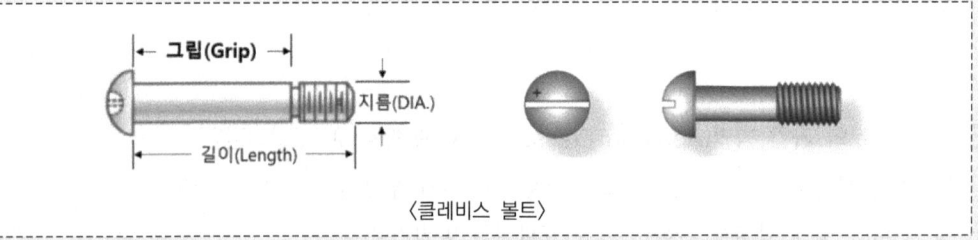

〈클레비스 볼트〉

- **아이 볼트**(Eye-bolt)

  외부에서 인장하중이 작용하는 곳에 사용된다. **아이볼트 머리에 고리가 있어서** 턴버클(Turnbuckle)의 클레비스(clevis), 케이블 샤클(shackle)과 같은 장치를 부착할 수 있도록 설계되었다.

〈아이 볼트(좌)와 일반적인 항공기용 너트(우)〉

- **고정 볼트**(lock- bolt)

  고정 볼트로 보통 ❶ **풀**(Pull)형, ❷ **스텀프**(Stump)형, ❸ **블라인드**(Blind)형으로 세 가지 종류가 사용된다. **전통적인 리벳**(rivet)이나 볼트(bolt)보다 더 쉽고 빠르게 장착할 수 있으며, 고정 와셔(Lock-washer), 코터핀(cotter pin), 특수너트 등을 필요로 하지 않는다.

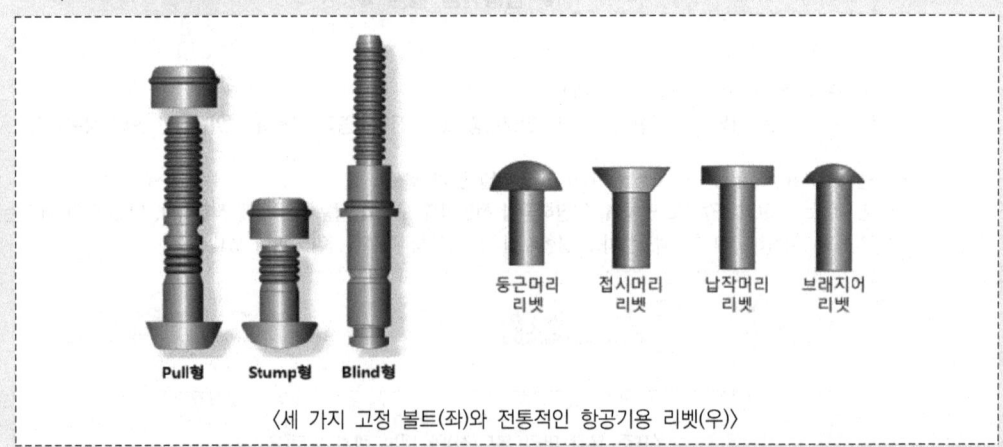

〈세 가지 고정 볼트(좌)와 전통적인 항공기용 리벳(우)〉

◈ 항공기용 와셔 ◈

[2024 항공정비일반(국토교통부, 항공정비사 표준교재, pp.5-65.~5-73.)]

항공기 기체수리에 사용되는 **와셔(Washer)에는** ① **평 와셔**, ② **고정 와셔**, ③ **특수 와셔**가 있다.

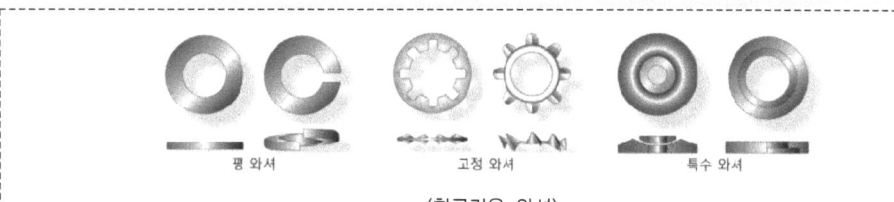

〈항공기용 와셔〉

(1) 평 와셔(Plain Washer)
 평 와셔는 매끄러운 접촉면을 제공하고 볼트와 너트 조립을 위해 **정확한 그립 길이(Grip Length)**를 맞추기 위해 심 (Shim)처럼 사용한다. 평 와셔는 부품 표면의 손상을 방지하기 위해 고정 와셔 아래에 사용한다.

(2) 고정 와셔(Lock-washer)
 고정 와셔는 **자동고정 너트** 또는 캐슬형 너트가 **적합하지 않은 곳에** 기계용 스크류(screw, 나사)나 작은 **볼트와 함께 사용**된다. **고정 와셔의 스프링 작용은 진동으로 인하여 너트가 풀리는 것을 방지**할 수 있는 만큼의 충분한 마찰을 발생시킨다.

(3) 특수 와셔(Special Washer)
 고정 볼트가 표면에 비스듬히 장착되는 곳에 또는 표면에 완전히 일치하게 체결해야 하는 곳에 사용한다.

◈ 항공기용 리벳 ◈

[2024 항공정비일반(국토교통부, 항공정비사 표준교재, pp.5-78.~5-94.)]

- 금속 판재는 항공기 구조물을 형성하기 위해 함께 결합되어야 하는데, 이것은 보통 **알루미늄합금 리벳** 으로 결합한다.
- 항공기에 사용되는 리벳은 두 가지 형식으로 나뉘는데, **버킹바(Bucking Bar)를 사용하여 성형하는** 일반 적인 **솔리드생크 리벳(solid-shank rivet)**과 **버킹바를 사용할 수 없는 곳에서 체결작업하기 위한 특수리벳, 즉 블라인드 리벳(blind rivet)**이 있다.
  - **블라인드 리벳** : ① **체리 리벳**(Cherry Rivet), ② **리브 너트**(Riv Nut), ③ **폭발 리벳**(Explosive Rivet)

247 아래 그림에서 나타내는 볼트의 명칭은?

① 정밀공차 볼트   ❷ 인터널 렌치 볼트   ③ 드릴 헤드 볼트   ④ 클래비스 볼트

248 정밀 공차 볼트에 대한 설명으로 옳은 것은?

① 인장하중 또는 전단하중이 작용하는 일반적인 곳에 사용된다.
❷ 일반용 볼트보다 더 정밀하게 가공된다.
③ 고강도강으로 만든다.
④ 인장하중과 전단하중 모두가 작용하는 곳에 적합하다.

249 항공용 볼트의 식별부호 중 정밀 공차 볼트의 머리 표시는?
① ⬡　　❷ ⬡(△)　　③ ⬡(X S)　　④ ⬡(✳)

250 항공용 볼트의 식별부호 중 알루미늄 합금 볼트의 머리 표시는?
❶ ⬡　　② ⬡(X S)　　③ ⬡(✳)　　④ ⬡(✳)

251 다음 중 특수목적 볼트로 올바르지 않은 것은?
① 클레비스볼트　　❷ 아이스볼트　　③ 조볼트　　④ 고정볼트

252 특수목적 볼트에 대한 설명으로 옳은 것은?
① 인장하중 또는 전단하중이 작용하는 일반적인 곳에 사용된다.
❷ 클레비스볼트, 아이볼트, 조-볼트, 고정볼트로 사용된다.
③ 일반용 볼트보다 더 정밀하게 가공된다.
④ 인장하중과 전단하중 모두가 작용하는 곳에 적합하다.

253 고정 볼트의 종류가 아닌 것은?
① 풀형　　② 스텀프형　　③ 블라인드형　　❹ 돔형

254 고정 볼트 풀형(pull-type)에 대한 설명으로 옳은 것은?
① 작업 소요시간이 길다.
② 동일한 강철 볼트 및 너트보다 약 2배 더 무겁다.
③ 장착 과정에서 압착이 필요하다.
❹ 항공기의 1차 구조부재와 2차 구조부재에 주로 사용된다.

255 볼트 머리에 X로 표시된 기호가 새겨져 있다면 이 기호의 볼트는?
❶ 합금강 볼트　　② 알루미늄 합금 볼트
③ 정밀 볼트　　④ 특수 볼트

256 볼트(Bolt)와 스크류(Screw, 나사)의 차이를 잘못 서술한 것은?
  ❶ 스크류의 강도가 더 크다
  ② 스크류의 머리에는 스크류 드라이버를 쓸 수 있는 홈이 있다.
  ③ 볼트는 나사산의 구분이 확실하다.
  ④ 볼트에 그립이 있다.

257 항공기용 와셔(Washer)의 종류가 아닌 것은?
  ① 평 와셔   ② 고정 와셔   ❸ 능동형 와셔   ④ 특수 와셔

258 와셔(Washer)의 용도에 해당하지 않는 것은?
  ① 볼트와 너트의 작용력을 분산시키기 위해 사용된다.
  ② 빈번하게 장탈, 장착하는 곳의 부재를 보호하기 위해 사용된다.
  ❸ 자동고정 너트의 고정용으로 사용된다.
  ④ 볼트 그립의 길이를 조절하기 위해 사용된다.

259 항공기용 리벳의 특징에 대한 설명으로 옳은 것은?
  ① 일정한 유격을 만든다.
  ② 화물칸의 화물을 고정시키는데 쓰인다.
  ③ 연료보조 탱크로 쓰인다.
  ❹ 항공기의 여러 부품들을 단단하게 고정시키는 연성금속 못이다.

260 항공기용 리벳의 설명으로 옳지 않은 것은?
  ① 항공기 외피를 접합하는데 사용된다.
  ② 스파 부분을 접합하는데 사용된다.
  ③ 리브를 고정하는데 사용된다.
  ❹ 와셔 앞에 붙여서 사용된다.

261 리벳 작업을 할 구조물의 양쪽 면에 접근이 불가능하거나, 작업 공간이 좁아서 버킹바를 사용할 수 없는 곳에 사용하는 리벳은?
  ① 둥근 머리 리벳   ❷ 체리 리벳   ③ 접시 머리 리벳   ④ 브래지어 리벳

262 리벳 머리에 표시를 보고 무엇을 알 수 있는가?

① 리벳 머리의 모양   ❷ 재료의 종류   ③ 리벳의 지름   ④ 재료의 강도

---

263 리벳(Rivet)의 지름(직경)은 어떻게 정하는가?

① Rivet 간의 거리   ② 판재의 모양에 따라
③ Sunk의 길이   ❹ 판재의 두께에 따라

◆ 리벳의 장착 ◆
[2024 항공기 기체(국토교통부, 항공정비사 표준교재, pp.3-46.~3-74.)]

(1) 리벳 선택
① 리벳 직경 : 선택한 **리벳 직경은 전반적으로 리벳을 장착하는 재료의 두께에 상응**해야 한다. 일반적으로 리벳 직경은 두꺼운 판재 두께의 적어도 2½~3배이어야 한다. 다른 방법은 외판의 두께에 3을 곱해준다.

- 두께가 각각 1mm, 2mm인 판을 리벳팅하려 할 때 리벳 직경은?
  : 두꺼운 판재 2mm×2.5배=5mm ~ **2mm×3배=6mm**

② **리벳 길이** : 리벳 길이는 결합할 판재 두께와 돌출 부분의 두께를 더한 길이가 필요하며, 가장 적합한 돌출부의 길이는 리벳 직경의 1½배이다.

③ **연거리(끝거리)** : 엣지 마진(edge margin)이라고도 불리는 **연거리(끝거리)는 첫 번째 리벳의 중심에서 판재의 가장자리까지의 거리**이다. 연거리는 리벳 2개의 직경보다는 커야 하고, 리벳 4개의 직경보다는 작아야 한다.

(2) 리벳 단면에 발생하는 전단응력
- 아래 그림과 같은 리벳 이음 단면에서 리벳직경 5mm, 두 판재의 인장력 100kgf이면 리벳 단면에 발생하는 전단응력은 약 몇 kgf/mm²인가?

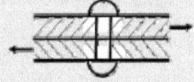

- 리벳의 단면적을 계산한 후, 인장력을 단면적으로 나누어 전단응력을 구한다.
  - 리벳의 단면적 계산 • 리벳 직경 d=5mm • 리벳의 단면적 $A=\pi d^2/4$ • $A≒19.63mm^2$
  - 전단응력 계산 • 인장력 100kgf • 전단응력=100kgf/19.63mm²≒5.09kgf/mm²≒**5.1kgf/mm²**

(3) 리벳 수리 도면
- 5 RVT EQ SP : 5개의 리벳이 같은 간격으로 장착되어야 함을 의미한다.
  - 5 → 5개, RVT → Rivet(리벳), EQ → Equal(같은), SP → Spacing(간격)

---

264 두께가 각각 1mm, 2mm인 판을 리벳팅하려 할 때 리벳 직경은 약 몇 mm가 가장 적당한가?

① 1mm   ② 3mm   ❸ 6mm   ④ 9mm

265 판재의 가장자리에서 첫 번째 리벳의 중심까지의 거리를 무엇이라 하는가?
❶ 끝거리　　② 리벳간격　　③ 열간격　　④ 가공거리

266 그림과 같은 리벳 이음 단면에서 리벳직경 5mm, 두 판재의 인장력 100kgf이면 리벳단면에 발생하는 전단응력은 약 몇 kgf/mm²인가?

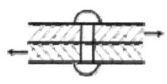

① 3.1　　② 4.0　　❸ 5.1　　④ 8.0

267 항공기 기체 수리 도면에 리벳과 관련된 다음과 같은 표기의 의미는?

5 RVT EQ SP

① 길이가 같은 5개 리벳이 장착된다.
② 리벳이 5인치 간격으로 장착된다.
❸ 5개의 리벳이 같은 간격으로 장착된다.
④ 연거리를 같게 하여 5개 리벳이 장착된다.

― same type ―

268 항공기 도면 표제란에 "INSTL"로 표시하는 도면은?
① 배선도　　② 조립도　　❸ 장착도　　④ 설계도

해설

◆ **항공기 도면 1.** ◆
[2024 항공정비일반(국토교통부, 항공정비사 표준교재, pp.3-12.~3-35.)]

(1) **항공기 도면(Aircraft Drawings)의 종류**
항공기 도면은 ① 상세도 ② 조립도 ③ 설계도(장착도)로 나눌 수 있다
① 상세도(Detail Drawing) : 상세도는 단일 부품에 대한 설명으로, 부품 제작에 사용할 크기, 형태, 재료 및 제조 방법에 대한 사양을 선, 주석 및 기호로 기술한다.
② 조립도(Assembly Drawing) : 조립도는 2개 이상의 부품으로 구성된 물체를 설명한다. 이 도면의 주목적은 서로 다른 부품들 사이의 상호관계를 보여주는 것이다.
③ 설치도(장착도, Installation Drawing) ⇒ 표제란의 INSTL은 Installation의 줄임말 : 설치도는 장착도라고도 한다. 항공기의 최종 설치 위치에 있는 부품 또는 조립품에 필요한 모든 정보를 포함하는 도면을 말한다.

(2) **항공기 도면 표제란(Title blocks)**
표제란에는 도면 이름, 도면 번호, 쪽수, 척도(scale), 제도 날짜, 회사명, 제도자, 확인자, 인가자 등이 명시되어야 한다.

(3) 항공기의 위치표시(Location Identification on Aircraft)

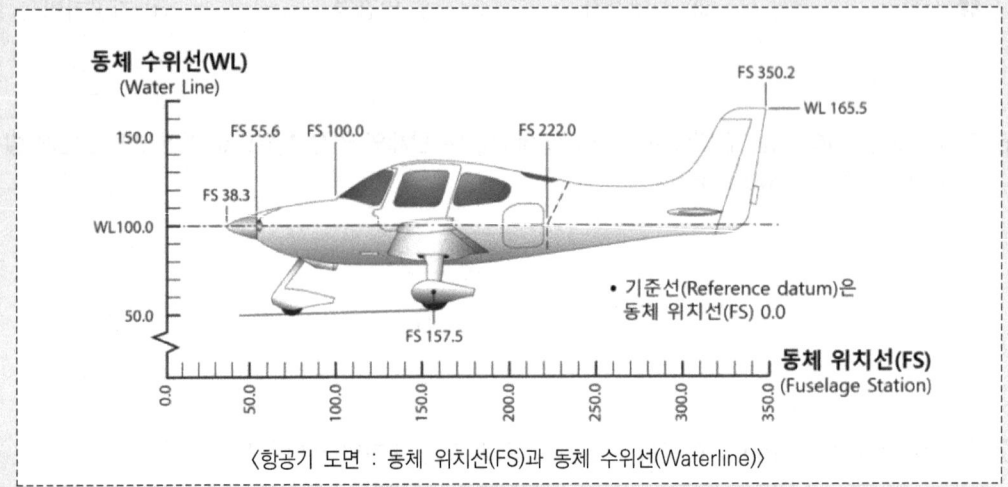

〈항공기 도면 : 동체 위치선(FS)과 동체 수위선(Waterline)〉

① 항공기의 수직 위치는 동체 수위선(Waterline = 워터 라인)을 기준으로 표시한다. 동체 수위선(워터 라인)은 특정 수평면 0으로부터 수직으로 높이를 측정한 거리이다.
② 항공기의 수평 위치는 동체 위치선(FS, Fuselage Station = 동체 스테이션)을 기준으로 표시한다. 동체 위치선(FS)은 기준선(Reference datum)에서 동체의 전·후방을 따라 위치한다. **기수 또는 기수로부터 일정한 거리에 위치한 면으로부터 모든 수평거리가 측정이 가능한 상상의 수직면이다.** * 참고 : 동체는 Fuselage라고 하는데, 아래 문제에서는 동체를 Body로 쓰고 있음.

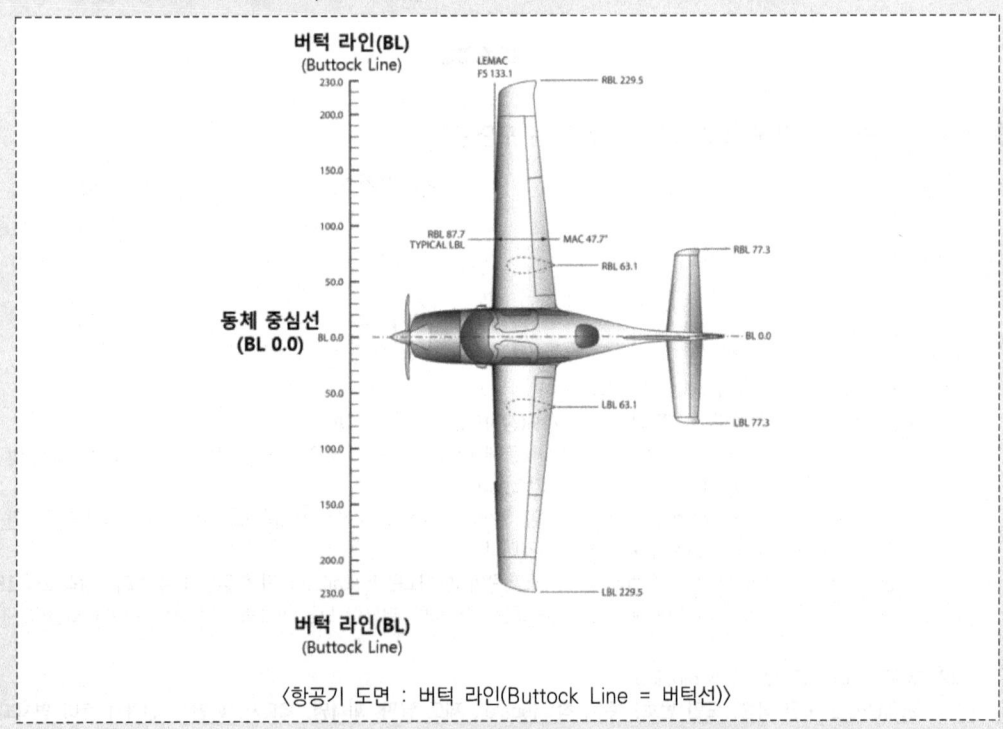

〈항공기 도면 : 버턱 라인(Buttock Line = 버턱선)〉

③ 항공기 동체 중심선에서 오른쪽과 왼쪽 위치는 버턱 라인(Buttock Line=버턱선)으로 표시한다.

269 도면에서 도면 이름, 도면 번호, 쪽수, 척도 등을 기록하는 영역은?
① 도면(Drawing)
❷ 표제란(Title block)
③ 변경란(Revision block)
④ 일반 주석란(General notes)

270 항공기 도면에서 위치 기준선으로 사용되지 않은 것은?
① 버턱라인(buttock line)
② 동체스테이션(body station)
③ 워터라인(water line)
❹ 캠버라인(camber line)

271 항공기의 위치를 표시하는 방식 중 "특정 수평면으로부터 수직으로 높이를 측정한 거리"는?
① 버턱선(buttock line)
② 동체위치선(body station)
❸ 동체수위선(body water line)
④ 날개위치선(wing body station)

272 항공기 위치 표시방법 중 기수 또는 기수로부터 일정한 거리에 위치한 상상의 수직면을 기준으로 하는 방법은?
① 버턱선(BL)
② 날개 위치선(WS)
❸ 동체 위치선(FS)
④ 동체 수위선(BWL)

273 항공기 위치표시 방법 중 동체 중심선을 기준으로 오른쪽과 왼쪽으로 평행한 너비 간격으로 나타나는 선은?
① 동체 위치선
❷ 버턱선
③ 동체 수위선
④ 스테이션선

274 항공기 위치표시 방식 중 동체 버턱선을 나타내는 것은?
❶ BBL
② BWL
③ FS
④ WS

275 다음 항공기의 위치 표시방법 중에서 버턱라인(Buttock Line)은 무엇인가?
① 항공기 위치 전방에서 테일콘까지 연장된 선과 평행하게 측정
❷ 수직 중심선에 평행하게 좌, 우측의 너비를 측정
③ 항공기 동체의 수평면으로부터 수직으로 높이를 측정
④ 날개의 후방 빔에 수직하게 밖으로부터 안쪽 가장자리까지 측정

276 항공기 스케치에 "LOOKING UP" 표기의 의미는?

① 항공기 기축선을 쳐다보고 스케치를 함.
② 항공기 기축선 쪽에서 밖으로 쳐다보고 스케치를 함.
❸ 항공기 아래에서 위로 쳐다보고 스케치를 함.
④ 항공기 위에서 아래로 내려다보고 스케치를 함.

해설

◈ 항공기 도면 2. ◈
[2024 항공정비일반(국토교통부, 항공정비사 표준교재, pp.3-12.~3-35.)]

(1) 항공기 손상 표시 도면

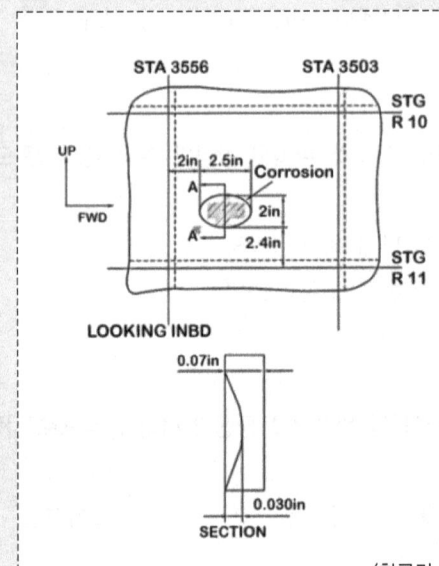

① 부식(Corrosion, 腐蝕) 손상이다.
② 손상 부위는 스테이션(STA, station) 3556번과 3503번 사이에 있다.
③ 손상 부위는 세로지(STG, stringer, 스트링거=스트링어) R10번과 R11번 사이에 있다.
④ 손상 부위는 세로지(STG, stringer, 스트링거=스트링어) R11번으로부터 2.4 인치(in) 떨어져 있다.
⑤ 손상 부위의 긴 지름(장축)은 2.5 인치(in) 이고, 짧은 지름(단축)은 2 인치(in)이다.
⑥ LOOKING INBD, 기축선을 향해 쳐다보고 스케치한 것이다.
⑦ 손상 부위의 깊이는 0.030 인치(in) 이다.

〈항공기 손상 표시 도면의 의미〉

(2) 도면 스케치 방향 표시
① Looking AFT : 앞에서 뒤쪽으로 바라보고 스케치를 함.
② Looking FWD : 뒤에서 앞쪽으로 바라보고 스케치를 함.
③ **Looking UP : 아래에서 위로 쳐다보고 스케치를 함.**
④ Looking Down : 위에서 아래로 쳐다보고 스케치를 함.
⑤ **Looking INBD : 기축선을 향해 바라보고 스케치를 함.**
⑥ Looking OUTBD : 기축선 쪽에서 밖을 향해 바라보고 스케치를 함.

277 그림에서 부식에 의한 손상의 깊이는 몇 in인가?

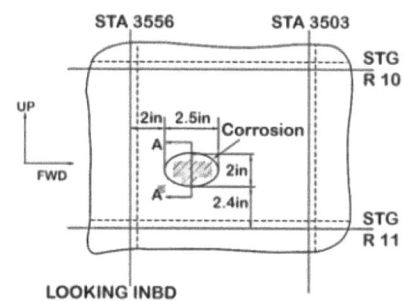

① 2.5　　　② 2.4　　　③ 0.071　　　❹ 0.030

278 다음 도면은 어느 방향을 기준으로 작성된 것인가?

① 앞에서 뒤쪽을 쳐다본 경우　　② 뒤에서 앞쪽으로 쳐다본 경우
❸ 기축선을 향해 쳐다본 경우　　④ 기축선 쪽으로 밖에서 쳐다본 경우

279 항공기 결함 보고를 위한 스케치에서 항공기의 방향 표시를 할 때 "앞에서 뒤쪽을 본다"를 의미 하는 표시는?

① LOOKING INBD　② LOOKING OUT　❸ LOOKING AFT　④ LOOKING FWD

280 항공기 기체 결함 보고서를 작성하기 위해 손상 부위를 표시하려고 할 때 항공기 뒤에서 앞쪽을 보고 스케치했다면 도면에 표시할 내용은?

① LOOKING OUT　❷ LOOKING FWD　③ LOOKING AFT　④ LOOKING INBD

281 항공기의 손상 상태를 도시한 도면에 설명으로 틀린 것은?

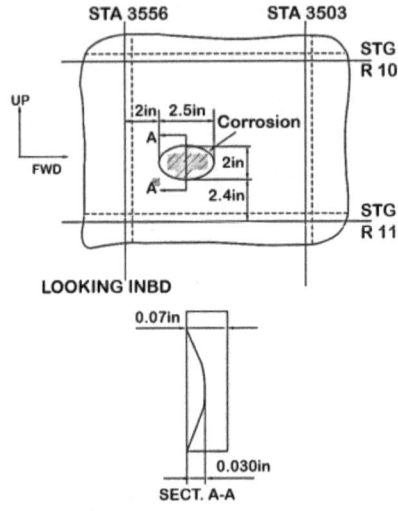

① 손상 부위의 깊이는 0.030 in 이다.
② 손상 부위는 스테이션 3556번과 3503번 사이에 있다.
③ 손상 부위의 장축길이는 2.5 in 이다.
❹ 손상 부위는 스트링어 R11번으로부터 2in 떨어져 있다.

282 그림과 같은 도면에서 부식이 발생한 곳은?

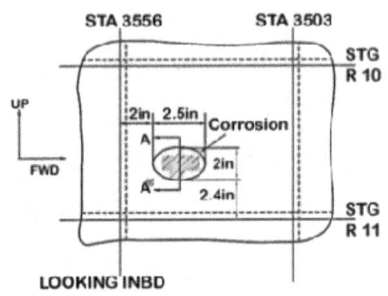

① 리브(Rib)와 근접한 부분
② 날개골(Airfoil)과 근접한 부분
③ 세로대(Longeron)와 근접한 부분
❹ 스트링거(Stringer)와 근접한 부분

> 아래 기출유형문제는 〈해설〉이 없습니다.

283 토크렌치를 사용할 때 주의사항으로 틀린 것은?
① 토크렌치는 정기적으로 교정 점검해야 한다.
② 힘은 토크렌치에 직각방향으로 가하는 것이 효율적이다.
③ 토크렌치 사용시 특별한 언급이 없으면 볼트에 윤활해서는 안 된다.
❹ 토크렌치를 조이기 시작하면 조금씩 멈춰가며 지정된 토크를 확인한 후 다시 조인다.

284 금속 표면을 도장 작업하기 전에 적절한 전처리 작업을 하여 금속 표면과 도료 사이에 접착성을 높이기 위한 것은?
① 아크릴 래커　　② 폴리우레탄　　❸ 프라이머　　④ 합성 에나멜

285 실란트(sealant, 밀폐제)에 대한 설명으로 틀린 것은?
❶ 사용 시 접착의 밀착성을 위해 따뜻하게 보관한다.
② 작업하는 부분에 낡은 실란트가 있어 제거할 때는 제거제를 사용하여 깨끗이 제거한다.
③ 기체 표면의 홈을 메워 공기 흐름의 혼란을 감소시킬 목적으로 사용된다.
④ 성분적으로 티오콜계와 실리콘계의 합성고무로 나뉜다.

286 알루미늄 합금 리벳 표면의 색이 황색을 띄면 어떤 보호처리를 하였는가?
① 니켈보호 도장　　② 양극 처리
③ 금속도료 도장　　❹ 크롬산아연 보호 도장

287 산소-아세틸렌 용접에서 역류나 역화의 원인이 아닌 것은?
① 토치의 성능이 불량 시　　❷ 아세틸렌 가스의 공급이 과다할 때
③ 토치 팁에 석회분이 끼었을 때　　④ 토치 팁이 과열되었을 때

288 항공기의 용접 유형이 아닌 것은?
① 가스 용접　　② 전기 아크 용접　　③ 전자 빔 용접　　❹ 오일 용접

289 다음 중 항공기의 용접 유형에 포함되지 않는 것은?
① 아크 용접　　② 저항 용접　　③ 테르밋 용접　　❹ 오일 용접

290 전자장비를 이용한 전자유도를 이용하여 탐침으로 항공기의 중요 패스너 홀 내부의 균열 등을 검사하는데 사용되는 비파괴검사법은?
① 자분탐상검사　　❷ 와전류탐상검사
③ 형광침투검사　　④ 초음파탐상검사

291 다음 중 비파괴검사에 속하지 않는 것은?
① 자분탐상검사 ② 방사선투과검사 ③ 초음파검사 ❹ 현미경 조직검사

292 비파괴 검사법 중 피폭안전에 철저한 관리가 요구되는 검사법은?
① 침투탐상검사 ② 와전류검사 ③ 자분탐상검사 ❹ 방사선투과검사

293 재료의 응력과 변형률의 관계를 재료 시험을 통하여 얻을 때, 가장 보편적으로 시행하는 재료 시험은?
① 전단시험 ② 충력시험 ❸ 인장시험 ④ 압축시험

294 구조 부재 파괴 중 반복 하중에 의한 구조 부재의 파괴는?
① 합금성질을 변화시키려 하는 성질이다.
② 재료의 인성과 취성을 측정할 때 재료의 파괴시점을 측정하기 위한 시험법이다.
③ 시험편을 일정한 온도로 유지하고 일정한 하중을 가할 때 시간에 따라 변화하는 현상이다.
❹ 재료에 반복하여 하중이 작용하면 그 재료의 파괴응력보다 훨씬 낮은 응력으로 파괴되는 현상이다.

295 다음 중 반복하중에 의한 구조 부재의 파괴는?
① 크리프 ② 응력집중 ❸ 피로파괴 ④ 집중하중

296 단순반복응력, 변동응력, 반복변동응력, 중복반복응력 등에 의해 파괴되는 현상을 측정하는 시험은?
① 정하중 시험 ❷ 피로시험 ③ 지상진동시험 ④ 낙하시험

297 다음중 정하중 시험의 순서를 옳게 나열한 것은?
① 한계하중시험 - 극한하중시험 - 파괴시험 - 강성시험
❷ 강성시험 - 한계하중시험 - 극한하중시험 - 파괴시험
③ 한계하중시험 - 파괴시험 - 강성시험 - 극한하중시험
④ 파괴시험 - 강성시험 - 한계하중시험 - 극한하중시험

제2교시 선택과목
항공기상
25문항

항공기상은 중·고등학교 과학시간이나 일기예보 방송을 통해 들어본 적 있는 상식적인 문제부터 전공자만이 알 수 있을 것 같은 고난이도 문제까지 다양하게 분포되어 있습니다. 따라서 먼저 순수 기상문제에서 가능한 실수가 없도록 하고, 이후 항공기 운항 관련 문제들로 이해도를 높여가면 합격기준 이상의 점수를 얻을 수 있을 것입니다. 그리고 시험 때는 마지막 시간이므로 집중도가 떨어지지 않도록 유의해야 하겠습니다.

> **same type** ▶ 표시는 동일한 기출 유형 문제의 구분을 의미합니다.

---

01 지구 대기권에서 기상현상이 가장 많이 발생하는 권역은?

❶ 대류권　　　② 성층권　　　③ 중간권　　　④ 열권

◆ 지구 대기권 ◆
[Pilot's Handbook of Aeronautical Knowledge(FAA, 2023, p.12-2.~12-4.)]
[Aviation Weather Handbook(FAA, 2022, pp.4-1.~4-5.)]
[2025 항공기상(국토교통부, 조종사 표준교재, pp.2.~9.)]
[2024 경량항공기 조종사 표준교재(제3부 항공기상)(국토교통부, pp.5.~8.)]
[항공우주학개론(한국항공우주학회편, 경문사, pp.26.~28.)]

지구를 둘러싸고 있는 공간(Space)은 지구 대기권(atmosphere)과 외계(outer space)로 분리한다. 지구의 **대기권은 온도 변화의 특성에 따라** 대류권(troposphere), 성층권(stratosphere), 중간권(mesosphere), 열권(thermosphere), 외기권 (exosphere) **5개 권역으로 구분한다.**

(1) 대류권(Troposphere)
- 밀도와 압력은 고도 증가에 따라 감소하고, **온도 또한 고도 증가에 따라 감소하는 권역**이다. 평균적으로 **온도의 감소율은 6.5℃/km (2℃/1,000ft)**이며, **기상현상이 발생하는 권역**이다. 적도에서는 고도 약 16km 정도이고, 극 지방에서는 고도 약 9km 정도이다. **평균적으로 고도 12km (약 10~15km)까지의 권역**이다. 대류권에는 **대기권 질량의 80%에 해당하는 기체**가 모여 있다. 계절에 따라 그 높이가 변화한다. **여름에는 높아지고 겨울에는 낮아진다.**
- 대류권의 최상층은 **대류권계면(tropopause)**이라 불리는 경계면이 있으며 온도는 약 −56℃ 정도이다. 대류권계면의 **온도는 저위도보다 고위도가 높고, 여름에는 높이가 높아지고 겨울에는 낮아진다.** 민항기는 대류권계면이나 성층권 아래에서 비행한다. 성층권의 아랫부분에는 제트기류(jet stream)라는 강한 서풍이 존재한다.

(2) 성층권(Stratosphere)
- 밀도와 압력은 고도 증가에 따라 감소한다. **고도 증가에 따라 온도가 감소하지 않고 증가하는 기온역전 현상이 나타나는 고도 약 50km까지의 권역이다.** 온도는 고도 약 20km의 −56℃에서 50km의 0℃까지 상승한다. **수직방향의 공기 이동이 없어 기상현상이 거의 없다.** 성층권은 지구의 생물에 매우 유해한 강한 **자외선을 흡수하는 오존층이**

형성되어 있다. **오존층은 대략 25km 상공에 존재한다.** 성층권 하단은 기온 변화가 거의 없이 일정한 반면 일정 높이에 도달해서는 증가하기 시작하여 상부에 도달 시 최대로 기온이 증가한다. 이는 성층권 상부에서 오존층이 자외선을 흡수하기 때문이다.
- **성층권계면(stratopause)은** 성층권과 중간권 사이의 층으로 지표면으로부터 약 50km의 층이다. 성층권에서는 오존층이 존재하기 때문에 **기온역전 현상이 최고에 도달**하여 거의 0℃까지 증가한 후 중간권부터는 기온이 다시 감소하기 시작한다.

(3) 중간권(Mesosphere)
- 고도 약 50km부터 약 83km 사이의 권역이다. 5개 권역의 중간이어서 중간권이라 한다. 이 권역은 고도 증가에 따라 대류권과 같이 온도가 감소하고, 밀도와 압력 또한 고도 증가에 따라 감소한다. 따라서 **상층 대류권**이라 부르기도 한다. 하층의 높은 온도와 상층의 낮은 온도로 인하여 **대류가 존재한다.** 중간권에서 고도 증가에 따라 기온이 감소하는 이유는 태양으로부터 태양 에너지를 거의 받을 수 없을 뿐만 아니라 지표면으로부터 복사열을 받을 수 없는 높이에 있기 때문이다. 태양의 적외선에 의하여 광화학 반응으로 대기 입자의 해리(dissociation)와 재결합(recombination)이 발생한다.
- 열권과의 경계면인 중간권계면(mesopause)이 존재하며, 중간권계면의 최저온도는 -100℃에 이른다.

(4) 열권(Thermosphere)
- 고도 약 85km에서 500km까지의 권역으로 온도는 고도 85km에서 -85℃에서 500km에서 1,600℃로 상승한다. 기온이 상승하는 이유는 공기 밀도가 매우 희박하기 때문에 공기 분자끼리 충돌하는 현상이 거의 발생하지 않기 때문이다. 적외선의 광화학 작용으로 공기입자는 이온화되어 있다. **오로라(aurora = 극지방에 가까울수록 관측이 쉽기 때문에 극광(極光)이라고 함) 현상**이 발생한다.
- 열권 하부에는 희박한 대기가 태양의 자외선과 X선에 의해 강하게 전리되는 **전리층(電離層)**이 있다. 이 전리층에서는 전파가 반사되는 현상이 일어나며, 이 현상은 **원거리 통신을 가능**하게 한다. 단파(3MHz~30MHz) HF(high frequency)는 전리층에 반사되는 특징이 있어 수천 km의 거리까지 신호를 보낼 수 있다. 이는 국제통신, 국제방송, 아마추어 무선 등에 사용된다. **항공용 HF 통신**은 음성통신의 품질이 양호한 VHF 통신의 단점인 가시거리 밖(外) 사용제한으로 원거리통신이 불가능한 통신지역, 즉 항공기가 대양상공이나 지상설비의 설치가 불가능한 사막, 정글 상공 등을 비행할 때 지상과의 통신에 이용된다.
- 지구상에서 145km까지의 영역이 국가의 권력이 미치는 영공이다. 그보다 높은 권역은 누구나 자유롭게 사용할 수 있다. 각국의 인공위성이 나타난다.

(5) 외기권(Exosphere, 극외권)
- 지구대기층의 가장 외곽층으로 고도 약 500km에서 고도 1,500km 또는 더 높은 고도까지의 권역이다. 지구대기와 행성 간 공간(interplanetary space)의 경계를 말한다.

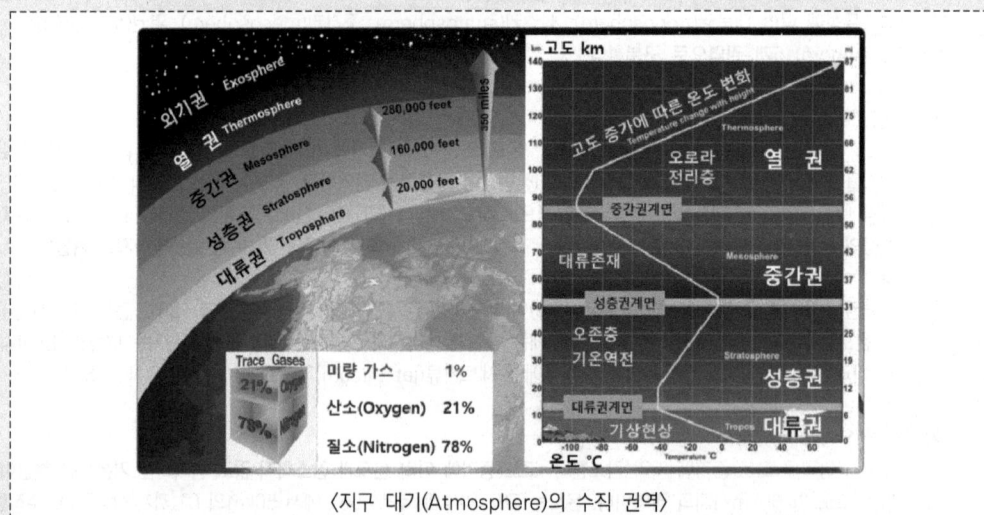

〈지구 대기(Atmosphere)의 수직 권역〉

02 대기권을 고도에 따라 낮은 곳부터 높은 곳까지 순서대로 바르게 분류한 것은?
① 대류권 - 성층권 - 열권 - 중간권 - 극외권
❷ 대류권 - 성층권 - 중간권 - 열권 - 극외권
③ 대류권 - 중간권 - 성층권 - 열권 - 극외권
④ 대류권 - 중간권 - 열권 - 성층권 - 극외권

03 대기권 중 기상 변화가 일어나며 상승할수록 온도가 하강하는 층은?
❶ 대류권 ② 성층권 ③ 중간권 ④ 열권

04 대기권 중 지표면으로부터 평균 12km 높이까지이고, 기상현상이 일어나는 권역은?
① 열권 ② 중간권 ③ 성층권 ❹ 대류권

05 대류권에 대한 설명으로 올바른 것은?
① 대류권의 평균 높이는 15m이다.
② 대기권 질량의 60%에 해당하는 기체가 모여 있다.
③ 대류권은 대기권의 중간층에 위치한다.
❹ 온도와 기압 차이로 대류 현상이 발생한다.

06 지구 대기권에 대한 설명으로 옳지 않은 것은?
① 지구 대기권은 물리적 특성에 따라 대류권, 성층권, 중간권, 열권, 극외권으로 나뉜다.
❷ 성층권은 약 11~50km까지이며, 상승할수록 온도가 강하하는 특성이 있다.
③ 중간권은 약 50~80km까지이며, 상승할수록 온도가 강하하는 특성이 있다.
④ 대류권은 평균높이 12km까지이며, 대류 및 기상현상이 발생되는 권역이다.

07 대부분의 기상현상이 발생하는 대기는?
① Thermosphere ② Tropopause ❸ Troposphere ④ Stratosphere

08 대기권의 설명 중 틀린 것은?
① 대기의 온도, 습도, 압력 등으로 대기의 상태를 나타낸다.
② 대기의 상태는 수평방향보다 수직방향으로 고도에 따라 심하게 변한다.
❸ 대기권 중 대류권에서는 고도가 상승할 때 온도가 상승한다.
④ 대기권은 온도의 분포를 기준으로 대류권, 성층권, 중간권, 열권, 외기권으로 나타낸다.

09 대류권계면에 대한 설명 중 틀린 것은?
  ① 대류권계면의 평균 높이는 적도부근에서 16~18km 이다.
  ② 대류권계면의 온도는 저위도보다 고위도가 높다.
  ❸ 적도지역의 대류관계면의 높이가 극지방보다 낮다.
  ④ 여름에는 대류권계면의 높이가 높아지고 겨울에는 낮아진다.

10 대기 중의 온도의 변화가 조금밖에 없으며 평균 높이가 약 17km의 대기권은?
  ① 대류권   ❷ 대류권계면   ③ 성층권   ④ 성층권계면

11 대류권계면 고도가 높은 곳부터 순서대로 바르게 나열된 것은?
  ① 적도 - 극지방 - 중위도   ❷ 적도 - 중위도 - 극지방
  ③ 극지방 - 적도 - 중위도   ④ 극지방 - 중위도 -적도

12 대류권계면이 높은 곳부터 순서대로 나열한 것은?
  ① 중위도 〉 적도 〉 극   ② 적도 〉 극 〉 중위도
  ❸ 적도 〉 중위도 〉 극   ④ 중위도 〉 극 〉 적도

13 대류권에서 발생하는 대기 현상이 아닌 것은?
  ① 구름, 비, 안개 등의 기상현상   ② 공기의 대류현상
  ❸ 자외선 흡수   ④ 청천난류, 제트류 발생

14 다음 중 대류권에 대한 내용으로 틀린 것은?
  ① 대류권의 높이는 약 10~15km, 평균 12km이다.
  ② 고도가 낮은 곳은 기온이 높고 높아질수록 기온은 낮다.
  ❸ 오존층이 있어 유해한 자외선을 흡수한다.
  ④ 대기권의 가장 아래층에 해당된다.

15 성층권에 대한 설명 중 틀린 것은?
① 일정 고도까지는 온도가 동일하다가, 고도가 상승할수록 온도가 증가한다.
② 온도가 일정한 층 부근에서는 불순물이 없다.
❸ 고도 40km 부근에 오존층이 가장 많이 형성되어 있다.
④ 태양에서 오는 짧은 자외선을 흡수하여 온도가 높아진다.

16 성층권의 대표적인 기상현상은?
① 대류현상　　② 제트기류　　③ 불안정한 대기　　❹ 기온역전

17 다음 중 대기권에서 전리층이 존재하는 곳은?
① 성층권　　② 중간권　　❸ 열권　　④ 극외권

18 장거리 무선통신이 가능한 전리층이 있는 대기층은?
① 대류권　　② 성층권　　③ 중간권　　❹ 열권

19 표준대기의 혼합기체 비율은?
① 산소 78%, 질소 21%, 기타 1%　　② 산소 50%, 질소 50%, 기타 1%
③ 산소 21%, 질소 50%, 기타 78%　　❹ 산소 21%, 질소 78%, 기타 1%

20 지구 대기를 구성하는 기체 중에서 가장 많은 것은?
① 산소　　❷ 질소　　③ 아르곤　　④ 헬륨

― same type ―

21 다음 중 기온에 관한 설명 중 옳은 것은?
① 지표면에서 관측된 온도　　❷ 지표면으로부터 1.5m 높이에서 관측된 온도
③ 지표면으로부터 3m 높이에서 관측된 온도　　④ 지표면으로부터 5m 높이에서 관측된 온도

> **해설**

◆ 대류권의 기상현상 ◆

[2024 경량항공기 조종사 표준교재(제3부 항공기상)(국토교통부, pp.10.~pp.32.)]
[Pilot's Handbook of Aeronautical Knowledge(FAA, 2023, pp.12-2.~12-5)]

(1) 대기의 기온과 습도
  ① 대기의 열전달
    ■ **대류(Convection)** : 유체(기체, 액체)가 가열 또는 냉각으로 인하여 분자 운동이 발생하고, **연직(鉛直=중력의 방향≒수직)방향으로의 유체 운동에 의한 이동**이 우세한 경우를 대류라 한다.
    ■ **이류(Advection)** : 유체(기체, 액체)가 가열 또는 냉각으로 인하여 분자 운동이 발생하고, **수평방향으로의 유체 운동에 의한 이동**이 우세한 경우를 이류라 한다.
    ■ **복사(Radiation)** : 절대온도 이상의 모든 물체로부터 방출되는 전자파를 총칭하여 복사라고 한다. 우주 공간을 지나오는 태양에너지의 이동은 주로 복사 형태로 이루어진다.
    ■ **전도(Conduction)** : 분자운동을 통한 에너지 전달 방법으로서, 물질의 이동 없이 열이 물체의 고온부에서 저온부로 이동하는 현상을 말한다. 열전도는 온도차이가 있을 때에만 일어난다.
  ② 기온의 일변화
    ■ **역전층** : 대류권에서 **대기의 온도는 고도가 상승하면서 약 6.5℃/km의 비율로 감소**한다. 그러나 비열이 작은 육지는 바다보다 쉽게 뜨거워지고 쉽게 식는다. 이러한 특징 때문에 **고도가 상승하면서 온도가 상승하는 역전층**이 생성되게 된다. 이러한 현상은 지상에서 발생한 연기가 위로 올라가지 않고 역전층 구간에서 얇고 평탄한 구름형태로 정체되어 잔류한다.
      - **접지역전(또는 복사역전)** : 지표면 복사 냉각으로 인한 야간 역전 현상으로서 맑은 날 밤, 지표면이 빠르게 냉각되면서 지표 부근의 공기가 차가워지고 이로 인해 고도가 높아질수록 기온이 높아지는 현상
      - **침강역전** : 고기압 중심에서 공기 하강으로 인한 역전 현상
      - **이류역전** : 따뜻한 공기가 차가운 공기 위로 이동하면서 발생하는 역전 현상
    ■ **대류 온도(convective temperature)** : 일사(日射, 태양의 복사)에 의한 가열로 지표 부근 공기의 온도가 올라가면 공기 덩어리가 상승하면서 대류가 발생하고 대류운이 형성된다. 지표 부근의 온도가 상승하여 대류운을 형성시키기 시작하는 지상 온도를 대류 온도라 한다.
    ■ **이슬점 온도(dew point)** : 불포화 상태의 공기가 냉각될 때, 포화상태에 도달하여 수증기의 응결이 시작되는 온도이다. 한자어로 **노점온도(露點溫度)**라 한다. 즉, 현재 공기 중의 수증기량을 유지하면서 온도를 낮추었을 때, 더 이상 공기가 수증기를 포함할 수 없게 되어 **물방울로 변하기 시작하는 온도**를 의미한다.

(2) 기압
  대기의 압력을 기압이라 하며, 공식적인 기압의 단위는 hPa(헥토파스칼, hectopascal)이다. **수은주(水銀柱) 760mm의 높이**에 해당하는 기압을 표준기압이라 하고, 이것을 **1기압**이라 한다.

---

22 모든 물리적인 기상현상의 근본적인 원인은?

① 공기의 이동   ② 기압의 차이   ❸ 지구 내 열교환   ④ 습도의 차이

23 지구의 기상에서 모든 변화의 가장 근본적인 원인은?

① 기압차로 인한 지역적 차이
② 지표면 위의 공기 압력의 변화
③ 공기군의 이동
❹ 지구 표면에 받아들이는 태양 에너지의 변화

24 지구의 기상에서 일어나는 변화로 가장 근본적인 원인은?
① 해수면의 온도 상승　　　　　　　② 구름의 량
❸ 지표면의 불규칙한 가열　　　　　④ 구름의 대이동

25 기상현상이 일어나는 원인으로 맞게 설명한 것은?
❶ 태양에 의한 지표면의 불균등 가열　② 대기 밀도에 따른 기압의 차이
③ 대류 현상에 의한 공기의 순환　　　④ 바다의 증발에 의한 수증기의 포함

26 다음 중 기상 7대 요소는 무엇인가?
❶ 기압, 기온, 습도, 구름, 강수, 바람, 시정
② 기압, 전선, 기온, 습도, 구름, 강수, 바람
③ 해수면, 전선, 기온, 윈드시어, 바람, 강수, 안개
④ 기압, 기온, 습도, 전선, 강수, 바람, 스모그

27 지표면의 가열 등 하층부의 가열로 인하여 따뜻해진 공기는 상승하고 상층부의 찬 공기는 아래로 이동하는 공기의 수직이동 현상을 무엇이라 하는가?
① 이류　　　② 복사　　　③ 전도　　　❹ 대류

28 연직(鉛直=중력의 방향≒수직)방향으로의 유체운동에 의한 수송을 대류라 한다. 그러면 수평방향으로의 유체운동에 의한 수송을 무엇이라 하는가?
❶ 이류　　　② 복사　　　③ 전도　　　④ 대류

29 기온역전에 대해 잘못 설명한 것은?
① 접지역전, 침강역전, 이류역전이 있다.
② 고도가 높아짐에 따라 기온이 일정하게 상승한다.
③ 기류는 평온하다.
❹ 적란운이 형성되기 쉽다.

30 맑은 날 밤에 복사에 의하여 지표면이 냉각되면 지표면의 대기온도가 상층의 대기온도보다 낮아져 형성되는 기온역전은?

① 전선역전   ② 침강역전   ③ 이류역전   ❹ 접지역전

31 다음 중 지표면 기온역전이 가장 잘 일어날 수 있는 조건은?

① 바람이 없고 기온차가 매우 큰 낮
② 미풍이 존재하는 구름이 많은 밤
❸ 미풍이 존재하는 맑고 서늘한 밤
④ 강한 바람이 부는 맑고 서늘한 밤

32 대류운이 생성되기 시작할 때의 지표온도를 무엇이라 하는가?

① 가온도   ② 잠재온도   ③ 온위   ❹ 대류온도

33 공기가 냉각되어 안개가 생성되는 온도는?

① 가온도   ② 대류온도   ❸ 노점 온도   ④ 상당온도

― same type ―

34 국제민간항공기구 ICAO에서 정하고 있는 표준대기는?

❶ 29.92 inHg, 15℃
② 1013.2 mb, 59℃
③ 29.92 mb, 59℉
④ 1013.2 inHg, 15℃

해설

◆ **국제표준대기** ◆
[Pilot's Handbook of Aeronautical Knowledge(FAA, 2023, p.4-3.~4-5)]
[Aviation Weather Handbook(FAA, 2022, pp.4-5.~4-6.)]
[2025 항공기상(국토교통부, 조종사 표준교재, p.9.)]
[2024 경량항공기 조종사 표준교재(제3부 항공기상)(국토교통부, p.8.)]
[항공우주학개론(한국항공우주학회편, 경문사, pp.27.~29.)]

지구의 실제 대기는 정상상태가 아니라 시간(밤, 낮, 계절), 장소(경도, 위도) 및 고도에 따라 변화한다. 항공기의 비행성능은 항공기가 비행하는 곳의 대기조건(밀도 및 압력)에 의하여 달라질 수 있으므로 항공기의 비행 성능을 객관적으로 평가하기 위해서는 표준화된 대기가 필요하였다. 이에 국제민간항공기구 ICAO는 1964년에 국제표준대기(ISA, International Standard Atmosphere)를 제정하였다.

- 대기의 공기는 수증기가 포함되어 있지 않은 건조공기로서 이상기체 상태방정식을 만족한다.
- 대기 온도는 **표준 해수면(standard sea level)** = 평균 해수면, Mean Sea Level)에서 15℃이다.
  표준 기온감율(standard temperature lapse rate)은 고도 11km(36,000ft)까지는 1,000m 당 6.5℃ (1,000ft 당 약 2℃=3.5℉)의 일정한 비율로 감소하고, 그 이상 고도에서는 −56.5℃로 일정하다.
  ○ 표준 해수면 온도 : 섭씨 15℃ = 화씨 59℉ = 절대온도 288.15K
  ○ 표준 기온감율 : 6.5℃/km = 2℃/1,000ft = 3.5℉/1,000ft

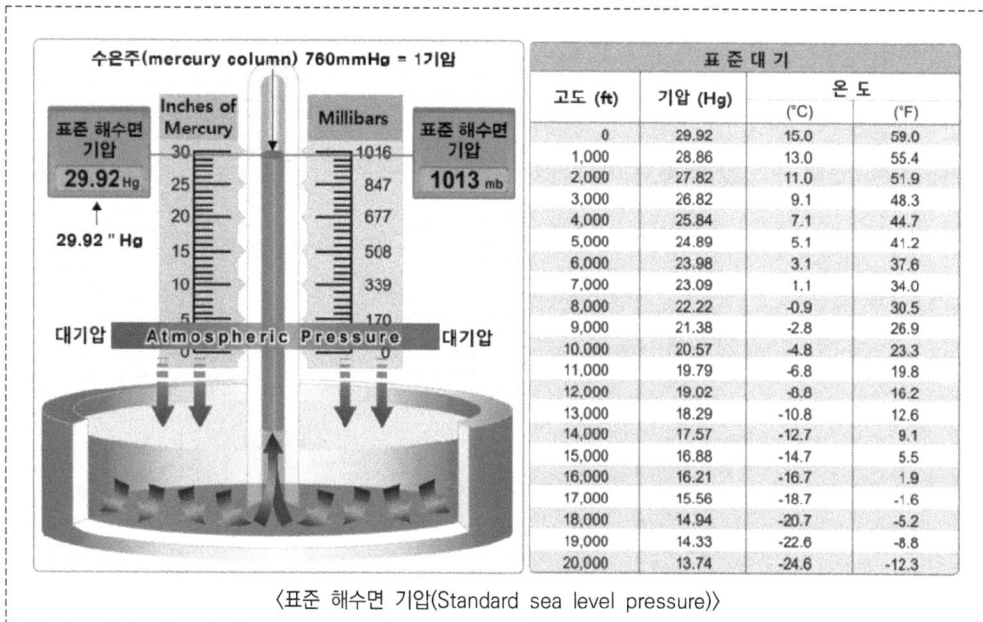

〈표준 해수면 기압(Standard sea level pressure)〉

- 대기의 기압(압력)은 표준 해수면에서 수은주(Hg) 높이 760mmHg이다. 표준 기압감율(standard pressure lapse rate)은 고도 10,000ft까지 1,000ft 당 수은주 약 1inHg(″Hg)의 비율로 감소한다.
  - ○ **표준 대기압 : 760mmHg = 29.92inHg = 1013.25hPa[mb]** = 14.70psi = 10332.2kg/m2
  - ○ 읽기 : inHg = ″Hg는 inches of mercury, hPa은 hectopascal, mb는 millibar로 읽는다.
- 대기의 **중력가속도**는 **9.8066m/s2**이다.
- 대기의 **음속**은 **340.429m/s**이다.

◉ 세계 각국은 각국 별로 자국의 평균 해수면(Mean Sea Level)을 지정하고 있다. **우리나라의 평균 해수면은 인천 앞바다의 평균 해수면을 기준**으로 한다. 이것은 국제표준대기 표준 해수면(standard sea level)과는 근본적으로 다르므로, 이 두 가지를 혼동해서는 아니 된다.

35 표준 대기에서 해당되지 않는 것은?

❶ 지표면의 높이에서 측정   ② 온도 15℃
③ 압력 760mmHg   ④ 음속 340m/s

36 기온 감률에 대한 내용으로 올바른 것은?

① 1km당 65℃, 1000ft당 1℃   ❷ 1km당 6.5℃, 1000ft당 2℃
③ 1km당 6.5℃, 1000ft당 1℃   ④ 1km당 0.65℃, 1000ft당 2℃

37 대류권 내에서 기온은 1,000ft 상승할 때 마다 몇 도(℃)씩 감소하는가?

① 1℃   ❷ 2℃   ③ 3℃   ④ 4℃

38 평균 해면에서 온도가 20℃일 때 1,000ft에서의 온도는?

① 15℃ ❷ 18℃ ③ 20℃ ④ 30℃

39 현재 지상기온이 36℃일 때 3,000피트(ft) 상공의 기온은?

① 28℃ ❷ 30℃ ③ 32℃ ④ 34℃

40 고도 10,000피트(ft)에서 표준 기온은 몇 도인가?

❶ -5℃ ② -10℃ ③ 5℃ ④ 10℃

41 해수면의 기온과 표준기압은?

① 15℃, 299.2inch.Hg
② 15℃, 29.92inch.Hz
③ 15℃, 29 inch.Hg
❹ 15℃, 29.92inch.Hg

― same type ―

42 해수면으로부터 공항의 고도를 측정하는 고도계 설정(altimeter setting) 방식은?

① QNE ❷ QNH ③ QFE ④ QFF

해설

◆ **항공기의 기압고도계** ◆

[Pilot's Handbook of Aeronautical Knowledge(FAA, 2023, pp.12-5.~12-6.)]
[2024 경량항공기 조종사 표준교재(제3부 항공기상)(국토교통부, pp.14.~pp.15.)]
[초보자를 위한 비행입문(류종현, pp.248~255.)]

항공기의 기압고도계는 국제표준대기를 근거로 하여 고도를 정의하고 있으며, 관제에 사용되는 **전이고도**(Transition Altitude, Transition Level)는 나라마다 다르게 설정(**우리나라** 및 일본 **14,000ft**, 미국 **18,000ft**)되어 있고, 항공기 비행 운영에 따라 기압고도계 설정 방식도 다르게 적용하고 있다.

(1) QNH : Q Nautical Height, 표준 해수면으로부터 활주로 표고를 당시 기압수정치로 변환하여 설정

비행장 관제탑에서 제공하는 기압고도계 설정 수정치를 조종사가 항공기의 기압고도계에 맞추는 방식입니다. 표준 해수면으로부터 해당 비행장 활주로까지의 표고(Height)를 당시 기압수정치로 변환하여 설정하는 방식이며, 우리나라에서는 전이고도 14,000ft 이하에서 비행할 때 적용합니다. 봄, 여름, 가을, 아침, 저녁 등 날씨의 변화에 따라 대기압이 계속 변하므로 해당 비행장의 국지 고도계 설정 수정치(Local Altimeter Setting)인 QNH 수치도 계속 변한다.

■ 항공교통관제 고도계 수정치 읽기 : "Altimeter" 또는 "QNH"란 말 다음에 고도계 수정치를 분리된 숫자로 읽는다.
  • 29.92 : "Altimeter, two niner niner two"
  • 1013 : "QNH, one zero one three"

(2) QNE : Q Nautical Enroute, 항공로(Enroute)를 비행할 때 표준 대기압(29.92)을 설정

이륙 비행장의 국지 고도계 설정 기압수정치(Local Altimeter Setting)인 QNH 고도계 설정 방식으로 비행을 하다가 전이고도 14,000ft(미국에서는 18,000ft) 이상으로 상승하여 (일반적으로 En_route 상태) 비행을 하게 될 때 표준 대기압 29.92″ Hg(1013.25hPa)를 항공기 기압고도계에 맞추는 방식이다. 봄, 여름, 가을, 겨울, 아침, 저녁 등 날씨 변화에 따라 대기압이 계속 변해도 전이고도 14,000ft(미국에서는 18,000ft) 이상에서는 표준 대기압 29.92(1013.25)를 그대로 설정한다.

(3) QFE : Q Field Elevation "Zero(0)", 비행장 활주로 표고에서 고도계를 "Zero(0)"ft로 설정

이륙 비행장의 활주로 표고(Field Elevation)에서 당시의 대기압과 무관하게 항공기 기압고도계를 "Zero(0)"ft로 설정하는 방식이다. 이러한 방식을 Zero Setting이라 하며, 관제탑이 없는 비행장이나 이착륙장에서 장주비행이나 Local (한정된 지역) 비행을 할 경우에 주로 사용한다.

〈기압고도계 설정 방식의 예〉

(4) QFF : 설명 생략함. 우리나라 사용 필요성 거의 없음. ☞ 국토부 표준교재 [항공기상] p.243 참고

43 고도계 setting의 종류가 아닌 것은?

❶ QNF ② QNE ③ QNH ④ QFE

44 관제탑에서 제공하는 고도 압력으로 항공기의 기압고도계를 맞추는 방식은?

① QFH ② QNE ❸ QNH ④ QFE

45 다음 기압고도계 설정 방식에 대한 설명으로 올바르지 않은 것은?

① QNH는 관제탑에서 제공하는 고도계 설정 기압 수정치를 조종사가 기압고도계에 설정하는 방식이다.
② QNE는 조종사가 표준 대기압 29.29inHg를 기압고도계에 설정하는 방식이다.
❸ QFE는 조종사가 기압고도계를 활주로 표고에 맞추어 설정하는 방식이다.
④ 항공교통관제에 사용되는 전이고도는 우리나라의 경우 14,000ft, 미국은 18,000ft이다.

46 조종사가 기압고도계에 표준 대기압 29.92inHg를 설정했을 때 고도계가 지시하는 고도는?

① 진고도　　　❷ 기압고도　　　③ 절대고도　　　④ 밀도고도

해설

◈ 항공기 운항과 고도 ◈

[Pilot's Handbook of Aeronautical Knowledge(FAA, 2023, pp.8-6.~8-7.)]
[비행이론(비행기)(국토교통부, 조종사 표준교재, pp.158.~160.)]
[2024 경량항공기 조종사 표준교재(제2부 비행이론)(국토교통부, pp.93.~pp.94.)]

(1) 지시고도(Indicated altitude)
현재 설정된 고도(수정되지 않음)를 **고도계에서 직접 읽은 고도**이다. - 고도계에 나타나는 고도

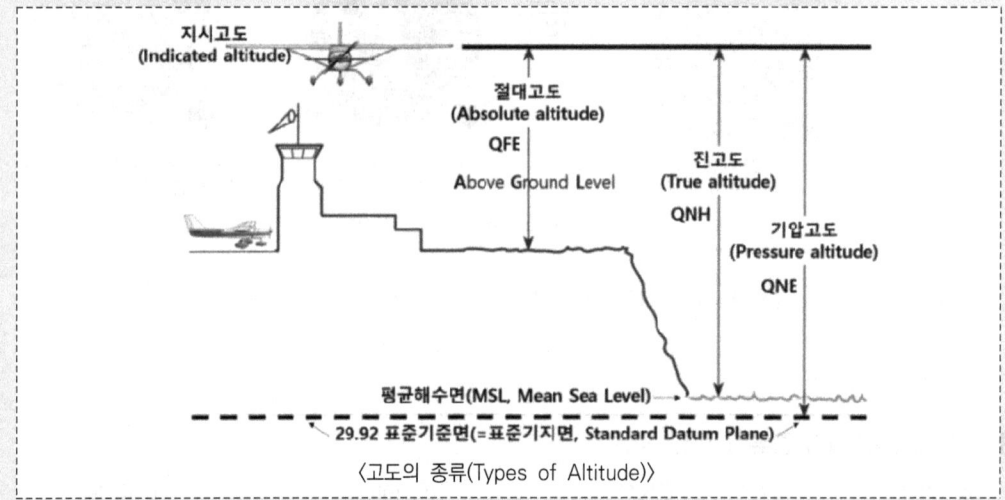

〈고도의 종류(Types of Altitude)〉

(2) 진고도(True altitude)
고도계 설정 창에 그 지역의 평균해수면 기압(해당 관제탑 제공 기압) 값을 맞추었을 때 지시되는 고도로서 **평균해수면(MSL, Mean Sea Level)으로부터 항공기까지의 높이**이다. 항공지도에 표시된 고도는 모두 진고도이며, 전이고도(우리나라 14,000ft) 이하에서는 고도계에 진고도가 지시되도록, 비행하고 있는 지역의 최신 기압 값을 setting 하여야 한다. (**QNH** 방법)

(3) 절대고도(Absolute altitude)
절대고도는 **지표면(AGL, above ground level) 혹은 장애물로부터 항공기까지의 수직 높이**를 말한다(**QFE** 방법).

(4) 기압고도(Pressure altitude)
고도계 설정창(기압 눈금)을 29.92inHg로 조정했을 때 표시되는 고도이다. 이는 **표준기준면(standard datum plane, 표준기지면) 위의 고도**이며, 표준기준면(=표준기지면)은 기압(15℃로 보정)이 29.92inHg인 이론적인 평면이다. 우리나라에서는 전이고도(FL140) 이상에서는 고도계에 기압고도가 표시되도록 **29.92inHg**를 setting하여야 한다. (**QNE** 방법)

(5) 밀도고도(Density altitude)
항공기 성능은 공기밀도에 크게 영향을 받으므로 항공기 이착륙 거리, 상승 성능 등을 계산하기 위해 필요한 고도로서 기압고도에서 공기의 비표준 온도를 수정한 고도이다.

47 평균해수면으로부터 항공기까지의 고도로서 해당 지역 기압 값을 고도계에 맞추었을 때 지시하는 고도는?

① 진고도   ② 기압고도   ③ 절대고도   ❶ 지시고도

48 기압 고도계의 수정치를 29.92inch.Hg에 맞추었을 때 고도계가 지시하는 고도는?

① 진고도   ❷ 기압고도   ③ 절대고도   ④ 지시고도

49 표준기준면(표준기지면)으로부터의 높이로서 표준대기압 해면으로부터 항공기까지의 고도는?

① 진고도   ❷ 기압고도   ③ 절대고도   ④ 지시고도

50 FL310에서 기온이 표준온도 이하일 때, 진고도 true altitude(TA)와 밀도고도 pressure altitude(PA)의 관계로 옳은 것은?

① 진고도(TA)와 밀도고도(PA)는 같다.
② 진고도(TA)는 FL310보다 높다.
❸ 진고도(TA)는 FL310보다 낮다.
④ 밀도고도(PA)는 진고도(TA)보다 낮다.

51 고기압에 대한 설명으로 틀린 것은?

① 구름이 있어도 소멸되어 일반적으로 날씨가 좋다.
② 기압경도는 고기압 중심일수록 작으므로 풍속도 중심일수록 약하다.
❸ 북반구에서는 시계 방향으로 회전하며, 고기압 중심으로 수렴한다.
④ 중심 근처에 수증기가 풍부하고 수렴이 있으면 기상이 악화될 수 있다.

◈ 고기압과 저기압 ◈

[2024 경량항공기 조종사 표준교재(제3부 항공기상)(국토교통부, pp.15.~pp.17.)]
[Pilot's Handbook of Aeronautical Knowledge(FAA, 2023, pp.12-7.~12-10)]
[2025 항공기상(국토교통부, 조종사 표준교재, p.81.)]

주변보다 기압이 높은 곳을 고기압, 낮은 곳을 저기압이라 한다.

(1) 고기압의 특징
- 고기압권 내의 바람은 북반구에서는 **고기압 중심 주위를 시계 방향으로 회전하면서 불어나가고**, 남반구에서는 반시계 방향으로 회전하면서 불어나간다. 중심에서는 **하강 기류가 발달**하여 구름이 있어도 소멸되어 일반적으로 **날씨가 맑은 특징**을 보인다.
- **고기압권 내라도 수증기가 풍부하고 수렴이 있으면 기상이 악화될 수 있다.** 쇠약 단계의 고기압이나 고기압 후면에서 하층 가열이 있을 때 대기가 불안정하여 대류성 구름이 발생하고 심하면 소나기나 뇌우를 동반할 수 있다.

(2) 저기압의 특징

저기압권 내의 바람은 북반구에서는 **저기압 중심을 향해 기류가 반시계 방향으로 불어 들어오며 수렴한다.** 이렇게 수렴한 기류는 중심부근에서 축적되어 **상승 기류로 변하여 단열, 팽창, 냉각되면서 구름과 강수를 발생시킨다.** 상승 기류가 강하고 수증기가 많을수록 악기상을 초래한다.

〈고기압과 저기압의 흐름〉

52 바람에 대한 설명으로 틀린 것은?

❶ 바람은 기압의 낮은 곳에서 높은 곳으로 흘러가는 공기의 흐름이다.
② 풍속의 단위는 m/s, knot 등을 사용한다.
③ 풍향은 지리학 상의 진북을 기준으로 한다.
④ 풍속은 공기가 이동한 거리와 이에 소요되는 시간의 비이다.

53 북반구에서 고기압은?

① 하강기류이고 반시계방향으로 불어져 들어온다.
❷ 하강기류이고 시계방향으로 퍼져 나간다.
③ 상승기류이고 반시계방향으로 불어져 들어온다.
④ 상승기류이고 시계방향으로 퍼져 나간다.

54 북반구에서 고기압의 바람 방향은?

① 반시계 방향으로 돌아 나간다.　　❷ 시계 방향으로 돌아 나간다.
③ 반시계 방향으로 돌아 들어온다.　④ 시계 방향으로 돌아 들어온다.

55 북반구에서 고기압의 바람 방향은?

❶ 아래, 바깥쪽 시계 방향
② 아래, 바깥쪽 반시계 방향
③ 위, 안쪽 시계 방향
④ 위, 안쪽 반시계 방향

56 저기압 설명으로 틀린 것은?

① 주변보다 상대적으로 기압이 낮은 곳이다.
② 반시계 방향으로 불어 들어온다.
③ 상승기류이다.
❹ 하강기류이다.

― same type ―

57 바람이 발생하는 근본적인 원인은?

❶ 기압차이
② 고도차이
③ 하강기류
④ 상승기류

> 해설

◆ 바람을 일으키는 힘 ◆
[Aviation Weather Handbook(FAA, 2022, pp.10-1.~10-10.)]
[2024 경량항공기 조종사 표준교재(제3부 항공기상)(국토교통부, pp.17.~pp.22.)]
[Pilot's Handbook of Aeronautical Knowledge(FAA, 2023, pp.12-7.~12-12.)]
[2025 항공기상(국토교통부, 조종사 표준교재, pp.72.~82.)]

바람은 태양에너지에 의한 지표면의 불균형 가열에 의한 **기압 차이로 발생한다.**

(1) 기압 경도력(PGF, Pressure Gradient Force)
두 지점 사이에 압력이 다르면 압력이 큰 쪽에서 작은 쪽으로 힘이 작용하게 되는데, 이를 기압경도력이라 한다. **바람은 기압경도력이라고 불리는 힘에 의한 압력 차이에서 발생한다.** 어느 지역에 기압의 차이가 생기면 기압경도력은 그 기압의 차이를 같게 맞추기 위하여 바람을 일으킨다. 기압경도력은 고도 또는 기압이 높은 곳에서 낮은 곳으로 흐르며, **등고선 또는 등압선과 직각을 이룬다.** 등고선 또는 등압선이 조밀할수록 바람이 강하게 불고 간격이 넓을수록 바람은 약하게 분다.

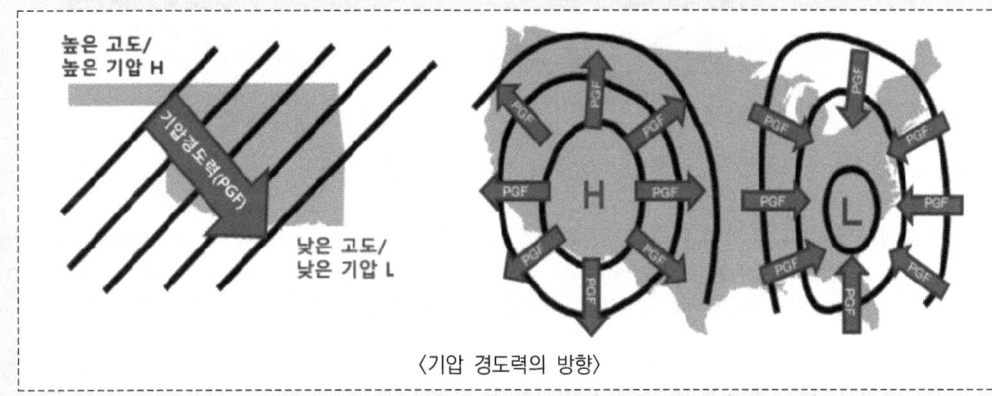

〈기압 경도력의 방향〉

(2) 전향력(Coriolis Force, 코리올리 힘)

자전하는 지구의 표면을 따라 운동하는 질량을 가진 물체는 각운동량 보존을 위해 힘을 받게 되는데 이를 전향력 또는 코리올리 힘이라 한다. 코리올리 효과는 회전하는 원판 위의 내부 어느 지점에서 가장자리 쪽으로 직선을 그었을 때 원판에는 곡선으로 그려지게 된다. 지구상에서 운동하는 모든 물체는 **북반구에서는 오른쪽으로 편향되고**, 남반구에서는 왼쪽으로 편향되며 **고위도로 갈수록 크게 작용한다.** 전향력은 **적도에서는 "0"**이며, 위도가 증가함에 따라 전향력이 증가하여 **극에서 최대가 된다.**

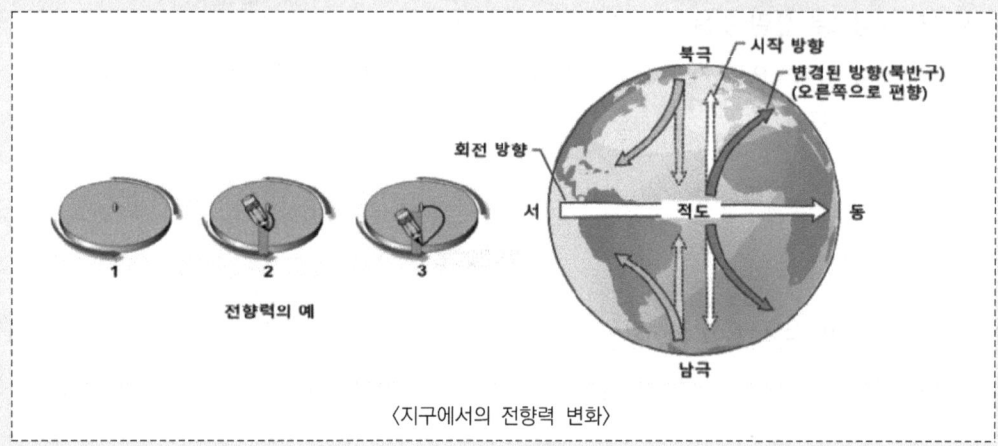

〈지구에서의 전향력 변화〉

(3) 마찰력(Friction Force)

지표면이 거친 지형일수록 마찰효과도 커지며, 또한 풍속이 강하면 마찰도 커지게 된다. 마찰은 바람 방향과 반대로 작용하기 때문에 직접적으로 바람에 영향을 미친다. **지표면에서 바람의 방향과 속도는 지형의 영향을 받게 되어 등압선과 일치하지 않으며,** 이러한 현상으로 인해 지형 형태에 따라 바람의 변화 정도가 달라진다.

(4) 상층풍(Upper Air Wind)

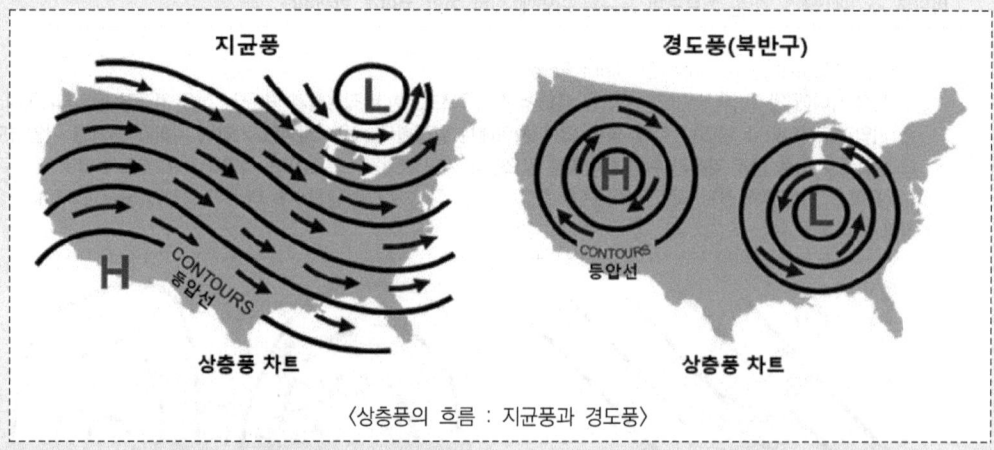

〈상층풍의 흐름 : 지균풍과 경도풍〉

- **지균풍**(Geostrophic wind) : 높이 1km 이상의 지면 마찰이 거의 없는 상공에서 **등압선이 직선일 때, 기압 경도력과 전향력이 평형(기압경도력 = 전향력)을 이루며 등압선에 평행하게 부는 바람**을 말한다. 대표적인 예는 대기 고도 약 10km 주변에서 부는 제트기류가 지균풍의 형태를 띠고 있다.
- **경도풍**(Gradient wind) : 마찰이 없는 상층의 고기압이나 저기압의 주변에서 공기가 곡선 운동을 할 경우 기압 경도력과 전향력 외에 원심력이 작용하게 된다. 경도풍은 **등압선이 원형일 때** 지상으로부터 1km 이상에서 **기압 경도력, 전향력과 원심력의 세 가지 힘이 평형을 이루며 부는 원형의 바람**이다. 마찰이 없는 상공에서 곡선 등고선을 따라 부는 바람이며, 북반구에서 고기압 경도풍은 시계 방향으로 불고, 저기압 경도풍은 반시계 방향으로 분다.
- **선형풍**(Cyclostrophic wind) : **기압 경도력과 원심력의 두 가지 힘이 평형을 이루어 등압선에 평행하게 부는 원형의**

바람이다. 선형풍은 **경도풍에서 전향력이 빠진 것**이다. 즉, 토네이도와 같이 매우 좁은 지역에서 강한 저기압에서 유발되는 평형상태에 있는 가상적인 바람이다. 전향력은 이 같은 작은 규모에서는 큰 효과가 없다.

(5) 지상풍(Surface Wind)

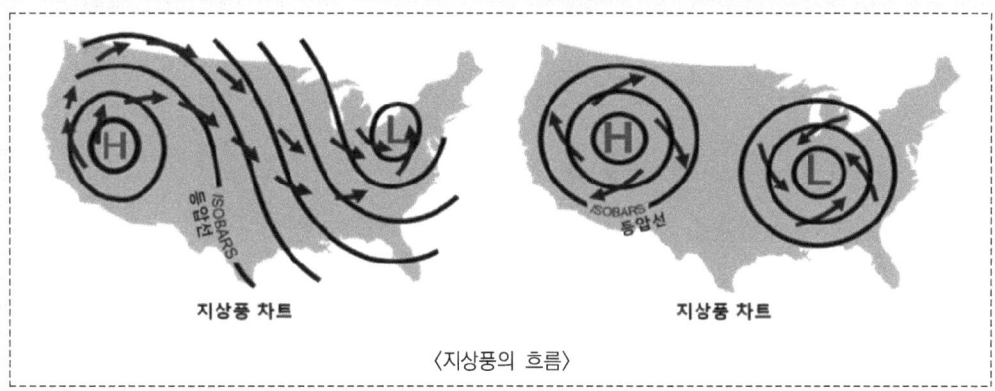

〈지상풍의 흐름〉

높이 1km 아래의 대기 경계층에서 기압 경도력이 전향력과 마찰력을 합한 힘과 평형을 이루며 부는 바람이다. 지표면의 상태에 따른 마찰이 클수록 지상풍의 풍향과 등압선이 이루는 각도는 커진다. 등압선에 대한 지상풍의 각도는 해수면에서는 약 10°이며, 거친 지형에서는 45°까지 증가한다. 지상풍은 마찰력이 작용하므로 고기압 주위에서는 바람이 시계방향으로 불어 나오고, 저기압 주위에서는 바람이 반시계 방향으로 불어 들어간다.

(6) 제트기류(Jet Stream)

제트기류는 **대류권 상부나 성층권 하부**의 대류권계면에서 **서쪽으로부터 동쪽으로 거의 수평**으로 흐르는 상대적으로 폭이 좁은 초속 30m/s 이상의 **강한 편서풍대** 기류이다. 제트기류는 뜨겁고 차가운 공기의 경계를 이루므로 북반구와 남반구의 겨울에 가장 강하게 발생한다. 그러나 남반구보다 **북반구에서 겨울에 제트기류가** 강하게 나타난다. 특히 북반구에서는 **겨울철에 제트기류가 더 강하고 남쪽으로 이동**하며, **여름에는 약해지고 북쪽으로 이동**한다. 제트기류는 고도 약 6~13km의 높이에서 주로 발생하고, 풍속은 239kts(시속 442km/h) 이상으로 부는 경우도 있다.

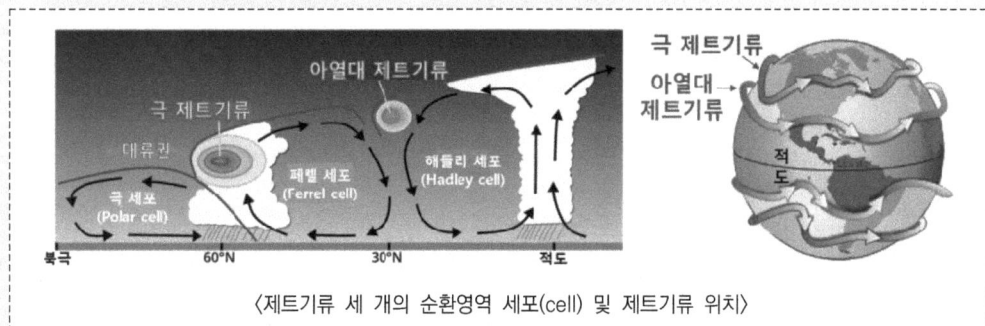

〈제트기류 세 개의 순환영역 세포(cell) 및 제트기류 위치〉

(7) 편서풍(Westerlies)과 무역풍(trade wind)

- 편서풍(Westerlies) : 중위도(30°~60°) 지역에서 주로 나타나며, **아열대 고압대에서** 한대 전선대(저기압)를 향해 **서쪽에서 동쪽으로 부는 바람**이다. 저위도 지방의 무역풍과 반대 방향의 바람이다. 편서풍의 영향으로 여름철 태풍은 남서 해상으로부터 한반도를 향해 이동해 오게 된다.
- 무역풍(trade wind) : **저위도(30°부근) 아열대 고압대**에서 적도방향으로 안정적으로 부는 바람이다. **북반구에서는 북동쪽에서,** 남반구에서는 남동쪽에서 **적도 방향으로 1년 내내 지속적으로 부는 바람**이다. 과거에 뱃사람들이 이 바람을 이용하여 항해했기 때문에 무역풍(貿易風, trade wind)이라 한다.

(8) 계절풍(seasonal wind)

여름과 겨울에 대륙과 해양의 온도 차로 인해서 일 년 주기로 풍향이 바뀌는 바람이다.

즉, 계절에 따라 풍향이 뚜렷하게 바뀌는 바람을 말한다. **여름에는 바다에서 육지로, 겨울에는 육지에서 바다로** 바람이 분다. 계절에 따라 다르게 부는 이유는 육지와 바다의 온도 차이 때문이다. 여름철에는 육지가 바다보다 더 더워져서 바람이 바다에서 육지로 불고, 겨울철에는 육지가 바다보다 빨리 식어서 바람이 육지에서 바다로 분다.
우리나라는 계절풍의 영향을 받아 **여름에 남동 계절풍**이 불면서 태평양 위에 있는 덥고 습한 공기가 몰려와 날씨가 무더워지고, 비도 많이 내린다. 반면 **겨울에는** 북쪽에 있는 시베리아 고기압의 영향으로 차갑고 메마른 **북서 계절풍**이 불면서 날씨가 추워진다.

58 바람을 일으키는 주요 요인은 무엇인가?
❶ 태양의 복사열의 불균형
② 지구의 회전
③ 공기량 증가
④ 습도

59 바람의 발생 원인은?
① 코리올리스 효과
❷ 기압차
③ 지구의 자전
④ 대기와 지표면과의 마찰

60 바람이 존재하는 근본적인 원인은?
① 고도 차이
❷ 기압 차이
③ 공기 밀도 차이
④ 자전과 공전 현상

61 정지해 있는 바람을 움직이게 하는 원동력은?
① 전향력
❷ 기압경도력
③ 마찰력
④ 구심력

62 저고도에서 바람의 강도를 결정하는 요소는?
① 기압경도력과 중력
② 기압경도력과 전향력
③ 기압경도력과 원심력
❹ 기압경도력과 마찰력

63 다음 중 풍속의 단위가 아닌 것은?
① m/s
② kph
③ knot
❹ mile

64 지표면 바람이 등압선에 평행하게 불지 않고 어떤 각도를 가지고 등압선을 횡단하여 부는 원인은?
① 지면의 높은 공기 밀도   ② 지면의 높은 대기압
③ 코리올리스 힘   ❹ 지면의 마찰력

65 지상 일기도에서 바람이 등압선과 교각을 이루며 수렴하는 이유는?
① 원심력 때문에   ② 코스올리스의 힘 때문에
③ 기압경도력 때문에   ❹ 지면 마찰 때문에

66 일기도의 등압선에 대한 설명 중 옳지 않은 것은?
① 대칭적인 두 고기압이나 두 저기압끼리 만날 때 등압선 간격은 일정하지만 바람방향은 반대이다.
② 등압선은 중간에 갈라지거나 합쳐지지 않는다.
❸ 등압선은 교차할 수 있다.
④ 폐곡선이거나 일기도의 가장자리에서 시작하여 가장자리에서 끝나게 된다.

67 8,500ft AGL의 특정 비행에서 바람이 남서풍인 반면 지상풍의 대부분은 남풍이다 두 바람의 방향이 다른 이유는?
① 높은 고도의 강한 기압경도   ❷ 바람과 지표면 사이의 마찰
③ 지표면의 강한 전향력   ④ 고도에 따른 기온의 차이

68 마찰력이 무시된 고도 이상의 상공에서 등압선이 직선일 때 부는 바람은?
❶ 지균풍   ② 경도풍   ③ 선형풍   ④ 지상풍

69 바람이 고기에서 저기압으로 불어갈수록 북반구에서 우측으로 90도 휘게 되는 현상은?
① 원심력   ② 기압 경도력   ❸ 전향력(코리올리효과)   ④ 지면 마찰력

70 다음 중 전향력에 관한 설명 중 틀린 것은?
① 지구의 자전에 의해 생기는 가상의 힘이다.
❷ 북반구에서는 바람 방향의 왼쪽으로 휘게 한다.
③ 극지방으로 갈수록 강해진다.
④ 기압경도력과 균형을 이루면 지균풍이 된다.

71 경도풍(gradient wind)에 대한 올바른 설명은?

① 기압경도력에 의한 바람
② 등압선에 평행하게 부는 바람
③ 기압경도력이 전향력과 균형을 이루며 서로 반대방향으로 작용할 때 부는 바람
❹ 기압경도력, 전향력, 원심력 3개의 힘이 평형을 이루며 부는 바람

72 기압골이 조밀하게 형성되어 있는 곳에서 나타나는 현상은?

❶ 심한 바람　　② 기온의 상승　　③ 기압의 증가　　④ 강우량의 증가

73 다음 중 각 바람에 대한 정의로 옳은 것은?

① 선형풍은 마찰이 없는 상공에서 곡선 등고선을 따라 부는 바람이다.
② 경도풍은 기압경도력과 전향력이 평형을 이루며 등압선에 평행하게 부는 바람이다.
③ 지균풍은 등압선이 곡선인 경우 기압경도력, 전향력, 원심력이 평형을 이루어 부는 바람이다.
❹ 지상풍은 기압경도력이 전향력과 마찰력을 합한 힘과 평형을 이루며 부는 바람이다.

74 다음 중 제트기류에 대한 설명으로 옳은 것은?

① 바람이 항상 일정하게 불지 않고 강약을 반복하는 바람
② 봄, 가을에 불어오며 한랭건조한 바람
③ 수직, 수평으로 바람방향이 급변하는 바람
❹ 강하고 폭이 좁은 공기의 수평적인 이동

75 제트기류 중 중위도에 영향을 주는 제트기류는?

① 극 제트기류　　　　　　　② 아열대 제트기류
③ 적도 제트기류　　　　　　❹ 한대 제트기류

76 다음 중 제트기류에 대해 올바르게 설명한 것은?

① 겨울에 강하고 북위도 상승한다.　　② 겨울에 약하고 북위도 상승한다.
③ 여름에 강하고 북위도 상승한다.　　❹ 여름에 약하고 북위도 상승한다.

77 다음 중 편서풍에 대한 설명으로 올바른 것은?

① 아열대 고기압에서 적도지방 저기압으로 부는 바람
❷ 아열대 고기압에서 극지방 저기압으로 부는 바람
③ 극지방 고기압에서 고위도 저기압으로 부는 바람
④ 극지방 고기압에서 아열대 저기압으로 부는 바람

78 다음 중 북반구 저위도에서 부는 바람은?

① 편서풍　　❷ 무역풍　　③ 편동풍　　④ 극동풍

79 겨울에는 대륙에서 해양으로 여름에는 해양에서 대륙으로 부는 바람을 무엇이라 하는가?

① 편서풍　　❷ 계절풍　　③ 해풍　　④ 대륙풍

─── same type ───

80 용오름(Water spout)에 관한 설명으로 틀린 것은?

① 대기 중의 물현상에 속한다.
② Cb의 운저로부터 발생된다.
❸ 지면가열로 인한 회오리바람과 같은 성질을 갖는다.
④ 기둥이나 깔때기모양으로 보이는 격렬한 회전풍을 가진다.

> **해설**
>
> ◆ **지상마찰에 의한 바람** ◆
> [Aviation Weather Handbook(FAA, 2022, pp.10-1.~10-10.)]
> [2024 경량항공기 조종사 표준교재(제3부 항공기상)(국토교통부, pp.17.~pp.22.)]
> [기상청 날씨누리(기상청, https://www.weather.go.kr/w/typhoon/basic/info1.do)]
> [2025 항공기상(국토교통부, 조종사 표준교재, pp.199.~203., pp.235.~236.)]
> [Pilot's Handbook of Aeronautical Knowledge(FAA, 2023, pp.12-13.)]
>
> **(1) 스콜**(squall, 국지성호우)
> 스콜(squall)은 전선은 아니지만(non-frontal) **한랭전선 전방에서 띠의 형태를 띠며**, 풍속의 증가가 매초 8m 이상, 풍속이 매초 11m 이상에 달하고 적어도 1분 이상 그 상태가 지속되는 경우의 바람을 말하며, **갑자기 불기 시작하여 몇 분 동안 계속된 후 갑자기 멈추는 바람**으로 풍향이 급변할 때가 많다.
>
> **(2) 용오름**(waterspout)
> 용오름은 물 위에서 발생하는 **회오리바람으로, 깔때기 모양의 구름**과 함께 나타난다. 강한 바람과 함께 소용돌이치는 현상으로 육지에서 발생하면 토네이도라고도 불린다. 바다에서 발생할 때 물기둥을 하늘로 끌어올리는 모습 때문에 용오름이라는 이름이 붙여졌다.

(3) 태풍(typhoon)

태풍은 **열대저기압의 한 종류**이다. 세계기상기구(WMO)는 열대저기압 중에서 중심 부근의 최대풍속이 **64kt**(33㎧) **이상을 태풍(TY), 48-63kt**(25~32㎧)를 **강한 열대폭풍(STS)**, 34-47kt(17~24㎧)를 열대폭풍(TS), 34kt(17㎧) 미만을 열대저압부(TD)로 구분한다.

한편, 우리나라와 일본에서는 최대풍속이 34kt(17㎧) 이상인 열대저기압 모두를 태풍이라고 부른다.

〈우리나라에 영향을 미치는 기단〉

중심부근 최대풍속	세계기상기구(WMO)		한국/일본
34kt미만(17㎧ 미만)	열대저압부(TD : Tropical Depression)	TD	열대저압부
34-47kt(17㎧-24㎧)	열대폭풍(TS : Tropical Storm)	TS	태풍
48-63kt(25㎧-32㎧)	**강한 열대폭풍(STS : Severe Tropical Storm)**	STS	
64kt 이상(33㎧ 이상)	**태풍(TY : Typhoon)**	TY	

---

81 다음 중 스콜(squall)에 대한 설명으로 올바르지 않은 것은?

① 갑자기 불기 시작하여(풍속 11m/s 이상) 몇 분(1분 이상) 동안 계속된 후 갑자기 멈추는 바람이다.
② 열대지방에서 주로 발생한다.
③ 우리나라의 한여름 소나기도 스콜이다.
❹ 반드시 스콜성 구름이 나타난다.

82 한랭전선(cold line) 앞에서 폭이 좁은 띠의 형태를 띠며 국지적 돌풍을 일으키는 기상 현상은?

❶ squall   ② microburst   ③ wind shear   ④ Typhoon

83 다음 중 태풍에 관한 설명으로 옳지 않은 것은?

① 열대지방(해양)을 발원지로 하고 폭풍우를 동반한 저기압을 총칭하여 열대성 저기압이라 한다.
② 미국을 강타하는 "허리케인"과 인도 지방을 강타하는 "싸이크론"이 있다.
③ 발생 수는 7월경부터 증가하여 8월에 가장 왕성하고 9~10월에 서서히 줄어든다.
❹ 하층 태풍 진행 방향의 좌측 반원에서는 태풍 기류가 일반 기류와 같은 방향이 되기 때문에 풍속이 더욱 강해진다.

84 중심 부근의 최대풍속이 48~63 Kt(노트)인 열대(성)저기압을 무엇이라 하는가?

❶ Severe Tropical Storm (STS)   ② Topical Depression (TD)
③ Tropical Storm (TS)   ④ Typhoon (TY)

85 태풍은 세력이 약해져서 무엇으로 소멸하는가?

❶ 열대(성)저기압　　② 열대(성)고기압　　③ 열대폭풍　　④ 강한 열대폭풍

86 태풍의 세력이 약해져 소멸되기 직전 또는 소멸되면 무엇으로 변하는가?

❶ 열대성 저기압　　② 열대성 고기압　　③ 열대성 폭풍　　④ 편서풍

― same type ―

87 하강풍으로 건조하고 더운 바람이 부는 것은?

① 산곡풍　　❷ 푄 바람　　③ 해륙풍　　④ 스콜

◆ 국지풍(local wind)
[2024 경량항공기 조종사 표준교재(제3부 항공기상)(국토교통부, pp.21.~pp.22.)]
[2025 항공기상(국토교통부, 조종사 표준교재, pp.90.~100.)]

(1) 해륙풍(sea and land breeze)
- 육지와 바다의 비열(比熱, 어떤 물질 1g을 1℃올리는데 필요한 열량) 차이로 낮에는 해풍, 밤에는 육풍이 부는 것을 해륙풍이라 한다.
- **낮에는** 육지가 바다보다 빨리 가열되어 육지에 상승 기류와 함께 저기압이 발생되므로, 상대적으로 기압이 높은 **바다로부터** 기압이 낮은 육지 방향으로 **바람이 불게 되는데 이를 해풍**이라 한다.
- **밤에는** 육지가 바다보다 빨리 냉각되어 육지에 하강 기류와 함께 고기압이 발생되므로, 상대적으로 기압이 높은 **육지로부터** 기압이 낮은 바다 방향으로 **바람이 불게 되는데 이를 육풍**이라 한다.

(2) 산곡풍(mountain and valley Breeze, 산바람과 골바람)
- **낮에는** 산 정상 쪽이 골짜기 보다 빨리 가열되므로, **골짜기로부터 산 정상 쪽으로 곡풍(골바람)**이 불게 되고, **밤에는** 산 정상 쪽이 골짜기 보다 빨리 냉각되므로, **산 정상 쪽으로부터** 골짜기로 **산풍(산바람)**이 불게 된다.
- 활강풍(katabatic wind) : 산 정상 쪽으로부터 골짜기로 하강하는 바람 중 산풍보다 훨씬 강한 바람에 한해 활강풍(katabatic wind) 이라 한다.

(3) 푄 바람(foehn wind, 푄풍, 휀풍)
- 푄 바람(foehn wind)은 산의 경사면을 따라 **하강하는 하강풍**(katabatic wind, 활강풍)을 말한다.
- 푄 현상(föhn phenomenon)은 습기를 머금은 공기가 산맥을 넘어 이동하면서 고온 건조해지는 현상을 말한다. 이 현상에서 습한 공기가 산맥을 넘으면서 수증기가 응결되어 비나 눈을 내리고, **건조해진 공기가 산을 넘어 하강하면서 부는 바람을 푄 바람(foehn wind, 푄풍, 휀풍)**이라 한다. 푄 바람이 불면 **기온이 상승하고 건조해지는 것이 특징**이다.
  - 우리나라에서는 **높새바람**이라 부르며, 늦봄부터 초여름에 걸쳐 동해안에서 태백산맥을 넘어 서쪽 사면으로 부는 **북동 계열의 바람**이다. 결국 영서 지방 및 그 서쪽 지역에는 온도가 높고 건조한 바람이 불게 되고, 이 때문에 이상 고온 현상과 함께 비가 적게 내리게 되어 가뭄, 건열 등이 발생한다.
  - 높새바람이란 북쪽에서 불어오는 바람을 지칭하는 순 우리말인 '**높바람**'과 동쪽에서 불어오는 바람을 지칭하는 순 우리말인 '**샛바람**'의 합성어로, **북동풍**이라는 의미를 가지고 있다.

88 주간에는 해수면에서 육지로 바람이 불며 야간에는 육지에서 해수면으로 부는 바람은?
① 국지풍　　　② 해풍　　　③ 계절풍　　　❹ 해륙풍

89 해륙풍과 산곡풍에 대한 설명으로 올바르지 않은 것은?
① 낮에 바다에서 육지로 부는 바람을 해풍이라 한다.
② 밤에 육지에서 바다로 부는 바람을 육풍이라 한다.
③ 낮에 골짜기에서 산 정상으로 부는 바람을 곡풍이라 한다.
❹ 밤에 산 정상에서 산 아래 골짜기로 부는 바람을 곡풍이라 한다.

90 주간에 산 사면이 햇빛을 받아 온도가 상승하면서 산 사면을 타고 올라가는 바람을 무엇이라 하는가?
① 산풍　　　❷ 곡풍　　　③ 육풍　　　④ 푄 바람

91 다음 중 야간에 산을 따라 내려오는 바람은?
① 산곡풍　　　❷ 산풍　　　③ 곡풍　　　④ 육풍

92 산바람과 골바람에 대한 설명 중 올바른 것은?
① 산바람은 산 아래에서 산 정상으로, 골바람은 산 정상에서 산 아래로 부는 바람이다.
② 산바람과 골바람 모두 산의 경사 정도에 따라 가열되는 정도에 따른 바람이다.
③ 산바람은 낮에 그리고 골바람은 밤에 형성된다.
❹ 산악지역에서 낮에 형성되는 바람은 골바람으로 산 아래에서 산 정상으로 부는 바람이다.

93 산의 하단에 부는 바람으로서 기온이 상승하고 건조해지는 특징이 있는 바람은?
❶ 푄풍(휀풍)　　　② 해풍　　　③ 곡풍　　　④ 해륙풍

── same type ──

94 다음 중 측풍의 설명으로 옳은 것은?
① 항공기의 기수방향을 향하여 불어오는 바람
② 항공기의 꼬리방향을 향하여 불어오는 바람
❸ 항공기 등 비행체의 측면에서 불어오는 바람
④ 수평, 수직으로 급변하는 바람

◆ 항공기 운항과 바람 ◆

[Aviation Weather Handbook(FAA, 2022, pp.10-1.~10-10.)]
[2024 경량항공기 조종사 표준교재(제3부 항공기상)(국토교통부, pp.17.~pp.22.)]
[Pilot's Handbook of Aeronautical Knowledge(FAA, 2023, pp.12-7.~12-10.)]
[2025 항공기상(국토교통부, 조종사 표준교재, pp.146.~147., pp.219.~270.)]
[2020년판 항공정보매뉴얼(교통안전공단, pp.239.~245.)]
[항공기상관측지침(항공기상청, 2022.5.13./2024.6.11., pp.2.~11.)]

항공지도는 **진북(True North, 지구자전축 북쪽)**을 기준으로 제작된다. 그러나 항공기에 탑재된 나침반은 **자북(Magnetic North, 지구자기장 북쪽)**을 기준으로 방향 정보를 제공한다. 따라서 항공기에 탑승한 **조종사에게 제공되는 방향은 자북(Magnetic North, 지구자기장 북쪽)을 기준으로 해야 한다.**

따라서 공항/비행장의 활주로 방향은 **자북(Magnetic North, 지구자기장 북쪽)**을 기준으로 하며, 2자리 숫자로 표시된다. RWY 36/18

(1) 항공기 운항을 위한 바람의 관측과 보고
- 바람의 방향, 즉 **풍향은 바람이 불어오는 방향**이며, 일반적으로 일정 시간 내 **평균 풍향**을 의미한다.
- 항공기상 관측기구에서 **지상풍을 관측할 때, 풍향은 진북**(True North, 지구자전축 북쪽)**을 기준으로 10분간 평균값을 관측**한다.
- 따라서, **정시관측보고(METAR)**와 같이 항공기 운항에 필요한 기상정보를 제공하는 **보고서에서 풍향은 진북**(True North, 지구자전축 북쪽)**을 기준**으로 한다. **풍향은 진북 기준** 10° 단위로 반올림한 3단위 숫자로, 풍속은 2자리로 숫자로 공백 없이 표기한다. 풍속의 측정단위는 knot로 한다. (예) 24008KT
  〈참고〉 항공기상관측보고서에는 ① 정시관측과 ② 특별관측이 있으며, ① 정시관측에는 ❶ 정시관측보고(METAR)와 ❷ 국지정시관측보고(MET REPORT)가 있고, ② 특별관측에는 ❶ 특별관측보고(SPECI)와 ❷ 국지특별관측보고(SPECIAL)가 있다.
- 반면에 항공기상 관측기구에서 **항공교통업무기관에 지상풍을 통보할 때 풍향은 자북**(Magnetic North, 지구자기장 북쪽)**을 기준**으로 한다. ⇨ 항공기 조종사를 위한 방향/방위 정보는 모두 자북 기준
  주의 공항의 활주로 방향, 관제탑 등은 모두 자북(Magnetic North) 기준으로 사용하기 때문에 **이·착륙하는 항공기를 위해서는 진북(True North)으로 관측한 풍향을 자북(Magnetic North)으로 변경하여 사용**해야 한다.
  주의 공항의 관제탑에서 관제사가 제공하는 풍향은 **자북**(Magnetic North)**을 기준**으로 하며, 10°단위로 분리된 3자리 숫자를 사용한다. (예) Wind 270 at 15
  참고 조종사가 기상보고(PIREP)를 할 때 풍향은 **자북**(Magnetic North)**을 기준**으로 한다.
  참고 ATIS(Automatic Terminal Information Service, 공항정보자동방송서비스)에서 항공기 조종사에게 제공하는 **활주로 방위와 풍향은 자북**(Magnetic North)**을 기준**으로 한다.
  참고 항공기 계기비행 시 **전방향 표지시설(VOR)**은 진입 또는 항행하는 항공기에게 **자북**(Magnetic North)**을 기준**으로 방위각 정보를 제공해 준다. **전술항행표지시설(TACAN)** 또한 **자북**(Magnetic North)**을 기준**으로 방위각 정보와 지상의 기준점으로부터 항공기까지의 경사거리를 제공해 준다.
- 항공기상 관측기구에서 **항공교통업무기관에 제공되는 지상풍은 2분 평균값**을 사용해야 한다.
- 항공기상 관측기구에서 **지상풍 관측은 활주로 위 10±1m**(30±3ft) **높이**에서 관측한다.

(2) 이·착륙할 때의 지상풍
- 정풍(Head Wind) : 항공기 앞쪽(前面, 전면)에서 불어오는 바람
- 배풍(Tail Wind) : 항공기 뒤쪽(後面, 후면)에서 불어오는 바람
- 측풍(Cross Wind) : 항공기 옆쪽(側面, 측면)에서 불어오는 바람

(3) 거스트(gust, 돌풍)
돌풍(gust)은 **풍속의 최고와 최저 차이가 10kts 이상의 변동을 나타내는 바람**이다.
(예) Wind 270 at 15, **gusts 35**

(4) 윈드 캄(Wind Calm, 바람이 거의 없는 상태)
- 윈드 캄(Wind Calm)은 **바람이 거의 없는 상태**를 의미한다.
- **FAA**(미 연방항공청)에서는 **3kts(약 5km/h) 이하**, **ICAO**(국제민간항공기구)에서는 **1kts(약 2km/h) 미만**인 경우를 Wind Calm이라고 정의한다.
- 이러한 상태를 **무풍상태(Calm Wind Conditions)**라 하고, 무풍상태에 있는 활주로를 "calm wind Runway"라 칭한다.

95 METAR 보고에서 바람 방향, 즉 풍향의 기준은 무엇인가?
① 자북   ② 국가마다 다름   ❸ 진북   ④ 자북과 진북 병행

96 관제사가 통보해주는 RWY와 바람의 풍향 기준은?
① 진북 기준   ② 활주로 방향 기준   ❸ 자북 기준   ④ 항공기 Heading 기준

97 일반적으로 공항의 관제탑에서 불러주는 풍속은?
① 자북 기준 10분 단위의 평균 풍속이다.   ❷ 자북 기준 2분 단위의 평균 풍속이다.
③ 진북 기준 10분 단위의 평균 풍속이다.   ④ 진북 기준 2분 단위의 평균 풍속이다.

98 ATIS(Automatic Terminal Information Service)에서 청취하는 활주로 방위와 풍향의 기준은?
① 활주로 방위 - 진북, 풍향 - 자북   ❷ 활주로 방위 - 자북, 풍향 - 자북
③ 활주로 방위 - 진북, 풍향 - 진북   ④ 활주로 방위 - 자북, 풍향 - 진북

99 공항에서 관제사가 불러주는 바람의 측정 높이는?
① 3m   ② 5m   ③ 7m   ❹ 10m

100 공항 관제탑(TWR)에서 관제사가 불러주는 바람의 고도는?
① 3~5m   ② 4~6m   ③ 5~8m   ❹ 6~10m

101 민간항공에서 평균풍속과 최대풍속이 얼마 이상 차이가 나는 바람을 돌풍(gust)이라 하는가?
① 3kt   ② 6kt   ❸ 10kt   ④ 12kt

102 평균 풍속보다 10kts 이상 차이가 있으며 순간 최대풍속 17kts 이상의 강풍이며 지속시간이 초단위로 급변하는 바람을 무엇이라 하는가?

① 스콜　　　② 윈드 쉬어　　　❸ 돌풍　　　④ 마이크로 버스터

103 항공기상 용어 중에서 wind calm의 의미는?

❶ 바람의 세기가 무풍이거나 3kts 이하　　② 바람의 세기가 5kts 이상
③ 바람의 세기가 10kts 이상　　　　　　　④ 바람의 세기가 15kts 이상

104 ICAO(국제민간항공기) 항공기상에서 "wind calm"의 기준은?

① 1kt 미만　　　❷ 1kt 미만　　　③ 2kt 미만　　　④ 4kt 미만

105 Wind calm의 정의로 맞는 것은? (ICAO 기준)

① 풍속이 0km/h 미만일 때　　　　❷ 풍속이 2km/h 미만일 때
③ 풍속이 3km/h 미만일 때　　　　④ 풍속이 5km/h 미만일 때

― same type ―

106 우리나라에 장마를 불러오는 기단은?

① 북태평양 기단　　② 양쯔강 기단　　❸ 오호츠크해 기단　　④ 시베리아 기단

◆ 기단 ◆
[Aviation Weather Handbook(FAA, 2022, pp.11-1.~11-11.)]
[2024 경량항공기 조종사 표준교재(제3부 항공기상)(국토교통부, pp.22.~pp.27.)]
[Pilot's Handbook of Aeronautical Knowledge(FAA, 2023, pp.12-17.~12-18.)]
[2025 항공기상(국토교통부, 조종사 표준교재, pp.102.~109.)]

기단(Air masses)은 온도와 습도가 균질한 물리적 성격을 가진 대규모의 공기덩어리다

(1) 기단의 특성
- 대륙성 극기단(cA) : 한랭(저온), 건조
- **대륙성 한대기단(cP) : 한랭(저온), 건조**
- 대륙성 열대기단(cT) : 고온, 건조
- 해양성 극기단(mP) : 서늘, 다습
- 해양성 열대기단(mT) : 온난, 다습

(2) 우리나라에 영향을 미치는 기단의 특성

〈우리나라에 영향을 미치는 기단〉

명칭	기호	발원지	발달시기	특성
시베리아 기단	cP (대륙성 한대)	시베리아 대륙	겨울	·한랭건조 ·겨울의 혹한, 계절풍 ·삼한사온(三寒四溫)
오호츠크해 기단	mP (해양성 한대)	오호츠크해	장마기 가을	·한랭 다습 ·동해안 흐리고 강수 빈번
북태평양 기단	mT (해양성 열대)	북태평양	여름	·고온 다습 ·열대야(熱帶夜)와 폭염
양쯔강 기단	cT (대륙성 열대)	양쯔강 이남	봄과 가을	·온난 건조 ·이동성 고기압 ·따뜻하고 건조

107 기단의 특성이 올바르게 짝지어진 것은?
❶ 대륙성 한랭기단 - 저온, 건조
② 대륙성 온난기단 - 고온, 다습
③ 해양성 한랭기단 - 저온, 건조
④ 해양성 온난기단 - 저온, 다습

108 여름철 우리나라에 영향을 미치는 기단은?
① 양쯔강 기단 ❷ 북태평양 기단 ③ 오호츠크해 기단 ④ 적도 기단

109 우리나라에서 여름철 장마가 물러가면 영향을 미치는 기단은?
① 양쯔강 기단 ❷ 북태평양 기단 ③ 오호츠크해 기단 ④ 적도 기단

110 우리나라 동해안의 겨울철 기상에 영향을 미치는 기단은?
① 북태평양 기단 ❷ 시베리아 기단 ③ 오호츠크해 기단 ④ 양쯔강 기단

111 우리나라 늦봄에서 초여름에 영향을 미치는 기단이며, 한랭다습한 성질을 지닌 기단은?
① 양쯔강 기단 ② 시베리아 기단 ❸ 오호츠크해 기단 ④ 북태평양 기단

112 우리나라에 영향을 미치는 봄, 가을 기단이며, 고온 건조한 성질을 지닌 기단은?
① 적도 기단 ② 북태평양 기단 ③ 시베리아 기단 ❹ 양쯔강 기단

113 우리나라에 태풍으로 작용하는 기단은?
❶ 적도 기단 ② 오호츠크 기단 ③ 양쯔강 기단 ④ 북태평양 기단

114 한랭전선 통과 시 나타나는 기상현상으로 올바르지 않은 것은?

① 기온 변화율이 급변한다.
❷ 지속적인 강수가 있다.
③ 풍향이 급격히 변화한다.
④ 기압이 급격히 상승한다.

◆ 전선 ◆

[Aviation Weather Handbook(FAA, 2022, pp.11-1.~11-8.)]
[2024 경량항공기 조종사 표준교재(제3부 항공기상)(국토교통부, pp.22.~pp.27.)]
[Pilot's Handbook of Aeronautical Knowledge(FAA, 2023, pp.12-17.~12-22.)]
[2025 항공기상(국토교통부, 조종사 표준교재, pp.102.~109.)]

물리적 성질이 다른 두 기단이 부딪쳐 경계를 이루는 것이 **전선(Front)**이다. 찬기단과 더운 기단은 밀도 차이 때문에 찬 기단은 더운 기단 아래로 쐐기 모양으로 파고 들어가게 되고, 더운 기단은 찬 기단 위로 올라가게 되어 안정한 상태로 변하게 된다.
이러한 상태에서는 위치 에너지가 최소가 되기 때문에 처음보다 위치에너지가 감소된다. 이 위치에너지의 감소부분은 운동에너지로 바뀌어 **바람이 불게 된다**. 또한, 더운 기단의 상승에 의한 단열냉각으로 수증기가 응결되어 **강수현상이 나타나게 된다**.

(1) 온난전선(Warm front)
온난전선(Warm front)은 온난한 공기가 한랭한 공기 쪽으로 이동해 가는 전선을 말한다. 더운 공기가 찬 공기 위를 타고 오르기 때문에, **이동속도가 느리고 기울기가 적고, 층운형 구름**이 발생하며 **넓은 지역에 걸쳐 강수가 나타나며 강수 강도는 약하다**.

〈온난전선에 동반되는 전형적인 기상상태〉

구분	통과 전	통과 시	통과 후
기압	점차 하강	하강 멈춤	약간 상승 후 하강
풍향	남풍 또는 남동풍	계속 변함	남풍 또는 남서풍
풍속	증가	감소	거의 일정
온도	서늘하다 서서히 따뜻해짐	서서히 상승	따뜻하게 된 후 일정
노점온도	일정 (강수 중 증가)	증가	일정
구름	권운, 권층운, 고층운, 난층운, 층운 순으로 나타남	낮은 난층운, 층운	맑으나 가끔 층적운 또는 적란운 (여름)
날씨	계속적 비 또는 눈	이슬비	보통 강수 없음
시정	좋음 (강수 중 악화)	나쁨 (실안개, 안개)	대체로 나쁨 (실안개, 안개)

(2) 한랭전선(Cold front)

한랭전선(Cold front)은 인접한 두 기단 중 한랭기단의 찬 공기가 온난기단의 따뜻한 공기 쪽으로 파고들 때 형성되는 전선을 말한다. 찬 공기가 따뜻한 공기 속을 쐐기모양으로 파고들기 때문에 따뜻한 공기는 찬 공기 위를 차고 오르게 된다.

이때 전선 부근에서는 **적운형 구름**이 발생하고 **소나기나 뇌우·우박** 등 궂은 날씨를 동반하는 경우가 많다. 찬 공기가 따뜻한 공기 속으로 파고들기 때문에 **이동속도가 빠르고 온난전선보다 경사 기울기가 크다**. 또한 좁은 지역에서 강수가 나타나며 강수 강도가 강하다.

〈한랭전선에 동반되는 전형적인 기상상태〉

구분	통과 전	통과 시	통과 후
기압	서서히 하강	갑자기 상승	서서히 계속 상승
풍향	남풍 또는 **남서풍**	돌풍	서풍 또는 **북서풍**
풍속	증가, 돌풍화	돌풍화	돌풍 후 일정
온도	온난 (일정)	갑자기 하강	낮은 상태로 거의 일정
노점온도	거의 일정	갑자기 하강	낮은 상태로 거의 일정
구름	권운, 권층운 증가 후 층적운, 고적운, 고층운 →적란운	적란운 또는 낮은 난층운 (Ns)	소나기 강도 약화 후 곧 개임
날씨	단기간 소나기 (가끔 뇌우)	호우(가끔 뇌우, 우박)	단기간 호우 후 개임
시정	중~악화 (안개)	일시 나빠지나 곧 회복	좋음

(3) 정체전선(Stationary front)

정체전선(Stationary front)은 한랭공기와 온난공기의 세력이 비슷하여 전선이 움직이지 않거나 움직여도 매우 느리게(10km/h 미만) 움직이며 **오랫동안 같은 장소에 정체하는 전선**을 말한다. **장마철에는 장마전선**이라고 한다.

(4) 폐색전선(Occluded front)

폐색전선(Occluded front)은 한랭전선과 온난전선이 동반될 때 한랭전선이 온난전선보다 이동속도가 빠르기 때문에 온난전선을 한랭전선이 추월하게 되는데, 이때 폐색전선이 만들어지게 된다. **폐색전선은 한랭전선과 온난전선이 합쳐진 것**이며, **온대성 저기압이 발달하는 과정의 마지막 단계**이다.

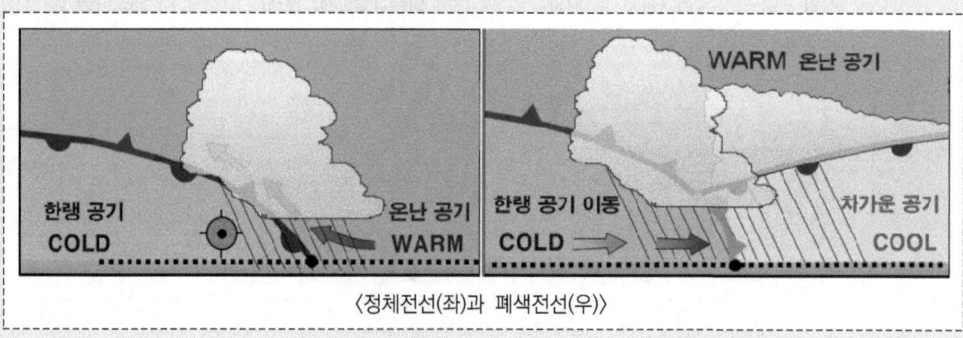

〈정체전선(좌)과 폐색전선(우)〉

115 차고 불안정한 공기가 따뜻한 지면을 지나면 어떻게 되는가?
① 하강기류와 안개가 형성된다. ② 하강기류와 지속성 강수가 발생한다.
③ 상승기류와 안개가 형성된다. ❹ 상승기류와 소낙성 강수가 발생한다.

116 한랭전선이 다가올 때 부는 바람은?
❶ 남서풍   ② 남동풍   ③ 북동풍   ④ 북서풍

117 한랭전선의 바람 변화로 맞는 것은?
① 남동풍이 남서풍으로 변한다. ② 북동풍이 남동풍으로 변한다.
③ 동풍이 서풍으로 변한다. ❹ 남서풍이 북서풍으로 변한다.

118 한랭전선의 통과 전 바람의 방향은?
❶ 남서풍   ② 남동풍   ③ 북서풍   ④ 북동풍

119 다음 중 한랭전선이 지나가고 난 뒤 일어나는 현상은?
① 기온이 올라간다. ❷ 기온이 내려간다. ③ 바람이 약하다. ④ 기압은 올라간다.

120 우리나라 장마에 영향을 주는 전선은?
① 온난전선   ② 한랭전선   ❸ 정체전선   ④ 폐색전선

121 지상에서 전선의 이동속도를 빠르게 하는 원인은?
① 전선 상부의 저기압 ② 전선과 평행한 상층풍
❸ 전선을 가로지르는 상층풍 ④ 온난전선을 쫓아가는 한랭전선

122 전선이 바뀌는 것을 어떻게 알 수 있는가?
① 기온이 올라간다. ② 구름이 오래 지속 된다.
❸ Wind direction(풍향)이 바뀐다. ④ 풍속이 강해진다.

123 다음 중 구름의 분류에 대한 설명으로 올바르지 않은 것은?

① 구름은 상층운, 중층운, 하층운, 수직운으로 분류하며, 운형은 10종류가 있다.
② 상층운은 운저고도가 보통 6km 이상으로 권운, 권적운, 권층운이 있다.
③ 중층운은 중위도 지방 기준 구름높이가 2~6km이고, 고적운, 고층운이 있다.
❹ 하층운은 운저고도가 보통 2km 이하이며, 적운, 적란운이 있다.

◆ 구름 ◆

[Aviation Weather Handbook(FAA, 2022, pp.12-1.~12-9.)]
[2024 경량항공기 조종사 표준교재(제3부 항공기상)(국토교통부, pp.27.~pp.32.)]
[Pilot's Handbook of Aeronautical Knowledge(FAA, 2023, pp.12-15.~12-17.)]
[2025 항공기상(국토교통부, 조종사 표준교재, pp.130.~139.)]

구름(Clouds)은 **어는점보다 높은 온도를 가진 물방울, 어는점보다 낮은 온도를 가진 물방울(과냉각 물방울)** 그리고 **빙정(氷晶, 매우 작은 얼음 조각)**들로 이루어져 있다.

(1) 구름의 형성 유형 : 지구 대기에서 외견으로 관찰되는 구름의 네 가지 형성 유형은 다음과 같다.

〈구름의 네 가지 형성 유형〉

구름의 형성 유형	내 용
Cirri-form 권운-형	6,000m(20,000피트) 이상에서 형성되는 **상층운**(High-level cloud)으로, 보통 **빙정(ice crystal, 氷晶)으로 구성**된다. 상층운은 일반적으로 얇고 **흰색**이지만, 태양이 지평선 아래쪽에 있을 때는 다양한 색깔을 띨 수 있다. 권운은 일반적으로 **날씨가 좋을 때 발생**하며, 해당 고도의 공기 이동방향을 나타낸다. * **권운** : Cirrus, Ci, 卷雲
Nimbo-form 난층운-형	님부스(Nimbus)는 라틴어로 **"비(rain)"**를 뜻한다. 이러한 구름은 일반적으로 2,100~4,600m(7,000~15,000피트) 고도에서 형성되며 **지속적인 강수**(steady precipitation)를 가져온다. 구름이 두꺼워지고 **강수가 내리기 시작하면 구름의 아랫부분은 지면을 향해 낮아지는 경향**이 있다. * **난층운** : Nimbostratus, Ns, 亂層雲
Cumuli-form 적운-형	하얗고 솜털 같은 뭉치나 덩어리처럼 보이는 구름으로, 대기에서 발생하는 **공기의 수직 운동이나 열 상승**을 보여준다. 응결 및 구름 형성이 시작되는 고도는 평평한 운저(雲底)로 표시되며, 그 높이는 상승하는 공기의 습도에 따라 달라진다. **공기 습도가 높을수록 운저는 낮아**진다. 이러한 구름의 **상층부는 18,000m(60,000피트) 이상**에 달할 수 있다. * **적운** : Cumulus, Cu, 積雲
Strati-form 층운-형	스트레이터스(stratus)는 라틴어로 **"층(layer)" 또는 "담요(blanket)"**를 의미한다. 이 구름은 **특징 없는 낮은 층**으로 이루어져 있으며, 마치 담요처럼 **하늘 전체를 덮으며 일반적으로 회색이고 우중충한 날씨를 초래**한다. 운저는 보통 지면에서 몇 백 피트 정도밖에 되지 않는다. 언덕이나 산 위에서는 안개라고 불릴 정도로 지면에 도달할 수 있다. 또한, 낮 동안의 더위로 인해 안개가 지면에서 걷히면서 낮은 층운층을 형성한다. * **층운** : Stratus, St, 層雲

(2) **구름의 분류** : 운저 높이에 따라 **상층운, 중층운, 하층운** 그리고 수직으로 발달하는 **수직운**으로 분류한다.

〈구름의 분류와 특징〉

운저높이	명칭	국제명칭	기호	특징	수직운 (2~20km)
상층운 (6~12km)	권운	Cirrus	Ci	새털구름, 새털 모양 흰구름	적란운, Cb (Cumulonimbus) 쌘비구름, 소나기구름 아주 높이 솟음
	권적운	Cirrocumulus	Cc	털쌘구름, 조약돌 모양 흰구름	
	권층운	Cirrostratus	Cs	털층구름, 해·달무리 현상 구름	
중층운 (2~6km)	고적운	Altocumulus	Ac	양떼구름, 양떼 모양 백색·회색	
	고층운	Altostratus	As	높층구름, 회색 차일 모양	
하층운 (2km 이하)	층적운	Stratocumulus	Sc	층쌘구름, 두루마리 모양, 회색	적운, Cu (Cumulus) 쌘구름, 여름철 뭉게구름
	난층운	Nimbostratus	Ns	비층구름, 비·눈 내림, 짙은 회색	
	층운	Stratus	St	안개구름, 안개가 상승한 층구름	

(3) 구름의 기본 운형 10종류

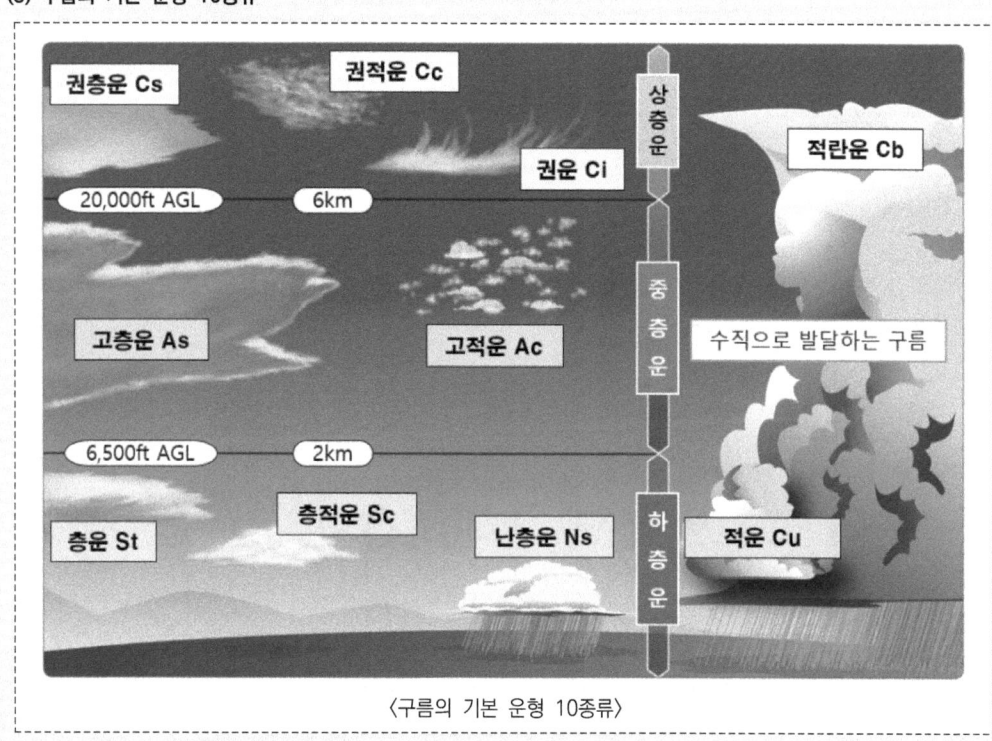

〈구름의 기본 운형 10종류〉

124 다음 중 구름의 형성 조건이 아닌 것은?

① 풍부한 수증기   ❷ 온난한 공기   ③ 응결핵   ④ 냉각작용

125 다음 중 하층운이라 볼 수 없는 것은?

① St(층운)   ② Sc(층적운)   ③ Ns(난층운)   ❹ Cb(적란운)

126 다음 중 중층운의 분류에 속하는 구름은?
 ❶ 고층운(As) ② 층적운(Sc) ③ 권층운(Cs) ④ 적란운(Cb)

127 다음 중 중층운은?
 ① Sc(층적운) ❷ Ac(고적운) ③ Cu(적운) ④ Cs(권층운)

128 수직으로 발달하고 많은 강우를 포함하고 있는 구름이 아닌 것은?
 ① 적운(Cu) ② 적란운(Cb) ③ 난층운(Ns) ❹ 층운(St)

129 다음 중 가장 심한 난기류가 생성되는 구름은?
 ① 적운(Cu) ❷ 적란운(Cb)
 ③ 난층운(Ns) ④ 탑상적운(towering Cu)

130 전형적인 수직운으로 항공기 운항에 치명적인 난기류를 동반하는 구름은?
 ① 적운(Cu) ❷ 적란운(Cb) ③ 난층운(Ns) ④ 권적운(Cc)

131 수직으로 발달하고 탑(tower) 모양을 이루는 구름은?
 ① 적운(Cu) ❷ 적란운(Cb) ③ 난층운(Ns) ④ 층적운(Sc)

132 불안정 대기(unstable air) 상태에서 주로 산등성이에 발생하는 구름은?
 ❶ Cu ② Ns ③ St ④ Ac

133 다음 구름의 종류 중 비가 내리는 구름은?
 ① Ac ❷ Ns ③ As ④ Cs

134 여름 장마철에 지속적으로 비를 내리게 하는 구름은?
 ① Ac ❷ Ns ③ As ④ Cs

135 난층운(Nimbostratus)과 같이 구름 명칭에 사용되는 "님부스(Nimbus)"가 의미하는 것은?

❶ 비구름
③ 안개구름
② 수직구름
④ 층구름

136 하층운의 높이는 지표면으로부터 얼마인가?

① 4,500ft
❸ 6,500ft
② 5,500ft
④ 7,500ft

― same type ―

137 뇌우 발생 요건을 올바르게 나열한 것은?

① 불안정한 대기, 적운형 구름, 높은 습도
② 안정된 대기, 적운형 구름, 높은 습도
❸ 불안정한 대기, 상승기류, 높은 습도
④ 안정된 대기, 상승기류, 높은 습도

【해설】

◆ **항공기 운항과 뇌우** ◆
[Aviation Weather Handbook(FAA, 2022, pp.22-1.~22-22.)]
[2024 경량항공기 조종사 표준교재(제3부 항공기상)(국토교통부, pp.35.~pp.42.)]
[Pilot's Handbook of Aeronautical Knowledge(FAA, 2023, pp.12-2.~12-17.)]
[2025 항공기상(국토교통부, 조종사 표준교재, pp.173.~182.)]

(1) **뇌우**(Thunderstorm) : 뇌우는 천둥과 번개를 동반하는 적란운 또는 적란운의 집합체이다.
- 뇌우의 형성 조건 : ❶ 높은 습도, ❷ 불안정 대기, ❸ 상승 운동

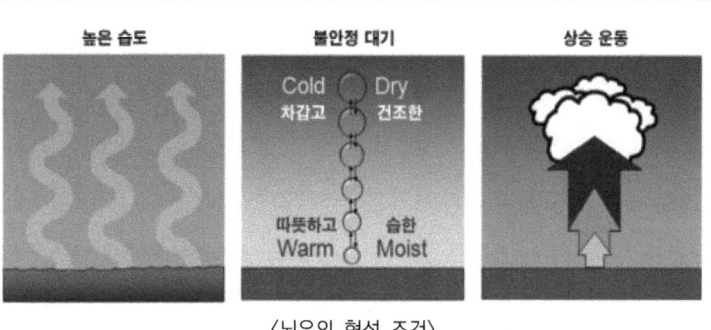

〈뇌우의 형성 조건〉

- 뇌우 발달 과정 : ❶ **(발달기)** 뇌우 세포(cell) 내에 오직 상승 기류만 있는 **적운 단계**, ❷ **(성숙기)** 상승 기류와 하강 기류가 공존하는 **성숙 단계**, ❸ **(소멸기)** 하강 기류가 우세하고 결국에는 약해져서 사라지는 **소멸 단계**로 진행

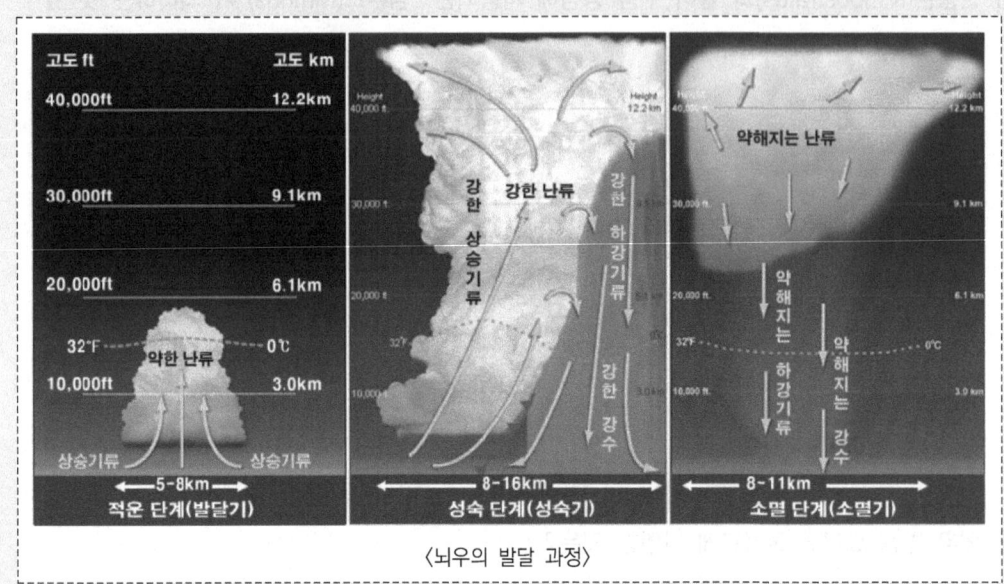

〈뇌우의 발달 과정〉

(2) 다운버스트(Downburst)**와 마이크로버스트**(Microburst)

일반적인 뇌우에서 아래로 이동하는 하강 기류는 그 규모가 크다. 대류성 구름, 소나기 그리고 뇌우는 때때로 강풍과 **윈드시어**(wind shear)**를** 유발하는 **다운버스트**(downburst)**라고 불리는 강한 하강 기류를 생성**한다. 더 작고 지속 시간이 짧은 다운버스트를 **마이크로버스트**(Microburst)고 한다.

다운버스트는 조종사에게 위험한 상황을 초래할 수 있으며, 많은 저층 윈드시어(LLWS, Low Level Wind Shear) 사고의 원인이 되어 왔다. 마이크로버스트는 윈드시어의 한 형태라고 볼 수 있지만, 모든 윈드시어가 마이크로버스트는 아니다.

138 대기의 안정성에 대한 설명 중 틀린 것은?

❶ 대기가 안정하면 dust devil(회오리바람)이 생긴다.
② 대기가 안정하면 층운형 구름이나 안개가 생긴다.
③ 대기가 불안정하면 뇌우가 발생한다.
④ 대기가 불안정하면 소나기나 수직으로 발달한 구름이 생긴다.

139 불안정한 공기의 특징으로 맞는 것은?

① 난층운 구름과 양호한 지상 시정 ② 난류와 불량한 지상시정
❸ 난류와 양호한 지상시정 ④ 층운형 구름과 불량한 지상시정

140 뇌우의 생성조건이 아닌 것은?

① 높은 습도   ② 상승 운동   ③ 불안정한 대기   ❹ 과냉각 수적

141 뇌우의 생성조건으로 아닌 것은?
① 온난 다습한 공기
② 강한 상승기류
③ 기온 감률이 커야 됨
❹ 우박이 내려야 됨

142 뇌우에서 강우가 시작되는 단계는?
① 생성기
② 발달기
❸ 성숙기
④ 소멸기

143 뇌우의 성숙기에서의 특성으로 옳은 것은?
① 상승기류만 존재한다.
② 하강기류만 존재한다.
❸ 강우가 시작된다.
④ 거스트 전선(gust front)이 형성된다.

144 뇌우에서 상승기류와 하강기류가 동시에 존재하는 단계는?
❶ 성숙기
② 발달기
③ 소멸기
④ 모든 단계

145 뇌우에 관한 설명 중 맞는 것은?
❶ 발달기에는 상승기류, 성숙기에는 상승 및 하강 기류, 소멸기에는 하강기류가 존재하므로 비행 시 모든 단계에서 주의해야 한다.
② 발달기에는 약한 상승기류만이 존재하며, 강수가 시작되지 않기 때문에 비행에 위험하지 않다.
③ 성숙기에는 상승 및 하강기류가 공존하고, 강수가 시작되므로 성숙기에만 비행에 주의하면 된다.
④ 소멸기에는 하강기류만 있으며 강수가 끝나기 때문에 비행에 위험하지 않다.

146 뇌우지역을 통과할 때 비행 절차로 옳지 않은 것은?
① 자동조종장치를 사용하고 있다면 고도와 속도 유지 mode를 해제한다. 일정한 자세를 유지하고 고도와 속도가 변동될 수 있도록 허용한다.
❷ 비행속도를 설계기동속도(Va) 이상으로 유지한다.
③ 번개로 인한 일시적인 시력 상실을 줄이기 위하여 조종실 조명을 최대한 밝게 조절한다.
④ 뇌우에 이미 진입했다면 되돌아 나오려고 하지 않는다.

147 다음 중 뇌우를 동반하는 구름은?
❶ Cb
② Ci
③ Cs
④ As

151 다음 중 윈드 시어(wind shear)에 관한 설명으로 틀린 것은?
① wind shear는 어느 고도 층에서나 발생하며 수평, 수직적으로 일어날 수 있다.
② 저고도 기온 역전층 부근에서 wind shear가 발생하기도 한다.
③ 착륙 시 양쪽 활주로 끝 모두가 배풍을 지시하면 저고도 wind shear로 인식하고 복행을 해야 한다.
❹ wind shear는 동일 지역 내에 바람의 방향이 급변하는 것으로 풍속의 변화는 없다.

152 저고도 기온역전에 의한 wind shear의 발생조건으로 적합한 것은?
① 역전층 간의 온도 변화가 10℃ 이상 되어야 한다.
② 지표면과 역전층 상부의 바람 간에 풍향 변화가 30° 이상 되어야 한다.
③ 지표면과 역전층 상부의 바람 간에 풍향 변화가 60° 이상 되어야 한다.
❹ 지표면보다 상대적으로 강한 바람이 역전층 상부에 불어야 한다.

153 Wind shear 경보에서 발효하는 항목은?
① 저시정, 뇌우, 비행장 지역 고고도 회전풍
② 강수, 우박, 안개, 육풍전선
❸ 기온역전, 산악파, Microburst, 전선역전, 뇌우
④ 정체전선, 열대성 고기압

154 항공기가 활주로에서 이·착할 때 윈드시어가 가장 위험한 시기는?
① 측풍으로 작용할 때
② 하강 기류로 작용할 때
❸ 정풍에서 배풍으로 바뀔 때
④ 배풍에서 정풍으로 바뀔 때

155 항공기 기내에서 기내식 서비스가 불가능한 난류(turbulence, 난기류) 강도는?
① light(약함, 약정도)
② moderate(보통, 중정도)
❸ severe(심함, 심한 정도)
④ extreme(극심함)

◆ 항공기 운항과 난류 ◆

[Aviation Weather Handbook(FAA, 2022, pp.19-1.~19-10.)]
[2024 경량항공기 조종사 표준교재(제3부 항공기상)(국토교통부, pp.33.~pp.42.)]
[Pilot's Handbook of Aeronautical Knowledge(FAA, 2023, p.5-9., pp.14-26.~14-27,)]
[2025 항공기상(국토교통부, 조종사 표준교재, pp.159.~163.)]

난류(Turbulence, 난기류)는 지표면의 불등균한 가열과 기복, 수목, 건물 등에 의하여 생긴 **회전기류와 바람 급변**의 결과로 불규칙한 변동을 하는 대기의 흐름을 뜻한다.
난류가 발생하는 상황은 **Cb(적란운)** 구름이 형성될 때, **산악파**, **청천난류(CAT**, Clear Air Turbulence, 晴天亂流), **지표면 전선**, 저층(저고도) **급변풍(wind shear**, 윈드시어, 바람시어), **항적 난기류(wake turbulence**, 항공기 후방 와류에 의한 난류) 등이 있다.

- **난류(Turbulence, 난기류)**는 지표면의 불등균한 가열과 기복, 수목, 건물 등에 의하여 생긴 **회전기류와 바람 급변**의 결과로 불규칙한 변동을 하는 대기의 흐름을 뜻한다.
- 난류가 발생하는 상황은 **Cb(적란운)** 구름이 형성될 때, **산악파**, **청천난류(CAT**, Clear Air Turbulence, 晴天亂流), **지표면 전선**, 저층(저고도) **급변풍(wind shear**, 윈드시어, 바람시어), **항적 난기류(wake turbulence**, 항공기 후방 와류에 의한 난류) 등이 있다.
- **심한 난류(난기류) 지역을 통과할 때**는 항공기의 구조적 손상을 피하기 위해 Va 이하의 속도를 유지해야 한다. Va는 **기동속도(maneuvering speed)**로서 항공기의 **1차 조종면을 최대로 사용해도 기체에 무리를 주지 않고 기동할 수 있는 최대속도**이다.

(1) 난류의 강도

난류(turbulence, 난기류)의 강도는 ❶ light(약함, 약정도), ❷ moderate(보통, 중정도), ❸ severe(심함, 심한 정도), ❹ extreme(극심함)의 네 단계로 구분한다.

〈난류의 강도와 영향〉

항목 강도	수직(연직) 풍속 (중력가속도)	수평 풍속	영 향
light(약함)	1.5~6 m/s (0.1~0.3g)	15kt 이하	약간의 흔들림. 기내식과 보행 가능
moderate(보통)	6~10 m/s (0.4~0.8g)	15~25kt	상당한 흔들림을 느끼나 조종 통제력을 상실하지는 않음, 기내식과 보행 어려움
severe(심함)	**10~15 m/s** (0.9~1.2g)	**25~50kt 이상**	흔들림이 크고 **순간적으로 조종 통제력을 잃음, 기내식과 보행 불가능**
extreme(극심함)	15 m/s 이상 (1.2g 이상)	50kt 이상	항공기 손상, 심하게 흔들리며 조종 불능

(2) 산악파(Mountain Waves)

산악파(Mountain Waves)는 강한 바람이 산맥을 넘을 때 산맥의 풍하측(바람이 불어오는 방향의 반대쪽)에서 발생하는 파동 현상을 말한다. 이러한 파동은 강한 하강 기류와 난류(turbulence)를 동반하여 항공기 운항에 위험을 초래할 수 있다.

- **비행 중 피해야 하는 산악파 난류(난기류)**는 아래와 같은 구름모양으로 알 수 있다.
  ❶ 산맥 바로 정상에 형성되는 **모자구름(cap cloud)**, 산맥의 풍하면은 매우 위험한 지역
  ❷ 풍하 측에 일렬로 늘어선 적운처럼 보이는 **말린구름(rotor cloud)**, 산악파에서 가장 위험한 지역
  ❸ 말린구름보다 **고고도인 20,000ft 이상**에 형성되는 **렌즈구름(lenticular cloud)**
- 산악파는 때로는 하강 속도가 항공기의 최대 상승 속도를 초과하여 항공기를 산 중턱으로 추락시킬 수 있다. 따라서 **산악파가 예상되는 지역을 비행할 때 가능하면,**
  ❶ 산악파가 있는 지역을 우회하여 비행하고,
  ❷ 우회가 어려울 때는 **산 정상 높이보다 최소한 50%(1.5배) 이상 높은 고도로 비행**해야 한다.

(3) 청천난류(CAT, Clear Air Turbulence, 晴天亂流)

맑은 하늘(晴天)에 난류(亂流), **구름이 없는 지역에서 발생하는 갑작스러운 심각한 난류**로 정의된다. CAT는 특히 **제트기류(jet stream)**의 중심과 주변(보통 15,000ft 이상, 6~15km 상공)에서 발생하는 **고고도 난류**이다. 여기에는 권운(Ci), 렌즈구름 그리고 경우에 따라서는 뇌우 근처의 **맑은 하늘에서 발생하는 난류가 포함**된다.

그러나 일반적으로 CAT의 정의에는 뇌우, 저고도 기온역전, 상승기류, 강풍 또는 국지적 지형으로 인한 난류는 포함되지 않는다.

CAT는 **제트기류가 강하게 부는 지역**일수록 발생 빈도가 높다. 따라서 제트기류가 가장 강한 **겨울철**에 빈도가 가장 높고 강도도 가장 강하다.

(4) 항적 난기류(wake turbulence, 항공기 후방 와류에 의한 난류)

모든 항공기는 비행 중 항적 난기류(wake turbulence)를 발생시킨다. 이 난류는 날개 끝의 내리 흐름(down stream) 즉, **날개 끝에서 뻗어 나오는 한 쌍의 서로 반대 방향으로 회전하는 와류(wing tip vortex)에 의해 발생**한다.

대형 항공기에서 발생하는 와류는 이를 조우하는 항공기들에게 문제를 야기한다. 항공기의 항적 난기류(wake turbulence)는 이를 뒤따르는 항공기의 회전(roll) 조종을 초과하는 롤링 모멘트(rolling moment)를 발생시킬 수 있고, 또한 뒤따르는 항공기의 구성품과 장비를 손상시킬 수 있다.

- 따라서 **뒤 따르는 항공기 조종사는** 앞선 항공기의 **항적 난기류(wake turbulence)의 위치를 파악**하고 그에 따라 **비행경로를 조정**해야 한다.
  1. 다른 항공기의 비행경로를 따라가지 않는다.
  2. 다른 항공기 뒤에서 이륙할 경우, **앞선 항공기가 이륙한 지점보다 더 앞선 지점에서 이륙한다.**
  3. 고도 1,000피트 이내의 유사한 비행경로에서 다른 항공기를 따라가지 않는다. (유사한 경로로 비행하는 다른 항공기와 **1,000피트 이상의 고도 차이**를 둔다)
  4. 다른 항공기 뒤에서 착륙할 경우, **앞선 항공기 경로보다 더 높은 경로로 활주로에 접근**하고, 앞선 항공기 바퀴가 활주로에 닿은 지점보다 더 먼 지점에 바퀴가 닿도록 한다.

 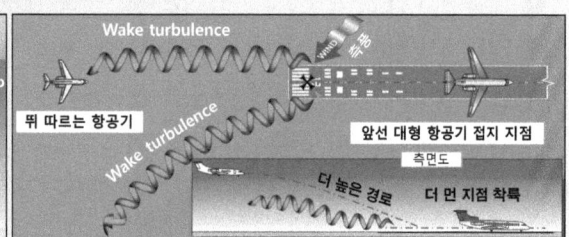

〈날개 끝 와류와 내리 흐름(좌) 및 착륙 시 항적 난기류 회피 방법(우)〉

---

156 다음 중 심한 난류 지역을 통과할 때 유지해야 하는 비행속도는?

① Vx 이하의 속도 　② Vse 이하의 속도 　③ Vy 이하의 속도 　❹ Va 이하의 속도

157 다음 중 심한 난기류 지역을 통과할 때 유지해야 하는 비행 속도는?

① Va 이상 속도 　❷ Va 이하 속도 　③ Vy 이상 속도 　④ Vy 이하 속도

158 CAT(clear air turbulence, 청천난류)가 주로 발생하는 지역은?

① 산의 정상 부근 　② 산악풍이 있을 때 풍상 쪽
③ Wind shear 부근 　❹ Jet stream 부근

159 CAT(clear air turbulence, 청천난류)가 주로 발생하는 지역은?
① Jet stream의 남쪽　　　　　　　　② Jet stream의 중심부 최대풍 지역
③ Jet stream의 남쪽과 북쪽　　　　　❹ Jet stream의 북쪽

160 산악파에 의해 산지의 정상에 발생할 수 있는 구름은?
① Rotor cloud　　② Lenticular cloud　　❸ Cap cloud　　④ Leewave cloud

161 산악지형에서 정체된 렌즈형 구름이 나타내는 것은?
① 비구름　　② 제트기류　　❸ 강한 난기류　　④ 맑은 착빙조건

162 산악파가 예상되는 지역을 비행할 때 절차로 옳지 않은 것은?
① 기압고도계는 실제고도보다 높게 지시할 수 있다는 것을 유의해야 한다.
② 산맥에 접근할 때는 45도 정도의 각도를 유지한다.
③ 풍하 측에서 산맥에 접근할 때에는 충분히 먼 곳에서부터 상승한다.
❹ 적어도 산정상의 30% 높이만큼의 고도를 취하여야 한다.

163 소형 항공기가 대형 항공기 뒤를 따라 이착륙할 때 wake turbulence 회피 절차로 적합한 것은?
❶ 대형 항공기의 최종접근경로 위로 접근하여 대형 항공기의 접지지점을 지나서 착륙한다.
② 대형 항공기의 최종접근경로 아래로 접근하여 대형 항공기의 접지지점 이전에 착륙한다.
③ 대형 항공기의 최종접근경로 위로 접근하여 대형 항공기의 접지지점 이전에 착륙한다.
④ 대형 항공기의 rotation point를 알아 두었다가 rotation point를 지나서 이륙한다.

---- same type ----

164 시정이 얼마 미만일 때 안개(fog)로 보고되는가?
① 0.8km (800m)　　❷ 1km (1,000m)　　③ 1.5km (1,500m)　　④ 3km (3,000m)

> **해설**
>
> ◆ **안개(fog)** ◆
> [2024 경량항공기 조종사 표준교재(제3부 항공기상)(국토교통부, pp.31.~pp.32.)]
> [2025 항공기상(국토교통부, 조종사 표준교재, pp.26.~32., pp.150.~153.)]
> [Aviation Weather Handbook(FAA, 2022, pp.18-1.~18-12.)]
> [Pilot's Handbook of Aeronautical Knowledge(FAA, 2023, p.12-15.)]
>
> ■ 구름과 안개의 차이는 지면과 접해 있는지 아니면 하늘에 떠 있는지에 따라 결정되며, 지형에 따라 관측자의 위치가 변함에 따라 구름이 되기도 하고 안개가 되기도 한다. 일반적으로 구성입자가 수적(水滴)으로 되어 있으면서 **시정이 1km (1,000m, 3마일) 미만일 때를 안개**라고 한다.
> ■ 구름과 안개 구분 시 발생 높이 기준 : **구름의 발생이 AGL 50ft 이상 시 구름, 50ft 이하에서 발생 시 안개**
> 　(☞ 드론국가자격증 기출유형문제로 알려져 있으나 정확한 관련근거는 찾을 수 없었음.)

(1) 냉각에 의해 형성된 안개
지면과 접해 있는 공기층의 온도가 이슬점(노점 露點, dew point) 이하가 되면 안개가 발생한다. 이렇게 형성된 안개에는 복사안개, 이류안개, 활승안개가 있다. * 안개 = 무(霧) = fog
① **복사안개**(radiation fog, 복사무) : **육상에서 관측 되는 안개의 대부분**은 야간의 지표면 복사 냉각으로 인하여 발생한다. **지면에 접한 공기가 이슬점까지 냉각되면** 응결되어 이슬이나 서리가 되고 엷은 기층에 **안개를 형성한다.** 가장 유리한 조건은 맑은 날씨에 약한 바람(5kt 미만)과 높은 상대습도이며, 이는 **주로 고기압이 통과할 때로서 내륙에서 잘 발생한다.** 지면안개 또는 땅안개(ground fog)라고도 한다.
② **이류안개**(advection fog, 이류무) : **온난 다습한 공기가 찬 지면으로 이류(異流)하여 발생**한 안개를 말하며, **해상에서 형성된 안개는 대부분 이류안개로 해무(sea fog, 海霧, 바다안개)**라고 부른다. 해무는 복사안개보다 두께가 두꺼우며 발생하는 범위가 아주 넓다. 또한 지속성이 커서 한번 발생되면 수일 또는 한 달 동안 지속되기도 한다.
③ **활승안개**(upslope fog, 활승무) : 습윤한 공기가 완만한 **경사면을 따라 올라갈 때 단열팽창 냉각**됨에 따라 형성된다. **산안개**(Mountain fog)는 대부분이 활승안개이며 바람이 강해도 형성된다.

(2) 증발에 의해 형성된 안개
증발은 수면이나 낙하하는 우적(雨滴, rain drop, 빗방울)에서 일어나며, 증발안개와 전선안개가 있다.
① **증발안개**(evaporation fog, 김안개, 증발무) : **이류안개(해무)와 반대**로 차갑고 건조한 공기 덩어리가 상대적으로 따뜻한 수면이나 지표면 위를 이동할 때 급격한 증발에 의해 생기는 안개이다. 증발하는 수증기가 마치 김이 피어오르는 것처럼 보여 **김안개 또는 증기안개**(蒸氣霧, steam fog)라고도 한다.
② **전선안개**(frontal fog, 전선무) : 온난전선(溫暖前線) 또는 한랭전선(寒冷前線)이 통과할 때 발생한다. 전선(前線)의 따뜻한 공기층에서 내려온 빗방울이 지표면 쪽의 찬 공기층에서 증발하여 발생한다.

165 안개의 시정 조건은?

❶ 3마일 이하　　② 5마일 이하　　③ 7마일 이하　　④ 10마일 이하

166 다음 중 대기현상이 아닌 것은?

① 비　　❷ 일출　　③ 바다선풍(해풍)　　④ 안개

167 대기 중 수증기의 양을 나타내는 것은 습도이다. 습도의 양은 무엇에 따라 달라지는가?

① 지표면의 물의 양　　❷ 온도　　③ 바람의 세기　　④ 기압의 상태

168 대기의 기온이 0도 이하에서도 물방울이 액체로 존재하는 것은?

① 응결수　　② 수증기　　❸ 과냉각수　　④ 용해수

169 불포화 상태의 공기가 냉각되어 포화 상태가 되는 기온은?

① 상대온도　　② 결빙온도　　❸ 이슬점온도　　④ 절대온도

170 일정 기압의 온도를 하강시켰을 때, 대기가 포화되고 수증기가 작은 물방울로 변하기 시작할 때의 온도를 무엇이라 하는가?

① 포화 온도　　② 대기 온도　　❸ 노점 온도　　④ 상대 온도

171 다음 중 이슬과 안개 그리고 구름이 형성될 수 있는 조건은?

① 수증기가 존재할 때　　② 기온과 노점이 같을 때
❸ 수증기가 응축될 때　　④ 수증기가 없을 때

172 안개가 발생하기에 가장 부적합한 조건은?

❶ 강한 난류가 존재할 것　　② 대기의 상층이 안정할 것
③ 냉각작용이 있을 것　　④ 바람이 없을 것

173 기온과 이슬점 기온의 분포가 5% 이하일 때 예상되는 대기 현상은?

① 서리　　② 이슬비　　③ 강수　　❹ 안개

174 안개에 관한 설명으로 올바르지 않은 것은?

① 공중에 떠돌아다니는 작은 물방울의 집단으로 지표면 가까이에서 발생
② 공기가 냉각되고 포화상태에 도달하고 응결하기 위한 핵이 필요하다.
③ 적당한 바람이 있으면 높은 층으로 발달한다.
❹ 수평가시거리가 3km 이하일 때 안개라고 한다.

175 구름과 안개의 구분 시 발생 높이 기준은?

❶ 구름의 발생이 AGL 50ft 이상 시 구름, 50ft 이하에서 발생 시 안개
② 구름의 발생이 AGL 70ft 이상 시 구름, 70ft 이하에서 발생 시 안개
③ 구름의 발생이 AGL 90ft 이상 시 구름, 90ft 이하에서 발생 시 안개
④ 구름의 발생이 AGL 120ft 이상 시 구름, 120ft 이하에서 발생 시 안개

176 안개 생성 조건으로 볼 수 없는 것은?
❶ 바람이 없고, 대기가 불안할 때
② 공기가 노점온도 이하로 냉각될 때
③ 대기 중에 응결을 촉진시키는 응결핵이 존재할 때
④ 외부에서 많은 수증기의 공급과 함께 냉각 작용이 발생할 때

177 안개의 생성원인으로 보기 힘든 것은?
① 공기 중에 수증기가 다량 함유   ② 응결핵 풍부
❸ 난류가 있을 것   ④ 공기가 노점온도 이하로 냉각

178 다음 보기 중에서 시정이 가장 좋지 않을 때의 기상현상은?
① 연기   ❷ 안개   ③ 연무   ④ 해무

179 야간에 지형적인 복사가 표면을 냉각시키고 표면 위의 공기를 노점까지 냉각시킬 때 응결에 의해 형성되는 안개를 무엇이라 하는가?
❶ 복사안개   ② 증기안개   ③ 이류안개   ④ 활승안개

180 습도가 높고 대기가 안정된 상태에서 야간에 지면이 냉각되어 발생되는 안개는?
❶ 복사무   ② 이류무   ③ 증기무   ④ 활승무

181 고기압 통과 시 발생하는 안개의 종류는?
① 이류무   ② 활승무   ③ 전선무   ❹ 복사무

182 복사안개라고도 하며, 습윤한 공기로 덮여 있는 지표면이 방사 방열한 결과로 하층부터 냉각되어 포화상태에 도달하여 발생하는 안개는?
① 증기안개   ② 활승안개   ③ 계절풍 안개   ❹ 땅안개

183 무풍, 맑은 하늘, 상대습도가 높은 조건에서 낮고 평평한 지형에서 아침에 발생하는 안개는?
① 활승안개   ② 증기안개   ③ 바다안개   ❹ 지면안개

184 습윤한 공기가 차가운 지면 또는 수면으로 이동할 때 발생하는 안개는?
① 복사무　　② 활승무　　❸ 이류무　　④ 전선무

185 따뜻한 공기가 찬 지면 위를 지날 때 생기는 안개는?
① 증기무　　② 복사무　　❸ 이류무　　④ 활승무

186 따뜻하고 습기가 많은 공기가 찬 지면으로 지날 때 생기는 안개는?
❶ 이류안개　　② 복사안개　　③ 전선안개　　④ 활승안개

187 일반적으로 이류안개가 형성될 수 있는 조건은?
① 미풍이 존재하는 더운 지역으로 이동하는 공기
② 바람이 없는 상황 하에서 서늘한 지면 위로 가라앉는 덥고 습한 공기
③ 더운 수면의 지류 위로 찬 공기군의 불어오는 육지 산들바람
❹ 찬 지면 또는 수면 위로 이동하는 덥고 습한 공기

188 습윤하고 온난한 공기가 한랭한 육지나 수면으로 이동해 오면 하층부터 냉각되어 공기 속의 수증기가 응결되어 생기는 안개를 무엇이라 하는가?
① 복사안개　　② 증기안개　　❸ 이류안개　　④ 활승안개

189 따뜻한 해수면 위를 덮고 있던 기단이 차가운 해면으로 이동했을 때 발생하는 안개는?
① 방사안개　　② 활승안개　　❸ 바다안개　　④ 증기안개

190 바람의 영향으로 생기는 안개는?
① 이류안개, 복사안개　　❷ 이류안개, 활승안개
③ 김안개, 전선안개　　④ 복사안개, 활승안개

191 습한 공기가 산 경사면을 타고 상승하면서 팽창함에 따라 공기가 노점 이하로 단열 냉각되면서 발생하는 안개를 무엇이라 하는가?
① 복사안개　　② 증기안개　　③ 이류안개　　❹ 활승안개

192 공기의 냉각에 의해 발생하는 안개가 아닌 것은?

① 복사무 ② 이류무 ③ 활승무 ❹ 증기무

193 따뜻한 지표면에 한랭한 공기가 밀려올 때 발생하는 안개는?

① 복사안개 ② 활승안개 ❸ 증기안개 ④ 이류안개

194 한랭한 공기가 온난하고 습한 지표면으로 불어 올 때 습한 지표면으로부터 상승 중인 수증기가 공기 속으로 들어오게 된다. 이때 수증기의 공급에 의해 공기가 포화되고 응결이 되면 발생하는 안개는?

❶ 증기안개 ② 이류안개 ③ 활승안개 ④ 복사안개

195 따뜻한 지표면 또는 물가 위로 찬 공기가 지날 때 생기는 안개는?

① 복사안개 ② 이류안개 ③ 활승안개 ❹ 증기안개

196 차가운 공기가 따뜻한 수면으로 이동하면서 충분한 양의 수분이 증발하면서 수면 바로 위의 공기층을 포화시켜 발생하는 안개를 무엇이라 하는가?

① 복사안개 ❷ 증기안개 ③ 이류안개 ④ 활승안개

― same type ―

197 다음 중 착빙에 대한 설명으로 옳은 것은?

① 양력과 무게를 증가시켜 추진력을 감소시키고 항력을 증가시킨다.
② 착빙은 날개에만 발생한다.
③ 건조한 공기가 기체 표면에 부딪히면서 결빙이 생기는 현상이다.
❹ 양력은 감소, 중력은 증가시켜 추진력을 감소시키고 항력을 증가시킨다.

해설

◆ **항공기 문항과 착빙** ◆
[Aviation Weather Handbook(FAA, 2022, pp.20-1.~20-7.)]
[2024 경량항공기 조종사 표준교재(제3부 항공기상)(국토교통부, pp.39.~pp.42.)]
[Pilot's Handbook of Aeronautical Knowledge(FAA, 2023, pp.12-24.~12-25.)]
[2025 항공기상(국토교통부, 조종사 표준교재, pp.165.~172.)]

(1) 착빙(Icing)
착빙(icing)은 물체의 표면에 얼음이 달라붙거나 덮여지는 현상이다. 빙결온도 이하의 상태에서 대기에 노출된 **물체에**

과냉각 물방울(과냉각 수적) 혹은 구름 입자가 충돌하여 얼음 피막을 형성하는 것을 착빙이라 한다. 항공기에 발생하는 착빙은 비행안전에 장애를 일으키는 요소 중 하나이다.
- **착빙 형성** : 항공기가 비 또는 구름 속을 비행해야 한다. ❶ 대기 중에 **과냉각 물방울**이 존재해야 한다. ❷ 항공기 표면의 자유대기온도가 **0℃ 미만**이어야 한다.
- **착빙 온도** : 과냉각 물방울은 0~-20℃에서 자주 관측되므로, 이 온도 범위 내에 있는 구름은 착빙의 가능성이 있다고 보아야 한다. **심한 착빙은 보통 0~-10℃에서 발생**한다. 드물게 -40℃인 저온에서도 착빙이 나타날 수 있다. 그러나 운중 온도가 -20℃ 미만이 되면 실제로 착빙은 잘 일어나지 않는다. 왜냐하면 물방울은 이미 결정 형태로 빙결되어 있기 때문이다.

〈착빙의 강도와 조종사의 조치〉

강도	얼음의 침적 정도	조종사의 조치
Trace(미약함)	착빙이 형성되기 시작하며, 얼음 **침적율이 승화에 의한 얼음 감소율 보다 크다.**	1시간 이상 지속되지 않는 한 방빙 또는 제빙 장치를 가동할 필요가 없으며, 비행 방향이나 고도 변경이 필요하지 않다.
Light(약함)	1시간 이상 비행할 경우 얼음 누적에 의한 문제가 발생할 수 있다.	방빙 또는 제빙 장치를 가끔 가동할 필요가 있으며, **비행 방향이나 고도 변경이 필요하다.**
Moderate(보통)	얼음 침적율이 크지 않더라도 잠재적 위험에 직면할 수 있다.	방빙 또는 제빙 장치의 가동이 필요하며, 비행 방향이나 고도 변경이 필요하다.
Severe(심함)	방빙 또는 제빙 장치를 가동해도 계속해서 얼음의 누적이 발생한다.	신속한 비행 방향이나 고도 변경이 필요하다. Freezing rain(어는 강수 / 어는 비)가 내리는 지역은 심한 착빙이 예상되므로, 즉각적인 **이탈 비행이 필요**하다.

- **착빙 영향** : 항공기에 착빙이 생기면, ❶ 항공기 **추력 감소**, ❷ 항공기 **항력 증가**, ❸ 항공기 **양력 감소**, ❹ 항공기 **중량 증가**, ❺ 항공기 **실속속도 증가**, ❻ 항공기 **성능 저하**를 야기한다.
- **착빙 분류** : 구조 착빙(structural icing), 서리 착빙(frost icing), 유도 착빙(induction icing)
  ① **구조 착빙**(structural icing) : 항공기의 날개 끝, 프로펠러, 무선 안테나, 앞 유리, 피토관 및 방향타 등과 같은 기체 표면에 얼음이 쌓이거나 덮이는 착빙을 구조 착빙(structural icing) 또는 기체 착빙이라 한다. 구조 착빙에는 맑은 착빙(clear icing), 거친 착빙(rime icing), 혼합 착빙(mixed icing)의 세 가지 유형이 있다.
    ❶ **맑은 착빙**(clear icing) : 수적이 크고 주위 **기온이 0~10℃**인 경우에 항공기 표면을 따라 고르게 흩어지면서 천천히 결빙된다. 맑은 착빙에 의한 얼음은 그 표면에서 **윤이 나며 투명 또는 반투명**하다. 맑은 착빙은 **무겁고 단단**하며 항공기 표면에 단단하게 붙어 있어 항공기 날개의 형태를 크게 변형 시키므로 **구조 착빙 중에서 가장 위험한 형태**이다.
    ❷ **거친 착빙**(rime icing) : 수적이 작고 주위 기온이 **-10~-20℃**인 경우에 작은 수적이 공기를 포함한 상태로 신속히 결빙하여 **부서지기 쉬운 거친 착빙**이 형성된다. 거친 착빙은 항공기의 주날개 가장자리나 버팀목 부분에서 발생하며, **구멍이 많고 불투명**하고 **우유 빛**을 띤다. 거친 착빙도 항공기 날개의 공기 역학에 심각한 영향을 줄 수 있다.
    ❸ **혼합 착빙**(mixed icing) : 맑은 착빙과 거친 착빙의 결합으로서, 눈 또는 얼음입자가 맑은 착빙 속에 묻혀서 **울퉁불퉁**하게 쌓여 형성된다.
  ② **서리 착빙**(frost icing) : 포화 공기가 이슬점 온도까지 냉각되고 그 이슬점 온도가 0℃ 이하일 때 수증기가 직접 빙결 축적되어 서리가 발생하는데, 이를 서리 착빙(frost icing)이라 한다. 항공기 표면에 부착된 **서리는 항공기 표면을 거칠게 하고 항력을 증가시켜 양력을 약화**시킨다. 따라서 단단한 서리는 실속을 5~10% 증가시킬 수 있으며, 항공기가 이륙할 때 횡전(roll)을 크게 하여 이륙을 어렵게 하거나 불가능하게 할 수도 있다.
  ③ **유도 착빙**(induction icing) : 항공기 엔진으로 공기가 유입되는 공기흡입구와 기화기에서 생기는 착빙을 유도 착빙(induction icing)이라 한다.

198 다음 중 서리(frost)가 항공기 안전에 미치는 영향을 올바르게 설명한 것은?
① 서리는 조종효과를 감소시킨다.
② 서리는 날개의 기본적인 항공역학적 형태를 변화시킨다.
❸ 서리는 공기 흐름을 조기에 분리시켜 양력을 감소시킨다.
④ 서리는 날개 상부의 공기 흐름을 느리게 하여 항력을 감소시킨다.

199 다음 중 착빙에 대한 설명으로 올바른 것은?
❶ 0℃ 이하에서 항공기 동체 등에 과냉각 물방울이나 구름입자가 충돌하여 얼음 막을 형성하는 것이다.
② 착빙이 되면 양력이 커진다.
③ 양력과 중력이 커진다.
④ 비행에는 아무런 영향을 주지 않는다.

200 다음 중 착빙이 발생하기 가장 쉬운 온도는?
① 0℃ ~ 10℃   ❷ -10℃ ~ 0℃   ③ -10℃ ~ -20℃   ④ -15℃ ~ -20℃

201 다음 중 맑은 착빙(Clear icing)의 특징이 아닌 것은?
① 투명하다.   ② 단단하다.   ③ 매끄럽다.   ❹ 울퉁불퉁하다.

202 다음 중 거친 착빙(rime icing)의 특징이 아닌 것은?
① 우유 빛이다.   ② 불투명하다.
③ 울퉁불퉁하다.   ❹ 맑은 착빙과 거친 착빙이 합쳐진 것이다.

203 다음 중 Clear icing(맑은 착빙)이 가장 잘 생기는 구름은?
① 고적운   ② 층운   ❸ 적란운   ④ 권적운

204 다음 중 Clear icing(맑은 착빙)이 가장 잘 발생될 것으로 예상되는 구름은?
① 권운   ② 층운   ❸ 적운   ④ 고층운

205 다음 중 Icing 강도에 대한 설명으로 옳은 것은?
① Trace : 착빙은 식별되나 누적되는 양보다 녹는 양이 약간 더 많다.
❷ Severe : 제빙장치를 사용해도 잘 제거되지 않는다.
③ Moderate : 비행 전에 제거하면 문제가 되지는 않는다.
④ Light : 제빙장치를 사용하지 않아도 위험하지 않다.

206 다음 중 Severe Icing(심한 착빙)이 예상되는 기상 조건은?
① 권적운　　② -10℃ 층적운　　③ -10℃ 적운　　❹ Freezing rain

207 다음 중 착빙(Icing)의 특징으로 옳지 않은 것은?
① 양력 감소, 항력 증가　❷ 실속속도 감소　③ 추력 감소　④ 무게 증가

208 다음 중 Icing(착빙)이 항공기에 미치는 영향으로 옳은 것은?
❶ 항공기 무게가 증가한다.　　② 양력이 증가한다.
③ 항력이 감소한다.　　　　　　④ 추력이 증가한다.

◆ same type ◆

209 다음 중 시정관측에 대한 설명으로 옳은 것은?
❶ 시정관측은 목측이나 자동시정계로 관측한다.
② 시정관측은 반드시 경위의를 사용해서 관측한다.
③ 시정관측은 반드시 망원경을 사용해서 관측한다.
④ 시정관측은 반드시 쌍안경을 사용해서 관측한다.

【해설】

◆ **항공기상 관측 1.** ◆
[Aviation Weather Handbook(FAA, 2022, pp.24-1.~24-61., pp.27-11.)]
[2024 경량항공기 조종사 표준교재(제3부 항공기상)(국토교통부, pp.49.~pp.65.)]
[Pilot's Handbook of Aeronautical Knowledge(FAA, 2023, pp.13-1.~13-24)]
[2025 항공기상(국토교통부, 조종사 표준교재, pp.220.~247.)]
[항공기상관측지침(항공기상청, 2024.6.11./2025.7.1.)]

(1) 항공기상 관측의 종류 및 관측 방법
　항공기상관측은 정해진 시간간격을 두고 실시하는 정시관측과 특정 기준에 해당하는 변화가 있을 때 실시하는 특별관측, 관제기관 등의 요청 및 항공기 사고 시 실시하는 수시관측으로 나눈다.
　정시관측에는 지상풍, 시정, 활주로가시거리, 현재일기, 구름, 기온, 이슬점온도, 기압, 보충정보 등을 포함한다.

〈항공기상 관측의 종류〉

관측 형태	보고형태	비 고
정시관측	정시관측보고(METAR)	**매일 24시간 정시관측, 매 1시간 간격 관측**, 인천공항은 30분 관측 추가 실시
	국지정시관측보고(MET REPORT)	
특별관측	특별관측보고(SPECI)	가장 최근에 보고한 풍향보다 60°이상 변화, 최근 평균풍속보다 10kt(5m/s) 이상 변화, 시정·활주로가시거리 기준치 이상 호전 등
	국지특별관측보고(SPECIAL)	
수시관측	항공교통업무기관 요청 때(SPECIAL)	
	항공기 사고관측보고(SPECIAL)	

〈항공기상 관측 기상요소별 관측방법〉

관측 방법	기상요소
자동 관측	풍향, 풍속, **활주로가시거리**, 기온, 기압, 강수량, 적설량, 강수유무
목측(目測)	**시정**, 일기현상, 운량, 구름고도, 운형

(2) 항공기상 관측자의 관측 위치
- 관측자는 활주로를 볼 수 있고, 목측을 위해 필요시 실외에 나갈 수 있어야 하며, 가능하다면 관측 지역의 기상요소에 대한 대푯값 관측을 할 수 있는 곳에 위치한다.
- **시정관측의 경우 가능한 한 활주로를 포함한 공항의 전 방향을 볼 수 있는 장소**에서 관측해야 하며 **야간에는 조명시설 등에 크게 영향을 받지 않는 장소**에서 관측한다.
- 관측 장소의 높이는 공항 활주로상의 가장 높은 위치(활주로 표고)와 같은 높이의 장소가 가장 바람직하다. 공항의 관측형편상 고도차가 있는 장소에서 관측할 때에는 활주로표고 부근에서 관측한 시정과 비교하여 특성을 조사해 두어야 한다.

(3) 시정 관측
- 시정은 우세시정(우시정)을 기준으로 관측·통보되어야 하며 m나 km단위로 보고한다.
  참고 FAA에서는 **시정을 sm (statute mile) 육상마일(법정마일) 단위로 보고**한다.
- **우세시정(Prevailing Visibility)이란, 공항의 절반 또는 지평원의 절반 이상에 걸쳐 나타나는 최대시정값**을 뜻하며, 이 영역은 인접한 구역이나 인접하지 않은 구역들을 포함할 수 있다.
- 시정을 계기시스템으로 측정하는 경우, 그 값은 매 60초마다 갱신된다.
- **시정은 활주로 위 약 2.5m 높이에서 측정**해야 하며, 국지정시 및 특별보고를 위한 시정관측장비는 활주로와 접지대를 따라서 **시정을 가장 잘 감지할 수 있는 곳**에 설치해야 한다.
- 우세시정을 4자리의 숫자를 사용하여 m 단위로 보고한다. (예) "0350" → 시정 350m
- **시정이 10km 이상**이며, CAVOK를 사용할 조건인 때를 제외하고는 **"9999"로 보고**한다.
- **최단시정이 한 방향 이상에서 관측될 때**는 운항 상 **중요한 방향의 최단시정을 보고**한다.
- 운항 상 중요한 구름을 서술하기 위해 필요에 따라 운량, 운형 및 운저고도를 관측·보고해야 하며, **하늘이 차폐되었을 때에는 운량, 운형 및 운저고도 대신에 수직시정을 관측**해야 한다. 운저고도와 **수직시정은 ft 단위로 보고**해야 한다.
- 관측지점에서 강수 또는 시정장애 현상으로 **하늘이 차폐되어 구름을 관측할 수 없을 때는** 수직방향으로 특정목표물을 확인할 수 있는 거리 즉, **수직시정을 관측하여 보고**해야 한다.

(4) CAVOK(Ceiling And Visibility OK, 캐복), ICAO 기준 ☞ 근거 : 항공기상관측지침(항공기상청)
- 다음과 같은 상태가 동시에 관측되었을 경우 모든 보고에는 시정, 활주로가시거리, 현재 일기, 구름 정보 대신 "CAVOK" 이라는 용어를 사용한다.

a) 시정 10km 이상   b) 운항 상 중요한 구름이 없을 때
c) 강수, 대기물·먼지현상, 뇌우 등의 중요 일기가 없을 때

(5) **CAVOK**(Ceiling And Visibility OK, 캐복) **FAA 기준** ☞ 근거 : Aviation Weather Handbook(FAA)
- 다음 조건이 모두 예측되는 경우 "CAVOK" 이라는 약어가 시정, 날씨 및 하늘 상태 그룹을 대체할 수 있다.
  a) **시정 10km (6sm) 이상**   * sm : statute mile, 법정(육상)마일
  b) **1,500m (5,000ft) 이하** 또는 최고 최저구역고도(둘 중 더 높은 고도) 아래에 **구름이 없음**.
  c) **적란운 없음**.
  d) **심각한 기상 현상 없음**.

(6) **ATIS**(Automatic Terminal Information Service, 공항정보자동방송서비스) **기상정보 생략 기준**
- 기상이 **운고(ceiling) 5,000ft, 시정 5마일(sm)**을 초과할 때, ATIS의 운고(ceiling)/하늘상태, 시정 및 시정장애물 정보는 생략할 수 있다.

(7) **활주로 가시거리 (RVR**, Runway Visual Range)
- 활주로가시거리의 **측정은 활주로 위 약 2.5m(7.5ft) 높이**에서 수행해야 한다.
- 활주로가시거리 측정은 **활주로 중심선으로부터 측면거리 120m 이내의 위치**에서 수행해야 한다.
- 활주로가시거리 측정에 사용되는 계기는 각 활주로마다 별도로 계산해야 한다.
- 활주로가시거리의 약어 RVR을 나타내는 문자(요소명) "R"로 표시하고, 다음에 활주로 지시자가 붙고 "/" 다음에 m 단위의 RVR 값을 보고한다. (예) R32/0400 → 32방향 활주로가시거리 400m
  (예) R32L/0400 → 32방향 왼쪽 편 활주로가시거리 400m

(8) **강수** (precipitation)
- **이슬비(Drizzle)** : 직경 0.5mm 미만의 아주 작은 물방울들이 내리는 강수로서 얼핏 보면 공중에 떠 있는 것 같이 보이며, 대기가 약간만 움직이더라도 따라 움직이는 것을 볼 수 있다.
- **비(Rain)** : 직경 0.5mm 이상의 물방울로 된 강수를 비라고 한다.
- **얼음싸라기(Ice pellets)** : 쉽게 부서지지 않는 투명 또는 반투명의 얼음 입자로 직경이 5mm 이하이며 빙결된 빗방울이나 커다란 녹은 눈송이로부터 형성된다.
- **우박(Hail)** : 투명하거나 부분 또는 전부가 불투명하고 일반적으로 5~50mm이내의 직경을 갖는 얼음 조각(우박)을 말한다.
- 강수로서의 의미가 생성되기 위해서는 **구름이 적어도 4,000ft 이상의 두께**는 되어야 한다. 강수량이 많을수록 구름의 두께도 증가한다. 공항의 이착륙에서 **강수 보고**를 받았다면, **구름의 두께가 4,000ft 이상**은 될 것으로 예상해야 한다.

(9) **기온과 이슬점(노점)온도** (Temperature and Dew Point temperature)
- 정시관측보고(METAR) 및 특별관측보고(SPECI)에서는 기온과 이슬점(노점)온도 사이에 "/"를 넣어 구분한다. 온도가 영하인 경우에는 "M"을 온도값 앞에 붙여서 보고해야 한다.
  (예) 17/10 → 기온 +17℃, 이슬점온도 +10℃
  (예) 02/M08 → 기온 +2℃, **이슬점온도 -8℃**, (예) M01/M10 → 기온 -1℃, 이슬점온도 -10℃

210 다음 중 시정관측에 대한 설명으로 옳지 않은 것은?
① 시정이 방향에 따라 다르면 최단시정(최소시정)을 말한다.
② 목표물을 확인할 수 있는 최대거리를 관측한다.
❸ 목표물은 뚜렷이 빛나는 밝은 물체를 택하여야 한다.
④ 시정은 사방의 목표가 잘 바라보이는 장소에서 관측한다.

211 강수 또는 시정장애 현상으로 하늘이 차폐되어 활주로에서 구름을 관측할 수 없을 때 보고되는 것은?

① RVR(Runway Visual Range)
② 우시정
❸ 수직시정
④ 최단시정

212 다음 중 우세시정(우시정)의 설명으로 옳은 것은?

❶ 관측자가 서 있는 공항의 절반(180도) 또는 지평원의 절반(180도) 이상에 걸쳐 가장 멀리 볼 수 있는 수평거리이다.
② 우세시정(우시정)은 관측자로부터 수직으로 측정한다.
③ 관측하는 하늘 중 맑은 하늘을 우세시정(우시정)이라고 한다.
④ 관측하는 날 중 비 내리는 날을 우세시정(우시정)이라고 한다.

213 다음 중 항공기상 보고에서 시정보고 방법으로 옳은 것은?

① 시정은 활주로 시정을 해상마일로 보고한다.
❷ 시정은 우세시정(우시정)을 육상마일로 보고한다.
③ 시정은 수직시정을 해상마일로 보고한다.
④ 시정은 경사시정을 육상마일로 보고한다.

214 CAVOK(Ceiling And Visibility OK)이 표시되는 경우의 기상 상태는?

① 강수 가능성이 높고 시정이 좋지 않음
② 구름 높이가 낮고 시정이 제한됨
③ 비구름과 난기류가 예상됨
❹ 구름 높이가 높고 시정이 좋음

215 CAVOK(Ceiling And Visibility OK)이 표시되는 경우에 해당되지 않는 기상 상태는?

① 시정 10km (6sm) 이상
② 운고 1,500m (5,000ft) 이상
③ 심각한 기상 현상 없음
❹ 풍속 1kts 미만

216 ATIS(Automatic Terminal Information Service)에서 운고(ceiling)와 시정(visibility)이 생략되는 조건은?

① 운고 3,000ft 이상, 시정 3SM 이상
❷ 운고 5,000ft 이상, 시정 5SM 이상
③ 운고 5,000ft 이상, 시정 3SM 이상
④ 운고 3,000ft 이상, 시정 3SM 이상

217 다음 중 RVR(Runway Visual Range, 활주로가시거리)의 설명으로 옳은 것은?
① 시정 500m 이내 시 항상 측정
❷ RWY Center Line에서 120m 이내에서 측정
③ 정밀접근활주로로 항상 측정
④ 항공기에서 측정 시는 3곳에서 측정

218 빗방울이라 함은 대기 중을 통하여 떨어지는 직경 몇 mm 이상의 것을 말하는가?
① 20 ㎛ 이상
② 50 ㎛ 이상
③ 0.2 mm 이상
❹ 0.5 mm 이상

219 강수가 예보되었다면 구름의 두께는 최소 몇 ft 이상인가?
① 3,000ft
❷ 4,000ft
③ 5,000ft
④ 6,000ft

220 강수 현상에 대한 설명으로 옳지 않은 것은?
① 수적은 운립의 수만 배 크기이다.
❷ 운립의 크기는 운형과 무관하다.
③ 낙하 속도는 수적의 크기에 따라 달라진다.
④ 강수량의 단위를 inch로 표시하는 나라도 있다.

221 METAR(정시관측보고, 메다)에서 기온이 "M01/M04"로 보고되었다면 노점온도(이슬점온도)는 얼마인가?
① 영하 1℃
② 영상 1℃
❸ 영하 4℃
④ 영상 4℃

━━━━━━━━ • same type • ━━━━━━━━

222 다음 중 항공기상 관측부호로 옳지 않은 것은?
❶ SM : 연기
② RA : 비
③ HZ : 연무
④ FG : 안개

> 해설

◆ 항공기상 관측 2. ◆

[Aviation Weather Handbook(FAA, 2022, pp.24-1.~24-61., p.27-11.)]
[2024 경량항공기 조종사 표준교재(제3부 항공기상)(국토교통부, pp.49.~pp.65.)]
[2025 항공기상(국토교통부, 조종사 표준교재, pp.220.~247.)]
[2020년판 항공정보매뉴얼(교통안전공단, 2020.12.3., pp.324.~354.)]
[항공기상관측지침(항공기상청, 2024.6.11./2025.7.1.) / 공항기상 예보지침(항공기상청, 2024.6.11.)]

(1) 항공기상 관측 부호

① 강수 (Precipitation)

강수 종류	부호	강수 종류	부호
이슬비(Drizzle)	DZ	얼음싸라기(Ice pellets)	PL
비(Rain)	RA	우박(Hail)	GR
눈(Snow)	SN	싸락 우박과/또는 눈싸라기 (Small hail and/or snow pellets)	GS
쌀알눈(Snow grains)	SG		

② 시정장애 현상(대기 물현상)

강수 종류	부호	강수 종류	부호
안개(Fog)	FG	박무(Mist)	BR

③ 시정장애 현상(대기 먼지현상)

강수 종류	부호	강수 종류	부호
모래(Sand)	SA	연기(Smoke)	FU
먼지(넓게 퍼진)[Dust(widespread)]	DU	화산재(Volcanic ash)	VA
연무(Haze)	HZ	황사	DU

④ 기타현상

강수 종류	부호	강수 종류	부호
먼지/모래 회오리 [Dust/sand whirls(dust devil)]	PO	먼지폭풍(Duststorm)	DS
스콜(Squall)	SQ	모래폭풍(Sandstorm)	SS
깔때기 구름(토네이도 또는 용오름) [Funnel cloud(tornado or waterspout)]	FC		

⑤ 현재 일기 현상 수식어

현재 일기 현상 수식어	부호	현재 일기 현상 수식어	부호
뇌우(thunderstorm)	TS	낮게 날림(Low drifting)	DR
소낙성(Shower)	SH	얇은(Shallow)	MI
어는(Freezing)	FZ	산재한(Patches)	BC
높게 날림(Blowing)	BL	부분적(Partial)	PR

⑥ 강도 및 부근

강도	국지정시 및 특별보고	(METAR/SPEC)
약한(light)	FBL	-
보통(moderate)	MOD	(표시 없음)
강한(heavy)	HVY	+

- 부근 (VC : Vicinity) : **공항표점**으로부터 **반경 8~16km 사이**, METAR 및 SPECI에서만 사용. Vicinity (VC) is defined as area **5 to 10sm** from the center of the airport.
  - 참고 항공정보매뉴얼(교통안전공단, 2020)에서는 VC (Vicinity of airport)를 "관측 지점 부근 공항주변 8km 범위 내 발생하는 기상현상"으로 정의

(2) 운량과 운고의 표시
- 전체 하늘에 대해 구름이 차지하고 있는 부분을 okta(8분위)로 표현. 8분위(okta) **운량 3자리**와 **100ft 단위 운고 3자리**를 공백 없이 표시. (예) BKN008 → 운량 5~7 oktas 운고 800ft
- 운량은 FEW(1~2 oktas), SCT(3~4 oktas), BKN(5~7 oktas), OVC(8 oktas) 4단계 표현
- Ceiling(운고)은 운량 5/8 이상일 때 사용, BKN과 OVC 경우에 해당, FEW와 SCT는 비해당
  (예) "SCT003 BKN030 OVC080"인 경우 → Ceiling은 3,000ft
  → 제1층 SCT(3~4 oktas) 300ft, 제2층 BKN(5~7 oktas) 3,000ft, 제3층 OVC(8 oktas) 8,000ft
  → 제1층 SCT는 Ceiling 비해당, 제2층 BKN과 제3층 OVC는 Ceiling에 해당됨. 그러나 Ceiling은 5oktas(5/8) 이상 운저 높이가 가장 낮은 구름이므로 제2층 BKN 3,000ft가 Ceiling이 됨.
- 하늘이 차폐될 것으로 예상될 때는 구름군 대신 수직 시정으로 표현. 이때 뒤의 3자리 숫자는 100ft 단위의 수직시정을 의미. (예) VV001 → 수직 시정 (Vertical Visibility) 100ft

223 항공기상 관측부호 중 'PO'가 의미하는 것은?
① 스콜
② 먼지폭풍
③ 토네이도
❹ 먼지/모래 회오리바람

224 항공기상 관측부호 중 'TS'가 의미하는 것은?
① 소나기
② 결빙
③ 강풍
❹ 뇌우

225 항공기상 관측보고에서 +SN의 의미는?
① 강한 얼음 싸라기
❷ 강한 눈
③ 갑자기 눈이 내림
④ 1시간 뒤 눈이 내림

226 항공기상 관측부호와 의미가 올바른 것은?
① +FC : 깔때기 구름
② VA : 화재
③ PO : 모래폭풍
❹ DS : 먼지폭풍

227 METAR(METeorological Aviation Report, 정시관측보고, 메다)에서 +RA FG의 의미는?
① 보통 비 이후 안개 ② 보통 비 이후 강풍
❸ 강한 비 이후 안개 ④ 강한 비와 강풍

228 기상관측보고 중 VC (부근, Vicinity)는 공항주변 반경 얼마인가?
① 6km ❷ 8km ③ 24km ④ 32km

229 METAR(정시관측보고, 메다)에서 구름 운량이 전체 하늘의 5/8 ~ 7/8을 차지할 때 표시 방법은?
① FEW ② SCT ❸ BKN ④ OVC

230 METAR(METeorological Aviation Report)에서 "BKN008 OVC020"인 경우 구름의 Ceiling은?
① 600ft ❷ 800ft ③ 1,400ft ④ 2,000ft

― same type ―

231 TAF(Terminal Aerodrome Forecast, 공항예보, 타프)의 유효시간은?
① 5시간 이상 24시간 미만 ② 12시간 이상 24시간 미만
❸ 6시간 이상 30시간 미만 ④ 24시간 이상 30시간 미만

해설

◆ 항공기상 예보 1. ◆
[2024 경량항공기 조종사 표준교재(제3부 항공기상)(국토교통부, pp.66.~pp.76.)]
[2025 항공기상(국토교통부, 조종사 표준교재, pp.286.~317.)]
[2020년판 항공정보매뉴얼(교통안전공단, 2020.12.3., pp.324.~354.)
[공항기상 예보지침(항공기상청, 2024.6.11.)]

(1) 항공기상 예보의 분류

〈항공기상 예보의 분류〉

종 류	내 용
공항예보(TAF)	• 유효시간 : 6~30시간 * TAF : Terminal Aerodrome Forecasts
이륙예보	• 유효시간 : 3시간 • 매 정시로부터 3시간 이내에 예상되는 활주로 상 기상정보 제공 • 이륙예보 발표시각은 이륙예보 요청에 따라 **출발예정시간 전 3시간 이내에 운항자 및 운항 승무원에게 제공**될 수 있도록 발표
착륙예보	• 유효시간 : 2시간 • 공항으로부터 1시간 이내 비행거리에 있는 항공기에 필요한 기상정보 제공
중요기상예보 (SIGWX)	• 고고도 중요기상예보, • 중고도 중요기상예보, • 저고도 중요기상예보

■ 공항예보(TAF) 전문 예시와 해설

<공항예보(TAF) 전문 예시>

```
TAF    RKSI    161130Z    161212    31015KT    8000    BR
 ①      ②        ③         ④          ⑤         ⑥     ⑦
SCT010CB BKN025    TEMPO  1316  2400BR    FM1600 16010KT 9999 SKC
        ⑧                    ⑨                          ⑩
BECMG  2224  200010G20KT  4000  SHRA  OVC020
                       ⑪
PROB40  0006  3200  TSRA  OVC008CB
              ⑫
```

<공항예보(TAF) 전문 해설>

항목	세부 해설
① TAF	TAF(Terminal Aerodrome Forecast) : **공항 예보**를 뜻하는 코드 TAF AMD(Amended Taf) : 중간에 기상이 변해 새로 발표 TAF COR(Corrected Taf) : 잘못하여 정정 발표 시
② RKSI	각국, 전 공항, 비행장별로 배정받은 ICAO 4 letter 코드 **RKSI : 인천 공항**, RKPC : 제주공항, RKPK : 김해 공항
③ 161130Z	**발표일자와 시간**으로 6숫자로 구성 : 첫 2자리는 일자(date), 나머지 4자리는 시간(UTC) : **16일 1130UTC** Z(Zulu) = UTC(Coordinated Universal Time), 협정 세계시
④ 161212 혹은 1212	**유효 일자**(일자는 생략하는 경우도 있음)와 **유효 시간** 장기(국제공항): 24시간 유효, 단기(국내 지선 공항): 12시간 유효 **161212 : 16일 1200UTC부터 17일 1200UTC** 1일 4회 6시간 마다 발표(0024, 0606, 1212, 1818)
⑤ 31015KT	**진북 기준 풍향, 풍속 310도 15knots** 풍속 단위는 knots 단 일부국가는 mps(Meter Per Second)
⑥ 8000	**시정 8000 m**. 시정 단위는 m(Meter), km(kilometer), (미국 : SM) **9999 : 시정이 10km 이상일 경우에 표기함** 9000~5000m : 1000 단위로 표기 4900m : 5000m 미만은 100 단위로 표기 (예) **0500 → 시정 500m**
⑦ BR	시정 장애 요소 BR(Mist), FG(Fog) 등
⑧ SCT010CB BKN025	1000ft Scattered CB 구름과 2500ft에 Broken 구름 → **Ceiling 2500ft** **Ceiling은 운량 5/8 이상일 때 사용, BKN이나 OVC인 경우를 말함**
⑨ TEMPO 1316 2400BR	TEMPO는 주요 **변화 지시군**으로 1시간 이내에 기상 현상이 **일시적으로 변동**할 때 사용 13~16Z 사이에 일시적으로 시정이 박무 현상으로 2400m 예상
⑩ FM1600 16010KT 9999 SKC	FM은 주요 **변화 지시군**으로 from(~부터) 혹은 after의 **의미**로 사용함 **1600시부터** 바람이 160도 방향에서 10KT 불며, 시정은 10km 이상 예상, 하늘상태 맑음(SKC, Sky Clear). <참고> TL은 till(~에, ~까지) 의미 (예) **TL1800 → 1800시에**

항목	세부 해설
⑪ **BECMG** 2224 20010G20KT 4000SHRA OVC020	**BECMG**(Becoming)은 주요 **변화 지시군**으로 주어진 시간에 일정한 비율로 **변화를 나타내는 코드**로 사용함 22~24UTC 사이에 점차적으로 **변화하여 24UTC 이후는 계속 유지**되는 현상으로 **다음 변화가 있을 예정 시간까지는 지속되는 현상**을 말함
⑫ **PROB40** 0006 3200TSRA OVC008CB	**PROB**(Probability) **확률**을 의미하며 - PROB40 : 40~49% 확률, PROB30 : 30~39% 확률 - 50% 이상 일 경우 : BECMG이나 TEMPO를 사용 - 6시간 이내에는 사용하지 않고 예보가 다시 발표함.
NSW	NSW(Nil Significant Weather) 중요 기상현상 없음
NSC	NSC(Nil Significant Cloud) 중요 구름 없음

(2) 항공기상 특보의 분류

- 항공기상 특보는 국제민간항공협약(ICAO) 부속서(annex)-3에 따라 다음과 같이 분류한다.

〈항공기상 특보의 분류〉

종류	내용
SIGMET정보 (SIGMET information, 중요기상정보)	• **10,000ft 이상을 운항하는 항공기**에 위험한 기상 현상이 예상될 때 수시로 발표, **유효시간은 6시간(4시간이 적정)** • 기상 현상 발생 예상 시각 4시간 이내에 발표, 화재재와 태풍은 예상 시각 12시간 이내에 발표 • 유효시간은 4시간을 초과하지 않아야 하며, 화산재, 구름, 태풍과 같은 특별한 경우는 유효시간 6시간
AIRMET정보 (AIRMET information, 저고도항공기상정보)	• **10,000ft 이하의 저고도를 운항하는 항공기**에 영향을 미칠 수 있는 기상 현상을 포함하여 발표 • 현상 발생 예상 시각으로부터 4시간 이내에 발표 • 유효시간은 4시간을 초과하지 않아야 한다.
공항경보 (Aerodrome Warning)	• 계류중인 항공기를 포함하여 **지상에 있는 항공기**, **공항시설** 및 업무에 영향을 미칠 수 있는 기상현상에 대한 간결한 정보를 제공
급변풍경보 (Wind Shear Warning)	• **활주로 표면으로부터 고도 1,600ft(500m) 사이**의 접근/이륙 또는 선회접근 중인 항공기 그리고 착륙 또는 이륙을 위해 주행 중인 항공기에 영향을 미칠 수 있는 급변풍이 관측되거나 예상되는 경우 발표

232 ATIS(Automatic Terminal Information Service, 공항정보자동방송서비스)에서 방송하지 않는 것은?
① METAR(정시관측보고)   ❷ TAF(공항예보)
③ Runway condition(활주로 상태)   ④ NAVAID(항행안전시설)

233 ICAO(국제민간항공기구, 아이카오) 부속서(Annex)에서 규정하고 있는 TAF의 권장 유효기간은?
① 3~9시간   ② 6~24시간   ③ 12~24시간   ❹ 6~30시간

234 이륙예보는 출발 예정 시간 전 몇 시간 이내에 운항승무원에게 제공될 수 있어야 하는가?
① 30분   ② 1시간   ③ 2시간   ❹ 3시간

235 아래 TAF(Terminal Aerodrome Forecast, 공항예보, 타프) 전문의 유효시간은 얼마인가?

TAF RKPK 181730Z **0918/1024** 15005KT 5SM HZ FEW020 WS010/31022KT

① 12시간   ② 20시간   ③ 24시간   ❹ 30시간

236 항공기상 보고 전문에서 "31015G35KT"의 올바른 해석은?
① 풍향 310도, 풍속 15노트, 가변풍 35노트
❷ 풍향 310도, 풍속 15노트, 돌풍 35노트
③ 풍향 350도, 풍속 15노트, 가변풍 31노트
④ 풍향 350도, 풍속 15노트, 돌풍 31노트

237 TAF(Terminal Aerodrome Forecast, 공항예보, 타프) 전문에서 "31015G35KT"의 풍향과 풍속은?
① 풍향 310도, 최대순간풍속 15노트, 평균풍속 35노트
❷ 풍향 310도, 최대순간풍속 35노트, 평균풍속 15노트
③ 풍향 350도, 최대순간풍속 15노트, 평균풍속 31노트
④ 풍향 350도, 초대순간풍속 31노트, 평균풍속 15노트

238 METAR(정시관측예보, 메다)와 TAF(공항예보, 타프)에서 바람 방향, 즉 풍향의 기준은?
① METAR는 자북, TAF는 진북   ② METAR와 TAF 모두 자북
❸ METAR와 TAF 모두 진북   ④ METAR는 진북, TAF는 자북

239 아래 TAF(공항예보, 타프)에서 2300UTC에 예상되는 시정은?

> TAF RKPK 181000Z 281120 VRB05KT 4000 BR SCT005 OVC013 BECMG 1920 9000 SHRA OVC015 PROB40 BECMG 2022 CAVOK **BECMG 2223** 23024KT **7000**

① 9,000m
❷ 7,000m
③ 5,000m
④ 4,000m

240 아래 TAF(공항예보, 타프)에서 2400UTC에 예상되는 시정은?

> BECMG 1820 2000 BKN008 PROB40 **BECMG 2022 0500** FG VV001

❶ 500m
② 2,000m
③ 500m와 2,000m 사이
④ 0m와 1,000m 사이

241 TAF(공항예보) 전문에서 "BECMG 1012 3000 SCT003 BKN030"으로 보고되었다면 ceiling은?

❶ 3,000ft AGL
② 300ft AGL
③ 3,000ft MSL
④ 300ft MSL

242 METAR(정시관측보고) 전문에서 "BKN008 OVC020"로 보고되었다면 ceiling은?

❶ 800ft AGL
② 8,000ft AGL
③ 200ft AGL
④ 2,000ft AGL

243 항공기상 보고에서 변화 지시자 "BECMG"에 대한 다음 설명으로 올바른 것은?

① BECMG 0103 2000 – 01시에 시정은 2,000m 이다.
② BECMG FM0900 3000 – 09시에 시정은 3,000m 이다.
❸ BECMG TL0930 2000 – 09시 30분에 시정은 2,000m 이다.
④ BECMG FM0930 TL1030 3000 – 09시 30분에 시정은 3,000m이다.

244 SIGMET(Significant Meteorological Information, 중요기상, 시그멧) 전문의 유효시간은?

① 3시간
❷ 6시간
③ 9시간
④ 12시간

245 SIGMET(Significant Meteorological Information, 중요기상, 시그멧)에 관한 설명 중 옳지 않은 것은?

❶ 유효시간은 24시간이다.
② 항공기 안전운항에 영향을 미칠 수 있는 특정 항공로 상의 기상 현상에 대한 정보이다.
③ 해당 관제구역을 표시해야 한다.
④ 승인된 ICAO 평문 약어를 사용하여 작성해야한다.

---same type---

246 높이 2m 위에서 시정이 1km 이상인 안개를 나타내는 부호는?
① FZFG   ❷ MIFG   ③ BCFG   ④ PRFG

◆ 항공기상 예보 2. ◆
[Aviation Weather Handbook(FAA, 2022, p.27-13.)]
[2024 경량항공기 조종사 표준교재(제3부 항공기상)(국토교통부, pp.66.~pp.76.)]
[2025 항공기상(국토교통부, 조종사 표준교재, pp.278.~283., p.316.)]
[2020년판 항공정보매뉴얼(교통안전공단, 2020.12.3., p.332..)]
[공항기상 예보지침(항공기상청, 2024.6.11.)]

(1) TAF의 안개 용어(TAF Fog Terms)

〈TAF의 안개 용어와 설명〉

용어	설명
FZFG (Freezing Fog) 어는 안개	• 기온이 0℃ 이하이고 주로 물방울로 구성된 안개이다. 이 FZFG의 수평시정거리는 1,000m (5/8 sm) 미만이다. • 수식어 FZ는 물방울 온도가 0℃ 미만(과냉각)일 때의 안개(FG), 이슬비(DZ), 또는 비(RA)만을 수식하는데 사용한다.
MIFG (Shallow Fog) 얕은 안개	• **지상 2m(6ft AGL) 높이에서 수평시정거리가 1,000m(5/8 sm) 이상이지만, 안개층에서 뚜렷이 볼 수 있는 수평시정거리는 1,000m(5/8 sm) 미만**이다. • 수식어 MI는 **수평시정거리가 1,000m 이상이지만, 지면으로부터 2m까지 수평시정거리가 1,000m 미만인 시정층이 있는 안개**를 나타낼 때만 사용한다.
BCFG (Patchy Fog) 산재한 안개	• 공항에 산재한 안개이다. 뚜렷이 볼 수 있는 수평시정거리는 1,000m (5/8 sm) 미만이며, 높이는 최소 2m (6ft AGL)까지 이다. • 수식어 BC는 공항에 안개가 산재하고 있음을 표시할 때만 사용해야 한다.
PRFG (Partial Fog) 부분적인 안개	• 공항의 상당 부분은 안개로 덮여 있고 나머지 부분은 안개가 없을 것으로 예상된다. (예: fog bank) • 수식어 PR은 안개에만 사용되며, 공항 일부 구역에 안개가 끼었으나 나머지 구역은 맑음을 표시한다.

(2) 상층고도에 상응하는 기압고도

〈상층고도에 상응하는 기압고도표〉

기 압	고 도	기 압	고 도
150 hPa	45,000 ft	**500 hPa**	**18,000 ft**
200 hPa	39,000 ft	**700 hPa**	**10,000 ft**
250 hPa	34,000 ft	850 hPa	5,000 ft
300 hPa	30,000 ft	900 hPa	3,000 ft

247 지면으로부터 2m까지 수평시정이 1,000m 미만인 시정 층이 있는 안개를 나타내는 것은?

① FZFG ❷ MIFG ③ BCFG ④ PRFG

248 500hPa 일기도와 700hPa 일기도의 등압면에 상응하는 기압 기준고도로 올바른 것은?

① 500hPa은 45,000ft, 700hPa은 39,000ft
② 500hPa은 34,000ft, 700hPa은 30,000ft
❸ 500hPa은 18,000ft, 700hPa은 10,000ft
④ 500hPa은 5,000ft, 700hPa은 3,000ft

249 500hPa 일기도와 700hPa 일기도의 분석요소에 일반적으로 해당되지 않는 것은?

❶ 제트기류 ② 기압골
③ 등고선 ④ 등온선

250 기상 현상기호에서 " " 은 무엇을 표시하는가?

① Snow(눈) ② Hail(우박)
❸ Drizzle(이슬비/안개비) ④ Rain(비)

◈ 기상 현상기호 표시 및 설명 ◈
[항공기상서비스 사용자 안내서(항공기상청, 2024.10., pp.121.~124.)]

(1) 중요 기상현상

기호	설명	기호	설명	기호	설명
6	태풍/열대저기압	,	이슬비		
⌃⌄⌃⌄	심한 스콜라인	,,,,	비	▽●	소낙성 비
⋏	보통 난류	✱	눈	▽✱	소낙성 눈
⋏⋏	심한 난류	△	우박		
◇	산악파	✢	광범위한 날린 눈		
⋎	보통 착빙	S	심한 모래 또는 먼지		
⋎⋎	심한 착빙	S~	심한 모래폭풍 또는 먼지폭풍		
≡	광범위한 안개	∞	광범위한 연무		
☢	대기 중의 방사능 물질	=	광범위한 박무		
🌋	화산 분출	⌇	광범위한 연기		
⋀⋀	산악차폐	∿	어는 강수		

(2) 전선, 수렴대, 기타 기호

기호	설명	기호	설명
▲▲	한랭전선(지상)	▲▲▲ FL 270	최대풍의 위치, 풍속 및 고도
●●	온난전선(지상)	≺≺≺	수렴선
▲●	폐색전선(지상)	0°:100	빙결고도
▲▽	정체전선(지상)	⫤⫤	열대수렴대

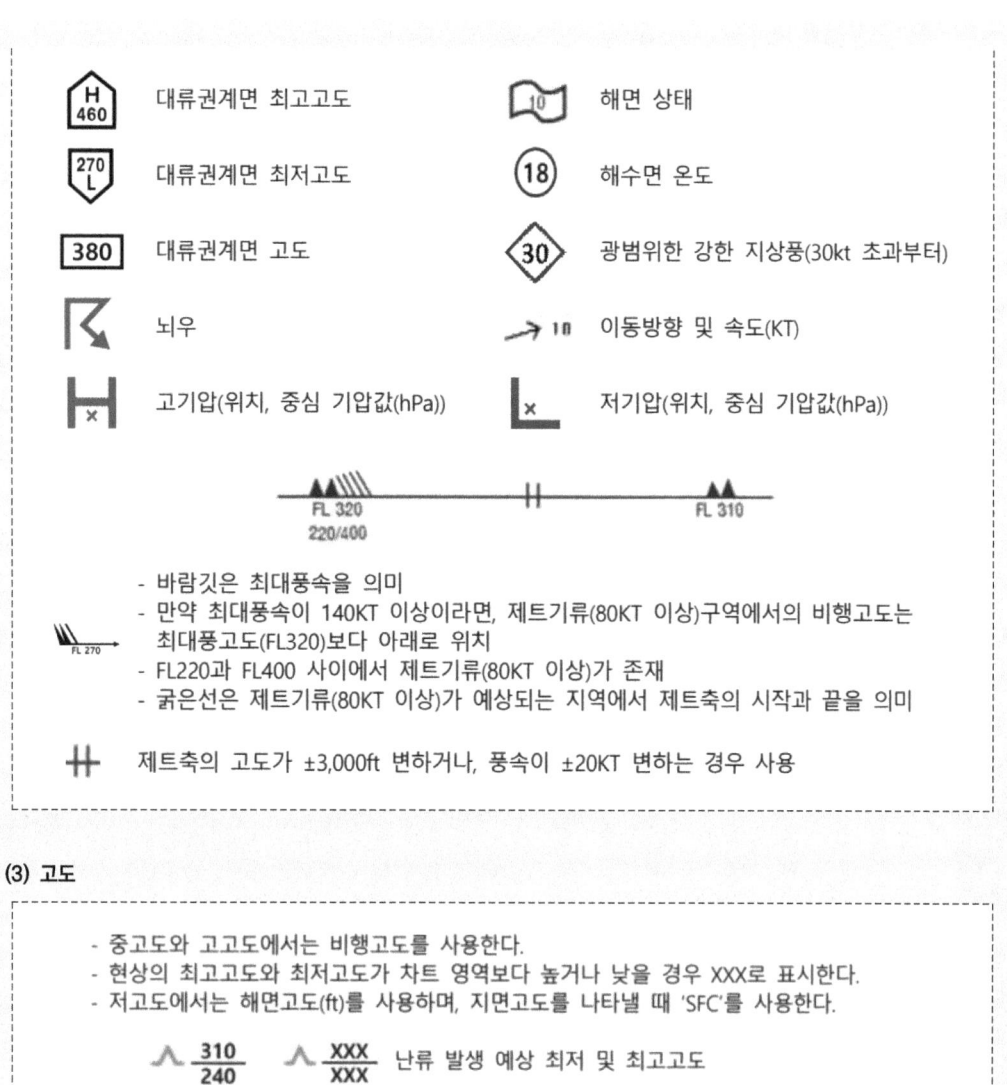

251 기상 현상기호의 표시가 올바른 것은?

❶ "△" Hail ② "≡" Snow ③ " ' " Rain ④ "⌐" Drizzle

252 보통난류(Moderate turbulence)를 표시하는 기상 현상기호는?

❶ ⋏ ② ⋏̂ ③ ⚟ ④ ⚟

제 2 편 기출유형문제 모의고사

제1회   모의고사
제2회   모의고사
제3회   모의고사
제4회   모의고사
제5회   모의고사
제6회   모의고사

148 심한 요란과 강우를 동반하기 때문에 비행 중 회피해야 하는 구름은?

❶ 적란운   ② 권운   ③ 권층운   ④ 고층운

149 비행 중 뇌우와 같은 악기상 지역을 회피하기 위한 최소거리는?

① 10NM   ❷ 20NM   ③ 30NM   ④ 40NM

― same type ―

150 짧은 거리 내에서 풍향과 풍속이 급변하는 기상 현상을 무엇이라 하는가?

① 다운버스트   ② 높새바람   ❸ 윈드시어   ④ 태풍

해설

◆ 항공기 운항과 윈드시어 ◆

[Aviation Weather Handbook(FAA, 2022, pp.22-1.~22-22.)]
[2024 경량항공기 조종사 표준교재(제3부 항공기상)(국토교통부, pp.35.~pp.42.)]
[Pilot's Handbook of Aeronautical Knowledge(FAA, 2023, pp.12-2.~12-17.)]
[2025 항공기상(국토교통부, 조종사 표준교재, pp.173.~182.)]

윈드시어(Wind Shear, 바람시어, 급변풍)는 매우 좁은 지역에 걸쳐 갑작스럽고 급격한 풍속 및/또는 풍향 변화를 의미한다. 윈드시어는 모든 고도에서 발생할 수 있지만, 2,000ft 이하의 윈드시어를 특별히 **저층(저고도) 윈드시어(LLWS, Low Level Wind Shear)**라고 한다. 저층 윈드시어는 전선 통과, 뇌우, 기온역전 그리고 강한 상층 바람(25kts 이상)과 관련이 있다. 저고도의 짧은 거리 내에서 풍향과 풍속이 급변하므로 항공기 이착륙 시 매우 위험한 요소로 작용한다.

(1) 기온 역전에 의한 저층(저고도) 윈드시어(LLWS)

주로 야간에 맑고 바람이 약한 날씨에서 지표면 냉각으로 인해 지표 부근에 기온 역전층이 형성될 때 나타나며, **역전층의 상층은 하층보다 바람이 강한 경우가 많다**. 이러한 바람의 속도 차이가 윈드시어를 만든다.

(2) 마이크로버스트에 의한 저층(저고도) 윈드시어(LLWS)

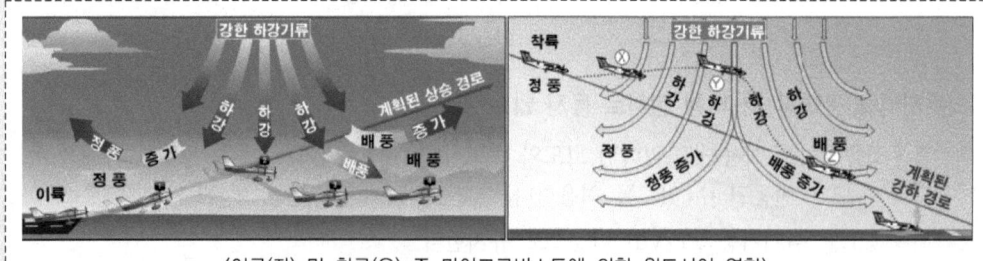

〈이륙(좌) 및 착륙(우) 중 마이크로버스트에 의한 윈드시어 영향〉

마이크로버스트는 가장 심각한 저층(저고도) 윈드시어(LLWS, 바람시어)이다. 마이크로버스트는 지표면에 강한 비구름 대를 형성할 수 있지만, 지표에 도달하기 전에 강수가 증발되어 **하강 기류가 눈에 보이지 않게 되는 경우가 있기 때문에** 위험이 없어 보이는 지역에서 **항공기 사고를 유발하기도 한다**.

일반적으로 마이크로버스트의 수평 직경은 1~2mile(약 1.6~3.2km), 깊이는 1,000ft(약 300m), 지속 시간은 약 5~15분이다. 이 시간 동안 항공기를 분당 최대 6,000ft까지 하강시키고(6,000fpm), 항공기에 30~90kts의 정풍 손실을 야기할 수 있다.

제1회 모의고사

제1교시 | **교통법규**

교통안전법

01 다음 중 교통안전법의 목적으로 맞는 것은?
   ① 교통안전 증진
   ② 공공복리 증진
   ③ 사회복지 제고
   ④ 국민경제 향상

02 다음 중 교통안전법에서 규정하는 교통수단으로 옳지 않은 것은?
   ① 차마
   ② 철도차량
   ③ 항공기
   ④ 전동휠체어

03 다음 중 교통안전법에서 규정하는 지정행정기관으로 옳은 것은?
   ① 시·도지사
   ② 경찰서
   ③ 국토교통부
   ④ 시청·군청·구청

04 국가가 교통수단에 교통안전장치 장착을 의무화할 경우, 비용을 지원할 수 있는 사업자로 옳지 않은 것은?
   ① 여객자동차 운송사업자
   ② 화물자동차 운송사업자
   ③ 화물자동차 운송가맹사업자
   ④ 여객자동차 대여사업자

05 다음 중 교통안전에 관한 주요 정책과 국가교통안전기본계획 등을 심의하는 기관은?
   ① 국가교통위원회   ② 행정안전부
   ③ 국토교통부   ④ 경찰청

06 국가교통안전시행계획의 수립을 위하여 지정행정기관의 장은 다음 연도의 소관별 교통안전시행계획안을 수립하여 매년 몇 월 말까지 국토교통부장관에게 제출하여야 하는가?
   ① 1월   ② 6월
   ③ 10월   ④ 12월

07 시·도지사 및 시장·군수·구청장은 각각 언제까지 시·도교통안전기본계획 또는 시·군·구교통안전기본계획을 확정하여야 하는가?
   ① 매년 1월 말까지
   ② 계획연도 시작 전년도 1월 말까지
   ③ 계획연도 시작 전년도 10월 말까지
   ④ 계획연도 시작 전년도 12월 말까지

08 교통안전관리규정 준수 여부에 대한 확인·평가는 언제 실시하는가?
① 교통시설설치·관리자등이 교통안전관리규정을 제출한 날을 기준으로 매 1년이 지난 날의 전후 50일 이내에 실시
② 교통시설설치·관리자등이 교통안전관리규정을 제출한 날을 기준으로 매 1년이 지난 날의 전후 100일 이내에 실시
③ 교통시설설치·관리자등이 교통안전관리규정을 제출한 날을 기준으로 매 5년이 지난 날의 전후 50일 이내에 실시
④ 교통시설설치·관리자등이 교통안전관리규정을 제출한 날을 기준으로 매 5년이 지난 날의 전후 100일 이내에 실시

09 교통사고와 관련된 자료·통계 또는 정보를 보관·관리하는 자는 교통사고가 발생한 날부터 얼마동안 이를 보관·관리하여야 하는가?
① 1년
② 3년
③ 5년
④ 7년

10 시·도지사가 교통안전진단기관 등록의 취소, 교통안전관리자 자격의 취소와 같은 처분을 하고자 하는 경우 실시해야 하는 것은?
① 청문의 실시
② 수수료의 부과
③ 과태료의 부과
④ 양벌규정의 제시

제1교시　교통법규

항공안전법

11 우리나라 항공안전법은 무엇에 기초하여 제정되었는가?
① 국제민간항공협약
② 동경협약
③ 미국 연방항공규정
④ 국제항공운송협약

12 국제민간항공협약 부속서 중에서 항공규칙의 기준을 정하고 있는 것은?
① 부속서 1
② 부속서 2
③ 부속서 13
④ 부속서 19

13 다음 중 항공기의 범위에 해당하는 것은?
① 최대이륙중량이 600킬로그램 이하일 것
② 최대이륙중량, 좌석 수, 속도 또는 자체중량 등이 국토교통부령으로 정하는 기준을 초과하는 기기
③ 연료의 중량을 제외한 자체중량이 180킬로그램을 초과하고 길이가 20미터 이하일 것
④ 자체중량이 70킬로그램을 초과할 것

14 다음 중 항공업무에 해당되지 않는 것은?
① 항공기의 운항관리 업무
② 항공교통관제 업무
③ 경량항공기 또는 그 장비품·부품의 정비사항을 확인하는 업무
④ 항공기 조종연습 업무

15 다음 중 항공기준사고가 아닌 것은?

① 충돌위험이 있었던 근접비행
② 비행 중 엔진 덮개의 풀림이나 이탈
③ 운항승무원의 조종능력 상실
④ 산소마스크를 사용해야 하는 상황 발생

16 다음 중 항공기준사고 범위에 해당하지 않는 것은?

① 항공기가 이륙 또는 초기 상승 중 규정된 성능에 도달하지 못한 경우
② 항공기가 정상적인 비행 중 지표, 수면 또는 그 밖의 장애물과의 충돌(Controlled Flight Terrain)을 가까스로 회피한 경우
③ 항공기, 차량, 사람 등이 허가 없이 또는 잘못된 허가로 항공기 이륙·착륙을 위해 지정된 보호구역에 진입하여 다른 항공기와의 충돌을 가까스로 회피한 경우
④ 항공기의 손상·파손 또는 구조상의 결함으로 항공기 구조물의 강도, 항공기의 성능 또는 비행 특성에 악영향을 미쳐 대수리 또는 해당 구성품(Component)의 교체가 요구되는 경우

17 항공안전법이 규정하는 항공종사자의 정의로 맞는 것은?

① 항행안전시설의 유지·보수 업무에 종사하는 사람
② 항공종사자 자격증명을 받은 사람
③ 항공기의 정비업무에 종사하는 사람
④ 항공기의 운항을 위하여 지상조업을 하는 사람

18 다음 중 항공안전법의 전부 또는 일부 적용 특례에 해당되는 않는 것은?

① 세관업무 또는 경찰업무에 사용하는 항공기
② 한미 상호방위조약에 따라 미국이 사용하는 항공기
③ 국가기관등항공기를 재해·재난 등으로 인한 수색·구조, 화재의 진화, 응급환자 후송 목적으로 긴급히 운항하는 경우
④ 국토교통부에서 사용하는 비행점검용 항공기

19 등록을 필요로 하지 않는 항공기의 범위에 속하지 않는 것은?

① 군에서 사용하는 항공기
② 시험비행을 목적으로 사용하는 항공기
③ 세관에서 사용하는 항공기
④ 경찰업무에 사용하는 항공기

20 다음 중 항공기 등록의 종류가 아닌 것은?

① 변경등록　② 상시등록
③ 이전등록　④ 말소등록

21 항공기가 멸실(滅失)되었을 경우 며칠 이내에 대통령령으로 정하는 바에 따라 국토교통부장관에게 말소등록을 신청하여야 하는가?

① 7일　② 14일
③ 15일　④ 30일

22 항공기 대한 등록기호표 부착 위치에 대한 설명으로 올바른 것은?

① 항공기에 출입구가 있는 경우: 항공기 주(主)출입구 윗부분의 안쪽
② 항공기에 출입구가 있는 경우: 항공기 주(主)출입구 윗부분의 바깥쪽
③ 항공기에 출입구가 있는 경우: 항공기 주(主)출입구 아랫부분의 안쪽
④ 항공기에 출입구가 있는 경우: 항공기 주(主)출입구 아랫부분의 바깥쪽

23 다음 중 비행기와 활공기에 표시하는 등록부호의 높이로 올바른 것은?

① 주 날개에 표시하는 경우에는 50센티미터 이상, 수직 꼬리 날개 또는 동체에 표시하는 경우에는 30센티미터 이상
② 주 날개에 표시하는 경우에는 30센티미터 이상, 수직 꼬리 날개 또는 동체에 표시하는 경우에는 10센티미터 이상
③ 동체 아랫면에 표시하는 경우에는 50센티미터 이상, 동체 옆면에 표시하는 경우에는 30센티미터 이상
④ 선체에 표시하는 경우에는 50센티미터 이상, 수평안정판과 수직안정판에 표시하는 경우에는 15센티미터 이상

24 다음 항공기 중 특별감항증명의 대상이 아닌 것은?

① 정비를 위한 장소까지 화물을 싣지 아니하고 비행하는 경우
② 판매·홍보·전시에 활용하는 경우
③ 군사훈련을 하는 경우
④ 정비 후 시험비행을 하는 경우

25 다음 중 해당 항공종사자 가격증명을 받을 수 없는 조건이 아닌 것은?

① 자가용 조종사 자격 : 17세 미만
② 사업용 조종사·항공교통관제사·항공정비사 자격 : 18세 미만
③ 운송용 조종사 자격 : 21세 미만
④ 운항관리사 자격 : 23세 미만

26 다음 중 보수를 받고 무상으로 운항하는 항공기를 조종하는 항공종사자는?

① 자가용 조종사
② 사업용 조종사
③ 운송용 조종사
④ 부조종사

27 다음 중 항공기의 등급 분류로 맞는 것은?

① 육상비행기, 수상비행기
② 육상단발, 수상다발
③ 비행선, 헬리콥터
④ B737-800, C172

28 다음 중 항공신체검사증명 제3종에 해당하는 항공종사자는?

① 자가용조종사
② 운항관리사
③ 항공교통관제사
④ 항공기관사

29 40세 미만인 항공종사자 항공신체검사증명의 유효시간으로 올바르지 않은 것은?

① 운송용 조종사 : 12개월
② 항공교통관제사 : 36개월
③ 사업용 조종사 : 12개월
④ 자가용 조종사 : 60개월

30 국토교통부장관의 항공영어구술능력증명(EPTA)을 받아야 하는 사람에 해당하지 않는 것은?

① 두 나라 이상을 운항하는 항공기의 기장
② 두 나라 이상을 운항하는 항공기의 부기장
③ 두 나라 이상을 운항하는 항공기를 관제하는 항공교통관제사
④ 두 나라 이상을 운항하는 항공기의 운항을 관리하는 운항관리사

31 항공기를 운항하려는 자 또는 소유자등이 갖추어 두어야 하는 항공일지에 해당되지 않는 것은?

① 탑재용 항공일지
② 지상 비치용 발동기 항공일지
③ 지상 비치용 프로펠러 항공일지
④ 사고예방 및 사고조사 항공일지

32 항공기의 소유자등이 항공기에 갖추어야 할 구급용구에 해당하지 않는 것은?

① 항공종사자 신체검사증명
② 음성신호발생기
③ 불꽃조난신호장비
④ 손확성기(메가폰)

33 승객 좌석수가 120석인 항공운송사업용 여객기에 갖춰 두어야 하는 손확성기의 수는?

① 1개　　② 2개
③ 3개　　④ 4개

34 항공기가 야간에 공중·지상 또는 수상을 항행하는 경우와 비행장의 이동지역 안에서 이동하거나 엔진이 작동 중인 경우에 항공기의 위치를 나타내야 하는 항공기의 등불은?

① 우현등, 좌현등, 미등, 충돌방지등
② 우현등, 좌현등, 미등
③ 우현등, 미등, 충돌방지등
④ 좌현등, 미등, 충돌방지등

35 항공기에는 몇 세 이상의 승객과 모든 승무원을 위한 안전띠가 달린 좌석을 장착해야 하는가?

① 1세　　② 2세
③ 3세　　④ 4세

36 항공운송사업용 항공기 또는 국외를 운항하는 비행기가 평균해면으로부터 얼마의 고도를 초과하여 운항하려는 경우 방사선투사량계기 1기를 갖추어야 하는가?

① 5천 미터
② 1만 미터
③ 1만 5천 미터
④ 1만 8천 미터

37 운항승무원의 "승무시간(Flight Time)"이란?

① 운항승무원이 1개 구간 또는 연속되는 2개 구간 이상의 비행이 포함된 근무의 시작을 보고한 때부터 마지막 비행이 종료되어 최종적으로 항공기의 발동기가 정지된 때까지의 총 시간을 말한다.
② 비행기의 경우 이륙을 목적으로 비행기가 최초로 움직이기 시작한 때부터 비행이 종료되어 최종적으로 비행기가 정지한 때까지의 총 시간을 말하며, 헬리콥터의 경우 주회전익이 회전하기 시작한 때부터 주회전익이 정지된 때까지의 총 시간을 말한다.
③ 운항승무원이 항공기 운영자의 요구에 따라 근무보고를 하거나 근무를 시작한 때부터 모든 근무가 끝난 때까지의 시간을 말한다.
④ 승객이 탑승한 후 항공기의 모든 문이 닫힌 때부터 내리기 위하여 문을 열 때까지를 말한다.

38 항공기 사고 또는 준사고가 발생한 경우 국토교통부장관에게 그 사실을 보고하여야 한다. 만약 기장이 보고할 수 없는 경우에는 누가 보고하여야 하는가?

① 그 공항의 관제사등
② 그 항공사의 정비사등
③ 그 항공기의 소유자등
④ 그 항공사의 운항관리사등

39 의무보고 대상 항공안전장애 외의 항공안전장애("자율보고대상 항공안전장애")는 누구에게 보고할 수 있는가?

① 항공안전위원회 위원장
② 한국교통안전공단 이사장
③ 지방항공청 청장
④ 항공교통본부 본부장

40 항공운송사업에 사용되는 항공기의 기장은 어떤 항목의 운항자격을 국토교통부장관으로부터 인정받아야 하는가?

① 지식 및 경험
② 노선 및 공항
③ 경험 및 기량
④ 지식 및 기량

41 긴급항공기의 지정에 있어서 국토교통부령으로 정하는 긴급한 업무에 해당되지 않는 것은?

① 재난·재해 등으로 인한 수색·구조
② 응급환자의 수송 등 구조·구급활동
③ 화재의 진화
④ 공항시설의 긴급한 복구

42 항공기가 활공기를 예항하는 예항줄의 길이는?

① 20미터 이상 30미터 이하로 할 것
② 30미터 이상 50미터 이하로 할 것
③ 40미터 이상 80미터 이하로 할 것
④ 50미터 이상 100미터 이하로 할 것

43 무선통신 두절 시의 연락방법으로 비행 중인 항공기에게 착륙하여 계류장으로 갈 것을 지시하는 관제탑 빛총신호로 올바른 것은?

① 연속되는 녹색
② 연속되는 붉은색
③ 깜빡이는 붉은색
④ 깜빡이는 흰색

44 다음 중 주의공역의 구분에 포함되지 않는 것은?

① 군작전구역
② 제한구역
③ 훈련구역
④ 경계구역

45 국교통부장관이 항공정보를 제공하는 방법에 해당하지 않는 것은?

① AIP
② AIM
③ NOTAM
④ AIC

제1교시 | **교통법규**

항공보안법

46 다음 중 항공보안법을 위반하는 불법방해행위에 해당하지 않는 것은?

① 지상에 있거나 운항중인 항공기를 납치하거나 납치를 시도하는 행위
② 승객이 항공사에 불만을 제기하기 위해 항공사 사무실에서 농성하는 행위
③ 항공기 또는 공항에서 사람을 인질로 삼는 행위
④ 항공기 또는 승객, 승무원, 지상근무자의 안전을 위협하는 거짓 정보를 제공하는 행위

47 항공보안협의회에서 협의하는 항공보안에 관련되는 사항에 해당하지 않는 것은?

① 대테러에 관한 사항
② 항공보안에 관한 계획의 협의
③ 관계 행정기관 간 업무 협조
④ 자체 보안계획의 승인을 위한 협의

48 다음 중 공항시설 보호구역의 지정에 관한 설명으로 올바른 것은?

① 공항운영자는 공항시설과 항행안전시설에 대하여 보안에 필요한 조치를 하여야 한다.
② 공항운영자는 보안검색이 완료된 승객과 완료되지 못한 승객 간의 접촉을 방지하기 위한 대책을 수립·시행하여야 한다.
③ 공항운영자는 보안검색을 거부하거나 무기·폭발물 또는 그 밖에 항공보안에 위협이 되는 물건을 휴대한 승객 등이 보안검색이 완료된 구역으로 진입하는 것을 방지하기 위한 대책을 수립·시행하여야 한다.
④ 공항운영자는 보안검색이 완료된 구역, 활주로, 계류장(繫留場) 등 공항시설의 보호를 위하여 필요한 구역을 국토교통부장관의 승인을 받아 보호구역으로 지정하여야 한다.

49 항공운송사업자가 이행해야 하는 조종실 출입문에 대한 보안조치로 올바르지 않은 것은?

① 객실에서 조종실 출입문을 임의로 열 수 없는 견고한 잠금장치를 설치할 것
② 조종실 출입문열쇠 보관방법을 정할 것
③ 운항중에는 조종실 출입문을 잠글 것
④ 조종실 출입통제 절차의 마련은 항공운송사업자가 소관 업무가 아니다.

50 다음 중 항공운송사업자가 항공기 탑승을 거절할 수 있는 사람에 해당하지 않는 경우는?

① 승객의 안전 및 항공기의 보안을 위하여 필요한 조치를 거부한 사람
② 술을 마시거나 약물을 복용하고 승객 및 승무원 등에게 위해를 가할 우려가 있는 사람
③ 과도한 화장을 하고 사회 통념상 받아들이기 어려운 복장을 착용한 사람
④ 항공기의 운항을 저해하는 행위를 금지하는 기장등의 정당한 직무상 지시를 따르지 아니한 사람

제1회 제1교시 교통법규 정답

01	①	11	①	21	③	31	④	41	④
02	④	12	②	22	①	32	①	42	③
03	③	13	②	23	①	33	②	43	④
04	④	14	④	24	③	34	①	44	②
05	①	15	②	25	④	35	②	45	②
06	③	16	④	26	②	36	③	46	②
07	③	17	②	27	②	37	②	47	①
08	④	18	②	28	③	38	③	48	④
09	③	19	②	29	②	39	②	49	④
10	①	20	②	30	④	40	④	50	③

제2교시 필수과목
교통안전관리론

01 다음 중 교통안전의 목적으로 올바르지 않은 것은?
① 인명의 존중
② 사회복지 증진
③ 수송효율 극대화
④ 경제성 향상

02 다음 중 "운전환경과 운전조건이 개선되어 운전자가 안심하고 운전할 수 있도록 해야 한다"는 것을 의미하는 것은?
① 운전자의 관리자에 대한 신뢰의 원칙
② 무리한 행동배제의 원칙
③ 안전한 환경조성의 원칙
④ 사고요인의 등치성 원칙

03 하인리히의 재해 발생비율을 중대한사고 : 경미한 사고 : 재해를 수반하지 않는 사고의 비율 순서로 옳은 것은?
① 1 : 29 : 300   ② 1 : 39 : 400
③ 1 : 49 : 500   ④ 1 : 59 : 600

04 초기에는 부품 등에 내재하는 결함, 사용자의 미숙 등으로 고장률이 높게 상승하지만 중기에는 부품의 적응 및 사용자의 숙련 등으로 고장률이 점차 감소하다가 말기에는 부품의 노화 등으로 고장률이 점차 상승하는 원리는?
① 욕조곡선의 원리
② 결함부품 배제의 원리
③ 정리정돈의 원리
④ 무결점 안전화의 원리

05 다음 중 페이욜(H.Fayol)이 경영의 관리활동으로 들고 있는 것으로 올바른 것은?
① 생산, 제조, 가공
② 구매, 만매, 교환
③ 재산목록, 대차대조표, 원가, 통계
④ 계획, 조직, 지휘, 조정, 통제

06 사고발생 요인 중 가장 많은 비중을 차지하고 있는 것은?
① 교통수단의 요인   ② 환경요인
③ 인적요인   ④ 횡단보도 요인

07 교통사고 예방을 위한 법규나 관리규정 등을 제정하여 안전관리의 효율성을 제고하기 위한 접근방법은?
① 인도적 접근방법
② 기술적 접근방법
③ 과학적 접근방법
④ 제도적 접근방법

08 다음 중 운전자에 관한 교통사고 인적요소로 올바르지 않은 것은?
① 생리
② 준법정신
③ 운전자의 심리
④ 운전면허 소지자수 증가

09 다음 중 한 가지 일에만 집중하는 것이 아니라 여러 가지 행동을 같이 하는 경우로서 그 결과 집중력이 흐려지는 현상을 의미하는 것은?
① 주의의 동요   ② 주의의 완화
③ 주의의 집중   ④ 주의의 분산

10 일반적으로 동체시력은 정지시력에 비해 몇 퍼센트 낮아지는가?
   ① 10퍼센트   ② 15퍼센트
   ③ 30퍼센트   ④ 50퍼센트

11 보통 운전자의 정지 시 시야 각도는?
   ① 좌우 각각 140°(눈 있는 쪽 90°, 반대쪽 50°)
   ② 좌우 각각 170°(눈 있는 쪽 120°, 반대쪽 50°)
   ③ 좌우 각각 150°(눈 있는 쪽 100°, 반대쪽 50°)
   ④ 좌우 각각 160°(눈 있는 쪽 100°, 반대쪽 60°)

12 운전자가 색에 의한 자극을 받을 때 긴장과 불안을 느끼는 색은?
   ① 적색   ② 황색
   ③ 백색   ④ 녹색

13 음주운전 교통사고의 특징으로 올바르지 않은 것은?
   ① 주차 중인 자동차와 같은 정지 물체 등에 충돌한다.
   ② 야간보다 주간에 많은 교통사고를 유발한다.
   ③ 차량단독사고의 가능성이 높다.
   ④ 치사율이 높다.

14 고령 운전자의 특성으로 올바르지 않은 것은?
   ① 야간 주행능력이 떨어진다.
   ② 시청각 감각이 감소되어 교통사고 위험빈도 노출이 높다.
   ③ 운전에 대한 경험과 지식이 풍부하므로 운전에 대한 민첩성이 높다.
   ④ 교통사고 요소에 대한 반응속도가 떨어진다.

15 외부자극이 행동으로 진행되는 과정을 바르게 나열한 것은?
   ① 식별 - 순응 - 판단 - 행동
   ② 자각 - 식별 - 판단 - 행동
   ③ 자각 - 판단 - 행동 - 식별
   ④ 식별 - 자각 - 판단 - 행동

16 운수회사의 교통사고 방지를 위한 안전관리 업무를 담당하는 안전관리조직에 포함되는 요소로 올바르지 않은 것은?
   ① 안전관리조직은 안전관리 목적 달성의 수단일 것
   ② 안전관리조직은 안전관리 목적 달성에 지장이 없는 한 단순할 것
   ③ 안전관리조직은 인간을 목적 달성을 위한 수단의 요소로 인식할 것
   ④ 안전관리조직은 인간을 목적 달성의 수단으로 종합적으로 판단할 것

17 비공식 조직에서 조직원 상호간의 감정적 거리를 측정하여 집단의 상호관계를 파악하는 방법은?
   ① 조하리의 창   ② 브레인스토밍
   ③ 소시오메트리   ④ 그레이프바인

18 다음 중 라인과 스태프에 대한 설명으로 틀린 것은?
   ① 스태프는 전문적인 권한을 행사하는 조직이다.
   ② 라인은 경영활동의 집행을 담당한다.
   ③ 라인은 조직의 목표 달성을 위해 부하를 감독하고 작업 결과에 대하여 책임을 지는 조직이다.
   ④ 스태프는 라인에 지원과 조언의 전문적인 서비스를 제공하는 조직이다.

19 운송업체의 최고경영진의 마음가짐에 해당하지 않는 것은?

① 감독자와 운전자는 계급을 떠나서 인간적 관계를 맺는다.
② 안전관계회의에는 항시 참석한다.
③ 권위 있는 지도력과 안전관리에 대한 지속적 관심을 표시한다.
④ 상벌을 시행할 때에는 참석하지 않는다.

20 교통안전관리의 단계 중 작업장, 사고현장 등을 방문하여 안전지시, 일상적인 감독상태 등을 점검하는 단계는?

① 준비단계　　② 조사단계
③ 계획단계　　④ 설득단계

21 심리학자 캇츠(D. Katz)가 말하는 "스스로를 더욱 강화시키고, 자기 자신의 정체성을 가지게 하는 태도"의 기능으로 올바른 것은?

① 적응 기능
② 지식적 기능
③ 자기 방어적 기능
④ 가치 표현적 기능

22 다음 문장의 괄호 안에 들어갈 용어가 순서대로 올바른 것은?

> (　　)으로 지식과 정보가 쌓이며, (　　)으로 일정수준에까지 순응시키며, (　　)로 통솔 하에 이끌게 된다.

① 교육, 훈련, 지도
② 훈련, 교육, 지도
③ 지도, 훈련, 교육
④ 교육, 지도, 훈련

23 다음 중 10명 정도가 모여 무작위로 의견을 제시하고 제출된 의견에 대한 상호비판을 금지하면서 의사를 결정하는 기법은?

① 명목집단법　　② 체크리스트법
③ 브레인스토밍　　④ 시스니피케이션

24 안전관리활동 중 현장안전회의(Too Box Meeting)에 관한 설명으로 올바르지 않은 것은?

① 짧은 시간을 할애하여 미팅한다.
② 장시간 할애하여 미팅한다.
③ 인원수는 5~6인이 적당하다.
④ 운행종료 후에도 미팅한다.

25 P-D-C-A 계획에 대한 설명으로 올바르지 않은 것은?

① P는 계획을 말한다.
② C는 창조를 말한다.
③ D는 실시를 말한다.
④ A는 조정을 말한다.

제1회 제2교시 교통안전관리론 정답

01	❸	06	❸	11	❹	16	❹	21	❹
02	❸	07	❹	12	❶	17	❸	22	❶
03	❶	08	❹	13	❷	18	❶	23	❸
04	❶	09	❹	14	❸	19	❹	24	❷
05	❹	10	❸	15	❷	20	❷	25	❷

| 제2교시 | 필수과목 |

항공기체

01 다음 중 항공기 기체 구조의 구성으로 올바른 것은?
① 동체, 날개, 꼬리날개, 착륙장치, 엔진 마운트
② 동체, 날개, 꼬리날개, 착륙장치, 동력장치
③ 동체, 날개, 꼬리날개, 동력장치, 나셀
④ 동체, 날개, 꼬리날개, 착륙장치, 엔진 마운트와 나셀

02 항공기 날개에 기관을 장착하기 위해 필요한 구조물은?
① 방화벽   ② 카울링
③ 파일론   ④ 벌크헤드

03 항공기 기체에 작용하는 기계적인 하중에서 부재 내부에 작용하는 하중은?
① 양력, 항력, 추력, 무게
② 인장력, 압축력, 전단력, 비틀림력, 굽힘력
③ 공기력, 관성력
④ 양력, 항력

04 항공기 기체구조에 인장력과 압축력으로 이루어진 응력은?
① 전단응력
② 굽힘응력
③ 토크
④ 비틀림 응력

05 항공기 구조에 작용하는 하중에서 물체에 접근한 평행한 두 면에 크기가 같고 방향이 반대로 작용하는 하중은?
① 인장하중   ② 전단하중
③ 압축하중   ④ 굽힘하중

06 항공기가 지상에서 날개의 상부표면(Upper Skin)에서 주로 받고 있는 하중은?
① 압축(Compression)   ② 전단(Shear)
③ 굽힘(Bending)   ④ 인장(Tension)

07 페일세이프(fail-safe) 구조의 가장 큰 특성은?
① 영구적으로 안전하다.
② 하중을 견디는 구조물의 무게가 가벼워진다.
③ 하중을 담당하는 구조물은 하나로 되어 있다.
④ 구조의 일부분이 파괴되어도 다른 구조부분이 하중을 지지한다.

08 다음 지지보의 형태는?

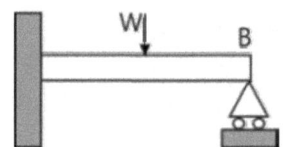

① 단순보   ② 고정지지보
③ 고정보   ④ 돌출보

09 하중배수에 대한 설명으로 옳은 것은?
① 추력을 비행기의 무게로 나눈 값이다
② 양력을 비행기의 무게로 나눈 값이다.
③ 수평 비행 시의 양력을 화물하중으로 나눈 값이다.
④ 기본 하중을 현재의 하중으로 나눈 값이다.

10 다음 중 설계하중을 바르게 설명한 것은?

① 설계하중 = 한계하중
② 설계하중 = 한계하중 + 안전계수
③ 설계하중 = 안전계수
④ 설계하중 = 한계하중 × 안전계수

11 트러스형(truss type) 동체 구조의 설명과 다른 것은?

① 내부 공간이 넓다.
② 골격/뼈대(truss)는 기체에 작용하는 대부분의 하중을 담당한다.
③ 외피(skin)는 공기역학적 외형을 유지해 준다.
④ 외형이 각진 부분이 많아 유연하지 않다.

12 다음 중 모노코크 형식의 항공기 구조의 응력은 주로 무엇에 의하여 전달되는가?

① 외피(skin), 세로지(stringer), 정형재(former)
② 외피(skin), 세로지(stringer), 세로대(longeron)
③ 외피(skin)
④ 세로지(stringer)

13 동체구조에서 세미-모노코크를 올바르게 설명한 것은?

① 구조부가 삼각형을 이루는 기체의 뼈대가 하중을 담당하고, 표피는 항공 역학적인 요구를 만족하는 기하학적 형태만을 유지하는 구조이다.
② 하중의 대부분을 표피가 담당하며, 내부에 보강재가 없이 표피만으로 되어 있는 구조이다.
③ 동체의 내부 공간을 확보하기 위해 세로대 및 세로지를 이용한 구조이다.복잡하다.
④ 골격과 외피가 공히 하중을 담당하는 구조로서 외피는 주로 전단응력을, 골격은 인장, 압축, 굽힘 등 모든 하중을 담당하는 구조이다.

14 다음 그림의 항공기 동체 구조 형식은?

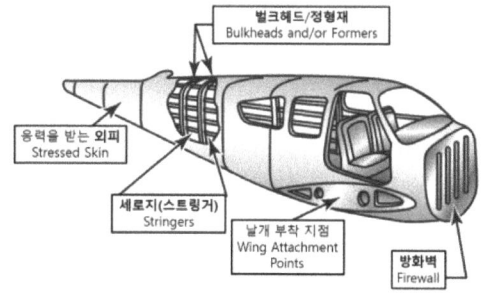

① 트러스(truss) 구조
② 모노코크(monocoque) 구조
③ 세미모노코크(semi-monocoque) 구조
④ 응력 외피(skin stress) 구조

15 방화벽(Firewall)은 어느 곳에 위치하고 있는가?

① 연료탱크 앞에
② 조종석 뒤에
③ 엔진 마운트 뒤에
④ 엔진 마운트 앞에

16 항공기 객실여압은 객실고도 8,000ft로 유지하도록 되어있는데, 지상의 기압으로 유지 못하는 가장 큰 이유는?

① 기관의 한계 때문에
② 동체의 강도 한계 때문에
③ 여압펌프의 한계 때문에
④ 인간에게 가장 적합한 압력이기 때문에

17 항공기의 수직 꼬리날개의 구성이 아닌 것은?

① 승강키   ② 도살 핀
③ 방향키   ④ 수직 안정판

18 항공기의 1차 조종면은?

① Elevator, Flap, Spring tap
② Aileron, Elevator, Flap
③ Rudder, Aileron, Trim tap
④ Aileron, Elevator, Rudder

19 다음 중 고양력 장치는?
 ① Elevator ② Flap
 ③ Aileron ④ Rudder

20 조종계통 케이블의 방향을 바꾸어 주는 것은?
 ① 풀리(pulley)
 ② 턴버클(turnbuckle)
 ③ 페어 리드(fair lead)
 ④ 벨 크랭크(bell crank)

21 착륙 시 브레이크 효율을 높이기 위하여 미끄럼이 일어나는 현상을 방지시켜주는 것은?
 ① 오토 브레이크
 ② 조향 장치
 ③ 팽창 브레이크
 ④ 안티 스키드 장치

22 헬리콥터의 테일로터가 테일붐 형태로 되어 있지 않고 동체 내부에 들어가 있어 토크가 발생하지 않는 형태는?
 ① 파일론
 ② 플래핑 힌지
 ③ 테일붐
 ④ 페네스트론

23 금속의 기계적 성질 중 물질이 탄성한계 이상의 힘을 받아도 부서지지 않고 가늘고 길게 늘어나는 성질은?
 ① 연성 ② 취성
 ③ 인성 ④ 전성

24 SAE 강의 분류로 4130은?
 ① 몰리브덴 1%에 탄소 30%를 함유한 몰리브덴강
 ② 몰리브덴 1%에 탄소 30%를 함유한 크롬강
 ③ 몰리브덴 4%에 탄소 0.30%를 함유한 탄소강
 ④ 몰리브덴 1%에 탄소 0.30%를 함유한 몰리브덴강

25 항공기에 복합 소재를 사용하는 주된 이유는 무엇인가?
 ① 금속보다 저렴하기 때문에
 ② 금속보다 오래 견디기 때문에
 ③ 금속보다 가볍기 때문에
 ④ 열에 강하기 때문에

제1회 제2교시 항공기체 정답

01	④	06	④	11	①	16	②	21	④
02	③	07	④	12	③	17	①	22	④
03	②	08	②	13	④	18	④	23	①
04	②	09	②	14	③	19	②	24	④
05	②	10	④	15	③	20	①	25	③

제2교시 선택과목
항공기상

01 지구 대기권에서 기상현상이 가장 많이 발생하는 권역은?

① 대류권 ② 성층권
③ 중간권 ④ 열권

02 지구 대기권에 대한 설명으로 옳지 않은 것은?

① 지구 대기권은 물리적 특성에 따라 대류권, 성층권, 중간권, 열권, 극외권으로 나뉜다.
② 성층권은 약 11~50km까지이며, 상승할수록 온도가 강하하는 특성이 있다.
③ 중간권은 약 50~80km까지이며, 상승할수록 온도가 강하하는 특성이 있다.
④ 대류권은 평균높이 12km까지이며, 대류 및 기상현상이 발생되는 권역이다.

03 대류권계면 고도가 높은 곳부터 순서대로 바르게 나열된 것은?

① 적도 - 극지방 - 중위도
② 적도 - 중위도 - 극지방
③ 극지방 - 적도 - 중위도
④ 극지방 - 중위도 - 적도

04 다음 중 기온에 관한 설명 중 옳은 것은?

① 지표면에서 관측된 온도
② 지표면으로부터 1.5m 높이에서 관측된 온도
③ 지표면으로부터 3m 높이에서 관측된 온도
④ 지표면으로부터 5m 높이에서 관측된 온도

05 다음 중 기상 7대 요소는 무엇인가?

① 기압, 기온, 습도, 구름, 강수, 바람, 시정
② 기압, 전선, 기온, 습도, 구름, 강수, 바람
③ 해수면, 전선, 기온, 윈드시어, 바람, 강수, 안개
④ 기압, 기온, 습도, 전선, 강수, 바람, 스모그

06 다음 중 지표면 기온역전이 가장 잘 일어날 수 있는 조건은?

① 바람이 없고 기온차가 매우 큰 낮
② 미풍이 존재하는 구름이 많은 밤
③ 미풍이 존재하는 맑고 서늘한 밤
④ 강한 바람이 부는 맑고 서늘한 밤

07 국제민간항공기구 ICAO에서 정하고 있는 표준대기는?

① 29.92inHg, 15℃
② 1013.2mb, 59℃
③ 29.92mb, 59°F
④ 1013.2inHg, 15℃

08 해수면으로부터 공항의 고도를 측정하는 고도계 설정(altimeter setting) 방식은?

① QNE ② QNH
③ QFE ④ QFF

09 고기압에 대한 설명으로 틀린 것은?

① 구름이 있어도 소멸되어 일반적으로 날씨가 좋다.
② 기압경도는 고기압 중심일수록 작으므로 풍속도 중심일수록 약하다.
③ 북반구에서는 시계 방향으로 회전하며, 고기압 중심으로 수렴한다.
④ 중심 근처에 수증기가 풍부하고 수렴이 있으면 기상이 악화될 수 있다.

10 북반구에서 고기압의 바람 방향은?
① 반시계 방향으로 돌아 나간다.
② 시계 방향으로 돌아 나간다.
③ 반시계 방향으로 돌아 들어온다.
④ 시계 방향으로 돌아 들어온다.

11 바람이 발생하는 근본적인 원인은?
① 기압차이　② 고도차이
③ 하강기류　④ 상승기류

12 8,500ft AGL의 특정 비행에서 바람이 남서풍인 반면 지상풍의 대부분은 남풍이다 두 바람의 방향이 다른 이유는?
① 높은 고도의 강한 기압경도
② 바람과 지표면 사이의 마찰
③ 지표면의 강한 전향력
④ 고도에 따른 기온의 차이

13 다음 중 제트기류에 대한 설명으로 옳은 것은?
① 바람이 항상 일정하게 불지 않고 강약을 반복하는 바람
② 봄, 가을에 불어오며 한랭건조한 바람
③ 수직, 수평으로 바람방향이 급변하는 바람
④ 강하고 폭이 좁은 공기의 수평적인 이동

14 중심 부근의 최대풍속이 48~63 노트인 열대성 저기압을 무엇이라 하는가?
① STS (Severe Tropical Storm)
② TD (Topical Depression)
③ TS (Tropical Storm)
④ TY (Typhoon)

15 하강풍으로 건조하고 더운 바람이 부는 것은?
① 산곡풍　② 푄 바람
③ 해륙풍　④ 스콜

16 관제사가 통보해주는 RWY와 바람의 풍향 기준은?
① 진북 기준
② 활주로 방향 기준
③ 자북 기준
④ 항공기 Heading 기준

17 민간항공에서 평균풍속과 최대풍속이 얼마 이상 차이가 나는 바람을 돌풍(gust)이라 하는가?
① 3kt　② 6kt
③ 10kt　④ 12kt

18 우리나라에 장마를 불러오는 기단은?
① 북태평양 기단
② 양쯔강 기단
③ 오호츠크해 기단
④ 시베리아 기단

19 한랭전선 통과 시 나타나는 기상현상으로 올바르지 않은 것은?
① 기온 변화율이 급변한다.
② 지속적인 강수가 있다.
③ 풍향이 급격히 변화한다.
④ 기압이 급격히 상승한다.

20 다음 중 구름의 분류에 대한 설명으로 올바르지 않은 것은?
① 구름은 상층운, 중층운, 하층운, 수직운으로 분류하며, 운형은 10종류가 있다.
② 상층운은 운저고도가 보통 6km 이상으로 권운, 권적운, 권층운이 있다.
③ 중층운은 중위도 지방 기준 구름높이가 2~6km이고, 고적운, 고층운이 있다.
④ 하층운은 운저고도가 보통 2km 이하이며, 적운, 적란운이 있다.

21 뇌우에서 강우가 시작되는 단계는?

① 생성기　② 발달기
③ 성숙기　④ 소멸기

22 짧은 거리 내에서 풍향과 풍속이 급변하는 기상 현상을 무엇이라 하는가?

① 다운버스트
② 높새바람
③ 윈드시어
④ 태풍

23 시정이 얼마 미만일 때 안개로 보고되는가?

① 0.8km　② 1km
③ 1.5km　④ 3km

24 안개 생성 조건으로 볼 수 없는 것은?

① 바람이 없고, 대기가 불안할 때
② 공기가 노점온도 이하로 냉각될 때
③ 대기 중에 응결을 촉진시키는 응결핵이 존재할 때
④ 외부에서 많은 수증기의 공급과 함께 냉각 작용이 발생할 때

25 ICAO 부속서에서 규정하고 있는 TAF의 권장 유효기간은?

① 3~9시간　② 6~24시간
③ 12~24시간　④ 6~30시간

제1회 제2교시 항공기상 정답

01	❶	06	❸	11	❶	16	❸	21	❸
02	❷	07	❶	12	❷	17	❸	22	❸
03	❷	08	❷	13	❹	18	❸	23	❷
04	❷	09	❸	14	❶	19	❷	24	❶
05	❶	10	❷	15	❷	20	❹	25	❹

제2회 모의고사

제1교시 교통법규
교통안전법

01 다음 중 교통안전법의 목적으로 옳지 않은 것은?
① 교통안전 증진에 이바지함을 목적으로 한다.
② 교통안전에 관한 국가 또는 지방자치단체의 의무·추진체계 및 시책 등을 종합적·계획적으로 추진한다.
③ 교통안전에 관한 국가 또는 지방자치단체의 의무·추진체계 및 시책 등을 규정한다.
④ 육상·해상·항공 교통 등 부문별한 교통사고의 발생 현황과 원인을 분석한다.

02 사람 또는 화물의 이동·운송과 관련된 활동을 수행하기 위하여 개별적으로 또는 서로 유기적으로 연계되어 있는 교통수단 및 교통시설의 이용·관리·운영체계 또는 이와 관련된 산업 및 제도 등을 의미하는 것은?
① 교통시설
② 교통체계
③ 교통정책
④ 교통수단

03 다음 중 교통안전법상의 지방자치단체의 의무가 아닌 것은?
① 교통안전에 관한 시책의 수립 및 시행
② 주민의 생명·신체 및 재산을 보호
③ 교통시설의 설치 또는 관리
④ 지역개발·교육·문화 및 법무 등에 관한 계획 및 정책을 수립하는 경우의 교통안전에 관한 사항의 배려

04 다음 중 국가교통안전기본계획 등을 심의하는 기관은?
① 국가교통위원회
② 지방교통위원회
③ 시·군·구교통위원회
④ 도로교통 지정행정기관

05 국가교통안전기본계획의 수립권자는?
① 국가교통위원회
② 경찰청장
③ 지방교통위원회
④ 국토교통부장관

06 시·도지사등은 지역교통안전기본계획을 확정한 때에는 확정한 날부터 며칠 이내에 국토교통부장관에게 이를 제출하여야 하는가?
① 10일 이내
② 20일 이내
③ 30일 이내
④ 60일 이내

07 교통행정기관이 교통수단안전점검을 위해 사업장을 검사하려는 경우에 출입·검사 며칠 전까지 교통수단운영자에게 통지해야 하는가?

① 7일
② 14일
③ 30일
④ 60일

08 교통안전도 평가지수에서 교통사고 발생건수와 교통사고 사상자수 가중치는 각각 얼마인가?

① 0.3, 0.4
② 0.4, 0.6
③ 0.5, 0.6
④ 0.6, 0.7

09 다음 중 교통안전관리자의 결격사유로 볼 수 없는 것은?

① 피성년후견인 또는 피한정후견인
② 금고 이상의 실형을 선고받고 그 집행이 종료되거나 집행이 면제된 날부터 2년이 지나지 아니한 자
③ 금고 이상의 형의 집행유예를 선고받고 그 유예기간 중에 있는 자
④ 교통안전관리자 자격의 취소처분을 받은 날부터 3년이 지나지 아니한 자

10 교통행정기관의 제출 요청과 관계없이 운행기록을 주기적으로 제출하여야 하는 사업자는?

① 개인택시
② 일반화물차
③ 시외버스
④ 전세버스

제1교시 　 교통법규

항공안전법

11 항공안전법의 목적으로 옳지 않은 것은?

① 항공기의 안전하고 효율적인 항행을 위한 방법 등에 관한 사항을 규정함.
② 국가 등의 의무 등에 관한 사항을 규정함.
③ 항공사업자 및 항공종사자 등의 의무 등에 관한 사항을 규정함.
④ 항공기술 발전에 이바지하기 위한 방법 등에 관한 사항을 규정함.

12 다음 중 항공기의 범위에 해당하는 것은?

① 비행선, 수상기
② 초경량항공기, 헬리콥터
③ 비행선, 초급활공기
④ 활공기, 항공우주선

13 항공안전법에 따른 국가기관등항공기에 해당하지 않는 것은?

① 군용·경찰용·세관용 항공기
② 재난·재해 등으로 인한 수색·구조 항공기
③ 산불의 진화 및 예방 항공기
④ 응급환자의 후송 등 구조·구급활동 항공기

14 항공기사고에 따른 중상의 범위에 해당하는 것은?

① 신체표면의 3퍼센트를 초과하는 화상
② 1도 화상
③ 손가락, 발가락의 간단한 골절
④ 열상으로 인한 심한 출혈

15 항공기준사고가 아닌 것은?

① 다른 항공기와 500피트 미만으로 근접한 근접비행의 발생
② 지상활주 중 인명사고의 발생
③ 장애물과의 충돌을 가까스로 회피한 경우
④ 연료의 부족으로 인한 비상선언

16 관제권에 대한 설명 중 맞는 것은?

① 지표 또는 수면으로부터 200m 이상의 공역으로서 항공교통의 안전을 위하여 국토교통부장관이 지정한 공역
② 국토교통부장관이 항공기의 항행에 적합하다고 지정한 지국의 표면상에 표시한 공간
③ 비행장 또는 공항과 그 주변의 공역으로서 항공교통의 안전을 위하여 국토교통부장관이 지정·공고한 공역
④ 비행장 이외의 지역으로 항공기 항행의 안전을 위하여 국토교토부장관이 지정한 공역

17 국내에 등록하지 않고 비행이 가능한 항공기가 아닌 것은?

① 외국에 임대할 목적으로 도입한 항공기로서 외국 국적을 취득할 항공기
② 국내에서 제작한 항공기로서 제작자 외의 소유자가 결정되지 아니한 항공기
③ 항공기 제작자나 항공기 관련 연구기관이 연구·개발 중인 항공기
④ 국내 항공운송사업자가 외국으로부터 임대하여 사용하는 항공기

18 항공기 임차권 변경으로 소유권 이전 시 해당되는 등록은?

① 특별등록
② 이전등록
③ 변경등록
④ 말소등록

19 다음 중 항공기 국적 등을 표시하는 방법으로 올바른 것은?

① 등록기호, 국적기호 순으로 표시한다.
② 국적기호는 로마자의 대문자 "KOREA"로 표시하여야 한다.
③ 등록기호의 첫 글자가 문자인 경우 국적기호와 등록기호는 사이에 간격 없이 붙인다.
④ 등록기호의 첫 글자가 문자인 경우 국적기호와 등록기호 사이에 붙임표(-)를 삽입하여야 한다.

20 다음 항공기 중 특별감항증명의 대상이 아닌 것은?

① 항공기 제작자 및 항공기 관련 연구기관 등이 연구·개발 중인 경우
② 판매·홍보·전시·시장조사 등에 활용하는 경우
③ 조종사 양성을 위하여 조종연습에 사용하는 경우
④ 정비를 위한 장소까지 화물을 싣고 비행하는 경우

21 다음 중 사업용 조종사의 업무범위가 아닌 것은?

① 항공운송사업에 사용하는 항공기를 기장 조종사로서 조종하는 행위
② 보수를 받지 아니하고 무상으로 운항하는 항공기를 조종하는 행위
③ 보수를 받고 무상으로 운항하는 항공기를 조종하는 행위
④ 항공기사용사업에 사용하는 항공기를 조종하는 행위

22 다음 중 사업용 조종사의 항공신체검사증명 유효기간으로 옳은 것은?

① 12개월
② 24개월
③ 48개월
④ 60개월

23 항공운송사업에 사용되는 항공기 외의 항공기가 계기비행방식 외의 방식에 의한 비행을 하는 경우 설치·운용하지 않을 수 있는 무선설비가 아닌 것은?

① 자동방향탐지기(ADF)
② 전방향표지시설(VOR)
③ 거리측정시설(DME)
④ 비상위치지시용 무선표지설비(ELT)

24 항공운송사업용 여객기에는 승객 좌석수에 따라 손확성기를 갖춰 두어야 한다. 다음 중 올바르지 않은 것은?

① 61석부터 99석까지 : 1개
② 100석부터 199석까지 : 2개
③ 200석 이상 : 3개
④ 200석부터 299석까지 : 3개

25 다음 중 시계비행방식으로 비행하는 비행기에 갖추어야 할 계기가 아닌 것은?

① 나침반
② 시계
③ 고도계
④ 승강계

26 항공운송사업자는 승무원의 승무시간등 또는 운항관리사의 근무시간에 대한 기록을 얼마동안 보관하여야 하는가?

① 6개월 이상
② 12개월 이상
③ 15개월 이상
④ 24개월 이상

27 다음 중 항공안전관리시스템에 포함되어야 할 사항이 아닌 것은?

① 최고경영관리자의 권한 및 책임에 관한 사항
② 항공사고 및 준사고 요인의 식별절차에 관한 사항
③ 안전성과의 모니터링 및 측정에 관한 사항
④ 안전교육 및 훈련에 관한 사항

28 항공안전 의무보고서의 제출 시기로 올바르지 않은 것은?

① 항공기사고 : 즉시
② 항공기준사고 : 즉시
③ 의무보고 대상 항공안전장애가 발생한 것을 알게 된 자가 부상, 통신 불능, 그 밖의 부득이한 사유로 기한 내 보고를 할 수 없는 경우 : 그 사유가 해소된 시점부터 72시간 이내
④ 항공안전장애 : 48시간 이내

29 운항관리사를 두어야 하는 자가 운항하는 항공기의 기장은 그 항공기를 출발시키거나 비행계획을 변경하려는 경우에는 누구의 승인을 받아야 하는가?

① 국토교통부장관
② 지방항공청장
③ 항공교통관제사
④ 운항관리사

30 긴급항공기의 지정에 있어서 국토교통부령으로 정하는 긴급한 업무에 해당되지 않는 것은?

① 재난·재해 등으로 인한 수색·구조
② 응급환자의 수송 등 구조·구급활동
③ 긴급한 세관 및 경찰 업무 수행
④ 응급환자를 위한 장기(臟器) 이송

31 비행장 안의 이동지역에서 항공기의 지상이동시 준수해야 할 사항으로 올바르지 않은 것은?

① 정면 또는 이와 유사하게 접근하는 항공기 상호간에는 각각 오른쪽으로 진로를 바꿀 것
② 기동지역에서 지상 이동하는 항공기는 정지선등이 꺼져 있는 경우에는 정지, 대기하고, 정지선등이 켜질 때에는 이동할 것
③ 교차하거나 이와 유사하게 접근하는 항공기 상호간에는 다른 항공기를 우측으로 보는 항공기가 진로를 양보할 것
④ 추월하는 항공기는 다른 항공기의 통행에 지장을 주지 아니하도록 충분히 분리 간격을 유지할 것

32 항공기가 활공기 외의 물건을 예항하는 경우 예항줄에는 얼마의 간격으로 붉은색과 흰색의 표지를 번갈아 붙여야 하는가?

① 50미터 간격　② 40미터 간격
③ 30미터 간격　④ 20미터 간격

33 계기비행방식으로 조종사가 군비행장에 착륙할 경우 따라야 하는 절차는?

① 국제민간항공기구에서 정한 절차
② 대통령령으로 정한 절차
③ 국토교통부령으로 정한 절차
④ 해당 군비행장 또는 군 기관에서 정한 절차

34 기상상태에 관계없이 계기비행방식에 따라 비행해야 경우로 올바른 것은?

① 평균해면으로부터 1,500미터(5천피트)를 초과하는 고도로 비행하는 경우
② 평균해면으로부터 3,000미터(1만피트)를 초과하는 고도로 비행하는 경우
③ 평균해면으로부터 4,500미터(1만5천피트)를 초과하는 고도로 비행하는 경우
④ 평균해면으로부터 6,100미터(2만피트)를 초과하는 고도로 비행하는 경우

35 유도봉을 쥔 팔을 어깨 높이로 들어 올려 왼쪽 어깨 위로 위치시킨 뒤 유도봉을 오른쪽 · 왼쪽 어깨로 목을 가로질러 움직이는 유도신호의 의미는?

① 비상정지　② 직진
③ 고임목 삽입　④ 엔진 정지

36 시계비행방식으로 비행하는 항공기에 적용되는 국토교통부령으로 정하는 최저비행고도로 올바른 것은?

① 산악지역에서는 항공기를 중심으로 반지름 8킬로미터 이내에 위치한 가장 높은 장애물로부터 600미터의 고도
② 항공기를 중심으로 반지름 8킬로미터 이내에 위치한 가장 높은 장애물로부터 300미터의 고도
③ 지표면 · 수면 또는 물건의 상단에서 300미터(1,000피트)의 고도
④ 지표면 · 수면 또는 물건의 상단에서 150미터(500피트)의 고도

37 다음 중 국토교통부령으로 정하는 곡예비행 금지구역에 해당하지 않는 것은?

① 관제권
② 사람 또는 건축물이 밀집한 지역의 상공
③ 해당 항공기를 중심으로 반지름 500미터 범위 안의 지역에 있는 가장 높은 장애물의 상단으로부터 1,500미터 이하의 고도
④ 지표로부터 450미터(1,500피트) 미만의 고도

38 다음 중 회항시간 연장운항의 승인을 받아야 하는 항공기가 아닌 것은?

① 1개의 발동기를 가진 비행기
② 2개의 발동기를 가진 비행기
③ 3개 이상의 발동기를 가진 비행기의 모든 발동기가 작동할 때의 순항속도
④ 2개의 발동기를 가진 비행기가 1개의 발동기가 작동하지 아니할 때의 순항속도

39 여객운송에 사용되는 항공기에 장착된 승객의 좌석 수가 162석일 때 항공기에 탑승시켜야 할 객실승무원의 수는?

① 4명　② 3명
③ 2명　④ 1명

40 국토교통부장관이 항공기 안전운항을 확보하기 위하여 운항기술기준을 정하여 고시할 수 있는 사항에 해당되지 않는 것은?

① 자격증명
② 항공기 감항성
③ 항공기 등록 및 등록부호 표시
④ 항공기 형식증명

41 항공기의 조종사가 비행 시 특별한 주의·경계·식별 등이 필요한 공역은?

① 주의공역
② 관제공역
③ 비관제공역
④ 통제공역

42 항공교통업무의 목적이 아닌 것은?

① 조난 항공기에 대한 수색·구조
② 항공기 간의 충돌 방지
③ 항공교통흐름의 질서유지 및 촉진
④ 항공기의 안전하고 효율적인 운항을 위하여 필요한 조언 및 정보의 제공

43 수색·구조를 필요로 하는 항공기에 대한 관계기관에의 정보 제공 및 협조 업무는?

① 항공교통관제업무
② 비행정보업무
③ 경보업무
④ 수색·구조 관제업무

44 다음 중 항공정보에 사용되는 단위로 올바르지 않은 것은?

① 고도(Altitude): 미터(m) 또는 피트(ft)
② 시정(Visibility): 킬로미터(km) 또는 마일(SM)
③ 온도(Temperature): 섭씨도(℃) 또는 화씨도(℉)
④ 주파수(Frequency): 헤르쯔(Hz)

45 항공운송사업자가 운항규정 또는 정비규정을 제정하려는 경우의 올바른 절차는?

① 지방항공청장의 인가
② 지방항공청장에게 신고
③ 국토교통부장관의 인가
④ 국토교통부장관에게 신고

제1교시 | **교통법규**

항공보안법

46 항공보안법에서 '운항중'의 의미는?

① 승객이 탑승한 후 항공기의 모든 문이 닫힌 때부터 내리기 위하여 문을 열 때까지
② 항공기 발동기가 시동되는 순간부터 비행이 종료되어 발동기가 정지되는 순간까지
③ 항공기가 비행을 목적으로 이륙하는 순간부터 착륙하는 순간까지
④ 사람이 비행을 목적으로 항공기에 탑승하였을 때부터 탑승한 모든 사람이 항공기에서 내릴 때까지

47 항공보안법에서 규정하는 사항 외에 민간항공의 보안을 위하여 따라야 하는 국제협약이 아닌 것은?

① 항공기 내에서 범한 범죄 및 기타 행위에 관한 협약
② 항공기의 불법납치 억제를 위한 협약
③ 민간항공의 안전에 대한 불법적 행위의 억제를 위한 협약을 보충하는 미연방항공청에서 사용하는 공항에서의 불법적 폭력행위의 억제를 위한 의정서
④ 민간항공의 안전에 대한 불법적 행위의 억제를 위한 협약

48 다음 중 항공운송사업자가 수립하는 자체 보안 계획에 포함되어야 하는 것이 아닌 것은?

① 비행 전·후 항공기에 대한 보안점검
② 계류(繫留)항공기에 대한 탑승계단, 탑승교, 출입문, 경비요원 배치에 관한 보안 및 통제 절차
③ 기내식 및 저장품에 대한 보안대책
④ 승객·휴대물품 및 위탁수하물에 대한 보안검색

49 다음 중 공항시설 등의 보안에 관한 조치와 대책으로 올바르지 않은 것은?

① 공항운영자는 공항시설과 항행안전시설에 대하여 보안에 필요한 조치를 하여야 한다.
② 공항운영자는 보안검색이 완료된 승객과 완료되지 못한 승객 간의 접촉을 방지하기 위한 대책을 수립·시행하여야 한다.
③ 공항운영자는 보안검색을 거부하거나 무기·폭발물 또는 그 밖에 항공보안에 위협이 되는 물건을 휴대한 승객 등이 보안검색이 완료된 구역으로 진입하는 것을 방지하기 위한 대책을 수립·시행하여야 한다.
④ 공항을 건설하거나 유지·보수를 하는 경우에 불법방해행위로부터 사람 및 시설 등을 보호하기 위하여 준수하여야 할 세부기준은 항공운송사업자가 정한다.

50 항공보안법에 따라 지정하는 공항시설 보호구역에 포함되지 않는 것은?

① 출입국심사장
② 항공기 급유시설
③ 관제탑 등 관제시설
④ 활주로 및 계류장

제2회 제1교시 교통법규 정답

01	④	11	④	21	①	31	②	41	①
02	②	12	④	22	①	32	④	42	①
03	③	13	①	23	④	33	④	43	③
04	①	14	④	24	④	34	④	44	③
05	④	15	②	25	④	35	④	45	③
06	②	16	③	26	③	36	④	46	①
07	①	17	④	27	②	37	③	47	③
08	②	18	②	28	④	38	①	48	④
09	④	19	④	29	④	39	①	49	④
10	③	20	④	30	③	40	④	50	②

제2교시 필수과목
교통안전관리론

01 다음 중 교통안전관리의 기능에 속하지 않는 것은?

① 계획
② 조정
③ 시행
④ 개선

02 다음 중 교통사고 발생에 영향을 미치는 각 요인은 사고발생에 대하여 같은 비중을 지닌다는 원리는?

① 배치성 원리
② 차등성 원리
③ 등치성 원리
④ 동인성 원리

03 산업재해예방과 관련한 하인리히 법칙(1:29:300법칙)에서 29가 의미하는 것은?

① 큰 재해의 발생 비율
② 작은 재해의 발생 비율
③ 중대한 사고의 발생 비율
④ 사소한 사고의 발생 비율

04 어떤 현상이 일어날 수 있는 확률로 우발적인 변화에 기인한 고장과 부품의 마모와 결함, 노화 등의 원인에 의한 것과 관련되는 이론은?

① 집단의사결정
② 사고요인의 등치성
③ 브레인스토밍
④ 욕조곡선의 원리

05 경영활동을 기술적, 상업적, 재무적, 보전적, 회계적, 관리적 활동 등 여섯 가지로 구분하며, 관리는 관리적 활동을 의미하는데, 이는 "계획하고, 조직하며, 명령(지휘)하고, 조정하며, 통제하는 것"이라고 하였다. 이것이 오늘날 관리원칙의 골자를 이루는 관리 5요소라고 제시한 사람은?

① Roethlisberger
② Mayo
③ Fayol
④ Taylor

06 인적자원 관리법의 역사적 흐름으로 맞는 것은?

① 인간관계 관리법 – 참여적 관리법 – 과학적 관리법
② 과학적 관리법 – 인간관계 관리법 – 참여적 관리법
③ 참여적 관리법 – 과학적 관리법 – 인간관계 관리법
④ 과학적 관리법 – 참여적 관리법 – 인간관계 관리법

07 다음 중 교통안전담당자의 직무에 해당하지 않는 것은?

① 교통안전관리규정의 시행 및 그 기록의 작성·보존
② 교통시설의 조건 및 기상조건에 따른 안전운행 등에 필요한 조치
③ 운행기록장치 및 차로이탈경고장치 등의 점검 및 관리
④ 교통수단 및 교통수단운영체계의 개선 권고

08 교통시설의 변화나 버스노선의 비합리성으로 인해 발생하는 교통사고의 요인으로 옳은 것은?

① 도로시설 요인
② 차량요인
③ 환경요인
④ 인적요인

09 사고의 기본원인을 제공하는 4M에 대한 사고 방지대책으로 잘못 설명된 것은?
① Man(인간) : 능동적인 의욕, 위험예지, 리더십, 의사소통 등
② Machine(기계) : 안전설계, 위험방호, 표시장치 등
③ Media(매개체, 환경) : 작업정보, 작업환경, 건강관리 등
④ Management(관리) : 관리조직, 평가 및 훈련, 직장활동 등

10 다음 중 암순응을 가장 잘 설명한 것은?
① 어두운 곳에서 밝은 곳으로 들어가면 조금 있다 눈이 익숙해지는 현상
② 눈부심으로 인하여 순간적으로 시력을 잃어버리는 현상
③ 밝은 곳에서 어두운 곳으로 들어가면 조금 있다 눈이 익숙해지는 현상
④ 눈이 순간적으로 피로한 현상

11 근로자의 작업능률 등에 영향을 미치는 색채에 대한 설명으로 올바르지 않은 것은?
① 명도가 높은 색은 크게, 명도가 낮은 색은 작게 보인다.
② 명도가 높은 색은 진출(進出)하고, 명도가 낮은 색은 후퇴(後退)한다.
③ 장파장의 색은 따뜻한 느낌을 주고, 단파장의 색은 차가운 느낌을 준다.
④ 배경의 명도가 낮은 경우 명도가 높은 색은 명시도가 낮다.

12 표준운전시간이란?
① 정신적 피로도가 적을 때까지의 운전시간
② 육체적 피로도가 적을 때까지의 운전시간
③ 운전자가 최대로 운전할 수 있는 시간
④ 생리적으로 안전하게 운전할 수 있는 연속시간

13 다음 중 고령운전자의 특징이 아닌 것은?
① 순발력의 저하
② 청력 약화
③ 시력 감퇴
④ 민첩성의 확보

14 다음 중 운전자가 정보를 수집하고 행동을 결정하여 실행 후 확인하는 과정을 의미하는 것은?
① 행동반응
② 인지반응
③ 상황반응
④ 교통반응

15 다음 중 공식집단의 특성으로 올바르지 않은 것은?
① 비가시적이다.
② 표준화된 업무를 수행한다.
③ 제도화된 공식 규범의 바탕 위에 성립된다.
④ 공적인 목표를 추구하기 위하여 인위적으로 조직을 구성한다.

16 권한은 특정 업무를 수행할 때 사용되며 책임의 집합을 의미한다. 이 권한을 위임하는 이유로 올바르지 않은 것은?
① 하급자의 능률 향상에 이바지될 수 있다.
② 업무 처리 능력이 효율적으로 향상된다.
③ 변화에 따른 환경에 대응하여 최고 상급자의 지배권을 강화할 수 있다.
④ 상급자가 고유 업무에 전력을 다할 수가 있다.

17 중간관리자의 주요한 역할로 보기 어려운 것은?
① 전문가로서의 역할
② 현장 최일선의 지도자
③ 소관부문의 종합조정자
④ 상하간 및 부문 상호간의 커뮤니케이션

18 다음 중 일상적인 감독상태 등을 점검하는 안전관리 단계는?

① 준비단계 ② 조사단계
③ 계획단계 ④ 설득단계

19 타인과의 관계에서 자신의 잠재력, 운명, 위치 등을 파악하는 기준이 되는 집단은?

① 이익집단 ② 우호집단
③ 준거집단 ④ 소속집단

20 조직 구성원들이 집단목표를 달성하도록 영향력을 행사하는 능력을 무엇이라고 하는가?

① 커뮤니케이션 ② 매니지먼트
③ 리더십 ④ 모티베이션

21 다음 중 집합교육의 유형에 해당하지 않는 것은?

① 강의 ② 토론
③ 실습 ④ 카운슬링

22 안전관리활동 중 현장안전회의(Tool Box Meeting)에 관한 설명으로 올바르지 않은 것은?

① 짧은 시간을 할애하여 미팅한다.
② 인원수는 5~6인이 적당하다.
③ 운행종료 후에도 미팅한다.
④ 현장안전회의는 일방적으로 지시하는 것이다.

23 다음 중 매슬로우(A. Maslow)의 욕구단계설에 대한 설명으로 올바르지 않은 것은?

① 상위단계의 욕구는 하위단계의 욕구가 충족되어야만 동기부여가 된다.
② 하위욕구가 충족되면 하위욕구의 충족을 위한 요인은 더 이상 동기부여 요인이 될 수 없다.
③ 한 가지 이상의 욕구가 동시에 작용할 수도 있다.
④ 기본적으로 만족-진행 모형이다.

24 다음 중 효율적인 상담기법이 아닌 것은?

① 상담자는 편견이나 선입관으로부터 탈피되어야 한다.
② 내담자의 말을 경청하고 세밀히 관찰하여야 한다.
③ 내담자의 발언을 자주 가로막고 성급한 결론을 이끌어서는 아니 된다.
④ 내담자가 상담자에게 공격성을 나타내면 무시하고 상담의 주제를 바꾼다.

25 교통사고 조사항목을 선정하기 위한 평가방법은 교통 여건, 자료의 활용도, 조사 가능성 그리고 인력, 장비, 예산 등의 행정적 여건과 인과관계의 규명 가능성 등의 기술적 타당성을 종합적으로 고려하면서 현실적 가능성과 활용도에 역점을 두는 방법을 이용하여야 하는데, 이러한 방법은 다음 중 어느 방법에 속하는가?

① 회귀분석 방법 ② 델파이 방법
③ 유사집단 방법 ④ 원단위 방법

제2회 제2교시 교통안전관리론 정답

01	❷	06	❷	11	❹	16	❸	21	❹
02	❸	07	❹	12	❹	17	❷	22	❹
03	❷	08	❸	13	❹	18	❷	23	❸
04	❹	09	❸	14	❷	19	❸	24	❹
05	❸	10	❸	15	❶	20	❸	25	❷

| 제2교시 | 필수과목 |

항공기체

01 다음 중 기관 정지를 지시하는 수신호는?

02 항공기 기체에서 나셀(Nacelle)에 대한 설명으로 옳은 것은?
① 기관을 고정하는 장착대
② 기관 냉각을 위해 여닫는 덮개
③ 날개와 기관을 연결하는 지지대
④ 기체에 장착된 기관을 둘러싼 부분

03 그림과 같이 고정시켜 놓은 가운데 봉을 양쪽으로 당겼을 때 봉에 발생하는 하중의 형태는?

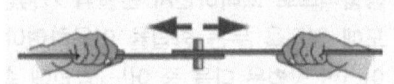

① 전단
② 인장
③ 압축
④ 비틀림

04 항공기가 수평 비행할 때 날개의 상부와 하부 그리고 단면에 작용하는 응력이 옳게 연결된 것은?
① 상부 : 굽힘, 하부 : 인장, 단면 : 휨
② 상부 : 압축, 하부 : 인장, 단면 : 전단
③ 상부 : 인장, 하부 : 압축, 단면 : 굽힘
④ 상부 : 휨, 하부 : 굽힘, 단면 : 압축

05 파일세이프 구조의 형식이 아닌 것은?
① 다경로 하중 구조
② 버블 구조
③ 대치 구조
④ 하중 경감 구조

06 초기의 헬리콥터 형식으로 많이 만들어졌으며 비교적 높은 강도를 가지고 있고 정비가 용이하나 유효공간이 적고 정밀한 제작이 어려운 구조형식은?
① 박스형
② 트러스형
③ 세미모노코크형
④ 모노코크형

07 날개의 단면을 공기역학적인 날개골로 유지해 주고 외피에 작용하는 하중을 날개보에 전달하는 부재는?
① 외피
② 날개보
③ 리브
④ 스트링거

08 항공기 꼬리날개(Empennage)의 구성이 아닌 것은?
① 승강키
② 토크 링크
③ 수직 안정판
④ 수평 안정판

09 비행기의 3축 운동과 관계된 조종면을 올바르게 연결한 것은?
① 옆놀이(Rolling) - 도움날개(Aileron)
② 옆놀이(Rolling) - 방향키(Rudder)
③ 키놀이(Pitching) - 방향키(Rudder)
④ 빗놀이(Yawing) - 승강키(Elevator)

10 다음 그림과 같이 플랩의 종류 중 캠버의 증가뿐만 아니라 날개의 면적까지 증가되어 양력의 증가가 가장 큰 플랩은?

① 크루거 플랩 ② 스플릿 플랩
③ 슬롯 플랩 ④ 파울러 플랩

11 조종면의 움직이는 방향과 반대방향으로 움직이도록 되어 있는 조종면은?
① Servo Tab ② Spring Tab
③ Balance Tab ④ Trim Tab

12 항공기의 지상 활주 시 조향장치에 대한 설명으로 틀린 것은?
① 소형 항공기는 방향키 페달을 사용한다.
② 조향장치는 앞바퀴를 회전시켜 원하는 방향으로 이동하는 장치이다.
③ 대형 항공기는 유압식이 사용되며 틸러(Tiller)라는 조향핸들을 사용한다.
④ 소형 항공기는 방향키 페달(Rudder pedal)을 이용하며 이때 방향키는 움직이지 않는다.

13 항공기 타이어 정보를 나타내는 것은?
① 트래드
② 비드
③ 브레이커
④ 측면 벽(sidewall)

14 헬리콥터 동력전달장치 중 기관 동력 전달 방향을 바꾸는데 사용하는 기어는?
① 스퍼기어 ② 랙기어
③ 베벨기어 ④ 헬리컬기어

15 굽힘이나 변형이 거의 일어나지 않고 부서지는 금속의 성질을 무엇이라 하는가?
① 연성 ② 취성
③ 인성 ④ 전성

16 다음 중 저탄소강의 탄소함유량은?
① 0.1~0.3%
② 0.3%~0.5%
③ 0.6~1.2%
④ 1.2% 이상

17 일반적으로 항공기의 구조 재료로 많이 사용되는 것은?
① 주강
② 티탄합금
③ 알루미늄합금
④ 유리섬유

18 청동의 성분을 올바르게 나타낸 것은?
① 구리 + 아연
② 구리 + 주석
③ 구리 + 망간
④ 구리 + 알루미늄

19 열경화성 수지에 해당되지 않는 것은?
① 페놀 수지
② 폴리우레탄 수지
③ 에폭시 수지
④ 폴리염화비닐 수지

20 허니컴 샌드위치 구조의 장점이 아닌 것은?
① 단열효과가 좋다.
② 집중하중에 강하다.
③ 표면이 평평하며 요철이 없다.
④ 두께 방향의 균일한 압력 발생시 충격 흡수가 우수하다.

21 방향족 폴리아라미드 섬유로서 이것의 복합재료는 알루미늄 합금보다 인장강도가 4배 이상 높으나 온도변화에 대한 신축성이 큰 단점이 있는 섬유는?

① 탄소 섬유　② 아라미드 섬유
③ 보론 섬유　④ 알루미나 섬유

22 일반 볼트보다 정밀하게 가공되어 심한 반복운동이나 진동이 작용하는 곳에 사용하는 볼트는?

① 표준 육각 볼트　② 정밀 공차 볼트
③ 인터널 렌칭 볼트　④ 드릴 헤드 볼트

23 리벳 머리에 표시를 보고 무엇을 알 수 있는가?

① 리벳 머리의 모양　② 재료의 종류
③ 리벳의 지름　④ 재료의 강도

24 항공기 위치표시 방법 중 동체 중심선을 기준으로 오른쪽과 왼쪽으로 평행한 너비 간격으로 나타나는 선은?

① 동체 위치선　② 버턱선
③ 동체 수위선　④ 스테이션선

25 항공기 결함 보고를 위한 스케치에서 항공기의 방향 표시를 할 때 "앞에서 뒤쪽을 본다"를 의미 하는 표시는?

① LOOKING INBD
② LOOKING OUT
③ LOOKING AFT
④ LOOKING FWD

제2회 제2교시 항공기체 정답

01	①	06	②	11	③	16	①	21	②
02	④	07	③	12	④	17	③	22	②
03	①	08	②	13	④	18	②	23	②
04	②	09	①	14	③	19	④	24	②
05	②	10	④	15	②	20	②	25	③

제2교시 선택과목
항공기상

01 대기권을 고도에 따라 낮은 곳부터 높은 곳까지 순서대로 바르게 분류한 것은?
① 대류권 - 성층권 - 열권 - 중간권 - 극외권
② 대류권 - 성층권 - 중간권 - 열권 - 극외권
③ 대류권 - 중간권 - 성층권 - 열권 - 극외권
④ 대류권 - 중간권 - 열권 - 성층권 - 극외권

02 대부분의 기상현상이 발생하는 대기는?
① Thermosphere
② Tropopause
③ Troposphere
④ Stratosphere

03 지구의 기상에서 모든 변화의 가장 근본적인 원인은?
① 기압차로 인한 지역적 차이
② 지표면 위의 공기 압력의 변화
③ 공기군의 이동
④ 지구 표면에 받아들이는 태양 에너지의 변화

04 대류권 내에서 기온은 1,000ft 상승할 때 마다 몇 도(℃)씩 감소하는가?
① 1℃
② 2℃
③ 3℃
④ 4℃

05 조종사가 기압고도계에 표준 대기압 29.92inHg를 설정했을 때 고도계가 지시하는 고도는?
① 진고도
② 기압고도
③ 절대고도
④ 밀도고도

06 바람을 일으키는 주요 요인은 무엇인가?
① 태양의 복사열의 불균형
② 지구의 회전
③ 공기량 증가
④ 습도

07 일기도의 등압선에 대한 설명 중 옳지 않은 것은?
① 대칭적인 두 고기압이나 두 저기압끼리 만날 때 등압선 간격은 일정하지만 바람방향은 반대이다.
② 등압선은 중간에 갈라지거나 합쳐지지 않는다.
③ 등압선은 교차할 수 있다.
④ 폐곡선이거나 일기도의 가장자리에서 시작하여 가장자리에서 끝나게 된다.

08 한랭전선 앞에서 폭이 좁은 띠의 형태를 띠며 국지적 돌풍을 일으키는 기상 현상은?
① squall
② microburst
③ wind shear
④ Typhoon

09 태풍의 세력이 약해져 소멸되기 직전 또는 소멸되면 무엇으로 변하는가?
① 열대성 저기압
② 열대성 고기압
③ 열대성 폭풍
④ 편서풍

10 산의 하단에 부는 바람으로서 기온이 상승하고 건조해지는 특징이 있는 바람은?
① 푄풍
② 해풍
③ 곡풍
④ 해륙풍

11 일반적으로 공항의 관제탑에서 불러주는 풍속은?
   ① 자북 기준 10분 단위의 평균 풍속이다.
   ② 자북 기준 2분 단위의 평균 풍속이다.
   ③ 진북 기준 10분 단위의 평균 풍속이다.
   ④ 진북 기준 2분 단위의 평균 풍속이다.

12 Wind calm의 정의로 맞는 것은? (ICAO 기준)
   ① 풍속이 0km/h 미만일 때
   ② 풍속이 2km/h 미만일 때
   ③ 풍속이 3km/h 미만일 때
   ④ 풍속이 5km/h 미만일 때

13 여름철 우리나라에 영향을 미치는 기단은?
   ① 양쯔강 기단
   ② 북태평양 기단
   ③ 오호츠크해 기단
   ④ 적도 기단

14 한랭전선의 바람 변화로 맞는 것은?
   ① 남동풍이 남서풍으로 변한다.
   ② 북동풍이 남동풍으로 변한다.
   ③ 동풍이 서풍으로 변한다.
   ④ 남서풍이 북서풍으로 변한다.

15 다음 중 가장 심한 난기류가 생성되는 구름은?
   ① 적운
   ② 적란운
   ③ 난층운
   ④ 탑상적운

16 다음 구름의 종류 중 비가 내리는 구름은?
   ① Ac   ② Ns
   ③ As   ④ Cs

17 뇌우에 관한 설명 중 맞는 것은?
   ① 발달기에는 상승기류, 성숙기에는 상승 및 하강 기류, 소멸기에는 하강기류가 존재하므로 비행 시 모든 단계에서 주의해야 한다.
   ② 발달기에는 약한 상승기류만이 존재하며, 강수가 시작되지 않기 때문에 비행에 위험하지 않다.
   ③ 성숙기에는 상승 및 하강기류가 공존하고, 강수가 시작되므로 성숙기에만 비행에 주의하면 된다.
   ④ 소멸기에는 하강기류만 있으며 강수가 끝나기 때문에 비행에 위험하지 않다.

18 Wind shear 경보에서 발효하는 항목은?
   ① 저시정, 뇌우, 비행장 지역 고고도 회전풍
   ② 강수, 우박, 안개, 육풍전선
   ③ 기온역전, 산악파, Microburst, 전선역전, 뇌우
   ④ 정체전선, 열대성 고기압

19 CAT가 주로 발생하는 지역은?
   ① 산의 정상 부근
   ② 산악풍이 있을 때 풍상 쪽
   ③ Wind shear 부근
   ④ Jet stream 부근

20 산악지형에서 정체된 렌즈형 구름이 나타내는 것은?
   ① 비구름
   ② 제트기류
   ③ 강한 난기류
   ④ 맑은 착빙조건

21 대기의 기온이 0도 이하에서도 물방울이 액체로 존재하는 것은?

① 응결수　② 수증기
③ 과냉각수　④ 용해수

22 야간에 지형적인 복사가 표면을 냉각시키고 표면 위의 공기를 노점까지 냉각시킬 때 응결에 의해 형성되는 안개를 무엇이라 하는가?

① 복사안개　② 증기안개
③ 이류안개　④ 활승안개

23 다음 중 착빙이 발생하기 가장 쉬운 온도는?

① 0℃ ~ 10℃
② -10℃ ~ 0℃
③ -10℃ ~ -20℃
④ -15℃ ~ -20℃

24 다음 중 Clear icing이 가장 잘 생기는 구름은?

① 고적운
② 층운
③ 적란운
④ 권적운

25 다음 중 우시정의 설명으로 옳은 것은?

① 관측자가 서 있는 공항의 절반(180도) 또는 지평원의 절반(180도) 이상에 걸쳐 가장 멀리 볼 수 있는 수평거리이다.
② 우시정은 관측자로부터 수직으로 측정한다.
③ 관측하는 하늘 중 맑은 하늘을 우시정이라고 한다.
④ 관측하는 날 중 비 내리는 날을 우시정이라고 한다.

제2회 제2교시 항공기상 정답

01	❷	06	❶	11	❷	16	❷	21	❸
02	❸	07	❸	12	❷	17	❶	22	❶
03	❹	08	❶	13	❷	18	❸	23	❷
04	❷	09	❶	14	❹	19	❹	24	❸
05	❷	10	❶	15	❷	20	❸	25	❶

제3회 모의고사

제1교시 교통법규
교통안전법

01 교통안전법에서 교통수단이라 함은 사람이 이동하거나 화물을 운송하는데 이용되는 것을 말하는데, 이에 해당하는 운송수단으로 옳지 않은 것은?
① 도로교통법에 의한 차마 또는 노면전차, 철도산업발전 기본법에 의한 철도차량
② 궤도운송법에 따른 궤도에 의하여 교통용으로 사용되는 용구 등 육상교통용으로 사용되는 모든 운송수단
③ 선박안전법에 의한 선박 등 수상 또는 수중의 항행에 사용되는 모든 운송수단
④ 항공안전법에 의한 항공기 등 항공교통에 사용되는 모든 운송수단

02 다음 중 '교통수단'을 규정하고 있는 법이 아닌 것은?
① 도로교통법 ② 항공안전법
③ 해사안전기본법 ④ 해양법

03 다음 중 교통안전법에 따른 교통행정기관이 아닌 것은?
① 지정행정기관의 장
② 자치구의 구청장
③ 시·도지사
④ 특별행정기관

04 다음 중 지역교통안전기본계획 등을 심의하는 기구는?
① 지방교통위원회 및 시·군·구 교통안전정책심의위원회
② 국가교통위원회
③ 국토교통부 지방교통청
④ 지방경찰청

05 다음 중 국가교통안전기본계획에 포함되어야 하는 사항에 해당되지 않는 것은?
① 교통안전에 관한 중·장기 종합정책방향
② 교통수단·교통시설별 교통사고 감소목표
③ 교통안전정책의 추진성과에 대한 분석·평가
④ 부문별 교통사고의 발생분쟁 해소

06 다음 중 교통수단안전점검의 대상으로 옳지 않은 것은?
① 여객 자동차 ② 철도차량
③ 항공기 ④ 선박

07 국토교통부장관이 교통수단안전점검을 실시하여야 하는 경우가 아닌 것은?
① 자동차를 20대 이상 보유하여 화물자동차 운수사업법에 따라 일반화물자동차운송사업의 허가를 받은 자의 교통안전도 평가지수가 1을 초과하는 경우
② 1건의 사고로 사망자가 1명 이상 발생한 교통사고
③ 1건의 사고로 중상자가 2명 이상 발생한 교통사고
④ 1건의 사고로 경상자가 6명 이상 발생한 교통사고

08 교통사고 발생건수 및 교통사고 사상자 수 산정 시 중상사고 1건 또는 중상자 1명에 대한 가중치는 얼마인가?
① 0.4 ② 0.5
③ 0.6 ④ 0.7

09 교통시설설치·관리자등은 교통안전담당자를 지정 또는 지정해지하거나 교통안전담당자가 퇴직한 경우에는 지체 없이 그 사실을 관할 교통행정기관에 알리고, 지정해지 또는 퇴직한 날부터 며칠 이내에 다른 교통안전담당자를 지정해야 하는가?
① 7일 ② 15일
③ 30일 ④ 60일

10 교통안전법의 규정을 위반하여 교통안전관리규정을 제출하지 않거나 이를 준수하지 않은 경우 또는 변경명령에 따르지 않은 경우의 과태료는?
① 100만원
② 200만원
③ 300만원
④ 500만원

제1교시 교통법규
항공안전법

11 국제민간항공협약 부속서(annex)-1은 무엇에 대한 기준을 정하고 있가?
① 항공종사자 면허
② 항공규칙
③ 항공기상
④ 항공기 사고조사

12 다음 중 초경량비행장치로 신고해야 할 대상이 아닌 것은?
① 자체중량이 70킬로그램을 초과하는 활공기
② 연료의 중량을 제외한 자체중량이 150킬로그램 이하인 무인동력비행장치
③ 계류식(繫留式)기구
④ 낙하산류

13 항공안전법의 사망·중상 등의 적용기준에서 행방불명의 기준은?
① 항공기사고, 경량항공기사고 또는 초경량비행장치사고로 6개월간 생사가 분명하지 아니한 경우
② 항공기사고, 경량항공기사고 또는 초경량비행장치사고로 1년간 생사가 분명하지 아니한 경우
③ 항공기사고, 경량항공기사고 또는 초경량비행장치사고로 2년간 생사가 분명하지 아니한 경우
④ 항공기사고, 경량항공기사고 또는 초경량비행장치사고로 3년간 생사가 분명하지 아니한 경우

14 항공기의 중대한 손상·파손 및 구조상의 결함에 해당하지 않는 것은?
① 항공기에서 발동기가 떨어져 나간 경우
② 발동기의 덮개 또는 역추진장치 구성품이 떨어져 나가면서 항공기를 손상시킨 경우
③ 덮개와 부품(accessory)을 포함하여 한 개의 발동기의 고장 또는 손상
④ 플랩(flap), 슬랫(slat) 등 고양력장치 및 윙렛(winglet)이 손실된 경우

15 조종사가 최소연료상태(minimum fuel)를 선언했다면 어떤 의미로 받아들일 수 있는가?

① 비상선언 시에는 항공기사고
② 비상선언 시에는 항공기준사고
③ 비상선언 시에는 항공안전장애
④ 비상선언 시에는 항공안전위해요인

16 국가기관등항공기의 적용 특례에 해당하지 않는 것은?

① 재해 · 재난 등으로 인한 수색 · 구조
② 화재의 진화
③ 응급환자 후송
④ 군사 훈련 활동

17 다음 중 항공기 등록을 제한하는 사유에 해당하지 않는 것은?

① 대한민국의 국민이 아닌 사람
② 외국정부 또는 외국의 공공단체
③ 외국의 법인이나 단체
④ 외국인이 법인 등기사항증명서상의 임원 수의 2분의 1 미만을 차지하는 법인

18 항공기에 대한 변경등록을 신청해야 하는 경우가 아닌 것은?

① 항공기 정치장의 변경
② 소유자 또는 임차인 · 임대인의 성명 또는 명칭의 변경
③ 소유자 또는 임차인 · 임대인의 주소 및 국적의 변경
④ 항공기 감항증명의 변경

19 등록기호표의 부착에 대한 설명으로 틀린 것은?

① 강철 등 내화금속(耐火金屬)으로 된 등록기호표를 보기 쉬운 곳에 붙여야 한다.
② 가로 7cm, 세로 5cm의 직사각형으로 만든다.
③ 등록기호표는 주익면과 미익면에 부착한다.
④ 국적기호 및 등록기호와 소유자등의 명칭을 적는다.

20 다음 중 항공기의 등록부호 표시위치로 올바르지 않은 것은?

① 비행기와 활공기의 경우에는 수직꼬리 날개의 양쪽 면에, 꼬리 날개의 앞 끝과 뒤끝에서 10센티미터 이상 떨어지도록 수평 또는 수직으로 표시할 것
② 비행기와 활공기의 경우에는 오른쪽 날개 윗면과 왼쪽 날개 아랫면에 주 날개의 앞 끝과 뒤 끝에서 같은 거리에 위치하도록 하고, 등록부호의 윗 부분이 주 날개의 앞 끝을 향하게 표시할 것
③ 헬리콥터의 경우에는 동체 아랫면에 표시하는 경우, 동체의 최대 횡단면 부근에 등록부호의 윗부분이 동체좌측을 향하게 표시할 것
④ 헬리콥터의 경우에는 동체 옆면에 표시하는 경우, 주 회전익 축과 보조 회전익 축 사이의 동체 또는 동력장치가 있는 부근의 양 측면에 수평 또는 수직으로 표시할 것

21 다음 중 항공기 등록부호에 사용하는 각 문자와 숫자의 폭, 선의 굵기 및 간격으로 올바르지 않은 것은?

① 선의 굵기는 문자 및 숫자의 높이의 6분의 1로 한다.
② 간격은 문자 및 숫자의 폭의 4분의 1 이상 2분의 1 이하로 한다.
③ 폭과 붙임표의 길이는 문자 및 숫자의 높이의 3분의 1로 한다.
④ 폭과 붙임표의 길이는 문자 및 숫자의 높이의 3분의 2로 한다.

22 다음 중 항공종사자 가격증명을 받을 수 있는 조건으로 올바른 것은?

① 사업용 조종사 만 21세 이상
② 운송용 조종사 만 20세 이상
③ 자가용 조종사 만 18세 이상
④ 자가용 조종사 만 17세 이상

23 60세 이상이 되어서 자가용 조종사가 되었다. 이 사람의 항공신체검사증명의 유효기간은?

① 6개월　　② 12개월
③ 24개월　④ 48개월

24 항공영어구술능력증명 4등급 또는 5등급을 가지고 있는 사람이 유효기간 만료 6개월 이내에 갱신한 경우에 새로운 유효기간의 기준일은?

① 기존의 유효기간 만료 후 새로운 유효기간 적용
② 기존 증명의 유효기간이 끝난 다음 날
③ 합격 통지일 다음 날
④ 합격 통지일 다음 날

25 항공운송사업용 비행기에 장착해야 하는 기압고도에 관한 정보를 제공하는 트랜스폰더의 성능으로 올바른 것은?

① 고도 10피트 이하의 간격으로 기압고도정보를 관할 항공교통관제기관에 제공할 수 있을 것
② 고도 25피트 이하의 간격으로 기압고도정보를 관할 항공교통관제기관에 제공할 수 있을 것
③ 고도 50피트 이하의 간격으로 기압고도정보를 관할 항공교통관제기관에 제공할 수 있을 것
④ 고도 75피트 이하의 간격으로 기압고도정보를 관할 항공교통관제기관에 제공할 수 있을 것

26 승객 좌석 수가 150석인 항공기에 갖추어야 할 구급의료용품 수량은?

① 1조　　② 2조
③ 3조　　④ 4조

27 항공기에 탑재해야 할 서류에 해당하지 않는 것은?

① 운용한계 지정서 및 비행교범
② 운항규정
③ 소음기준적합증명서
④ 항공정보간행물

28 야간에 비행을 하려는 항공기가 갖추어야 하는 조명설비가 아닌 것은?

① 착륙등
② 기수등
③ 충돌방지등
④ 우현등, 좌현등 및 미등

29 기장 1명과 기장 외의 조종사 1명인 운항승무원의 연속 24시간 동안 최대 승무시간과 최대 비행근무시간은?

① 최대 승무시간 8시간, 최대 비행근무시간 13시간
② 최대 승무시간 12시간, 최대 비행근무시간 15시간
③ 최대 승무시간 12시간, 최대 비행근무시간 16시간
④ 최대 승무시간 16시간, 최대 비행근무시간 20시간

30 연속 24시간 동안 응급구호 및 환자 이송을 하는 헬리콥터의 운항승무원 최대 승무시간은?

① 24시간　　② 18시간
③ 12시간　　④ 8시간

31 자율보고대상 항공안전장애 또는 항공안전위해요인을 발생시킨 사람이 그 발생일부터 (　　) 이내에 항공안전 자율보고를 한 경우에는 고의 또는 중대한 과실로 발생시킨 경우에 해당하지 아니하면 항공안전법 및 공항시설법에 따른 처분을 하여서는 아니 된다. 괄호에 알맞은 것은?

① 10일　　② 20일
③ 30일　　④ 6개월

32 국외운항항공기의 기장 외 조종사에 대한 운항자격 인정을 위한 심사항목은?

① 기량
② 지식
③ 지식 및 기량
④ 노선 및 경험

33 항공기를 비행장이 아닌 곳에서 이륙하거나 착륙하기 위해서는 누구의 허가를 받아야 하는가?

① 국방부장관
② 국토교통부장관
③ 지방항공청장
④ 해당지역 지방자치단체장

34 응급환자의 수송 등 국토교통부령으로 정하는 긴급한 업무에 해당되지 않는 것은?

① 화재의 예방을 위한 감시활동
② 자연재해 발생 시의 긴급복구
③ 긴급 구호물자 수송
④ 화재의 진화

35 비행장 안의 이동지역에서 이동하는 항공기가 따라야 하는 기준이 아닌 것은?

① 정면 또는 이와 유사하게 접근하는 항공기 상호간에는 모두 정지하거나 가능한 경우에는 충분한 간격이 유지되도록 각각 오른쪽으로 진로를 바꿀 것
② 교차하거나 이와 유사하게 접근하는 항공기 상호간에는 다른 항공기를 좌측으로 보는 항공기가 진로를 양보할 것
③ 기동지역에서 지상이동 하는 항공기는 관제탑의 지시가 없는 경우에는 활주로진입 전대기지점(Runway Holding Position)에서 정지·대기할 것
④ 앞지르기하는 항공기는 다른 항공기의 통행에 지장을 주지 않도록 충분한 분리 간격을 유지할 것

36 항공기가 활공기를 예항하는 경우 예항줄을 이탈시켜야 하는 고도는?

① 예항줄 길이의 60퍼센트에 상당하는 고도 이상의 고도
② 예항줄 길이의 80퍼센트에 상당하는 고도 이상의 고도
③ 예항줄 길이의 100퍼센트에 상당하는 고도 이상의 고도
④ 예항줄 길이의 120퍼센트에 상당하는 고도 이상의 고도

37 특별시계비행허가를 받은 항공기 조종사의 비행으로 올바르지 않은 것은?

① 허가받은 관제구 안을 비행할 것
② 구름을 피하여 비행할 것
③ 비행시정을 1,500미터 이상 유지하며 비행할 것
④ 지표 또는 수면을 계속하여 볼 수 있는 상태로 비행할 것

38 두 나라 이상을 운항하는 자가 출항하는 경우 지방항공청장에게 언제까지 비행계획을 제출하여야 하는가?

① 목적공항 도착 예정 시간 2시간 전까지
② 출항 준비가 끝나는 즉시
③ 출항 후 20분 이내까지
④ 출항 준비가 끝나기 전

39 무선통신이 두절 시 관제탑에서 비행 중인 항공기에 보내는 깜빡이는 흰색 빛총신호의 의미는?

① 착륙하여 계류장으로 갈 것
② 비행장이 불안전하니 착륙하지 말 것
③ 착륙을 준비할 것
④ 다른 항공기에 진로를 양보하고 계속 선회할 것

40 항공기의 운항과 관련된 시간을 표시하는 방법으로 올바른 것은?

① 국제표준시(UTC를 사용하여야 하며, 시각은 자정을 기준으로 하루 24시간을 시·분으로 표시
② 국제표준시(UTC를 사용하여야 하며, 시각은 12시간을 기준으로 하루를 오전·오후로 표시
③ 한국 표준시(KST)를 사용하여야 하며, 시각은 자정을 기준으로 하루 24시간을 시·분으로 표시
④ 한국 표준시(KST)를 사용하여야 하며, 시각은 12시간을 기준으로 하루를 오전·오후로 표시

41 시계비행방식으로 비행하는 항공기의 최저비행고도로 올바른 것은?

① 사람 또는 건축물이 밀집된 지역의 상공에서는 해당 항공기를 중심으로 수평거리 600미터 범위 안의 지역에 있는 가장 높은 장애물의 상단에서 300미터(1천피트)의 고도
② 사람 또는 건축물이 밀집된 지역의 상공에서는 해당 항공기를 중심으로 수평거리 600미터 범위 안의 지역에 있는 가장 높은 장애물의 상단에서 150미터(500피트)의 고도
③ 사람 또는 건축물이 밀집된 지역의 상공에서는 해당 항공기를 중심으로 수평거리 450미터 범위 안의 지역에 있는 가장 높은 장애물의 상단에서 300미터(1천피트)의 고도
④ 사람 또는 건축물이 밀집된 지역의 상공에서는 해당 항공기를 중심으로 수평거리 450미터 범위 안의 지역에 있는 가장 높은 장애물의 상단에서 150미터(500피트)의 고도

42 지표로부터 어느 고도까지 곡예비행 금지구역인가?
① 제한 없음.
② 50미터(500피트) 미만
③ 300미터(1,000피트) 미만
④ 450미터(1,500피트) 미만

43 여객운송에 사용되는 항공기로 승객을 운송하는 경우에는 항공기에 장착된 승객의 좌석 수에 따라 그 항공기의 객실에 정하는 수 이상의 객실승무원을 태워야 한다. 이에 대한 설명으로 올바르지 않은 것은?
① 20석 이상 50석 이하 : 1명
② 50석 이상 100석 이하 : 2명
③ 101석 이상 150석 이하 : 3명
④ 151석 이상 200석 이하 : 4명

44 공역의 설정 및 관리에 필요한 사항을 심의하기 위하여 국토교통부장관 소속으로 두는 것은?
① 항공교통위원회
② 항공안전위원회
③ 한국공역협의위원회
④ 공역위원회

45 국가등 무인비행장치의 적용특례가 적용되는 긴급 비행의 목적에 해당하지 않는 것은?
① 사고 발생에 따른 긴급한 비상연락 및 보고
② 재해·재난으로 인한 수색·구조
③ 산불, 건물·선박화재 등 화재의 진화·예방
④ 산림보호사업을 위한 화물 수송

제1교시 교통법규
항공보안법

46 항공보안에 관련되는 사항을 협의하기 위하여 국토교통부에 설치하는 기구는?
① 국제민간항공협약 부속서-17 항공보안에 따른 대한민국 민간항공보안협의회
② 지방항공보안협의회
③ 민간항공안전·보안회의
④ 항공보안협의회

47 국토교통부장관은 항공보안에 관한 기본계획을 몇 년마다 수립해야 하는가?
① 3년
② 5년
③ 7년
④ 매년

48 공항운영자는 누구로부터 승인을 받아 공항시설 보호구역을 지정하는가?
① 국토교통부장관
② 대통령
③ 국정원장
④ 항공정책실장

49 다음 중 공항 내 보호구역에 관한 설명 중 틀린 것은?
① 공항운영자가 국토교통부장관의 승인을 받아 보호구역을 지정한다.
② 공항터미널은 보호구역에 포함된다.
③ 공항운영자는 필요한 경우 국토교통부장관의 승인을 받아 임시로 보호구역을 지정할 수 있다.
④ 보안검색이 완료된 구역, 활주로, 계류장은 보호구역에 포함되어야 한다.

50 항공 화물에 대한 보안검색은 누가 하여야 하는가?

① 항공운송사업자
② 공항운영자
③ 화물터미널운영자
④ 지방항공청장

제3회 제1교시 교통법규 정답

01	❸	11	❶	21	❸	31	❶	41	❶
02	❹	12	❶	22	❹	32	❶	42	❹
03	❹	13	❷	23	❷	33	❷	43	❷
04	❶	14	❸	24	❷	34	❸	44	❹
05	❹	15	❷	25	❷	35	❷	45	❶
06	❹	16	❹	26	❷	36	❷	46	❹
07	❹	17	❹	27	❹	37	❶	47	❷
08	❹	18	❹	28	❷	38	❷	48	❶
09	❸	19	❸	29	❶	39	❶	49	❷
10	❷	20	❶	30	❹	40	❶	50	❶

제2교시　　필수과목

교통안전관리론

01 교통안전관리에 대한 설명으로 올바르지 않은 것은?

① 교통안전관리는 종합성과 통합성이 요구된다.
② 교통안전관리는 노무인사관리 부문과의 관계성은 없다.
③ 교통안전에 대한 투자는 회사의 발전과 밀접한 관계가 있다.
④ 과학적 관리가 필요하다.

02 다음 중 "교통사고를 발생시키는 요인의 비중이 동일하다"는 원리를 의미하는 것은?

① 등치성
② 동일성
③ 차등성
④ 배치성

03 다음 중 하인리히 법칙(Heinrich's Law)에 대한 설명으로 옳지 않은 것은?

① 사고가 발생한 후 사고방지대책을 강구하는데 중점을 두고 있다.
② 큰 재해와 작은 재해, 사소한 사고의 발생 비율이 1:29:300이라고 본다.
③ 노동재해를 분석하면서 인간이 일으키는 같은 종류의 재해에 대한 것이다.
④ 한 번의 큰 재해가 있기 전에 그와 관련된 작은 사고나 징후들이 먼저 일어난다는 법칙이다.

04 다음 중 욕조곡선의 원리에 대한 설명으로 옳은 것은?
① 체계 또는 설비 등을 사용하기 시작하여 폐기할 때까지의 고장 발생 상태를 도시한 곡선을 말한다.
② 초기에는 부품 등에 내재하는 결함, 사용자의 미숙 등으로 고장률이 낮게 나타난다.
③ 중기에는 부품의 적응 및 사용자의 숙련 등으로 고장률이 점차 증가한다.
④ 말기에는 부품의 노화 등으로 고장률이 점차 하락한다.

05 다음 중 페이욜(H. Fayol)의 관리순환과정을 순서대로 나열한 것은?
① 계획 → 조정 → 조직 → 보고 → 통제
② 계획 → 조직 → 명령 → 조정 → 통제
③ 계획 → 충원 → 조직 → 조정 → 통제
④ 계획 → 동기부여 → 조정 → 조직 → 통제

06 다음 중 교통사고 요인의 등치성 원리에 관계되는 사고요인의 배열형이 아닌 것은?
① 집중형   ② 복합형
③ 분산형   ④ 연쇄형

07 다음 중 교통안전관리규정에 포함될 사항으로 올바르지 않은 것은?
① 교통수단의 관리에 관한 사항
② 임직원들의 급여기준에 관한 사항
③ 교통안전의 교육·훈련에 관한 사항
④ 교통사고 원인의 조사·보고 및 처리에 관한 사항

08 인간의 행동을 규제하는 외적요인(환경요인)으로 올바르지 않은 것은?
① 자연조건   ② 심리적 조건
③ 물리적 조건   ④ 시간적 조건

09 명순응에 대한 설명으로 알맞은 것은?
① 어두운 곳에서 밝은 곳으로 들어가면 조금 있다 눈이 익숙해지는 현상
② 눈부심으로 인하여 순간적으로 시력을 잃어버리는 현상
③ 밝은 곳에서 어두운 곳으로 들어가면 조금 있다 눈이 익숙해지는 현상
④ 눈이 순간적으로 피로한 현상

10 운전자에게 필요한 운전정보의 약 80%를 차지하고 있는 감각기관은?
① 시각   ② 육감
③ 촉각   ④ 청각

11 다음은 과로운전에 의해 나타나는 증세를 설명한 내용이다. 과로운전의 증세로써 적합하지 않은 것은?
① 운전 리듬이 깨짐
② 운전조작의 내용이 증가됨
③ 운전자의 시야가 좁아짐
④ 주의력 상실

12 운전자가 위험을 인식하고 브레이크가 실제로 작동하기까지 걸리는 시간을 의미하는 용어는?
① 정지거리   ② 공주거리
③ 주행거리   ④ 제동거리

13 조직체계 방식 중 직무의 표준화를 의미하는 것은?
① 공식화의 원칙
② 권한과 책임의 원칙
③ 명령통일의 원칙
④ 전문화의 원칙

14 다음 조직의 형태 중 대규모 조직에 적합한 안전관리 조직형태는?

① 라인형 조직
② 스태프형 조직
③ 라인스태프형 조직
④ 기타 조직

15 교통안전관리의 단계에서 교통안전관리자가 경영진에 대해 효과적인 안전관리방안을 제시해야 하는 단계로 볼 수 있는 것은?

① 수립단계   ② 계획단계
③ 설득단계   ④ 실행단계

16 집단활동의 타성화에 대한 대책으로써 올바르지 않은 것은?

① 문제의식 억제
② 성과를 도표화
③ 표어, 포스터의 모집
④ 타 집단과 상호교류

17 다음 중 교육(education)과 훈련(training)에 대한 설명으로 올바르지 않은 것은?

① 교육은 조직목표를 강조하는데 반해 훈련은 개인의 목표를 강조한다.
② 교육, 훈련 두 가지 다 인간의 변화와 학습이론이 적용된다는 점에서는 차이가 없다.
③ 오늘날 양자를 종합한 성격으로 개발(development)이라는 개념이 강조되고 있다.
④ 훈련은 비교적 단기적인 목표를, 교육은 장기적인 목표를 달성하고자 한다.

18 다음 중 집합교육의 유형에 해당하지 않는 것은?

① 강의   ② 토론
③ 실습   ④ 멘토링

19 다음 중 현장안전회의(Tool Box Meeting)의 진행 단계로 알맞은 것은?

① 도입→운행지시→점검정비→위험예지→확인
② 위험예지→도입→운행지시→점검정비→확인
③ 도입→점검정비→운행지시→위험예지→확인
④ 위험예지→확인→도입→점검정비→운행지시

20 다음 중 동기부여의 내용이론에 해당하지 않는 것은?

① 매슬로우의 욕구단계설
② 알더퍼의 ERG 이론
③ 허츠버그의 2요인 이론
④ 애덤스의 공정성 이론

21 P-D-C-A 계획에 대한 설명으로 올바른 것은?

① 실시-통제-조정-계획
② 조정-통제-실시-계획
③ 계획-실시-통제-조정
④ 통제-계획-실시-조정

22 소집단활동 관리기법에서 소집단활동 중 전사적인 품질관리운동을 가리키는 것은?

① QC(Quality Control) 써클활동
② TQC(Total Quality Control)활동
③ ZD(Zero Defects)활동
④ 상담역활동

23 다음 중 국가 간의 교통안전도를 평가하기 위한 자료로서 적절하지 못한 것은?

① 교통수단 전손률
② 인구 10만 명당 교통사고 사망자 수
③ 사고 1만 건 당 교통사고 사망자 수
④ 주행거리 1억 킬로미터 당 교통사고 사망자 수

24 어떤 문제의 해결과 관계된 미래 추이의 예측을 위해 전문가 패널을 구성하여 수회 이상 설문하는 정성적 분석 기법은?

① 사례연구 기법 ② 델파이 기법
③ 설문조사 기법 ④ 인터뷰 기법

25 다음 중 안전진단의 5단계를 순서대로 나열한 것은?

① 예비조사 - 안전진단 - 종합정비 - 대책강구 - 개선목표
② 예비조사 - 종합정비 - 안전진단 - 대책강구 - 개선목표
③ 예비조사 - 종합정비 - 안전진단 - 개선목표 - 대책강구
④ 예비조사 - 종합정비 - 개선목표 - 대책강구 - 안전진단

제2교시 필수과목
항공기체

01 아래 그림은 지상에서 항공기 표준 유도신호를 나타낸 것이다. 이 신호가 뜻하는 것은?

① 속도 감소
② 촉(고임목) 장착
③ 정지
④ 후진

02 날개에 엔진을 장착하는 경우 가장 큰 단점은?

① 날개보에 파일론(Pylon)을 설치하여 구조물이 부수적으로 필요하지 않다.
② 공기 역학적으로 저항을 적게 하기 위하여 유선형으로 되어 있다.
③ 방화벽이 있어 화재위험을 감소시킨다.
④ 날개의 공기 역학적 성능을 저하시킨다.

03 항공기에 적용되는 응력 중 옳지 않은 것은?

① 인장응력(tensionstress)
② 압축응력(compressionstress)
③ 비틀림응력(torsionstress)
④ 절삭응력(bendingsterss)

제3회 제2교시 교통안전관리론 정답

01	②	06	③	11	②	16	①	21	③
02	①	07	②	12	②	17	①	22	②
03	①	08	②	13	①	18	④	23	①
04	①	09	①	14	③	19	③	24	②
05	②	10	①	15	③	20	④	25	①

04 페일 세이프(Fail Safe) 구조로 많은 수의 부재로 되어 있으며, 각각의 부재는 하중을 분담하도록 설계되어 있는 그림과 같은 구조는?

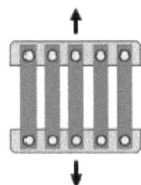

① 이중구조(Double structure)
② 대치구조(Back-up structure)
③ 다경로 하중 구조(Redundant structure)
④ 하중 경감 구조(Load dropping structure)

05 다음 보 중에서 부정정보는?
① 연속보   ② 단순 지지보
③ 내다지보   ④ 외팔보

06 안전여유를 구하는 식으로 옳은 것은?
① 허용하중 × 실제하중
② 허용하중 + 실제하중
③ $\dfrac{허용하중}{실제하중} - 1$
④ $\dfrac{실제하중}{허용하중} - 1$

07 그림과 같은 동체구조를 무엇이라 하는가?

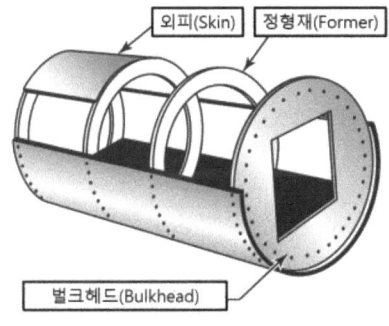

① 모노코크형   ② 트러스형
③ 샌드위치형   ④ 세미모노코크형

08 항공기 동체의 세미-모노코크 구조를 구성하는 부재가 아닌 것은?
① 벌크헤드   ③ 리브
③ 스트링거와 세로대   ④ 외피

09 인티그럴(Integral Tank) 연료탱크에 대한 설명으로 옳은 것은?
① 금속제품의 탱크를 내장한다.
② 합성고무 제품의 탱크를 내장한다.
③ 접합부 등에 밀폐제(sealant)를 바를 필요가 없다.
④ 날개보와 외피에 의해 만들어진 공간 그 자체를 연료탱크로 이용한다.

10 항공기 출입문 중 동체 스킨의 안으로 여는 방식은?
① 밀폐형
② 티형
③ 팽창형
④ 플러그 타입

11 비행 시 발생되는 난류를 감소시켜 주고 방향 안정성을 담당해 주는 것은?
① 플랩
② 도살핀
③ 엘리베이터
④ 러더

12 조종간을 밀고 오른쪽으로 돌리면 왼쪽 Aileron과 Elevator의 방향은?
① Aileron은 위로, Elevator는 아래로
② Aileron은 아래로, Elevator는 위로
③ Aileron은 위로, Elevator는 위로
④ Aileron은 아래로, Elevator는 아래로

13 앞전 플랩의 한 종류로 날개 밑면에 접혀져 날개의 일부를 구성하고 있으나, 조작하면 앞쪽으로 꺾여 구부러지고 앞전 반지름을 크게하는 효과를 얻는 장치는?

① 경계층 제어장치
② 크루거 플랩(Krueger flap)
③ 슬랫(Slat) 또는 슬롯(Slot)
④ 드루프 앞전(Drooped leading edge)

14 조종면의 움직이는 방향과 반대방향으로 움직이도록 되어 있는 조종면은?

① 트림탭   ② 서보탭
③ 밸런스탭 ④ 안티밸런스탭

15 항공기 조종계통에 사용되는 케이블의 인장력을 조절하는 장치는?

① 버스 드럼(bus drum)
② 풀리(pulley)
③ 조종로드(control rod)
④ 턴버클(turnbuckle)

16 착륙장치에 사용되는 재료로 옳은 것은?

① 티타늄 합금   ② 알루미늄 합금
③ 구리 합금   ④ 고장력 강

17 다음 중 헬리콥터 회전날개 깃의 피치를 변화시키는 것과 가장 관계 깊은 것은?

① 페더링 힌지 ② 댐퍼
③ 플래핑 힌지 ④ 항력 힌지

18 두드리거나 압착하면 얇게 펴지는 금속의 성질은?

① 전성 ② 취성
③ 인성 ④ 연성

19 SAE 4130에서 "30"에 대한 설명으로 옳은 것은?

① C를 30% 포함한다.
② C를 0.3% 포함한다.
③ Ni를 30% 포함한다.
④ Ni를 0.3% 포함한다.

20 알루미늄 합금 2024의 첫째자리 "2"는 무엇을 의미하는가?

① 함유량
② 합금 개량 번호
③ 합금의 번호
④ 주합금의 원소

21 금속침투법, 담금질법, 침탄법, 질화법 등은 무엇을 하는 방법인가?

① 부식방지   ② 재료시험
③ 비파괴 검사 ④ 표면강화

22 플라스틱 가운데 투명도가 가장 높으며, 광학적 성질이 우수하여 항공기용 창문 유리로 사용되는 재료는?

① 폴리 염화 비닐
② 폴리 메틸 메타크릴레이트
③ 에폭시 수지
④ 페놀 수지

23 다음 중 복합소재의 설명으로 올바른 것은?

① 모재(고체)+보강재(액체)
② 모재(액체)+보강재(고체)
③ 모재(고체)+보강재(고체)
④ 모재(액체)+보강재(액체)

24 정밀 공차 볼트에 대한 설명으로 옳은 것은?
① 인장하중 또는 전단하중이 작용하는 일반적인 곳에 사용된다.
② 일반용 볼트보다 더 정밀하게 가공된다.
③ 고강도강으로 만든다.
④ 인장하중과 전단하중 모두가 작용하는 곳에 적합하다.

25 항공기 스케치에 "LOOKING UP" 표기의 의미는?
① 항공기 기축선을 쳐다보고 스케치를 함.
② 항공기 기축선 쪽에서 밖으로 쳐다보고 스케치를 함.
③ 항공기 아래에서 위로 쳐다보고 스케치를 함.
④ 항공기 위에서 아래로 내려다보고 스케치를 함.

제3회 제2교시 항공기체 정답

01	②	06	③	11	②	16	④	21	④
02	④	07	①	12	④	17	①	22	②
03	④	08	②	13	②	18	①	23	④
04	③	09	④	14	③	19	②	24	②
05	①	10	④	15	④	20	④	25	③

제2교시   선택과목

항공기상

01 대기권 중 지표면으로부터 평균 12km 높이까지이고, 기상현상이 일어나는 권역은?
① 열권
② 중간권
③ 성층권
④ 대류권

02 대류권계면이 높은 곳부터 순서대로 나열한 것은?
① 중위도 〉 적도 〉 극
② 적도 〉 극 〉 중위도
③ 적도 〉 중위도 〉 극
④ 중위도 〉 극 〉 적도

03 지구의 기상에서 일어나는 변화로 가장 근본적인 원인은?
① 해수면의 온도 상승
② 구름의 량
③ 지표면의 불규칙한 가열
④ 구름의 대이동

04 표준 대기에서 해당되지 않는 것은?
① 지표면의 높이에서 측정
② 온도 15℃
③ 압력 760mmHg
④ 음속 340m/s

05 북반구에서 고기압의 바람 방향은?
① 아래, 바깥쪽 시계 방향
② 아래, 바깥쪽 반시계 방향
③ 위, 안쪽 시계 방향
④ 위, 안쪽 반시계 방향

06 저고도에서 바람의 강도를 결정하는 요소는?
① 기압경도력과 중력
② 기압경도력과 전향력
③ 기압경도력과 원심력
④ 기압경도력과 마찰력

07 다음 중 제트기류에 대해 올바르게 설명한 것은?
① 겨울에 강하고 북위도 상승한다.
② 겨울에 약하고 북위도 상승한다.
③ 여름에 강하고 북위도 상승한다.
④ 여름에 약하고 북위도 상승한다.

08 주간에는 해수면에서 육지로 바람이 불며 야간에는 육지에서 해수면으로 부는 바람은?
① 국지풍　② 해풍
③ 계절풍　④ 해륙풍

09 한랭전선의 통과 전 바람의 방향은?
① 남서풍　② 남동풍
③ 북서풍　④ 북동풍

10 난층운과 같이 구름 명칭에 사용되는 "Nimbus"가 의미하는 것은?
① 비구름　② 수직구름
③ 안개구름　④ 층구름

11 전형적인 수직운으로 항공기 운항에 치명적인 난기류를 동반하는 구름은?
① 적운　② 적란운
③ 난층운　④ 권적운

12 뇌우 발생 요건을 올바르게 나열한 것은?
① 불안정한 대기, 적운형 구름, 높은 습도
② 안정된 대기, 적운형 구름, 높은 습도
③ 불안정한 대기, 상승기류, 높은 습도
④ 안정된 대기, 상승기류, 높은 습도

13 항공기가 활주로에서 이·착할 때 윈드시어가 가장 위험한 시기는?
① 측풍으로 작용할 때
② 하강 기류로 작용할 때
③ 정풍에서 배풍으로 바뀔 때
④ 배풍에서 정풍으로 바뀔 때

14 불포화 상태의 공기가 냉각되어 포화 상태가 되는 기온은?
① 상대온도　② 결빙온도
③ 이슬점온도　④ 절대온도

15 구름과 안개의 구분 시 발생 높이 기준은?
① 구름의 발생이 AGL 50ft 이상 시 구름, 50ft 이하에서 발생 시 안개
② 구름의 발생이 AGL 70ft 이상 시 구름, 70ft 이하에서 발생 시 안개
③ 구름의 발생이 AGL 90ft 이상 시 구름, 90ft 이하에서 발생 시 안개
④ 구름의 발생이 AGL 120ft 이상 시 구름, 120ft 이하에서 발생 시 안개

16 따뜻하고 습기가 많은 공기가 찬 지면으로 지날 때 생기는 안개는?
① 이류안개　② 복사안개
③ 전선안개　④ 활승안개

17 다음 중 Icing 강도에 대한 설명으로 옳은 것은?

① Trace : 착빙은 식별되나 누적되는 양보다 녹는 양이 약간 더 많다.
② Severe : 제빙장치를 사용해도 잘 제거되지 않는다.
③ Moderate : 비행 전에 제거하면 문제가 되지는 않는다.
④ Light : 제빙장치를 사용하지 않아도 위험하지 않다.

18 다음 중 항공기상 보고에서 시정보고 방법으로 옳은 것은?

① 시정은 활주로 시정을 해상마일로 보고한다.
② 시정은 우시정을 육상마일로 보고한다.
③ 시정은 수직시정을 해상마일로 보고한다.
④ 시정은 경사시정을 육상마일로 보고한다.

19 METAR에서 기온이 "M01/M04"로 보고되었다면 노점온도는 얼마인가?

① 영하 1℃   ② 영상 1℃
③ 영하 4℃   ④ 영상 4℃

20 METAR에서 "BKN008 OVC020"인 경우 구름의 Ceiling은?

① 600ft   ② 800ft
③ 1,400ft   ④ 2,000ft

21 TAF의 유효시간은?

① 5시간 이상 24시간 미만
② 12시간 이상 24시간 미만
③ 6시간 이상 30시간 미만
④ 24시간 이상 30시간 미만

22 TAF 전문에서 "31015G35KT"의 풍향과 풍속은?

① 풍향 310도, 최대순간풍속 15노트, 평균풍속 35노트
② 풍향 310도, 최대순간풍속 35노트, 평균풍속 15노트
③ 풍향 350도, 최대순간풍속 15노트, 평균풍속 31노트
④ 풍향 350도, 초대순간풍속 31노트, 평균풍속 15노트

23 높이 2m 위에서는 시정이 1km 이상인 안개를 나타내는 부호는?

① FZFG   ② MIFG
③ BCFG   ④ PRFG

24 500hPa 일기도와 700hPa 일기도의 등압면에 상응하는 기압 기준고도로 올바른 것은?

① 500hPa은 45,000ft, 700hPa은 39,000ft
② 500hPa은 34,000ft, 700hPa은 30,000ft
③ 500hPa은 18,000ft, 700hPa은 10,000ft
④ 500hPa은 5,000ft, 700hPa은 3,000ft

25 기상 현상기호에서 " ' "은 무엇을 표시하는가?

① Snow   ② Hail
③ Drizzle   ④ Rain

제3회 제2교시 항공기상 정답

01	④	06	④	11	②	16	①	21	③
02	③	07	④	12	③	17	②	22	②
03	③	08	④	13	③	18	②	23	②
04	①	09	①	14	③	19	③	24	③
05	①	10	①	15	①	20	②	25	③

제4회 모의고사

제1교시 교통법규
교통안전법

01 다음 중 교통안전법에 따른 "교통체계"에 대한 설명으로 옳은 것은?
① 사람 또는 화물의 이동·운송과 관련된 활동을 수행하기 위하여 개별적으로 또는 서로 유기적으로 연계되어 있는 교통수단 및 교통시설의 이용·관리·운영체계 또는 이와 관련된 산업 및 제도 등을 말한다.
② 사람이 이동하거나 화물을 운송하는데 이용되는 것으로서 운송수단을 말한다.
③ 도로·철도·궤도·항만·어항·수로·공항·비행장 등 교통수단의 운행·운항 또는 항행에 필요한 시설과 그 시설에 부속되어 사람의 이동 또는 교통수단의 원활하고 안전한 운행·운행 또는 항행을 보조하는 교통안전표지·교통관제시설·항행안전시설 등의 시설 또는 공작물을 한다.
④ 교통행정기관이 교통안전법 또는 관계법령에 따라 소관 교통수단에 대하여 교통안전에 관한 위험요인을 조사·점검 및 평가하는 모든 활동을 말한다.

02 다음 중 교통안전법에서 규정하는 지정행정기관으로 옳지 않은 것은?
① 국토교통부
② 경찰청
③ 경찰서
④ 행정안전부

03 교통시설설치·관리자는 해당 교통시설을 설치 또는 관리하는 경우 교통안전을 확보하기 위한 필요한 조치를 강구해야 한다. 이에 해당하지 않는 것은?
① 교통안전시설의 확충·정비
② 교통안전표지시설의 확충
③ 교통안전표지시설의 정비
④ 교통수단의 확충·정비

04 국가의 전반적인 교통안전수준의 향상을 도모하기 위하여 교통안전에 관한 기본계획은 몇 년 단위로 수립해야 하는가?
① 1년
② 3년
③ 5년
④ 7년

05 지역교통안전기본계획의 변경과 관련하여 국토교통부령으로 정하는 경미한 사항을 변경하는 경우에 해당되지 않는 것은?
① 시·군·구의 교통안전에 관한 기본계획에서 정한 부문별 사업규모를 100분의 10 이내의 범위에서 변경하는 경우
② 시·도교통안전기본계획 또는 시·군·구 교통안전기본계획에서 정한 시행기한의 범위에서 단위 사업의 시행시기를 변경하는 경우
③ 계산 착오, 오기(誤記), 누락, 그 밖에 시·도교통안전기본계획 또는 시·군·구교통안전기본계획의 기본방향에 영향을 미치지 아니하는 사항으로서 그 변경 근거가 분명한 사항을 변경하는 경우
④ 정책과제의 추진에 필요한 해당 기관별 협의사항

06 교통행정기관의 교통수단안전점검 항목에 해당되지 않는 것은?
① 교통수단의 교통안전 위험요인 조사
② 교통안전 관계 법령의 위반 여부 확인
③ 교통안전관리규정의 준수 여부 점검
④ 교통수단운영자의 재정 건전성 및 소요예산 조사

07 사망사고는 교통사고가 주된 원인이 되어 교통사고 발생 시부터 며칠 이내에 사람이 사망한 사고인가?
① 3주　　　　　② 30일
③ 60일　　　　④ 90일

08 국토교통부장관은 부정한 방법으로 시험에 응시한 사람 또는 시험에서 부정행위를 한 사람에 대하여는 그 시험을 정지시키거나 무효로 한다. 시험이 정지되거나 무효로 된 사람은 그 처분이 있은 날부터 얼마동안 시험에 응시할 수 없는가?
① 1년간　　　　② 2년간
③ 3년간　　　　④ 4년간

09 교통안전담당자 교육기관은 전년도 교육인원 및 수료자 명단 등 교육 실적을 언제까지 국토교통부장관에게 제출해야 하는가?
① 매년 2월 말일까지
② 매년 12월 31일까지
③ 2년마다 2월 말일까지
④ 2년마다 12월 31일까지

10 다음 중에서 차로이탈경고장치를 장착하여야 하는 차량은?
① 시내버스
② 시외버스
③ 피견인자동차
④ 덤프형 화물자동차

제1교시　　교통법규
항공안전법

11 항공기의 범위 중 대통령령으로 정하는 기기는?
① 기준을 초과하는 동력비행장치
② 길이 및 자체중량이 기준을 초과하는 무인동력비행장치 및 무인비행선
③ 지구 대기권 내외를 비행할 수 있는 항공우주선
④ 최대이륙중량, 속도, 좌석수 등을 국토교통부령으로 정한 범위 내의 비행기

12 다음 중 국가기관등항공기의 대상이 아닌 것은?
① 산불의 진화 및 예방
② 재난·재해 등으로 인한 수색·구조
③ 응급환자의 후송 등 구조·구급활동
④ 군사 연습·훈련

13 항공기준사고의 범위가 아닌 것은?
① 연료부족으로 인한 비상선언
② 비상상황이 발생하여 산소마스크 사용 시
③ 운항 중 엔진 화재 발생
④ 쌍발 비행기의 엔진 1개 고장 시

14 다음 중 항공기준사고의 범위가 아닌 것은?
① 다른 항공기와의 거리가 500ft 미만으로 근접하였던 경우
② 비상상황이 발생하여 산소마스크를 사용한 경우
③ 항공기가 유도로 상에서 무단으로 이륙·착륙을 시도한 경우
④ 항공기가 이륙·착륙 중 동체 꼬리 스키드의 경미한 접촉이 발생한 경우

15 다음 중 용어에 대한 정의가 잘못된 것은?

① 항공기 : 공기의 반작용으로 뜰 수 있는 기기로서 비행기, 비행선, 활공기, 헬리콥터와 그밖에 대통령령으로 정하는 기기를 말한다.
② 항공종사자 : 항공안전법 제34조제1항에 따른 항공종사자 자격증명을 받은 사람을 말한다.
③ 비행장 : 항공기·경량항공기·초경량비행장치의 이륙·착륙을 위하여 사용되는 육지 또는 수면의 일정한 구역으로서 대통령령으로 정하는 것을 말한다.
④ 항공안전장애 : 항공기사고 외에 항공기사고로 발전할 수 있었던 것으로서 국토교통부령으로 정하는 것을 말한다.

16 계기비행의 정의로 알맞은 것은?

① 항공기의 고도·속도 및 비행방향의 측정을 항공기에 장착된 계기에 의존하여 비행하는 것
② 항공기의 고도·위치 및 비행방향의 측정을 항공기에 장착된 계기에 의존하여 비행하는 것
③ 항공기의 자세·고도·위치 및 비행방향의 측정을 항공기에 장착된 계기에만 의존하여 비행하는 것
④ 항공기의 자세·고도·위치 및 비행방향의 측정을 항공기에 장착된 계기등에 의존하여 비행하는 것

17 다음 중 등록을 필요로 하지 않는 항공기의 범위에 해당하는 것은?

① 항공기 제작자나 항공기 관련 연구기관이 연구·개발 중인 항공기
② 재해·재난 등으로 인한 수색·구조에 사용하는 항공기
③ 화재 진화 및 응급환자 후송에 사용하는 항공기
④ 두 나라 이상을 운항하는 항공기

18 다음 중 항공기 등록이 가능한 경우는?

① 외국 항공기를 한 달 동안 임차하여 사용하려는 대한민국 법인
② 주식이나 지분의 2분의 1 이상을 소유하거나 그 사업을 사실상 지배하는 외국의 법인
③ 외국인이 법인 임원 수의 2분의 1 이상을 차지하는 법인
④ 외국의 법인 또는 외국의 공공단체

19 다음 항공기 중 말소등록을 해야 하는 경우가 아닌 것은?

① 항공기가 멸실(滅失)되었거나 항공기를 해체한 경우
② 임차기간의 만료로 항공기를 사용할 수 있는 권리가 상실된 경우
③ 항공기의 존재 여부를 1개월 이상 확인할 수 없는 경우
④ 정비등, 수송 또는 보관하기 위해 해체한 항공기

20 다음 중 항공기 국적기호 및 등록기호의 표시 방법이 아닌 것은?

① 국적 등의 표시는 국적기호, 등록기호 순으로 표시한다.
② 장식체를 사용해서는 아니 되며, 국적기호는 로마자의 대문자 "HL"로 표시하여야 한다.
③ 등록기호의 첫 글자는 숫자로 표시해야 한다.
④ 등록기호의 구성 등에 필요한 세부사항은 국토교통부장관이 정하여 고시한다.

21 다음 중 비행선에 표시하는 등록부호의 높이로 올바른 것은?

① 선체에 표시하는 경우에는 30센티미터 이상
② 선체에 표시하는 경우에는 50센티미터 이상
③ 수평안정판과 수직안정판에 표시하는 경우에는 30센티미터 이상
④ 수평안정판과 수직안정판에 표시하는 경우에는 50센티미터 이상

22 항공운송사업에 사용되는 항공기 또는 국외운항항공기의 운항에 필요한 사항을 확인하는 항공종사자는?

① 운송용 조종사
② 항공교통관제사
③ 항공정비사
④ 운항관리사

23 다음 중 항공기의 종류, 등급, 형식 순으로 올바른 것은?

① B747-400, 항공기, 육상다발
② 비행기, 육상다발, B747-400
③ 비행기, B747-400, 육상다발
④ B747-400, 비행기, 육상다발

24 항공교통관제연습을 하려는 경우 국토교통부령으로 정하는 자격요건을 갖춘 사람의 감독 하에 하여야 한다. 이때 국토교통부령으로 정하는 자격요건에 해당되지 않는 것은?

① 항공영어구술능력증명 4등급 이상을 받은 사람
② 항공교통관제사 자격증명을 받은 사람
③ 항공신체검사증명을 받은 사람
④ 항공교통관제업무의 한정을 받은 사람

25 항공운송사업에 사용되는 항공기 외의 항공기가 시계비행방식에 의한 비행을 하는 경우 의무로 설치·운용해야 하는 무선설비가 아닌 것은?

① 무선전화 송수신기
② 2차감시 항공교통관제 레이더용 트랜스폰더
③ 비상위치지시용 무선표지설비(ELT)
④ 전방향표지시설(VOR)

26 다음 중 지상접근경고장치 1기 이상을 갖추지 않을 수 있는 항공기는?

① 최대이륙중량이 5,700킬로그램을 초과하거나 승객 9명을 초과하여 수송할 수 있는 터빈발동기를 장착한 비행기
② 최대이륙중량이 5,700킬로그램 이하이고 승객 5명 초과 9명 이하를 수송할 수 있는 터빈발동기를 장착한 비행기
③ 최대이륙중량이 5,700킬로그램을 초과하거나 승객 9명을 초과하여 수송할 수 있는 왕복발동기를 장착한 모든 비행기
④ 국제항공노선을 운항하지 않는 최대이륙중량이 3,175킬로그램을 초과하거나 승객 9명을 초과하여 수송할 수 있는 헬리콥터로서 계기비행방식에 따라 운항하는 헬리콥터

27 다음 중 항공기 승객 좌석 수에 따른 객실에 갖춰 두어야 할 소화기 수량으로 올바르지 않은 것은?

① 30석 : 1개
② 50석 : 2개
③ 60석 : 3개
④ 300석 : 4개

28 다음 중 시계비행방식으로 비행하는 비행기에 갖추어야 할 계기는?

① 선회 및 경사지시계
② 시계
③ 외기온도계
④ 승강계

29 터빈발동기를 장착한 항공운송사업용 비행기가 계기비행 상태에서 교체비행장이 요구될 경우 실어야 할 연료를 계산할 때 교체비행장 상공에서의 체공 고도는 얼마로 상정하는가?
   ① 100미터(330피트)
   ② 150미터(500피트)
   ③ 300미터(1,000피트)
   ④ 450미터(1,500피트)

30 운항승무원의 비행근무시간이 8시간 이상~9시간 미만인 경우 최소 휴식시간은?
   ① 13시간 이상   ② 12시간 이상
   ③ 11시간 이상   ④ 10시간 이상

31 항공기 사고, 항공기 준사고 또는 의무보고 대상 항공안전장애가 발생한 것을 알게 된 항공종사자 등 관계인은 국토교통부장관에게 그 사실을 보고하여야 한다. 이 때 항공종사자 등 관계인의 범위로 올바르지 않은 것은?
   ① 항공기 기장(항공기 기장이 보고할 수 없는 경우에는 그 항공기의 소유자등을 말한다)
   ② 항공정비사(항공정비사가 보고할 수 없는 경우에는 그 항공정비사가 소속된 기관·법인 등의 대표자를 말한다)
   ③ 항공교통관제사(항공교통관제사가 보고할 수 없는 경우 그 관제사가 소속된 항공교통관제기관을 말한다)
   ④ 공항시설법에 따라 공항시설을 관리·유지하는 자

32 항공기 출발 전 기장이 확인하여야 할 사항이 아닌 것은?
   ① 항공기 운항에 필요한 기상정보 및 항공정보
   ② 항공기 감항증명서 및 등록증명서의 탑재
   ③ 항공일지 및 정비에 관한 기록의 점검
   ④ 항공기에 탑승한 승객 및 승무원 명단

33 다음 중 성격이 다른 항공기는?
   ① 재난·재해 시 수색·구조 항공기
   ② 자연재해 발생 시 긴급복구 항공기
   ③ 화재 진화를 위한 항공기
   ④ VIP 항공기

34 교차하거나 그와 유사하게 접근하는 고도의 항공기 상호간 통행의 우선순위로 올바르지 않은 것은?
   ① 헬리콥터는 비행선에 진로를 양보할 것
   ② 헬리콥터는 항공기 또는 그 밖의 물건을 예항하는 다른 항공기에 진로를 양보할 것
   ③ 활공기는 기구류에 진로를 양보할 것
   ④ 기구류는 비행선에 진로를 양보할 것

35 시계비행방식으로 비행하는 항공기가 관제권 안의 비행장에서 이륙 또는 착륙을 하거나 관제권 안으로 진입할 수 없는 기상 제한은?
   ① 비행장의 운고가 450미터(1,500피트) 미만 또는 지상시정이 5킬로미터 미만인 경우
   ② 비행장의 운고가 450미터(1,500피트) 미만 또는 지상시정이 3킬로미터 미만인 경우
   ③ 비행장의 운고가 300미터(1,000피트) 미만 또는 지상시정이 5킬로미터 미만인 경우
   ④ 비행장의 운고가 300미터(1,000피트) 미만 또는 지상시정이 3킬로미터 미만인 경우

36 항공기가 도착비행장에 착륙한 후 도착비행장에 도착보고를 할 수 있는 적절한 통신시설 등이 제공되지 아니하는 경우에는 어디에 도착보고를 하여야 하는가?
   ① 착륙 후 이륙한 비행장의 관제탑에 도착보고를 하여야 한다.
   ② 도착 비행장에서 관제가 제공되지 않는다면 어떤 경우라도 착륙할 수 없다.
   ③ 관제가 제공될 때까지 착륙하지 말고 도착비행장 상공에서 기다린다.
   ④ 착륙 직전에 관할 항공교통업무기관에 도착보고를 하여야 한다.

37 다음 빛총신호에 관한 설명 중 올바르지 않은 것은?

① 연속되는 녹색 : 비행중인 항공기는 착륙을 허가함
② 연속되는 붉은색 : 지상에 있는 항공기는 정지할 것
③ 깜박이는 흰색 : 비행중인 항공기는 착륙하여 계류장으로 갈 것
④ 깜박이는 붉은색 : 비행 중인 항공기는 현위치에서 계속 선회할 것

38 외국정부가 관할하는 지역을 비행하던 중 피요격 항공기의 기장이 따라야할 절차는?

① 해당 국가가 정한 절차와 방식으로 그 국가의 요격에 응하여야 한다.
② 대한민국에 등록된 항공기이라면 대한민국에서 정한 절차와 방식을 따라야 한다.
③ 국제민간항공기구(ICAO)에서 정한 절차와 방식을 따라야 한다.
④ 전 세계 지역별 항행안전협의회에서 정한 절차와 방식을 따라야 한다.

39 다음 중 곡예비행 금지구역에 해당하지 않는 것은?

① 해당 항공기를 중심으로 반지름 500미터 범위 안의 지역에 있는 가장 높은 장애물의 상단으로부터 500미터 이하의 고도
② 해당 항공기를 중심으로 반지름 300미터 범위 안의 지역에 있는 가장 높은 장애물의 상단으로부터 500미터 이하의 고도
③ 관제구 및 관제권
④ 지표로부터 450미터 미만의 고도

40 여객운송에 사용되는 항공기에 장착된 승객의 좌석 수가 280석일 때 항공기에 탑승시켜야 할 객실승무원의 수는?

① 4명
② 5명
③ 6명
④ 7명

41 다음 용어에 대한 정의가 잘못된 것은?

① 관제공역 : 항공기의 비행 순서·시기 및 방법 등에 관하여 국토교통부장관의 지시를 받아야 할 필요가 있는 공역
② 통제공역 : 항공교통의 안전을 위하여 항공기의 비행을 금지하거나 제한할 필요가 있는 공역
③ 주의공역 : 항공기의 조종사가 비행 시 특별한 주의·경계·식별 등이 필요한 공역
④ 비행정보구역 : 항공기의 조종사에게 비행에 관한 조언·비행정보 등을 제공할 필요가 있는 공역

42 항공교통업무의 목적이 아닌 것은?

① 공역의 체계적이고 효율적인 관리와 항공산업의 발전
② 항공기 간의 충돌 방지
③ 기동지역 안에서 항공기와 장애물 간의 충돌 방지
④ 수색·구조를 필요로 하는 항공기에 대한 관계기관에의 정보 제공 및 협조

43 국토교통부장관이 항공기 운항의 안전성·정규성 및 효율성을 확보하기 위하여 제공하는 항공정보의 내용으로 올바르지 않은 것은?

① 항공로 안의 높이 150미터 이상인 공역에서 기상관측용 무인기구의 부양
② 비행장과 항행안전시설의 공용의 개시, 휴지, 재개(再開) 및 폐지에 관한 사항
③ 비행장과 항행안전시설의 중요한 변경 및 운용에 관한 사항
④ 비행의 방법, 장애물회피고도, 결심고도, 최저강하고도, 비행장 이륙·착륙 기상 최저치 등의 설정과 변경에 관한 사항

44 다음 중 항공정보에 사용되는 단위로 올바르지 않은 것은?

① 고도: 미터(m) 또는 피트(ft)
② 시정: 킬로미터(㎞) 또는 마일(SM). 이 경우 3킬로미터 미만의 시정은 미터(m) 단위를 사용한다.
③ 속도: 초당 미터(㎧)
④ 온도: 섭씨도(℃)

45 항공운송사업자가 운항규정 또는 정비규정을 변경하려는 경우의 절차는?

① 지방항공청장의 승인을 받아야 한다.
② 지방항공청장에게 신고하여야 한다.
③ 국토교통부장관의 승인을 받아야 한다.
④ 국토교통부장관에게 신고하여야 한다.

제1교시 교통법규
항공보안법

46 다음 중 공항운영자가 수립하는 자체 보안계획에 포함되어야 하는 것이 아닌 것은?

① 공항시설의 경비대책
② 보호구역 지정 및 출입통제
③ 항공기에 대한 경비대책
④ 승객·휴대물품 및 위탁수하물에 대한 보안검색

47 다음 중 공항운영자의 허가를 받아 보호구역에 출입할 수 있는 사람에 해당하지 않는 것은?

① 공항 건설이나 공항시설의 유지·보수 등을 위하여 보호구역에서 업무를 수행할 필요가 있는 사람
② 업무수행을 위하여 보호구역에 출입이 필요하다고 인정되는 사람
③ 보호구역의 공항시설 등에서 일시적으로 업무를 수행하는 사람
④ 보호구역의 공항시설 등에서 상시적으로 업무를 수행하는 사람

48 항공기 기내식이나 기내 저장품을 이용하여 위해물품이 항공기 내로 유입되는 것을 방지하기 위한 항공운송사업자의 필요한 조치에 해당하지 않는 것은?

① 외부의 침입흔적이 있는 경우 기내식 또는 기내저장품 등이 기내로 유입되게 하여서는 아니 된다.
② 항공운송사업자가 지정한 사람에 의하여 검사·확인되지 아니한 경우 기내식 또는 기내저장품 등이 기내로 유입되게 하여서는 아니 된다.
③ 기내식 용기 등에 위해물품이 들어있다고 의심이 되는 경우 기내식 또는 기내저장품 등이 기내로 유입되게 하여서는 아니 된다.
④ 기내식 제조시설에 대해서는 보안대책을 수립해야 하나, 기내식을 운반하는 사람·차량은 항공운송사업자의 소관 사항이 아니다.

49 항공기 내의 보안과 관련한 기장 등의 권한으로 올바르지 않은 것은?

① 기장이나 기장으로부터 권한을 위임받은 승무원 또는 승객의 항공기 탑승 관련 업무를 지원하는 공항운영자 소속 보안경비업체 직원 중 기장의 지원요청을 받은 사람은 항공기내 보안 위반 행위를 하려는 사람에 대하여 그 행위를 저지하기 위한 필요한 조치를 할 수 있다.

② 항공기 내에 있는 사람은 항공보안법에 따른 조치에 관하여 기장등의 요청이 있으면 협조하여야 한다.

③ 기장등은 항공기내 보안 위반 행위를 한 사람을 체포한 경우에 항공기가 착륙하였을 때에는 체포된 사람이 그 상태로 계속 탑승하는 것에 동의하거나 체포된 사람을 항공기에서 내리게 할 수 없는 사유가 있는 경우를 제외하고는 체포한 상태로 이륙하여서는 아니 된다.

④ 기장으로부터 권한을 위임받은 승무원 또는 승객의 항공기 탑승 관련 업무를 지원하는 항공운송사업자 소속 직원 중 기장의 지원요청을 받은 사람이 필요한 조치를 할 때에는 기장의 지휘를 받아야 한다.

50 항공기 내의 보안과 관련하여 수감 중인 사람을 호송하는 경우에 대하여 잘못 설명한 것은?

① 호송대상자를 통보를 받은 항공운송사업자는 호송대상자가 탑승하는 항공기의 기장에게는 호송사실을 통보해서는 아니 되며, 호송대상자를 호송하는 사법경찰관리 또는 법 집행 권한이 있는 공무원에게는 호송대상자의 좌석 및 안전조치 요구사항 등을 통보하여야 한다.

② 사법경찰관리 또는 법 집행 권한이 있는 공무원이 호송대상자를 호송할 경우에는 미리 해당 항공운송사업자에게 통보하여야 한다.

③ 통보사항에는 호송대상자의 인적사항, 호송 이유, 호송방법 및 호송 안전조치 등에 관한 사항이 포함되어야 한다.

④ 호송대상자를 통보를 받은 항공운송사업자는 호송대상자가 항공기, 승무원 및 승객의 안전에 위협이 된다고 판단되는 경우에는 사법경찰관리 등 호송 공무원에게 적절한 안전조치를 요구할 수 있다.

제4회 제1교시 교통법규 정답

01	❶	11	❸	21	❷	31	❸	41	❹
02	❸	12	❹	22	❹	32	❹	42	❶
03	❹	13	❹	23	❷	33	❹	43	❶
04	❸	14	❹	24	❶	34	❹	44	❷
05	❹	15	❹	25	❹	35	❶	45	❹
06	❹	16	❸	26	❹	36	❹	46	❸
07	❷	17	❶	27	❸	37	❹	47	❸
08	❷	18	❶	28	❷	38	❶	48	❹
09	❶	19	❹	29	❹	39	❷	49	❶
10	❷	20	❸	30	❸	40	❸	50	❶

제2교시 필수과목
교통안전관리론

01 개인의 일부 특성을 기반으로 그 개인 전체를 평가하는 지각 경향을 무엇이라 하는가?
① 스테레오타입
② 최근효과
③ 자존적 편견
④ 후광효과

02 교통안전교육의 내용 중 하나인 인간관계의 소통과 관련 다른 교통참가자를 동반한 자로서 받아들여 그들과 의사소통을 하게 하거나 적절한 인간관계를 맺도록 하는 것을 의미하는 것은?
① 자기통제(Self-Control)
② 타자적응성
③ 준법정신
④ 안전운전태도

03 갈등관계에 있는 두 집단의 대면적 화합을 통해서 갈등을 줄이고자 하는 집단갈등 해소방법은?
① 상위의 공동목표 설정
② 문제해결법
③ 외부인사의 초빙
④ 전제적 명령

04 교통안전교육 교수설계의 3단계과정으로 올바른 것은?
① 설계 → 분석 및 개발 → 평가
② 개발 → 설계 및 분석 → 평가
③ 분석 → 설계 및 개발 → 평가
④ 설계 및 개발 → 분석 → 평가

05 유사성 비교라는 방법을 이용하여 관계가 있는 것을 서로 관련시키면서 아이디어를 찾아내는 방법은?
① 브레인스토밍(Brain stroming) 방법
② 시그니피컨트(Significant) 방법
③ 노모그램(Nomogram) 방법
④ 바이오닉스(Bionics) 방법

06 다음 중 브레인스토밍(brain stroming)에 대한 설명으로 올바르지 않은 것은?
① 창의성 있는 아이디어 개발을 위한 기법으로 사용되고 있다.
② 오스본에 의해 창안된 것으로 두뇌선풍, 영감법이라고도 한다.
③ 아이디어의 양보다 질을 중시한다.
④ 리더가 제기한 문제를 회의 참가자는 일정한 전제 하에서 자유롭게 토론하여 가능한 많은 아이디어를 유도해 내기 위한 방법이다.

07 동기이론 중에서 매슬로우(Maslow)의 욕구 5단계를 하위욕구로부터 상위욕구까지 올바르게 연결한 것은?
① 생리적 욕구 → 안전욕구 → 사회적 욕구 → 존경욕구 → 자아실현 욕구
② 생리적 욕구 → 사회적 욕구 → 안전욕구 → 존경욕구 → 자아실현 욕구
③ 생리적 욕구 → 안전욕구 → 사회적 욕구 → 자아실현 욕구 → 존경욕구
④ 생리적 욕구 → 사회적 욕구 → 안전욕구 → 자아실현 욕구 → 존경욕구

08 동기부여이론 중 만족-진행과정에 좌절-퇴행과정을 추가한 것은?
① 매슬로우의 욕구단계설
② 맥그리거의 X Y 이론
③ 알더퍼의 ERG 이론
④ 브룸의 기대이론

09 ERG 이론에 대한 설명으로 올바르지 않은 것은?

① 알더퍼(Alderfer)에 의해 주장된 욕구단계 이론이다.
② 인간의 욕구를 존재욕구, 관계욕구, 성장욕구로 분류하였다.
③ Maslow의 욕구단계 이론이 직면했던 문제점을 극복하고자 제시되었다.
④ 상위욕구가 행위에 영향을 미치기 전에 하위욕구가 먼저 충족되어야 한다.

10 허츠버그의 2(두 가지)요인 이론에 대한 설명으로 올바른 것은?

① 인간의 욕구는 크게 생리욕구와 성취욕구로 나누어진다.
② 위생요인은 작업내용과 관련이 있고, 동기요인은 작업환경과 관련이 있다.
③ 하위수준의 욕구가 충족되어야 다음 단계의 욕구가 등장한다.
④ 임금수준이 높아진다고 해서 직무에 대한 만족도가 높아지는 것은 아니다.

11 다음 중 효율적 상담기법에 해당하지 않는 것은?

① 상담자는 내담자에게 관한 비밀을 외부에 누설해서는 안 된다.
② 내담자의 공격적인 질문에 대해서는 무조건 회피하고 다른 질문으로 유도한다.
③ 내담자가 말하고자 하는 의미를 상담자가 생각하고 이 생각한 바를 다시 내담자에게 말해준다.
④ 상담자는 내담자에게 주의를 기울이고 있으며 내담자의 말을 받아들이고 있다는 태도를 유지한다.

12 다음 중 교통운용계획의 시행절차를 순서대로 올바르게 나열한 것은?

① 계획 → 실시 → 통제 → 조정
② 조정 → 실시 → 통제 → 계획
③ 통제 → 실시 → 계획 → 조정
④ 실시 → 통제 → 조정 → 계획

13 교통안전계획 수립 시 고려사항으로 올바른 것은?

① 추진하고자 하는 대안을 단수로 생각한다.
② 관련부서의 책임자들과 충분한 협의를 한다.
③ 승무원의 의견을 청취하지 않는다.
④ 현재의 상황과 예정 상태를 확실하게 파악한다.

14 정보처리방법의 하나인 IPDE에 대한 다음 설명 중 올바르지 않은 것은?

① 확인(Identify)은 주변의 모든 것을 빠르게 한눈에 파악하는 것을 말한다.
② 예측(Predict)이란 운전 중에 확인한 정보를 취합하여 사고가 발생할 수 있는 지점을 판단하는 것을 말한다.
③ 결정(Decision)이 내려지면 잠재적 사고 가능성이 예측되더라도 그대로 진행해야 한다.
④ 실행(Execute)이란 요구되는 시간 안에 필요한 조작을 가능한 부드럽고 신속하게 해내는 것이다.

15 소집단활동의 추진방법으로 올바른 것은?

① 테마의 결정 → 문제점의 발견 → 계획의 수립 → 활동의 실시 → 성과의 확인
② 문제점의 발견 → 테마의 결정 → 계획의 수립 → 활동의 실시 → 성과의 확인
③ 계획의 수립 → 문제점의 발견 → 테마의 결정 → 활동의 실시 → 성과의 확인
④ 계획의 수립 → 활동의 실시 → 테마의 결정 → 문제점의 발견 → 성과의 확인

16 교통사업자가 자체적으로 교통사고를 조사하는 본질적인 이유로 올바른 것은?

① 사고발생에 직접·간접적으로 작용했던 요인들을 찾아내어 사고와의 관계를 규명하고, 또 다른 교통사고 예방을 위하여
② 사고발생 원인을 규명하여 책임한계를 명확히 하고, 사고책임자를 처벌하기 위하여
③ 경찰의 사고조사가 세밀하지 못하므로
④ 교통안전법에 따라 교통사고 상황을 보고하도록 하고 있으므로

17 다음 중 교통사고의 원인을 규명하는 궁극적인 목적으로 가장 적절한 것은?

① 부상자의 구호
② 사고확대 방지
③ 사고발생 원인자 처벌
④ 2차사고 예방을 통한 생명과 재산 보호

18 교통사고 예방을 위해 위험요소 제거 6단계 순서로 옳은 것은?

① 조직의 구성 - 원인분석 - 위험요소의 탐지 - 개선대안의 제시 - 환류(Feed Back) - 대안의 채택 및 시행
② 조직의 구성 - 위험요소의 탐지 - 원인분석 - 개선대안의 제시 - 대안의 채택 및 시행 - 환류(Feed Back)
③ 위험요소의 탐지 - 원인분석 - 조직의 구성 - 환류(Feed Back) - 개선대안의 제시 - 대안의 채택 및 시행
④ 위험요소의 탐지 - 대안의 채택 및 시행 - 조직의 구성 - 개선대안의 제시 - 원인분석 - 환류(Feed Back)

19 사고비용 책정방식 중 시몬즈(Simonds)의 방식으로 올바르지 않은 것은?

① 휴업재해　　② 치료재해
③ 응급처치재해　④ 노후재해

20 다음 중 직접적 손실비용에 포함되지 않는 것은?

① 심리적 치료비
② 간호비
③ 차량손실에 따른 복구비용
④ 임금 및 노동력 감소

21 교통사고로 인한 피해자나 피해자 가족이 겪는 정신적인 고통을 보상해주는 것은?

① 손해배상청구　② 보험표
③ 고통비용/위자료　④ 법원 소송

22 상벌제도심사위원회의 구성으로 가장 바람직한 것은?

① 노사 쌍방간의 동수로 구성
② 노조에서 결정
③ 경영자가 직접 결정
④ 전종업원들의 투표로 결정

23 교통안전진단의 단계 중 조사단계에 해당하는 것은?

① 교통안전관리체계 구성
② 안전지시
③ 단계별 안전점검
④ 개선목표 달성을 위한 대책 강구

24 다음 중 페일 세이프(Fail Safe)에 대한 설명으로 올바른 것은?

① 자동차 운송의 배차계획을 말한다.
② 교통사고 처리지침을 말한다.
③ 업무 분담에 따른 폐해방지제도이다.
④ 인간 또는 기계의 실패로 안전사고가 발생하지 않도록 2중 또는 3중으로 통제를 가하는 것이다.

25 다음 중 페일 세이프(Fail Safe)에 대한 설명으로 올바른 것은?

① 사고를 미연에 방지하기 위한 제도
② 운전자의 착오로 인한 사고
③ 안전도 검사방법
④ 안전관리에서 물적 측면에 대한 안전대책

제4회 제2교시 교통안전관리론 정답

01	④	06	③	11	②	16	①	21	③
02	②	07	①	12	①	17	④	22	①
03	②	08	③	13	②	18	②	23	①
04	③	09	④	14	③	19	④	24	④
05	②	10	④	15	②	20	①	25	④

제2교시 필수과목

항공기체

01 나셀(Nacelle)에 대한 설명으로 옳은 것은?

① 기체의 인장 하중(Tension)을 담당한다.
② 기체에 장착된 기관을 둘러싼 부분을 말한다.
③ 일반적으로 기체의 중심에 위치하여 날개 구조를 보완한다.
④ 기관을 장착하여 하중을 담당하기 위한 구조물이다.

02 항공기 기관(엔진) 주위를 둘러싼 덮개로 점검이나 정비를 쉽게 하도록 열고 닫을 수 있으며, 나셀의 앞부분에 위치하고 있는 것은?

① 카울링　　　② 나셀
③ 엔진마운트　④ 방화벽

03 항공기 날개 구조부에서 외피에 작용하는 하중은?

① 인장 하중　　② 압축 하중
③ 전단 하중　　④ 비틀림 하중

04 정상수평비행 중 날개의 상부와 하부에 작용하는 응력을 순서대로 나열한 것은?

① 전단, 인장　　② 전단, 압축
③ 압축, 인장　　④ 굽힘, 압축

05 다음 그림은 페일 세이프 구조(fail safe structure)의 어떤 방식인가?

① 더블　　　　② 리던던트
③ 백업　　　　④ 로드 드롭핑

06 다음과 같은 보(beam)의 명칭으로 옳은 것은?

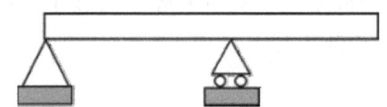

① 연속보　　　② 외팔보
③ 단순보　　　④ 돌출보

07 V-n 선도에 대한 설명으로 틀린 것은?
① 정부기관에서 정한다.
② 제작회사에서 정한다.
③ 설계제작 시 참고하는 자료이다.
④ 사용자가 사용할 때 안전운용범위 지침이다.

08 좌굴(Buckling) 현상을 바르게 설명한 것은?
① 작은 봉(Bar)은 좌굴강도에 의하여 파괴된다.
② 큰 인장하중을 받는 곳은 좌굴될 위험이 있다.
③ 큰 전단하중을 받는 곳에 위험이 있다.
④ 압축된 부분에 주름모양으로 주름지는 현상이다.

09 헬리콥터 동체 구조 중 모노코크형 기체구조의 특징으로 옳지 않은 것은?
① 트러스형 구조보다 공기 저항이 적다.
② 세미모노코크형보다 무게가 무겁다.
③ 트러스구조에 비해 내부 공간이 협소하다.
④ 세미모노코크형보다 외피가 두껍다.

10 세미-모노코크 구조의 장점이 아닌 것은?
① 내부 공간 마련이 쉽다.
② 외피를 얇게 제작할 수 있다.
③ 경량화로 제작이 가능하다.
④ 제작비용이 많이 든다.

11 날개의 구조부재 중 날개골 모양을 하고 있으며, 날개 외피에 작용하는 하중을 날개보에 전달하는 역할을 하는 것은?
① 앞전　　　　② 스트링거
③ 리브　　　　④ 스포일러

12 그림과 같은 비행기의 날개 단면에서 (A)의 명칭은?

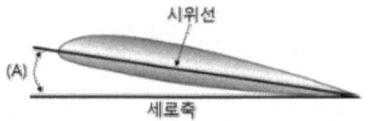

① 붙임각　　　② 받음각
③ 처든각　　　④ 처진각

13 항공기 꼬리날개(Empennage)의 역할은?
① 비행기의 안정성과 조종성을 위한 것으로, 동체의 꼬리 부분에 부착된다.
② 수평안정판은 비행 중 비행기의 방향 안정성을 담당한다.
③ 수직안정판은 비행 중 비행기의 세로 안정성을 담당한다.
④ 러더(Rudder)는 조종간과 연결되어 비행기를 상승·강하시킨다.

14 비행중 항공기의 자세를 조종하기도 하며 착륙 활주 중에는 활주거리를 짧게 하는 브레이크 역할도 하는 날개에 부착된 장치는?

① 플랩
② 도움날개
③ 슬롯
④ 스포일러

15 접개들이(Retractable) 착륙장치를 항공기에 연결해 주는 장치는?

① 트러니언 (TRUNNION)
② 옆버팀대 (SIDE STRUT)
③ 완충버팀대 (SHOCK STRUT)
④ 시미댐퍼 (SHIMMY DAMPER)

16 금속의 성질 중 원래 형태대로 돌아가려는 성질은?

① 연성
② 인성
③ 탄성
④ 취성

17 합금강의 분류에서 SAE 1025에 대한 설명으로 옳은 것은?

① 탄소강을 나타낸다.
② 니켈강을 나타낸다.
③ 합금원소는 크롬이다.
④ 탄소의 함유량은 5%이다.

18 미국알루미늄협회에서 사용하는 규격 표시는?

① AISI 규격
② SAE 규격
③ AA 규격
④ MIL 규격

19 알루미늄 합금에 대한 설명으로 올바르지 않은 것은?

① 내식성이 좋다.
② 가공성이 좋지 않다.
③ 시효경화성의 특성을 지닌다.
④ 상온에서 기계적 성질이 좋다.

20 광학적 성질이 우수하여 항공기용 창문 유리에 사용되는 재료는?

① 폴리메틸 메타크릴레이트
② 폴리염화비닐
③ 에폭시수지
④ 페놀수지

21 그림에서 부식에 의한 손상의 깊이는 몇 in인가?

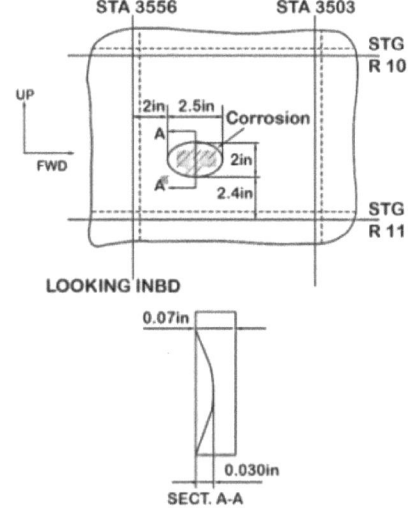

① 2.5
② 2.4
③ 0.071
④ 0.030

22 기체구조에 부착되는 허니컴 구조부 알루미늄 코어의 손상 시 대체용으로 주로 쓰이는 벌집 구조부 코어의 재질은?

① 마그네슘강
② 티타늄강
③ 스테인리스강
④ 유리섬유

23 항공용 볼트의 식별부호 중 정밀 공차 볼트의 머리 표시는?

24 고정 볼트의 종류가 아닌 것은?
① 풀형　　　　　② 스텀프형
③ 블라인드형　　④ 돔형

25 두께가 각각 1mm, 2mm인 판을 리벳팅하려 할 때 리벳 직경은 약 몇 mm가 가장 적당한가?
① 1mm　　　　　② 3mm
③ 6mm　　　　　④ 9mm

제2교시　　선택과목

항공기상

01 대류권에 대한 설명으로 올바른 것은?
① 대류권의 평균 높이는 15m이다.
② 대기권 질량의 60%에 해당하는 기체가 모여 있다.
③ 대류권은 대기권의 중간층에 위치한다.
④ 온도와 기압 차이로 대류 현상이 발생한다.

02 성층권의 대표적인 기상현상은?
① 대류현상
② 제트기류
③ 불안정한 대기
④ 기온역전

03 기상현상이 일어나는 원인으로 맞게 설명한 것은?
① 태양에 의한 지표면의 불균등 가열
② 대기 밀도에 따른 기압의 차이
③ 대류 현상에 의한 공기의 순환
④ 바다의 증발에 의한 수증기의 포함

04 연직방향으로의 유체운동에 의한 수송을 대류라 한다. 그러면 수평방향으로의 유체운동에 의한 수송을 무엇이라 하는가?
① 이류
② 복사
③ 전도
④ 대류

제4회 제2교시 항공기체 정답

01	②	06	④	11	③	16	③	21	④
02	①	07	②	12	①	17	①	22	④
03	③	08	④	13	①	18	③	23	②
04	③	09	③	14	④	19	②	24	④
05	③	10	④	15	①	20	①	25	③

05 대류운이 생성되기 시작할 때의 지표온도를 무엇이라 하는가?
① 가온도
② 잠재온도
③ 온위
④ 대류온도

06 평균 해면에서 온도가 20℃일 때 1,000ft에서의 온도는?
① 15℃
② 18℃
③ 20℃
④ 30℃

07 관제탑에서 제공하는 고도 압력으로 항공기의 기압고도계를 맞추는 방식은?
① QFH
② QNE
③ QNH
④ QFE

08 기압 고도계의 수정치를 29.92inch.Hg에 맞추었을 때 고도계가 지시하는 고도는?
① 진고도
② 기압고도
③ 절대고도
④ 지시고도

09 바람에 대한 설명으로 틀린 것은?
① 바람은 기압의 낮은 곳에서 높은 곳으로 흘러가는 공기의 흐름이다.
② 풍속의 단위는 m/s, knot 등을 사용한다.
③ 풍향은 지리학 상의 진북을 기준으로 한다.
④ 풍속은 공기가 이동한 거리와 이에 소요되는 시간의 비이다.

10 저기압 설명으로 틀린 것은?
① 주변보다 상대적으로 기압이 낮은 곳이다.
② 반시계 방향으로 불어 들어온다.
③ 상승기류이다.
④ 하강기류이다.

11 마찰력이 무시된 고도 이상의 상공에서 등압선이 직선일 때 부는 바람은?
① 지균풍
② 경도풍
③ 선형풍
④ 지상풍

12 다음 중 전향력에 관한 설명 중 틀린 것은?
① 지구의 자전에 의해 생기는 가상의 힘이다.
② 북반구에서는 바람 방향의 왼쪽으로 휘게 한다.
③ 극지방으로 갈수록 강해진다.
④ 기압경도력과 균형을 이루면 지균풍이 된다.

13 다음 중 태풍에 관한 설명으로 옳지 않은 것은?
① 열대지방(해양)을 발원지로 하고 폭풍우를 동반한 저기압을 총칭하여 열대성 저기압이라 한다.
② 미국을 강타하는 "허리케인"과 인도 지방을 강타하는 "싸이크론"이 있다.
③ 발생 수는 7월경부터 증가하여 8월에 가장 왕성하고 9~10월에 서서히 줄어든다.
④ 하층 태풍 진행 방향의 좌측 반원에서는 태풍 기류가 일반 기류와 같은 방향이 되기 때문에 풍속이 더욱 강해진다.

14 해륙풍과 산곡풍에 대한 설명으로 올바르지 않은 것은?
① 낮에 바다에서 육지로 부는 바람을 해풍이라 한다.
② 밤에 육지에서 바다로 부는 바람을 육풍이라 한다.
③ 낮에 골짜기에서 산 정상으로 부는 바람을 곡풍이라 한다.
④ 밤에 산 정상에서 산 아래 골짜기로 부는 바람을 곡풍이라 한다.

15 평균 풍속보다 10kts 이상 차이가 있으며 순간 최대풍속 17kts 이상의 강풍이며 지속시간이 초단위로 급변하는 바람을 무엇이라 하는가?
① 스콜
② 윈드 쉬어
③ 돌풍
④ 마이크로 버스터

16 한랭전선이 다가올 때 부는 바람은?
① 남서풍
② 남동풍
③ 북동풍
④ 북서풍

17 다음 중 하층운이라 볼 수 없는 것은?
① St
② Sc
③ Ns
④ Cb

18 여름 장마철에 지속적으로 비를 내리게 하는 구름은?
① Ac
② Ns
③ As
④ Cs

19 뇌우의 성숙기에서의 특성으로 옳은 것은?
① 상승기류만 존재한다.
② 하강기류만 존재한다.
③ 강우가 시작된다.
④ 거스트 전선(gust front)이 형성된다.

20 다음 중 뇌우를 동반하는 구름은?
① Cb
② Ci
③ Cs
④ As

21 다음 중 심한 난류 지역을 통과할 때 유지해야 하는 비행속도는?
① Vx 이하의 속도
② Vse 이하의 속도
③ Vy 이하의 속도
④ Va 이하의 속도

22 CA가 주로 발생하는 지역은?
① Jet stream의 남쪽
② Jet stream의 중심부 최대풍 지역
③ Jet stream의 남쪽과 북쪽
④ Jet stream의 북쪽

23 안개가 발생하기에 가장 부적합한 조건은?
① 강한 난류가 존재할 것
② 대기의 상층이 안정할 것
③ 냉각작용이 있을 것
④ 바람이 없을 것

24 고기압 통과 시 발생하는 안개의 종류는?
① 이류무
② 활승무
③ 전선무
④ 복사무

25 다음 중 착빙에 대한 설명으로 옳은 것은?
① 양력과 무게를 증가시켜 추진력을 감소시키고 항력을 증가시킨다.
② 착빙은 날개에만 발생한다.
③ 건조한 공기가 기체 표면에 부딪히면서 결빙이 생기는 현상이다.
④ 양력은 감소, 중력은 증가시켜 추진력을 감소시키고 항력을 증가시킨다.

제4회 제2교시 항공기상 정답

01	④	06	②	11	①	16	①	21	④
02	④	07	③	12	②	17	④	22	④
03	①	08	②	13	④	18	②	23	①
04	①	09	①	14	④	19	③	24	④
05	④	10	④	15	③	20	①	25	④

제5회 모의고사

제1교시 교통법규
교통안전법

01 교통수단·교통시설 또는 교통체계를 운행·운항·설치·관리 또는 운영 등을 하는 자를 총칭하여 무엇이라 하는가?

① 교통시설 설치·관리자
② 교통사업자
③ 교통수단운영자
④ 교통수단 제조사업자

02 다음 중 교통수단안전점검에 대한 설명으로 옳은 것은?

① 교통행정기관이 교통안전법 또는 관계법령에 따라 소관 교통수단에 대하여 교통안전에 관한 위험요인을 조사·점검 및 평가하는 모든 활동을 말한다.
② 육상교통·해상교통 또는 항공교통의 안전과 관련된 조사·측정·평가업무를 전문적으로 수행하는 교통안전진단기관이 교통시설에 대하여 교통안전에 관한 위험요인을 조사·측정 및 평가하는 모든 활동을 말한다.
③ 교통수단·교통시설 또는 교통체계의 운행·운항·설치 또는 운영 등에 관하여 지도·감독을 행하거나 관련 법령·제도를 관장하는 정부조직법에 의한 중앙행정기관으로서 대통령령으로 정하는 행정기관을 말한다.
④ 법령에 의하여 교통수단·교통시설 또는 교통체계의 운행·운항·설치 또는 운영 등에 관하여 교통사업자에 대한 지도·감독을 행하는 지정행정기관의 장, 특별시장·광역시장·도지사·특별자치도지사 또는 시장·군수·구청장을 말한다.

03 다음 중 지역별 교통안전에 관한 주요 정책을 심의하기 위해 지방기초단체장인 시장·군수·구청장 소속으로 설치하는 기구는?

① 국가교통위원회
② 시·군·구교통안전위원회
③ 지방교통위원회
④ 지방경찰교통위원회

04 다음 중 국가교통안전기본계획에 포함되어야 하는 사항이 아닌 것은?

① 교통안전에 관한 중·장기 종합정책방향
② 교통안전의 경영지침에 관한 사항
③ 교통안전지식의 보급 및 교통문화 향상목표
④ 교통안전 전문인력의 양성

05 국토교통부장관이 교통수단안전점검을 실시하여야 하는 경우가 아닌 것은?

① 자동차를 20대 이상 보유한 자의 교통안전도 평가지수가 국토교통부령으로 정하는 기준을 초과하여 발생한 교통사고
② 1건의 사고로 사망자가 1명 이상 발생한 교통사고
③ 1건의 사고로 중상자가 2명 이상 발생한 교통사고
④ 1건의 사고로 경상자가 10명 이상 발생한 교통사고

06 교통안전 특별실태조사는 교통문화지수가 얼마 이내인 시·군·구를 대상으로 하는가?
① 교통문화지수가 하위 100분의 40 이내인 시·군·구
② 교통문화지수가 하위 100분의 30 이내인 시·군·구
③ 교통문화지수가 하위 100분의 20 이내인 시·군·구
④ 교통문화지수가 하위 100분의 10 이내인 시·군·구

07 교통시설안전진단을 실시하려는 자는 교통안전진단기관을 누구에게 등록하여야 하는가?
① 국토교통부장관　② 시·도지사
③ 소관지역 경찰서장　④ 교통안전공단

08 교통행정기관의 장이 교통시설·교통수단 및 교통체계의 안전과 관련된 제반 교통안전에 관한 정보와 교통사고 관련자료 등을 통합적으로 유지·관리할 수 있도록 구축·관리하여야 하는 것은?
① 교통안전수단점검체계
② 교통시설안전체계
③ 교통안전관리운영체계
④ 교통안전정보관리체계

09 교통안전담당자의 직무 중 교통안전담당자가 교통시설설치·관리자등에게 필요한 조치를 요청할 시간적 여유가 없는 경우에는 직접 필요한 조치를 하고, 이를 교통시설설치·관리자등에게 보고해야 한다. 이에 해당하는 필요한 조치가 아닌 것은?
① 국토교통부령으로 정하는 교통수단의 운행 등의 계획 변경
② 교통수단의 정비
③ 교통안전 관련 시설 및 장비의 설치 또는 보완
④ 교통안전을 해치는 행위를 한 운전자등에 대한 징계

10 시·도지사가 교통안전법에 따라 처분을 행할 경우 반드시 청문을 해야 하는 경우는?
① 교통체계의 개선 권고
② 교통안전관리자 자격의 취소
③ 과태료 부과
④ 교통수단운영자 사업자의 출입·검사

제1교시　　교통법규

항공안전법

11 다음 중 경량항공기 기준에 해당되지 않는 것은?
① 조종사 좌석을 포함한 탑승 좌석이 2개 이하일 것
② 최대이륙중량이 450킬로그램 이하일 것
③ 최대 실속속도 또는 최소 정상비행속도가 45노트 이하일 것
④ 비행 중에 프로펠러의 각도를 조정할 수 없을 것

12 항공안전법에 따른 항공업무에 속하지 않는 것은?
① 무선설비의 조작을 포함한 항공교통관제 업무
② 무선설비의 조작을 포함 항공기의 운항 업무
③ 항공교통관제연습 및 항공기 조종연습 업무
④ 정비등을 수행한 항공기등의 감항성을 확인하는 업무

13 항공안전법에서 정의하는 무인항공기의 항공기사고 발생 범위 기준은?

① 비행을 목적으로 항공기에 탑승하였을 때부터 탑승한 모든 사람이 항공기에서 내릴 때까지
❷ 비행을 목적으로 움직이는 순간부터 비행이 종료되어 발동기가 정지되는 순간까지
③ 비행을 목적으로 발동기가 시동되는 순간부터 비행이 종료되어 발동기가 정지되는 순간까지
④ 비행을 목적으로 이륙하는 순간부터 착륙하는 순간까지

14 항공기사고에 따른 중상의 범위에 해당되지 않는 것은?

① 항공기사고, 경량항공기사고 또는 초경량비행장치사고로 부상을 입은 날부터 7일 이내에 36시간을 초과하는 입원치료가 필요한 부상
② 골절(코뼈, 손가락, 발가락 등의 간단한 골절은 제외한다)
③ 열상(찢어진 상처)으로 인한 심한 출혈, 신경·근육 또는 힘줄의 손상
④ 전염물질이나 유해방사선에 노출된 사실이 확인된 경우

15 항공기 준사고 범위에 해당되지 않는 것은?

① 항공기가 지상에서 운항 중 다른 차량과 접촉한 경우
② 착륙 중 활주로 중심선 옆으로 착륙한 경우
③ 이륙 중 활주로 종단을 초과한 경우
④ 항공기 시스템의 고장으로 조종상의 어려움이 발생한 경우

16 항공로에 대한 정의로 맞는 것은?

① 국토교통부장관이 항공기, 경량항공기 또는 초경량비행장치의 항행에 적합하다고 지정한 지구의 표면상에 표시한 공간의 길
② 국토교통부장관이 항공기, 경량항공기 또는 초경량비행장치의 항공교통의 안전을 위하여 지정한 지구의 표면상에 표시한 공간의 길
③ 비행장 또는 공항과 그 주변의 항공교통의 안전을 위하여 국토교통부장관이 지정, 공고한 공간의 길
④ 항공교통의 안전을 위하여 국토교통부장관이 지정한 표면 또는 수면으로부터 450m 이상 높이에 있는 공간의 길

17 다음 중 항공기 등록에 관한 설명으로 올바르지 않은 것은?

① 항공기에 대한 임차권(賃借權)은 등록하여야 제3자에 대하여 그 효력이 생긴다.
② 외국의 법인 또는 단체가 소유하거나 임차한 항공기는 등록할 수 없다.
③ 외국 국적을 가진 항공기는 등록할 수 없다.
④ 국토교통부장관은 소유자등이 항공기를 등록하였을 때에는 등록한 자에게 국토교통부령으로 정하는 바에 따라 항공기 등록증명서를 발급하여야 한다.

18 항공기에 대한 변경등록을 신청해야 하는 경우는?

① 항공기의 주기장이 변경되었을 때
② 항공기의 제작 연월일이 변경되었을 때
③ 항공기가 멸실(滅失)되었거나 항공기를 해체한 경우
④ 항공기의 정치장이 변경되었을 때

19 항공기가 멸실(滅失)되었으나 소유자등이 말소등록을 신청하지 아니하면 국토교통부장관은 며칠 이상의 기간을 정하여 말소등록을 신청할 것을 최고(催告)하여야 하는가?

① 7일　　　　② 14일
③ 15일　　　④ 30일

20 항공기의 등록기호표에 적어야 할 사항으로 옳지 않은 것은?

① 국적기호
② 등록기호
③ 등록년월일
④ 소유자등의 명칭

21 항공기에 출입구가 있는 경우 항공기의 등록기호표 부착방법은?

① 항공기 주(主)출입구 윗부분의 안쪽 가로 7센티미터 세로 5센티미터
② 항공기 주(主)출입구 윗부분의 안쪽 가로 5센티미터 세로 7센티미터
③ 항공기 주(主)출입구 아랫부분의 안쪽 가로 7센티미터 세로 5센티미터
④ 항공기 주(主)출입구 아랫부분의 바깥쪽 가로 5센티미터 세로 7센티미터

22 다음 중 예외적으로 감항증명을 받을 수 있는 항공기가 아닌 것은?

① 임대차 항공기의 운영에 대한 권한 및 의무이양의 적용 특례를 적용받는 항공기
② 제작·정비·수리 또는 개조 후 시험비행을 하는 경우
③ 국내에서 수리·개조 또는 제작한 후 수출할 항공기
④ 국내에서 제작되거나 외국으로부터 수입하는 항공기로서 대한민국의 국적을 취득하기 전에 감항증명을 신청한 항공기

23 다음 중 무상으로 운항하는 항공기를 보수를 받지 아니하고 조종하는 항공종사자는?

① 자가용 조종사　　② 사업용 조종사
③ 운송용 조종사　　④ 부조종사

24 자동차운전면허증 제2종을 보유한 사람이 항공신체검사증명을 받지 않고 취득할 수 있는 자격증명은?

① 자가용 조종사　　② 항공교통관제사
③ 항공기관사　　　④ 경량항공기조종사

25 5등급 항공영어구술능력증명의 유효기간은?

① 6년　　　　② 3년
③ 1년　　　　④ 영구

26 항공운송사업에 사용되는 항공기 외의 항공기가 시계비행방식에 의한 비행을 하는 경우 의무로 설치·운용해야 하는 무선설비는?

① 계기착륙시설 수신기 1대
② 전방향표지시설 수신기 1대
③ 거리측정시설 수신기 1대
④ 2차감시 항공교통관제 레이더용 트랜스폰더 1대

27 수색구조가 특별히 어려운 산악지역, 외딴지역 및 국토교통부장관이 정한 해상 등을 횡단 비행하는 비행기(헬리콥터 포함)가 장비하여야 할 구급용구로 올바른 것은?

① 불꽃조난신호장비, 구명보트
② 구명동의 또는 이에 상당하는 개인부양 장비
③ 불꽃조난신호장비, 구명장비
④ 사고 시 사용할 도끼 1개

28 B737 승객 좌석수가 189석인 경우 갖추어야 하는 소화기의 수량은?

① 1개　　　　② 2개
③ 3개　　　　④ 4개

29 항공기에 탑재하여야 하는 서류가 아닌 것은?

① 항공기등록증명서
② 감항증명서
③ 형식증명서
④ 탑재용 항공일지

30 계기비행방식으로 비행하는 비행기에 갖추어야 할 계기로 올바르지 않은 것은?

① 안정성유지시스템
② 선회 및 경사지시계
③ 자이로식 기수방향지시계
④ 승강계

31 항공운송사업용 및 항공기사용사업용 비행기가 시계비행을 할 경우 실어야 할 연료의 양은?

① 최초 착륙예정 비행장까지 비행에 필요한 양에 그 교체비행장까지 비행을 마친 후 순항속도로 45분간 더 비행할 수 있는 양
② 최초 착륙예정 비행장까지 비행에 필요한 양에 그 교체비행장까지 비행을 마친 후 순항속도로 30분간 더 비행할 수 있는 양
③ 최초 착륙예정 비행장까지 비행에 필요한 양에 순항속도로 45분간 더 비행할 수 있는 양
④ 최초 착륙예정 비행장까지 비행에 필요한 양에 순항속도로 30분간 더 비행할 수 있는 양

32 항공기를 야간에 사용되는 비행장에 주기(駐機) 또는 정박시키는 경우 어떤 등불을 이용하여 항공기의 위치를 나타내야 하는가?

① 충돌방지등　　　② 미등
③ 항행등　　　　　④ 우현등, 좌현등

33 항공업무에 종사해서는 아니 되는 혈중알코올 농도의 기준은?

① 0.5 퍼센트 이상
② 0.2 퍼센트 이상
③ 0.05 퍼센트 이상
④ 0.02 퍼센트 이상

34 국토교통부장관은 다음 각 호의 사항이 포함된 항공안전프로그램을 마련하여 고시하여야 한다. 이에 해당되지 않는 것은?

① 항공안전보험
② 항공안전에 관한 정책, 달성목표 및 조직체계
③ 항공안전 위험도의 관리
④ 항공안전보증

35 다음 중 항공안전 자율보고를 해야 하는 경우에 해당되지 않는 것은?

① 의무보고 대상 항공안전장애 외의 항공안전장애를 발생시킨 경우
② 의무보고 대상 항공안전장애 외의 항공안전장애가 발생한 것을 알게 된 경우
③ 항공기 사고·준사고 및 항공안전위해요인의 발생이 의심되는 경우
④ 항공안전위해요인이 발생한 것을 알게 된 경우

36 긴급항공기로 지정 받은 항공기가 긴급한 업무의 수행을 위하여 운항하는 경우에도 금지되는 행위는?

① 비행장이 아닌 곳에서 이륙·착륙
② 국토교통부령으로 정하는 최저비행고도(最低飛行高度) 아래에서의 비행
③ 물건의 투하(投下) 또는 살포
④ 낙하산 강하(降下)

37 항공기 상호간 통행의 우선순위로 옳은 것은?

① 헬리콥터는 비행기에 진로를 양보할 것
② 활공기는 헬리콥터에 진로를 양보할 것
③ 활공기는 비행기에 진로를 양보할 것
④ 비행선은 기구류에 진로를 양보할 것

38 특별시계비행을 하는 경우에 이륙하거나 착륙할 수 있는 조건은?

① 지상시정이 1,000미터 이상일 것
② 지상시정이 1,500미터 이상일 것
③ 비행시정이 2,000미터 이상일 것
④ 비행시정이 3,000미터 이상일 것

39 조종사가 계기비행방식으로 군비행장에 착륙할 경우의 절차는?

① 해당 군 기관이 정한 계기비행절차를 준수하여야 한다.
② 국제민간항공기구(ICAO)에서 정한 계기비행절차를 준수하여야 한다.
③ 미 연방항공청(FAA)에서 정한 계기비행절차를 준수하여야 한다.
④ 국토교통부령으로 정한 계기비행절차를 준수하여야 한다.

40 항공기는 도착비행장에 착륙하는 즉시 관할 항공교통업무기관에 도착보고를 하여야 한다. 다음 중 도착보고 항목에 포함되지 않는 것은?

① 항공기의 식별부호
② 출발비행장
③ 이륙시간
④ 착륙시간

41 수면 위를 시계비행방식으로 비행하는 항공기의 최저비행고도는?

① 600미터
② 450미터
③ 300미터
④ 150미터

42 곡예비행 등을 할 수 있는 비행시정으로 올바른 것은?

① 비행고도 3,050미터(1만피트) 미만인 구역: 5천미터 이상
② 비행고도 3,050미터(1만피트) 이상인 구역: 5천미터 이상
③ 비행고도 3,050미터(1만피트) 미만인 구역: 8천미터 미만
④ 비행고도 3,050미터(1만피트) 이상인 구역: 8천미터 미만

43 다음 중 회항시간 연장운항의 승인을 받아야 하는 비행기에 해당하는 것은?

① 최대인가승객 좌석 수가 30석 미만인 2개의 발동기를 가진 비행기
② 최대이륙중량이 4만 2천 킬로그램 미만인 2개의 터빈발동기를 장착한 비행기
③ 최대인가승객 좌석 수가 50석 미만인 2개의 발동기를 가진 비행기
④ 최대이륙중량이 4만 6천 킬로그램 미만인 2개의 터빈발동기를 장착한 비행기

44 공역의 설정기준으로 올바르지 않은 것은?

① 국가안전보장과 항공안전을 고려할 것
② 항공교통에 관한 서비스의 제공 여부를 고려할 것
③ 공역이 항공안전보다는 경제적으로 활용될 수 있을 것
④ 이용자의 편의에 적합하게 공역을 구분할 것

45 항공교통업무의 구분에 해당하지 않는 것은?

① 항공교통관제업무
② 비행정보업무
③ 경보업무
④ 수색·구조 관제업무

제1교시 　 교통법규

항공보안법

---

46 항공보안법에 따라 지정하는 공항시설 보호구역에 포함되지 않는 곳은?

① 보안검색이 완료된 구역
② 보안검색이 완료되지 않은 구역
③ 세관검사장
④ 화물청사

47 항공운송사업자는 승객의 안전 및 항공기의 보안을 위하여 필요한 조치를 취해야 한다. 이에 대한 설명으로 올바르지 않은 것은?

① 항공운송사업자는 승객이 탑승한 항공기를 운항하는 경우 항공기내보안요원을 탑승시켜야 한다.
② 항공운송사업자는 조종실 출입문의 보안을 강화하고 운항중에는 허가받지 아니한 사람의 조종실 출입을 통제하는 등 항공기에 대한 보안조치를 하여야 한다.
③ 항공운송사업자는 액체, 겔(gel)류 등 항공기 내 반입금지 물질이 항공기 내에 반입되지 아니하도록 조치하여야 한다.
④ 항공운송사업자는 항공기의 보안을 위하여 필요한 경우라도 특수경비원으로 하여금 항공기의 경비를 담당하게 할 수는 없다.

48 항공기에 탑승하는 사람, 휴대물품 및 위탁수하물에 대한 보안검색은 누가 하여야 하는가?

① 항공운송사업자
② 공항운영자
③ 화물터미널운영자
④ 지방항공청장

49 항공기에 가지고 들어가서는 아니 되는 위해물품이 아닌 것은?

① 도검류(刀劍類)
② 폭발물
③ 기밀서류 또는 연소성이 높은 물건
④ 탄저균(炭疽菌), 천연두균 등의 생화학무기

50 항공보안법에 따라 항공기에 무기를 가지고 들어가려는 사람은 탑승 전에 이를 해당 항공기의 기장에게 보관하게 하고 목적지에 도착한 후 반환받아야 한다. 다음 중 이 규정을 적용받지 아니하는 사람은?

① 항공기내보안요원
② 경찰
③ 경호원
④ 경비원

제5회 제1교시 교통법규 정답

01	②	11	②	21	①	31	③	41	④
02	①	12	③	22	②	32	③	42	①
03	②	13	②	23	①	33	④	43	②
04	②	14	①	24	④	34	①	44	③
05	④	15	②	25	①	35	③	45	④
06	③	16	①	26	④	36	④	46	②
07	②	17	④	27	③	37	④	47	③
08	④	18	④	28	③	38	②	48	②
09	④	19	①	29	③	39	①	49	③
10	②	20	③	30	①	40	③	50	①

제2교시   **필수과목**

교통안전관리론

01 운수회사의 교통안전관리에 대한 설명으로 올바르지 않은 것은?

① 교통안전관리는 과학적이고 체계적으로 필요하다.
② 경영수지개선과 교통안전관리는 아무런 영향이 없다.
③ 교통안전에 대한 투자는 회사의 발전에 필요하다.
④ 교통안전관리는 상호 연계성과 통합성이 있다.

02 사고요인의 등치성 원리는 어디에 중점을 둔 것인가?

① 교통사고의 원인
② 종사원의 건강
③ 도로환경
④ 운행조건

03 교통안전의 증진을 위한 3E에 해당하지 않는 것은?

① 기술(Engineering, 공학)
② 교육(Education)
③ 협력(Effort)
④ 규제(Enforcement, 단속)

04 다음 중 페이욜(H.Fayol)이 경영의 관리활동으로 들고 있는 것이 아닌 것은?

① 계획
② 통제
③ 조정
④ 재무

05 다음 중 교통안전시설이 아닌 것은?
① 어항/철도
② 방파제
③ 어업무선국
④ 등대/항공보안시설

06 인간의 행동을 규제하는 내적요인(인적요인)이 아닌 것은?
① 소질관계
② 경력관계
③ 인간관계
④ 심신관계

07 시각적 특성에 대한 설명으로 올바르지 않은 것은?
① 고속으로 운전할수록 주시점은 멀어진다.
② 시야의 범위는 속도와 반비례한다.
③ 한쪽 눈의 시야각은 좌우 각각160도이다.
④ 암순응에 적응하는 시간은 명순응보다 빠르다.

08 시력이 1.2 이라도 90km/h 속도로 운전할 때는 얼마까지 감소하는가?
① 1.0
② 0.7
③ 0.5
④ 0.1

09 다음 중 운전피로에 관한 설명으로 올바르지 않은 것은?
① 피로한 상태에서 핸들을 잡으면 운전에 악영향을 미치어 사고의 원인을 제공한다.
② 한정된 공간과 앉은 자세에서 계속적으로 손과 발만을 사용함으로써 발생하는 피로는 심리적 피로이다.
③ 피로가 누적되면 상황에 대한 인지능력이 떨어져 주의력이나 판단력이 저하된다.
④ 피로가 누적되면 초조해지거나 사소한 일에도 신경질적인 경향으로 인해 난폭운전을 하기 쉽다.

10 다음 중 어린이의 교통특징에 해당하는 것은?
① 호기심이 많다.
② 판단력이 정확하다.
③ 사고방식이 복잡하다.
④ 행동을 모방하려 하지 않는다.

11 자동차의 브레이크가 작동하여 자동차가 완전히 정지할 때까지 자동차가 움직인 거리는?
① 정지거리
② 제동거리
③ 공주거리
④ 반응거리

12 다음 중 집단의사 결정과 의사소통에 대한 설명으로 올바르지 않은 것은?
① 제안에 대한 자유로운 비판이 가능한 개방적인 분위기를 조성하는 리더십이 필요하다.
② 의사결정의 주체가 누구냐에 따라 개인의사결정과 집단의사결정으로 나뉜다.
③ 의사결정기능을 종업원에게 분산시키는 것이 반드시 필요하다.
④ 일단 결정이 내려지더라도 리더는 재차 회의를 소집하여 다시 점검, 논의하는 시간을 갖도록 한다.

13 계획의 단계에 해당되지 않는 것은?
① 문제의 인식
② 목표의 설정
③ 계획 전반의 수립
④ 대량성 및 공통성

14 인적평가와 관련하여 발생 가능한 오류에 대한 설명으로 올바르지 않은 것은?

① 상관적 편견 : 평가자가 관련성이 없는 평가항목들 간에 높은 상관성을 인지하거나 또는 이들을 구분할 수 없어서 유사·동일하게 인지할 때 발생

② 현혹효과(후광효과) : 피 고과자를 실제보다 과대 혹은 과소평가하는 것으로서 집단의 평가 결과가 한쪽으로 치우치는 경향

③ 상동적 오류 : 타인에 대한 평가가 그가 속한 사회적 집단에 대한 지각을 기초로 해서 이루어지는 것

④ 투사 : 자기 자신의 특성이나 관점을 다른 사람에게 전가시키는 것

15 다음 중 직장 외 훈련(off job training)에 대한 설명으로 올바르지 않은 것은?

① 규모가 작은 기업에서는 사실상 실시하기 어려운 훈련방법이다.

② 일선 종업원에만 가능한 교육훈련방법이다.

③ 빌딩 내의 양성소나 연수원 등과 같은 특정의 시설을 통하여 수행된다.

④ 직무 부담에서 벗어나 새로운 학습에 전념할 수 있으므로 훈련효과가 높다는 강점이 있다.

16 여러 사람이 모여 자유로운 발상으로 아이디어를 내는 아이디어 창조기법은?

① 브레인스토밍(Brain Storming) 방법
② 시그니피컨트(significant) 방법
③ 노모그램(Nomogram) 방법
④ 바이오닉스(Bionics) 방법

17 안전관리활동 중 현장안전회의(Too Box Meeting)에 관한 설명으로 올바르지 않은 것은?

① 직장에서 행하는 안전미팅을 말한다.

② 당일 운행에 관한 위험을 가상한 위험예측 활동과 위험예지훈련이 이루어지는 단계이다.

③ 위험에 대한 대책과 팀목표의 확인이 이루어지는 단계이다.

④ 업무 종료 후 장시간의 회의 요구를 한다.

18 운행계획의 합리적인 순환도는?

① 계획-실시-통제-조정
② 계획-통제-실시-조정
③ 계획-조정-실시-통제
④ 계획-조정-통제-실시

19 교통안전증진을 위한 교통안전계획 수립 시 유의사항으로 올바르지 않은 것은?

① 과거의 실적과 현재의 상태를 비교한다.
② 종사원들의 의견을 수렴한다.
③ 예상되는 장애요인에 대비한다.
④ 추진하고자 하는 대안을 단수로 생각한다.

20 다음 중 ZD(Zero Defect) 운동의 실행단계에 해당하지 않는 것은?

① 조성단계 ② 출발단계
③ 실행 및 운영단계 ④ 종합평가단계

21 다음 중 교통사업자가 교통사고 조사를 하는 본질적인 목적으로 올바른 것은?

① 교통사고 발생의 책임자를 처벌하기 위해
② 경찰의 교통사고 조사에 대한 신뢰의 부족을 보완하기 위해
③ 장기적으로 발생 가능한 교통사고의 예방을 위해
④ 교통사업자의 수익구조를 개선하기 위해

22 위험요소의 제거 단계 중에서 관리자 임명은 어느 단계에 해당하는가?
① 조직의 구성
② 위험요소의 탐지
③ 개선대안의 제시
④ 환류(Feed back)

23 다음 중 시몬즈(Simonds) 방식에 의한 비보험 코스트의 종류로 올바르지 않은 것은?
① 휴업상행
② 통원상해
③ 구급조치상해
④ 노후상해

24 레이-오프(lay off-system)란?
① 종사원이 징계의 사유로 휴직하는 것
② 일시 해고 또는 조건부 해고
③ 명령 불복종 해고
④ 경영주의 일방적 해고

25 인간 또는 장비나 기계에 과오나 동작 상태의 실수가 있어도 사고를 발생시키지 않도록 2중 또는 3중으로 안전대책을 가하는 것을 무엇이라 하는가?
① 등치성 원리
② 하자드(Hazard)
③ 연쇄반응
④ 페일 세이프(fail-safe)

제2교시 필수과목

항공기체

01 항공기의 기관 마운트에 대한 설명으로 옳은 것은?
① 착륙장치의 일부분이다.
② 착륙장치의 충격을 흡수하여 전달한다.
③ 기관을 보호하고 있는 모든 기체구조물을 말한다.
④ 기관에서 발생한 추력을 기체에 전달하는 역할을 한다.

02 다음 중 항공기 구조부에 작용하는 내부 하중으로 가장 올바른 것은?
① 압축, 전단, 비틀림, 인장
② 압축, 전단, 비틀림, 인장, 굽힘
③ 압축, 항력, 비틀림, 굽힘
④ 양력, 추력, 항력, 중력

03 응력 외피형 날개의 I형 날개보의 구성품 웨브(web)가 주로 담당하는 하중은?
① 인장하중
② 전단하중
③ 압축하중
④ 비틀림하중

제5회 제2교시 교통안전관리론 정답

01	②	06	③	11	②	16	①	21	③
02	①	07	④	12	③	17	④	22	①
03	③	08	③	13	④	18	①	23	④
04	④	09	②	14	②	19	④	24	②
05	③	10	①	15	②	20	④	25	④

04 그림과 같이 항공기 부재에 크기가 같고 방향이 반대인 50N의 두 힘이 수직거리가 10m 만큼 떨어져 작용하고 있다면 이러한 짝힘(Couple Force)에 의한 모멘트는 몇 N-m 인가?

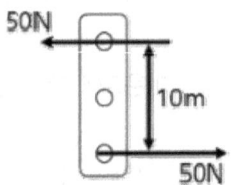

① 250　　　　　❷ 500
③ 2,500　　　　④ 5,000

05 V-n 선도에 대하여 올바르게 설명한 것은?
① 하중배수를 항공기 속도에 대해 그래프로 나타낸 것
② 양력을 항공기 속도에 대해 그래프로 나타낸 것
③ 항공기의 수직속도를 수평속도에 대해 그래프로 나타낸 것
④ 등가대기속도를 항공기 속도에 대해 그래프로 나타낸 것

06 항공기에 가해지는 모든 하중을 스킨(Skin)이 담당하는 구조형식은?
① Monocoque Type
② Pratt Truss Type
③ Warren Truss Type
④ Semi-Monocoque Type

07 좌굴을 방지하며, 외피를 금속으로 부착하기 좋게 하여 강도를 증가시키는 부재는?
① Spar　　　　② Stringer
③ Skin　　　　④ Rib

08 항공기 주날개에 걸리는 굽힘 모멘트를 주로 담당하는 날개의 부재는?
① 스파(Spar)
② 리브(Rib)
③ 스킨(Skin)
④ 스트링거(Stringer)

09 날개의 장착 방식에 대한 설명으로 옳지 않은 것은?
① 지주식 날개는 트러스 구조로 장착이 간단하고 무게도 줄일 수 있다.
② 지주식 날개는 무게도 줄일 수 있고 공기저항이 커서 경항공기에 사용된다.
③ 캔틸레버식 날개는 항력이 적어 고속기에 적합하다.
④ 캔틸레버식 날개는 무게가 가볍다.

10 날개를 이루고 있는 Front Spar, Rear Spar 및 양쪽 End Rib 사이의 공간이 연료탱크로 사용되며, 연료의 누설을 방지하기 위하여 모든 연결부는 특수 Sealant로 Sealing 되어 있다. 이러한 연료탱크를 무슨 탱크라고 하는가?
① Integral Fuel Tank
② Bladder Type Fuel Cell Tank
③ Reserve Tank
④ Vent Surge Tank

11 비행기의 수직꼬리날개 앞 동체에 붙어 있는 도살핀(dorsal fin)의 가장 중요한 역할은?
① 구조 강도를 좋게 한다.
② 가로 안정성을 좋게 한다.
③ 방향 안정성을 좋게 한다.
④ 세로 안정성을 좋게 한다.

12 다음 중 대형항공기에 주로 사용되는 뒷전 플랩은?

① 슬롯 플랩　② 스플릿 플랩
③ 단순플랩　④ 크루거 플랩

13 조종용 케이블에서 와이어나 스트랜드가 굽어져 영구 변형되어 있는 상태를 무엇이라 하는가?

① 버드 케이지(Bird cage)
② 킹크 케이블(Kink cable)
③ 와이어 절단(Broken wire)
④ 와이어 부식(Corrosion wire)

14 헬리콥터 회전날개 중 허브에 힌지가 없으므로 무게가 가볍고 구조가 간단하며 안전성, 정비성 및 공기저항이 작아지는 등 여러 이점을 지니고 있는 회전날개는?

① 관절형 회전날개
② 반고정형 회전날개
③ 고정형 회전날개
④ 베어링리스 회전날개

15 응력이 제거되면 변형률도 제거되어 원래 상태로 회복이 가능한 한계응력을 나타내는 것은?

① 항복점　② 인장강도
③ 파단점　④ 탄성한계

16 다음 중 SAE 4130 합금강에서 숫자 4는 무엇을 의미하는가?

① 몰리브덴　② 4%의 탄소
③ 크롬강　④ 크롬강

17 미국 알루미늄 협회의 규격에 따라 재질을 "1100"으로 표기할 때 첫째 자리 "1"이 나타내는 의미로 옳은 것은?

① 소숫점 이하의 순도가 1% 이내이다.
② 알루미늄-마그네슘계 합금이다.
③ 알루미늄-망간계 합금이다.
④ 99% 순수 알루미늄이다.

18 항공기 날개에 쓰이는 금속 중 가장 많이 쓰이는 금속은?

① 알루미늄합금　② 니켈-크롬강
③ 알크래드　④ 티타늄

19 다음 중 열경화성 수지가 아닌 것은?

① 페놀 수지　② 에폭시 수지
③ 폴리우레탄　④ 합성수지

20 항공기에 복합소재를 많이 사용하는 이유는?

① 부식에 약하고 마멸이 쉽게 된다.
② 제작이 복잡하다.
③ 무게 당 강도 비율이 아주 높다.
④ 제작 비용이 많이 든다.

21 높은 인장 강도와 유연성을 가지고 있으며, 비중이 작기 때문에 높은 응력과 진동을 받는 항공기의 부품에 가장 이상적이고 노란색 천으로 구성된 강화섬유는?

① 유리섬유　② 탄소섬유
③ 아라미드섬유　④ 보론섬유

22 항공용 볼트의 식별부호 중 알루미늄 합금 볼트의 머리 표시는?

① ⬡　②
③ 　④ ⬡

23 볼트 머리에 X로 표시된 기호가 새겨져 있다면 이 기호의 볼트는?

① 합금강 볼트
② 알루미늄 합금 볼트
③ 정밀 볼트
④ 특수 볼트

24 다음 항공기의 위치 표시방법 중에서 버턱라인은 무엇인가?

① 항공기 위치 전방에서 테일콘까지 연장된 선과 평행하게 측정
② 수직 중심선에 평행하게 좌, 우측의 너비를 측정
③ 항공기 동체의 수평면으로부터 수직으로 높이를 측정
④ 날개의 후방 빔에 수직하게 밖으로부터 안쪽 가장자리까지 측정

25 비파괴 검사법 중 피폭안전에 철저한 관리가 요구되는 검사법은?

① 침투탐상검사
② 와전류검사
③ 자분탐상검사
④ 방사선투과검사

제5회 제2교시 항공기체 정답

01	④	06	①	11	③	16	①	21	③
02	②	07	②	12	①	17	④	22	①
03	②	08	①	13	②	18	①	23	①
04	②	09	④	14	④	19	④	24	②
05	①	10	①	15	④	20	③	25	④

제2교시 선택과목

항공기상

01 다음 중 대류권에 대한 내용으로 틀린 것은?

① 대류권의 높이는 약 10~15km, 평균 12km이다.
② 고도가 낮은 곳은 기온이 높고 높아질수록 기온은 낮다.
③ 오존층이 있어 유해한 자외선을 흡수한다.
④ 대기권의 가장 아래층에 해당된다.

02 다음 중 대기권에서 전리층이 존재하는 곳은?

① 성층권
② 중간권
③ 열권
④ 극외권

03 공기가 냉각되어 안개가 생성되는 온도는?

① 가온도
② 대류온도
③ 노점 온도
④ 상당온도

04 평균해수면으로부터 항공기까지의 고도로서 해당 지역 기압 값을 고도계에 맞추었을 때 지시하는 고도는?

① 진고도
② 기압고도
③ 절대고도
④ 지시고도

05 지표면 바람이 등압선에 평행하게 불지 않고 어떤 각도를 가지고 등압선을 횡단하여 부는 원인은?

① 지면의 높은 공기 밀도
② 지면의 높은 대기압
③ 코리올리스 힘
④ 지면의 마찰력

06 다음 중 편서풍에 대한 설명으로 올바른 것은?

① 아열대 고기압에서 적도지방 저기압으로 부는 바람
② 아열대 고기압에서 극지방 저기압으로 부는 바람
③ 극지방 고기압에서 고위도 저기압으로 부는 바람
④ 극지방 고기압에서 아열대 저기압으로 부는 바람

07 다음 중 스콜(squall)에 대한 설명으로 올바르지 않은 것은?

① 갑자기 불기 시작하여(풍속 11m/s 이상) 몇 분(1분 이상) 동안 계속된 후 갑자기 멈추는 바람이다.
② 열대지방에서 주로 발생한다.
③ 우리나라의 한여름 소나기도 스콜이다.
④ 반드시 스콜성 구름이 나타난다.

08 METAR 보고에서 바람 방향, 즉 풍향의 기준은 무엇인가?

① 자북
② 국가마다 다름
③ 진북
④ 자북과 진북 병행

09 항공기상 용어 중에서 wind calm의 의미는?

① 바람의 세기가 무풍이거나 3kts 이하
② 바람의 세기가 5kts 이상
③ 바람의 세기가 10kts 이상
④ 바람의 세기가 15kts 이상

10 지상에서 전선의 이동속도를 빠르게 하는 원인은?

① 전선 상부의 저기압
② 전선과 평행한 상층풍
③ 전선을 가로지르는 상층풍
④ 온난전선을 쫓아가는 한랭전선

11 다음 중 중층운의 분류에 속하는 구름은?

① 고층운
② 층적운
③ 권층운
④ 적란운

12 Unstable Air 상태에서 주로 산등성이에 발생하는 구름은?

① Cu
② Ns
③ St
④ Ac

13 뇌우지역을 통과할 때 비행절차로 옳지 않은 것은?

① 자동조종장치를 사용하고 있다면 고도와 속도 유지 mode를 해제한다. 일정한 자세를 유지하고 고도와 속도가 변동될 수 있도록 허용한다.
② 비행속도를 설계기동속도(Va) 이상으로 유지한다.
③ 번개로 인한 일시적인 시력 상실을 줄이기 위하여 조종실 조명을 최대한 밝게 조절한다.
④ 뇌우에 이미 진입했다면 되돌아 나오려고 하지 않는다.

14 저고도 기온역전에 의한 wind shear의 발생조건으로 적합한 것은?

① 역전층 간의 온도 변화가 10℃ 이상 되어야 한다.
② 지표면과 역전층 상부의 바람 간에 풍향 변화가 30° 이상 되어야 한다.
③ 지표면과 역전층 상부의 바람 간에 풍향 변화가 60° 이상 되어야 한다.
④ 지표면보다 상대적으로 강한 바람이 역전층 상부에 불어야 한다.

15 소형 항공기가 대형 항공기 뒤를 따라 이착륙할 때 wake turbulence 회피 절차로 적합한 것은?

① 대형 항공기의 최종접근경로 위로 접근하여 대형 항공기의 접지지점을 지나서 착륙한다.
② 대형 항공기의 최종접근경로 아래로 접근하여 대형 항공기의 접지지점 이전에 착륙한다.
③ 대형 항공기의 최종접근경로 위로 접근하여 대형 항공기의 접지지점 이전에 착륙한다.
④ 대형 항공기의 rotation point를 알아 두었다가 rotation point를 지나서 이륙한다.

16 습윤한 공기가 차가운 지면 또는 수면으로 이동할 때 발생하는 안개는?

① 복사무　② 활승무
③ 이류무　④ 전선무

17 습한 공기가 산 경사면을 타고 상승하면서 팽창함에 따라 공기가 노점 이하로 단열 냉각되면서 발생하는 안개를 무엇이라 하는가?

① 복사안개　② 증기안개
③ 이류안개　④ 활승안개

18 다음 중 Severe Icing이 예상되는 기상 조건은?

① 권적운　② -10℃ 층적운
③ -10℃ 적운　④ Freezing rain

19 ATIS에서 운고와 시정이 생략되는 조건은?

① 운고 3,000ft 이상, 시정 3SM 이상
② 운고 5,000ft 이상, 시정 5SM 이상
③ 운고 5,000ft 이상, 시정 3SM 이상
④ 운고 3,000ft 이상, 시정 3SM 이상

20 빗방울이라 함은 대기 중을 통하여 떨어지는 직경 몇 mm 이상의 것을 말하는가?

① 20 ㎛ 이상
② 50 ㎛ 이상
③ 0.2 mm 이상
④ 0.5 mm 이상

21 강수가 예보되었다면 구름의 두께는 최소 몇 ft 이상인가?

① 3,000ft
② 4,000ft
③ 5,000ft
④ 6,000ft

22 항공기상 관측부호와 의미가 올바른 것은?

① +FC : 깔때기 구름
② VA : 화재
③ PO : 모래폭풍
④ DS : 먼지폭풍

23 METAR에서 구름 운량이 전체 하늘의 5/8~7/8을 차지할 때 표시 방법은?

① FEW　② SCT
③ BKN　④ OVC

24 TAF 전문에서 "BECMG 1012 3000 SCT003 BKN030"으로 보고되었다면 ceiling은?

① 3,000ft AGL
② 300ft AGL
③ 3,000ft MSL
④ 300ft MSL

25 항공기상 보고에서 변화 지시자 "BECMG"에 대한 다음 설명으로 올바른 것은?

① BECMG 0103 2000 – 01시에 시정은 2,000m 이다.
② BECMG FM0900 3000 – 09시에 시정은 3,000m 이다.
③ BECMG TL0930 2000 – 09시 30분에 시정은 2,000m 이다.
④ BECMG FM0930 TL1030 3000 – 09시 30분에 시정은 3,000m이다.

제5회 제2교시 항공기상 정답

01	❸	06	❷	11	❶	16	❸	21	❷
02	❸	07	❹	12	❶	17	❹	22	❹
03	❸	08	❸	13	❷	18	❹	23	❸
04	❶	09	❶	14	❹	19	❷	24	❶
05	❹	10	❸	15	❶	20	❹	25	❸

제6회 모의고사

제1교시 | **교통법규**
교통안전법

01 "교통체계"라 함은 사람 또는 화물의 이동·운송과 관련된 활동을 수행하기 위하여 개별적으로 또는 서로 유기적으로 연계되어 있는 교통수단 및 교통시설의 (　　) 또는 이와 관련된 산업 및 제도 등을 말한다. 위의 괄호 안에 알맞은 용어는?

① 이용·관리·보존체계
② 이용·보존·운영체계
③ 이용·이동·운영체계
④ 이용·관리·운영체계

02 국가교통안전기본계획의 수립을 위하여 국토교통부장관이 소관별 교통안전에 관한 계획안을 종합·조정하는 경우에 검토해야 할 사항이 아닌 것은?

① 정책목표
② 정책과제의 추진시기
③ 투자규모
④ 소요예산의 확보 가능성

03 국토교통부장관이 소관별 교통안전시행계획안을 종합·조정할 때에 검토해야 하는 사항이 아닌 것은?

① 정책목표
② 국가교통안전기본계획과의 부합 여부
③ 기대 효과
④ 소요예산의 확보 가능성

04 교통시설설치·관리자등의 교통안전관리규정에 포함되어야 하는 사항이 아닌 것은?

① 교통수단·교통시설별 교통사고 감소목표에 관한 사항
② 교통안전의 경영지침에 관한 사항
③ 교통안전목표 수립에 관한 사항
④ 교통안전 관련 조직에 관한 사항

05 다음 중 교통수단안전점검의 대상이 아닌 것은?

① 여객자동차운송사업자가 보유한 자동차
② 건설기계사업자가 보유한 건설기계
③ 항공운송사업자가 보유한 항공기
④ 해상운송사업자가 보유한 선박

06 교통사고 발생건수 및 교통사고 사상자 수 산정 시 사망사고 1건 또는 사망자 1명에 대한 가중치는 얼마인가?

① 0.3
② 0.4
③ 0.7
④ 1

07 교통행정기관이 교통시설안전진단을 받은 자에 대하여 권고하거나 관계법령에 따른 필요한 조치를 할 수 있는 사항에 해당하지 않는 것은?

① 교통시설에 대한 공사계획 또는 사업계획 등의 시정 또는 보완
② 교통시설의 개선·보완 및 이용제한
③ 교통시설의 관리·운영 등과 관련된 절차·방법 등의 개선·보완
④ 운전자 등, 교통사업자 소속 근로자 등에 대한 근무환경의 개선

08 다음 중 어느 하나에 해당되는 자는 교통안전진단기관으로 등록할 수 없다. 이에 해당되지 않는 것은?

① 피성년후견인 또는 피한정후견인
② 파산선고를 받고 복권되지 아니한 자
③ 교통안전법을 위반하여 징역형의 집행유예를 선고받고 그 유예기간 중에 있는 자
④ 교통안전법을 위반하여 징역형의 실형을 선고받고 그 집행이 종료(집행이 종료된 것으로 보는 경우를 포함한다)되거나 집행이 면제된 날부터 3년이 지나지 아니한 자

09 다음 중 교통안전관리자 자격의 종류가 아닌 것인가?

① 선박교통안전관리자
② 도로교통안전관리자
③ 항만교통안전관리자
④ 삭도교통안전관리자

10 다음 중 교통안전담당자의 직무에 해당하지 않는 것은?

① 교통안전관리규정의 시행 및 그 기록의 작성·보존
② 교통안전관리규정의 시행 및 그 기록의 보관·관리와 교통수단 안전점검의 실시
③ 교통수단의 운행·운항 또는 항행 또는 교통시설의 운영·관리와 관련된 안전점검의 지도·감독
④ 교통사고 원인 조사·분석 및 기록 유지

11 교통행정기관이 운행기록장치 장착의무자로부터 제출받은 운행기록 분석결과를 이용하여 할 수 있는 조치에 해당하지 않는 것은?

① 교통수단안전점검의 실시
② 교통안전진단의 실시
③ 교통수단 및 교통수단운영체계의 개선 권고
④ 최소휴게시간, 연속근무시간 및 속도제한 장치 무단해제 확인

12 다음 중 국토교통부장관이 한국교통안전공단에 위탁할 수 있는 업무에 해당되지 않는 것은?

① 교통수단안전점검
② 교통시설안전진단 실시결과의 평가와 평가에 필요한 관련 자료의 제출 요구
③ 시험의 실시 및 자격증명서의 발급
④ 도로교통사고에 관한 교통안전정보관리체계의 구축·관리

13 교통안전담당자를 지정하지 않은 경우의 과태료는?

① 100만원 ② 200만원
③ 300만원 ④ 500만원

| 제1교시 | 교통법규 |

항공안전법

14 다음 중 항공기의 범위에 해당하는 것은?

① 비행선, 수상기
② 초경량항공기, 헬리콥터
③ 비행선, 초급활공기
④ 활공기, 항공우주선

15 항공안전법에 따른 국가기관등항공기에 해당하지 않는 것은?

① 군용 · 경찰용 · 세관용 항공기
② 재난 · 재해 등으로 인한 수색 · 구조 항공기
③ 산불의 진화 및 예방 항공기
④ 응급환자의 후송 등 구조 · 구급활동 항공기

16 항공안전법에서 정의하는 무인항공기의 항공기사고 발생 범위 기준은?

① 비행을 목적으로 항공기에 탑승하였을 때부터 탑승한 모든 사람이 항공기에서 내릴 때까지
② 비행을 목적으로 움직이는 순간부터 비행이 종료되어 발동기가 정지되는 순간까지
③ 비행을 목적으로 발동기가 시동되는 순간부터 비행이 종료되어 발동기가 정지되는 순간까지
④ 비행을 목적으로 이륙하는 순간부터 착륙하는 순간까지

17 항공기의 중대한 손상 · 파손 및 구조상의 결함에 해당하지 않는 것은?

① 항공기에서 발동기가 떨어져 나간 경우
② 발동기의 덮개 또는 역추진장치 구성품이 떨어져 나가면서 항공기를 손상시킨 경우
③ 덮개와 부품(accessory)을 포함하여 한 개의 발동기의 고장 또는 손상
④ 플랩(flap), 슬랫(slat) 등 고양력장치 및 윙렛(winglet)이 손실된 경우

18 항공기 준사고에 포함되지 않는 것은?

① 비행 중 정상적인 조종을 할 수 없는 정도의 레이저 광선에 노출된 경우
② 비행 중 운항승무원이 조종능력을 상실한 경우
③ 조종사가 연료의 부족으로 비상선언을 한 경우
④ 비상상황이 발생하여 산소마스크를 사용한 경우

19 항공기 말소등록의 사유가 아닌 것은?

① 외국인에게 항공기를 양도한 경우
② 임차기간의 만료로 항공기를 사용할 수 있는 권리가 상실된 경우
③ 항공기의 존재 여부를 2개월 이상 확인할 수 없는 경우
④ 항공기가 멸실되었거나 항공기를 해체한 경우

20 항공안전법이 규정하는 항공종사자의 정의로 맞는 것은?

① 항행안전시설의 유지 · 보수 업무에 종사하는 사람
② 항공종사자 자격증명을 받은 사람
③ 항공기의 정비업무에 종사하는 사람
④ 항공기의 운항을 위하여 지상조업을 하는 사람

21 항공기 등록기호표 재질로 적합한 것은?

① 스테인리스 스틸
② 강철 등 내화금속
③ 티나늄 합금
④ 녹슬지 않는 섬유 소재

22 다음 중 등록을 필요로 하지 않는 항공기의 범위에 해당하는 것은?

① 항공기 제작자나 항공기 관련 연구기관이 연구·개발 중인 항공기
② 재해·재난 등으로 인한 수색·구조에 사용하는 항공기
③ 화재 진화 및 응급환자 후송에 사용하는 항공기
④ 두 나라 이상을 운항하는 항공기

23 등록을 필요로 하지 않는 항공기의 범위에 속하지 않는 것은?

① 군에서 사용하는 항공기
② 시험비행을 목적으로 사용하는 항공기
③ 세관에서 사용하는 항공기
④ 경찰업무에 사용하는 항공기

24 항공기에 대한 변경등록을 신청해야 하는 경우는?

① 항공기의 주기장이 변경되었을 때
② 항공기의 제작 연월일이 변경되었을 때
③ 항공기가 멸실(滅失)되었거나 항공기를 해체한 경우
④ 항공기의 정치장이 변경되었을 때

25 항공기가 멸실(滅失)되었을 경우 며칠 이내에 대통령령으로 정하는 바에 따라 국토교통부장관에게 말소등록을 신청하여야 하는가?

① 7일   ② 14일
③ 15일   ④ 30일

26 항공기 대한 등록기호표 부착 위치에 대한 설명으로 올바른 것은?

① 항공기에 출입구가 있는 경우: 항공기 주(主)출입구 윗부분의 안쪽
② 항공기에 출입구가 있는 경우: 항공기 주(主)출입구 윗부분의 바깥쪽
③ 항공기에 출입구가 있는 경우: 항공기 주(主)출입구 아랫부분의 안쪽
④ 항공기에 출입구가 있는 경우: 항공기 주(主)출입구 아랫부분의 바깥쪽

27 항공기에 출입구가 있는 경우 항공기의 등록기표 부착방법은?

① 항공기 주(主)출입구 윗부분의 안쪽 가로 7센티미터 세로 5센티미터
② 항공기 주(主)출입구 윗부분의 안쪽 가로 5센티미터 세로 7센티미터
③ 항공기 주(主)출입구 아랫부분의 안쪽 가로 7센티미터 세로 5센티미터
④ 항공기 주(主)출입구 아랫부분의 바깥쪽 가로 5센티미터 세로 7센티미터

28 다음 중 예외적으로 감항증명을 받을 수 있는 항공기가 아닌 것은?

① 임대차 항공기의 운영에 대한 권한 및 의무이양의 적용 특례를 적용받는 항공기
② 제작·정비·수리 또는 개조 후 시험비행을 하는 경우
③ 국내에서 수리·개조 또는 제작한 후 수출할 항공기
④ 국내에서 제작되거나 외국으로부터 수입하는 항공기로서 대한민국의 국적을 취득하기 전에 감항증명을 신청한 항공기

29 다음 중 운항관리사의 업무범위가 아닌 것은?

① 항공기 연료 소비량의 산출
② 비행계획의 작성 및 변경
③ 항공교통의 안전·신속 및 질서 유지
④ 항공기 운항의 통제 및 감시

30 다음 중 보수를 받고 무상으로 운항하는 항공기를 조종하는 항공종사자는?

① 자가용 조종사
② 사업용 조종사
③ 운송용 조종사
④ 부조종사

31 조종사 자격증명에 대한 한정으로 올바른 것은?

① 상급 및 중급으로 한정
② 비행기, 헬리콥터 및 활공기로 한정
③ 항공기 및 경량항공기의 종류로 한정
④ 항공기의 종류·등급 또는 형식으로 한정

32 60세 이상이 되어서 자가용 조종사가 되었다. 이 사람의 항공신체검사증명의 유효기간은?

① 6개월
② 12개월
③ 24개월
④ 48개월

33 자동차운전면허증 제2종을 보유한 사람이 항공신체검사증명을 받지 않고 취득할 수 있는 자격증명은?

① 자가용 조종사
② 항공교통관제사
③ 항공기관사
④ 경량항공기조종사

34 항공영어구술능력증명 4등급 또는 5등급을 가지고 있는 사람이 유효기간 만료 6개월 이내에 갱신한 경우에 새로운 유효기간의 기준일은?

① 기존의 유효기간 만료 후 새로운 유효기간 적용
② 기존 증명의 유효기간이 끝난 다음 날
③ 합격 통지일로부터 유효기간 적용
④ 합격일로부터 유효기간 적용

35 항공기를 운항하려는 자 또는 소유자등이 갖추어 두어야 하는 항공일지에 해당되지 않는 것은?

① 탑재용 항공일지
② 지상 비치용 발동기 항공일지
③ 지상 비치용 프로펠러 항공일지
④ 사고예방 및 사고조사 항공일지

36 승객 좌석 수가 300석인 항공기에 갖추어야 할 감염예방 의료용구 수량은?

① 1조
② 2조
③ 3조
④ 4조

37 B737 승객 좌석수가 189석인 경우 갖추어야 하는 소화기의 수량은?

① 1개
② 2개
③ 3개
④ 4개

38 항공기를 야간에 사용되는 비행장에 주기(駐機) 또는 정박시키는 경우 어떤 등불을 이용하여 항공기의 위치를 나타내야 하는가?

① 충돌방지등
② 미등
③ 항행등
④ 우현등, 좌현등

39 다음 중 항공기의 비행 중 금지행위가 아닌 것은?

① 최저비행고도에 근접한 비행
② 뒤집어서 비행하거나 옆으로 세워서 비행하는 등의 곡예비행
③ 물건의 투하(投下) 또는 살포
④ 낙하산 강하(降下)

40 긴급항공기는 누구로부터 지정받아야 하는가?

① 지방항공청장
② 국토교통부장관
③ 국방부장관
④ 보건복지부장관

41 항공기 상호간 통행의 우선순위로 옳은 것은?

① 비행선은 예항하는 다른 항공기에 진로를 양보할 것
② 착륙을 위하여 비행장에 접근하는 항공기 상호간에는 낮은 고도에 있는 항공기가 높은 고도에 있는 항공기에 진로를 양보해야 한다.
③ 최종접근 중인 항공기는 비행 중이거나 지상에서 운항 중인 항공기에 진로를 양보하여야 한다.
④ 기구류는 비행선에 진로를 양보할 것

42 항공기가 활공기를 예항하는 예항줄의 길이는?

① 20미터 이상 30미터 이하로 할 것
② 30미터 이상 50미터 이하로 할 것
③ 40미터 이상 80미터 이하로 할 것
④ 50미터 이상 100미터 이하로 할 것

43 해발 3,050미터(10,000피트) 이상에서 시계비행방식으로 비행할 수 있는 시계상의 양호한 기상상태는?

① 비행시정 : 5천 미터, 구름으로부터의 거리 : 수평으로 1,000미터, 수직으로 450미터(1,500피트)
② 비행시정 : 5천 미터, 구름으로부터의 거리 : 수평으로 1,500미터, 수직으로 300미터(1,000피트)
③ 비행시정 : 8천 미터, 구름으로부터의 거리 : 수평으로 1,500미터, 수직으로 300미터(1,000피트)
④ 비행시정 : 8천 미터, 구름으로부터의 거리 : 수평으로 1,000미터, 수직으로 450미터(1,500피트)

44 무선통신 두절 시의 연락방법으로 비행 중인 항공기에게 착륙하여 계류장으로 갈 것을 지시하는 관제탑 빛총신호로 올바른 것은?

① 연속되는 녹색
② 연속되는 붉은색
③ 깜빡이는 붉은색
④ 깜빡이는 흰색

45 팔꿈치를 구부려 유도봉을 가슴 높이에서 머리 높이까지 위 아래로 움직이는 유도신호의 의미는?

① 비상정지
② 직진
③ 고임목 삽입
④ 엔진 정지

제1교시 교통법규
항공보안법

46 다음 중 보안검색 면제대상에 해당하지 않는 경우는?
① 외국의 국가원수 및 그 배우자
② 공무로 여행을 하는 대통령, 국회의장, 대법원장
③ 국제협약 등에 따라 보안검색을 면제받도록 되어 있는 사람
④ 항공보안법의 보안검색 면제 요건을 모두 갖춘 외교행낭

47 다음 중 보안검색 면제대상에 해당하지 않는 경우는?
① 공무로 여행을 하는 대통령(대통령의 부모 형제를 포함한다)과 외국의 국가원수 및 그 배우자
② 공무로 여행을 하는 대통령당선인과 대통령권한대행
③ 국제협약 등에 따라 보안검색을 면제받도록 되어 있는 사람
④ 내공항에서 출발하여 다른 국내공항에 도착한 후 국제선 항공기로 환승하려는 경우로서 출발하는 국내공항에서 보안검색을 완료하고 국내선 항공기에 탑승하였으며, 국제선 항공기로 환승하기 전까지 보안검색이 완료된 구역을 벗어나지 아니한 승객 및 승무원

48 국토교통부장관의 허가를 받아 항공기에 가지고 들어갈 수 있는 대통령령으로 정하는 무기에 해당하지 않는 것은?
① 권총　　　② 분사기
③ 전자충격기　④ 도검류(刀劍類)

49 국토교통부장관의 허가를 받아 항공기 내에 반입이 가능한 것은?
① 도검류
② 산탄총
③ 폭약류
④ 전자충격기

50 항공기장 등의 권한으로 항공기내에서의 행위를 저지하기 위한 필요한 조치를 할 수 있다. 다음 중 이에 해당하는 행위가 아닌 것은?
① 항공기의 보안을 해치는 행위
② 술을 마시거나 약물을 복용하고 다른 사람에게 위해를 주는 행위
③ 인명이나 재산에 위해를 주는 행위
④ 항공기 내의 질서를 어지럽히거나 규율을 위반하는 행위

제6회 제1교시 교통법규 정답

01	④	11	②	21	②	31	④	41	①
02	④	12	④	22	①	32	②	42	③
03	①	13	④	23	②	33	④	43	③
04	①	14	④	24	④	34	②	44	④
05	④	15	①	25	③	35	④	45	②
06	④	16	②	26	①	36	②	46	②
07	④	17	③	27	①	37	③	47	①
08	④	18	①	28	②	38	③	48	④
09	①	19	③	29	③	39	①	49	④
10	②	20	②	30	②	40	①	50	②

제2교시 필수과목
교통안전관리론

01 다음 중 교통안전관리의 목표로 가장 거리가 먼 것은?

① 교통안전의 확보
② 수송효율의 향상
③ 주택보급의 확대
④ 교통수단운영자의 이익증대

02 다음 중 교통안전관리의 목표로 볼 수 없는 것은?

① 교통의 효율화
② 여가시설의 충실화
③ 주택보급의 확대
④ 교통수송량의 증가

03 사고의 여러 요인들 중에서 하나만이라도 발생하지 않으면 사고가 발생하지 않는다는 원리는?

① 사고원인 집중성 원리
② 사고원인 단일성 원리
③ 사고원인 분리성 원리
④ 사고원인 등치성 원리

04 다음 중 산업재해예방과 관련한 하인리히 법칙에 대한 설명으로 옳지 않은 것은?

① 하인리히 법칙(Heinrich's Law)은 한 번의 큰 재해가 있기 전에 그와 관련된 작은 사고나 징후들이 먼저 일어난다는 법칙이다.
② 큰 재해와 작은 재해, 사소한 사고의 발생 비율이 1:29:300이라는 점에서 1:29:300 법칙으로 부르기도 한다.
③ 하인리히 법칙은 산업재해예방을 포함하여 각종 사고나 사회적, 경제적 위기 등을 설명하기 위해 의미를 확정하여 해석하는 경우도 있다.
④ 하인리히는 이 조사 결과를 바탕으로 큰 재해는 우연히 발생하는 것이며, 반드시 그전에 사소한 사고 등의 징후가 있는 것은 아니라는 것을 실증적으로 밝혀내었다.

05 하인리히가 주장한 재해예방의 중요 요소로 교통안전의 증진을 위한 3E에 해당하지 않는 것은?

① 공학(Engineering, 기술)
② 교육(Education)
③ 감정(Emotional)
④ 단속(Enforcement)

06 페이욜이 제시한 14가지 관리일반원칙 중에서도 가장 핵심이 되는 것으로, 오늘날처럼 규모가 커진 기업경영을 위한 필수적인 전제가 되는 원칙은?

① 명령통일의 원칙
② 보수적 정화의 원칙
③ 계층화의 원칙
④ 분업의 원칙

07 교통사고 형태 중에서 어떤 요인이 발생 시에 그것이 근원이 되어 다음 요인이 생기게 되고 또 그것이 요인을 일어나게 하는 것과 같이 요인이 연쇄적으로 하나하나의 요인을 만들어 가는 형태는?
① 집중형　　② 복합형
③ 연쇄형　　④ 사고다발형

08 다음 중 교통안전관리규정에 포함될 내용으로 올바르지 않은 것은?
① 보행자의 통행방법에 관한 사항
② 교통수단의 관리에 관한 사항
③ 교통안전의 교육·훈련에 관한 사항
④ 교통사고 원인의 조사·보고 및 처리에 관한 사항

09 교통기관의 3대요소가 아닌 것은?
① 동력　　② 운반구
③ 통로　　④ 이용자

10 다음 중 교통안전시설에 해당하지 않는 것은?
① 공항　　② 어항시설
③ 어업무선국　　④ 철도

11 인간과 환경이 행동을 규제하는 요인으로 올바르지 않은 것은?
① 내적요인-흥미, 지위, 경험
② 개체요인-특기, 취미, 휴식
③ 환경요인-가정, 직장, 도로, 기상
④ 인적요인-지능, 성격, 태도

12 사고원인으로서 4M에 대한 사고방지대책으로 올바르지 않은 것은?
① Man(인간) : 인간관계, 지시, 명령체계의 개선
② Media(매개체, 환경) : 작업정보, 작업환경 등의 개선
③ Machine(기계) : 기계설비 및 방호장치 등을 인체공학으로 개선
④ Management(관리) : 인간과 기계설비 간의 상호 매개 관계의 개선

13 운전자의 한쪽 눈 시야각도에 대한 설명으로 옳은 것은?
① 좌우 각각 140°(눈 있는 쪽 90°, 반대쪽 50°)
② 좌우 각각 170°(눈 있는 쪽 120°, 반대쪽 50°)
③ 좌우 각각 150°(눈 있는 쪽 100°, 반대쪽 50°)
④ 좌우 각각 160°(눈 있는 쪽 100°, 반대쪽 60°)

14 정지상태에서 정상인 시야가 약 180°~200°인데 100km/h 속도로 운전할 때 시야는 얼마로 줄어드는가?
① 20°　　② 30°
③ 40°　　④ 50°

15 정지한 상태에서 정상적인 시력을 가진 운전자의 양쪽 눈 시야범위는?
① 100°~120°　　② 120°~150°
③ 130°~170°　　④ 180°~200°

16 다음 중 음주운전자의 특징으로 볼 수 없는 것은?
① 신체 기능의 원활　　② 충동성
③ 공격성　　④ 반사회성

17 운전자의 반응과정으로 올바른 것은?

① 인지-판단-제거
② 판단-인지-조작
③ 인지-판단-조작
④ 조작-인지-판단

18 다음 중 보행자의 심리로 볼 수 없는 것은?

① 보행자는 급히 서두르는 것이 보통이다.
② 횡단보도를 이용하기 보다는 현 위치에서 횡단하려고 한다.
③ 자동차가 모든 것을 양보해 줄 것으로 믿는다.
④ 횡단보도를 찾아서 횡단하려는 심리가 크다.

19 다음 중 사고다발자의 일반적인 특성으로 볼 수 없는 것은?

① 충동을 제어하지 못하여 조기 반응을 나타낸다.
② 자극에 민감한 경향을 보이고 흥분을 잘한다.
③ 호탕하고 개방적이어서 인간관계에 있어서 협조적 태도를 보인다.
④ 정서적으로 충동적이다.

20 노면에 나타난 스키드마트(Skid Mark)로 추정할 수 있는 것은?

① 자동차의 타이어 자국이 노면에 찍힌 흔적으로 차량의 추진력을 알 수 있다.
② 자동차 브레이크 시 노면에 남긴 흔적으로 길이를 이용하여 속도를 추정할 수 있다.
③ 자동차의 앞차륜 정렬상태를 알 수 있다.
④ 자동차의 정적·동적 밸런스를 알 수 있다.

21 다음 중 교통안전관리조직의 개념에 대한 설명으로 올바르지 않은 것은?

① 교통안전관리조직은 단순해야 한다.
② 환경변화에 순응할 수 있는 유기체로서의 성격을 지녀야 한다.
③ 안전관리조직은 구성원 상호간을 연결할 수 있는 비공식적 조직이어야 한다.
④ 안전관리조직은 그 운영자에게 통제 상의 정보를 제공할 수 있어야 한다.

22 다음 중 비공식적 조직의 특성이 아닌 것은?

① 구성원 간의 상호작용에 의해 자연 발생적으로 성립된다.
② 혈연·지연·학연·취미·종교·이해관계 등의 기초 위에 형성된다.
③ 능률이나 비용의 논리에 의해 구성 및 운영된다.
④ 친숙한 인간관계를 요건으로 하기 때문에 대체로 소집단의 상태를 유지한다.

23 합리적인 의사결정을 위한 의사결정과정을 순서대로 올바르게 나열한 것은?

① 문제의 의식 → 정보의 수집·분석 → 대안의 탐색 및 평가 → 대안 선택 → 실행 → 결과평가
② 문제의 의식 → 대안의 탐색 및 평가 → 정보의 수집·분석 → 대안 선택 → 실행 → 결과평가
③ 문제의 의식 → 대안의 탐색 및 평가 → 대안 선택 → 정보의 수집·분석 → 실행 → 결과평가
④ 문제의 의식 → 대안 선택 → 대안의 탐색 및 평가 → 정보의 수집·분석 → 실행 → 결과평가

24 중간관리자의 주요한 역할로 보기 어려운 것은?

① 현장 최일선의 지도자
② 상하간의 커뮤니케이션
③ 소관부분의 종합조정자
④ 전문가로서의 역할

25 어떤 한 분야에 있어서의 어떤 사람에 대한 호의적 또는 비호의적인 인상이 다른 분에 있어서의 그 사람에 대한 평가에 영향을 주는 경향을 무엇이라 하는가?

① 스테레오타입
② 최근효과
③ 자존적 편견
④ 후광효과 또는 현혹효과

제2교시 　 선택과목

항공기체

01 날개에 엔진을 장착하는 경우 가장 큰 장점은?

① 날개의 파일론을 동체에 설치하므로 날개의 무게를 감소시킨다.
② 날개의 공기역학적 성능을 감소시키지 않고 항공기의 비행성능을 개선시킨다.
③ 날개의 날개보를 동체에 설치하지 않으므로 항공기 무게를 감소시킨다.
④ 날개의 날개보에 파일론을 설치하므로 항공기 무게를 감소시킨다.

02 카울링에 대한 설명으로 옳은 것은?

① 나셀의 앞부분에 위치하고, 정비 시 쉽게 장·탈착이 가능하다.
② 기체에 장착된 엔진을 둘러싸는 부분이다.
③ 기화기에 흡입되는 통로의 부분이다.
④ 가스터빈 기관 항공기의 착륙거리 단축에 사용된다.

03 재료가 열을 받아도 늘어나지 못하게 양쪽 끝이 구속되어 있으면 발생되는 응력은?

① 순수전단응력
② 막응력
③ 후크응력
④ 열응력

제6회 제2교시 교통안전관리론 정답

01	④	06	④	11	②	16	①	21	③
02	④	07	③	12	④	17	③	22	③
03	④	08	①	13	④	18	④	23	①
04	④	09	④	14	③	19	③	24	①
05	③	10	③	15	④	20	②	25	④

04 부재를 심하게 약화시키지 않고 가장 적게 구부릴 수 있는 것을 무엇이라고 하는가?
① 굽힘 허용(Bend Allowance)
② 최소 굽힘 반경(Minimum Radius of Bend)
③ 최대 굽힘 반경(Maximum Radius of Bend)
④ 중립 굽힘 반경(Neutral Radius of Bend)

05 항공기의 안전계수에 대한 식으로 옳은 것은?
① $\frac{제한하중}{종극하중}$
② $\frac{제한하중}{크리프하중}$
③ $\frac{종극하중}{제한하중}$
④ $\frac{크리프하중}{제한하중}$

06 다음 중 헬리콥터의 동체구조 중 모노코크형 기체 구조의 특징으로 옳은 것은?
① 세미모노코크형 구조보다 외피가 얇다.
② 세미모노코크형 구조보다 무게가 가볍다.
③ 트러스형 구조보다 유효공간이 크다.
④ 트러스형 구조보다 공기저항이 크다.

07 다음 중 고정 지지보를 나타낸 것은?

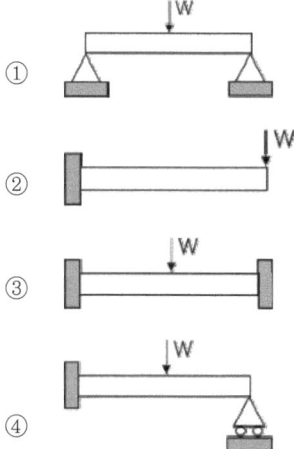

08 여압실 내에서 비틀림 응력에 의한 좌굴현상을 방지하기 위해 동체 앞, 뒤로 1개씩 설치한 구조부재는?
① 벌크헤드(bulkhead)
② 세로지(stringer)
③ 세로대(longeron)
④ 정형재(former)

09 날개구조물 자체를 연료탱크로 하는 탱크 내에 방지판(Baffle plate)을 두는 가장 큰 목적은?
① 내부구조의 보강을 위해서
② 연료가 팽창하는 것을 방지하기 위해서
③ 연료가 출렁이는 것을 방지하기 위해서
④ 연료보급시 연료가 넘치는 것을 방지하기 위해서

10 착륙장치를 타이어의 수에 따라 분류했을 때, 이에 해당되지 않는 것은?
① 단일식
② 이중식
③ 다발식
④ 보기식

11 헬리콥터 꼬리부분에 해당하지 않는 것은?
① 핀(Fin)
② 테일붐
③ 연료 및 오일 탱크
④ 파일론

12 헬리콥터의 조종장치 중 주 회전날개 깃의 피치각을 동시에 증감시킴으로써 양력의 증감에 의해 헬리콥터를 상승 또는 하강하게 하는 조종장치는?
① 플랩 레버
② 주기 조종간 테일 로터
③ 동시피치레버
④ 방향조종 페달

13 다음 중 소성 가공법이 아닌 것은?
① 단조　　② 압출
③ 용접　　④ 인발

14 순철, 탄소강, 주철을 분류하는 기준이 되는 것은?
① 산소의 함유량
② 열처리의 횟수
③ 탄소의 함유량
④ 불순물의 함유량

15 대형 항공기 윗면에 주로 많이 사용되는 7075(AA)에 알루미늄과 무엇이 가장 많이 합금되어 있는가?
① 구리　　② 아연
③ 망간　　④ 마그네슘

16 대형 알루미늄-구리-마그네슘계 합금으로 일명 "초두랄루민"이라하고, 파괴에 대한 저항성이 우수하며, 피로강도 양호하여 인장하중에 크게 작용하는 대형 항공기 날개 밑면의 외피나 동체의 외피로 사용되는 것은?
① 2014　　② 2024
③ 7075　　④ 7179

17 다음 중 알루미늄 합금에 대한 특성이 아닌 것은?
① 가공성이 좋다.
② 시효경화가 없어 전연성이 좋다.
③ 상온에서 기계적 성질이 좋다.
④ 적절히 처리하면 내식성이 좋다.

18 항공기 기체 재료로 사용되는 다음 비금속 재료 중 열경화성 수지가 아닌 것은?
① 폴리염화비닐　　② 폴리우레탄
③ 에폭시 수지　　④ 페놀 수지

19 구조 재료 중 FRP의 설명으로 옳지 않은 것은?
① Fiber Reinforced Plastic(섬유 강화 플라스틱)의 약어이다.
② 경도, 강성이 낮은 것에 비해 강도비가 크다.
③ 2차 구조나 1차 구조에 적층재나 샌드위치 구조재료로 사용한다.
④ 진동에 대한 감쇠성이 적다.

20 항공기 복합 재료로 많이 쓰이는 케블러(Kevlar)는 어떤 강화 섬유에 속하는가?
① 유리 섬유　　② 탄소 섬유
③ 아라미드 섬유　　④ 보론 섬유

21 가격이 비교적 비싸고 화학 반응성이 커서 취급에 어려움이 있으나 기계적 특성이 다른 강화 섬유에 비해 뛰어나므로 주로 전투기 등의 동체나 날개 부품 제작에 사용되는 것은?
① 아라미드 섬유
② 알루미늄 섬유
③ 탄소 섬유
④ 보론 섬유

22 고정 볼트 풀형(pull-type)에 대한 설명으로 옳은 것은?
① 작업 소요시간이 길다.
② 동일한 강철 볼트 및 너트보다 약 2배 더 무겁다.
③ 장착 과정에서 압착이 필요하다.
④ 항공기의 1차 구조부재와 2차 구조부재에 주로 사용된다.

23 항공기용 리벳의 특징에 대한 설명으로 옳은 것은?

① 일정한 유격을 만든다.
② 화물칸의 화물을 고정시키는데 쓰인다.
③ 연료보조 탱크로 쓰인다.
④ 항공기의 여러 부품들을 단단하게 고정시키는 연성금속 못이다.

24 2개의 거의 대칭적인 반쪽을 가지고 있는 휠로서 가장 일반적인 항공기 타이어 휠 구조는?

① 플랜지 휠(flange wheel) 구조
② 투피스(two-piece) 구조
③ 쓰리피스(three-piece) 구조
④ 퍼피스(four-piece) 구조

25 다음 중 반복하중에 의한 구조 부재의 파괴는?

① 크리프　　② 응력집중
③ 피로파괴　④ 집중하중

제6회 제2교시 항공기체 정답

01	④	06	③	11	③	16	②	21	④
02	①	07	④	12	③	17	②	22	④
03	④	08	①	13	③	18	①	23	④
04	②	09	③	14	③	19	④	24	②
05	③	10	③	15	②	20	③	25	③

제2교시　선택과목

항공기상

01 대기권의 설명 중 틀린 것은?

① 대기의 온도, 습도, 압력 등으로 대기의 상태를 나타낸다.
② 대기의 상태는 수평방향보다 수직방향으로 고도에 따라 심하게 변한다.
③ 대기권 중 대류권에서는 고도가 상승할 때 온도가 상승한다.
④ 대기권은 온도의 분포를 기준으로 대류권, 성층권, 중간권, 열권, 외기권으로 나타낸다.

02 지구 대기를 구성하는 기체 중에서 가장 많은 것은?

① 산소　　② 질소
③ 아르곤　④ 헬륨

03 현재 지상기온이 36℃일 때 3,000피트(ft) 상공의 기온은?

① 28℃　　② 30℃
③ 32℃　　④ 34℃

04 정지해 있는 바람을 움직이게 하는 원동력은?

① 전향력　　② 기압경도력
③ 마찰력　　④ 구심력

05 바람이 고기에서 저기압으로 불어갈수록 북반구에서 우측으로 90도 휘게 되는 현상은?

① 원심력
② 기압 경도력
③ 전향력(코리올리효과)
④ 지면 마찰력

06 다음 중 각 바람에 대한 정의로 옳은 것은?
① 선형풍은 마찰이 없는 상공에서 곡선 등고선을 따라 부는 바람이다.
② 경도풍은 기압경도력과 전향력이 평형을 이루며 등압선에 평행하게 부는 바람이다.
③ 지균풍은 등압선이 곡선인 경우 기압경도력, 전향력, 원심력이 평형을 이루어 부는 바람이다.
④ 지상풍은 기압경도력이 전향력과 마찰력을 합한 힘과 평형을 이루며 부는 바람이다.

07 다음 중 각 바람에 대한 정의로 옳은 것은?
① 선형풍은 마찰이 없는 상공에서 곡선 등고선을 따라 부는 바람이다.
② 경도풍은 기압경도력과 전향력이 평형을 이루며 등압선에 평행하게 부는 바람이다.
③ 지균풍은 등압선이 곡선인 경우 기압경도력, 전향력, 원심력이 평형을 이루어 부는 바람이다.
④ 지상풍은 기압경도력이 전향력과 마찰력을 합한 힘과 평형을 이루며 부는 바람이다.

08 용오름에 관한 설명으로 틀린 것은?
① 대기 중의 물현상에 속한다.
② Cb의 운저로부터 발생된다.
③ 지면가열로 인한 회오리바람과 같은 성질을 갖는다.
④ 기둥이나 깔때기모양으로 보이는 격렬한 회전풍을 가진다.

09 다음 중 측풍의 설명으로 옳은 것은?
① 항공기의 기수방향을 향하여 불어오는 바람
② 항공기의 꼬리방향을 향하여 불어오는 바람
③ 항공기 등 비행체의 측면에서 불어오는 바람
④ 수평, 수직으로 급변하는 바람

10 우리나라에 영향을 미치는 봄, 가을 기단이며, 고온 건조한 성질을 지닌 기단은?
① 적도 기단
② 북태평양 기단
③ 시베리아 기단
④ 양쯔강 기단

11 다음 중 한랭전선이 지나가고 난 뒤 일어나는 현상은?
① 기온이 올라간다.
② 기온이 내려간다.
③ 바람이 약하다.
④ 기압은 올라간다.

12 전선이 바뀌는 것을 어떻게 알 수 있는가?
① 기온이 올라간다.
② 구름이 오래 지속 된다.
③ Wind direction이 바뀐다.
④ 풍속이 강해진다.

13 하층운의 높이는 지표면으로부터 얼마인가?
① 4,500ft
② 5,500ft
③ 6,500ft
④ 7,500ft

14 대기의 안정성에 대한 설명 중 틀린 것은?
① 대기가 안정하면 dust devil(회오리바람)이 생긴다.
② 대기가 안정하면 층운형 구름이나 안개가 생긴다.
③ 대기가 불안정하면 뇌우가 발생한다.
④ 대기가 불안정하면 소나기나 수직으로 발달한 구름이 생긴다.

15 심한 요란과 강우를 동반하기 때문에 비행 중 회피해야 하는 구름은?

① 적란운　　② 권운
③ 권층운　　④ 고층운

16 안개에 관한 설명으로 올바르지 않은 것은?

① 공중에 떠돌아다니는 작은 물방울의 집단으로 지표면 가까이에서 발생
② 공기가 냉각되고 포화상태에 도달하고 응결하기 위한 핵이 필요하다.
③ 적당한 바람이 있으면 높은 층으로 발달한다.
④ 수평가시거리가 3km 이하일 때 안개라고 한다.

17 일반적으로 이류안개가 형성될 수 있는 조건은?

① 미풍이 존재하는 더운 지역으로 이동하는 공기
② 바람이 없는 상황 하에서 서늘한 지면 위로 가라앉는 덥고 습한 공기
③ 더운 수면의 지류 위로 찬 공기군의 불어오는 육지 산들바람
④ 찬 지면 또는 수면 위로 이동하는 덥고 습한 공기

18 다음 중 Clear icing이 가장 잘 발생될 것으로 예상되는 구름은?

① 권운　　② 층운
③ 적운　　④ 고층운

19 METAR에서 +RA FG의 의미는?

① 보통 비 이후 안개
② 보통 비 이후 강풍
③ 강한 비 이후 안개
④ 강한 비와 강풍

20 다음 중 항공기상 관측부호로 옳지 않은 것은?

① SM : 연기
② RA : 비
③ HZ : 연무
④ FG : 안개

21 이륙예보는 출발 예정 시간 전 몇 시간 이내에 운항승무원에게 제공될 수 있어야 하는가?

① 30분
② 1시간
③ 2시간
④ 3시간

22 이륙예보는 출발 예정 시간 전 몇 시간 이내에 운항승무원에게 제공될 수 있어야 하는가?

① 30분
② 1시간
③ 2시간
④ 3시간

23 SIGMET에 관한 설명 중 옳지 않은 것은?

① 유효시간은 24시간이다.
② 항공기 안전운항에 영향을 미칠 수 있는 특정 항공로 상의 기상 현상에 대한 정보이다.
③ 해당 관제구역을 표시해야 한다.
④ 승인된 ICAO 평문 약어를 사용하여 작성해야한다.

24 아래 TAF에서 2400UTC에 예상되는 시정은?

```
BECMG 1820 2000 BKN005 PROB40
  BECMG 2022 0500 FG VV001
```

① 500m
② 2,000m
③ 500m와 2,000m 사이
④ 0m와 1,000m 사이

25 Moderate turbulence를 표시하는 기상 현상 기호는?

① ⋀   ② ⋀̂
③ ⵣ   ④ ⵣ̄

제6회 제2교시 항공기상 정답

01	❸	06	❹	11	❷	16	❹	21	❹
02	❷	07	❹	12	❸	17	❹	22	❹
03	❷	08	❸	13	❸	18	❸	23	❶
04	❷	09	❸	14	❶	19	❸	24	❶
05	❸	10	❹	15	❶	20	❶	25	❶

MEMO

제 3 편 기출유형문제 몰아보기

제1장 교통안전법
제2장 항공안전법
제3장 항공보안법
제4장 교통안전관리론
제5장 항공기체
제6장 항공기상

제1장 교통안전법

01 다음 중 교통안전법의 목적으로 맞는 것은?
❶ 교통안전 증진
② 공공복리 증진
③ 사회복지 제고
④ 국민경제 향상

02 다음 중 교통안전법의 목적으로 옳지 않은 것은?
① 교통안전 증진에 이바지함을 목적으로 한다.
② 교통안전에 관한 국가 또는 지방자치단체의 의무·추진체계 및 시책 등을 종합적·계획적으로 추진한다.
③ 교통안전에 관한 국가 또는 지방자치단체의 의무·추진체계 및 시책 등을 규정한다.
❹ 육상·해상·항공 교통 등 부문별한 교통사고의 발생 현황과 원인을 분석한다.

〈same type〉

03 다음 중 교통안전법에서 규정하는 교통수단으로 옳지 않은 것은?
① 차마
② 철도차량
③ 항공기
❹ 전동휠체어

04 교통안전법에서 교통수단이라 함은 사람이 이동하거나 화물을 운송하는데 이용되는 것을 말하는데, 이에 해당하는 운송수단으로 옳지 않은 것은?
① 「도로교통법」에 의한 차마 또는 노면전차, 「철도산업발전 기본법」에 의한 철도차량(도시철도를 포함한다)
② 「궤도운송법」에 따른 궤도에 의하여 교통용으로 사용되는 용구 등 육상교통용으로 사용되는 모든 운송수단(이하 "차량"이라 한다)
❸ 「선박안전법」에 의한 선박 등 수상 또는 수중의 항행에 사용되는 모든 운송수단(이하 "선박"이라 한다)
④ 「항공안전법」에 의한 항공기 등 항공교통에 사용되는 모든 운송수단(이하 "항공기"라 한다)

05 다음 중 교통안전법에 따른 "교통체계"에 대한 설명으로 옳은 것은?
❶ 사람 또는 화물의 이동·운송과 관련된 활동을 수행하기 위하여 개별적으로 또는 서로 유기적으로 연계되어 있는 교통수단 및 교통시설의 이용·관리·운영체계 또는 이와 관련된 산업 및 제도 등을 말한다.
② 사람이 이동하거나 화물을 운송하는데 이용되는 것으로서 운송수단을 말한다.
③ 도로·철도·궤도·항만·어항·수로·공항·비행장 등 교통수단의 운행·운항 또는 항행에 필요한 시설과 그 시설에 부속되어 사람의 이동 또는 교통수단의 원활하고 안전한 운행·운행 또는 항행을 보조하는 교통안전표지·교통관제시설·항행안전시설 등의 시설 또는 공작물을 한다.
④ 교통행정기관이 교통안전법 또는 관계법령에 따라 소관 교통수단에 대하여 교통안전에 관한 위험요인을 조사·점검 및 평가하는 모든 활동을 말한다.

06 교통수단·교통시설 또는 교통체계를 운행·운항·설치·관리 또는 운영 등을 하는 자를 총칭하여 무엇이라 하는가?
① 교통시설 설치·관리자
❷ 교통사업자
③ 교통수단운영자
④ 교통수단 제조사업자

07 사람 또는 화물의 이동·운송과 관련된 활동을 수행하기 위하여 개별적으로 또는 서로 유기적으로 연계되어 있는 교통수단 및 교통시설의 이용·관리·운영체계 또는 이와 관련된 산업 및 제도 등을 의미하는 것은?
① 교통시설   ❷ 교통체계
③ 교통정책   ④ 교통수단

08 "교통체계"라 함은 사람 또는 화물의 이동·운송과 관련된 활동을 수행하기 위하여 개별적으로 또는 서로 유기적으로 연계되어 있는 교통수단 및 교통시설의 (   ) 또는 이와 관련된 산업 및 제도 등을 말한다. 위의 괄호 안에 알맞은 용어는?
① 이용·관리·보존체계
② 이용·보존·운영체계
③ 이용·이동·운영체계
❹ 이용·관리·운영체계

09 다음 중 '교통수단'을 규정하고 있는 법이 아닌 것은?
① 도로교통법   ② 항공안전법
③ 해사안전기본법   ❹ 해양법

10 다음 중 교통안전법에서 규정하는 지정행정기관으로 옳은 것은?
① 시·도지사
② 경찰서
❸ 국토교통부
④ 시청·군청·구청

11 다음 중 교통안전법에서 규정하는 지정행정기관으로 옳지 않은 것은?
① 국토교통부   ② 경찰청
❸ 경찰서   ④ 행정안전부

12 다음 중 교통안전법에 따른 교통행정기관이 아닌 것은?
① 지정행정기관의 장
② 자치구의 구청장
③ 시·도지사
❹ 특별행정기관

13 다음 중 교통수단안전점검에 대한 설명으로 옳은 것은?
❶ 교통행정기관이 교통안전법 또는 관계법령에 따라 소관 교통수단에 대하여 교통안전에 관한 위험요인을 조사·점검 및 평가하는 모든 활동을 말한다.
② 육상교통·해상교통 또는 항공교통의 안전과 관련된 조사·측정·평가업무를 전문적으로 수행하는 교통안전진단기관이 교통시설에 대하여 교통안전에 관한 위험요인을 조사·측정 및 평가하는 모든 활동을 말한다.
③ 교통수단·교통시설 또는 교통체계의 운행·운항·설치 또는 운영 등에 관하여 지도·감독을 행하거나 관련 법령·제도를 관장하는 「정부조직법」에 의한 중앙행정기관으로서 대통령령으로 정하는 행정기관을 말한다.
④ 법령에 의하여 교통수단·교통시설 또는 교통체계의 운행·운항·설치 또는 운영 등에 관하여 교통사업자에 대한 지도·감독을 행하는 지정행정기관의 장, 특별시장·광역시장·도지사·특별자치도지사 또는 시장·군수·구청장을 말한다.

14 다음 중 교통안전법상의 지방자치단체의 의무가 아닌 것은?

① 교통안전에 관한 시책의 수립 및 시행
② 주민의 생명·신체 및 재산을 보호
❸ 교통시설의 설치 또는 관리
④ 지역개발·교육·문화 및 법무 등에 관한 계획 및 정책을 수립하는 경우의 교통안전에 관한 사항의 배려

15 교통시설설치·관리자는 해당 교통시설을 설치 또는 관리하는 경우 교통안전을 확보하기 위한 필요한 조치를 강구해야 한다. 이에 해당하지 않는 것은?

① 교통안전시설의 확충·정비
② 교통안전표지시설의 확충
③ 교통안전표지시설의 정비
❹ 교통수단의 확충·정비

16 국가가 교통수단에 교통안전장치 장착을 의무화할 경우, 비용을 지원할 수 있는 사업자로 옳지 않은 것은?

① 여객자동차 운송사업자
② 화물자동차 운송사업자
③ 화물자동차 운송가맹사업자
❹ 여객자동차 대여사업자

17 국가교통안전기본계획의 수립권자는?

① 국가교통위원회　② 경찰청장
③ 지방교통위원회　❹ 국토교통부장관

18 국가의 전반적인 교통안전수준의 향상을 도모하기 위하여 교통안전에 관한 기본계획(국가교통안전기본계획)은 몇 년 단위로 수립해야 하는가?

① 1년　　　　② 3년
❸ 5년　　　　④ 7년

19 다음 중 국가교통안전기본계획에 포함되어야 하는 사항이 아닌 것은?

① 교통안전에 관한 중·장기 종합정책방향
❷ 교통안전의 경영지침에 관한 사항
③ 교통안전지식의 보급 및 교통문화 향상목표
④ 교통안전 전문인력의 양성

20 다음 중 국가교통안전기본계획에 포함되어야 하는 사항에 해당되지 않는 것은?

① 교통안전에 관한 중·장기 종합정책방향
② 교통수단·교통시설별 교통사고 감소목표
③ 교통안전정책의 추진성과에 대한 분석·평가
❹ 부문별 교통사고의 발생분쟁 해소

21 국가교통안전기본계획의 수립을 위하여 국토교통부장관이 소관별 교통안전에 관한 계획안을 종합·조정하는 경우에 검토해야 할 사항이 아닌 것은?

① 정책목표
② 정책과제의 추진시기
③ 투자규모
❹ 소요예산의 확보 가능성

22 국가교통안전시행계획의 수립을 위하여 지정 행정기관의 장은 다음 연도의 소관별 교통안전 시행계획안을 수립하여 매년 몇 월 말까지 국토교통부장관에게 제출하여야 하는가?

① 1월　　　　　② 6월
❸ 10월　　　　　④ 12월

23 국토교통부장관이 소관별 교통안전시행계획안을 종합·조정할 때에 검토해야 하는 사항이 아닌 것은?

❶ 정책목표
② 국가교통안전기본계획과의 부합 여부
③ 기대 효과
④ 소요예산의 확보 가능성

24 시·도지사 및 시장·군수·구청장은 각각 언제까지 시·도교통안전기본계획 또는 시·군·구교통안전기본계획을 확정하여야 하는가?

① 매년 1월 말까지
② 계획연도 시작 전년도 1월 말까지
❸ 계획연도 시작 전년도 10월 말까지
④ 계획연도 시작 전년도 12월 말까지

25 시·도지사등은 지역교통안전기본계획을 확정한 때에는 확정한 날부터 며칠 이내에 국토교통부장관에게 이를 제출하여야 하는가?

① 10일 이내　　　❷ 20일 이내
③ 30일 이내　　　④ 60일 이내

26 지역교통안전기본계획의 변경과 관련하여 국토교통부령으로 정하는 경미한 사항을 변경하는 경우에 해당되지 않는 것은?

① 시·군·구의 교통안전에 관한 기본계획에서 정한 부문별 사업규모를 100분의 10 이내의 범위에서 변경하는 경우
② 시·도교통안전기본계획 또는 시·군·구교통안전기본계획에서 정한 시행기한의 범위에서 단위 사업의 시행시기를 변경하는 경우
③ 계산 착오, 오기(誤記), 누락, 그 밖에 시·도교통안전기본계획 또는 시·군·구교통안전기본계획의 기본방향에 영향을 미치지 아니하는 사항으로서 그 변경 근거가 분명한 사항을 변경하는 경우
❹ 정책과제의 추진에 필요한 해당 기관별 협의사항

27 교통시설설치·관리자등의 교통안전관리규정에 포함되어야 하는 사항이 아닌 것은?

❶ 교통수단·교통시설별 교통사고 감소목표에 관한 사항
② 교통안전의 경영지침에 관한 사항
③ 교통안전목표 수립에 관한 사항
④ 교통안전 관련 조직에 관한 사항

28 교통안전관리규정 준수 여부에 대한 확인·평가는 언제 실시하는가?

① 교통시설설치·관리자등이 교통안전관리규정을 제출한 날을 기준으로 매 1년이 지난 날의 전후 50일 이내에 실시
② 교통시설설치·관리자등이 교통안전관리규정을 제출한 날을 기준으로 매 1년이 지난 날의 전후 100일 이내에 실시
③ 교통시설설치·관리자등이 교통안전관리규정을 제출한 날을 기준으로 매 5년이 지난 날의 전후 50일 이내에 실시
❹ 교통시설설치·관리자등이 교통안전관리규정을 제출한 날을 기준으로 매 5년이 지난 날의 전후 100일 이내에 실시

29 교통행정기관이 교통수단안전점검을 위해 사업장을 검사하려는 경우에 출입·검사 며칠 전까지 교통수단운영자에게 통지해야 하는가?

❶ 7일
② 14일
③ 30일
④ 60일

30 국토교통부장관이 교통수단안전점검을 실시하여야 하는 경우가 아닌 것은?

① 자동차를 20대 이상 보유한 자의 교통안전도 평가지수가 국토교통부령으로 정하는 기준을 초과하여 발생한 교통사고
② 1건의 사고로 사망자가 1명 이상 발생한 교통사고
③ 1건의 사고로 중상자가 2명 이상 발생한 교통사고
❹ 1건의 사고로 경상자가 10명 이상 발생한 교통사고

31 교통행정기관의 교통수단안전점검 항목에 해당되지 않는 것은?

① 교통수단의 교통안전 위험요인 조사
② 교통안전 관계 법령의 위반 여부 확인
③ 교통안전관리규정의 준수 여부 점검
❹ 교통수단운영자의 재정 건전성 및 소요예산 조사

32 국토교통부장관이 교통수단안전점검을 실시하여야 하는 경우가 아닌 것은?

① 자동차를 20대 이상 보유하여 화물자동차 운수사업법에 따라 일반화물자동차운송사업의 허가를 받은 자의 교통안전도 평가지수가 1을 초과하는 경우
② 1건의 사고로 사망자가 1명 이상 발생한 교통사고
③ 1건의 사고로 중상자가 2명 이상 발생한 교통사고
❹ 1건의 사고로 경상자가 6명 이상 발생한 교통사고

33 교통안전도 평가지수에서 교통사고 발생건수와 교통사고 사상자수 가중치는 각각 얼마인가?

① 0.3, 0.4
❷ 0.4, 0.6
③ 0.5, 0.6
④ 0.6, 0.7

34 교통사고 발생건수 및 교통사고 사상자 수 산정 시 중상사고 1건 또는 중상자 1명에 대한 가중치는 얼마인가?

① 0.4
② 0.5
③ 0.6
❹ 0.7

35 교통사고 발생건수 및 교통사고 사상자 수 산정 시 경상사고 1건 또는 경상자 1명에 대한 가중치는 얼마인가?

❶ 0.3
② 0.4
③ 0.5
④ 0.6

36 교통사고 발생건수 및 교통사고 사상자 수 산정 시 사망사고 1건 또는 사망자 1명에 대한 가중치는 얼마인가?

① 0.3
② 0.4
③ 0.7
❹ 1

37 사망사고는 교통사고가 주된 원인이 되어 교통사고 발생 시부터 며칠 이내에 사람이 사망한 사고인가?

① 3주
❷ 30일
③ 60일
④ 90일

38 다음 중 교통안전도 평가지수를 산출하는 공식으로 올바른 것은?

① $\dfrac{(교통사고 발생건수 \times 0.6) + (교통사고 사상자수 \times 0.4)}{자동차등록(면허) 대수} \times 10$

② $\dfrac{(교통사고 발생건수 \times 0.6) + (교통사고 사상자수 \times 0.6)}{자동차등록(면허) 대수} \times 10$

③ $\dfrac{(교통사고 발생건수 \times 0.4) + (교통사고 사상자수 \times 0.4)}{자동차등록(면허) 대수} \times 10$

❹ $\dfrac{(교통사고 발생건수 \times 0.4) + (교통사고 사상자수 \times 0.6)}{자동차등록(면허) 대수} \times 10$

39 교통안전 특별실태조사는 교통문화지수가 얼마 이내인 시·군·구를 대상으로 하는가?
① 교통문화지수가 하위 100분의 40 이내인 시·군·구
② 교통문화지수가 하위 100분의 30 이내인 시·군·구
❸ 교통문화지수가 하위 100분의 20 이내인 시·군·구
④ 교통문화지수가 하위 100분의 10 이내인 시·군·구

40 교통행정기관이 교통시설안전진단을 받은 자에 대하여 권고하거나 관계법령에 따른 필요한 조치를 할 수 있는 사항에 해당하지 않는 것은?
① 교통시설에 대한 공사계획 또는 사업계획 등의 시정 또는 보완
② 교통시설의 개선·보완 및 이용제한
③ 교통시설의 관리·운영 등과 관련된 절차·방법 등의 개선·보완
❹ 운전자 등, 교통사업자 소속 근로자 등에 대한 근무환경의 개선

41 교통시설안전진단을 실시하려는 자는 교통안전진단기관을 누구에게 등록하여야 하는가?
① 국토교통부장관
❷ 시·도지사
③ 소관지역 경찰서장
④ 교통안전공단

42 다음 중 어느 하나에 해당되는 자는 교통안전진단기관으로 등록할 수 없다. 이에 해당되지 않는 것은?
① 피성년후견인 또는 피한정후견인
② 파산선고를 받고 복권되지 아니한 자
③ 교통안전법을 위반하여 징역형의 집행유예를 선고받고 그 유예기간 중에 있는 자
❹ 교통안전법을 위반하여 징역형의 실형을 선고받고 그 집행이 종료(집행이 종료된 것으로 보는 경우를 포함한다)되거나 집행이 면제된 날부터 3년이 지나지 아니한 자

43 교통사고와 관련된 자료·통계 또는 정보를 보관·관리하는 자는 교통사고가 발생한 날부터 얼마동안 이를 보관·관리하여야 하는가?
① 1년   ② 3년
❸ 5년   ④ 7년

44 교통행정기관의 장이 교통시설·교통수단 및 교통체계의 안전과 관련된 제반 교통안전에 관한 정보와 교통사고 관련자료 등을 통합적으로 유지·관리할 수 있도록 구축·관리하여야 하는 것은?
① 교통안전수단점검체계
② 교통시설안전체계
③ 교통안전관리운영체계
❹ 교통안전정보관리체계

45 다음 중 교통안전관리자의 결격사유로 볼 수 없는 것은?

① 피성년후견인 또는 피한정후견인
② 금고 이상의 실형을 선고받고 그 집행이 종료되거나 집행이 면제된 날부터 2년이 지나지 아니한 자
③ 금고 이상의 형의 집행유예를 선고받고 그 유예기간 중에 있는 자
❹ 교통안전관리자 자격의 취소처분을 받은 날부터 3년이 지나지 아니한 자

46 다음 중 교통안전관리자 자격의 종류가 아닌 것인가?

❶ 선박교통안전관리자
② 도로교통안전관리자
③ 항만교통안전관리자
④ 삭도교통안전관리자

47 국토교통부장관은 부정한 방법으로 시험에 응시한 사람 또는 시험에서 부정행위를 한 사람에 대하여는 그 시험을 정지시키거나 무효로 한다. 시험이 정지되거나 무효로 된 사람은 그 처분이 있은 날부터 얼마동안 시험에 응시할 수 없는가?

① 1년간
❷ 2년간
③ 3년간
④ 4년간

48 교통시설설치·관리자등은 교통안전담당자를 지정 또는 지정해지하거나 교통안전담당자가 퇴직한 경우에는 지체 없이 그 사실을 관할 교통행정기관에 알리고, 지정해지 또는 퇴직한 날부터 며칠 이내에 다른 교통안전담당자를 지정해야 하는가?

① 7일
② 15일
❸ 30일
④ 60일

49 다음 중 교통안전담당자의 직무에 해당하지 않는 것은?

① 교통안전관리규정의 시행 및 그 기록의 작성·보존
❷ 교통안전관리규정의 시행 및 그 기록의 보관·관리와 교통수단 안전점검의 실시
③ 교통수단의 운행·운항 또는 항행 또는 교통시설의 운영·관리와 관련된 안전점검의 지도·감독
④ 교통사고 원인 조사·분석 및 기록 유지

50 교통안전담당자의 직무 중 교통안전담당자가 교통시설설치·관리자등에게 필요한 조치를 요청할 시간적 여유가 없는 경우에는 직접 필요한 조치를 하고, 이를 교통시설설치·관리자등에게 보고해야 한다. 이에 해당하는 필요한 조치가 아닌 것은?

① 국토교통부령으로 정하는 교통수단의 운행 등의 계획 변경
② 교통수단의 정비
③ 교통안전 관련 시설 및 장비의 설치 또는 보완
❹ 교통안전을 해치는 행위를 한 운전자등에 대한 징계

51 교통안전담당자 교육기관은 전년도 교육인원 및 수료자 명단 등 교육 실적을 언제까지 국토교통부장관에게 제출해야 하는가?

❶ 매년 2월 말일까지
② 매년 12월 31일까지
③ 2년마다 2월 말일까지
④ 2년마다 12월 31일까지

52 운행기록장치를 장착하여야 하는 자는 운행기록장치에 기록된 운행기록을 얼마동안 보관하여야 하는가?

① 1개월　　② 2개월
❸ 6개월　　④ 12개월

53 교통행정기관의 제출 요청과 관계없이 운행기록을 주기적으로 제출하여야 하는 사업자는?

① 개인택시　　② 일반화물차
❸ 시외버스　　④ 전세버스

54 교통행정기관이 운행기록장치 장착의무자로부터 제출받은 운행기록 분석결과를 이용하여 할 수 있는 조치에 해당하지 않는 것은?

① 교통수단안전점검의 실시
❷ 교통안전진단의 실시
③ 교통수단 및 교통수단운영체계의 개선 권고
④ 최소휴게시간, 연속근무시간 및 속도제한장치 무단해제 확인

55 다음 중에서 차로이탈경고장치를 장착하여야 하는 차량은?

① 시내버스
❷ 시외버스
③ 피견인자동차
④ 덤프형 화물자동차

※ 교통안전법 제2장, 제4장, 제6장, 제7장은 시험 범위에서 제외되는 것으로 이해됩니다. 그렇지만 혹시나 하는 마음에 아래에 수록하였으니, 이점을 감안하여 확인하시기 바랍니다.

56 다음 중 국가교통안전기본계획 등을 심의하는 기관은?

❶ 국가교통위원회
② 지방교통위원회
③ 시·군·구교통위원회
④ 도로교통 지정행정기관

57 다음 중 교통안전에 관한 주요 정책과 국가교통안전기본계획 등을 심의하는 기관은?

❶ 국가교통위원회　　② 행정안전부
③ 국토교통부　　④ 경찰청

58 다음 중 지역교통안전기본계획 등을 심의하는 기구는?

❶ 지방교통위원회 및 시·군·구 교통안전정책심의위원회
② 국가교통위원회
③ 국토교통부 지방교통청
④ 지방경찰청

59 다음 중 지역별 교통안전에 관한 주요 정책을 심의하기 위해 지방기초단체장인 시장·군수·구청장 소속으로 설치하는 기구는?

① 국가교통위원회
❷ 시·군·구교통안전위원회
③ 지방교통위원회
④ 지방경찰교통위원회

60 다음 중 교통수단안전점검의 대상이 아닌 것은?
① 여객자동차운송사업자가 보유한 자동차
② 건설기계사업자가 보유한 건설기계
③ 항공운송사업자가 보유한 항공기
❹ 해상운송사업자가 보유한 선박

61 다음 중 교통수단안전점검의 대상으로 옳지 않은 것은?
① 여객 자동차
② 철도차량
③ 항공기
❹ 선박

62 다음 중 국토교통부장관이 한국교통안전공단에 위탁할 수 있는 업무에 해당되지 않는 것은?
① 교통수단안전점검
② 교통시설안전진단 실시결과의 평가와 평가에 필요한 관련 자료의 제출 요구
③ 시험의 실시 및 자격증명서의 발급
❹ 도로교통사고에 관한 교통안전정보관리체계의 구축·관리

63 시·도지사가 교통안전법에 따라 처분을 행할 경우 반드시 청문을 해야 하는 경우는?
① 교통체계의 개선 권고
❷ 교통안전관리자 자격의 취소
③ 과태료 부과
④ 교통수단운영자 사업자의 출입·검사

64 시·도지사가 교통안전진단기관 등록의 취소, 교통안전관리자 자격의 취소와 같은 처분을 하고자 하는 경우 실시해야 하는 것은?
❶ 청문의 실시
② 수수료의 부과
③ 과태료의 부과
④ 양벌규정의 제시

65 교통안전법의 규정을 위반하여 교통안전관리규정을 제출하지 않거나 이를 준수하지 않은 경우 또는 변경명령에 따르지 않은 경우의 과태료는?
① 100만원
❷ 200만원
③ 300만원
④ 500만원

66 교통안전담당자를 지정하지 않은 경우의 과태료는?
① 100만원
② 200만원
③ 300만원
❹ 500만원

제2장 항공안전법

01 우리나라 항공안전법은 무엇에 기초하여 제정되었는가?
　❶ 국제민간항공협약
　② 동경협약
　③ 미국 연방항공규정
　④ 국제항공운송협약

02 항공안전법의 목적으로 옳지 않은 것은?
　① 항공기의 안전하고 효율적인 항행을 위한 방법 등에 관한 사항을 규정함.
　② 국가 등의 의무 등에 관한 사항을 규정함.
　③ 항공사업자 및 항공종사자 등의 의무 등에 관한 사항을 규정함.
　❹ 항공기술 발전에 이바지하기 위한 방법 등에 관한 사항을 규정함.

▶ same type

03 국제민간항공협약 부속서(annex)-1은 무엇에 대한 기준을 정하고 있가?
　❶ 항공종사자 면허
　② 항공규칙
　③ 항공기상
　④ 항공기 사고조사

04 국제민간항공협약 부속서 중에서 항공규칙의 기준을 정하고 있는 것은?
　① 부속서 1
　❷ 부속서 2
　③ 부속서 13
　④ 부속서 19

▶ same type

05 항공기의 범위 중 대통령령으로 정하는 기기는?
　① 기준을 초과하는 동력비행장치
　② 길이 및 자체중량이 기준을 초과하는 무인동력비행장치 및 무인비행선
　❸ 지구 대기권 내외를 비행할 수 있는 항공우주선
　④ 최대이륙중량, 속도, 좌석수 등을 국토교통부령으로 정한 범위 내의 비행기

06 다음 중 항공기의 범위에 해당하는 것은?
　① 비행선, 수상기
　② 초경량항공기, 헬리콥터
　③ 비행선, 초급활공기
　❹ 활공기, 항공우주선

07 다음 중 항공기의 범위에 해당하는 것은?
　① 최대이륙중량이 600킬로그램 이하일 것
　❷ 최대이륙중량, 좌석 수, 속도 또는 자체중량 등이 국토교통부령으로 정하는 기준을 초과하는 기기
　③ 연료의 중량을 제외한 자체중량이 180킬로그램을 초과하고 길이가 20미터 이하일 것
　④ 자체중량이 70킬로그램을 초과할 것

08 다음 중 경량항공기 기준에 해당되지 않는 것은?
① 조종사 좌석을 포함한 탑승 좌석이 2개 이하일 것
❷ 최대이륙중량이 450킬로그램 이하일 것
③ 최대 실속속도 또는 최소 정상비행속도가 45노트 이하일 것
④ 비행 중에 프로펠러의 각도를 조정할 수 없을 것

09 다음 중 초경량비행장치로 신고해야 할 대상이 아닌 것은?
❶ 자체중량이 70킬로그램을 초과하는 활공기
② 연료의 중량을 제외한 자체중량이 150킬로그램 이하인 무인동력비행장치
③ 계류식(繫留式)기구
④ 낙하산류

10 항공안전법에 따른 국가기관등항공기에 해당하지 않는 것은?
❶ 군용 · 경찰용 · 세관용 항공기
② 재난 · 재해 등으로 인한 수색 · 구조 항공기
③ 산불의 진화 및 예방 항공기
④ 응급환자의 후송 등 구조 · 구급활동 항공기

11 다음 중 국가기관등항공기의 대상이 아닌 것은?
① 산불의 진화 및 예방
② 재난 · 재해 등으로 인한 수색 · 구조
③ 응급환자의 후송 등 구조 · 구급활동
❹ 군사 연습 · 훈련

12 항공안전법에 따른 항공업무에 속하지 않는 것은?
① 무선설비의 조작을 포함한 항공교통관제 업무
② 무선설비의 조작을 포함 항공기의 운항 업무
③ 항공교통관제연습 및 항공기 조종연습 업무
④ 정비등을 수행한 항공기등의 감항성을 확인하는 업무

13 다음 중 항공업무에 해당되지 않는 것은?
① 항공기의 운항관리 업무
② 항공교통관제 업무
③ 경량항공기 또는 그 장비품 · 부품의 정비사항을 확인하는 업무
❹ 항공기 조종연습 업무

14 항공안전법에서 정의하는 무인항공기의 항공기사고 발생 범위 기준은?
① 비행을 목적으로 항공기에 탑승하였을 때부터 탑승한 모든 사람이 항공기에서 내릴 때까지
❷ 비행을 목적으로 움직이는 순간부터 비행이 종료되어 발동기가 정지되는 순간까지
③ 비행을 목적으로 발동기가 시동되는 순간부터 비행이 종료되어 발동기가 정지되는 순간까지
④ 비행을 목적으로 이륙하는 순간부터 착륙하는 순간까지

15 항공안전법의 사망 · 중상 등의 적용기준에서 행방불명의 기준은?
① 항공기사고, 경량항공기사고 또는 초경량비행장치사고로 6개월간 생사가 분명하지 아니한 경우
❷ 항공기사고, 경량항공기사고 또는 초경량비행장치사고로 1년간 생사가 분명하지 아니한 경우
③ 항공기사고, 경량항공기사고 또는 초경량비행장치사고로 2년간 생사가 분명하지 아니한 경우
④ 항공기사고, 경량항공기사고 또는 초경량비행장치사고로 3년간 생사가 분명하지 아니한 경우

16 항공기사고에 따른 중상의 범위에 해당하는 것은?

① 신체표면의 3퍼센트를 초과하는 화상
② 1도 화상
③ 손가락, 발가락의 간단한 골절
❹ 열상으로 인한 심한 출혈

17 항공기사고에 따른 중상의 범위에 해당되지 않는 것은?

❶ 항공기사고, 경량항공기사고 또는 초경량비행장치사고로 부상을 입은 날부터 7일 이내에 36시간을 초과하는 입원치료가 필요한 부상
② 골절(코뼈, 손가락, 발가락 등의 간단한 골절은 제외한다)
③ 열상(찢어진 상처)으로 인한 심한 출혈, 신경·근육 또는 힘줄의 손상
④ 전염물질이나 유해방사선에 노출된 사실이 확인된 경우

18 항공기의 중대한 손상·파손 및 구조상의 결함에 해당하지 않는 것은?

① 항공기에서 발동기가 떨어져 나간 경우
② 발동기의 덮개 또는 역추진장치 구성품이 떨어져 나가면서 항공기를 손상시킨 경우
❸ 덮개와 부품(accessory)을 포함하여 한 개의 발동기의 고장 또는 손상
④ 플랩(flap), 슬랫(slat) 등 고양력장치 및 윙렛(winglet)이 손실된 경우

19 다음 중 항공기준사고가 아닌 것은?

① 충돌위험이 있었던 근접비행
❷ 비행 중 엔진 덮개의 풀림이나 이탈
③ 운항승무원의 조종능력 상실
④ 산소마스크를 사용해야 하는 상황 발생

20 항공기준사고의 범위가 아닌 것은?

① 연료부족으로 인한 비상선언
② 비상상황이 발생하여 산소마스크 사용 시
③ 운항 중 엔진 화재 발생
❹ 쌍발 비행기의 엔진 1개 고장 시

21 항공기준사고가 아닌 것은?

① 다른 항공기와 500피트 미만으로 근접한 근접비행의 발생
❷ 지상활주 중 인명사고의 발생
③ 장애물과의 충돌을 가까스로 회피한 경우
④ 연료의 부족으로 인한 비상선언

22 항공기 준사고에 포함되지 않는 것은?

❶ 비행 중 정상적인 조종을 할 수 없는 정도의 레이저 광선에 노출된 경우
② 비행 중 운항승무원이 조종능력을 상실한 경우
③ 조종사가 연료의 부족으로 비상선언을 한 경우
④ 비상상황이 발생하여 산소마스크를 사용한 경우

23 항공기 준사고 범위에 해당되지 않는 것은?

① 항공기가 지상에서 운항 중 다른 차량과 접촉한 경우
❷ 착륙 중 활주로 중심선 옆으로 착륙한 경우
③ 이륙 중 활주로 종단을 초과한 경우
④ 항공기 시스템의 고장으로 조종상의 어려움이 발생한 경우

24 다음 중 항공기준사고 범위에 해당하지 않는 것은?

① 항공기가 이륙 또는 초기 상승 중 규정된 성능에 도달하지 못한 경우
② 항공기가 정상적인 비행 중 지표, 수면 또는 그 밖의 장애물과의 충돌(Controlled Flight Terrain)을 가까스로 회피한 경우
③ 항공기, 차량, 사람 등이 허가 없이 또는 잘못된 허가로 항공기 이륙·착륙을 위해 지정된 보호구역에 진입하여 다른 항공기와의 충돌을 가까스로 회피한 경우
❹ 항공기의 손상·파손 또는 구조상의 결함으로 항공기 구조물의 강도, 항공기의 성능 또는 비행 특성에 악영향을 미쳐 대수리 또는 해당 구성품(Component)의 교체가 요구되는 경우

25 다음 중 항공기준사고의 범위가 아닌 것은?

① 다른 항공기와의 거리가 500ft 미만으로 근접하였던 경우
② 비상상황이 발생하여 산소마스크를 사용한 경우
③ 항공기가 유도로 상에서 무단으로 이륙·착륙을 시도한 경우
❹ 항공기가 이륙·착륙 중 동체 꼬리 스키드의 경미한 접촉이 발생한 경우

26 조종사가 최소연료상태(minimum fuel)를 선언했다면 어떤 의미로 받아들일 수 있는가?

① 비상선언 시에는 항공기사고
❷ 비상선언 시에는 항공기준사고
③ 비상선언 시에는 항공안전장애
④ 비상선언 시에는 항공안전위해요인

27 다음 중 용어에 대한 정의가 잘못된 것은?

① 항공기 : 공기의 반작용으로 뜰 수 있는 기기로서 비행기, 비행선, 활공기, 헬리콥터와 그밖에 대통령령으로 정하는 기기를 말한다.
② 항공종사자 : 항공안전법 제34조제1항에 따른 항공종사자 자격증명을 받은 사람을 말한다.
③ 비행장 : 항공기·경량항공기·초경량비행장치의 이륙·착륙을 위하여 사용되는 육지 또는 수면의 일정한 구역으로서 대통령령으로 정하는 것을 말한다.
❹ 항공안전장애 : 항공기사고 외에 항공기사고로 발전할 수 있었던 것으로서 국토교통부령으로 정하는 것을 말한다.

28 항공로에 대한 정의로 맞는 것은?

❶ 국토교통부장관이 항공기, 경량항공기 또는 초경량비행장치의 항행에 적합하다고 지정한 지구의 표면상에 표시한 공간의 길
② 국토교통부장관이 항공기, 경량항공기 또는 초경량비행장치의 항공교통의 안전을 위하여 지정한 지구의 표면상에 표시한 공간의 길
③ 비행장 또는 공항과 그 주변의 항공교통의 안전을 위하여 국토교통부장관이 지정, 공고한 공간의 길
④ 항공교통의 안전을 위하여 국토교통부장관이 지정한 표면 또는 수면으로부터 450m 이상 높이에 있는 공간의 길

29 항공안전법이 규정하는 항공종사자의 정의로 맞는 것은?

① 항행안전시설의 유지·보수 업무에 종사하는 사람
❷ 항공종사자 자격증명을 받은 사람
③ 항공기의 정비업무에 종사하는 사람
④ 항공기의 운항을 위하여 지상조업을 하는 사람

30 계기비행의 정의로 알맞은 것은?

① 항공기의 고도·속도 및 비행방향의 측정을 항공기에 장착된 계기에 의존하여 비행하는 것
② 항공기의 고도·위치 및 비행방향의 측정을 항공기에 장착된 계기에 의존하여 비행하는 것
❸ 항공기의 자세·고도·위치 및 비행방향의 측정을 항공기에 장착된 계기에만 의존하여 비행하는 것
④ 항공기의 자세·고도·위치 및 비행방향의 측정을 항공기에 장착된 계기등에 의존하여 비행하는 것

31 관제권에 대한 설명 중 맞는 것은?

① 지표 또는 수면으로부터 200m 이상의 공역으로서 항공교통의 안전을 위하여 국토교통부장관이 지정한 공역
② 국토교통부장관이 항공기의 항행에 적합하다고 지정한 지국의 표면상에 표시한 공간
❸ 비행장 또는 공항과 그 주변의 공역으로서 항공교통의 안전을 위하여 국토교통부장관이 지정·공고한 공역
④ 비행장 이외의 지역으로 항공기 항행의 안전을 위하여 국토교통부장관이 지정한 공역

― same type ―

32 다음 중 항공안전법의 전부 또는 일부 적용 특례에 해당되는 않는 것은?

① 세관업무 또는 경찰업무에 사용하는 항공기
② 한미 상호방위조약에 따라 미국이 사용하는 항공기
③ 국가기관등항공기를 재해·재난 등으로 인한 수색·구조, 화재의 진화, 응급환자 후송 목적으로 긴급히 운항하는 경우
❹ 국토교통부에서 사용하는 비행점검용 항공기

33 국가기관등항공기의 적용 특례에 해당하지 않는 것은?

① 재해·재난 등으로 인한 수색·구조
② 화재의 진화
③ 응급환자 후송
❹ 군사 훈련 활동

― same type ―

34 다음 중 등록을 필요로 하지 않는 항공기의 범위에 해당하는 것은?

❶ 항공기 제작자나 항공기 관련 연구기관이 연구·개발 중인 항공기
② 재해·재난 등으로 인한 수색·구조에 사용하는 항공기
③ 화재 진화 및 응급환자 후송에 사용하는 항공기
④ 두 나라 이상을 운항하는 항공기

35 국내에 등록하지 않고 비행이 가능한 항공기가 아닌 것은?

① 외국에 임대할 목적으로 도입한 항공기로서 외국 국적을 취득할 항공기
② 국내에서 제작한 항공기로서 제작자 외의 소유자가 결정되지 아니한 항공기
③ 항공기 제작자나 항공기 관련 연구기관이 연구·개발 중인 항공기
❹ 국내 항공운송사업자가 외국으로부터 임대하여 사용하는 항공기

36 등록을 필요로 하지 않는 항공기의 범위에 속하지 않는 것은?

① 군에서 사용하는 항공기
❷ 시험비행을 목적으로 사용하는 항공기
③ 세관에서 사용하는 항공기
④ 경찰업무에 사용하는 항공기

37 다음 중 항공기 등록을 제한하는 사유에 해당하지 않는 것은?

① 대한민국의 국민이 아닌 사람
② 외국정부 또는 외국의 공공단체
③ 외국의 법인이나 단체
❹ 외국인이 법인 등기사항증명서상의 임원 수의 2분의 1 미만을 차지하는 법인

38 다음 중 항공기 등록이 가능한 경우는?

❶ 외국 항공기를 한 달 동안 임차하여 사용하려는 대한민국 법인
② 주식이나 지분의 2분의 1 이상을 소유하거나 그 사업을 사실상 지배하는 외국의 법인
③ 외국인이 법인 임원 수의 2분의 1 이상을 차지하는 법인
④ 외국의 법인 또는 외국의 공공단체

39 다음 중 항공기 등록에 관한 설명으로 올바르지 않은 것은?

① 항공기에 대한 임차권(賃借權)은 등록하여야 제3자에 대하여 그 효력이 생긴다.
② 외국의 법인 또는 단체가 소유하거나 임차한 항공기는 등록할 수 없다.
③ 외국 국적을 가진 항공기는 등록할 수 없다.
❹ 국토교통부장관은 소유자등이 항공기를 등록하였을 때에는 등록한 자에게 국토교통부령으로 정하는 바에 따라 항공기 등록증명서를 발급하여야 한다.

40 다음 중 항공기 등록의 종류가 아닌 것은?

① 변경등록   ❷ 상시등록
③ 이전등록   ④ 말소등록

41 항공기에 대한 변경등록을 신청해야 하는 경우가 아닌 것은?

① 항공기 정치장의 변경
② 소유자 또는 임차인·임대인의 성명 또는 명칭의 변경
③ 소유자 또는 임차인·임대인의 주소 및 국적의 변경
❹ 항공기 감항증명의 변경

42 항공기에 대한 변경등록을 신청해야 하는 경우는?

① 항공기의 주기장이 변경되었을 때
② 항공기의 제작 연월일이 변경되었을 때
③ 항공기가 멸실(滅失)되었거나 항공기를 해체한 경우
❹ 항공기의 정치장이 변경되었을 때

43 항공기 임차권 변경으로 소유권 이전 시 해당되는 등록은?

① 특별등록   ❷ 이전등록
③ 변경등록   ④ 말소등록

44 항공기 말소등록의 사유가 아닌 것은?

① 외국인에게 항공기를 양도한 경우
② 임차기간의 만료로 항공기를 사용할 수 있는 권리가 상실된 경우
❸ 항공기의 존재 여부를 2개월 이상 확인할 수 없는 경우
④ 항공기가 멸실되었거나 항공기를 해체한 경우

45 다음 항공기 중 말소등록을 해야 하는 경우가 아닌 것은?
① 항공기가 멸실(滅失)되었거나 항공기를 해체한 경우
② 임차기간의 만료로 항공기를 사용할 수 있는 권리가 상실된 경우
③ 항공기의 존재 여부를 1개월 이상 확인할 수 없는 경우
❹ 정비등, 수송 또는 보관하기 위해 해체한 항공기

46 항공기가 멸실(滅失)되었을 경우 며칠 이내에 대통령령으로 정하는 바에 따라 국토교통부장관에게 말소등록을 신청하여야 하는가?
① 7일
② 14일
❸ 15일
④ 30일

47 항공기가 멸실(滅失)되었으나 소유자등이 말소등록을 신청하지 아니하면 국토교통부장관은 며칠 이상의 기간을 정하여 말소등록을 신청할 것을 최고(催告)하여야 하는가?
❶ 7일
② 14일
③ 15일
④ 30일

― same type ―

48 등록기호표의 부착에 대한 설명으로 틀린 것은?
① 강철 등 내화금속(耐火金屬)으로 된 등록기호표를 보기 쉬운 곳에 붙여야 한다.
② 가로 7cm, 세로 5cm의 직사각형으로 만든다.
❸ 등록기호표는 주익면과 미익면에 부착한다.
④ 국적기호 및 등록기호와 소유자등의 명칭을 적는다.

49 항공기의 등록기호표에 적어야 할 사항으로 옳지 않은 것은?
① 국적기호
② 등록기호
❸ 등록년월일
④ 소유자등의 명칭

50 항공기 등록기호표 재질로 적합한 것은?
① 스테인리스 스틸
❷ 강철 등 내화금속
③ 티나늄 합금
④ 녹슬지 않는 섬유 소재

51 항공기 대한 등록기호표 부착 위치에 대한 설명으로 올바른 것은?
❶ 항공기에 출입구가 있는 경우: 항공기 주(主)출입구 윗부분의 안쪽
② 항공기에 출입구가 있는 경우: 항공기 주(主)출입구 윗부분의 바깥쪽
③ 항공기에 출입구가 있는 경우: 항공기 주(主)출입구 아랫부분의 안쪽
④ 항공기에 출입구가 있는 경우: 항공기 주(主)출입구 아랫부분의 바깥쪽

52 항공기에 출입구가 있는 경우 항공기의 등록기표 부착방법은?
❶ 항공기 주(主)출입구 윗부분의 안쪽 가로 7센티미터 세로 5센티미터
② 항공기 주(主)출입구 윗부분의 안쪽 가로 5센티미터 세로 7센티미터
③ 항공기 주(主)출입구 아랫부분의 안쪽 가로 7센티미터 세로 5센티미터
④ 항공기 주(主)출입구 아랫부분의 바깥쪽 가로 5센티미터 세로 7센티미터

53 다음 중 항공기 국적 등을 표시하는 방법으로 올바른 것은?

① 등록기호, 국적기호 순으로 표시한다.
② 국적기호는 로마자의 대문자 "KOREA"로 표시하여야 한다.
③ 등록기호의 첫 글자가 문자인 경우 국적기호와 등록기호는 사이에 간격 없이 붙인다.
❹ 등록기호의 첫 글자가 문자인 경우 국적기호와 등록기호 사이에 붙임표(-)를 삽입하여야 한다.

54 다음 중 항공기 국적기호 및 등록기호의 표시방법이 아닌 것은?

① 국적 등의 표시는 국적기호, 등록기호 순으로 표시한다.
② 장식체를 사용해서는 아니 되며, 국적기호는 로마자의 대문자 "HL"로 표시하여야 한다.
❸ 등록기호의 첫 글자는 숫자로 표시해야 한다.
④ 등록기호의 구성 등에 필요한 세부사항은 국토교통부장관이 정하여 고시한다.

55 다음 중 항공기의 등록부호 표시위치로 올바르지 않은 것은?

❶ 비행기와 활공기의 경우에는 수직꼬리 날개의 양쪽 면에, 꼬리 날개의 앞 끝과 뒤끝에서 10센티미터 이상 떨어지도록 수평 또는 수직으로 표시할 것
② 비행기와 활공기의 경우에는 오른쪽 날개 윗면과 왼쪽 날개 아랫면에 주 날개의 앞 끝과 뒤 끝에서 같은 거리에 위치하도록 하고, 등록부호의 윗 부분이 주 날개의 앞 끝을 향하게 표시할 것
③ 헬리콥터의 경우에는 동체 아랫면에 표시하는 경우, 동체의 최대 횡단면 부근에 등록부호의 윗부분이 동체좌측을 향하게 표시할 것
④ 헬리콥터의 경우에는 동체 옆면에 표시하는 경우, 주 회전익 축과 보조 회전익 축 사이의 동체 또는 동력장치가 있는 부근의 양 측면에 수평 또는 수직으로 표시할 것

56 다음 중 비행기와 활공기에 표시하는 등록부호의 높이로 올바른 것은?

❶ 주 날개에 표시하는 경우에는 50센티미터 이상, 수직 꼬리 날개 또는 동체에 표시하는 경우에는 30센티미터 이상
② 주 날개에 표시하는 경우에는 30센티미터 이상, 수직 꼬리 날개 또는 동체에 표시하는 경우에는 10센티미터 이상
③ 동체 아랫면에 표시하는 경우에는 50센티미터 이상, 동체 옆면에 표시하는 경우에는 30센티미터 이상
④ 선체에 표시하는 경우에는 50센티미터 이상, 수평안정판과 수직안정판에 표시하는 경우에는 15센티미터 이상

57 다음 중 비행선에 표시하는 등록부호의 높이로 올바른 것은?

① 선체에 표시하는 경우에는 30센티미터 이상
❷ 선체에 표시하는 경우에는 50센티미터 이상
③ 수평안정판과 수직안정판에 표시하는 경우에는 30센티미터 이상
④ 수평안정판과 수직안정판에 표시하는 경우에는 50센티미터 이상

58 다음 중 항공기 등록부호에 사용하는 각 문자와 숫자의 폭, 선의 굵기 및 간격으로 올바르지 않은 것은?

① 선의 굵기는 문자 및 숫자의 높이의 6분의 1로 한다.
② 간격은 문자 및 숫자의 폭의 4분의 1 이상 2분의 1 이하로 한다.
❸ 폭과 붙임표의 길이는 문자 및 숫자의 높이의 3분의 1로 한다.
④ 폭과 붙임표의 길이는 문자 및 숫자의 높이의 3분의 2로 한다.

━━ same type ━━

59 다음 항공기 중 특별감항증명의 대상이 아닌 것은?

① 항공기 제작자 및 항공기 관련 연구기관 등이 연구·개발 중인 경우
② 판매·홍보·전시·시장조사 등에 활용하는 경우
③ 조종사 양성을 위하여 조종연습에 사용하는 경우
❹ 정비를 위한 장소까지 화물을 싣고 비행하는 경우

60 다음 중 예외적으로 감항증명을 받을 수 있는 항공기가 아닌 것은?

① 임대차 항공기의 운영에 대한 권한 및 의무이양의 적용 특례를 적용받는 항공기
❷ 제작·정비·수리 또는 개조 후 시험비행을 하는 경우
③ 국내에서 수리·개조 또는 제작한 후 수출할 항공기
④ 국내에서 제작되거나 외국으로부터 수입하는 항공기로서 대한민국의 국적을 취득하기 전에 감항증명을 신청한 항공기

61 다음 항공기 중 특별감항증명의 대상이 아닌 것은?

① 정비를 위한 장소까지 화물을 싣지 아니하고 비행하는 경우
② 판매·홍보·전시에 활용하는 경우
❸ 군사훈련을 하는 경우
④ 정비 후 시험비행을 하는 경우

━━ same type ━━

62 다음 중 항공종사자 가격증명을 받을 수 있는 조건으로 올바른 것은?

① 사업용 조종사 만 21세 이상
② 운송용 조종사 만 20세 이상
③ 자가용 조종사 만 18세 이상
❹ 자가용 조종사 만 17세 이상

63 다음 중 해당 항공종사자 가격증명을 받을 수 없는 조건이 아닌 것은?

① 자가용 조종사 자격 : 17세 미만
② 사업용 조종사·항공교통관제사·항공정비사 자격 : 18세 미만
③ 운송용 조종사 자격 : 21세 미만
❹ 운항관리사 자격 : 23세 미만

━━ same type ━━

64 다음 중 운항관리사의 업무범위가 아닌 것은?

① 항공기 연료 소비량의 산출
② 비행계획의 작성 및 변경
❸ 항공교통의 안전·신속 및 질서 유지
④ 항공기 운항의 통제 및 감시

65 다음 중 보수를 받고 무상으로 운항하는 항공기를 조종하는 항공종사자는?

① 자가용 조종사   ❷ 사업용 조종사
③ 운송용 조종사   ④ 부조종사

66 다음 중 무상으로 운항하는 항공기를 보수를 받지 아니하고 조종하는 항공종사자는?
① 자가용 조종사 ② 사업용 조종사
③ 운송용 조종사 ④ 부조종사

67 항공운송사업에 사용되는 항공기 또는 국외운항항공기의 운항에 필요한 사항을 확인하는 항공종사자는?
① 운송용 조종사 ② 항공교통관제사
③ 항공정비사 ④ 운항관리사

68 다음 중 사업용 조종사의 업무범위가 아닌 것은?
① 항공운송사업에 사용하는 항공기를 기장 조종사로서 조종하는 행위
② 보수를 받지 아니하고 무상으로 운항하는 항공기를 조종하는 행위
③ 보수를 받고 무상으로 운항하는 항공기를 조종하는 행위
④ 항공기사용사업에 사용하는 항공기를 조종하는 행위

◆ same type ◆

69 다음 중 항공기의 등급 분류로 맞는 것은?
① 육상비행기, 수상비행기
② 육상단발, 수상다발
③ 비행선, 헬리콥터
④ B737-800, C172

70 다음 중 항공기의 종류, 등급, 형식 순으로 올바른 것은?
① B747-400, 항공기, 육상다발
② 비행기, 육상다발, B747-400
③ 비행기, B747-400, 육상다발
④ B747-400, 비행기, 육상다발

71 조종사 자격증명에 대한 한정으로 올바른 것은?
① 상급 및 중급으로 한정
② 비행기, 헬리콥터 및 활공기로 한정
③ 항공기 및 경량항공기의 종류로 한정
④ 항공기의 종류·등급 또는 형식으로 한정

◆ same type ◆

72 다음 중 항공신체검사증명 제3종에 해당하는 항공종사자는?
① 자가용조종사 ② 운항관리사
③ 항공교통관제사 ④ 항공기관사

73 60세 이상이 되어서 자가용 조종사가 되었다. 이 사람의 항공신체검사증명의 유효기간은?
① 6개월 ② 12개월
③ 24개월 ④ 48개월

74 자동차운전면허증 제2종을 보유한 사람이 항공신체검사증명을 받지 않고 취득할 수 있는 자격증명은?
① 자가용 조종사
② 항공교통관제사
③ 항공기관사
④ 경량항공기조종사

75 40세 미만인 항공종사자 항공신체검사증명의 유효시간으로 올바르지 않은 것은?
① 운송용 조종사 : 12개월
② 항공교통관제사 : 36개월
③ 사업용 조종사 : 12개월
④ 자가용 조종사 : 60개월

76 다음 중 사업용 조종사의 항공신체검사증명 유효기간으로 옳은 것은?
① 12개월 ② 24개월
③ 48개월 ④ 60개월

77 자동차운전면허증 제2종을 보유한 사람이 항공신체검사증명을 받지 않고 취득할 수 있는 자격증명은?

① 자가용 조종사
② 항공교통관제사
③ 항공기관사
❹ 경량항공기조종사

78 항공교통관제연습을 하려는 경우 국토교통부령으로 정하는 자격요건을 갖춘 사람의 감독 하에 하여야 한다. 이때 국토교통부령으로 정하는 자격요건에 해당되지 않는 것은?

❶ 항공영어구술능력증명 4등급 이상을 받은 사람
② 항공교통관제사 자격증명을 받은 사람
③ 항공신체검사증명을 받은 사람
④ 항공교통관제업무의 한정을 받은 사람

---— same type ———

79 국토교통부장관의 항공영어구술능력증명(EPTA)을 받아야 하는 사람에 해당하지 않는 것은?

① 두 나라 이상을 운항하는 항공기의 기장
② 두 나라 이상을 운항하는 항공기의 부기장
③ 두 나라 이상을 운항하는 항공기를 관제하는 항공교통관제사
❹ 두 나라 이상을 운항하는 항공기의 운항을 관리하는 운항관리사

80 5등급 항공영어구술능력증명의 유효기간은?

❶ 6년 ② 3년
③ 1년 ④ 영구

81 항공영어구술능력증명 4등급 또는 5등급을 가지고 있는 사람이 유효기간 만료 6개월 이내에 갱신한 경우에 새로운 유효기간의 기준일은?

① 기존의 유효기간 만료 후 새로운 유효기간 적용
❷ 기존 증명의 유효기간이 끝난 다음 날
③ 합격 통지일 다음 날
④ 합격 통지일 다음 날

82 항공영어구술능력증명 4등급 또는 5등급을 가지고 있는 사람이 유효기간 만료 6개월 이내에 갱신한 경우에 새로운 유효기간의 기준일은?

① 기존의 유효기간 만료 후 새로운 유효기간 적용
❷ 기존 증명의 유효기간이 끝난 다음 날
③ 합격 통지일로부터 유효기간 적용
④ 합격일로부터 유효기간 적용

---— same type ———

83 항공운송사업에 사용되는 항공기 외의 항공기가 시계비행방식에 의한 비행을 하는 경우 의무로 설치·운용해야 하는 무선설비는?

① 계기착륙시설(ILS) 수신기 1대
② 전방향표지시설(VOR) 수신기 1대
③ 거리측정시설(DME) 수신기 1대
❹ 2차감시 항공교통관제 레이더용 트랜스폰더 (Mode 3/A 및 Mode C SSR transponder) 1대

84 항공운송사업에 사용되는 항공기 외의 항공기가 시계비행방식에 의한 비행을 하는 경우 의무로 설치·운용해야 하는 무선설비가 아닌 것은?

① 무선전화 송수신기
② 2차감시 항공교통관제 레이더용 트랜스폰더
③ 비상위치지시용 무선표지설비(ELT)
❹ 전방향표지시설(VOR)

85 항공운송사업에 사용되는 항공기 외의 항공기가 계기비행방식 외의 방식에 의한 비행을 하는 경우 설치·운용하지 않을 수 있는 무선설비가 아닌 것은?

① 자동방향탐지기(ADF)
② 전방향표지시설(VOR)
③ 거리측정시설(DME)
❹ 비상위치지시용 무선표지설비(ELT)

86 항공운송사업용 비행기에 장착해야 하는 기압고도에 관한 정보를 제공하는 트랜스폰더의 성능으로 올바른 것은?

① 고도 10피트 이하의 간격으로 기압고도정보를 관할 항공교통관제기관에 제공할 수 있을 것
❷ 고도 25피트 이하의 간격으로 기압고도정보를 관할 항공교통관제기관에 제공할 수 있을 것
③ 고도 50피트 이하의 간격으로 기압고도정보를 관할 항공교통관제기관에 제공할 수 있을 것
④ 고도 75피트 이하의 간격으로 기압고도정보를 관할 항공교통관제기관에 제공할 수 있을 것

▬▬▬ same type ▬▬▬

87 항공기를 운항하려는 자 또는 소유자등이 갖추어 두어야 하는 항공일지에 해당되지 않는 것은?

① 탑재용 항공일지
② 지상 비치용 발동기 항공일지
③ 지상 비치용 프로펠러 항공일지
❹ 사고예방 및 사고조사 항공일지

88 다음 중 지상접근경고장치(Ground Proximity Warning System) 1기 이상을 갖추지 않을 수 있는 항공기는?

① 최대이륙중량이 5,700킬로그램을 초과하거나 승객 9명을 초과하여 수송할 수 있는 터빈발동기를 장착한 비행기
② 최대이륙중량이 5,700킬로그램 이하이고 승객 5명 초과 9명 이하를 수송할 수 있는 터빈발동기를 장착한 비행기
③ 최대이륙중량이 5,700킬로그램을 초과하거나 승객 9명을 초과하여 수송할 수 있는 왕복발동기를 장착한 모든 비행기
❹ 국제항공노선을 운항하지 않는 최대이륙중량이 3,175킬로그램을 초과하거나 승객 9명을 초과하여 수송할 수 있는 헬리콥터로서 계기비행방식에 따라 운항하는 헬리콥터

▬▬▬ same type ▬▬▬

89 항공기의 소유자등이 항공기에 갖추어야 할 구급용구에 해당하지 않는 것은?

❶ 항공종사자 신체검사증명
② 음성신호발생기
③ 불꽃조난신호장비
④ 손확성기(메가폰)

90 수색구조가 특별히 어려운 산악지역, 외딴지역 및 국토교통부장관이 정한 해상 등을 횡단 비행하는 비행기(헬리콥터 포함)가 장비하여야 할 구급용구로 올바른 것은?

① 불꽃조난신호장비, 구명보트
② 구명동의 또는 이에 상당하는 개인부양 장비
❸ 불꽃조난신호장비, 구명장비
④ 사고 시 사용할 도끼 1개

91 승객 좌석 수가 150석인 항공기에 갖추어야 할 구급의료용품 수량은?
① 1조 ❷ 2조
③ 3조 ④ 4조

92 승객 좌석 수가 300석인 항공기에 갖추어야 할 감염예방 의료용구 수량은?
① 1조 ❷ 2조
③ 3조 ④ 4조

93 다음 중 항공기 승객 좌석 수에 따른 객실에 갖춰 두어야 할 소화기 수량으로 올바르지 않은 것은?
① 30석 : 1개 ② 50석 : 2개
❸ 60석 : 3개 ④ 300석 : 4개

94 B737 승객 좌석수가 189석인 경우 갖추어야 하는 소화기의 수량은?
① 1개 ② 2개
❸ 3개 ④ 4개

95 항공운송사업용 여객기에는 승객 좌석수에 따라 손확성기를 갖춰 두어야 한다. 다음 중 올바르지 않은 것은?
① 61석부터 99석까지 : 1개
② 100석부터 199석까지 : 2개
③ 200석 이상 : 3개
❹ 200석부터 299석까지 : 3개

96 승객 좌석수가 120석인 항공운송사업용 여객기에 갖춰 두어야 하는 손확성기의 수는?
① 1개 ❷ 2개 ③ 3개 ④ 4개

97 항공기에는 몇 세 이상의 승객과 모든 승무원을 위한 안전띠가 달린 좌석을 장착해야 하는가?
① 1세 ❷ 2세
③ 3세 ④ 4세

98 항공기에 탑재하여야 하는 서류가 아닌 것은?
① 항공기등록증명서
② 감항증명서
❸ 형식증명서
④ 탑재용 항공일지

99 항공기에 탑재해야 할 서류에 해당하지 않는 것은?
① 운용한계 지정서 및 비행교범
② 운항규정
③ 소음기준적합증명서
❹ 항공정보간행물

100 항공운송사업용 항공기 또는 국외를 운항하는 비행기가 평균해면으로부터 얼마의 고도를 초과하여 운항하려는 경우 방사선투사량계기 1기를 갖추어야 하는가?
① 5천 미터 ② 1만 미터
❸ 1만 5천 미터 ④ 1만 8천 미터

101 다음 중 시계비행방식으로 비행하는 비행기에 갖추어야 할 계기가 아닌 것은?
① 나침반 ② 시계
③ 고도계 ❹ 승강계

102 다음 중 시계비행방식으로 비행하는 비행기에 갖추어야 할 계기는?
① 선회 및 경사지시계 ❷ 시계
③ 외기온도계 ④ 승강계

103 계기비행방식으로 비행하는 비행기에 갖추어야 할 계기로 올바르지 않은 것은?

❶ 안정성유지시스템
② 선회 및 경사지시계
③ 자이로식 기수방향지시계
④ 승강계

104 야간에 비행을 하려는 항공기가 갖추어야 하는 조명설비가 아닌 것은?

① 착륙등
❷ 기수등
③ 충돌방지등
④ 우현등, 좌현등 및 미등

━━ same type ━━

105 항공운송사업용 및 항공기사용사업용 비행기가 시계비행을 할 경우 실어야 할 연료의 양은?

① 최초 착륙예정 비행장까지 비행에 필요한 양에 그 교체비행장까지 비행을 마친 후 순항속도로 45분간 더 비행할 수 있는 양
② 최초 착륙예정 비행장까지 비행에 필요한 양에 그 교체비행장까지 비행을 마친 후 순항속도로 30분간 더 비행할 수 있는 양
❸ 최초 착륙예정 비행장까지 비행에 필요한 양에 순항속도로 45분간 더 비행할 수 있는 양
④ 최초 착륙예정 비행장까지 비행에 필요한 양에 순항속도로 30분간 더 비행할 수 있는 양

106 터빈발동기를 장착한 항공운송사업용 비행기가 계기비행 상태에서 교체비행장이 요구될 경우 실어야 할 연료를 계산할 때 교체비행장 상공에서의 체공 고도는 얼마로 상정하는가?

① 100미터(330피트)
② 150미터(500피트)
③ 300미터(1,000피트)
❹ 450미터(1,500피트)

━━ same type ━━

107 항공기가 야간에 공중·지상 또는 수상을 항행하는 경우와 비행장의 이동지역 안에서 이동하거나 엔진이 작동 중인 경우에 항공기의 위치를 나타내야 하는 항공기의 등불은?

❶ 우현등, 좌현등, 미등, 충돌방지등
② 우현등, 좌현등, 미등
③ 우현등, 미등, 충돌방지등
④ 좌현등, 미등, 충돌방지등

108 항공기를 야간에 사용되는 비행장에 주기(駐機) 또는 정박시키는 경우 어떤 등불을 이용하여 항공기의 위치를 나타내야 하는가?

① 충돌방지등　② 미등
❸ 항행등　　　④ 우현등, 좌현등

━━ same type ━━

109 항공운송사업자는 승무원의 승무시간등 또는 운항관리사의 근무시간에 대한 기록을 얼마동안 보관하여야 하는가?

① 6개월 이상　② 12개월 이상
❸ 15개월 이상　④ 24개월 이상

110 기장 1명과 기장 외의 조종사 1명인 운항승무원의 연속 24시간 동안 최대 승무시간과 최대 비행근무시간은?

❶ 최대 승무시간 8시간, 최대 비행근무시간 13시간
② 최대 승무시간 12시간, 최대 비행근무시간 15시간
③ 최대 승무시간 12시간, 최대 비행근무시간 16시간
④ 최대 승무시간 16시간, 최대 비행근무시간 20시간

111 운항승무원의 "승무시간(Flight Time)"이란?

① 운항승무원이 1개 구간 또는 연속되는 2개 구간 이상의 비행이 포함된 근무의 시작을 보고한 때부터 마지막 비행이 종료되어 최종적으로 항공기의 발동기가 정지된 때까지의 총 시간을 말한다.
❷ 비행기의 경우 이륙을 목적으로 비행기가 최초로 움직이기 시작한 때부터 비행이 종료되어 최종적으로 비행기가 정지한 때까지의 총 시간을 말하며, 헬리콥터의 경우 주회전익이 회전하기 시작한 때부터 주회전익이 정지된 때까지의 총 시간을 말한다.
③ 운항승무원이 항공기 운영자의 요구에 따라 근무보고를 하거나 근무를 시작한 때부터 모든 근무가 끝난 때까지의 시간을 말한다.
④ 승객이 탑승한 후 항공기의 모든 문이 닫힌 때부터 내리기 위하여 문을 열 때까지를 말한다.

112 운항승무원의 비행근무시간이 8시간 이상 ~ 9시간 미만인 경우 최소 휴식시간은?

① 13시간 이상
② 12시간 이상
❸ 11시간 이상
④ 10시간 이상

113 연속 24시간 동안 응급구호 및 환자 이송을 하는 헬리콥터의 운항승무원 최대 승무시간은?

① 24시간
② 18시간
③ 12시간
❹ 8시간

114 항공업무에 종사해서는 아니 되는 혈중알코올농도의 기준은?

① 0.5 퍼센트 이상
② 0.2 퍼센트 이상
③ 0.05 퍼센트 이상
❹ 0.02 퍼센트 이상

115 국토교통부장관은 다음 각 호의 사항이 포함된 항공안전프로그램을 마련하여 고시하여야 한다. 이에 해당되지 않는 것은?

❶ 항공안전보험
② 항공안전에 관한 정책, 달성목표 및 조직체계
③ 항공안전 위험도의 관리
④ 항공안전보증

116 다음 중 항공안전관리시스템에 포함되어야 할 사항이 아닌 것은?

① 최고경영관리자의 권한 및 책임에 관한 사항
❷ 항공사고 및 준사고 요인의 식별절차에 관한 사항
③ 안전성과의 모니터링 및 측정에 관한 사항
④ 안전교육 및 훈련에 관한 사항

117 항공기 사고 또는 준사고가 발생한 경우 국토교통부장관에게 그 사실을 보고하여야 한다. 만약 기장이 보고할 수 없는 경우에는 누가 보고하여야 하는가?

① 그 공항의 관제사등
② 그 항공사의 정비사등
❸ 그 항공기의 소유자등
④ 그 항공사의 운항관리사등

118 항공기 사고, 항공기 준사고 또는 의무보고 대상 항공안전장애가 발생한 것을 알게 된 항공종사자 등 관계인은 국토교통부장관에게 그 사실을 보고하여야 한다. 이 때 항공종사자 등 관계인의 범위로 올바르지 않은 것은?

① 항공기 기장(항공기 기장이 보고할 수 없는 경우에는 그 항공기의 소유자등을 말한다)
② 항공정비사(항공정비사가 보고할 수 없는 경우에는 그 항공정비사가 소속된 기관·법인 등의 대표자를 말한다)
❸ 항공교통관제사(항공교통관제사가 보고할 수 없는 경우 그 관제사가 소속된 항공교통관제기관을 말한다)
④ 공항시설법에 따라 공항시설을 관리·유지하는 자

119 항공안전 의무보고서의 제출 시기로 올바르지 않은 것은?

① 항공기사고 : 즉시
② 항공기준사고 : 즉시
③ 의무보고 대상 항공안전장애가 발생한 것을 알게 된 자가 부상, 통신 불능, 그 밖의 부득이한 사유로 기한 내 보고를 할 수 없는 경우 : 그 사유가 해소된 시점부터 72시간 이내
❹ 항공안전장애 : 48시간 이내

120 자율보고대상 항공안전장애 또는 항공안전위해요인을 발생시킨 사람이 그 발생일부터 ( ) 이내에 항공안전 자율보고를 한 경우에는 고의 또는 중대한 과실로 발생시킨 경우에 해당하지 아니하면 항공안전법 및 공항시설법에 따른 처분을 하여서는 아니 된다. 괄호에 알맞은 것은?

❶ 10일
② 20일
③ 30일
④ 6개월

121 의무보고 대상 항공안전장애 외의 항공안전장애("자율보고대상 항공안전장애")는 누구에게 보고할 수 있는가?

① 항공안전위원회 위원장
❷ 한국교통안전공단 이사장
③ 지방항공청 청장
④ 항공교통본부 본부장

122 다음 중 항공안전 자율보고를 해야 하는 경우에 해당되지 않는 것은?

① 의무보고 대상 항공안전장애 외의 항공안전장애를 발생시킨 경우
② 의무보고 대상 항공안전장애 외의 항공안전장애가 발생한 것을 알게 된 경우
❸ 항공기 사고·준사고 및 항공안전위해요인의 발생이 의심되는 경우
④ 항공안전위해요인이 발생한 것을 알게 된 경우

123 항공기 출발 전 기장이 확인하여야 할 사항이 아닌 것은?

① 항공기 운항에 필요한 기상정보 및 항공정보
② 항공기 감항증명서 및 등록증명서의 탑재
③ 항공일지 및 정비에 관한 기록의 점검
❹ 항공기에 탑승한 승객 및 승무원 명단

124 항공운송사업에 사용되는 항공기의 기장은 어떤 항목의 운항자격을 국토교통부장관으로부터 인정받아야 하는가?

① 지식 및 경험
② 노선 및 공항
③ 경험 및 기량
❹ 지식 및 기량

125 국외운항항공기의 기장 외 조종사에 대한 운항자격 인정을 위한 심사항목은?

❶ 기량
② 지식
③ 지식 및 기량
④ 노선 및 경험

126 운항관리사를 두어야 하는 자가 운항하는 항공기의 기장은 그 항공기를 출발시키거나 비행계획을 변경하려는 경우에는 누구의 승인을 받아야 하는가?

① 국토교통부장관
② 지방항공청장
③ 항공교통관제사
❹ 운항관리사

127 항공기를 비행장이 아닌 곳에서 이륙하거나 착륙하기 위해서는 누구의 허가를 받아야 하는가?

① 국방부장관
❷ 국토교통부장관
③ 지방항공청장
④ 해당지역 지방자치단체장

128 다음 중 항공기의 비행 중 금지행위가 아닌 것은?

❶ 최저비행고도에 근접한 비행
② 뒤집어서 비행하거나 옆으로 세워서 비행하는 등의 곡예비행
③ 물건의 투하(投下) 또는 살포
④ 낙하산 강하(降下)

129 긴급항공기의 지정에 있어서 국토교통부령으로 정하는 긴급한 업무에 해당되지 않는 것은?

① 재난·재해 등으로 인한 수색·구조
② 응급환자의 수송 등 구조·구급활동
❸ 긴급한 세관 및 경찰 업무 수행
④ 응급환자를 위한 장기(臟器) 이송

130 응급환자의 수송 등 국토교통부령으로 정하는 긴급한 업무에 해당되지 않는 것은?

① 화재의 예방을 위한 감시활동
② 자연재해 발생 시의 긴급복구
❸ 긴급 구호물자 수송
④ 화재의 진화

131 다음 중 성격이 다른 항공기는?

① 재난·재해 시 수색·구조 항공기
② 자연재해 발생 시 긴급복구 항공기
③ 화재 진화를 위한 항공기
❹ VIP 항공기

132 긴급항공기의 지정에 있어서 국토교통부령으로 정하는 긴급한 업무에 해당되지 않는 것은?

① 재난·재해 등으로 인한 수색·구조
② 응급환자의 수송 등 구조·구급활동
③ 화재의 진화
❹ 공항시설의 긴급한 복구

133 긴급항공기로 지정 받은 항공기가 긴급한 업무의 수행을 위하여 운항하는 경우에도 금지되는 행위는?

① 비행장이 아닌 곳에서 이륙·착륙
② 국토교통부령으로 정하는 최저비행고도(最低飛行高度) 아래에서의 비행
③ 물건의 투하(投下) 또는 살포
❹ 낙하산 강하(降下)

134 긴급항공기는 누구로부터 지정받아야 하는가?

❶ 지방항공청장
② 국토교통부장관
③ 국방부장관
④ 보건복지부장관

135 비행장 안의 이동지역에서 항공기의 지상이동시 준수해야 할 사항으로 올바르지 않은 것은?

① 정면 또는 이와 유사하게 접근하는 항공기 상호간에는 각각 오른쪽으로 진로를 바꿀 것
❷ 기동지역에서 지상 이동하는 항공기는 정지선등이 꺼져 있는 경우에는 정지, 대기하고, 정지선등이 켜질 때에는 이동할 것
③ 교차하거나 이와 유사하게 접근하는 항공기 상호간에는 다른 항공기를 우측으로 보는 항공기가 진로를 양보할 것
④ 추월하는 항공기는 다른 항공기의 통행에 지장을 주지 아니하도록 충분히 분리 간격을 유지할 것

136 비행장 안의 이동지역에서 이동하는 항공기가 따라야 하는 기준이 아닌 것은?

① 정면 또는 이와 유사하게 접근하는 항공기 상호간에는 모두 정지하거나 가능한 경우에는 충분한 간격이 유지되도록 각각 오른쪽으로 진로를 바꿀 것
❷ 교차하거나 이와 유사하게 접근하는 항공기 상호간에는 다른 항공기를 좌측으로 보는 항공기가 진로를 양보할 것
③ 기동지역에서 지상이동 하는 항공기는 관제탑의 지시가 없는 경우에는 활주로진입전대기지점(Runway Holding Position)에서 정지·대기할 것
④ 앞지르기하는 항공기는 다른 항공기의 통행에 지장을 주지 않도록 충분한 분리 간격을 유지할 것

137 교차하거나 그와 유사하게 접근하는 고도의 항공기 상호간 통행의 우선순위로 올바르지 않은 것은?

① 헬리콥터는 비행선에 진로를 양보할 것
② 헬리콥터는 항공기 또는 그 밖의 물건을 예항하는 다른 항공기에 진로를 양보할 것
③ 활공기는 기구류에 진로를 양보할 것
❹ 기구류는 비행선에 진로를 양보할 것

138 항공기 상호간 통행의 우선순위로 옳은 것은?

① 헬리콥터는 비행기에 진로를 양보할 것
② 활공기는 헬리콥터에 진로를 양보할 것
③ 활공기는 비행기에 진로를 양보할 것
❹ 비행선은 기구류에 진로를 양보할 것

139 항공기 상호간 통행의 우선순위로 옳은 것은?

❶ 비행선은 예항하는 다른 항공기에 진로를 양보할 것
② 착륙을 위하여 비행장에 접근하는 항공기 상호간에는 낮은 고도에 있는 항공기가 높은 고도에 있는 항공기에 진로를 양보해야 한다.
③ 최종접근 중인 항공기는 비행 중이거나 지상에서 운항 중인 항공기에 진로를 양보하여야 한다.
④ 기구류는 비행선에 진로를 양보할 것

140 항공기가 활공기를 예항하는 예항줄의 길이는?

① 20미터 이상 30미터 이하로 할 것
② 30미터 이상 50미터 이하로 할 것
❸ 40미터 이상 80미터 이하로 할 것
④ 50미터 이상 100미터 이하로 할 것

141 항공기가 활공기 외의 물건을 예항하는 경우 예항줄에는 얼마의 간격으로 붉은색과 흰색의 표지를 번갈아 붙여야 하는가?

① 50미터 간격
② 40미터 간격
③ 30미터 간격
❹ 20미터 간격

142 항공기가 활공기를 예항하는 경우 예항줄을 이탈시켜야 하는 고도는?

① 예항줄 길이의 60퍼센트에 상당하는 고도 이상의 고도
❷ 예항줄 길이의 80퍼센트에 상당하는 고도 이상의 고도
③ 예항줄 길이의 100퍼센트에 상당하는 고도 이상의 고도
④ 예항줄 길이의 120퍼센트에 상당하는 고도 이상의 고도

◆ same type ◆

143 시계비행방식으로 비행하는 항공기가 관제권 안의 비행장에서 이륙 또는 착륙을 하거나 관제권 안으로 진입할 수 없는 기상 제한은?

❶ 비행장의 운고가 450미터(1,500피트) 미만 또는 지상시정이 5킬로미터 미만인 경우
② 비행장의 운고가 450미터(1,500피트) 미만 또는 지상시정이 3킬로미터 미만인 경우
③ 비행장의 운고가 300미터(1,000피트) 미만 또는 지상시정이 5킬로미터 미만인 경우
④ 비행장의 운고가 300미터(1,000피트) 미만 또는 지상시정이 3킬로미터 미만인 경우

144 기상상태에 관계없이 계기비행방식에 따라 비행해야 경우로 올바른 것은?

① 평균해면으로부터 1,500미터(5천피트)를 초과하는 고도로 비행하는 경우
② 평균해면으로부터 3,000미터(1만피트)를 초과하는 고도로 비행하는 경우
③ 평균해면으로부터 4,500미터(1만5천피트)를 초과하는 고도로 비행하는 경우
❹ 평균해면으로부터 6,100미터(2만피트)를 초과하는 고도로 비행하는 경우

145 특별시계비행허가를 받은 항공기 조종사의 비행으로 올바르지 않은 것은?

❶ 허가받은 관제구 안을 비행할 것
② 구름을 피하여 비행할 것
③ 비행시정을 1,500미터 이상 유지하며 비행할 것
④ 지표 또는 수면을 계속하여 볼 수 있는 상태로 비행할 것

146 특별시계비행을 하는 경우에 이륙하거나 착륙할 수 있는 조건은?

① 지상시정이 1,000미터 이상일 것
❷ 지상시정이 1,500미터 이상일 것
③ 비행시정이 2,000미터 이상일 것
④ 비행시정이 3,000미터 이상일 것

147 해발 3,050미터(10,000피트) 이상에서 시계비행방식으로 비행할 수 있는 시계상의 양호한 기상상태는?

① 비행시정 : 5천 미터, 구름으로부터의 거리 : 수평으로 1,000미터, 수직으로 450미터(1,500피트)
② 비행시정 : 5천 미터, 구름으로부터의 거리 : 수평으로 1,500미터, 수직으로 300미터(1,000피트)
❸ 비행시정 : 8천 미터, 구름으로부터의 거리 : 수평으로 1,500미터, 수직으로 300미터(1,000피트)
④ 비행시정 : 8천 미터, 구름으로부터의 거리 : 수평으로 1,000미터, 수직으로 450미터(1,500피트)

148 계기비행방식으로 조종사가 군비행장에 착륙할 경우 따라야 하는 절차는?
① 국제민간항공기구에서 정한 절차
② 대통령령으로 정한 절차
③ 국토교통부령으로 정한 절차
❹ 해당 군비행장 또는 군 기관에서 정한 절차

149 조종사가 계기비행방식으로 군비행장에 착륙할 경우의 절차는?
❶ 해당 군 기관이 정한 계기비행절차를 준수하여야 한다.
② 국제민간항공기구(ICAO)에서 정한 계기비행절차를 준수하여야 한다.
③ 미 연방항공청(FAA)에서 정한 계기비행절차를 준수하여야 한다.
④ 국토교통부령으로 정한 계기비행절차를 준수하여야 한다.

150 두 나라 이상을 운항하는 자가 출항하는 경우 지방항공청장에게 언제까지 비행계획을 제출하여야 하는가?
① 목적공항 도착 예정 시간 2시간 전까지
❷ 출항 준비가 끝나는 즉시
③ 출항 후 20분 이내까지
④ 출항 준비가 끝나기 전

151 항공기는 도착비행장에 착륙하는 즉시 관할 항공교통업무기관에 도착보고를 하여야 한다. 다음 중 도착보고 항목에 포함되지 않는 것은?
① 항공기의 식별부호 ② 출발비행장
❸ 이륙시간 ④ 착륙시간

152 항공기가 도착비행장에 착륙한 후 도착비행장에 도착보고를 할 수 있는 적절한 통신시설 등이 제공되지 아니하는 경우에는 어디에 도착보고를 하여야 하는가?
① 착륙 후 이륙한 비행장의 관제탑에 도착보고를 하여야 한다.
② 도착 비행장에서 관제가 제공되지 않는다면 어떤 경우라도 착륙할 수 없다.
③ 관제가 제공될 때까지 착륙하지 말고 도착비행장 상공에서 기다린다.
❹ 착륙 직전에 관할 항공교통업무기관에 도착보고를 하여야 한다.

153 무선통신 두절 시의 연락방법으로 비행 중인 항공기에게 착륙하여 계류장으로 갈 것을 지시하는 관제탑 빛총신호로 올바른 것은?
① 연속되는 녹색
② 연속되는 붉은색
③ 깜빡이는 붉은색
❹ 깜빡이는 흰색

154 무선통신이 두절 시 관제탑에서 비행 중인 항공기에 보내는 깜빡이는 흰색 빛총신호의 의미는?
❶ 착륙하여 계류장으로 갈 것
② 비행장이 불안전하니 착륙하지 말 것
③ 착륙을 준비할 것
④ 다른 항공기에 진로를 양보하고 계속 선회할 것

155 다음 빛총신호에 관한 설명 중 올바르지 않은 것은?

① 연속되는 녹색 : 비행중인 항공기는 착륙을 허가함
② 연속되는 붉은색 : 지상에 있는 항공기는 정지할 것
③ 깜박이는 흰색 : 비행중인 항공기는 착륙하여 계류장으로 갈 것
❹ 깜박이는 붉은색 : 비행 중인 항공기는 현 위치에서 계속 선회할 것

156 유도봉을 쥔 팔을 어깨 높이로 들어 올려 왼쪽 어깨 위로 위치시킨 뒤 유도봉을 오른쪽·왼쪽 어깨로 목을 가로질러 움직이는 유도신호의 의미는?

① 비상정지
② 직진
③ 고임목 삽입
❹ 엔진 정지

157 팔꿈치를 구부려 유도봉을 가슴 높이에서 머리 높이까지 위 아래로 움직이는 유도신호의 의미는?

① 비상정지
❷ 직진
③ 고임목 삽입
④ 엔진 정지

158 항공기의 운항과 관련된 시간을 표시하는 방법으로 올바른 것은?

❶ 국제표준시(UTC)를 사용하여야 하며, 시각은 자정을 기준으로 하루 24시간을 시·분으로 표시
② 국제표준시(UTC)를 사용하여야 하며, 시각은 12시간을 기준으로 하루를 오전·오후로 표시
③ 한국 표준시(KST)를 사용하여야 하며, 시각은 자정을 기준으로 하루 24시간을 시·분으로 표시
④ 한국 표준시(KST)를 사용하여야 하며, 시각은 12시간을 기준으로 하루를 오전·오후로 표시

159 외국정부가 관할하는 지역을 비행하던 중 피요격 항공기의 기장이 따라야할 절차는?

❶ 해당 국가가 정한 절차와 방식으로 그 국가의 요격에 응하여야 한다.
② 대한민국에 등록된 항공기이라면 대한민국에서 정한 절차와 방식을 따라야 한다.
③ 국제민간항공기구(ICAO)에서 정한 절차와 방식을 따라야 한다.
④ 전 세계 지역별 항행안전협의회에서 정한 절차와 방식을 따라야 한다.

— same type —

160 시계비행방식으로 비행하는 항공기에 적용되는 국토교통부령으로 정하는 최저비행고도로 올바른 것은?

① 산악지역에서는 항공기를 중심으로 반지름 8킬로미터 이내에 위치한 가장 높은 장애물로부터 600미터의 고도
② 항공기를 중심으로 반지름 8킬로미터 이내에 위치한 가장 높은 장애물로부터 300미터의 고도
③ 지표면·수면 또는 물건의 상단에서 300미터(1,000피트)의 고도
❹ 지표면·수면 또는 물건의 상단에서 150미터(500피트)의 고도

161 시계비행방식으로 비행하는 항공기의 최저비행고도로 올바른 것은?

❶ 사람 또는 건축물이 밀집된 지역의 상공에서는 해당 항공기를 중심으로 수평거리 600미터 범위 안의 지역에 있는 가장 높은 장애물의 상단에서 300미터(1천피트)의 고도
② 사람 또는 건축물이 밀집된 지역의 상공에서는 해당 항공기를 중심으로 수평거리 600미터 범위 안의 지역에 있는 가장 높은 장애물의 상단에서 150미터(500피트)의 고도
③ 사람 또는 건축물이 밀집된 지역의 상공에서는 해당 항공기를 중심으로 수평거리 450미터 범위 안의 지역에 있는 가장 높은 장애물의 상단에서 300미터(1천피트)의 고도
④ 사람 또는 건축물이 밀집된 지역의 상공에서는 해당 항공기를 중심으로 수평거리 450미터 범위 안의 지역에 있는 가장 높은 장애물의 상단에서 150미터(500피트)의 고도

162 수면 위를 시계비행방식으로 비행하는 항공기의 최저비행고도는?

① 600미터   ② 450미터
③ 300미터   ❹ 150미터

163 다음 중 곡예비행 금지구역에 해당하지 않는 것은?

① 해당 항공기를 중심으로 반지름 500미터 범위 안의 지역에 있는 가장 높은 장애물의 상단으로부터 500미터 이하의 고도
❷ 해당 항공기를 중심으로 반지름 300미터 범위 안의 지역에 있는 가장 높은 장애물의 상단으로부터 500미터 이하의 고도
③ 관제구 및 관제권
④ 지표로부터 450미터 미만의 고도

164 다음 중 국토교통부령으로 정하는 곡예비행 금지구역에 해당하지 않는 것은?

① 관제권
② 사람 또는 건축물이 밀집한 지역의 상공
❸ 해당 항공기를 중심으로 반지름 500미터 범위 안의 지역에 있는 가장 높은 장애물의 상단으로부터 1,500미터 이하의 고도
④ 지표로부터 450미터(1,500피트) 미만의 고도

165 지표로부터 어느 고도까지 곡예비행 금지구역인가?

① 제한 없음.
② 50미터(500피트) 미만
③ 300미터(1,000피트) 미만
❹ 450미터(1,500피트) 미만

166 곡예비행 등을 할 수 있는 비행시정으로 올바른 것은?

❶ 비행고도 3,050미터(1만피트) 미만인 구역: 5천미터 이상
② 비행고도 3,050미터(1만피트) 이상인 구역: 5천미터 이상
③ 비행고도 3,050미터(1만피트) 미만인 구역: 8천미터 미만
④ 비행고도 3,050미터(1만피트) 이상인 구역: 8천미터 미만

167 다음 중 회항시간 연장운항의 승인을 받아야 하는 항공기가 아닌 것은?

❶ 1개의 발동기를 가진 비행기
② 2개의 발동기를 가진 비행기
③ 3개 이상의 발동기를 가진 비행기의 모든 발동기가 작동할 때의 순항속도
④ 2개의 발동기를 가진 비행기가 1개의 발동기가 작동하지 아니할 때의 순항속도

168 다음 중 회항시간 연장운항의 승인을 받아야 하는 비행기에 해당하는 것은?

① 최대인가승객 좌석 수가 30석 미만인 2개의 발동기를 가진 비행기
❷ 최대이륙중량이 4만 2천 킬로그램 미만인 2개의 터빈발동기를 장착한 비행기
③ 최대인가승객 좌석 수가 50석 미만인 2개의 발동기를 가진 비행기
④ 최대이륙중량이 4만 6천 킬로그램 미만인 2개의 터빈발동기를 장착한 비행기

― same type ―

169 여객운송에 사용되는 항공기에 장착된 승객의 좌석 수가 162석일 때 항공기에 탑승시켜야 할 객실승무원의 수는?

❶ 4명　　② 3명
③ 2명　　④ 1명

170 여객운송에 사용되는 항공기로 승객을 운송하는 경우에는 항공기에 장착된 승객의 좌석 수에 따라 그 항공기의 객실에 정하는 수 이상의 객실승무원을 태워야 한다. 이에 대한 설명으로 올바르지 않은 것은?

① 20석 이상 50석 이하 : 1명
❷ 50석 이상 100석 이하 : 2명
③ 101석 이상 150석 이하 : 3명
④ 151석 이상 200석 이하 : 4명

171 여객운송에 사용되는 항공기에 장착된 승객의 좌석 수가 280석일 때 항공기에 탑승시켜야 할 객실승무원의 수는?

① 4명　　② 5명
❸ 6명　　④ 7명

― same type ―

172 국토교통부장관이 항공기 안전운항을 확보하기 위하여 운항기술기준을 정하여 고시할 수 있는 사항에 해당되지 않는 것은?

① 자격증명
② 항공기 감항성
③ 항공기 등록 및 등록부호 표시
❹ 항공기 형식증명

― same type ―

173 항공기의 조종사가 비행 시 특별한 주의·경계·식별 등이 필요한 공역은?

❶ 주의공역　　② 관제공역
③ 비관제공역　　④ 통제공역

174 다음 용어에 대한 정의가 잘못된 것은?

① 관제공역 : 항공기의 비행 순서·시기 및 방법 등에 관하여 국토교통부장관의 지시를 받아야 할 필요가 있는 공역
② 통제공역: 항공교통의 안전을 위하여 항공기의 비행을 금지하거나 제한할 필요가 있는 공역
③ 주의공역: 항공기의 조종사가 비행 시 특별한 주의·경계·식별 등이 필요한 공역
❹ 비행정보구역 : 항공기의 조종사에게 비행에 관한 조언·비행정보 등을 제공할 필요가 있는 공역

175 다음 중 주의공역의 구분에 포함되지 않는 것은?

① 군작전구역　　❷ 제한구역
③ 훈련구역　　④ 경계구역

176 공역의 설정기준으로 올바르지 않은 것은?
① 국가안전보장과 항공안전을 고려할 것
② 항공교통에 관한 서비스의 제공 여부를 고려할 것
❸ 공역이 항공안전보다는 경제적으로 활용될 수 있을 것
④ 이용자의 편의에 적합하게 공역을 구분할 것

177 공역의 설정 및 관리에 필요한 사항을 심의하기 위하여 국토교통부장관 소속으로 두는 것은?
① 항공교통위원회 ② 항공안전위원회
③ 한국공역협의회위원회 ❹ 공역위원회

178 항공교통업무의 목적이 아닌 것은?
❶ 조난 항공기에 대한 수색·구조
② 항공기 간의 충돌 방지
③ 항공교통흐름의 질서유지 및 촉진
④ 항공기의 안전하고 효율적인 운항을 위하여 필요한 조언 및 정보의 제공

179 항공교통업무의 목적이 아닌 것은?
❶ 공역의 체계적이고 효율적인 관리와 항공산업의 발전
② 항공기 간의 충돌 방지
③ 기동지역 안에서 항공기와 장애물 간의 충돌 방지
④ 수색·구조를 필요로 하는 항공기에 대한 관계기관에의 정보 제공 및 협조

180 항공교통업무의 구분에 해당하지 않는 것은?
① 항공교통관제업무
② 비행정보업무
③ 경보업무
❹ 수색·구조 관제업무

181 수색·구조를 필요로 하는 항공기에 대한 관계기관에의 정보 제공 및 협조 업무는?
① 항공교통관제업무
② 비행정보업무
❸ 경보업무
④ 수색·구조 관제업무

182 국교통부장관이 항공정보를 제공하는 방법에 해당하지 않는 것은?
① AIP(항공정보간행물)
❷ AIM(항공정보매뉴얼)
③ NOTAM(항공고시보)
④ AIC(항공정보회람)

183 국토교통부장관이 항공기 운항의 안전성·정규성 및 효율성을 확보하기 위하여 제공하는 항공정보의 내용으로 올바르지 않은 것은?
❶ 항공로 안의 높이 150미터 이상인 공역에서 기상관측용 무인기구의 부양
② 비행장과 항행안전시설의 공용의 개시, 휴지, 재개(再開) 및 폐지에 관한 사항
③ 비행장과 항행안전시설의 중요한 변경 및 운용에 관한 사항
④ 비행의 방법, 장애물회피고도, 결심고도, 최저강하고도, 비행장 이륙·착륙 기상 최저치 등의 설정과 변경에 관한 사항

184 다음 중 항공정보에 사용되는 단위로 올바르지 않은 것은?
① 고도(Altitude): 미터(m) 또는 피트(ft)
② 시정(Visibility): 킬로미터(km) 또는 마일(SM)
❸ 온도(Temperature): 섭씨도(℃) 또는 화씨도(°F)
④ 주파수(Frequency): 헤르쯔(Hz)

185 다음 중 항공정보에 사용되는 단위로 올바르지 않은 것은?

① 고도: 미터(m) 또는 피트(ft)
❷ 시정: 킬로미터(㎞) 또는 마일(SM). 이 경우 3킬로미터 미만의 시정은 미터(m) 단위를 사용한다.
③ 속도: 초당 미터(㎧)
④ 온도: 섭씨도(℃)

― same type ―

186 항공운송사업자가 운항규정 또는 정비규정을 제정하려는 경우의 올바른 절차는?

① 지방항공청장의 인가
② 지방항공청장에게 신고
❸ 국토교통부장관의 인가
④ 국토교통부장관에게 신고

187 항공운송사업자가 운항규정 또는 정비규정을 변경하려는 경우의 절차는?

① 지방항공청장의 승인을 받아야 한다.
② 지방항공청장에게 신고하여야 한다.
③ 국토교통부장관의 승인을 받아야 한다.
❹ 국토교통부장관에게 신고하여야 한다.

― same type ―

188 국가등 무인비행장치의 적용특례가 적용되는 긴급 비행의 목적에 해당하지 않는 것은?

❶ 사고 발생에 따른 긴급한 비상연락 및 보고
② 재해·재난으로 인한 수색·구조
③ 산불, 건물·선박화재 등 화재의 진화·예방
④ 산림보호사업을 위한 화물 수송

제3장 항공보안법

01 항공보안법에서 '운항중'의 의미는?
   ❶ 승객이 탑승한 후 항공기의 모든 문이 닫힌 때부터 내리기 위하여 문을 열 때까지
   ② 항공기 발동기가 시동되는 순간부터 비행이 종료되어 발동기가 정지되는 순간까지
   ③ 항공기가 비행을 목적으로 이륙하는 순간부터 착륙하는 순간까지
   ④ 사람이 비행을 목적으로 항공기에 탑승하였을 때부터 탑승한 모든 사람이 항공기에서 내릴 때까지

02 다음 중 항공보안법을 위반하는 불법방해행위에 해당하지 않는 것은?
   ① 지상에 있거나 운항중인 항공기를 납치하거나 납치를 시도하는 행위
   ❷ 승객이 항공사에 불만을 제기하기 위해 항공사 사무실에서 농성하는 행위
   ③ 항공기 또는 공항에서 사람을 인질로 삼는 행위
   ④ 항공기 또는 승객, 승무원, 지상근무자의 안전을 위협하는 거짓 정보를 제공하는 행위

── same type ──

03 항공보안법에서 규정하는 사항 외에 민간항공의 보안을 위하여 따라야 하는 국제협약이 아닌 것은?
   ① 항공기 내에서 범한 범죄 및 기타 행위에 관한 협약
   ② 항공기의 불법납치 억제를 위한 협약
   ❸ 민간항공의 안전에 대한 불법적 행위의 억제를 위한 협약을 보충하는 미연방항공청에서 사용하는 공항에서의 불법적 폭력행위의 억제를 위한 의정서
   ④ 민간항공의 안전에 대한 불법적 행위의 억제를 위한 협약

── same type ──

04 항공보안에 관련되는 사항을 협의하기 위하여 국토교통부에 설치하는 기구는?
   ① 국제민간항공협약 부속서-17 항공보안에 따른 대한민국 민간항공보안협의회
   ② 지방항공보안협의회
   ③ 민간항공안전·보안회의
   ❹ 항공보안협의회

05 항공보안협의회에서 협의하는 항공보안에 관련되는 사항에 해당하지 않는 것은?
   ❶ 대테러에 관한 사항
   ② 항공보안에 관한 계획의 협의
   ③ 관계 행정기관 간 업무 협조
   ④ 자체 보안계획의 승인을 위한 협의

── same type ──

06 국토교통부장관은 항공보안에 관한 기본계획을 몇 년마다 수립해야 하는가?
   ① 3년   ❷ 5년
   ③ 7년   ④ 매년

07 다음 중 공항운영자가 수립하는 자체 보안계획에 포함되어야 하는 것이 아닌 것은?
① 공항시설의 경비대책
② 보호구역 지정 및 출입통제
❸ 항공기에 대한 경비대책
④ 승객·휴대물품 및 위탁수하물에 대한 보안검색

08 다음 중 항공운송사업자가 수립하는 자체 보안계획에 포함되어야 하는 것이 아닌 것은?
① 비행 전·후 항공기에 대한 보안점검
② 계류(繫留)항공기에 대한 탑승계단, 탑승교, 출입문, 경비요원 배치에 관한 보안 및 통제 절차
③ 기내식 및 저장품에 대한 보안대책
❹ 승객·휴대물품 및 위탁수하물에 대한 보안검색

09 다음 중 공항시설 등의 보안에 관한 조치와 대책으로 올바르지 않은 것은?
① 공항운영자는 공항시설과 항행안전시설에 대하여 보안에 필요한 조치를 하여야 한다.
② 공항운영자는 보안검색이 완료된 승객과 완료되지 못한 승객 간의 접촉을 방지하기 위한 대책을 수립·시행하여야 한다.
③ 공항운영자는 보안검색을 거부하거나 무기·폭발물 또는 그 밖에 항공보안에 위협이 되는 물건을 휴대한 승객 등이 보안검색이 완료된 구역으로 진입하는 것을 방지하기 위한 대책을 수립·시행하여야 한다.
❹ 공항을 건설하거나 유지·보수를 하는 경우에 불법방해행위로부터 사람 및 시설 등을 보호하기 위하여 준수하여야 할 세부기준은 항공운송사업자가 정한다.

10 다음 중 공항시설 보호구역의 지정에 관한 설명으로 올바른 것은?
① 공항운영자는 공항시설과 항행안전시설에 대하여 보안에 필요한 조치를 하여야 한다.
② 공항운영자는 보안검색이 완료된 승객과 완료되지 못한 승객 간의 접촉을 방지하기 위한 대책을 수립·시행하여야 한다.
③ 공항운영자는 보안검색을 거부하거나 무기·폭발물 또는 그 밖에 항공보안에 위협이 되는 물건을 휴대한 승객 등이 보안검색이 완료된 구역으로 진입하는 것을 방지하기 위한 대책을 수립·시행하여야 한다.
❹ 공항운영자는 보안검색이 완료된 구역, 활주로, 계류장(繫留場) 등 공항시설의 보호를 위하여 필요한 구역을 국토교통부장관의 승인을 받아 보호구역으로 지정하여야 한다.

11 공항운영자는 누구로부터 승인을 받아 공항시설 보호구역을 지정하는가?
❶ 국토교통부장관   ② 대통령
③ 국정원장   ④ 항공정책실장

12 항공보안법에 따라 지정하는 공항시설 보호구역에 포함되지 않는 것은?
① 출입국심사장
❷ 항공기 급유시설
③ 관제탑 등 관제시설
④ 활주로 및 계류장

13 항공보안법에 따라 지정하는 공항시설 보호구역에 포함되지 않는 곳은?
① 보안검색이 완료된 구역
❷ 보안검색이 완료되지 않은 구역
③ 세관검사장
④ 화물청사

14 다음 중 공항 내 보호구역에 관한 설명 중 틀린 것은?

① 공항운영자가 국토교통부장관의 승인을 받아 보호구역을 지정한다.
❷ 공항터미널은 보호구역에 포함된다.
③ 공항운영자는 필요한 경우 국토교통부장관의 승인을 받아 임시로 보호구역을 지정할 수 있다.
④ 보안검색이 완료된 구역, 활주로, 계류장은 보호구역에 포함되어야 한다.

― same type ―

15 다음 중 공항운영자의 허가를 받아 보호구역에 출입할 수 있는 사람에 해당하지 않는 것은?

① 공항 건설이나 공항시설의 유지·보수 등을 위하여 보호구역에서 업무를 수행할 필요가 있는 사람
② 업무수행을 위하여 보호구역에 출입이 필요하다고 인정되는 사람
❸ 보호구역의 공항시설 등에서 일시적으로 업무를 수행하는 사람
④ 보호구역의 공항시설 등에서 상시적으로 업무를 수행하는 사람

― same type ―

16 항공운송사업자는 승객의 안전 및 항공기의 보안을 위하여 필요한 조치를 취해야 한다. 이에 대한 설명으로 올바르지 않은 것은?

① 항공운송사업자는 승객이 탑승한 항공기를 운항하는 경우 항공기내보안요원을 탑승시켜야 한다.
② 항공운송사업자는 조종실 출입문의 보안을 강화하고 운항중에는 허가받지 아니한 사람의 조종실 출입을 통제하는 등 항공기에 대한 보안조치를 하여야 한다.
③ 항공운송사업자는 액체, 겔(gel)류 등 항공기 내 반입금지 물질이 항공기 내에 반입되지 아니하도록 조치하여야 한다.
❹ 항공운송사업자는 항공기의 보안을 위하여 필요한 경우라도 특수경비원으로 하여금 항공기의 경비를 담당하게 할 수는 없다.

17 항공운송사업자가 이행해야 하는 조종실 출입문에 대한 보안조치로 올바르지 않은 것은?

① 객실에서 조종실 출입문을 임의로 열 수 없는 견고한 잠금장치를 설치할 것
② 조종실 출입문열쇠 보관방법을 정할 것
③ 운항중에는 조종실 출입문을 잠글 것
❹ 조종실 출입통제 절차의 마련은 항공운송사업자가 소관 업무가 아니다.

― same type ―

18 항공 화물에 대한 보안검색은 누가 하여야 하는가?

❶ 항공운송사업자   ② 공항운영자
③ 화물터미널운영자 ④ 지방항공청장

19 항공기에 탑승하는 사람, 휴대물품 및 위탁수하물에 대한 보안검색은 누가 하여야 하는가?

① 항공운송사업자   ❷ 공항운영자
③ 화물터미널운영자 ④ 지방항공청장

20 다음 중 보안검색 면제대상에 해당하지 않는 경우는?

① 외국의 국가원수 및 그 배우자
❷ 공무로 여행을 하는 대통령, 국회의장, 대법원장
③ 국제협약 등에 따라 보안검색을 면제받도록 되어 있는 사람
④ 항공보안법의 보안검색 면제 요건을 모두 갖춘 외교행낭

21 다음 중 보안검색 면제대상에 해당하지 않는 경우는?

❶ 공무로 여행을 하는 대통령(대통령의 부모 형제를 포함한다)과 외국의 국가원수 및 그 배우자
② 공무로 여행을 하는 대통령당선인과 대통령권한대행
③ 국제협약 등에 따라 보안검색을 면제받도록 되어 있는 사람
④ 내공항에서 출발하여 다른 국내공항에 도착한 후 국제선 항공기로 환승하려는 경우로서 출발하는 국내공항에서 보안검색을 완료하고 국내선 항공기에 탑승하였으며, 국제선 항공기로 환승하기 전까지 보안검색이 완료된 구역을 벗어나지 아니한 승객 및 승무원

━━ same type ━━

22 항공기 기내식이나 기내 저장품을 이용하여 위해물품이 항공기 내로 유입되는 것을 방지하기 위한 항공운송사업자의 필요한 조치에 해당하지 않는 것은?

① 외부의 침입흔적이 있는 경우 기내식 또는 기내저장품 등이 기내로 유입되게 하여서는 아니 된다.
② 항공운송사업자가 지정한 사람에 의하여 검사·확인되지 아니한 경우 기내식 또는 기내저장품 등이 기내로 유입되게 하여서는 아니 된다.
③ 기내식 용기 등에 위해물품이 들어있다고 의심이 되는 경우 기내식 또는 기내저장품 등이 기내로 유입되게 하여서는 아니 된다.
❹ 기내식 제조시설에 대해서는 보안대책을 수립해야 하나, 기내식을 운반하는 사람·차량은 항공운송사업자의 소관 사항이 아니다.

━━ same type ━━

23 항공기에 가지고 들어가서는 아니 되는 위해물품이 아닌 것은?

① 도검류(刀劍類)
② 폭발물
❸ 기밀서류 또는 연소성이 높은 물건
④ 탄저균(炭疽菌), 천연두균 등의 생화학무기

24 국토교통부장관의 허가를 받아 항공기에 가지고 들어갈 수 있는 대통령령으로 정하는 무기에 해당하지 않는 것은?

① 권총   ② 분사기
③ 전자충격기   ❹ 도검류(刀劍類)

25 국토교통부장관의 허가를 받아 항공기 내에 반입이 가능한 것은?

① 도검류   ② 산탄총
③ 폭약류   ❹ 전자충격기

26 항공보안법에 따라 항공기에 무기를 가지고 들어가려는 사람은 탑승 전에 이를 해당 항공기의 기장에게 보관하게 하고 목적지에 도착한 후 반환받아야 한다. 다음 중 이 규정을 적용받지 아니하는 사람은?

❶ 항공기내보안요원   ② 경찰
③ 경호원   ④ 경비원

━━ same type ━━

27 항공기장 등의 권한으로 항공기내에서의 행위를 저지하기 위한 필요한 조치를 할 수 있다. 다음 중 이에 해당하는 행위가 아닌 것은?

① 항공기의 보안을 해치는 행위
❷ 술을 마시거나 약물을 복용하고 다른 사람에게 위해를 주는 행위
③ 인명이나 재산에 위해를 주는 행위
④ 항공기 내의 질서를 어지럽히거나 규율을 위반하는 행위

28 다음 중 항공운송사업자가 항공기 탑승을 거절할 수 있는 사람에 해당하지 않는 경우는?

① 승객의 안전 및 항공기의 보안을 위하여 필요한 조치를 거부한 사람
② 술을 마시거나 약물을 복용하고 승객 및 승무원 등에게 위해를 가할 우려가 있는 사람
❸ 과도한 화장을 하고 사회 통념상 받아들이기 어려운 복장을 착용한 사람
④ 항공기의 운항을 저해하는 행위를 금지하는 기장등의 정당한 직무상 지시를 따르지 아니한 사람

29 항공기 내의 보안과 관련한 기장 등의 권한으로 올바르지 않은 것은?

❶ 기장이나 기장으로부터 권한을 위임받은 승무원 또는 승객의 항공기 탑승 관련 업무를 지원하는 공항운영자 소속 보안경비업체 직원 중 기장의 지원요청을 받은 사람은 항공기내 보안 위반 행위를 하려는 사람에 대하여 그 행위를 저지하기 위한 필요한 조치를 할 수 있다.
② 항공기 내에 있는 사람은 항공보안법에 따른 조치에 관하여 기장등의 요청이 있으면 협조하여야 한다.
③ 기장등은 항공기내 보안 위반 행위를 한 사람을 체포한 경우에 항공기가 착륙하였을 때에는 체포된 사람이 그 상태로 계속 탑승하는 것에 동의하거나 체포된 사람을 항공기에서 내리게 할 수 없는 사유가 있는 경우를 제외하고는 체포한 상태로 이륙하여서는 아니 된다.
④ 기장으로부터 권한을 위임받은 승무원 또는 승객의 항공기 탑승 관련 업무를 지원하는 항공운송사업자 소속 직원 중 기장의 지원요청을 받은 사람이 필요한 조치를 할 때에는 기장의 지휘를 받아야 한다.

30 항공기 내의 보안과 관련하여 수감 중인 사람을 호송하는 경우에 대하여 잘못 설명한 것은?

❶ 호송대상자를 통보를 받은 항공운송사업자는 호송대상자가 탑승하는 항공기의 기장에게는 호송사실을 통보해서는 아니 되며, 호송대상자를 호송하는 사법경찰관리 또는 법 집행 권한이 있는 공무원에게는 호송대상자의 좌석 및 안전조치 요구사항 등을 통보하여야 한다.
② 사법경찰관리 또는 법 집행 권한이 있는 공무원이 호송대상자를 호송할 경우에는 미리 해당 항공운송사업자에게 통보하여야 한다.
③ 통보사항에는 호송대상자의 인적사항, 호송 이유, 호송방법 및 호송 안전조치 등에 관한 사항이 포함되어야 한다.
④ 호송대상자를 통보를 받은 항공운송사업자는 호송대상자가 항공기, 승무원 및 승객의 안전에 위협이 된다고 판단되는 경우에는 사법경찰관리 등 호송 공무원에게 적절한 안전조치를 요구할 수 있다.

제4장 교통안전관리론

01 다음 중 교통안전의 목적으로 올바르지 않은 것은?
① 인명의 존중
② 사회복지 증진
❸ 수송효율 극대화
④ 경제성 향상

02 다음 중 교통안전관리의 기능에 속하지 않는 것은?
① 계획
❷ 조정
③ 시행
④ 개선

03 교통안전관리에 대한 설명으로 올바르지 않은 것은?
① 교통안전관리는 종합성과 통합성이 요구된다.
❷ 교통안전관리는 노무인사관리 부문과의 관계성은 없다.
③ 교통안전에 대한 투자는 회사의 발전과 밀접한 관계가 있다.
④ 과학적 관리가 필요하다.

04 운수회사의 교통안전관리에 대한 설명으로 올바르지 않은 것은?
① 교통안전관리는 과학적이고 체계적으로 필요하다.
❷ 경영수지개선과 교통안전관리는 아무런 영향이 없다.
③ 교통안전에 대한 투자는 회사의 발전에 필요하다.
④ 교통안전관리는 상호 연계성과 통합성이 있다.

05 다음 중 교통안전관리의 목표로 가장 거리가 먼 것은?
① 교통안전의 확보
② 수송효율의 향상
③ 주택보급의 확대
❹ 교통수단운영자의 이익증대

06 다음 중 교통안전관리의 목표로 볼 수 없는 것은?
① 교통의 효율화
② 여가시설의 충실화
③ 주택보급의 확대
❹ 교통수송량의 증가

― same type ―

07 다음 중 "운전환경과 운전조건이 개선되어 운전자가 안심하고 운전할 수 있도록 해야 한다"는 것을 의미하는 것은?
① 운전자의 관리자에 대한 신뢰의 원칙
② 무리한 행동배제의 원칙
❸ 안전한 환경조성의 원칙
④ 사고요인의 등치성 원칙

08 다음 중 교통사고 발생에 영향을 미치는 각 요인은 사고발생에 대하여 같은 비중을 지닌다는 원리는?
① 배치성 원리
② 차등성 원리
❸ 등치성 원리
④ 동인성 원리

09 다음 중 "교통사고를 발생시키는 요인의 비중이 동일하다"는 원리를 의미하는 것은?
   ❶ 등치성   ② 동일성   ③ 차등성   ④ 배치성

10 사고요인의 등치성 원리는 어디에 중점을 둔 것인가?
   ❶ 교통사고의 원인   ② 종사원의 건강
   ③ 도로환경   ④ 운행조건

11 사고의 여러 요인들 중에서 하나만이라도 발생하지 않으면 사고가 발생하지 않는다는 원리는?
   ① 사고원인 집중성 원리
   ② 사고원인 단일성 원리
   ③ 사고원인 분리성 원리
   ❹ 사고원인 등치성 원리

12 다음 중 산업재해예방과 관련한 하인리히 법칙에 대한 설명으로 옳지 않은 것은?
   ① 하인리히 법칙(Heinrich's Law)은 한 번의 큰 재해가 있기 전에 그와 관련된 작은 사고나 징후들이 먼저 일어난다는 법칙이다.
   ② 큰 재해와 작은 재해, 사소한 사고의 발생비율이 1:29:300이라는 점에서 1:29:300 법칙으로 부르기도 한다.
   ③ 하인리히 법칙은 산업재해예방을 포함하여 각종 사고나 사회적, 경제적 위기 등을 설명하기 위해 의미를 확정하여 해석하는 경우도 있다.
   ❹ 하인리히는 이 조사 결과를 바탕으로 큰 재해는 우연히 발생하는 것이며, 반드시 그전에 사소한 사고 등의 징후가 있는 것은 아니라는 것을 실증적으로 밝혀내었다.

13 하인리히의 재해 발생비율을 중대한사고 : 경미한 사고 : 재해를 수반하지 않는 사고의 비율 순서로 옳은 것은?
   ❶ 1 : 29 : 300
   ② 1 : 39 : 400
   ③ 1 : 49 : 500
   ④ 1 : 59 : 600

14 산업재해예방과 관련한 하인리히 법칙(1:29:300법칙)에서 29가 의미하는 것은?
   ① 큰 재해의 발생 비율
   ❷ 작은 재해의 발생 비율
   ③ 중대한 사고의 발생 비율
   ④ 사소한 사고의 발생 비율

15 다음 중 하인리히 법칙(Heinrich's Law)에 대한 설명으로 옳지 않은 것은?
   ❶ 사고가 발생한 후 사고방지대책을 강구하는데 중점을 두고 있다.
   ② 큰 재해와 작은 재해, 사소한 사고의 발생비율이 1:29:300이라고 본다.
   ③ 노동재해를 분석하면서 인간이 일으키는 같은 종류의 재해에 대한 것이다.
   ④ 한 번의 큰 재해가 있기 전에 그와 관련된 작은 사고나 징후들이 먼저 일어난다는 법칙이다.

16 교통안전의 증진을 위한 3E에 해당하지 않는 것은?
   ① 기술(Engineering, 공학)
   ② 교육(Education)
   ❸ 협력(Effort)
   ④ 규제(Enforcement, 단속)

17 하인리히가 주장한 재해예방의 중요 요소로 교통안전의 증진을 위한 3E에 해당하지 않는 것은?

① 공학(Engineering, 기술)
② 교육(Education)
❸ 감정(Emotional)
④ 단속(Enforcement)

18 초기에는 부품 등에 내재하는 결함, 사용자의 미숙 등으로 고장률이 높게 상승하지만 중기에는 부품의 적응 및 사용자의 숙련 등으로 고장률이 점차 감소하다가 말기에는 부품의 노화 등으로 고장률이 점차 상승하는 원리는?

❶ 욕조곡선의 원리
② 결함부품 배제의 원리
③ 정리정돈의 원리
④ 무결점 안전화의 원리

19 어떤 현상이 일어날 수 있는 확률로 우발적인 변화에 기인한 고장과 부품의 마모와 결함, 노화 등의 원인에 의한 것과 관련되는 이론은?

① 집단의사결정
② 사고요인의 등치성
③ 브레인스토밍
❹ 욕조곡선의 원리

20 다음 중 욕조곡선의 원리에 대한 설명으로 옳은 것은?

❶ 체계 또는 설비 등을 사용하기 시작하여 폐기할 때까지의 고장 발생 상태를 도시한 곡선을 말한다.
② 초기에는 부품 등에 내재하는 결함, 사용자의 미숙 등으로 고장률이 낮게 나타난다.
③ 중기에는 부품의 적응 및 사용자의 숙련 등으로 고장률이 점차 증가한다.
④ 말기에는 부품의 노화 등으로 고장률이 점차 하락한다.

21 다음 중 페이욜(H.Fayol)이 경영의 관리활동으로 들고 있는 것으로 올바른 것은?

① 생산, 제조, 가공
② 구매, 만매, 교환
③ 재산목록, 대차대조표, 원가, 통계
❹ 계획, 조직, 지휘, 조정, 통제

22 경영활동을 기술적, 상업적, 재무적, 보전적, 회계적, 관리적 활동 등 여섯 가지로 구분하며, 관리는 관리적 활동을 의미하는데, 이는 "계획하고, 조직하며, 명령(지휘)하고, 조정하며, 통제하는 것"이라고 하였다. 이것이 오늘날 관리원칙의 골자를 이루는 관리 5요소라고 제시한 사람은?

① Roethlisberger   ② Mayo
❸ Fayol   ④ Taylor

23 다음 중 페이욜(H. Fayol)의 관리순환과정을 순서대로 나열한 것은?

① 계획 → 조정 → 조직 → 보고 → 통제
❷ 계획 → 조직 → 명령 → 조정 → 통제
③ 계획 → 충원 → 조직 → 조정 → 통제
④ 계획 → 동기부여 → 조정 → 조직 → 통제

24 다음 중 페이욜(H.Fayol)이 경영의 관리활동으로 들고 있는 것이 아닌 것은?

① 계획   ② 통제
③ 조정   ❹ 재무

25 페이욜이 제시한 14가지 관리일반원칙 중에서도 가장 핵심이 되는 것으로, 오늘날처럼 규모가 커진 기업경영을 위한 필수적인 전제가 되는 원칙은?

① 명령통일의 원칙
② 보수적 정화의 원칙
③ 계층화의 원칙
❹ 분업의 원칙

26 사고발생 요인 중 가장 많은 비중을 차지하고 있는 것은?
① 교통수단의 요인 ② 환경요인
❸ 인적요인 ④ 횡단보도 요인

27 인적자원 관리법의 역사적 흐름으로 맞는 것은?
① 인간관계 관리법 – 참여적 관리법 – 과학적 관리법
❷ 과학적 관리법 – 인간관계 관리법 – 참여적 관리법
③ 참여적 관리법 – 과학적 관리법 – 인간관계 관리법
④ 과학적 관리법 – 참여적 관리법 – 인간관계 관리법

28 다음 중 교통사고 요인의 등치성 원리에 관계되는 사고요인의 배열형이 아닌 것은?
① 집중형 ② 복합형
❸ 분산형 ④ 연쇄형

29 교통사고 형태 중에서 어떤 요인이 발생 시에 그것이 근원이 되어 다음 요인이 생기게 되고 또 그것이 요인을 일어나게 하는 것과 같이 요인이 연쇄적으로 하나하나의 요인을 만들어 가는 형태는?
① 집중형 ② 복합형
❸ 연쇄형 ④ 사고다발형

30 다음 중 교통안전관리규정에 포함될 사항으로 올바르지 않은 것은?
① 교통수단의 관리에 관한 사항
❷ 임직원들의 급여기준에 관한 사항
③ 교통안전의 교육 · 훈련에 관한 사항
④ 교통사고 원인의 조사 · 보고 및 처리에 관한 사항

31 다음 중 교통안전관리규정에 포함될 내용으로 올바르지 않은 것은?
❶ 보행자의 통행방법에 관한 사항
② 교통수단의 관리에 관한 사항
③ 교통안전의 교육 · 훈련에 관한 사항
④ 교통사고 원인의 조사 · 보고 및 처리에 관한 사항

32 교통사고 예방을 위한 법규나 관리규정 등을 제정하여 안전관리의 효율성을 제고하기 위한 접근방법은?
① 인도적 접근방법
② 기술적 접근방법
③ 과학적 접근방법
❹ 제도적 접근방법

33 다음 중 교통안전담당자의 직무에 해당하지 않는 것은?
① 교통안전관리규정의 시행 및 그 기록의 작성 · 보존
② 교통시설의 조건 및 기상조건에 따른 안전운행 등에 필요한 조치
③ 운행기록장치 및 차로이탈경고장치 등의 점검 및 관리
❹ 교통수단 및 교통수단운영체계의 개선 권고

34 교통기관의 3대요소가 아닌 것은?
① 동력 ② 운반구
③ 통로 ❹ 이용자

35 다음 중 교통안전시설에 해당하지 않는 것은?
① 공항 ② 어항시설
❸ 어업무선국 ④ 철도

36 다음 중 교통안전시설이 아닌 것은?
① 어항/철도
② 방파제
❸ 어업무선국
④ 등대/항공보안시설

― same type ―

37 다음 중 운전자에 관한 교통사고 인적요소로 올바르지 않은 것은?
① 생리
② 준법정신
③ 운전자의 심리
❹ 운전면허 소지자수 증가

38 교통시설의 변화나 버스노선의 비합리성으로 인해 발생하는 교통사고의 요인으로 옳은 것은?
① 도로시설 요인   ② 차량요인
❸ 환경요인   ④ 인적요인

39 인간의 행동을 규제하는 외적요인(환경요인)으로 올바르지 않은 것은?
① 자연조건   ❷ 심리적 조건
③ 물리적 조건   ④ 시간적 조건

40 인간의 행동을 규제하는 내적요인(인적요인)이 아닌 것은?
① 소질관계   ② 경력관계
❸ 인간관계   ④ 심신관계

41 인간과 환경이 행동을 규제하는 요인으로 올바르지 않은 것은?
① 내적요인-흥미, 지위, 경험
❷ 개체요인-특기, 취미, 휴식
③ 환경요인-가정, 직장, 도로, 기상
④ 인적요인-지능, 성격, 태도

42 다음 중 한 가지 일에만 집중하는 것이 아니라 여러 가지 행동을 같이 하는 경우로서 그 결과 집중력이 흐려지는 현상을 의미하는 것은?
① 주의의 동요   ② 주의의 완화
③ 주의의 집중   ❹ 주의의 분산

― same type ―

43 사고의 기본원인을 제공하는 4M에 대한 사고방지대책으로 잘못 설명된 것은?
① Man(인간) : 능동적인 의욕, 위험예지, 리더십, 의사소통 등
② Machine(기계) : 안전설계, 위험방호, 표시장치 등
❸ Media(매개체, 환경) : 작업정보, 작업환경, 건강관리 등
④ Management(관리) : 관리조직, 평가 및 훈련, 직장활동 등

44 사고원인으로서 4M에 대한 사고방지대책으로 올바르지 않은 것은?
① Man(인간) : 인간관계, 지시, 명령체계의 개선
② Media(매개체, 환경) : 작업정보, 작업환경 등의 개선
③ Machine(기계) : 기계설비 및 방호장치 등을 인체공학으로 개선
❹ Management(관리) : 인간과 기계설비 간의 상호 매개 관계의 개선

― same type ―

45 일반적으로 동체시력은 정지시력에 비해 몇 퍼센트 낮아지는가?
① 10퍼센트   ② 15퍼센트
❸ 30퍼센트   ④ 50퍼센트

46 다음 중 암순응을 가장 잘 설명한 것은?
① 어두운 곳에서 밝은 곳으로 들어가면 조금 있다 눈이 익숙해지는 현상
② 눈부심으로 인하여 순간적으로 시력을 잃어버리는 현상
❸ 밝은 곳에서 어두운 곳으로 들어가면 조금 있다 눈이 익숙해지는 현상
④ 눈이 순간적으로 피로한 현상

47 명순응에 대한 설명으로 알맞은 것은?
❶ 어두운 곳에서 밝은 곳으로 들어가면 조금 있다 눈이 익숙해지는 현상
② 눈부심으로 인하여 순간적으로 시력을 잃어버리는 현상
③ 밝은 곳에서 어두운 곳으로 들어가면 조금 있다 눈이 익숙해지는 현상
④ 눈이 순간적으로 피로한 현상

48 시각적 특성에 대한 설명으로 올바르지 않은 것은?
① 고속으로 운전할수록 주시점은 멀어진다.
② 시야의 범위는 속도와 반비례한다.
③ 한쪽 눈의 시야각은 좌우 각각160도이다.
❹ 암순응에 적응하는 시간은 명순응보다 빠르다.

49 운전자의 한쪽 눈 시야각도에 대한 설명으로 옳은 것은?
① 좌우 각각 140°(눈 있는 쪽 90°, 반대쪽 50°)
② 좌우 각각 170°(눈 있는 쪽 120°, 반대쪽 50°)
③ 좌우 각각 150°(눈 있는 쪽 100°, 반대쪽 50°)
❹ 좌우 각각 160°(눈 있는 쪽 100°, 반대쪽 60°)

50 보통 운전자의 정지 시 시야 각도는?
① 좌우 각각 140°(눈 있는 쪽 90°, 반대쪽 50°)
② 좌우 각각 170°(눈 있는 쪽 120°, 반대쪽 50°)
③ 좌우 각각 150°(눈 있는 쪽 100°, 반대쪽 50°)
❹ 좌우 각각 160°(눈 있는 쪽 100°, 반대쪽 60°)

51 정지상태에서 정상인 시야가 약 180°~200°인데 100km/h 속도로 운전할 때 시야는 얼마로 줄어드는가?
① 20° ② 30°
❸ 40° ④ 50°

52 정지한 상태에서 정상적인 시력을 가진 운전자의 양쪽 눈 시야범위는?
① 100°~120° ② 120°~150°
③ 130°~170° ❹ 180°~200°

53 운전자가 색에 의한 자극을 받을 때 긴장과 불안을 느끼는 색은?
❶ 적색 ② 황색
③ 백색 ④ 녹색

54 근로자의 작업능률 등에 영향을 미치는 색채에 대한 설명으로 올바르지 않은 것은?
① 명도가 높은 색은 크게, 명도가 낮은 색은 작게 보인다.
② 명도가 높은 색은 진출(進出)하고, 명도가 낮은 색은 후퇴(後退)한다.
③ 장파장의 색은 따뜻한 느낌을 주고, 단파장의 색은 차가운 느낌을 준다.
❹ 배경의 명도가 낮은 경우 명도가 높은 색은 명시도가 낮다.

55 운전자에게 필요한 운전정보의 약 80%를 차지하고 있는 감각기관은?
❶ 시각
② 육감
③ 촉각
④ 청각

56 다음 중 운전자의 시력과 관련하여 정보입수 범위와 직접적으로 관련되지 않는 것은?
① 물체의 밝기
② 주위와의 대비
③ 운전자의 상대 속도
❹ 운전자의 성별

57 시력이 1.2 이라도 90km/h 속도로 운전할 때는 얼마까지 감소하는가?
① 1.0
② 0.7
❸ 0.5
④ 0.1

〈same type〉

58 음주운전 교통사고의 특징으로 올바르지 않은 것은?
① 주차 중인 자동차와 같은 정지 물체 등에 충돌한다.
❷ 야간보다 주간에 많은 교통사고를 유발한다.
③ 차량단독사고의 가능성이 높다.
④ 치사율이 높다.

59 표준운전시간이란?
① 정신적 피로도가 적을 때까지의 운전시간
② 육체적 피로도가 적을 때까지의 운전시간
③ 운전자가 최대로 운전할 수 있는 시간
❹ 생리적으로 안전하게 운전할 수 있는 연속시간

60 다음은 과로운전에 의해 나타나는 증세를 설명한 내용이다. 과로운전의 증세로써 적합하지 않은 것은?
① 운전 리듬이 깨짐
❷ 운전조작의 내용이 증가됨
③ 운전자의 시야가 좁아짐
④ 주의력 상실

61 다음 중 운전피로에 관한 설명으로 올바르지 않은 것?
① 피로한 상태에서 핸들을 잡으면 운전에 악영향을 미치어 사고의 원인을 제공한다.
❷ 한정된 공간과 앉은 자세에서 계속적으로 손과 발만을 사용함으로써 발생하는 피로는 심리적 피로이다.
③ 피로가 누적되면 상황에 대한 인지능력이 떨어져 주의력이나 판단력이 저하된다.
④ 피로가 누적되면 초조해지거나 사소한 일에도 신경질적인 경향으로 인해 난폭운전을 하기 쉽다.

62 다음 중 음주운전자의 특징으로 볼 수 없는 것은?
❶ 신체 기능의 원활
② 충동성
③ 공격성
④ 반사회성

63 운전자의 반응과정으로 올바른 것은?
① 인지-판단-제거
② 판단-인지-조작
❸ 인지-판단-조작
④ 조작-인지-판단

64 고령 운전자의 특성으로 올바르지 않은 것은?
① 야간 주행능력이 떨어진다.
② 시청각 감각이 감소되어 교통사고 위험빈도 노출이 높다.
❸ 운전에 대한 경험과 지식이 풍부하므로 운전에 대한 민첩성이 높다.
④ 교통사고 요소에 대한 반응속도가 떨어진다.

65 다음 중 고령운전자의 특징이 아닌 것은?
① 순발력의 저하
② 청력 약화
③ 시력 감퇴
❹ 민첩성의 확보

66 다음 중 어린이의 교통특징에 해당하는 것은?
❶ 호기심이 많다.
② 판단력이 정확하다.
③ 사고방식이 복잡하다.
④ 행동을 모방하려 하지 않는다.

67 다음 중 보행자의 심리로 볼 수 없는 것은?
① 보행자는 급히 서두르는 것이 보통이다.
② 횡단보도를 이용하기 보다는 현 위치에서 횡단하려고 한다.
③ 자동차가 모든 것을 양보해 줄 것으로 믿는다.
❹ 횡단보도를 찾아서 횡단하려는 심리가 크다.

68 다음 중 사고다발자의 일반적인 특성으로 볼 수 없는 것은?
① 충동을 제어하지 못하여 조기 반응을 나타낸다.
② 자극에 민감한 경향을 보이고 흥분을 잘한다.
❸ 호탕하고 개방적이어서 인간관계에 있어서 협조적 태도를 보인다.
④ 정서적으로 충동적이다.

― same type ―

69 외부자극이 행동으로 진행되는 과정을 바르게 나열한 것은?
① 식별 - 순응 - 판단 - 행동
❷ 자각 - 식별 - 판단 - 행동
③ 자각 - 판단 - 행동 - 식별
④ 식별 - 자각 - 판단 - 행동

70 다음 중 운전자가 정보를 수집하고 행동을 결정하여 실행 후 확인하는 과정을 의미하는 것은?
① 행동반응
❷ 인지반응
③ 상황반응
④ 교통반응

71 운전자가 위험을 인식하고 브레이크가 실제로 작동하기까지 걸리는 시간을 의미하는 용어는?
① 정지거리
❷ 공주거리
③ 주행거리
④ 제동거리

72 자동차의 브레이크가 작동하여 자동차가 완전히 정지할 때까지 자동차가 움직인 거리는?
① 정지거리
❷ 제동거리
③ 공주거리
④ 반응거리

73 노면에 나타난 스키드마트(Skid Mark)로 추정할 수 있는 것은?
① 자동차의 타이어 자국이 노면에 찍힌 흔적으로 차량의 추진력을 알 수 있다.
❷ 자동차 브레이크 시 노면에 남긴 흔적으로 길이를 이용하여 속도를 추정할 수 있다.
③ 자동차의 앞차륜 정렬상태를 알 수 있다.
④ 자동차의 정적·동적 밸런스를 알 수 있다.

― same type ―

74 운수회사의 교통사고 방지를 위한 안전관리 업무를 담당하는 안전관리조직에 포함되는 요소로 올바르지 않은 것은?
① 안전관리조직은 안전관리 목적 달성의 수단일 것
② 안전관리조직은 안전관리 목적 달성에 지장이 없는 한 단순할 것
③ 안전관리조직은 인간을 목적 달성을 위한 수단의 요소로 인식할 것
❹ 안전관리조직은 인간을 목적 달성의 수단으로 종합적으로 판단할 것

75 다음 중 공식집단의 특성으로 올바르지 않은 것은?

❶ 비가시적이다.
② 표준화된 업무를 수행한다.
③ 제도화된 공식 규범의 바탕 위에 성립된다.
④ 공적인 목표를 추구하기 위하여 인위적으로 조직을 구성한다.

76 조직체계 방식 중 직무의 표준화를 의미하는 것은?

❶ 공식화의 원칙
② 권한과 책임의 원칙
③ 명령통일의 원칙
④ 전문화의 원칙

77 다음 중 교통안전관리조직의 개념에 대한 설명으로 올바르지 않은 것은?

① 교통안전관리조직은 단순해야 한다.
② 환경변화에 순응할 수 있는 유기체로서의 성격을 지녀야 한다.
❸ 안전관리조직은 구성원 상호간을 연결할 수 있는 비공식적 조직이어야 한다.
④ 안전관리조직은 그 운영자에게 통제 상의 정보를 제공할 수 있어야 한다.

78 다음 중 비공식적 조직의 특성이 아닌 것은?

① 구성원 간의 상호작용에 의해 자연 발생적으로 성립된다.
② 혈연·지연·학연·취미·종교·이해관계 등의 기초 위에 형성된다.
❸ 능률이나 비용의 논리에 의해 구성 및 운영된다.
④ 친숙한 인간관계를 요건으로 하기 때문에 대체로 소집단의 상태를 유지한다.

79 비공식 조직에서 조직원 상호간의 감정적 거리를 측정하여 집단의 상호관계를 파악하는 방법은?

① 조하리의 창
② 브레인스토밍
❸ 소시오메트리
④ 그레이프바인

―― same type ――

80 다음 중 라인과 스태프에 대한 설명으로 틀린 것은?

❶ 스태프는 전문적인 권한을 행사하는 조직이다.
② 라인은 경영활동의 집행을 담당한다.
③ 라인은 조직의 목표 달성을 위해 부하를 감독하고 작업 결과에 대하여 책임을 지는 조직이다.
④ 스태프는 라인에 지원과 조언의 전문적인 서비스를 제공하는 조직이다.

81 권한은 특정 업무를 수행할 때 사용되며 책임의 집합을 의미한다. 이 권한을 위임하는 이유로 올바르지 않은 것은?

① 하급자의 능률 향상에 이바지될 수 있다.
② 업무 처리 능력이 효율적으로 향상된다.
❸ 변화에 따른 환경에 대응하여 최고 상급자의 지배권을 강화할 수 있다.
④ 상급자가 고유 업무에 전력을 다할 수가 있다.

82 다음 조직의 형태 중 대규모 조직에 적합한 안전관리 조직형태는?

① 라인형 조직
② 스태프형 조직
❸ 라인스태프형 조직
④ 기타 조직

83 다음 중 집단의사 결정과 의사소통에 대한 설명으로 올바르지 않은 것은?
① 제안에 대한 자유로운 비판이 가능한 개방적인 분위기를 조성하는 리더십이 필요하다.
② 의사결정의 주체가 누구냐에 따라 개인의사결정과 집단의사결정으로 나뉜다.
❸ 의사결정기능을 종업원에게 분산시키는 것이 반드시 필요하다.
④ 일단 결정이 내려지더라도 리더는 재차 회의를 소집하여 다시 점검, 논의하는 시간을 갖도록 한다.

84 합리적인 의사결정을 위한 의사결정과정을 순서대로 올바르게 나열한 것은?
❶ 문제의 의식 → 정보의 수집·분석 → 대안의 탐색 및 평가 → 대안 선택 → 실행 → 결과평가
② 문제의 의식 → 대안의 탐색 및 평가 → 정보의 수집·분석 → 대안 선택 → 실행 → 결과평가
③ 문제의 의식 → 대안의 탐색 및 평가 → 대안 선택 → 정보의 수집·분석 → 실행 → 결과평가
④ 문제의 의식 → 대안 선택 → 대안의 탐색 및 평가 → 정보의 수집·분석 → 실행 → 결과평가

85 운송업체의 최고경영진의 마음가짐에 해당하지 않는 것은?
① 감독자와 운전자는 계급을 떠나서 인간적 관계를 맺는다.
② 안전관계회의에는 항시 참석한다.
③ 권위 있는 지도력과 안전관리에 대한 지속적 관심을 표시한다.
❹ 상벌을 시행할 때에는 참석하지 않는다.

86 중간관리자의 주요한 역할로 보기 어려운 것은?
① 전문가로서의 역할
❷ 현장 최일선의 지도자
③ 소관부문의 종합조정자
④ 상하간 및 부분 상호간의 커뮤니케이션

87 중간관리자의 주요한 역할로 보기 어려운 것은?
❶ 현장 최일선의 지도자
② 상하간의 커뮤니케이션
③ 소관부분의 종합조정자
④ 전문가로서의 역할

88 교통안전관리의 단계 중 작업장, 사고현장 등을 방문하여 안전지시, 일상적인 감독상태 등을 점검하는 단계는?
① 준비단계　　　❷ 조사단계
③ 계획단계　　　④ 설득단계

89 다음 중 일상적인 감독상태 등을 점검하는 안전관리 단계는?
① 준비단계　　　❷ 조사단계
③ 계획단계　　　④ 설득단계

90 교통안전관리의 단계에서 교통안전관리자가 경영진에 대해 효과적인 안전관리방안을 제시해야 하는 단계로 볼 수 있는 것은?
① 수립단계　　　② 계획단계
❸ 설득단계　　　④ 실행단계

91 계획의 단계에 해당되지 않는 것은?
① 문제의 인식
② 목표의 설정
③ 계획 전반의 수립
❹ 대량성 및 공통성

92 심리학자 캇츠(D. Katz)가 말하는 "스스로를 더욱 강화시키고, 자기 자신의 정체성을 가지게 하는 태도"의 기능으로 올바른 것은?

① 적응 기능
② 지식적 기능
③ 자기 방어적 기능
❹ 가치 표현적 기능

93 타인과의 관계에서 자신의 잠재력, 운명, 위치 등을 파악하는 기준이 되는 집단은?

① 이익집단　　② 우호집단
❸ 준거집단　　④ 소속집단

94 집단활동의 타성화에 대한 대책으로써 올바르지 않은 것은?

❶ 문제의식 억제
② 성과를 도표화
③ 표어, 포스터의 모집
④ 타 집단과 상호교류

95 어떤 한 분야에 있어서의 어떤 사람에 대한 호의적 또는 비호의적인 인상이 다른 분에 있어서의 그 사람에 대한 평가에 영향을 주는 경향을 무엇이라 하는가?

① 스테레오타입
② 최근효과
③ 자존적 편견
❹ 후광효과 또는 현혹효과

96 개인의 일부 특성을 기반으로 그 개인 전체를 평가하는 지각 경향을 무엇이라 하는가?

① 스테레오타입　　② 최근효과
③ 자존적 편견　　❹ 후광효과

97 인적평가와 관련하여 발생 가능한 오류에 대한 설명으로 올바르지 않은 것은?

① 상관적 편견 : 평가자가 관련성이 없는 평가항목들 간에 높은 상관성을 인지하거나 또는 이들을 구분할 수 없어서 유사·동일하게 인지할 때 발생
❷ 현혹효과(후광효과) : 피 고과자를 실제보다 과대 혹은 과소평가하는 것으로서 집단의 평가 결과가 한쪽으로 치우치는 경향
③ 상동적 오류 : 타인에 대한 평가가 그가 속한 사회적 집단에 대한 지각을 기초로 해서 이루어지는 것
④ 투사 : 자기 자신의 특성이나 관점을 다른 사람에게 전가시키는 것

98 다음 중 교육(education)과 훈련(training)에 대한 설명으로 올바르지 않은 것은?

❶ 교육은 조직목표를 강조하는데 반해 훈련은 개인의 목표를 강조한다.
② 교육, 훈련 두 가지 다 인간의 변화와 학습이론이 적용된다는 점에서는 차이가 없다.
③ 오늘날 양자를 종합한 성격으로 개발(development)이라는 개념이 강조되고 있다.
④ 훈련은 비교적 단기적인 목표를, 교육은 장기적인 목표를 달성하고자 한다.

99 교통안전교육의 내용 중 하나인 인간관계의 소통과 관련 다른 교통참가자를 동반한 자로서 받아들여 그들과 의사소통을 하게 하거나 적절한 인간관계를 맺도록 하는 것을 의미하는 것은?

① 자기통제(Self-Control)
❷ 타자적응성
③ 준법정신
④ 안전운전태도

100 갈등관계에 있는 두 집단의 대면적 화합을 통해서 갈등을 줄이고자 하는 집단갈등 해소 방법은?

① 상위의 공동목표 설정
❷ 문제해결법
③ 외부인사의 초빙
④ 전제적 명령

101 다음 중 직장 외 훈련(off job training)에 대한 설명으로 올바르지 않은 것은?

① 규모가 작은 기업에서는 사실상 실시하기 어려운 훈련방법이다.
❷ 일선 종업원에만 가능한 교육훈련방법이다.
③ 빌딩 내의 양성소나 연수원 등과 같은 특정의 시설을 통하여 수행된다.
④ 직무 부담에서 벗어나 새로운 학습에 전념할 수 있으므로 훈련효과가 높다는 강점이 있다.

102 다음 문장의 괄호 안에 들어갈 용어가 순서대로 올바른 것은?

( )으로 지식과 정보가 쌓이며, ( )으로 일정수준에까지 순응시키며, ( )로 통솔 하에 이끌게 된다.

❶ 교육, 훈련, 지도
② 훈련, 교육, 지도
③ 지도, 훈련, 교육
④ 교육, 지도, 훈련

103 조직 구성원들이 집단목표를 달성하도록 영향력을 행사하는 능력을 무엇이라고 하는가?

① 커뮤니케이션   ② 매니지먼트
❸ 리더십   ④ 모티베이션

104 다음 중 집합교육의 유형에 해당하지 않는 것은?

① 강의   ② 토론
③ 실습   ❹ 카운슬링

105 다음 중 집합교육의 유형에 해당하지 않는 것은?

① 강의   ② 토론
③ 실습   ❹ 멘토링

106 교통안전교육 교수설계의 3단계과정으로 올바른 것은?

① 설계 → 분석 및 개발 → 평가
② 개발 → 설계 및 분석 → 평가
❸ 분석 → 설계 및 개발 → 평가
④ 설계 및 개발 → 분석 → 평가

107 다음 중 10명 정도가 모여 무작위로 의견을 제시하고 제출된 의견에 대한 상호비판을 금지하면서 의사를 결정하는 기법은?

① 명목집단법   ② 체크리스트법
❸ 브레인스토밍   ④ 시스니피케이션

108 여러 사람이 모여 자유로운 발상으로 아이디어를 내는 아이디어 창조기법은?

❶ 브레인스토밍(Brain Storming) 방법
② 시그니피컨트(significant) 방법
③ 노모그램(Nomogram) 방법
④ 바이오닉스(Bionics) 방법

109 유사성 비교라는 방법을 이용하여 관계가 있는 것을 서로 관련시키면서 아이디어를 찾아내는 방법은?

① 브레인스토밍(Brain stroming) 방법
❷ 시그니피컨트(Significant) 방법
③ 노모그램(Nomogram) 방법
④ 바이오닉스(Bionics) 방법

110 다음 중 브레인스토밍(brain stroming)에 대한 설명으로 올바르지 않은 것은?

① 창의성 있는 아이디어 개발을 위한 기법으로 사용되고 있다.
② 오스본에 의해 창안된 것으로 두뇌선풍, 영감법이라고도 한다.
❸ 아이디어의 양보다 질을 중시한다.
④ 리더가 제기한 문제를 회의 참가자는 일정한 전제 하에서 자유롭게 토론하여 가능한 많은 아이디어를 유도해 내기 위한 방법이다.

111 안전관리활동 중 현장안전회의(Too Box Meeting)에 관한 설명으로 올바르지 않은 것은?

① 짧은 시간을 할애하여 미팅한다.
❷ 장시간 할애하여 미팅한다.
③ 인원수는 5~6인이 적당하다.
④ 운행종료 후에도 미팅한다.

112 안전관리활동 중 현장안전회의(Tool Box Meeting)에 관한 설명으로 올바르지 않은 것은?

① 짧은 시간을 할애하여 미팅한다.
② 인원수는 5~6인이 적당하다.
③ 운행종료 후에도 미팅한다.
❹ 현장안전회의는 일방적으로 지시하는 것이다.

113 다음 중 현장안전회의(Tool Box Meeting)의 진행 단계로 알맞은 것은?

① 도입→운행지시→점검정비→위험예지→확인
② 위험예지→도입→운행지시→점검정비→확인
❸ 도입→점검정비→운행지시→위험예지→확인
④ 위험예지→확인→도입→점검정비→운행지시

114 안전관리활동 중 현장안전회의(Too Box Meeting)에 관한 설명으로 올바르지 않은 것은?

① 직장에서 행하는 안전미팅을 말한다.
② 당일 운행에 관한 위험을 가상한 위험예측 활동과 위험예지훈련이 이루어지는 단계이다.
③ 위험에 대한 대책과 팀목표의 확인이 이루어지는 단계이다.
❹ 업무 종료 후 장시간의 회의 요구를 한다.

115 동기이론 중에서 매슬로우(Maslow)의 욕구 5단계를 하위욕구로부터 상위욕구까지 올바르게 연결한 것은?

❶ 생리적 욕구 → 안전욕구 → 사회적 욕구 → 존경욕구 → 자아실현 욕구
② 생리적 욕구 → 사회적 욕구 → 안전욕구 → 존경욕구 → 자아실현 욕구
③ 생리적 욕구 → 안전욕구 → 사회적 욕구 → 자아실현 욕구 → 존경욕구
④ 생리적 욕구 → 사회적 욕구 → 안전욕구 → 자아실현 욕구 → 존경욕구

116 다음 중 매슬로우(A. Maslow)의 욕구단계설에 대한 설명으로 올바르지 않은 것은?

① 상위단계의 욕구는 하위단계의 욕구가 충족되어야만 동기부여가 된다.
② 하위욕구가 충족되면 하위욕구의 충족을 위한 요인은 더 이상 동기부여 요인이 될 수 없다.
❸ 한 가지 이상의 욕구가 동시에 작용할 수도 있다.
④ 기본적으로 만족-진행 모형이다.

117 다음 중 동기부여의 내용이론에 해당하지 않는 것은?

① 매슬로우의 욕구단계설
② 알더퍼의 ERG 이론
③ 허츠버그의 2요인 이론
❹ 애덤스의 공정성 이론

118 동기부여이론 중 만족-진행과정에 좌절-퇴행과정을 추가한 것은?

① 매슬로우의 욕구단계설
② 맥그리거의 X Y 이론
❸ 알더퍼의 ERG 이론
④ 브룸의 기대이론

119 ERG 이론에 대한 설명으로 올바르지 않은 것은?

① 알더퍼(Alderfer)에 의해 주장된 욕구단계 이론이다.
② 인간의 욕구를 존재욕구, 관계욕구, 성장욕구로 분류하였다.
③ Maslow의 욕구단계 이론이 직면했던 문제점을 극복하고자 제시되었다.
❹ 상위욕구가 행위에 영향을 미치기 전에 하위욕구가 먼저 충족되어야 한다.

120 허츠버그의 2(두 가지)요인 이론에 대한 설명으로 올바른 것은?

① 인간의 욕구는 크게 생리욕구와 성취욕구로 나누어진다.
② 위생요인은 작업내용과 관련이 있고, 동기요인은 작업환경과 관련이 있다.
③ 하위수준의 욕구가 충족되어야 다음 단계의 욕구가 등장한다.
❹ 임금수준이 높아진다고 해서 직무에 대한 만족도가 높아지는 것은 아니다.

— same type —

121 다음 중 효율인 상담기법이 아닌 것은?

① 상담자는 편견이나 선입관으로부터 탈피되어야 한다.
② 내담자의 말을 경청하고 세밀히 관찰하여야 한다.
③ 내담자의 발언을 자주 가로막고 성급한 결론을 이끌어서는 아니 된다.
❹ 내담자가 상담자에게 공격성을 나타내면 무시하고 상담의 주제를 바꾼다.

122 다음 중 효율적 상담기법에 해당하지 않는 것은?

① 상담자는 내담자에게 관한 비밀을 외부에 누설해서는 안 된다.
❷ 내담자의 공격적인 질문에 대해서는 무조건 회피하고 다른 질문으로 유도한다.
③ 내담자가 말하고자 하는 의미를 상담자가 생각하고 이 생각한 바를 다시 내담자에게 말해준다.
④ 상담자는 내담자에게 주의를 기울이고 있으며 내담자의 말을 받아들이고 있다는 태도를 유지한다.

123 P-D-C-A 계획에 대한 설명으로 올바르지 않은 것은?

① P는 계획을 말한다.
❷ C는 창조를 말한다.
③ D는 실시를 말한다.
④ A는 조정을 말한다.

124 P-D-C-A 계획에 대한 설명으로 올바른 것은?

① 실시-통제-조정-계획
② 조정-통제-실시-계획
❸ 계획-실시-통제-조정
④ 통제-계획-실시-조정

125 운행계획의 합리적인 순환도는?

❶ 계획-실시-통제-조정
② 계획-통제-실시-조정
③ 계획-조정-실시-통제
④ 계획-조정-통제-실시

126 다음 중 교통운용계획의 시행절차를 순서대로 올바르게 나열한 것은?

❶ 계획 → 실시 → 통제 → 조정
② 조정 → 실시 → 통제 → 계획
③ 통제 → 실시 → 계획 → 조정
④ 실시 → 통제 → 조정 → 계획

127 교통안전증진을 위한 교통안전계획 수립 시 유의사항으로 올바르지 않은 것은?

① 과거의 실적과 현재의 상태를 비교한다.
② 종사원들의 의견을 수렴한다.
③ 예상되는 장애요인에 대비한다.
❹ 추진하고자 하는 대안을 단수로 생각한다.

128 교통안전계획 수립 시 고려사항으로 올바른 것은?

① 추진하고자 하는 대안을 단수로 생각한다.
❷ 관련부서의 책임자들과 충분한 협의를 한다.
③ 승무원의 의견을 청취하지 않는다.
④ 현재의 상황과 예정 상태를 확실하게 파악한다.

129 정보처리방법의 하나인 IPDE에 대한 다음 설명 중 올바르지 않은 것은?

① 확인(Identify)은 주변의 모든 것을 빠르게 한눈에 파악하는 것을 말한다.
② 예측(Predict)이란 운전 중에 확인한 정보를 취합하여 사고가 발생할 수 있는 지점을 판단하는 것을 말한다.
❸ 결정(Decision)이 내려지면 잠재적 사고 가능성이 예측되더라도 그대로 진행해야 한다.
④ 실행(Execute)이란 요구되는 시간 안에 필요한 조작을 가능한 부드럽고 신속하게 해내는 것이다.

130 소집단활동 관리기법에서 소집단활동 중 전사적인 품질관리운동을 가리키는 것은?

① QC(Quality Control) 써클활동
❷ TQC(Total Quality Control)활동
③ ZD(Zero Defects)활동
④ 상담역활동

131 다음 중 ZD(Zero Defect) 운동의 실행단계에 해당하지 않는 것은?

① 조성단계　　② 출발단계
③ 실행 및 운영단계　❹ 종합평가단계

132 소집단활동의 추진방법으로 올바른 것은?

① 테마의 결정 → 문제점의 발견 → 계획의 수립 → 활동의 실시 → 성과의 확인
❷ 문제점의 발견 → 테마의 결정 → 계획의 수립 → 활동의 실시 → 성과의 확인
③ 계획의 수립 → 문제점의 발견 → 테마의 결정 → 활동의 실시 → 성과의 확인
④ 계획의 수립 → 활동의 실시 → 테마의 결정 → 문제점의 발견 → 성과의 확인

same type

133 다음 중 국가 간의 교통안전도를 평가하기 위한 자료로서 적절하지 못한 것은?

❶ 교통수단 전손률
② 인구 10만 명당 교통사고 사망자 수
③ 사고 1만 건 당 교통사고 사망자 수
④ 주행거리 1억 킬로미터 당 교통사고 사망자 수

134 다음 중 교통사업자가 교통사고 조사를 하는 본질적인 목적으로 올바른 것은?

① 교통사고 발생의 책임자를 처벌하기 위해
② 경찰의 교통사고 조사에 대한 신뢰의 부족을 보완하기 위해
❸ 장기적으로 발생 가능한 교통사고의 예방을 위해
④ 교통사업자의 수익구조를 개선하기 위해

135 교통사업자가 자체적으로 교통사고를 조사하는 본질적인 이유로 올바른 것은?

❶ 사고발생에 직접·간접적으로 작용했던 요인들을 찾아내어 사고와의 관계를 규명하고, 또 다른 교통사고 예방을 위하여
② 사고발생 원인을 규명하여 책임한계를 명확히 하고, 사고책임자를 처벌하기 위하여
③ 경찰의 사고조사가 세밀하지 못하므로
④ 교통안전법에 따라 교통사고 상황을 보고하도록 하고 있으므로

136 다음 중 교통사고의 원인을 규명하는 궁극적인 목적으로 가장 적절한 것은?

① 부상자의 구호
② 사고확대 방지
③ 사고발생 원인자 처벌
❹ 2차사고 예방을 통한 생명과 재산 보호

137 교통사고 조사항목을 선정하기 위한 평가방법은 교통 여건, 자료의 활용도, 조사 가능성 그리고 인력, 장비, 예산 등의 행정적 여건과 인과관계의 규명 가능성 등의 기술적 타당성을 종합적으로 고려하면서 현실적 가능성과 활용도에 역점을 두는 방법을 이용하여야 하는데, 이러한 방법은 다음 중 어느 방법에 속하는가?

① 회귀분석 방법   ❷ 델파이 방법
③ 유사집단 방법   ④ 원단위 방법

138 어떤 문제의 해결과 관계된 미래 추이의 예측을 위해 전문가 패널을 구성하여 수회 이상 설문하는 정성적 분석 기법은?

① 사례연구 기법   ❷ 델파이 기법
③ 설문조사 기법   ④ 인터뷰 기법

139 교통사고 예방을 위해 위험요소 제거 6단계 순서로 옳은 것은?

① 조직의 구성 - 원인분석 - 위험요소의 탐지 - 개선대안의 제시 - 환류(Feed Back) - 대안의 채택 및 시행
❷ 조직의 구성 - 위험요소의 탐지 - 원인분석 - 개선대안의 제시 - 대안의 채택 및 시행 - 환류(Feed Back)
③ 위험요소의 탐지 - 원인분석 - 조직의 구성 - 환류(Feed Back) - 개선대안의 제시 - 대안의 채택 및 시행
④ 위험요소의 탐지 - 대안의 채택 및 시행 - 조직의 구성 - 개선대안의 제시 - 원인분석 - 환류(Feed Back)

140 위험요소의 제거 단계 중에서 관리자 임명은 어느 단계에 해당하는가?
   ❶ 조직의 구성
   ② 위험요소의 탐지
   ③ 개선대안의 제시
   ④ 환류(Feed back)

141 사고비용 책정방식 중 시몬즈(Simonds)의 방식으로 올바르지 않은 것은?
   ① 휴업재해   ② 치료재해
   ③ 응급처치재해   ❹ 노후재해

142 다음 중 시몬즈(Simonds) 방식에 의한 비보험 코스트의 종류로 올바르지 않은 것은?
   ① 휴업상행   ② 통원상해
   ③ 구급조치상해   ❹ 노후상해

143 다음 중 직접적 손실비용에 포함되지 않는 것은?
   ❶ 심리적 치료비
   ② 간호비
   ③ 차량손실에 따른 복구비용
   ④ 임금 및 노동력 감소

144 교통사고로 인한 피해자나 피해자 가족이 겪는 정신적인 고통을 보상해주는 것은?
   ① 손해배상청구   ② 보험표
   ❸ 고통비용/위자료 ④ 법원 소송

145 상벌제도심사위원회의 구성으로 가장 바람직한 것은?
   ❶ 노사 쌍방간의 동수로 구성
   ② 노조에서 결정
   ③ 경영자가 직접 결정
   ④ 전종업원들의 투표로 결정

146 레이-오프(lay off-system)란?
   ① 종사원이 징계의 사유로 휴직하는 것
   ❷ 일시 해고 또는 조건부 해고
   ③ 명령 불복종 해고
   ④ 경영주의 일방적 해고

147 교통안전진단의 단계 중 조사단계에 해당하는 것은?
   ❶ 교통안전관리체계 구성
   ② 안전지시
   ③ 단계별 안전점검
   ④ 개선목표 달성을 위한 대책 강구

148 다음 중 안전진단의 5단계를 순서대로 나열한 것은?
   ❶ 예비조사 - 안전진단 - 종합정비 - 대책강구 - 개선목표
   ② 예비조사 - 종합정비 - 안전진단 - 대책강구 - 개선목표
   ③ 예비조사 - 종합정비 - 안전진단 - 개선목표 - 대책강구
   ④ 예비조사 - 종합정비 - 개선목표 - 대책강구 - 안전진단

―― same type ――

149 인간 또는 장비나 기계에 과오나 동작 상태의 실수가 있어도 사고를 발생시키지 않도록 2중 또는 3중으로 안전대책을 가하는 것을 무엇이라 하는가?
   ① 등치성 원리
   ② 하자드(Hazard)
   ③ 연쇄반응
   ❹ 페일 세이프(fail-safe)

150 다음 중 페일 세이프(Fail Safe)에 대한 설명으로 올바른 것은?
① 자동차 운송의 배차계획을 말한다.
② 교통사고 처리지침을 말한다.
③ 업무 분담에 따른 폐해방지제도이다.
❹ 인간 또는 기계의 실패로 안전사고가 발생하지 않도록 2중 또는 3중으로 통제를 가하는 것이다.

151 다음 중 페일 세이프(Fail Safe)에 대한 설명으로 올바른 것은?
① 사고를 미연에 방지하기 위한 제도
② 운전자의 착오로 인한 사고
③ 안전도 검사방법
❹ 안전관리에서 물적 측면에 대한 안전대책

제5장 항공기체

01 안전색채에서 주의를 나타내는 색은?
① 적색 ② 보라색
❸ 노란색 ④ 녹색

02 다음의 안전색채 중에서 장비 및 시설물은 직접 인체에 위험을 주지는 않으나, 주의하지 않으면 사고의 위험이 있다는 것을 작업자에게 알려주는 색채는?
❶ 노란색 ② 붉은색
③ 파란색 ④ 자주색

03 아래 그림은 지상에서 항공기 표준 유도신호를 나타낸 것이다. 이 신호가 뜻하는 것은?

① 속도 감소 ❷ 촉(고임목) 장착
③ 정지 ④ 후진

04 다음 중 기관 정지를 지시하는 수신호는?

 ❶

 ②

 ③

 ④

---same type---

05 다음 중 항공기 기체 구조의 구성으로 올바른 것?
① 동체, 날개, 꼬리날개, 착륙장치, 엔진 마운트
② 동체, 날개, 꼬리날개, 착륙장치, 동력장치
③ 동체, 날개, 꼬리날개, 동력장치, 나셀
❹ 동체, 날개, 꼬리날개, 착륙장치, 엔진 마운트와 나셀

06 나셀(Nacelle)에 대한 설명으로 옳은 것은?
① 기체의 인장 하중(Tension)을 담당한다.
❷ 기체에 장착된 기관을 둘러싼 부분을 말한다.
③ 일반적으로 기체의 중심에 위치하여 날개 구조를 보완한다.
④ 기관을 장착하여 하중을 담당하기 위한 구조물이다.

07 항공기 기체에서 나셀(Nacelle)에 대한 설명으로 옳은 것은?
① 기관을 고정하는 장착대
② 기관 냉각을 위해 여닫는 덮개
③ 날개와 기관을 연결하는 지지대
❹ 기체에 장착된 기관을 둘러싼 부분

08 기관 마운트를 선택하기 전에 고려하지 않아도 되는 것은?
❶ 기관의 제조 기간
② 기관의 형식 및 특성
③ 기관 마운트의 장착 위치
④ 기관 마운트의 장착 방향

09 항공기의 기관 마운트에 대한 설명으로 옳은 것은?
① 착륙장치의 일부분이다.
② 착륙장치의 충격을 흡수하여 전달한다.
③ 기관을 보호하고 있는 모든 기체구조물을 말한다.
❹ 기관에서 발생한 추력을 기체에 전달하는 역할을 한다.

10 항공기 날개에 기관을 장착하기 위해 필요한 구조물은?
① 방화벽
② 카울링
❸ 파일론
④ 벌크헤드

11 날개에 엔진을 장착하는 경우 가장 큰 단점은?
① 날개보에 파일론(Pylon)을 설치하여 구조물이 부수적으로 필요하지 않다.
② 공기 역학적으로 저항을 적게 하기 위하여 유선형으로 되어 있다.
③ 방화벽이 있어 화재위험을 감소시킨다.
❹ 날개의 공기 역학적 성능을 저하시킨다.

12 날개에 엔진을 장착하는 경우 가장 큰 장점은?
① 날개의 파일론을 동체에 설치하므로 날개의 무게를 감소시킨다.
② 날개의 공기역학적 성능을 감소시키지 않고 항공기의 비행성능을 개선시킨다.
③ 날개의 날개보를 동체에 설치하지 않으므로 항공기 무게를 감소시킨다.
❹ 날개의 날개보에 파일론을 설치하므로 항공기 무게를 감소시킨다.

13 나셀의 설명으로 옳은 것은?
① 나셀의 앞부분에 위치
② 정비 시 쉽게 장착, 탈착이 가능
❸ 외피, 카울링, 구조부재, 엔진 마운트로 구성
④ 항공유 저장공간

14 다음 중 나셀(nacelle)의 구성품이 아닌 것은?
① 카울링
② 외피
③ 방화벽
❹ 연료탱크

15 카울링에 대한 설명으로 옳은 것은?
❶ 나셀의 앞부분에 위치하고, 정비 시 쉽게 장·탈착이 가능하다.
② 기체에 장착된 엔진을 둘러싸는 부분이다.
③ 기화기에 흡입되는 통로의 부분이다.
④ 가스터빈 기관 항공기의 착륙거리 단축에 사용된다.

16 항공기 기관(엔진) 주위를 둘러싼 덮개로 점검이나 정비를 쉽게 하도록 열고 닫을 수 있으며, 나셀의 앞부분에 위치하고 있는 것은?
❶ 카울링
② 나셀
③ 엔진마운트
④ 방화벽

◀ same type ▶

17 항공기 기체에 작용하는 기계적인 하중에서 부재 내부에 작용하는 하중은?
① 양력, 항력, 추력, 무게
❷ 인장력, 압축력, 전단력, 비틀림력, 굽힘력
③ 공기력, 관성력
④ 양력, 항력

18 다음 중 항공기 구조부에 작용하는 내부 하중으로 가장 올바른 것은?
① 압축, 전단, 비틀림, 인장
❷ 압축, 전단, 비틀림, 인장, 굽힘
③ 압축, 항력, 비틀림, 굽힘
④ 양력, 추력, 항력, 중력

19 항공기 기체구조에 인장력과 압축력으로 이루어진 응력은?
① 전단응력
❷ 굽힘응력
③ 토크
④ 비틀림 응력

20 그림과 같이 고정시켜 놓은 가운데 봉을 양쪽으로 당겼을 때 봉에 발생하는 하중의 형태는?

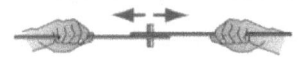

❶ 전단 ② 인장
③ 압축 ④ 비틀림

21 기체구조 중 외피가 주로 담당하는 응력은?
① 굽힘력 ② 비틀림력
❸ 전단력 ④ 인장력

22 항공기 날개 구조부에서 외피에 작용하는 하중은?
① 인장 하중 ② 압축 하중
❸ 전단 하중 ④ 비틀림 하중

23 기체구조 중 물체가 외부에서 힘의 작용을 받았을 때 외피가 담당하는 응력으로 옳은 것은?
❶ 전단력 ② 인장력
③ 굽힘력 ④ 비틀림력

24 항공기에 적용되는 응력 중 옳지 않은 것은?
① 인장응력(tensionstress)
② 압축응력(compressionstress)
③ 비틀림응력(torsionstress)
❹ 절삭응력(bendingsterss)

25 항공기 구조에 작용하는 하중에서 물체에 접근한 평행한 두 면에 크기가 같고 방향이 반대로 작용하는 하중은?
① 인장하중 ❷ 전단하중
③ 압축하중 ④ 굽힘하중

26 재료가 열을 받아도 늘어나지 못하게 양쪽 끝이 구속되어 있으면 발생되는 응력은?
① 순수전단응력 ② 막응력
③ 후크응력 ❹ 열응력

— same type —

27 항공기가 지상에서 날개의 상부표면(Upper Skin)에서 주로 받고 있는 하중은?
① 압축(Compression) ② 전단(Shear)
③ 굽힘(Bending) ❹ 인장(Tension)

28 비행 중 항공기의 날개(Wing)에 걸리는 응력에 관해서 가장 올바르게 설명한 것은?
① 윗면에서는 인장응력이 생기고 아랫면에는 압축응력이 생긴다.
❷ 윗면에서는 압축응력이 생기고 아랫면에는 인장응력이 생긴다.
③ 윗면과 아랫면 모두 다 압축응력이 생긴다.
④ 윗면과 아랫면 모두 다 인장응력이 생긴다.

29 항공기가 수평 비행할 때 날개의 상부와 하부 그리고 단면에 작용하는 응력이 옳게 연결된 것은?
① 상부 : 굽힘, 하부 : 인장, 단면 : 휨
❷ 상부 : 압축, 하부 : 인장, 단면 : 전단
③ 상부 : 인장, 하부 : 압축, 단면 : 굽힘
④ 상부 : 휨, 하부 : 굽힘, 단면 : 압축

30 정상수평비행 중 날개의 상부와 하부에 작용하는 응력을 순서대로 나열한 것은?
① 전단, 인장 ② 전단, 압축
❸ 압축, 인장 ④ 굽힘, 압축

31 수평등속비행 중인 항공기의 날개 상부에 작용하는 응력은?
❶ 압축응력 ② 전단응력
③ 비틀림응력 ④ 인장응력

32 응력 외피형 날개의 I형 날개보의 구성품 웨브(web)가 주로 담당하는 하중은?
① 인장하중 ❷ 전단하중
③ 압축하중 ④ 비틀림하중

33 부재를 심하게 약화시키지 않고 가장 적게 구부릴 수 있는 것을 무엇이라고 하는가?
① 굽힘 허용(Bend Allowance)
❷ 최소 굽힘 반경(Minimum Radius of Bend)
③ 최대 굽힘 반경(Maximum Radius of Bend)
④ 중립 굽힘 반경(Neutral Radius of Bend)

34 항공기 부재의 재료가 하중에 대하여 견딜 수 있는 저항력을 무엇이라 하는가?
① 힘(force)
② 벡터(vector)
❸ 강도(strength)
④ 표면하중(surface load)

---- same type ----

35 페일세이프(fail-safe) 구조의 가장 큰 특성은?
① 영구적으로 안전하다.
② 하중을 견디는 구조물의 무게가 가벼워진다.
③ 하중을 담당하는 구조물은 하나로 되어 있다.
❹ 구조의 일부분이 파괴되어도 다른 구조부분이 하중을 지지한다.

36 파일세이프 구조의 형식이 아닌 것은?
① 다경로 하중 구조 ❷ 버블 구조
③ 대치 구조 ④ 하중 경감 구조

37 페일 세이프(Fail Safe) 구조로 많은 수의 부재로 되어 있으며, 각각의 부재는 하중을 분담하도록 설계되어 있는 그림과 같은 구조는?

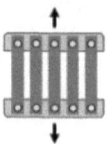

① 이중구조(Double structure)
② 대치구조(Back-up structure)
❸ 다경로 하중 구조(Redundant structure)
④ 하중 경감 구조(Load dropping structure)

38 다음 그림은 페일 세이프 구조(fail safe structure)의 어떤 방식인가?

① 더블 ② 리던던트
❸ 백업 ④ 로드 드롭핑

---- same type ----

39 그림과 같이 크기가 같고 방향이 반대인 두 힘(F)이 수직거리 d만큼 떨어져 작용할 때, 짝힘에 대한 모멘트의 크기는?

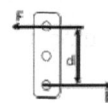

① $\dfrac{dF}{2}$ ② F
❸ dF ④ $2dF$

40 그림과 같이 항공기 부재에 크기가 같고 방향이 반대인 50N의 두 힘이 수직거리가 10m 만큼 떨어져 작용하고 있다면 이러한 짝힘(Couple Force)에 의한 모멘트는 몇 N-m 인가?

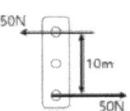

① 250 ❷ 500
③ 2,500 ④ 5,000

41 항공기의 총 모멘트가 M, 총무게가 W일 때, 이 항공기의 무게중심 위치를 구하는 식은?

❶ MW ② $M+W$
③ $\dfrac{M}{W}$ ④ $\dfrac{W}{M}$

42 다음 지지보의 형태는?

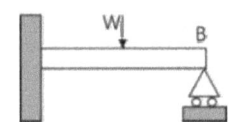

① 단순보 ❷ 고정지지보
③ 고정보 ④ 돌출보

43 다음과 같은 보(beam)의 명칭으로 옳은 것은?

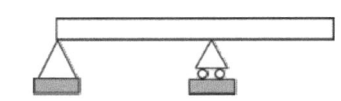

① 연속보 ② 외팔보
③ 단순보 ❹ 돌출보

44 다음 중 고정 지지보를 나타낸 것은?

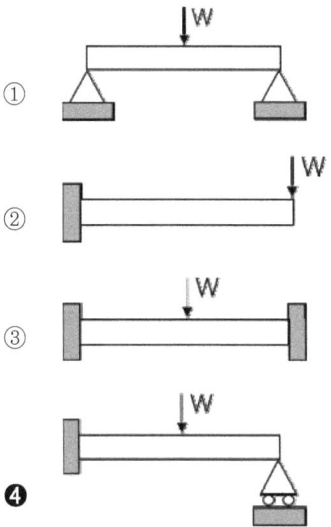

45 다음 보 중에서 부정정보는?

❶ 연속보 ② 단순 지지보
③ 내다지보 ④ 외팔보

46 기준선으로부터 MAC(평균공력시위) 위치는 900, CG(무게중심)위치는 945이고, MAC 길이는 180일 때 CG의 위치는 MAC의 몇 퍼센트에 위치해 있는가?

① 15% ② 20%
❸ 25% ④ 30%

47 항공기 자중(Basic Empty weight, 자기무게, 공허 중량)에 포함되지 않는 것은?

① 항공기 기체
❷ 승무원
③ 엔진 냉각액
④ 배출 불가능한 윤활유

48 항공기 무게를 측정할 때 고임목(Chock), 블록(Block), 슬링(Sling), 잭(Jack) 등을 무엇이라 하는가?

① 영연로 무게(ZFW : Zero Fuel Weight)
② 유용하중(Useful Load)
③ 유상하중(Pay Load)
❹ 테어 무게(Tare Weight)

49 최대이륙중량(Maximum Take off Gross Weight)이란?

① 지상에서 이용할 수 있는 허가된 최대의 중량
② 착륙이 허용될 수 있는 최대의 중량
③ 제작 시 기본무게에 운항 시 필요한 품목을 더한 무게
❹ 최대 활주 총무게에서 Engine Run-up, Taxing Holding 등에 사용된 연료를 뺀 무게

50 하중배수에 대한 설명으로 옳은 것은?

① 추력을 비행기의 무게로 나눈 값이다
❷ 양력을 비행기의 무게로 나눈 값이다.
③ 수평 비행 시의 양력을 화물하중으로 나눈 값이다.
④ 기본 하중을 현재의 하중으로 나눈 값이다.

51 다음 중 하중배수(load factor)에 대한 설명으로 틀린 것은?

① 하중배수는 기체에 작용하는 하중을 무게로 나눈 값이다.
② 등속 수평비행시 하중계수는 "1"이다.
③ 하중배수는 비행속도의 제곱에 비례한다.
❹ 선회 비행 시에 경사각이 클수록 하중계수는 작아진다.

52 V-n 선도에 대하여 올바르게 설명한 것은?

❶ 하중배수를 항공기 속도에 대해 그래프로 나타낸 것
② 양력을 항공기 속도에 대해 그래프로 나타낸 것
③ 항공기의 수직속도를 수평속도에 대해 그래프로 나타낸 것
④ 등가대기속도를 항공기 속도에 대해 그래프로 나타낸 것

53 V-n 선도에 대한 설명으로 틀린 것은?

① 정부기관에서 정한다.
❷ 제작회사에서 정한다.
③ 설계제작 시 참고하는 자료이다.
④ 사용자가 사용할 때 안전운용범위 지침이다.

54 항공기 구조 강도의 안정성과 조종면에서 안전을 보장하는 설계상의 최대허용속도는?

① 설계운용속도 ② 실속속도
③ 설계순항속도 ❹ 설계급강하속도

55 설계하중에 대한 설명으로 옳은 것은?

① 한계하중이라고도 한다.
② 한계하중보다 작은 값이다.
③ 한계하중과 안전계수의 합이다.
❹ 구조 설계 시 안전계수는 주로 1.5이다.

56 다음 중 설계하중을 바르게 설명한 것은?

① 설계하중 = 한계하중
② 설계하중 = 한계하중 + 안전계수
③ 설계하중 = 안전계수
❹ 설계하중 = 한계하중 × 안전계수

57 항공기의 안전계수에 대한 식으로 옳은 것은?

① $\dfrac{제한하중}{종극하중}$ ② $\dfrac{제한하중}{크리프하중}$

❸ $\dfrac{종극하중}{제한하중}$ ④ $\dfrac{크리프하중}{제한하중}$

58 안전여유를 구하는 식으로 옳은 것은?

① 허용하중 × 실제하중

② 허용하중 + 실제하중

❸ $\dfrac{허용하중}{실제하중} - 1$

④ $\dfrac{실제하중}{허용하중} - 1$

― same type ―

59 트러스형(truss type) 동체 구조의 설명과 다른 것은?

❶ 내부 공간이 넓다.

② 골격/뼈대(truss)는 기체에 작용하는 대부분의 하중을 담당한다.

③ 외피(skin)는 공기역학적 외형을 유지해 준다.

④ 외형이 각진 부분이 많아 유연하지 않다.

60 좌굴(Buckling) 현상을 바르게 설명한 것은?

① 작은 봉(Bar)은 좌굴강도에 의하여 파괴된다.

② 큰 인장하중을 받는 곳은 좌굴될 위험이 있다.

③ 큰 전단하중을 받는 곳에 위험이 있다.

❹ 압축된 부분에 주름모양으로 주름지는 현상이다.

61 초기의 헬리콥터 형식으로 많이 만들어졌으며 비교적 높은 강도를 가지고 있고 정비가 용이하나 유효공간이 적고 정밀한 제작이 어려운 구조형식은?

① 박스형 ❷ 트러스형

③ 세미모노코크형 ④ 모노코크형

62 동체구조의 형식 중 트러스에 대한 설명으로 옳은 것은?

❶ 빔, 스트르트, 바 등의 부재로 만들어진 단단한 구조

② 항공기 동체의 외판만으로 하중에 견디게 된 구조

③ 외피, 벌크헤드, 정형재로 구성

④ 모노코크 구조의 강도와 무게의 문제점을 극복하기 위해 만들어졌다.

63 항공기 기체구조 중 트러스형식에 대한 설명으로 옳은 것은?

① 항공기의 전체적인 구조형식은 아니며 날개 또는 날개와 같은 구조부분에만 사용하는 구조형식이다.

② 금속판 외피에 굽힘을 받게 하여 굽힘 전단응력에 대한 강도를 갖도록 하는 구조방식으로 무게에 비해 강도가 큰 장점이 있어 현재 금속 항공기에서 많이 사용하고 있다.

③ 주 구조가 피로로 인하여 파괴되거나 혹은 그 일부분이 파괴되더라도 나머지 구조가 하중을 지지할 수 있게 하여 파괴 또는 과도한 구조 변형을 방지하는 구조형식이다.

❹ 강관 등으로 트러스를 구성하고 여기에 천 외피 또는 얇은 금속판의 외피를 씌운 형식으로 소형 및 경비행기에 많이 사용된다.

64 횡방향 및 길이 방향 부재가 없는 간단한 금속 튜브 또는 콘으로 구성되어 있는 구조를 무엇이라 하는가?

① 트러스트형 ❷ 모노코크형

③ 세이프티형 ④ 세미모노코크형

65 다음 중 모노코크 형식의 항공기 구조의 응력은 주로 무엇에 의하여 전달되는가?

① 외피(skin), 세로지(stringer), 정형재(former)
② 외피(skin), 세로지(stringer), 세로대(longeron)
❸ 외피(skin)
④ 세로지(stringer)

66 항공기에 가해지는 모든 하중을 스킨(Skin)이 담당하는 구조형식은?

❶ Monocoque Type
② Pratt Truss Type
③ Warren Truss Type
④ Semi-Monocoque Type

67 그림과 같은 동체구조를 무엇이라 하는가?

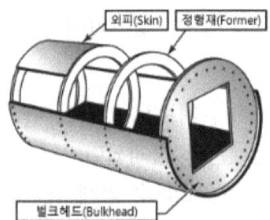

❶ 모노코크형　　② 트러스형
③ 샌드위치형　　④ 세미모노코크형

68 헬리콥터 동체 구조 중 모노코크형 기체구조의 특징으로 옳지 않은 것은?

① 트러스형 구조보다 공기 저항이 적다.
② 세미모노코크형보다 무게가 무겁다.
❸ 트러스구조에 비해 내부 공간이 협소하다.
④ 세미모노코크형보다 외피가 두껍다.

69 다음 중 헬리콥터의 동체구조 중 모노코크형 기체 구조의 특징으로 옳은 것은?

① 세미모노코크형 구조보다 외피가 얇다.
② 세미모노코크형 구조보다 무게가 가볍다.
❸ 트러스형 구조보다 유효공간이 크다.
④ 트러스형 구조보다 공기저항이 크다.

70 다음 그림의 항공기 동체 구조 형식은?

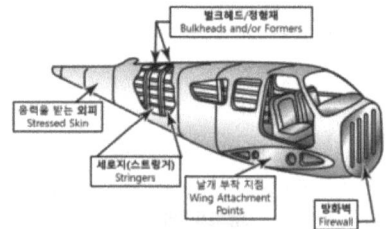

① 트러스(truss) 구조
② 모노코크(monocoque) 구조
❸ 세미모노코크(semi-monocoque) 구조
④ 응력 외피(skin stress) 구조

71 동체구조에서 세미-모노코크를 올바르게 설명한 것은?

① 구조부가 삼각형을 이루는 기체의 뼈대가 하중을 담당하고, 표피는 항공 역학적인 요구를 만족하는 기하학적 형태만을 유지하는 구조이다.
② 하중의 대부분을 표피가 담당하며, 내부에 보강재가 없이 표피만으로 되어 있는 구조이다.
③ 동체의 내부 공간을 확보하기 위해 세로대 및 세로지를 이용한 구조이다.복잡하다.
❹ 골격과 외피가 공히 하중을 담당하는 구조로서 외피는 주로 전단응력을, 골격은 인장, 압축, 굽힘 등 모든 하중을 담당하는 구조이다.

72 현대의 항공기 구조로 많이 사용하는 세미-모노코크 구조의 구성으로 올바르지 않은 것은?

❶ 수직방향 부재 ② 외피
③ 수직마운트 ④ 세로방향부재

73 응력 외피형 구조의 설명이 아닌 것은?

① 외피도 항공기에 작용하는 하중을 일부 담당하는 구조이다.
② 내부에 골격이 없어 내부 공간을 크게 할 수 있고, 외형을 유선형으로 할 수 있는 장점이 있다.
③ 모노코크 구조와 세미 모노코크 구조이다.
❹ 얇은 금속판으로 외피를 씌운 구조로 경비행기 및 날개의 구조에 사용된다.

74 세미-모노코크 설명 중 옳지 않은 것은?

❶ 정역학적으로 정정이다.
② 금속제 항공기는 대부분이다.
③ 구조가 복잡하다.
④ 공간 마련이 쉽다.

75 세미-모노코크 구조의 장점이 아닌 것은?

① 내부 공간 마련이 쉽다.
② 외피를 얇게 제작할 수 있다.
③ 경량화로 제작이 가능하다.
❹ 제작비용이 많이 든다.

76 항공기 동체의 세미-모노코크 구조를 구성하는 부재가 아닌 것은?

① 벌크헤드 ❷ 리브
③ 스트링거와 세로대 ④ 외피

77 스트링거의 특징으로 옳은 것은?

① 동체의 앞뒤로 하나씩 있어 동체의 비틀림 변형을 방지한다.
❷ 세로대보다 크기가 작고 많은 수가 배치된다.
③ 세로방향의 주 부재로 굽힘 하중을 담당한다.
④ 동체의 전단력과 비틀림 하중을 담당한다.

78 좌굴을 방지하며, 외피를 금속으로 부착하기 좋게 하여 강도를 증가시키는 부재는?

① Spar ❷ Stringer
③ Skin ④ Rib

79 방화벽(Firewall)은 어느 곳에 위치하고 있는가?

① 연료탱크 앞에
② 조종석 뒤에
❸ 엔진 마운트 뒤에
④ 엔진 마운트 앞에

80 동체 앞뒤에 배치되며 방화벽 또는 압력벽으로 사용되기도 하며, 날개나 착륙장치 등의 장착 부위로도 사용되는 것은?

① 외피
② 프레임
③ 스트링거
❹ 벌크헤드

81 여압실 내에서 비틀림 응력에 의한 좌굴현상을 방지하기 위해 동체 앞, 뒤로 1개씩 설치한 구조부재는?

❶ 벌크헤드(bulkhead)
② 세로지(stringer)
③ 세로대(longeron)
④ 정형재(former)

82 날개의 단면을 공기역학적인 날개골로 유지해 주고 외피에 작용하는 하중을 날개보에 전달하는 부재는?
① 외피　② 날개보
❸ 리브　④ 스트링거

83 항공기의 날개구조에서 리브의 기능을 가장 올바르게 설명한 것은?
❶ 날개의 곡면상태를 만들어주며, 날개의 표면에 걸리는 하중을 스파에 전달한다.
② 날개에 걸리는 하중을 스킨에 분산시킨다.
③ 날개의 스팬을 늘리기 위해 사용되는 연장부분이다.
④ 날개 내부구조의 집중응력을 담당하는 골격이다.

84 다음 그림과 같은 부재들의 명칭은?

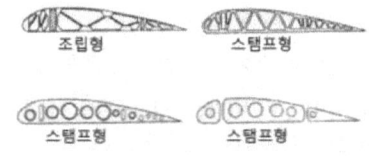

❶ 리브　② 스트링거
③ 프레임　④ 벌크헤드

85 항공기 주날개에 걸리는 굽힘 모멘트를 주로 담당하는 날개의 부재는?
❶ 스파(Spar)
② 리브(Rib)
③ 스킨(Skin)
④ 스트링거(Stringer)

86 응력-외피형 날개를 구성하는 주요 구성 부재가 아닌 것은?
① 날개보(Spar)
② 리브(Rib)
③ 세로지(Stringer)
❹ 론저론(Longeron)

87 날개의 구조부재 중 날개골 모양을 하고 있으며, 날개 외피에 작용하는 하중을 날개보에 전달하는 역할을 하는 것은?
① 앞전　② 스트링거
❸ 리브　④ 스포일러

88 날개의 장착 방식에 대한 설명으로 옳지 않은 것은?
① 지주식 날개는 트러스 구조로 장착이 간단하고 무게도 줄일 수 있다.
② 지주식 날개는 무게도 줄일 수 있고 공기저항이 커서 경항공기에 사용된다.
③ 캔틸레버식 날개는 항력이 적어 고속기에 적합하다.
❹ 캔틸레버식 날개는 무게가 가볍다.

89 인티그럴(Integral Tank) 연료탱크에 대한 설명으로 옳은 것은?
① 금속제품의 탱크를 내장한다.
② 합성고무 제품의 탱크를 내장한다.
③ 접합부 등에 밀폐제(sealant)를 바를 필요가 없다.
❹ 날개보와 외피에 의해 만들어진 공간 그 자체를 연료탱크로 이용한다.

90 인티그럴 탱크(integral tank)의 설명 중 맞는 것은?
❶ 날개보 사이의 공간을 그대로 사용한다.
② 고무 탱크를 내장한다.
③ 금속 탱크를 내장한다.
④ 밀폐재를 바르지 않는다.

91 열료탱크의 구조에 대한 설명이 잘못된 것은?
① Wet Wing은 Wing의 Front Spar, Rear Spar 및 양쪽 End Rib 사이의 공간을 연료 Tank로 사용하는 것을 말한다.
② 민간 항공기에는 Main Wing과 Center Wing 또는 Horizontal Stabilizer에 장치되어 있는 항공기도 있다.
③ Integral Fuel Tank는 Wing의 Front Spar, Rear Spar의 공간을 사용한다.
❹ Cell Tank는 Wing의 Front Spar, Rear Spar의 공간을 사용한다.

92 날개를 이루고 있는 Front Spar, Rear Spar 및 양쪽 End Rib 사이의 공간이 연료탱크로 사용되며, 연료의 누설을 방지하기 위하여 모든 연결부는 특수 Sealant로 Sealing 되어 있다. 이러한 연료탱크를 무슨 탱크라고 하는가?
❶ Integral Fuel Tank
② Bladder Type Fuel Cell Tank
③ Reserve Tank
④ Vent Surge Tank

93 날개구조물 자체를 연료탱크로 하는 탱크 내에 방지판(Baffle plate)을 두는 가장 큰 목적은?
① 내부구조의 보강을 위해서
② 연료가 팽창하는 것을 방지하기 위해서
❸ 연료가 출렁이는 것을 방지하기 위해서
④ 연료보급시 연료가 넘치는 것을 방지하기 위해서

94 항공기 연료의 특성으로 잘못된 것은?
① 발화점 : 액체인 연료가 기화한 상태에서 점화 플러그에 의해 점화될 수 있는 온도
② 어는점 : 탄화수소계의 화합물로 구성되어 있으며, 연료에 따라 어는점이 다르다.
③ 밀도 : 엔진의 추력은 밀도에 영향을 받는다.
❹ 부식 : 항공기 연료는 어떤 경우에도 부식되지 않는다.

95 항공기 객실여압은 객실고도 8,000ft로 유지하도록 되어있는데, 지상의 기압으로 유지 못하는 가장 큰 이유는?
① 기관의 한계 때문에
❷ 동체의 강도 한계 때문에
③ 여압펌프의 한계 때문에
④ 인간에게 가장 적합한 압력이기 때문에

96 여압이 필요한 이유가 아닌 것은?
① 고공비행 시 고공의 압력은 지상보다 낮기 때문에 필요하다.
② 비행 시 기내 압력과 온도를 일정하게 유지해 주어야 하기 때문이다.
③ 항공기에 탑승한 사람 또는 생명이 있는 화물의 저산소증 피해를 막기 위해 필요하다.
❹ 항공기의 안정성과 조종성을 위해 필요하다.

97 터보제트 항공기의 날개 전연부의 빙결은 무엇으로 방지하는가?
❶ 엔진 압축기부의 더운 블리드 공기
② 각 날개에 위치한 연소 히터의 더운 공기
③ 전연부의 합성고무 부츠의 전기적 열
④ 전연부에 공기로 작동되는 팽창 부츠

98 항공기 출입문 중 동체 스킨의 안으로 여는 방식은?
① 밀폐형   ② 티형
③ 팽창형   ❹ 플러그 타입

99 항공기 꼬리날개(Empennage)의 구성이 아닌 것은?
① 승강키   ❷ 토크 링크
③ 수직 안정판   ④ 수평 안정판

100 트러스형 날개의 구성품이 아닌 것은?
① 리브(rib)
② 날개보(spar)
③ 보강재(stringer)
❹ 응력외피(stressed-skin)

101 항공기의 수직 꼬리날개의 구성이 아닌 것은?
❶ 승강키
② 도살 핀
③ 방향키
④ 수직 안정판

102 꼬리날개에 대한 설명으로 옳은 것은?
① T형 꼬리날개는 날개 후류의 영향을 받아서 성능이 좋아지고 무게 경감에 도움을 준다.
② 수평 안정판이 동체와 이루는 붙임각은 Down - wash를 고려하여 수평보다 조금 아랫방향으로 되어 있다.
❸ 도살핀은 방향 안정성 증가가 목적이지만, 가로 안정성 증가에도 도움을 준다.
④ 꼬리날개는 큰 하중을 담당하지 않으므로 보통 리브와 스킨으로만 구성되어 있다.

103 비행 시 발생되는 난류를 감소시켜 주고 방향 안정성을 담당해 주는 것은?
① 플랩
❷ 도살핀
③ 엘리베이터
④ 러더

104 비행기의 수직꼬리날개 앞 동체에 붙어 있는 도살핀(dorsal fin)의 가장 중요한 역할은?
① 구조 강도를 좋게 한다.
② 가로 안정성을 좋게 한다.
❸ 방향 안정성을 좋게 한다.
④ 세로 안정성을 좋게 한다.

105 그림과 같은 비행기의 날개 단면에서 (A)의 명칭은?

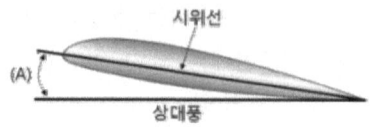

① 붙임각
❷ 받음각
③ 처든각
④ 처진각

106 그림과 같은 비행기의 날개 단면에서 (A)의 명칭은?

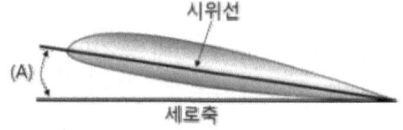

❶ 붙임각
② 받음각
③ 처든각
④ 처진각

107 받음각에 대한 설명으로 올바르지 않은 것은?
❶ 임계 받음각 이상에서 비행해야 한다.
② 상대풍과 에어포일의 시위선 사이의 각이다.
③ 양력을 발생시킨다.
④ 항공기 진행방향과 시위선이 이루는 각이다.

108 비행기의 날개에 작용하는 양력의 크기에 대한 설명으로 틀린 것은?
❶ 비행속도에 반비례한다.
② 날개의 면적에 비례한다.
③ 공기의 밀도 크기에 비례한다.
④ 양력계수에 비례한다.

109 다음 중 동압과 정압에 대한 설명으로 옳은 것은?

❶ 동압과 정압을 이용하여 항공기의 비행속도를 계산할 수 있다.
② 동압을 이용하여 객실고도를 계산할 수 있다.
③ 동압을 이용하여 절대고도를 계산할 수 있다.
④ 동압과 정압을 이용하여 항공기의 절대고도를 계산할 수 있다.

• same type •

110 항공기의 1차 조종면은?

① Elevator, Flap, Spring tap
② Aileron, Elevator, Flap
③ Rudder, Aileron, Trim tap
❹ Aileron, Elevator, Rudder

111 비행기의 3축 운동과 관계된 조종면을 올바르게 연결한 것은?

❶ 옆놀이(Rolling) – 도움날개(Aileron)
② 옆놀이(Rolling) – 방향키(Rudder)
③ 키놀이(Pitching) – 방향키(Rudder)
④ 빗놀이(Yawing) – 승강키(Elevator)

112 항공기의 주 조종면과 관련 없는 것은?

① 옆놀이   ② 키놀이
③ 빗놀이   ❹ 뒷놀이

113 조종간을 밀고 오른쪽으로 돌리면 왼쪽 Aileron과 Elevator의 방향은?

① Aileron은 위로, Elevator는 아래로
② Aileron은 아래로, Elevator는 위로
③ Aileron은 위로, Elevator는 위로
❹ Aileron은 아래로, Elevator는 아래로

114 항공기 수평꼬리날개에 대한 설명으로 틀린 것은?

① 승강키가 부착된다.
② 키놀이 운동을 담당한다.
③ 주날개와 구조가 비슷하다.
❹ 항공기의 방향안정성을 담당한다.

115 비행기의 방향 안정에 일차적으로 영향을 미치는 것은?

❶ 수직꼬리날개   ② 주날개
③ 수평꼬리날개   ④ 스포일러

116 항공기 꼬리날개(Empennage)의 역할은?

❶ 비행기의 안정성과 조종성을 위한 것으로, 동체의 꼬리 부분에 부착된다.
② 수평안정판은 비행 중 비행기의 방향 안정성을 담당한다.
③ 수직안정판은 비행 중 비행기의 세로 안정성을 담당한다.
④ 러더(Rudder)는 조종간과 연결되어 비행기를 상승·강하시킨다.

• same type •

117 다음 중 고양력 장치는?

① Elevator   ❷ Flap
③ Aileron   ④ Rudder

118 날개의 가동장치에 있어서 날개의 앞전 부분의 일부를 앞으로 밀어내어 날개 본체와 간격을 만든 다음 이 간격으로부터 높은 압력의 공기를 날개의 윗면으로 유도함으로써 날개의 윗면을 따라 흐르는 기류의 떨어짐을 막고 실속 받음각을 증가시키는 동시에 최대 양력을 증대시키는 장치는?

① Flap   ② Spoiler
❸ Slat   ④ 이중간격 Flap

119 날개의 고양력장치인 슬랫(slat)의 설명으로 올바르지 않은 것은?
① 날개의 앞부분에 부착한다.
② 역할은 실속 받음각을 감소시키는 동시에 최대 양력을 증가시킨다.
❸ 종류는 고정식과 전동식 슬랫이 있다.
④ 슬롯(Slot)은 슬랫이 날개 앞전 부분의 일부를 밀어 내었을 때 슬랫과 날개 앞면 사이의 공간이다.

120 파울러 플랩에 대한 설명으로 옳지 않은 것은?
❶ 장착 위치는 날개의 앞전과 뒷전이다.
② 양력을 증감시키며, 양력 증가는 이·착륙 시 비행속도를 감소시킬 수 있게 한다.
③ 날개의 캠버와 날개면적을 증가시키며, 뒷전 플랩 중 가장 좋은 효과를 가진다.
④ 플랩의 작동은 기계식, 전기 동력식, 유압식이 있다.

121 다음 그림과 같이 플랩의 종류 중 캠버의 증가뿐만 아니라 날개의 면적까지 증가되어 양력의 증가가 가장 큰 플랩은?

① 크루거 플랩   ② 스플릿 플랩
③ 슬롯 플랩   ❹ 파울러 플랩

122 다음 중 대형항공기에 주로 사용되는 뒷전 플랩은?
❶ 슬롯 플랩   ② 스플릿 플랩
③ 단순플랩   ④ 크루거 플랩

123 날개 뒷전(trailing edge)에 장착되어 있는 플랩(flap)의 역할로 틀린 것은?
① 양력을 증가시킨다.
② 날개의 형상을 변경한다.
③ 날개의 면적을 증가시킨다.
❹ 캠버(camber)를 감소시킨다.

124 다음 중에서 뒷전 플랩이 아닌 것은?
① 스플릿 플랩   ❷ 크루거 플랩
③ 단순 플랩   ④ 파울러 플랩

125 앞전 플랩의 한 종류로 날개 밑면에 접혀져 날개의 일부를 구성하고 있으나, 조작하면 앞쪽으로 꺾여 구부러지고 앞전 반지름을 크게 하는 효과를 얻는 장치는?
① 경계층 제어장치
❷ 크루거 플랩(Krueger flap)
③ 슬랫(Slat) 또는 슬롯(Slot)
④ 드루프 앞전(Drooped leading edge)

126 스포일러의 역할 중 옳지 않은 것은?
① 도움날개 보조   ② 항력 증가
③ air-brake 작용   ❹ 양력 증가

127 비행중 항공기의 자세를 조종하기도 하며 착륙 활주 중에는 활주거리를 짧게 하는 브레이크 역할도 하는 날개에 부착된 장치는?
① 플랩   ② 도움날개
③ 슬롯   ❹ 스포일러

128 다음 중 버핏 현상을 가장 옳게 설명한 것은?
① 이륙 시 나타나는 비틀림 현상
② 착륙 시 활주로 중앙선을 벗어나려는 현상
❸ 실속속도로 접근 시 비행기 뒷부분의 떨림 현상
④ 비행 중 비행기의 앞부분에서 나타나는 떨림 현상

129 항공기의 경고 조종장치가 아닌 것은?
① 실속 경고장치 ② 이륙 경고장치
③ 고장 경고장치 ❹ 착륙 경고장치

━━ same type ━━

130 조종면의 움직이는 방향과 반대방향으로 움직이도록 되어 있는 조종면은?
① Servo Tab ② Spring Tab
❸ Balance Tab ④ Trim Tab

131 조종면의 움직이는 방향과 반대방향으로 움직이도록 되어 있는 조종면은?
① 트림탭 ② 서보탭
❸ 밸런스탭 ④ 안티밸런스탭

132 조종면의 매스 밸런스(mass balance)의 목적은?
① 조타력의 경감
② 기수 올림 모멘트 방지
③ 키의 성능 향상
❹ 조종면의 진동 방지

133 매스 밸런스(Mass Balance)를 부착하는 가장 큰 이유는?
① 구조의 강도를 보강하기 위해
② 상승속도를 증가시키기 위해
③ 조종면이 서로 반대 방향으로 움직이도록 하기 위해
❹ 조종면의 플러터(flutter)를 방지하기 위해

134 승강키와 수평 안전판의 역할을 하는 것은?
① 스포일러 ② 엘리베이터
③ 러더 ❹ 스테빌레이터

━━ same type ━━

135 조종계통 케이블의 방향을 바꾸어 주는 것은?
❶ 풀리(pulley)
② 턴버클(turnbuckle)
③ 페어 리드(fair lead)
④ 벨 크랭크(bell crank)

136 케이블 조종계통에서 케이블의 장력을 조절할 수 있는 부품은?
① 풀리(pulley)
❷ 턴버클(turnbuckle)
③ 벨 크랭크(bell crank)
④ 케이블 텐션 미터(cable tension meter)

137 항공기 조종계통에 사용되는 케이블의 인장력을 조절하는 장치는?
① 버스 드럼(bus drum)
② 풀리(pulley)
③ 조종로드(control rod)
❹ 턴버클(turnbuckle)

138 케이블 장력 조절기의 사용 목적은?
① 조종 케이블의 장력을 조절한다.
② 조종사가 케이블의 장력을 조절한다.
③ 주 조종면과 부 조종면에 의하여 조절한다.
❹ 온도변화에 관계없이 자동적으로 항상 일정한 케이블 장력을 유지한다.

139 조종용 케이블에서 와이어나 스트랜드가 굽어져 영구 변형되어 있는 상태를 무엇이라 하는가?
① 버드 케이지(Bird cage)
❷ 킹크 케이블(Kink cable)
③ 와이어 절단(Broken wire)
④ 와이어 부식(Corrosion wire)

140 수동 조종장치 조종계통으로 올바르지 않은 것은?
① 케이블 조종계통
② 푸시풀로드 조종계통
③ 토크튜브 조종계통
❹ 플라이 바이 와이어 조종장치

141 항공기의 지상 활주 시 조향장치에 대한 설명으로 틀린 것은?
① 소형 항공기는 방향키 페달을 사용한다.
② 조향장치는 앞바퀴를 회전시켜 원하는 방향으로 이동하는 장치이다.
③ 대형 항공기는 유압식이 사용되며 틸러(Tiller)라는 조향핸들을 사용한다.
❹ 소형 항공기는 방향키 페달(Rudder pedal)을 이용하며 이때 방향키는 움직이지 않는다.

142 올레오 스트러트의 작동원리가 아닌 것은?
① 올레오식 완충장치는 대부분의 항공기에 사용된다.
② 실린더의 아래로부터 충격하중이 전달되어 피스톤이 실린더 위로 움직이게 된다.
❸ 공기실의 부피를 증가시키게 하는 작동유는 공기를 압축시킨다.
④ 오리피스에서 유체의 마찰에 의해 에너지가 흡수된다.

143 브레이크 계통 정비작업에 대한 설명이 잘못된 것은?
① 작동유 누설 점검을 할 때는 계통이 작동 압력 상태인지 확인한다.
② 브레이크 계통에 공기가 차 있으면 페달을 밟을 때 스펀지 작용을 한다.
③ 파이프 연결 피팅이 느슨하게 풀린 것을 조일 때는 압력이 없는 상태에서 수행한다.
❹ 중력방식 bleeding은 브레이크 계통에 들어간 공기를 리저버 상부에 장착된 밸브를 통해 제거한다.

144 브레이크의 페달에 스펀지 현상이 일어나는 이유는?
① 계통에 물이 있기 때문
❷ 계통에 공기가 있기 때문
③ 브레이크 라이닝이 마모되었기 때문
④ 페달의 장력이 작아졌기 때문

145 다음 안티 스키드 장치의 기능으로 맞는 것은?
① 제동장치의 과열 방지
❷ 제동 효율의 극대화
③ 비행속도의 조정
④ 항공기의 방향 조정

146 착륙 시 브레이크 효율을 높이기 위하여 미끄럼이 일어나는 현상을 방지시켜주는 것은?
① 오토 브레이크
② 조향 장치
③ 팽창 브레이크
❹ 안티 스키드 장치

147 항공기 작동유 설명으로 잘못된 것은?
① 식물성   ② 광물성
③ 합성유   ❹ 동물성

148 항공기에서 방향키 페달(러더페달)의 기능이 아닌 것은?
① 빗놀이(Yawing) 운동
② 비행 시 방향 조종
③ 지상에서 방향 조종
❹ 수직안정판(Vertical Stabilizer) 조종

149 착륙장치에 사용되는 재료로 옳은 것은?
① 티타늄 합금   ② 알루미늄 합금
③ 구리 합금   ❹ 고장력 강

150 착륙장치의 완충 스트러트에 압축공기를 공급할 때 공기 대신 공급할 수 있는 것은?
① 에틸렌
② 수소
③ 아세틸렌가스
❹ 질소

151 완충장치의 역할로서 올바른 것은?
❶ 착륙 시 수직속도 성분에 의한 운동에너지를 흡수함으로써 충격을 완화시켜 주는 장치
② 방향전환에 사용하는 장치
③ 조종간에 연결되어 비행기를 상승, 강하시키는 키놀이(pitching) 모멘트를 발생시키는 장치
④ 날개 앞전을 가열하여 결빙을 방지하는 장치

152 랜딩기어의 구조에 해당하지 않는 것은?
❶ 초크(고임목)
② 타이어
③ 완충장치
④ 브레이크장치

153 접개들이(Retractable) 착륙장치를 항공기에 연결해 주는 장치는?
❶ 트러니언 (TRUNNION)
② 옆버팀대 (SIDE STRUT)
③ 완충버팀대 (SHOCK STRUT)
④ 시미댐퍼 (SHIMMY DAMPER)

154 착륙장치를 타이어의 수에 따라 분류했을 때, 이에 해당되지 않는 것은?
① 단일식
② 이중식
❸ 다발식
④ 보기식

155 항공기 타이어 정보를 나타내는 것은?
① 트래드
② 비드
③ 브레이커
❹ 측면 벽(sidewall)

156 항공기가 지상활주 시 타이어의 과도한 온도 상승을 방지할 수 있는 좋은 방법이 아닌 것은?
❶ 빠른 지상활주
② 적절한 타이어의 압력
③ 신뢰성 정비
④ 오버홀 정비

157 2개의 거의 대칭적인 반쪽을 가지고 있는 휠로서 가장 일반적인 항공기 타이어 휠 구조는?
① 플랜지 휠(flange wheel) 구조
❷ 투피스(two-piece) 구조
③ 쓰리피스(three-piece) 구조
④ 퍼피스(four-piece) 구조

── same type ──

158 헬리콥터에서 수직 핀(Vertical fin)에 대한 설명으로 틀린 것은?
❶ 수직 핀은 전진비행 시 수평을 유지시킨다.
② 테일붐 위쪽에 있는 핀은 회전날개에서 발생하는 토크를 상쇄시키는데 기여한다.
③ 테일붐 위쪽에 있는 핀은 아래쪽의 수직핀과 날개골의 형태가 비대칭 구조로 되어 있다.
④ 수직 핀은 착륙 시 꼬리 회전날개가 손상되는 것을 방지하기 위해 수직 핀 아래쪽에 꼬리회전날개 보호대가 설치되어 있다.

159 헬리콥터의 스키드 기어형 착륙장치에서 스키드 슈(Skid shoe)의 주된 사용 목적은?
① 회전날개의 진동을 줄이기 위해
❷ 스키드의 부식과 손상의 방지를 위해
③ 스키드가 지상에 정확히 닿게 하기 위해
④ 수직평판조정

160 헬리콥터 꼬리부분에 해당하지 않는 것은?
① 핀(Fin)　　② 테일붐
❸ 연료 및 오일 탱크　　④ 파일론

161 다음 중 헬리콥터 회전날개 깃의 피치를 변화시키는 것과 가장 관계 깊은 것은?
❶ 페더링 힌지　　② 댐퍼
③ 플래핑 힌지　　④ 항력 힌지

162 헬리콥터 동력전달장치 중 기관 동력 전달 방향을 바꾸는데 사용하는 기어는?
① 스퍼기어
② 랙기어
❸ 베벨기어
④ 헬리컬기어

163 헬리콥터 회전날개 중 허브에 힌지가 없으므로 무게가 가볍고 구조가 간단하며 안전성, 정비성 및 공기저항이 작아지는 등 여러 이점을 지니고 있는 회전날개는?
① 관절형 회전날개
② 반고정형 회전날개
③ 고정형 회전날개
❹ 베어링리스 회전날개

164 헬리콥터의 테일로터가 테일붐 형태로 되어 있지 않고 동체 내부에 들어가 있어 토크가 발생하지 않는 형태는?
① 파일론　　② 플래핑 힌지
③ 테일붐　　❹ 페네스트론

165 헬리콥터의 방향조종에 관한 설명으로 옳은 것은?
① 조종간을 당기거나 밀어 방향을 조종한다.
② 동체의 방향을 전환하기 위하여 동시피치 조종을 한다.
③ 주 회전날개의 받음각을 조절하여 플랩핑을 감소시켜 방향을 변환한다.
❹ 주 회전날개의 회전으로 인해 동체에 발생하는 회전력을 꼬리 회전날개를 이용하여 상쇄시켜 방향을 결정한다.

166 헬리콥터의 조종장치 중 주 회전날개 깃의 피치각을 동시에 증감시킴으로써 양력의 증감에 의해 헬리콥터를 상승 또는 하강하게 하는 조종장치는?
① 플랩 레버
② 주기 조종간 테일 로터
❸ 동시피치레버
④ 방향조종 페달

167 헬리콥터의 운동 중 동시피치레버로 조종하는 운동은?
❶ 수직방향운동　　② 전진운동
③ 방향조종운동　　④ 좌·우운동

168 헬리콥터의 동력 전달 장치에 대한 설명으로 옳은 것은?
❶ 기관의 동력은 변속기와 기관 출력 사이에 설치된 오버러닝 클러치를 거쳐서 전달된다.
② 주 회전날개의 구동축은 한쪽이 스플라인으로 되어 있어, 변속기의 출력축에 접속되고, 반대쪽은 테일 로터 구동축에 연결된다.
③ 꼬리회전날개 구동축은 주 회전날개 구동축과 꼬리회전날개 기어박스의 입력축 사이를 연결하는 축이다.
④ 오버러닝 클러치는 기관 회전수가 주 회전날개의 회전수보다 클 때 자동으로 분리하여 파손을 방지한다.

169 프리휠 클러치라고도 하며, 헬리콥터에서 기관브레이크의 역할을 방지하기 위한 클러치는?

① 드라이브 클러치
② 스파이터 클러치
③ 원심 클러치
❹ 오버런닝 클러치

170 헬리콥터의 동력 구동축에 고장이 생기면 고주파수의 진동이 발생하게 되는 원인이 아닌 것은?

❶ 평형 스트립의 결함
② 구동축의 불량한 평형상태
③ 구동축의 장착상태의 불량
④ 구동축 및 구동축 커플링의 손상

171 헬리콥터 등 항공기의 조종장치의 작동과 조종면의 작동이 일치하도록 조절하는 작업을 무엇이라 하는가?

❶ 리그 작업
② 기능 점검
③ 수리 작업
④ 구조 작업

172 헬리콥터에서 조종계통을 정해진 위치에 놓고 고정기구를 사용하여 고정시킨 다음 조종면을 기준선에 맞추고 분도기 등을 이용하여 고정면과 조종면 사이의 변위각을 측정하는 작업은?

❶ 정적리깅
② 기능점검
③ 궤도점검
④ 수직평판조정

173 헬리콥터 조종 기구의 정비 순서가 옳게 나열된 것은?

① 기능 점검 → 수리 → 정적 리그 작업
② 정적 리그 작업 → 기능 점검 → 수리
③ 수리 → 기능 점검 → 정적 리그 작업
❹ 수리 → 정적 리그 작업 → 기능 점검

same type

174 금속의 기계적 성질 중 물질이 탄성한계 이상의 힘을 받아도 부서지지 않고 가늘고 길게 늘어나는 성질은?

❶ 연성
② 취성
③ 인성
④ 전성

175 굽힘이나 변형이 거의 일어나지 않고 부서지는 금속의 성질을 무엇이라 하는가?

① 연성
❷ 취성
③ 인성
④ 전성

176 굽힘이나 변형이 거의 일어나지 않고 재료가 깨지게 되는 성질은?

① 전성
② 연성
③ 인성
❹ 취성

177 두드리거나 압착하면 얇게 펴지는 금속의 성질은?

❶ 전성
② 취성
③ 인성
④ 연성

178 형태의 변화를 가져오는 힘을 제거할 때 금속이 원래 형태로 되돌아가려는 성질을 무엇이라 하는가?

① 취성
② 연성
❸ 탄성
④ 전성

179 금속의 원래 형태로 되돌아가려는 성질을 무엇이라 하는가?

① 취성
❷ 탄성
③ 연성
④ 인성

180 금속의 성질 중 원래 형태대로 돌아가려는 성질은?

① 연성
② 인성
❸ 탄성
④ 취성

181 응력이 제거되면 변형률도 제거되어 원래 상태로 회복이 가능한 한계응력을 나타내는 것은?

① 항복점　　② 인장강도
③ 파단점　　❹ 탄성한계

182 응력-변형률 곡선에서 응력을 제거하면 변형률도 제거되어 원래의 상태로 돌아오게 되는데, 재료의 이와 같은 성질을 무엇이라 하는가?

① 소성　　❷ 탄성
③ 항복　　④ 항복점

183 다음 중 소성 가공법이 아닌 것은?

① 단조　　② 압출
❸ 용접　　④ 인발

same type

184 SAE 4130에서 "30"에 대한 설명으로 옳은 것은?

① C를 30% 포함한다.
❷ C를 0.3% 포함한다.
③ Ni를 30% 포함한다.
④ Ni를 0.3% 포함한다.

185 합금강의 분류에서 SAE 1025에 대한 설명으로 옳은 것은?

❶ 탄소강을 나타낸다.
② 니켈강을 나타낸다.
③ 합금원소는 크롬이다.
④ 탄소의 함유량은 5%이다.

186 SAE 강의 분류로 4130은?

① 몰리브덴 1%에 탄소 30%를 함유한 몰리브덴강
② 몰리브덴 1%에 탄소 30%를 함유한 크롬강
③ 몰리브덴 4%에 탄소 0.30%를 함유한 탄소강
❹ 몰리브덴 1%에 탄소 0.30%를 함유한 몰리브덴강

187 특수강의 식별방법에 사용되는 SAE 식별방법 중 SAE 2330에 관한 설명으로 가장 올바른 것은?

① 탄소강을 나타낸다.
② 니켈의 함유량이 23%이다.
③ 크롬-바나듐강이다.
❹ 탄소의 함유량이 0.30%이다.

188 다음 중 SAE 4130 합금강에서 숫자 4는 무엇을 의미하는가?

❶ 몰리브덴　　② 4%의 탄소
③ 크롬강　　　④ 크롬강

189 순철, 탄소강, 주철을 분류하는 기준이 되는 것은?

① 산소의 함유량　　② 열처리의 횟수
❸ 탄소의 함유량　　④ 불순물의 함유량

190 다음 중 저탄소강의 탄소함유량은?

❶ 0.1~0.3%　　② 0.3~0.5%
③ 0.6~1.2%　　④ 1.2% 이상

191 저탄소강의 탄소 함유량은?

❶ 탄소를 0.1~0.3% 포함한 강
② 탄소를 0.3~0.5% 포함한 강
③ 탄소를 0.6~1.2% 포함한 강
④ 탄소를 1.2% 이상 포함한 강

192 탄소강의 분류 중 옳지 않은 것은?
① 저탄소강 : 탄소가 0.10~0.30% 함유된 강
② 중탄소강 : 탄소가 0.30~0.50% 함유된 강
③ 고탄소강 : 탄소가 0.50~1.05% 함유된 강
❹ 대탄소강 : 탄소가 1.05~1.50% 함유된 강

― same type ―

193 일반적으로 항공기의 구조 재료로 많이 사용되는 것은?
① 주강
② 티탄합금
❸ 알루미늄합금
④ 유리섬유

194 알루미늄 합금 2024의 첫째자리 "2"는 무엇을 의미하는가?
① 함유량
② 합금 개량 번호
③ 합금의 번호
❹ 주합금의 원소

195 대형 항공기 윗면에 주로 많이 사용되는 7075(AA)에 알루미늄과 무엇이 가장 많이 합금되어 있는가?
① 구리
❷ 아연
③ 망간
④ 마그네슘

196 대형 알루미늄-구리-마그네슘계 합금으로 일명 "초두랄루민"이라하고, 파괴에 대한 저항성이 우수하며, 피로강도 양호하여 인장하중에 크게 작용하는 대형 항공기 날개 밑면의 외피나 동체의 외피로 사용되는 것은?
① 2014
❷ 2024
③ 7075
④ 7179

197 미국알루미늄협회에서 사용하는 규격 표시는?
① AISI 규격
② SAE 규격
❸ AA 규격
④ MIL 규격

198 미국 ALCOA에서 사용하는 규격 표시는?
① AISI
② SAE
❸ AA
④ MIL

199 미국 알루미늄 협회의 규격에 따라 재질을 "1100"으로 표기할 때 첫째 자리 "1"이 나타내는 의미로 옳은 것은?
① 소숫점 이하의 순도가 1% 이내이다.
② 알루미늄-마그네슘계 합금이다.
③ 알루미늄-망간계 합금이다.
❹ 99% 순수 알루미늄이다.

200 알루미늄 합금에 대한 설명으로 올바르지 않은 것은?
① 내식성이 좋다.
❷ 가공성이 좋지 않다.
③ 시효경화성의 특성을 지닌다.
④ 상온에서 기계적 성질이 좋다.

201 다음 중 알루미늄 합금에 대한 특성이 아닌 것은?
① 가공성이 좋다.
❷ 시효경화가 없어 전연성이 좋다.
③ 상온에서 기계적 성질이 좋다.
④ 적절히 처리하면 내식성이 좋다.

202 항공기 날개에 쓰이는 금속 중 가장 많이 쓰이는 금속은?
❶ 알루미늄합금
② 니켈-크롬강
③ 알크래드
④ 티타늄

203 알루미늄 합금이 아닌 것은?
① 두랄루민
② 알크래드
❸ 인코넬
④ 하이드로날륨

204 알루미늄 합금판을 순수한 알루미늄으로 입혀 내식성을 강하게 한 것을 무엇이라 하는가?
① ❶ 알크래드
② 알로다인
③ 파카라이징
④ 메타라이징

205 항공기의 재료로 쓰이는 가장 가벼운 금속으로 전연성, 절삭성이 우수한 것은?
① 알루미늄
② 티탄
❸ 마그네슘
④ 니켈

206 ALCOA 규격 10S의 주합금 원소는?
❶ 구리(Cu)
② 망간(Mn)
③ 순수알루미늄
④ 규소(Si)

207 구리의 성질로 틀린 것은?
① 전연성이 좋다.
❷ 가공하기 어렵다.
③ 열전도율이 높다.
④ 전기전도율이 크다.

208 청동의 성분을 올바르게 나타낸 것은?
① 구리 + 아연
❷ 구리 + 주석
③ 구리 + 망간
④ 구리 + 알루미늄

209 황동의 성분을 올바르게 나타낸 것은?
❶ 구리+아연
② 구리+주석
③ 구리+망간
④ 구리+알루미늄

210 뜨임에 대한 설명으로 맞는 것은?
① 물과 기름에 급속 냉각
❷ 변태점 이하에서 가열 후 서서히 냉각시켜 인성 개선
③ 합금의 기계적 성질을 개선
④ 변태점 이상을 가열한 후 천천히 냉각

211 금속침투법, 담금질법, 침탄법, 질화법 등은 무엇을 하는 방법인가?
① 부식방지
② 재료시험
③ 비파괴 검사
❹ 표면강화

212 제품을 가열하여 그 표면에 다른 종류의 금속을 피복시키는 동시에 확산에 의하여 합금 피복층을 얻는 표면 경화법은?
① 질화법
② 침탄처리법
❸ 금속침투법
④ 고주파 담금질법

213 재료의 강도를 증가시키기 위해 금속을 높은 온도로 가열했다가 물이나 기름에서 급랭시키는 열처리 방법은?
❶ 담금질
② 뜨임
③ 풀림
④ 불림

214 알루미늄 합금의 열처리 방법이 아닌 것은?
❶ 불림 처리
② 고용체화 처리
③ 인공시효 처리
④ 풀림 처리

215 항공기에 복합 소재를 사용하는 주된 이유는 무엇인가?
① 금속보다 저렴하기 때문에
② 금속보다 오래 견디기 때문에
❸ 금속보다 가볍기 때문에
④ 열에 강하기 때문에

216 열경화성 수지에 해당되지 않는 것은?
① 페놀 수지
② 폴리우레탄 수지
③ 에폭시 수지
❹ 폴리염화비닐 수지

217 항공기 기체 재료로 사용되는 다음 비금속 재료 중 열경화성 수지가 아닌 것은?
❶ 폴리염화비닐
② 폴리우레탄
③ 에폭시 수지
④ 페놀 수지

218 한 번 가열하여 성형을 하면 다시 가열하여도 연해지거나 용융(鎔融)되지 않는 성질의 물질이 아닌 것은?
① 페놀 수지
② 에폭시 수지
③ 폴리우레탄
❹ 합성수지

219 다음 중 열경화성 수지가 아닌 것은?
① 페놀 수지
② 에폭시 수지
③ 폴리우레탄
❹ 합성수지

220 플라스틱 가운데 투명도가 가장 높으며, 광학적 성질이 우수하여 항공기용 창문유리로 사용되는 재료는?
① 폴리염화비닐
② 에폭시수지
③ 페놀수지
❹ 폴리메타크릴산메틸

221 플라스틱 가운데 투명도가 가장 높으며, 광학적 성질이 우수하여 항공기용 창문 유리로 사용되는 재료는?
① 폴리 염화 비닐
❷ 폴리 메틸 메타크릴레이트
③ 에폭시 수지
④ 페놀 수지

222 광학적 성질이 우수하여 항공기용 창문 유리에 사용되는 재료는?
❶ 폴리메틸 메타크릴레이트
② 폴리염화비닐
③ 에폭시수지
④ 페놀수지

223 다음 중 에폭시 수지에 대한 설명으로 틀린 것은?
❶ 대표적인 열가소성 수지이다.
② 성형 후 수축률이 적고 기계적 성질이 우수하다.
③ 구조재용 복합재료의 모재(matrix)로도 사용된다.
④ 전파 투과성이 우수해서 항공기의 레이돔에 사용된다.

224 열가소성 수지 중 유압 백업링, 호스, 패킹, 전선피복 등에 사용되는 수지는?
① 아크릴 수지
❷ 테프론
③ 염화비닐 수지
④ 폴리에틸렌 수지

225 대형 항공기의 도장(painting) 재료로 사용되는 열경화성 수지는?
① PVC
② 폴리에틸렌
③ 나일론
❹ 폴리우레탄

226 구조 재료 중 FRP에 사용되고 있는 열경화성 수지는?
① 폴리에틸렌 수지 ② 아크릴 수지
③ 불소 수지 ❹ 페놀 수지

227 구조 재료 중 FRP의 설명으로 옳지 않은 것은?
① Fiber Reinforced Plastic(섬유 강화 플라스틱)의 약어이다.
② 경도, 강성이 낮은 것에 비해 강도비가 크다.
③ 2차 구조나 1차 구조에 적층재나 샌드위치 구조재료로 사용한다.
❹ 진동에 대한 감쇠성이 적다.

228 다음 중 복합소재의 설명으로 올바른 것은?
① 모재(고체)+보강재(액체)
② 모재(액체)+보강재(고체)
③ 모재(고체)+보강재(고체)
❹ 모재(액체)+보강재(액체)

229 다음 중 복합소재 경화 과정에서 표면에 압력을 가하는 목적으로 틀린 것은?
① 여분의 수지 제거
❷ 적층판을 서로 분리
③ 적층판 사이의 공기 제거
④ 경화 과정에서 패치 등의 이동 방지

230 허니컴 샌드위치 구조의 장점이 아닌 것은?
① 단열효과가 좋다.
❷ 집중하중에 강하다.
③ 표면이 평평하며 요철이 없다.
④ 두께 방향의 균일한 압력 발생시 충격 흡수가 우수하다.

231 허니콤구조의 이점은 무엇인가?
① 같은 무게의 단일 두께 표피보다 단단하다.
❷ 같은 강도로 무게가 가벼우며 부식 저항이 있다.
③ 손상이 쉽게 발견된다.
④ 고온도에 저항력이 크다.

232 샌드위치 구조 형식에서 2개의 외판 사이에 넣는 코어(Core)의 형식이 아닌 것은?
❶ 이중형 ② 파동형
③ 거품형 ④ 발사형

233 복합소재의 부품 경화 시 가압하는 목적이 아닌 것은?
① 적층판 사이의 공기를 제거한다.
② 수리 부분의 윤곽이 원래 부품의 형태가 되도록 유지시킨다.
③ 적층판을 서로 밀착시킨다.
❹ 경화과정에서 패치 등이 이동된다.

234 항공기에 복합소재를 많이 사용하는 이유는?
① 부식에 약하고 마멸이 쉽게 된다.
② 제작이 복잡하다.
❸ 무게 당 강도 비율이 아주 높다.
④ 제작 비용이 많이 든다.

235 복합재료 장점으로 설명이 틀린 것은?
① 중량당 강도비가 높다.
② 내식성이 매우 크다.
❸ 수리할 필요가 없다.
④ 금속보다 수명이 길다.

236 무기질 유리를 고온에서 용융, 방사하여 제조하며, 밝은 흰색을 띠고, 값이 저렴하고 가장 많이 사용되는 강화섬유는?

❶ 유리섬유 ② 탄소섬유
③ 아라미드 섬유 ④ 보론섬유

237 기체구조에 부착되는 허니컴 구조부 알루미늄 코어의 손상 시 대체용으로 주로 쓰이는 벌집구조부 코어의 재질은?

① 마그네슘강 ② 티타늄강
③ 스테인리스강 ❹ 유리섬유

238 탄소 섬유에 대한 설명 중 옳지 않은 것은?

① 사용 온도의 변동이 있어도 치수가 안정적이다.
② 그라파이트 섬유라고도 한다.
❸ 다른 금속과 접촉하여도 부식이 일어나지 않아 부식방지 처리가 불필요하다.
④ 날개와 동체 등과 같은 1차 구조부의 제작에 사용된다.

239 항공기 복합 재료로 많이 쓰이는 케블러(Kevlar)는 어떤 강화 섬유에 속하는가?

① 유리 섬유 ② 탄소 섬유
❸ 아라미드 섬유 ④ 보론 섬유

240 폴리아미드라고 불리며 알루미늄 합금보다 인장강도가 4배 높은 특징이 있는 재료는?

① 탄소섬유 ② 보론섬유
❸ 아라미드 ④ 알루미나

241 방향족 폴리아라미드 섬유로서 이것의 복합 재료는 알루미늄 합금보다 인장강도가 4배 이상 높으나 온도변화에 대한 신축성이 큰 단점이 있는 섬유는?

① 탄소 섬유 ❷ 아라미드 섬유
③ 보론 섬유 ④ 알루미나 섬유

242 높은 인장 강도와 유연성을 가지고 있으며, 비중이 작기 때문에 높은 응력과 진동을 받는 항공기의 부품에 가장 이상적이고 노란색 천으로 구성된 강화섬유는?

① 유리섬유 ② 탄소섬유
❸ 아라미드섬유 ④ 보론섬유

243 가격이 비교적 비싸고 화학 반응성이 커서 취급에 어려움이 있으나 기계적 특성이 다른 강화 섬유에 비해 뛰어나므로 주로 전투기 등의 동체나 날개 부품 제작에 사용되는 것은?

① 아라미드 섬유 ② 알루미늄 섬유
③ 탄소 섬유 ❹ 보론 섬유

244 보론 섬유에 대한 설명으로 옳은 것은?

① 내열성과 내화학성이 우수하고 값이 저렴하여 강화 섬유로서 가장 많이 사용된다.
② 열팽창 계수가 작아 때문에 사용 온도의 변동이 있더라도 치수 안전성이 우수하다.
③ 높은 온도의 적용이 요구되는 곳에 사용된다.
❹ 뛰어난 압축 강도와 높은 인성 및 경도를 가지고 있다.

245 복합 재료의 가압 방법에서 숏백이란?

① 미리 성형된 Caul Plate와 함께 사용되어 수리 부분의 뒤쪽을 지지한다.
② 수리한 곳에 압력을 가하는 가장 효과적인 방법이다.
③ 나일론 직물로 진공백을 사용할 때 블리터 재료 등의 제거를 용이하게 해준다.
❹ 넓은 곡면이 있어서 클램프를 사용할 수 없는 곳에 적합하다.

246 일반 볼트보다 정밀하게 가공되어 심한 반복 운동이나 진동이 작용하는 곳에 사용하는 볼트는?
① 표준 육각 볼트   ❷ 정밀 공차 볼트
③ 인터널 렌칭 볼트   ④ 드릴 헤드 볼트

247 아래 그림에서 나타내는 볼트의 명칭은?

① 정밀공차 볼트
❷ 인터널 렌치 볼트
③ 드릴 헤드 볼트
④ 클래비스 볼트

248 정밀 공차 볼트에 대한 설명으로 옳은 것은?
① 인장하중 또는 전단하중이 작용하는 일반적인 곳에 사용된다.
❷ 일반용 볼트보다 더 정밀하게 가공된다.
③ 고강도강으로 만든다.
④ 인장하중과 전단하중 모두가 작용하는 곳에 적합하다.

249 항공용 볼트의 식별부호 중 정밀 공차 볼트의 머리 표시는?
① ⬡   ❷ ⬡(△)
③ ⬡(X/S)   ④ ⬡(✱)

250 항공용 볼트의 식별부호 중 알루미늄 합금 볼트의 머리 표시는?
❶   ② ⬡(X/S)
③ ⬡(✱)   ④ ⬡(✱)

251 다음 중 특수목적 볼트로 올바르지 않은 것은?
① 클레비스볼트   ❷ 아이스볼트
③ 조볼트   ④ 고정볼트

252 특수목적 볼트에 대한 설명으로 옳은 것은?
① 인장하중 또는 전단하중이 작용하는 일반적인 곳에 사용된다.
❷ 클레비스볼트, 아이볼트, 조-볼트, 고정볼트로 사용된다.
③ 일반용 볼트보다 더 정밀하게 가공된다.
④ 인장하중과 전단하중 모두가 작용하는 곳에 적합하다.

253 고정 볼트의 종류가 아닌 것은?
① 풀형   ② 스텀프형
③ 블라인드형   ❹ 돔형

254 고정 볼트 풀형(pull-type)에 대한 설명으로 옳은 것은?
① 작업 소요시간이 길다.
② 동일한 강철 볼트 및 너트보다 약 2배 더 무겁다.
③ 장착 과정에서 압착이 필요하다.
❹ 항공기의 1차 구조부재와 2차 구조부재에 주로 사용된다.

255 볼트 머리에 X로 표시된 기호가 새겨져 있다면 이 기호의 볼트는?
❶ 합금강 볼트
② 알루미늄 합금 볼트
③ 정밀 볼트
④ 특수 볼트

256 볼트와 스크류의 차이를 잘못 서술한 것은?
　❶ 스크류의 강도가 더 크다
　② 스크류의 머리에는 스크류 드라이버를 쓸 수 있는 홈이 있다.
　③ 볼트는 나사산의 구분이 확실하다.
　④ 볼트에 그립이 있다.

257 항공기용 와셔의 종류가 아닌 것은?
　① 평 와셔　　　② 고정 와셔
　❸ 능동형 와셔　④ 특수 와셔

258 와셔의 용도에 해당하지 않는 것은?
　① 볼트와 너트의 작용력을 분산시키기 위해 사용된다.
　② 빈번하게 장탈, 장착하는 곳의 부재를 보호하기 위해 사용된다.
　❸ 자동고정 너트의 고정용으로 사용된다.
　④ 볼트 그립의 길이를 조절하기 위해 사용된다.

259 항공기용 리벳의 특징에 대한 설명으로 옳은 것은?
　① 일정한 유격을 만든다.
　② 화물칸의 화물을 고정시키는데 쓰인다.
　③ 연료보조 탱크로 쓰인다.
　❹ 항공기의 여러 부품들을 단단하게 고정시키는 연성금속 못이다.

260 항공기용 리벳의 설명으로 옳지 않은 것은?
　① 항공기 외피를 접합하는데 사용된다.
　② 스파 부분을 접합하는데 사용된다.
　③ 리브를 고정하는데 사용된다.
　❹ 와셔 앞에 붙여서 사용된다.

261 리벳 작업을 할 구조물의 양쪽 면에 접근이 불가능하거나, 작업 공간이 좁아서 버킹바를 사용할 수 없는 곳에 사용하는 리벳은?
　① 둥근 머리 리벳　　❷ 체리 리벳
　③ 접시 머리 리벳　　④ 브래지어 리벳

262 리벳 머리에 표시를 보고 무엇을 알 수 있는가?
　① 리벳 머리의 모양　❷ 재료의 종류
　③ 리벳의 지름　　　④ 재료의 강도

263 리벳(Rivet)의 지름(직경)은 어떻게 정하는가?
　① Rivet 간의 거리
　② 판재의 모양에 따라
　③ Sunk의 길이
　❹ 판재의 두께에 따라

264 두께가 각각 1mm, 2mm인 판을 리벳팅하려 할 때 리벳 직경은 약 몇 mm가 가장 적당한가?
　① 1mm　　　② 3mm
　❸ 6mm　　　④ 9mm

265 판재의 가장자리에서 첫 번째 리벳의 중심까지의 거리를 무엇이라 하는가?
　❶ 끝거리　　　② 리벳간격
　③ 열간격　　　④ 가공거리

266 그림과 같은 리벳 이음 단면에서 리벳직경 5mm, 두 판재의 인장력 100kgf이면 리벳단면에 발생하는 전단응력은 약 몇 kgf/mm²인가?

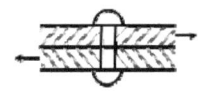

　① 3.1　　　② 4.0
　❸ 5.1　　　④ 8.0

267 항공기 기체 수리 도면에 리벳과 관련된 다음과 같은 표기의 의미는?

```
5 RVT EQ SP
```

① 길이가 같은 5개 리벳이 장착된다.
② 리벳이 5인치 간격으로 장착된다.
❸ 5개의 리벳이 같은 간격으로 장착된다.
④ 연거리를 같게 하여 5개 리벳이 장착된다.

— same type —

268 항공기 도면 표제란에 "INSTL"로 표시하는 도면은?

① 배선도　　② 조립도
❸ 장착도　　④ 설계도

269 도면에서 도면 이름, 도면 번호, 쪽수, 척도 등을 기록하는 영역은?

① 도면　　❷ 표제란
③ 변경란　　④ 일반 주석란

270 항공기 도면에서 위치 기준선으로 사용되지 않은 것은?

① 버턱라인　　② 동체스테이션
③ 워터라인　　❹ 캠버라인

271 항공기의 위치를 표시하는 방식 중 "특정 수평면으로부터 수직으로 높이를 측정한 거리"는?

① 버턱선　　② 동체위치선
❸ 동체수위선　　④ 날개위치선

272 항공기 위치 표시방법 중 기수 또는 기수로부터 일정한 거리에 위치한 상상의 수직면을 기준으로 하는 방법은?

① 버턱선　　② 날개 위치선
❸ 동체 위치선　　④ 동체 수위선

273 항공기 위치표시 방법 중 동체 중심선을 기준으로 오른쪽과 왼쪽으로 평행한 너비 간격으로 나타나는 선은?

① 동체 위치선　　❷ 버턱선
③ 동체 수위선　　④ 스테이션선

274 항공기 위치표시 방식 중 동체 버턱선을 나타내는 것은?

❶ BBL　　② BWL
③ FS　　④ WS

275 다음 항공기의 위치 표시방법 중에서 버턱라인은 무엇인가?

① 항공기 위치 전방에서 테일콘까지 연장된 선과 평행하게 측정
❷ 수직 중심선에 평행하게 좌, 우측의 너비를 측정
③ 항공기 동체의 수평면으로부터 수직으로 높이를 측정
④ 날개의 후방 빔에 수직하게 밖으로부터 안쪽 가장자리까지 측정

— same type —

276 항공기 스케치에 "LOOKING UP" 표기의 의미는?

① 항공기 기축선을 쳐다보고 스케치를 함.
② 항공기 기축선 쪽에서 밖으로 쳐다보고 스케치를 함.
❸ 항공기 아래에서 위로 쳐다보고 스케치를 함.
④ 항공기 위에서 아래로 내려다보고 스케치를 함.

277 그림에서 부식에 의한 손상의 깊이는 몇 in인가?

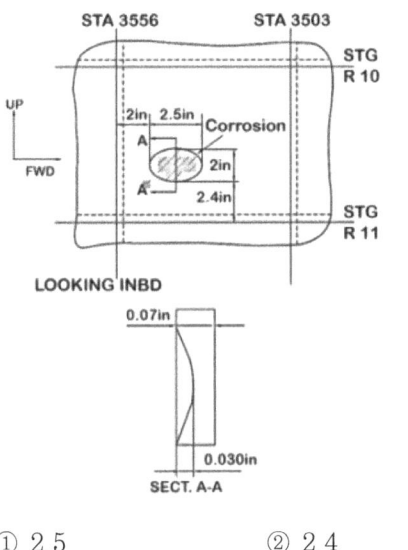

① 2.5   ② 2.4
③ 0.071   ❹ 0.030

278 다음 도면은 어느 방향을 기준으로 작성된 것인가?

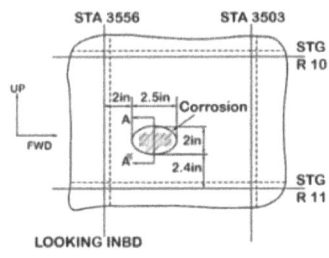

① 앞에서 뒤쪽을 쳐다본 경우
② 뒤에서 앞쪽으로 쳐다본 경우
❸ 기축선을 향해 쳐다본 경우
④ 기축선 쪽으로 밖에서 쳐다본 경우

279 항공기 결함 보고를 위한 스케치에서 항공기의 방향 표시를 할 때 "앞에서 뒤쪽을 본다"를 의미 하는 표시는?

① LOOKING INBD   ② LOOKING OUT
❸ LOOKING AFT   ④ LOOKING FWD

280 항공기 기체 결함 보고서를 작성하기 위해 손상 부위를 표시하려고 할 때 항공기 뒤에서 앞쪽을 보고 스케치했다면 도면에 표시할 내용은?

① LOOKING OUT
❷ LOOKING FWD
③ LOOKING AFT
④ LOOKING INBD

281 항공기의 손상 상태를 도시한 도면에 설명으로 틀린 것은?

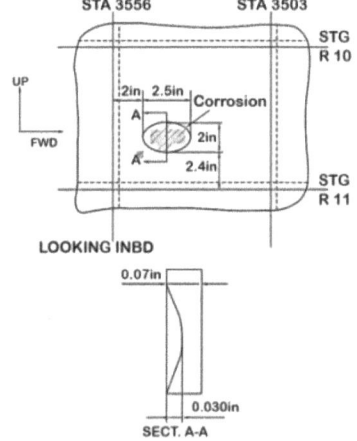

① 손상 부위의 깊이는 0.030 in 이다.
② 손상 부위는 스테이션 3556번과 3503번 사이에 있다.
③ 손상 부위의 장축길이는 2.5 in 이다.
❹ 손상 부위는 스트링어 R11번으로부터 2in 떨어져 있다.

282 그림과 같은 도면에서 부식이 발생한 곳은?

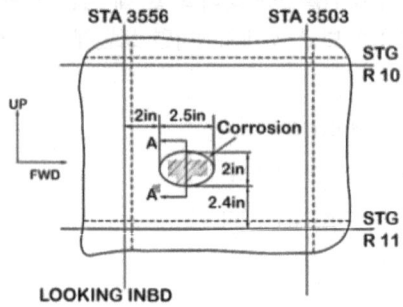

① 리브(Rib)와 근접한 부분
② 날개골(Airfoil)과 근접한 부분
③ 세로대(Longeron)와 근접한 부분
❹ 스트링거(Stringer)와 근접한 부분

아래 기출유형문제는 〈해설〉이 없습니다.

◀ same type ▶

283 토크렌치를 사용할 때 주의사항으로 틀린 것은?

① 토크렌치는 정기적으로 교정 점검해야 한다.
② 힘은 토크렌치에 직각방향으로 가하는 것이 효율적이다.
③ 토크렌치 사용시 특별한 언급이 없으면 볼트에 윤활해서는 안 된다.
❹ 토크렌치를 조이기 시작하면 조금씩 멈춰가며 지정된 토크를 확인한 후 다시 조인다.

284 금속 표면을 도장 작업하기 전에 적절한 전처리 작업을 하여 금속 표면과 도료 사이에 접착성을 높이기 위한 것은?

① 아크릴 래커   ② 폴리우레탄
❸ 프라이머   ④ 합성 에나멜

285 실란트에 대한 설명으로 틀린 것은?

❶ 사용 시 접착의 밀착성을 위해 따뜻하게 보관한다.
② 작업하는 부분에 낡은 실란트가 있어 제거할 때는 제거제를 사용하여 깨끗이 제거한다.
③ 기체 표면의 홈을 메워 공기 흐름의 혼란을 감소시킬 목적으로 사용된다.
④ 성분적으로 티오콜계와 실리콘계의 합성고무로 나뉜다.

286 알루미늄 합금 리벳 표면의 색이 황색을 띠면 어떤 보호처리를 하였는가?

① 니켈보호 도장
② 양극 처리
③ 금속도료 도장
❹ 크롬산아연 보호 도장

287 산소-아세틸렌 용접에서 역류나 역화의 원인이 아닌 것은?

① 토치의 성능이 불량 시
❷ 아세틸렌 가스의 공급이 과다할 때
③ 토치 팁에 석회분이 끼었을 때
④ 토치 팁이 과열되었을 때

288 항공기의 용접 유형이 아닌 것은?

① 가스 용접   ② 전기 아크 용접
③ 전자 빔 용접   ❹ 오일 용접

289 다음 중 항공기의 용접 유형에 포함되지 않는 것은?

① 아크 용접   ② 저항 용접
③ 테르밋 용접 ❹ 오일 용접

290 전자장비를 이용한 전자유도를 이용하여 탐침으로 항공기의 중요 패스너 홀 내부의 균열 등을 검사하는데 사용되는 비파괴검사법은?
① 자분탐상검사
❷ 와전류탐상검사
③ 형광침투검사
④ 초음파탐상검사

291 다음 중 비파괴검사에 속하지 않는 것은?
① 자분탐상검사
② 방사선투과검사
③ 초음파검사
❹ 현미경 조직검사

292 비파괴 검사법 중 피폭안전에 철저한 관리가 요구되는 검사법은?
① 침투탐상검사 ② 와전류검사
③ 자분탐상검사 ❹ 방사선투과검사

293 재료의 응력과 변형률의 관계를 재료 시험을 통하여 얻을 때, 가장 보편적으로 시행하는 재료 시험은?
① 전단시험 ② 충격시험
❸ 인장시험 ④ 압축시험

294 구조 부재 파괴 중 반복 하중에 의한 구조 부재의 파괴는?
① 합금성질을 변화시키려 하는 성질이다.
② 재료의 인성과 취성을 측정할 때 재료의 파괴시점을 측정하기 위한 시험법이다.
③ 시험편을 일정한 온도로 유지하고 일정한 하중을 가할 때 시간에 따라 변화하는 현상이다.
❹ 재료에 반복하여 하중이 작용하면 그 재료의 파괴응력보다 훨씬 낮은 응력으로 파괴되는 현상이다.

295 다음 중 반복하중에 의한 구조 부재의 파괴는?
① 크리프 ② 응력집중
❸ 피로파괴 ④ 집중하중

296 단순반복응력, 변동응력, 반복변동응력, 중복반복응력 등에 의해 파괴되는 현상을 측정하는 시험은?
① 정하중 시험 ❷ 피로시험
③ 지상진동시험 ④ 낙하시험

297 다음중 정하중 시험의 순서를 옳게 나열한 것은?
① 한계하중시험 - 극한하중시험 - 파괴시험 - 강성시험
❷ 강성시험 - 한계하중시험 - 극한하중시험 - 파괴시험
③ 한계하중시험 - 파괴시험 - 강성시험 - 극한하중시험
④ 파괴시험 - 강성시험 - 한계하중시험 - 극한하중시험

제6장 항공기상

01 지구 대기권에서 기상현상이 가장 많이 발생하는 권역은?
   ❶ 대류권   ② 성층권
   ③ 중간권   ④ 열권

02 대기권을 고도에 따라 낮은 곳부터 높은 곳까지 순서대로 바르게 분류한 것은?
   ① 대류권 - 성층권 - 열권 - 중간권 - 극외권
   ❷ 대류권 - 성층권 - 중간권 - 열권 - 극외권
   ③ 대류권 - 중간권 - 성층권 - 열권 - 극외권
   ④ 대류권 - 중간권 - 열권 - 성층권 - 극외권

03 대기권 중 기상 변화가 일어나며 상승할수록 온도가 하강하는 층은?
   ❶ 대류권   ② 성층권
   ③ 중간권   ④ 열권

04 대기권 중 지표면으로부터 평균 12km 높이까지이고, 기상현상이 일어나는 권역은?
   ① 열권   ② 중간권
   ③ 성층권   ❹ 대류권

05 대류권에 대한 설명으로 올바른 것은?
   ① 대류권의 평균 높이는 15m이다.
   ② 대기권 질량의 60%에 해당하는 기체가 모여 있다.
   ③ 대류권은 대기권의 중간층에 위치한다.
   ❹ 온도와 기압 차이로 대류 현상이 발생한다.

06 지구 대기권에 대한 설명으로 옳지 않은 것은?
   ① 지구 대기권은 물리적 특성에 따라 대류권, 성층권, 중간권, 열권, 극외권으로 나뉜다.
   ❷ 성층권은 약 11~50km까지이며, 상승할수록 온도가 강하하는 특성이 있다.
   ③ 중간권은 약 50~80km까지이며, 상승할수록 온도가 강하하는 특성이 있다.
   ④ 대류권은 평균높이 12km까지이며, 대류 및 기상현상이 발생되는 권역이다.

07 대부분의 기상현상이 발생하는 대기는?
   ① Thermosphere
   ② Tropopause
   ❸ Troposphere
   ④ Stratosphere

08 대기권의 설명 중 틀린 것은?
   ① 대기의 온도, 습도, 압력 등으로 대기의 상태를 나타낸다.
   ② 대기의 상태는 수평방향보다 수직방향으로 고도에 따라 심하게 변한다.
   ❸ 대기권 중 대류권에서는 고도가 상승할 때 온도가 상승한다.
   ④ 대기권은 온도의 분포를 기준으로 대류권, 성층권, 중간권, 열권, 외기권으로 나타낸다.

09 대류권계면에 대한 설명 중 틀린 것은?
① 대류권계면의 평균 높이는 적도부근에서 16~18km 이다.
② 대류권계면의 온도는 저위도보다 고위도가 높다.
❸ 적도지역의 대류관계면의 높이가 극지방보다 낮다.
④ 여름에는 대류권계면의 높이가 높아지고 겨울에는 낮아진다.

10 대기 중의 온도의 변화가 조금밖에 없으며 평균 높이가 약 17km의 대기권은?
① 대류권　　　　❷ 대류권계면
③ 성층권　　　　④ 성층권계면

11 대류권계면 고도가 높은 곳부터 순서대로 바르게 나열된 것은?
① 적도 - 극지방 - 중위도
❷ 적도 - 중위도 - 극지방
③ 극지방 - 적도 - 중위도
④ 극지방 - 중위도 -적도

12 대류권계면이 높은 곳부터 순서대로 나열한 것은?
① 중위도〉 적도〉 극
② 적도〉 극〉 중위도
❸ 적도〉 중위도〉 극
④ 중위도〉 극〉 적도

13 대류권에서 발생하는 대기 현상이 아닌 것은?
① 구름, 비, 안개 등의 기상현상
② 공기의 대류현상
❸ 자외선 흡수
④ 청천난류, 제트류 발생

14 다음 중 대류권에 대한 내용으로 틀린 것은?
① 대류권의 높이는 약 10~15km, 평균 12km이다.
② 고도가 낮은 곳은 기온이 높고 높아질수록 기온은 낮다.
❸ 오존층이 있어 유해한 자외선을 흡수한다.
④ 대기권의 가장 아래층에 해당된다.

15 성층권에 대한 설명 중 틀린 것은?
① 일정 고도까지는 온도가 동일하다가, 고도가 상승할수록 온도가 증가한다.
② 온도가 일정한 층 부근에서는 불순물이 없다.
❸ 고도 40km 부근에 오존층이 가장 많이 형성되어 있다.
④ 태양에서 오는 짧은 자외선을 흡수하여 온도가 높아진다.

16 성층권의 대표적인 기상현상은?
① 대류현상　　　② 제트기류
③ 불안정한 대기　❹ 기온역전

17 다음 중 대기권에서 전리층이 존재하는 곳은?
① 성층권　　　　② 중간권
❸ 열권　　　　　④ 극외권

18 장거리 무선통신이 가능한 전리층이 있는 대기층은?
① 대류권　　　　② 성층권
③ 중간권　　　　❹ 열권

19 표준대기의 혼합기체 비율은?
① 산소 78%, 질소 21%, 기타 1%
② 산소 50%, 질소 50%, 기타 1%
③ 산소 21%, 질소 50%, 기타 78%
❹ 산소 21%, 질소 78%, 기타 1%

20 지구 대기를 구성하는 기체 중에서 가장 많은 것은?
① 산소
❷ 질소
③ 아르곤
④ 헬륨

21 다음 중 기온에 관한 설명 중 옳은 것은?
① 지표면에서 관측된 온도
❷ 지표면으로부터 1.5m 높이에서 관측된 온도
③ 지표면으로부터 3m 높이에서 관측된 온도
④ 지표면으로부터 5m 높이에서 관측된 온도

22 모든 물리적인 기상현상의 근본적인 원인은?
① 공기의 이동
② 기압의 차이
❸ 지구 내 열교환
④ 습도의 차이

23 지구의 기상에서 모든 변화의 가장 근본적인 원인은?
① 기압차로 인한 지역적 차이
② 지표면 위의 공기 압력의 변화
③ 공기군의 이동
❹ 지구 표면에 받아들이는 태양 에너지의 변화

24 지구의 기상에서 일어나는 변화로 가장 근본적인 원인은?
① 해수면의 온도 상승
② 구름의 량
❸ 지표면의 불규칙한 가열
④ 구름의 대이동

25 기상현상이 일어나는 원인으로 맞게 설명한 것은?
❶ 태양에 의한 지표면의 불균등 가열
② 대기 밀도에 따른 기압의 차이
③ 대류 현상에 의한 공기의 순환
④ 바다의 증발에 의한 수증기의 포함

26 다음 중 기상 7대 요소는 무엇인가?
❶ 기압, 기온, 습도, 구름, 강수, 바람, 시정
② 기압, 전선, 기온, 습도, 구름, 강수, 바람
③ 해수면, 전선, 기온, 윈드시어, 바람, 강수, 안개
④ 기압, 기온, 습도, 전선, 강수, 바람, 스모그

27 지표면의 가열 등 하층부의 가열로 인하여 따뜻해진 공기는 상승하고 상층부의 찬 공기는 아래로 이동하는 공기의 수직이동 현상을 무엇이라 하는가?
① 이류
② 복사
③ 전도
❹ 대류

28 연직(중력의 방향≒수직)방향으로의 유체운동에 의한 수송을 대류라 한다. 그러면 수평방향으로의 유체운동에 의한 수송을 무엇이라 하는가?
❶ 이류
② 복사
③ 전도
④ 대류

29 기온역전에 대해 잘못 설명한 것은?
① 접지역전, 침강역전, 이류역전이 있다.
② 고도가 높아짐에 따라 기온이 일정하게 상승한다.
③ 기류는 평온하다.
❹ 적란운이 형성되기 쉽다.

30 맑은 날 밤에 복사에 의하여 지표면이 냉각되면 지표면의 대기온도가 상층의 대기온도보다 낮아져 형성되는 기온역전은?
① 전선역전
② 침강역전
③ 이류역전
❹ 접지역전

31 다음 중 지표면 기온역전이 가장 잘 일어날 수 있는 조건은?
 ① 바람이 없고 기온차가 매우 큰 낮
 ② 미풍이 존재하는 구름이 많은 밤
 ❸ 미풍이 존재하는 맑고 서늘한 밤
 ④ 강한 바람이 부는 맑고 서늘한 밤

32 대류운이 생성되기 시작할 때의 지표온도를 무엇이라 하는가?
 ① 가온도   ② 잠재온도
 ③ 온위   ❹ 대류온도

33 공기가 냉각되어 안개가 생성되는 온도는?
 ① 가온도   ② 대류온도
 ❸ 노점 온도 ④ 상당온도

34 국제민간항공기구 ICAO에서 정하고 있는 표준대기는?
 ❶ 29.92inHg, 15℃
 ② 1013.2mb, 59℃
 ③ 29.92mb, 59°F
 ④ 1013.2inHg, 15℃

35 표준 대기에서 해당되지 않는 것은?
 ❶ 지표면의 높이에서 측정
 ② 온도 15℃
 ③ 압력 760mmHg
 ④ 음속 340m/s

36 기온 감률에 대한 내용으로 올바른 것은?
 ① 1km당 65℃, 1000ft당 1℃
 ❷ 1km당 6.5℃, 1000ft당 2℃
 ③ 1km당 6.5℃, 1000ft당 1℃
 ④ 1km당 0.65℃, 1000ft당 2℃

37 대류권 내에서 기온은 1,000ft 상승할 때 마다 몇 도(℃)씩 감소하는가?
 ① 1℃   ❷ 2℃
 ③ 3℃   ④ 4℃

38 평균 해면에서 온도가 20℃일 때 1,000ft에서의 온도는?
 ① 15℃   ❷ 18℃
 ③ 20℃   ④ 30℃

39 현재 지상기온이 36℃일 때 3,000피트(ft) 상공의 기온은?
 ① 28℃   ❷ 30℃
 ③ 32℃   ④ 34℃

40 고도 10,000피트(ft)에서 표준 기온은 몇 도인가?
 ❶ −5℃   ② −10℃
 ③ 5℃   ④ 10℃

41 해수면의 기온과 표준기압은?
 ① 15℃, 299.2inch.Hg
 ② 15℃, 29.92inch.Hz
 ③ 15℃, 29 inch.Hg
 ❹ 15℃, 29.92inch.Hg

42 해수면으로부터 공항의 고도를 측정하는 고도계 설정(altimeter setting) 방식은?
 ① QNE   ❷ QNH
 ③ QFE   ④ QFF

43 고도계 setting의 종류가 아닌 것은?
 ❶ QNF   ② QNE
 ③ QNH   ④ QFE

44 관제탑에서 제공하는 고도 압력으로 항공기의 기압고도계를 맞추는 방식은?
① QFH
② QNE
❸ QNH
④ QFE

45 다음 기압고도계 설정 방식에 대한 설명으로 올바르지 않은 것은?
① QNH는 관제탑에서 제공하는 고도계 설정 기압 수정치를 조종사가 기압고도계에 설정하는 방식이다.
② QNE는 조종사가 표준 대기압 29.29inHg를 기압고도계에 설정하는 방식이다.
❸ QFE는 조종사가 기압고도계를 활주로 표고에 맞추어 설정하는 방식이다.
④ 항공교통관제에 사용되는 전이고도는 우리나라의 경우 14,000ft, 미국은 18,000ft이다.

46 조종사가 기압고도계에 표준 대기압 29.92inHg를 설정했을 때 고도계가 지시하는 고도는?
① 진고도
❷ 기압고도
③ 절대고도
④ 밀도고도

47 평균해수면으로부터 항공기까지의 고도로서 해당 지역 기압 값을 고도계에 맞추었을 때 지시하는 고도는?
❶ 진고도
② 기압고도
③ 절대고도
④ 지시고도

48 기압 고도계의 수정치를 29.92inch.Hg에 맞추었을 때 고도계가 지시하는 고도는?
① 진고도
❷ 기압고도
③ 절대고도
④ 지시고도

49 표준기준면(표준기지면)으로부터의 높이로서 표준대기압 해면으로부터 항공기까지의 고도는?
① 진고도
❷ 기압고도
③ 절대고도
④ 지시고도

50 FL310에서 기온이 표준온도 이하일 때, 진고도(TA)와 밀도고도(PA)의 관계로 옳은 것은?
① 진고도(TA)와 밀도고도(PA)는 같다.
② 진고도(TA)는 FL310보다 높다.
❸ 진고도(TA)는 FL310보다 낮다.
④ 밀도고도(PA)는 진고도(TA)보다 낮다.

51 고기압에 대한 설명으로 틀린 것은?
① 구름이 있어도 소멸되어 일반적으로 날씨가 좋다.
② 기압경도는 고기압 중심일수록 작으므로 풍속도 중심일수록 약하다.
❸ 북반구에서는 시계 방향으로 회전하며, 고기압 중심으로 수렴한다.
④ 중심 근처에 수증기가 풍부하고 수렴이 있으면 기상이 악화될 수 있다.

52 바람에 대한 설명으로 틀린 것은?
❶ 바람은 기압의 낮은 곳에서 높은 곳으로 흘러가는 공기의 흐름이다.
② 풍속의 단위는 m/s, knot 등을 사용한다.
③ 풍향은 지리학 상의 진북을 기준으로 한다.
④ 풍속은 공기가 이동한 거리와 이에 소요되는 시간의 비이다.

53 북반구에서 고기압은?
① 하강기류이고 반시계방향으로 불어져 들어온다.
❷ 하강기류이고 시계방향으로 퍼져 나간다.
③ 상승기류이고 반시계방향으로 불어져 들어온다.
④ 상승기류이고 시계방향으로 퍼져 나간다.

54 북반구에서 고기압의 바람 방향은?
① 반시계 방향으로 돌아 나간다.
❷ 시계 방향으로 돌아 나간다.
③ 반시계 방향으로 돌아 들어온다.
④ 시계 방향으로 돌아 들어온다.

55 북반구에서 고기압의 바람 방향은?
❶ 아래, 바깥쪽 시계 방향
② 아래, 바깥쪽 반시계 방향
③ 위, 안쪽 시계 방향
④ 위, 안쪽 반시계 방향

56 저기압 설명으로 틀린 것은?
① 주변보다 상대적으로 기압이 낮은 곳이다.
② 반시계 방향으로 불어 들어온다.
③ 상승기류이다.
❹ 하강기류이다.

━ same type ━

57 바람이 발생하는 근본적인 원인은?
❶ 기압차이   ② 고도차이
③ 하강기류   ④ 상승기류

58 바람을 일으키는 주요 요인은 무엇인가?
❶ 태양의 복사열의 불균형
② 지구의 회전
③ 공기량 증가
④ 습도

59 바람의 발생 원인은?
① 코리올리스 효과
❷ 기압차
③ 지구의 자전
④ 대기와 지표면과의 마찰

60 바람이 존재하는 근본적인 원인은?
① 고도 차이
❷ 기압 차이
③ 공기 밀도 차이
④ 자전과 공전 현상

61 정지해 있는 바람을 움직이게 하는 원동력은?
① 전향력   ❷ 기압경도력
③ 마찰력   ④ 구심력

62 저고도에서 바람의 강도를 결정하는 요소는?
① 기압경도력과 중력
② 기압경도력과 전향력
③ 기압경도력과 원심력
❹ 기압경도력과 마찰력

63 다음 중 풍속의 단위가 아닌 것은?
① m/s   ② kph
③ knot   ❹ mile

64 지표면 바람이 등압선에 평행하게 불지 않고 어떤 각도를 가지고 등압선을 횡단하여 부는 원인은?
① 지면의 높은 공기 밀도
② 지면의 높은 대기압
③ 코리올리스 힘
❹ 지면의 마찰력

65 지상 일기도에서 바람이 등압선과 교각을 이루며 수렴하는 이유는?

① 원심력 때문에
② 코스올리스의 힘 때문에
③ 기압경도력 때문에
❹ 지면 마찰 때문에

66 일기도의 등압선에 대한 설명 중 옳지 않은 것은?

① 대칭적인 두 고기압이나 두 저기압끼리 만날 때 등압선 간격은 일정하지만 바람방향은 반대이다.
② 등압선은 중간에 갈라지거나 합쳐지지 않는다.
❸ 등압선은 교차할 수 있다.
④ 폐곡선이거나 일기도의 가장자리에서 시작하여 가장자리에서 끝나게 된다.

67 8,500ft AGL의 특정 비행에서 바람이 남서풍인 반면 지상풍의 대부분은 남풍이다 두 바람의 방향이 다른 이유는?

① 높은 고도의 강한 기압경도
❷ 바람과 지표면 사이의 마찰
③ 지표면의 강한 전향력
④ 고도에 따른 기온의 차이

68 마찰력이 무시된 고도 이상의 상공에서 등압선이 직선일 때 부는 바람은?

❶ 지균풍   ② 경도풍
③ 선형풍   ④ 지상풍

69 바람이 고기에서 저기압으로 불어갈수록 북반구에서 우측으로 90도 휘게 되는 현상은?

① 원심력   ② 기압 경도력
❸ 전향력(코리올리효과) ④ 지면 마찰력

70 다음 중 전향력에 관한 설명 중 틀린 것은?

① 지구의 자전에 의해 생기는 가상의 힘이다.
❷ 북반구에서는 바람 방향의 왼쪽으로 휘게 한다.
③ 극지방으로 갈수록 강해진다.
④ 기압경도력과 균형을 이루면 지균풍이 된다.

71 경도풍(gradient wind)에 대한 올바른 설명은?

① 기압경도력에 의한 바람
② 등압선에 평행하게 부는 바람
③ 기압경도력이 전향력과 균형을 이루며 서로 반대방향으로 작용할 때 부는 바람
❹ 기압경도력, 전향력, 원심력 3개의 힘이 평형을 이루며 부는 바람

72 기압골이 조밀하게 형성되어 있는 곳에서 나타나는 현상은?

❶ 심한 바람   ② 기온의 상승
③ 기압의 증가   ④ 강우량의 증가

73 다음 중 각 바람에 대한 정의로 옳은 것은?

① 선형풍은 마찰이 없는 상공에서 곡선 등고선을 따라 부는 바람이다.
② 경도풍은 기압경도력과 전향력이 평형을 이루며 등압선에 평행하게 부는 바람이다.
③ 지균풍은 등압선이 곡선인 경우 기압경도력, 전향력, 원심력이 평형을 이루어 부는 바람이다.
❹ 지상풍은 기압경도력이 전향력과 마찰력을 합한 힘과 평형을 이루며 부는 바람이다.

74 다음 중 제트기류에 대한 설명으로 옳은 것은?

① 바람이 항상 일정하게 불지 않고 강약을 반복하는 바람
② 봄, 가을에 불어오며 한랭건조한 바람
③ 수직, 수평으로 바람방향이 급변하는 바람
❹ 강하고 폭이 좁은 공기의 수평적인 이동

75 제트기류 중 중위도에 영향을 주는 제트기류는?
① 극 제트기류
② 아열대 제트기류
③ 적도 제트기류
❹ 한대 제트기류

76 다음 중 제트기류에 대해 올바르게 설명한 것은?
① 겨울에 강하고 북위도 상승한다.
② 겨울에 약하고 북위도 상승한다.
③ 여름에 강하고 북위도 상승한다.
❹ 여름에 약하고 북위도 상승한다.

77 다음 중 편서풍에 대한 설명으로 올바른 것은?
① 아열대 고기압에서 적도지방 저기압으로 부는 바람
❷ 아열대 고기압에서 극지방 저기압으로 부는 바람
③ 극지방 고기압에서 고위도 저기압으로 부는 바람
④ 극지방 고기압에서 아열대 저기압으로 부는 바람

78 다음 중 북반구 저위도에서 부는 바람은?
① 편서풍 ❷ 무역풍
③ 편동풍 ④ 극동풍

79 겨울에는 대륙에서 해양으로 여름에는 해양에서 대륙으로 부는 바람을 무엇이라 하는가?
① 편서풍 ❷ 계절풍
③ 해풍   ④ 대륙풍

— same type —

80 용오름에 관한 설명으로 틀린 것은?
① 대기 중의 물현상에 속한다.
② Cb의 운저로부터 발생된다.
❸ 지면가열로 인한 회오리바람과 같은 성질을 갖는다.
④ 기둥이나 깔때기모양으로 보이는 격렬한 회전풍을 가진다.

81 다음 중 스콜(squall)에 대한 설명으로 올바르지 않은 것은?
① 갑자기 불기 시작하여(풍속 11m/s 이상) 몇 분(1분 이상) 동안 계속된 후 갑자기 멈추는 바람이다.
② 열대지방에서 주로 발생한다.
③ 우리나라의 한여름 소나기도 스콜이다.
❹ 반드시 스콜성 구름이 나타난다.

82 한랭전선 앞에서 폭이 좁은 띠의 형태를 띠며 국지적 돌풍을 일으키는 기상 현상은?
❶ squall   ② microburst
③ wind shear ④ Typhoon

83 다음 중 태풍에 관한 설명으로 옳지 않은 것은?
① 열대지방(해양)을 발원지로 하고 폭풍우를 동반한 저기압을 총칭하여 열대성 저기압이라 한다.
② 미국을 강타하는 "허리케인"과 인도 지방을 강타하는 "싸이크론"이 있다.
③ 발생 수는 7월경부터 증가하여 8월에 가장 왕성하고 9~10월에 서서히 줄어든다.
❹ 하층 태풍 진행 방향의 좌측 반원에서는 태풍 기류가 일반 기류와 같은 방향이 되기 때문에 풍속이 더욱 강해진다.

84 중심 부근의 최대풍속이 48~63 노트인 열대성 저기압을 무엇이라 하는가?
  ❶ STS (Severe Tropical Storm)
  ② TD (Topical Depression)
  ③ TS (Tropical Storm)
  ④ TY (Typhoon)

85 태풍은 세력이 약해져서 무엇으로 소멸하는가?
  ❶ 열대성 저기압   ② 열대성 고기압
  ③ 열대 폭풍   ④ 강한 열대 폭풍

86 태풍의 세력이 약해져 소멸되기 직전 또는 소멸되면 무엇으로 변하는가?
  ❶ 열대성 저기압   ② 열대성 고기압
  ③ 열대성 폭풍   ④ 편서풍

━━━ same type ━━━

87 하강풍으로 건조하고 더운 바람이 부는 것은?
  ① 산곡풍   ❷ 푄 바람
  ③ 해륙풍   ④ 스콜

88 주간에는 해수면에서 육지로 바람이 불며 야간에는 육지에서 해수면으로 부는 바람은?
  ① 국지풍   ② 해풍
  ③ 계절풍   ❹ 해륙풍

89 해륙풍과 산곡풍에 대한 설명으로 올바르지 않은 것은?
  ① 낮에 바다에서 육지로 부는 바람을 해풍이라 한다.
  ② 밤에 육지에서 바다로 부는 바람을 육풍이라 한다.
  ③ 낮에 골짜기에서 산 정상으로 부는 바람을 곡풍이라 한다.
  ❹ 밤에 산 정상에서 산 아래 골짜기로 부는 바람을 곡풍이라 한다.

90 주간에 산 사면이 햇빛을 받아 온도가 상승하면서 산 사면을 타고 올라가는 바람을 무엇이라 하는가?
  ① 산풍   ❷ 곡풍
  ③ 육풍   ④ 푄 바람

91 다음 중 야간에 산을 따라 내려오는 바람은?
  ① 산곡풍   ❷ 산풍
  ③ 곡풍   ④ 육풍

92 산바람과 골바람에 대한 설명 중 올바른 것은?
  ① 산바람은 산 아래에서 산 정상으로, 골바람은 산 정상에서 산 아래로 부는 바람이다.
  ② 산바람과 골바람 모두 산의 경사 정도에 따라 가열되는 정도에 따른 바람이다.
  ③ 산바람은 낮에 그리고 골바람은 밤에 형성된다.
  ❹ 산악지역에서 낮에 형성되는 바람은 골바람으로 산 아래에서 산 정상으로 부는 바람이다.

93 산의 하단에 부는 바람으로서 기온이 상승하고 건조해지는 특징이 있는 바람은?
  ❶ 푄풍   ② 해풍
  ③ 곡풍   ④ 해륙풍

━━━ same type ━━━

94 다음 중 측풍의 설명으로 옳은 것은?
  ① 항공기의 기수방향을 향하여 불어오는 바람
  ② 항공기의 꼬리방향을 향하여 불어오는 바람
  ❸ 항공기 등 비행체의 측면에서 불어오는 바람
  ④ 수평, 수직으로 급변하는 바람

95 METAR 보고에서 바람 방향, 즉 풍향의 기준은 무엇인가?
① 자북
② 국가마다 다름
❸ 진북
④ 자북과 진북 병행

96 관제사가 통보해주는 RWY와 바람의 풍향 기준은?
① 진북 기준
② 활주로 방향 기준
❸ 자북 기준
④ 항공기 Heading 기준

97 일반적으로 공항의 관제탑에서 불러주는 풍속은?
① 자북 기준 10분 단위의 평균 풍속이다.
❷ 자북 기준 2분 단위의 평균 풍속이다.
③ 진북 기준 10분 단위의 평균 풍속이다.
④ 진북 기준 2분 단위의 평균 풍속이다.

98 ATIS에서 청취하는 활주로 방위와 풍향의 기준은?
① 활주로 방위 - 진북, 풍향 - 자북
❷ 활주로 방위 - 자북, 풍향 - 자북
③ 활주로 방위 - 진북, 풍향 - 진북
④ 활주로 방위 - 자북, 풍향 - 진북

99 공항에서 관제사가 불러주는 바람의 측정 높이는?
① 3m   ② 5m
③ 7m   ❹ 10m

100 공항 TWR에서 관제사가 불러주는 바람의 고도는?
① 3~5m   ② 4~6m
③ 5~8m   ❹ 6~10m

101 민간항공에서 평균풍속과 최대풍속이 얼마 이상 차이가 나는 바람을 돌풍(gust)이라 하는가?
① 3kt   ② 6kt
❸ 10kt   ④ 12kt

102 평균 풍속보다 10kts 이상 차이가 있으며 순간 최대풍속 17kts 이상의 강풍이며 지속시간이 초단위로 급변하는 바람을 무엇이라 하는가?
① 스콜
② 윈드 쉬어
❸ 돌풍
④ 마이크로 버스터

103 항공기상 용어 중에서 wind calm의 의미는?
❶ 바람의 세기가 무풍이거나 3kts 이하
② 바람의 세기가 5kts 이상
③ 바람의 세기가 10kts 이상
④ 바람의 세기가 15kts 이상

104 ICAO 항공기상에서 "wind calm"의 기준은?
① 1kt 미만   ❷ 1kt 미만
③ 2kt 미만   ④ 4kt 미만

105 Wind calm의 정의로 맞는 것은? (ICAO 기준)
① 풍속이 0km/h 미만일 때
❷ 풍속이 2km/h 미만일 때
③ 풍속이 3km/h 미만일 때
④ 풍속이 5km/h 미만일 때

106 우리나라에 장마를 불러오는 기단은?
① 북태평양 기단   ② 양쯔강 기단
❸ 오호츠크해 기단   ④ 시베리아 기단

107 기단의 특성이 올바르게 짝지어진 것은?
❶ 대륙성 한랭기단 - 저온, 건조
② 대륙성 온난기단 - 고온, 다습
③ 해양성 한랭기단 - 저온, 건조
④ 해양성 온난기단 - 저온, 다습

108 여름철 우리나라에 영향을 미치는 기단은?
① 양쯔강 기단   ❷ 북태평양 기단
③ 오호츠크해 기단   ④ 적도 기단

109 우리나라에서 여름철 장마가 물러가면 영향을 미치는 기단은?
① 양쯔강 기단   ❷ 북태평양 기단
③ 오호츠크해 기단   ④ 적도 기단

110 우리나라 동해안의 겨울철 기상에 영향을 미치는 기단은?
① 북태평양 기단   ❷ 시베리아 기단
③ 오호츠크해 기단   ④ 양쯔강 기단

111 우리나라 늦봄에서 초여름에 영향을 미치는 기단이며, 한랭다습한 성질을 지닌 기단은?
① 양쯔강 기단   ② 시베리아 기단
❸ 오호츠크해 기단   ④ 북태평양 기단

112 우리나라에 영향을 미치는 봄, 가을 기단이며, 고온 건조한 성질을 지닌 기단은?
① 적도 기단   ② 북태평양 기단
③ 시베리아 기단   ❹ 양쯔강 기단

113 우리나라에 태풍으로 작용하는 기단은?
❶ 적도 기단   ② 오호츠크 기단
③ 양쯔강 기단   ④ 북태평양 기단

114 한랭전선 통과 시 나타나는 기상현상으로 올바르지 않은 것은?
① 기온 변화율이 급변한다.
❷ 지속적인 강수가 있다.
③ 풍향이 급격히 변화한다.
④ 기압이 급격히 상승한다.

115 차고 불안정한 공기가 따뜻한 지면을 지나면 어떻게 되는가?
① 하강기류와 안개가 형성된다.
② 하강기류와 지속성 강수가 발생한다.
③ 상승기류와 안개가 형성된다.
❹ 상승기류와 소낙성 강수가 발생한다.

116 한랭전선이 다가올 때 부는 바람은?
❶ 남서풍   ② 남동풍
③ 북동풍   ④ 북서풍

117 한랭전선의 바람 변화로 맞는 것은?
① 남동풍이 남서풍으로 변한다.
② 북동풍이 남동풍으로 변한다.
③ 동풍이 서풍으로 변한다.
❹ 남서풍이 북서풍으로 변한다.

118 한랭전선의 통과 전 바람의 방향은?
❶ 남서풍   ② 남동풍
③ 북서풍   ④ 북동풍

119 다음 중 한랭전선이 지나가고 난 뒤 일어나는 현상은?
① 기온이 올라간다.
❷ 기온이 내려간다.
③ 바람이 약하다.
④ 기압은 올라간다.

120 우리나라 장마에 영향을 주는 전선은?
① 온난전선   ② 한랭전선
❸ 정체전선   ④ 폐색전선

121 지상에서 전선의 이동속도를 빠르게 하는 원인은?
① 전선 상부의 저기압
② 전선과 평행한 상층풍
❸ 전선을 가로지르는 상층풍
④ 온난전선을 쫓아가는 한랭전선

122 전선이 바뀌는 것을 어떻게 알 수 있는가?
① 기온이 올라간다.
② 구름이 오래 지속 된다.
❸ Wind direction이 바뀐다.
④ 풍속이 강해진다.

— same type —

123 다음 중 구름의 분류에 대한 설명으로 올바르지 않은 것은?
① 구름은 상층운, 중층운, 하층운, 수직운으로 분류하며, 운형은 10종류가 있다.
② 상층운은 운저고도가 보통 6km 이상으로 권운, 권적운, 권층운이 있다.
③ 중층운은 중위도 지방 기준 구름높이가 2~6km이고, 고적운, 고층운이 있다.
❹ 하층운은 운저고도가 보통 2km 이하이며, 적운, 적란운이 있다.

124 다음 중 구름의 형성 조건이 아닌 것은?
① 풍부한 수증기   ❷ 온난한 공기
③ 응결핵   ④ 냉각작용

125 다음 중 하층운이라 볼 수 없는 것은?
① St   ② Sc
③ Ns   ❹ Cb

126 다음 중 중층운의 분류에 속하는 구름은?
❶ 고층운   ② 층적운
③ 권층운   ④ 적란운

127 다음 중 중층운은?
① Sc   ❷ Ac
③ Cu   ④ Cs

128 수직으로 발달하고 많은 강우를 포함하고 있는 구름이 아닌 것은?
① 적운   ② 적란운
③ 난층운   ❹ 층운

129 다음 중 가장 심한 난기류가 생성되는 구름은?
① 적운   ❷ 적란운
③ 난층운   ④ 탑상적운

130 전형적인 수직운으로 항공기 운항에 치명적인 난기류를 동반하는 구름은?
① 적운   ❷ 적란운
③ 난층운   ④ 권적운

131 수직으로 발달하고 tower 모양을 이루는 구름은?
① 적운   ❷ 적란운
③ 난층운   ④ 층적운

132 Unstable Air 상태에서 주로 산등성이에 발생하는 구름은?
- ❶ Cu
- ② Ns
- ③ St
- ④ Ac

133 다음 구름의 종류 중 비가 내리는 구름은?
- ① Ac
- ❷ Ns
- ③ As
- ④ Cs

134 여름 장마철에 지속적으로 비를 내리게 하는 구름은?
- ① Ac
- ❷ Ns
- ③ As
- ④ Cs

135 난층운과 같이 구름 명칭에 사용되는 "Nimbus"가 의미하는 것은?
- ❶ 비구름
- ② 수직구름
- ③ 안개구름
- ④ 층구름

136 하층운의 높이는 지표면으로부터 얼마인가?
- ① 4,500ft
- ② 5,500ft
- ❸ 6,500ft
- ④ 7,500ft

◆ same type ◆

137 뇌우 발생 요건을 올바르게 나열한 것은?
- ① 불안정한 대기, 적운형 구름, 높은 습도
- ② 안정된 대기, 적운형 구름, 높은 습도
- ❸ 불안정한 대기, 상승기류, 높은 습도
- ④ 안정된 대기, 상승기류, 높은 습도

138 대기의 안정성에 대한 설명 중 틀린 것은?
- ❶ 대기가 안정하면 dust devil(회오리바람)이 생긴다.
- ② 대기가 안정하면 층운형 구름이나 안개가 생긴다.
- ③ 대기가 불안정하면 뇌우가 발생한다.
- ④ 대기가 불안정하면 소나기나 수직으로 발달한 구름이 생긴다.

139 불안정한 공기의 특징으로 맞는 것은?
- ① 난층운 구름과 양호한 지상 시정
- ② 난류와 불량한 지상시정
- ❸ 난류와 양호한 지상시정
- ④ 층운형 구름과 불량한 지상시정

140 뇌우의 생성조건이 아닌 것은?
- ① 높은 습도
- ② 상승 운동
- ③ 불안정한 대기
- ❹ 과냉각 수적

141 뇌우의 생성조건으로 아닌 것은?
- ① 온난 다습한 공기
- ② 강한 상승기류
- ③ 기온 감률이 커야 됨
- ❹ 우박이 내려야 됨

142 뇌우에서 강우가 시작되는 단계는?
- ① 생성기
- ② 발달기
- ❸ 성숙기
- ④ 소멸기

143 뇌우의 성숙기에서의 특성으로 옳은 것은?
- ① 상승기류만 존재한다.
- ② 하강기류만 존재한다.
- ❸ 강우가 시작된다.
- ④ 거스트 전선(gust front)이 형성된다.

144 뇌우에서 상승기류와 하강기류가 동시에 존재하는 단계는?
- ❶ 성숙기
- ② 발달기
- ③ 소멸기
- ④ 모든 단계

145 뇌우에 관한 설명 중 맞는 것은?

❶ 발달기에는 상승기류, 성숙기에는 상승 및 하강 기류, 소멸기에는 하강기류가 존재하므로 비행 시 모든 단계에서 주의해야 한다.
② 발달기에는 약한 상승기류만이 존재하며, 강수가 시작되지 않기 때문에 비행에 위험하지 않다.
③ 성숙기에는 상승 및 하강기류가 공존하고, 강수가 시작되므로 성숙기에만 비행에 주의하면 된다.
④ 소멸기에는 하강기류만 있으며 강수가 끝나기 때문에 비행에 위험하지 않다.

146 뇌우지역을 통과할 때 비행절차로 옳지 않은 것은?

① 자동조종장치를 사용하고 있다면 고도와 속도 유지 mode를 해제한다. 일정한 자세를 유지하고 고도와 속도가 변동될 수 있도록 허용한다.
❷ 비행속도를 설계기동속도(Va) 이상으로 유지한다.
③ 번개로 인한 일시적인 시력 상실을 줄이기 위하여 조종실 조명을 최대한 밝게 조절한다.
④ 뇌우에 이미 진입했다면 되돌아 나오려고 하지 않는다.

147 다음 중 뇌우를 동반하는 구름은?

❶ Cb   ② Ci
③ Cs   ④ As

148 심한 요란과 강우를 동반하기 때문에 비행 중 회피해야 하는 구름은?

❶ 적란운   ② 권운
③ 권층운   ④ 고층운

149 비행 중 뇌우와 같은 악기상 지역을 회피하기 위한 최소거리는?

① 10NM   ❷ 20NM
③ 30NM   ④ 40NM

―― same type ――

150 짧은 거리 내에서 풍향과 풍속이 급변하는 기상 현상을 무엇이라 하는가?

① 다운버스트   ② 높새바람
❸ 윈드시어   ④ 태풍

151 다음 중 윈드시어에 관한 설명으로 틀린 것은?

① wind shear는 어느 고도 층에서나 발생하며 수평, 수직적으로 일어날 수 있다.
② 저고도 기온 역전층 부근에서 wind shear가 발생하기도 한다.
③ 착륙 시 양쪽 활주로 끝 모두가 배풍을 지시하면 저고도 wind shear로 인식하고 복행을 해야 한다.
❹ wind shear는 동일 지역 내에 바람의 방향이 급변하는 것으로 풍속의 변화는 없다.

152 저고도 기온역전에 의한 wind shear의 발생 조건으로 적합한 것은?

① 역전층 간의 온도 변화가 10℃ 이상 되어야 한다.
② 지표면과 역전층 상부의 바람 간에 풍향 변화가 30° 이상 되어야 한다.
③ 지표면과 역전층 상부의 바람 간에 풍향 변화가 60° 이상 되어야 한다.
❹ 지표면보다 상대적으로 강한 바람이 역전층 상부에 불어야 한다.

153 Wind shear 경보에서 발효하는 항목은?
① 저시정, 뇌우, 비행장 지역 고고도 회전풍
② 강수, 우박, 안개, 육풍전선
❸ 기온역전, 산악파, Microburst, 전선역전, 뇌우
④ 정체전선, 열대성 고기압

154 항공기가 활주로에서 이·착할 때 윈드시어가 가장 위험한 시기는?
① 측풍으로 작용할 때
② 하강 기류로 작용할 때
❸ 정풍에서 배풍으로 바뀔 때
④ 배풍에서 정풍으로 바뀔 때

― same type ―

155 항공기 기내에서 기내식 서비스가 불가능한 난류 강도는?
① light   ② moderate
❸ severe   ④ extreme

156 다음 중 심한 난류 지역을 통과할 때 유지해야 하는 비행속도는?
① Vx 이하의 속도
② Vse 이하의 속도
③ Vy 이하의 속도
❹ Va 이하의 속도

157 다음 중 심한 난기류 지역을 통과할 때 유지해야 하는 비행 속도는?
① Va 이상 속도
❷ Va 이하 속도
③ Vy 이상 속도
④ Vy 이하 속도

158 CAT가 주로 발생하는 지역은?
① 산의 정상 부근
② 산악풍이 있을 때 풍상 쪽
③ Wind shear 부근
❹ Jet stream 부근

159 CA가 주로 발생하는 지역은?
① Jet stream의 남쪽
② Jet stream의 중심부 최대풍 지역
③ Jet stream의 남쪽과 북쪽
❹ Jet stream의 북쪽

160 산악파에 의해 산지의 정상에 발생할 수 있는 구름은?
① Rotor cloud
② Lenticular cloud
❸ Cap cloud
④ Leewave cloud

161 산악지형에서 정체된 렌즈형 구름이 나타내는 것은?
① 비구름   ② 제트기류
❸ 강한 난기류   ④ 맑은 착빙조건

162 산악파가 예상되는 지역을 비행할 때 절차로 옳지 않은 것은?
① 기압고도계는 실제고도보다 높게 지시할 수 있다는 것을 유의해야 한다.
② 산맥에 접근할 때는 45도 정도의 각도를 유지한다.
③ 풍하 측에서 산맥에 접근할 때에는 충분히 먼 곳에서부터 상승한다.
❹ 적어도 산정상의 30% 높이만큼의 고도를 취하여야 한다.

163 소형 항공기가 대형 항공기 뒤를 따라 이착륙할 때 wake turbulence 회피 절차로 적합한 것은?
❶ 대형 항공기의 최종접근경로 위로 접근하여 대형 항공기의 접지지점을 지나서 착륙한다.
② 대형 항공기의 최종접근경로 아래로 접근하여 대형 항공기의 접지지점 이전에 착륙한다.
③ 대형 항공기의 최종접근경로 위로 접근하여 대형 항공기의 접지지점 이전에 착륙한다.
④ 대형 항공기의 rotation point를 알아 두었다가 rotation point를 지나서 이륙한다.

same type

164 시정이 얼마 미만일 때 안개로 보고되는가?
① 0.8km ❷ 1km
③ 1.5km ④ 3km

165 안개의 시정 조건은
❶ 3마일 이하 ② 5마일 이하
③ 7마일 이하 ④ 10마일 이하

166 다음 중 대기현상이 아닌 것은?
① 비 ❷ 일출
③ 바다선풍 ④ 안개

167 대기 중 수증기의 양을 나타내는 것은 습도이다. 습도의 양은 무엇에 따라 달라지는가?
① 지표면의 물의 양 ❷ 온도
  바람의 세기 ④ 기압의 상태

168 대기의 기온이 0도 이하에서도 물방울이 액체로 존재하는 것은?
① 응결수 ② 수증기
❸ 과냉각수 ④ 용해수

169 불포화 상태의 공기가 냉각되어 포화 상태가 되는 기온은?
① 상대온도 ② 결빙온도
❸ 이슬점온도 ④ 절대온도

170 일정 기압의 온도를 하강시켰을 때, 대기가 포화되고 수증기가 작은 물방울로 변하기 시작할 때의 온도를 무엇이라 하는가?
① 포화 온도 ② 대기 온도
❸ 노점 온도 ④ 상대 온도

171 다음 중 이슬과 안개 그리고 구름이 형성될 수 있는 조건은?
① 수증기가 존재할 때
② 기온과 노점이 같을 때
❸ 수증기가 응축될 때
④ 수증기가 없을 때

172 안개가 발생하기에 가장 부적합한 조건은?
❶ 강한 난류가 존재할 것
② 대기의 상층이 안정할 것
③ 냉각작용이 있을 것
④ 바람이 없을 것

173 기온과 이슬점 기온의 분포가 5% 이하일 때 예상되는 대기 현상은?
① 서리 ② 이슬비
③ 강수 ❹ 안개

174 안개에 관한 설명으로 올바르지 않은 것은?
① 공중에 떠돌아다니는 작은 물방울의 집단으로 지표면 가까이에서 발생
② 공기가 냉각되고 포화상태에 도달하고 응결하기 위한 핵이 필요하다.
③ 적당한 바람이 있으면 높은 층으로 발달한다.
❹ 수평가시거리가 3km 이하일 때 안개라고 한다.

175 구름과 안개의 구분 시 발생 높이 기준은?
❶ 구름의 발생이 AGL 50ft 이상 시 구름, 50ft 이하에서 발생 시 안개
② 구름의 발생이 AGL 70ft 이상 시 구름, 70ft 이하에서 발생 시 안개
③ 구름의 발생이 AGL 90ft 이상 시 구름, 90ft 이하에서 발생 시 안개
④ 구름의 발생이 AGL 120ft 이상 시 구름, 120ft 이하에서 발생 시 안개

176 안개 생성 조건으로 볼 수 없는 것은?
❶ 바람이 없고, 대기가 불안할 때
② 공기가 노점온도 이하로 냉각될 때
③ 대기 중에 응결을 촉진시키는 응결핵이 존재할 때
④ 외부에서 많은 수증기의 공급과 함께 냉각 작용이 발생할 때

177 안개의 생성원인으로 보기 힘든 것은?
① 공기 중에 수증기가 다량 함유
② 응결핵 풍부
❸ 난류가 있을 것
④ 공기가 노점온도 이하로 냉각

178 다음 보기 중에서 시정이 가장 좋지 않을 때의 기상현상은?
① 연기 ❷ 안개
③ 연무 ④ 해무

179 야간에 지형적인 복사가 표면을 냉각시키고 표면 위의 공기를 노점까지 냉각시킬 때 응결에 의해 형성되는 안개를 무엇이라 하는가?
❶ 복사안개 ② 증기안개
③ 이류안개 ④ 활승안개

180 습도가 높고 대기가 안정된 상태에서 야간에 지면이 냉각되어 발생되는 안개는?
❶ 복사무 ② 이류무
③ 증기무 ④ 활승무

181 고기압 통과 시 발생하는 안개의 종류는?
① 이류무 ② 활승무
③ 전선무 ❹ 복사무

182 복사안개라고도 하며, 습윤한 공기로 덮여 있는 지표면이 방사 방열한 결과로 하층부터 냉각되어 포화상태에 도달하여 발생하는 안개는?
① 증기안개 ② 활승안개
③ 계절풍 안개 ❹ 땅안개

183 무풍, 맑은 하늘, 상대습도가 높은 조건에서 낮고 평평한 지형에서 아침에 발생하는 안개는?
① 활승안개 ② 증기안개
③ 바다안개 ❹ 지면안개

184 습윤한 공기가 차가운 지면 또는 수면으로 이동할 때 발생하는 안개는?
① 복사무 ② 활승무
❸ 이류무 ④ 전선무

185 따뜻한 공기가 찬 지면 위를 지날 때 생기는 안개는?
① 증기무 ② 복사무
❸ 이류무 ④ 활승무

186 따뜻하고 습기가 많은 공기가 찬 지면으로 지날 때 생기는 안개는?
❶ 이류안개 ② 복사안개
③ 전선안개 ④ 활승안개

187 일반적으로 이류안개가 형성될 수 있는 조건은?
① 미풍이 존재하는 더운 지역으로 이동하는 공기
② 바람이 없는 상황 하에서 서늘한 지면 위로 가라앉는 덥고 습한 공기
③ 더운 수면의 지류 위로 찬 공기군의 불어오는 육지 산들바람
❹ 찬 지면 또는 수면 위로 이동하는 덥고 습한 공기

188 습윤하고 온난한 공기가 한랭한 육지나 수면으로 이동해 오면 하층부터 냉각되어 공기 속의 수증기가 응결되어 생기는 안개를 무엇이라 하는가?
① 복사안개 ② 증기안개
❸ 이류안개 ④ 활승안개

189 따뜻한 해수면 위를 덮고 있던 기단이 차가운 해면으로 이동했을 때 발생하는 안개는?
① 방사안개 ② 활승안개
❸ 바다안개 ④ 증기안개

190 바람의 영향으로 생기는 안개는?
① 이류안개, 복사안개
❷ 이류안개, 활승안개
③ 김안개, 전선안개
④ 복사안개, 활승안개

191 습한 공기가 산 경사면을 타고 상승하면서 팽창함에 따라 공기가 노점 이하로 단열 냉각되면서 발생하는 안개를 무엇이라 하는가?
① 복사안개 ② 증기안개
③ 이류안개 ❹ 활승안개

192 공기의 냉각에 의해 발생하는 안개가 아닌 것은?
① 복사무 ② 이류무
③ 활승무 ❹ 증기무

193 따뜻한 지표면에 한랭한 공기가 밀려올 때 발생하는 안개는?
① 복사안개 ② 활승안개
❸ 증기안개 ④ 이류안개

194 한랭한 공기가 온난하고 습한 지표면으로 불어 올 때 습한 지표면으로부터 상승 중인 수증기가 공기 속으로 들어오게 된다. 이때 수증기의 공급에 의해 공기가 포화되고 응결이 되면 발생하는 안개는?
❶ 증기안개 ② 이류안개
③ 활승안개 ④ 복사안개

195 따뜻한 지표면 또는 물가 위로 찬 공기가 지날 때 생기는 안개는?
① 복사안개 ② 이류안개
③ 활승안개 ❹ 증기안개

196 차가운 공기가 따뜻한 수면으로 이동하면서 충분한 양의 수분이 증발하면서 수면 바로 위의 공기층을 포화시켜 발생하는 안개를 무엇이라 하는가?

① 복사안개 ❷ 증기안개
③ 이류안개 ④ 활승안개

— same type —

197 다음 중 착빙에 대한 설명으로 옳은 것은?

① 양력과 무게를 증가시켜 추진력을 감소시키고 항력을 증가시킨다.
② 착빙은 날개에만 발생한다.
③ 건조한 공기가 기체 표면에 부딪히면서 결빙이 생기는 현상이다.
❹ 양력은 감소, 중력은 증가시켜 추진력을 감소시키고 항력을 증가시킨다.

198 다음 중 서리가 항공기 안전에 미치는 영향을 올바르게 설명한 것은?

① 서리는 조종효과를 감소시킨다.
② 서리는 날개의 기본적인 항공역학적 형태를 변화시킨다.
❸ 서리는 공기 흐름을 조기에 분리시켜 양력을 감소시킨다.
④ 서리는 날개 상부의 공기 흐름을 느리게 하여 항력을 감소시킨다.

199 다음 중 착빙에 대한 설명으로 올바른 것은?

❶ 0℃ 이하에서 항공기 동체 등에 과냉각 물방울이나 구름입자가 충돌하여 얼음 막을 형성하는 것이다.
② 착빙이 되면 양력이 커진다.
③ 양력과 중력이 커진다.
④ 비행에는 아무런 영향을 주지 않는다.

200 다음 중 착빙이 발생하기 가장 쉬운 온도는?

① 0℃ ~ 10℃
❷ −10℃ ~ 0℃
③ −10℃ ~ −20℃
④ −15℃ ~ −20℃

201 다음 중 맑은 착빙의 특징이 아닌 것은?

① 투명하다. ② 단단하다.
③ 매끄럽다. ❹ 울퉁불퉁하다.

202 다음 중 거친 착빙의 특징이 아닌 것은?

① 우유 빛이다.
② 불투명하다.
③ 울퉁불퉁하다.
❹ 맑은 착빙과 거친 착빙이 합쳐진 것이다.

203 다음 중 Clear icing이 가장 잘 생기는 구름은?

① 고적운 ② 층운
❸ 적란운 ④ 권적운

204 다음 중 Clear icing이 가장 잘 발생될 것으로 예상되는 구름은?

① 권운 ② 층운
❸ 적운 ④ 고층운

205 다음 중 Icing 강도에 대한 설명으로 옳은 것은?

① Trace : 착빙은 식별되나 누적되는 양보다 녹는 양이 약간 더 많다.
❷ Severe : 제빙장치를 사용해도 잘 제거되지 않는다.
③ Moderate : 비행 전에 제거하면 문제가 되지는 않는다.
④ Light : 제빙장치를 사용하지 않아도 위험하지 않다.

206 다음 중 Severe Icing이 예상되는 기상 조건은?
① 권적운
② −10℃ 층적운
③ −10℃ 적운
❹ Freezing rain

207 다음 중 착빙의 특징으로 옳지 않은 것은?
① 양력 감소, 항력 증가
❷ 실속속도 감소
③ 추력 감소
④ 무게 증가

208 다음 중 Icing이 항공기에 미치는 영향으로 옳은 것은?
❶ 항공기 무게가 증가한다.
② 양력이 증가한다.
③ 항력이 감소한다.
④ 추력이 증가한다.

━ same type ━

209 다음 중 시정관측에 대한 설명으로 옳은 것은?
❶ 시정관측은 목측이나 자동시정계로 관측한다.
② 시정관측은 반드시 경위의를 사용해서 관측한다.
③ 시정관측은 반드시 망원경을 사용해서 관측한다.
④ 시정관측은 반드시 쌍안경을 사용해서 관측한다.

210 다음 중 시정관측에 대한 설명으로 옳지 않은 것은?
① 시정이 방향에 따라 다르면 최단시정을 말한다.
② 목표물을 확인할 수 있는 최대거리를 관측한다.
❸ 목표물은 뚜렷이 빛나는 밝은 물체를 택하여야 한다.
④ 시정은 사방의 목표가 잘 바라보이는 장소에서 관측한다.

211 강수 또는 시정장애 현상으로 하늘이 차폐되어 활주로에서 구름을 관측할 수 없을 때 보고되는 것은?
① RVR
② 우시정
❸ 수직시정
④ 최단시정

212 다음 중 우시정의 설명으로 옳은 것은?
❶ 관측자가 서 있는 공항의 절반(180도) 또는 지평원의 절반(180도) 이상에 걸쳐 가장 멀리 볼 수 있는 수평거리이다.
② 우시정은 관측자로부터 수직으로 측정한다.
③ 관측하는 하늘 중 맑은 하늘을 우시정이라고 한다.
④ 관측하는 날 중 비 내리는 날을 우시정이라고 한다.

213 다음 중 항공기상 보고에서 시정보고 방법으로 옳은 것은?
① 시정은 활주로 시정을 해상마일로 보고한다.
❷ 시정은 우시정을 육상마일로 보고한다.
③ 시정은 수직시정을 해상마일로 보고한다.
④ 시정은 경사시정을 육상마일로 보고한다.

214 CAVOK이 표시되는 경우의 기상 상태는?
① 강수 가능성이 높고 시정이 좋지 않음
② 구름 높이가 낮고 시정이 제한됨
③ 비구름과 난기류가 예상됨
❹ 구름 높이가 높고 시정이 좋음

215 CAVOK이 표시되는 경우에 해당되지 않는 기상 상태는?
① 시정 10km 이상
② 운고 1,500m 이상
③ 심각한 기상 현상 없음
❹ 풍속 1kts 미만

216 ATIS에서 운고와 시정이 생략되는 조건은?
① 운고 3,000ft 이상, 시정 3SM 이상
❷ 운고 5,000ft 이상, 시정 5SM 이상
③ 운고 5,000ft 이상, 시정 3SM 이상
④ 운고 3,000ft 이상, 시정 3SM 이상

217 다음 중 RVR의 설명으로 옳은 것은?
① 시정 500m 이내 시 항상 측정
❷ RWY Center Line에서 120m 이내에서 측정
③ 정밀접근활주로로 항상 측정
④ 항공기에서 측정 시는 3곳에서 측정

218 빗방울이라 함은 대기 중을 통하여 떨어지는 직경 몇 mm 이상의 것을 말하는가?
① 20 ㎛ 이상
② 50 ㎛ 이상
③ 0.2 mm 이상
❹ 0.5 mm 이상

219 강수가 예보되었다면 구름의 두께는 최소 몇 ft 이상인가?
① 3,000ft
❷ 4,000ft
③ 5,000ft
④ 6,000ft

220 강수 현상에 대한 설명으로 옳지 않은 것은?
① 수적은 운립의 수만 배 크기이다.
❷ 운립의 크기는 운형과 무관하다.
③ 낙하 속도는 수적의 크기에 따라 달라진다.
④ 강수량의 단위를 inch로 표시하는 나라도 있다.

221 METAR에서 기온이 "M01/M04"로 보고되었다면 노점온도는 얼마인가?
① 영하 1℃
② 영상 1℃
❸ 영하 4℃
④ 영상 4℃

— same type —

222 다음 중 항공기상 관측부호로 옳지 않은 것은?
❶ SM : 연기
② RA : 비
③ HZ : 연무
④ FG : 안개

223 항공기상 관측부호 중 'PO'가 의미하는 것은?
① 스콜
② 먼지폭풍
③ 토네이도
❹ 먼지/모래 회오리바람

224 항공기상 관측부호 중 'TS'가 의미하는 것은?
① 소나기
② 결빙
③ 강풍
❹ 뇌우

225 항공기상 관측보고에서 +SN의 의미는?
① 강한 얼음 싸라기
❷ 강한 눈
③ 갑자기 눈이 내림
④ 1시간 뒤 눈이 내림

226 항공기상 관측부호와 의미가 올바른 것은?
① +FC : 깔때기 구름
② VA : 화재
③ PO : 모래폭풍
❹ DS : 먼지폭풍

227 METAR에서 +RA FG의 의미는?
① 보통 비 이후 안개
② 보통 비 이후 강풍
❸ 강한 비 이후 안개
④ 강한 비와 강풍

228 기상관측보고 중 VC는 공항주변 반경 얼마인가?
① 6km
❷ 8km
③ 24km
④ 32km

229 METAR에서 구름 운량이 전체 하늘의 5/8~7/8을 차지할 때 표시 방법은?
① FEW
② SCT
❸ BKN
④ OVC

230 METAR에서 "BKN008 OVC020"인 경우 구름의 Ceiling은?
① 600ft
❷ 800ft
③ 1,400ft
④ 2,000ft

231 TAF의 유효시간은?
① 5시간 이상 24시간 미만
② 12시간 이상 24시간 미만
❸ 6시간 이상 30시간 미만
④ 24시간 이상 30시간 미만

232 ATIS에서 방송하지 않는 것은?
① METAR
❷ TAF
③ Runway condition
④ NAVAID

233 ICAO 부속서에서 규정하고 있는 TAF의 권장 유효기간은?
① 3~9시간
② 6~24시간
③ 12~24시간
❹ 6~30시간

234 이륙예보는 출발 예정 시간 전 몇 시간 이내에 운항승무원에게 제공될 수 있어야 하는가?
① 30분
② 1시간
③ 2시간
❹ 3시간

235 아래 TAF 전문의 유효시간은 얼마인가?

TAF RKPK 181730Z **0918/1024** 15005KT
5SM HZ FEW020 WS010/31022KT

① 12시간
② 20시간
③ 24시간
❹ 30시간

236 항공기상 보고 전문에서 "31015G35KT"의 올바른 해석은?
① 풍향 310도, 풍속 15노트, 가변풍 35노트
❷ 풍향 310도, 풍속 15노트, 돌풍 35노트
③ 풍향 350도, 풍속 15노트, 가변풍 31노트
④ 풍향 350도, 풍속 15노트, 돌풍 31노트

237 TAF 전문에서 "31015G35KT"의 풍향과 풍속은?
① 풍향 310도, 최대순간풍속 15노트, 평균풍속 35노트
❷ 풍향 310도, 최대순간풍속 35노트, 평균풍속 15노트
③ 풍향 350도, 최대순간풍속 15노트, 평균풍속 31노트
④ 풍향 350도, 초대순간풍속 31노트, 평균풍속 15노트

238 METAR와 TAF에서 바람 방향, 즉 풍향의 기준은?

① METAR는 자북, TAF는 진북
② METAR와 TAF 모두 자북
❸ METAR와 TAF 모두 진북
④ METAR는 진북, TAF는 자북

239 아래 TAF에서 2400UTC에 예상되는 시정은?

```
BECMG 1820 2000 BKN008 PROB40
BECMG 2022 0500 FG VV001
```

❶ 500m
② 2,000m
③ 500m와 2,000m 사이
④ 0m와 1,000m 사이

240 아래 TAF에서 2300UTC에 예상되는 시정은?

```
TAF RKPK 181000Z 281120 VRB05KT 4000
BR SCT005 OVC013 BECMG 1920 9000
SHRA OVC015 PROB40 BECMG 2022
CAVOK BECMG 2223 23024KT 7000"
```

① 9,000m   ❷ 7,000m
③ 5,000m   ④ 4,000m

241 TAF 전문에서 "BECMG 1012 3000 SCT 003 BKN030"으로 보고되었다면 ceiling은?

❶ 3,000ft AGL   ② 300ft AGL
③ 3,000ft MSL   ④ 300ft MSL

242 METAR 전문에서 "BKN008 OVC020"로 보고되었다면 ceiling은?

❶ 800ft AGL   ② 8,000ft AGL
③ 200ft AGL   ④ 2,000ft AGL

243 항공기상 보고에서 변화 지시자 "BECMG"에 대한 다음 설명으로 올바른 것은?

① BECMG 0103 2000 – 01시에 시정은 2,000m 이다.
② BECMG FM0900 3000 – 09시에 시정은 3,000m 이다.
❸ BECMG TL0930 2000 – 09시 30분에 시정은 2,000m 이다.
④ BECMG FM0930 TL1030 3000 – 09시 30분에 시정은 3,000m이다.

244 SIGMET의 유효시간은?

① 3시간   ❷ 6시간
③ 9시간   ④ 12시간

245 SIGMET에 관한 설명 중 옳지 않은 것은?

❶ 유효시간은 24시간이다.
② 항공기 안전운항에 영향을 미칠 수 있는 특정 항공로 상의 기상 현상에 대한 정보이다.
③ 해당 관제구역을 표시해야 한다.
④ 승인된 ICAO 평문 약어를 사용하여 작성해야한다.

same type

246 높이 2m 위에서 시정이 1km 이상인 안개를 나타내는 부호는?

① FZFG   ❷ MIFG
③ BCFG   ④ PRFG

247 지면으로부터 2m까지 수평시정이 1,000m 미만인 시정 층이 있는 안개를 나타내는 것은?

① FZFG   ❷ MIFG
③ BCFG   ④ PRFG

248 500hPa 일기도와 700hPa 일기도의 등압면에 상응하는 기압 기준고도로 올바른 것은?

① 500hPa은 45,000ft, 700hPa은 39,000ft
② 500hPa은 34,000ft, 700hPa은 30,000ft
❸ 500hPa은 18,000ft, 700hPa은 10,000ft
④ 500hPa은 5,000ft, 700hPa은 3,000ft

249 500hPa 일기도와 700hPa 일기도의 분석요소에 일반적으로 해당되지 않는 것은?

❶ 제트기류 ② 기압골
③ 등고선   ④ 등온선

◀ same type ▶

250 기상 현상기호에서 " 〞 " 은 무엇을 표시하는가?

① Snow ② Hail ❸ Drizzle ④ Rain

251 기상 현상기호의 표시가 올바른 것은?

❶ "△" Hail   ② "≡" Snow
③ " 〞" Rain   ④ "↙" Drizzle

252 Moderate turbulence를 표시하는 기상 현상기호는?

❶ ∧ ② ⋀ ③ ⚹ ④ ⚹

참고문헌

1. 교통법규

- 법제처 국가법령정보센터(https://www.law.go.kr/), 교통안전법, 교통안전법 시행령, 교통안전법 시행규칙
- _____, 항공안전법, 항공안전법 시행령, 항공안전법 시행규칙
- _____, 항공보안법, 항공보안법 시행령, 항공보안법 시행규칙
- _____, 국토교통부훈령, 국제민간항공기구(ICAO) 항공안전 상시평가 대응에 관한 규정

2. 교통안전관리론

- 교통사고공학연구소, "안전컬럼, 운전자의 시력과 시야(https://taei.re.kr/bbs/board.)"
- 대한교통사고감정원(http://www.carsago119.co.kr/)
- 문영배, 2003, 『교통안전관리론』, 서울, 도서출판 예응
- 법제처 국가법령정보센터(https://www.law.go.kr/), 교통안전법 시행령
- 세이프티퍼스트닷뉴스, "안전보건관리체계의 구축과 4M기법의 활용(https://www.safety1st.news)
- 李弘魯, 2002, 『교통안전관리론』, 서울, 행정경영자료사
- 정석산업안전연구소(https://blog.naver.com/fosnogo/223811811179)
- _____(https://blog.naver.com/fosnogo/222761722699)
- 타자적응성(https://www.google.com/search?q=)
- PIEV인지반응(https://transpro.tistory.com/entry/)

3. 항공기체

- 류종현, 2013, 『초보자를 위한 비행입문』, 충남, 파랑
- 정보통신기술용어해설(http://www.ktword.co.kr/)
- 항공교육훈련포털(https://www.kaa.atims.kr/), 2024 항공기 기체(국토교통부, 항공정비사 표준교재)
- _____, 2024 항공정비일반(국토교통부, 항공정비사 표준교재)
- _____, 비행이론(비행기)(국토교통부, 조종사 표준교재)
- _____, 항공기 기체(제2권 항공기 시스템)(국토교통부,

항공정비사 표준교재)
- 한국과학기술정보연구원(https://www.reseat.or.kr/), "철강재료의 열처리 기술(2006)"
- U.S FAA, Pilot's Handbook of Aeronautical Knowledge(2003)
- _____, Pilot's Handbook of Aeronautical Knowledge(2023)
- _____, Weight and Balance Handbook(2016)
- Cranfield University, "Fail-safe design of integral metallic aircraft structures reinforced by bonded crack retarders", Engineering Fracture Mechanics 76 (2009)
- http://wpage.unina.it/danilo.ciliberti/doc/DellaVolpe.pdf, "Dorsal Fin Preliminary Design Procedure Through CFD Analysis"
- https://www.researchgate.net/figure/Location-and-description-of-the-nacelle-source-Airbus-Internal-Documentsauthors-CROS_fig9_345901865
- https://en.wikipedia.org/wiki/SAE_steel_grades
- https://jck1139.tistory.com/25
- https://m.blog.naver.com/airport4071/221531460277
- https://ko.t-composites.net
- https://www.chemlocus.co.kr

4. 항공기상

- 교통안전공단, 2020, 『2020년판 항공정보매뉴얼』, 서울, 진한엠앤비
- 기상청(https://www.weather.go.kr/), "기상청 날씨누리"
- 항공기상청(https://amo.kma.go.kr/), 항공기상관측지침(2022.5.13., 2024.6.11.,2025.7.1.)
- _____, 공항기상 예보지침(2024.6.11.)
- _____, 항공기상서비스 사용자 안내서(2024.10.)
- 항공교육훈련포털(https://www.kaa.atims.kr/), 2025 항공기상(국토교통부, 조종사 표준교재)
- _____, 2024 경량항공기 조종사 표준교재(국토교통부)
- _____, 비행이론(비행기)(국토교통부, 조종사 표준교재)
- 한국항공우주학회, 2022, 『항공우주학개론』, 서울, 경문사
- U.S FAA, Aviation Weather Handbook(2022)
- _____, Pilot's Handbook of Aeronautical Knowledge(2023)

MEMO

MEMO

MEMO